U0379182

国家出版基金项目

宽禁带半导体前沿丛书

氧化镓半导体器件

Gallium Oxide Semiconductor Devices

龙世兵　叶建东　吕元杰　著

西安电子科技大学出版社

内 容 简 介

本书主要介绍近几年发展较快的氧化镓半导体器件。氧化镓作为新型的超宽禁带半导体材料，在高耐压功率电子器件、紫外光电探测器件等方面都具有重要的应用前景。本书共分为7章，第1～4章(氧化镓材料部分)介绍了氧化镓半导体材料的基本结构，单晶生长和薄膜外延方法，电学特性，氧化镓材料与金属、其他半导体的接触，氧化镓材料的刻蚀、离子注入、缺陷修复等内容；第5～7章(氧化镓器件部分)介绍了氧化镓二极管器件的应用方向、器件类型及其发展历程，氧化镓场效应晶体管的工作原理、性能指标、器件类型、发展历程以及今后的发展方向，氧化镓日盲深紫外光电探测器的工作原理、器件类型、成像技术等。

本书可作为宽禁带半导体材料与器件相关的半导体、材料、化学、微电子等专业研究人员及理工科高等院校的教师、研究生、高年级本科生的参考书和工具书，也可作为其他对氧化镓宽禁带半导体器件感兴趣的研究人员的参考资料。

图书在版编目(CIP)数据

氮化镓半导体器件/龙世兵，叶建东，吕元杰著. 一西安：西安电子科技大学出版社，2022.9
ISBN 978-7-5606-6430-9

Ⅰ. ①氮…　Ⅱ. ①龙…　②叶…　③吕…　Ⅲ. ①氮化镓—半导体器件
Ⅳ. ①TN303

中国版本图书馆 CIP 数据核字(2022)第 078453 号

策　　划　马乐惠
责任编辑　张　玮　刘玉芳
出版发行　西安电子科技大学出版社(西安市太白南路2号)
电　　话　(029)88202421　88201467　**邮　　编**　710071
网　　址　www.xduph.com　**电子邮箱**　xdupfxb001@163.com
经　　销　新华书店
印刷单位　陕西精工印务有限公司
版　　次　2022年9月第1版　2022年9月第1次印刷
开　　本　787毫米×960毫米　1/16　印张 25.5　彩插 2
字　　数　431千字
定　　价　128.00元
ISBN 978-7-5606-6430-9/TN
XDUP 6732001-1

* * * 如有印装问题可调换 * * *

“宽禁带半导体前沿丛书”编委会

主　　任：郝　跃

副 主 任：郑有炓　刘　明　江风益

编　　委：

（按姓氏拼音排序）

陈　敬　陈堂胜　冯　倩　冯志红　郭浩中
黄　丰　黎大兵　李成明　李晋闽　刘新宇
刘志宏　龙世兵　陆　海　罗　毅　马晓华
单崇新　沈　波　陶绪堂　王　钢　王宏兴
王新强　徐　科　徐士杰　徐现刚　张金风
张进成　张景文　张　荣　张玉明　张源涛
周　弘

“宽禁带半导体前沿丛书”出版说明

当今世界，半导体产业已成为主要发达国家和地区最为重视的支柱产业之一，也是世界各国竞相角逐的一个战略制高点。我国整个社会就半导体和集成电路产业的重要性已经达成共识，正以举国之力发展之。工信部出台的《国家集成电路产业发展推进纲要》等政策，鼓励半导体行业健康、快速地发展，力争实现“换道超车”。

在摩尔定律已接近物理极限的情况下，基于新材料、新结构、新器件的超越摩尔定律的研究成果为半导体产业提供了新的发展方向。以氮化镓、碳化硅等为代表的宽禁带半导体材料是继以硅、锗为代表的第一代和以砷化镓、磷化铟为代表的第二代半导体材料以后发展起来的第三代半导体材料，是制造固态光源、电力电子器件、微波射频器件等的首选材料，具备高频、高效、耐高压、耐高温、抗辐射能力强等优越性能，切合节能减排、智能制造、信息安全等国家重大战略需求，已成为全球半导体技术研究前沿和新的产业焦点，对产业发展影响巨大。

“宽禁带半导体前沿丛书”是针对我国半导体行业芯片研发生产仍滞后于发达国家而不断被“卡脖子”的情况规划编写的系列丛书。丛书致力于梳理宽禁带半导体基础前沿与核心科学技术问题，从材料的表征、机制、应用和器件的制备等多个方面，介绍宽禁带半导体领域的前沿理论知识、核心技术及最新研究进展。其中多个研究方向，如氮化物半导体紫外探测器、氮化物半导体太赫兹器件等均为国际研究热点；以碳化硅和Ⅲ族氮化物为代表的宽禁带半导体，是近年来国内外重点研究和发展的第三代半导体。

“宽禁带半导体前沿丛书”凝聚了国内20多位中青年微电子专家的智慧和汗水，是其探索性和应用性研究成果的结晶。丛书力求每一册尽量讲清一个专题，且做到通俗易懂、图文并茂、文献丰富。丛书的出版也会吸引更多的年轻人投入并献身于半导体研究和产业化事业，使他们能尽快进入这一领域进行创新性学习和研究，为加快我国半导体事业的发展做出自己的贡献。

“宽禁带半导体前沿丛书”的出版，既为半导体领域的学者提供了一个展示他们最新研究成果的机会，也为从事宽禁带半导体材料和器件研发的科技工作者在相关方向的研究提供了新思路、新方法，对提升“中国芯”的质量和加快半导体产业高质量发展将起到推动作用。

编委会

2020年12月

前　言

在过去的十年间，由于宽带隙带来的独特的电学和光学特性，新型宽禁带半导体材料氧化镓在功率电子和紫外探测中的应用得到了快速的发展。2011年第一个单晶氧化镓场效应晶体管的出现激发了科研人员对于氧化镓器件的广泛研究。随着氧化镓材料单晶制备、薄膜外延生长技术的发展，低成本和高质量的氧化镓使得其半导体电子器件、探测器件性能在不断刷新，逐渐朝着商业化发展。因此，氧化镓半导体在功率电子和紫外探测器件方面的潜能已经得到了学术界和产业界的普遍共识。

尽管第三代宽禁带半导体材料碳化硅、氮化镓器件已经部分商业化，并为氧化镓器件的研究发展提供了指导。但氧化镓作为新一代半导体材料在材料特性、器件工艺和性能机制等方面仍体现出众多“新”的特点，对其进行系统的阐述是极其必要的，然而，目前国内尚无氧化镓半导体相关书籍，无法满足氧化镓半导体器件领域以及相关领域的研究人员的需求。

本书的内容结合了作者在氧化镓半导体材料及其器件方面近五年的研究经历、研究成果，尽可能系统、全面地阐述了氧化镓半导体材料及其电子器件的发展。

作者从2016年起先后在中国科学院微电子研究所微电子器件与集成技术重点实验室以及中国科学技术大学国家示范性微电子学院从事氧化镓半导体材料及其电子器件相关的研究，在国内属于较早涉及此领域的研究人员之一。本书主要结合作者及其研究团队在该领域的研究结果，系统地介绍了氧化镓材料与器件，从材料及器件发展历程、电学输运特性、材料界面与器件制备工艺原理、器件结构及性能等方面做了较全面的论述，重点梳理了作者及国内外同行研究氧化镓功率器件及光电器件所取得的成果，系统阐述了获得高性能器件的思路和方法，并对氧化镓器件的发展进行了综述和展望。

作者所在研究团队在进行氧化镓半导体材料和电子器件的研究期间，多位教师、学生积极投入，对氧化镓半导体材料与器件的发展作出了一定的贡献。此外，作者所在研究团队与国内外多家科研院所及高校开展了长期科研合作，对氧化镓领域有了更深层次的理解。本书凝结了大家共同的智慧。作者诚挚感谢为我们研究提供支持和帮助的各位专家、同行和朋友，以及共同拼搏的各位团队成员。国家自然基金和国家重点研发计划对宽禁带半导体氧化镓材料的探索给予了大力支持。我们衷心希望以此书促进氧化镓半导体材料和电子器件的科学研究及产品开发，为宽禁带材料领域增添新的活力，亦为推动中国在功率电子器件和紫外探测领域的人才培养以及产业发展尽绵薄之力。

由于作者知识水平有限，书中难免有不足之处，敬请广大读者提出宝贵的意见和建议。

作　者

2021 年 9 月

目　　录

第 1 章　氧化镓材料简介 …… 1
1.1　氧化镓晶体结构 …… 4
1.2　氧化镓发展历程 …… 11
1.2.1　氧化镓单晶的发展 …… 12
1.2.2　氧化镓薄膜外延的发展 …… 14
1.2.3　氧化镓器件的发展 …… 42
参考文献 …… 47
第 2 章　氧化镓的电学特性 …… 71
2.1　施主杂质与受主杂质 …… 72
2.1.1　半导体中的杂质和载流子浓度 …… 72
2.1.2　氧化镓中的施主杂质 …… 81
2.1.3　氧化镓 P 型掺杂 …… 87
2.2　电子-声子相互作用 …… 91
2.2.1　玻耳兹曼输运方程 …… 95
2.2.2　声学声子散射 …… 103
2.2.3　极性光学声子散射 …… 105
2.3　电子迁移率 …… 111
2.3.1　离化杂质散射 …… 112
2.3.2　中性杂质散射 …… 117
2.3.3　氧化镓中的缺陷散射 …… 118

2.3.4 半导体中的其他散射机制 …… 126
2.3.5 β-Ga_2O_3中的调制掺杂 …… 131
2.4 高压下的载流子输运 …… 136
2.4.1 高电场下的输运模型 …… 137
2.4.2 电离率 …… 139
2.4.3 雪崩击穿及其对器件的影响 …… 140
参考文献 …… 143

第3章 氧化镓器件中的接触 …… 159

3.1 欧姆接触 …… 160
3.1.1 欧姆接触基本理论 …… 160
3.1.2 氧化镓的欧姆接触 …… 162
3.2 肖特基接触 …… 173
3.2.1 肖特基接触基本原理 …… 173
3.2.2 势垒高度的测量 …… 176
3.2.3 Ga_2O_3材料的肖特基接触 …… 177
3.3 氧化镓与介质的接触 …… 187
3.3.1 SiO_2/Ga_2O_3 …… 188
3.3.2 Al_2O_3/Ga_2O_3 …… 193
3.3.3 HfO_2/Ga_2O_3、$HfAlO/Ga_2O_3$ …… 200
参考文献 …… 205

第4章 氧化镓器件的制备工艺 …… 213

4.1 刻蚀 …… 214
4.1.1 干法刻蚀 …… 215
4.1.2 湿法腐蚀 …… 221
4.2 离子注入 …… 229
4.2.1 离子注入的基本原理 …… 230
4.2.2 施主杂质的离子注入 …… 231
4.2.3 深能级受主杂质的离子注入 …… 236
4.2.4 稀土元素的离子注入 …… 240
4.2.5 H、D、He、Ar 的离子注入 …… 241
4.2.6 离子注入在器件制备中的应用 …… 241

4.3 缺陷修复 …… 248
4.3.1 湿法清洗及刻蚀 …… 249
4.3.2 退火 …… 252
4.3.3 湿法处理与退火的结合 …… 254
参考文献 …… 256

第5章 氧化镓二极管 …… 263

5.1 功率二极管的应用及性能指标 …… 264
5.1.1 应用方向 …… 264
5.1.2 击穿电压 …… 265
5.1.3 开态电阻 …… 266
5.1.4 反向恢复时间 …… 266
5.2 终端结构设计 …… 267
5.2.1 金属场板结构 …… 268
5.2.2 金属场环结构 …… 270
5.2.3 离子注入形成的高阻区终端结构 …… 272
5.3 水平结构氧化镓肖特基二极管 …… 273
5.4 垂直结构氧化镓肖特基二极管 …… 275
5.5 全氧化物异质 PN 结二极管 …… 279
5.6 总结与展望 …… 281
参考文献 …… 282

第6章 氧化镓场效应晶体管 …… 285

6.1 器件工作原理与基本特征 …… 286
6.1.1 器件工作原理 …… 286
6.1.2 主要性能指标 …… 288
6.2 平面型氧化镓场效应晶体管 …… 291
6.2.1 耗尽型器件 …… 291
6.2.2 增强型器件 …… 302
6.2.3 射频器件 …… 307
6.3 垂直型氧化镓场效应晶体管 …… 310
6.3.1 Fin 型器件 …… 311
6.3.2 电流孔型器件 …… 318

6.4 氧化镓高迁移率场效应晶体管 …… 324
6.4.1 Delta 掺杂器件 …… 324
6.4.2 异质结型器件 …… 326
6.5 氧化镓薄膜场效应晶体管 …… 331
6.5.1 背栅晶体管 …… 331
6.5.2 顶栅晶体管 …… 336
6.5.3 负电容晶体管 …… 339
6.5.4 振荡沟道晶体管 …… 341
6.6 总结与展望 …… 343
参考文献 …… 344

第 7 章 氧化镓日盲深紫外光电探测器 …… 347

7.1 日盲深紫外探测器研究背景 …… 348
7.1.1 紫外光谱和日盲深紫外探测器 …… 348
7.1.2 光电探测器的分类 …… 348
7.1.3 光电探测器的性能参数 …… 349
7.1.4 日盲深紫外探测器的材料 …… 351
7.2 氧化镓日盲深紫外探测器 …… 354
7.2.1 $\beta-Ga_2O_3$ SBPD …… 354
7.2.2 $\alpha-Ga_2O_3$ SBPD …… 365
7.2.3 $\varepsilon-Ga_2O_3$ SBPD …… 367
7.2.4 $\gamma-Ga_2O_3$ SBPD …… 369
7.2.5 非晶 Ga_2O_3 SBPD …… 370
7.3 日盲深紫外探测成像技术 …… 375
7.3.1 Ga_2O_3 SBPD 的日盲成像验证 …… 375
7.3.2 光电探测器阵列和成像技术 …… 376
7.3.3 3D 日盲光电探测器阵列 …… 379
7.4 挑战和总结 …… 380
参考文献 …… 382

第1章

氧化镓材料简介

超宽禁带半导体 Ga_2O_3(氧化镓)相对于传统的 Si、GaAs 等窄禁带半导体材料和其他宽禁带半导体材料 GaN、SiC 等而言,具有禁带宽度更大、击穿场强更高、耐高温、抗辐照等优异特性。以 GaN、SiC、Ca_2O_3 为代表的宽禁带半导体在先进电力电子半导体器件、多功能光电器件及信息集成器件领域具有潜在的应用前景,受到了学术界和产业界的高度重视,是目前宽禁带半导体研究的热点材料[1-4]。本章将简要介绍不同物相 Ga_2O_3 的性质,以及在此基础上介绍 Ga_2O_3 的发展历程,包括单晶生长、薄膜外延和器件制备。

为满足现代社会在信息、能源、国防、航空航天等领域对高频、大功率密度、高性能、低损耗电子器件的迫切需求,亟须探索和开发性能更为优异的先进战略性电子材料。相对于其他宽禁带半导体材料 GaN、SiC 而言,超宽禁带半导体材料 Ga_2O_3 具有更大的击穿场强和更高的 Baliga 品质因数,同时具有更强的抗辐照特性,在发展高温、大功率、强抗辐射功率器件和光电器件应用领域具有很大的潜力,是目前宽禁带半导体研究的热点材料[5-8]。在超宽禁带半导体中,Ga_2O_3 是唯一可以从半绝缘导电状态调节到导电状态,而且可以用熔融法制备单晶的半导体材料,这也是 Ga_2O_3 最大的优势,即具有大尺寸的单晶衬底[9]。基于此发展的高质量 Ga_2O_3 材料的外延技术,可用于实现高性能整流器、金属氧化物半导体场效应晶体管和日盲光电探测器[9-12]。Ga_2O_3 材料外延技术、物理性质的研究及器件应用进展快速,已成为当前德国、日本、美国等发达国家及我国在半导体材料领域的研究和竞争重点。

作为一种氧化物半导体材料,由于较强的电子相互作用,Ga_2O_3 分子间表现出了更为丰富且独特的物理特性。此外,Ga_2O_3 具有 α、β、γ、δ 和 $\varepsilon(\kappa)$ 五种不同相(晶向)的同分异构体,表现出为更丰富的物理和化学性质。其中 $\beta-Ga_2O_3$ 是 Ga_2O_3 热稳定性最好的一种同分异构体,目前利用熔融法生长出来的 Ga_2O_3 就是 β 相。如表 1.1 所示,相较于其他传统半导体材料而言,$\beta-Ga_2O_3$ 不仅具有大尺寸(大于 4 英寸(1 英寸=2.54 cm))的半绝缘和高导电单晶衬底,而且具有更高的禁带宽度(4.8 eV)、更高的击穿场强(8 $MV\cdot cm^{-1}$)、较大的电子饱和速度和 Baliga 品质因数。$\beta-Ga_2O_3$ 属于单斜结构,具有高度不对称性。$\beta-Ga_2O_3$ 晶体的物理和化学性质具有明显的各向异性,具体地表现在其热导率[13]、声子振动模式[14]、有效质量[15-16]、光学禁带宽度[15,17-18]和表面形成能[19-20]等方面。$\beta-Ga_2O_3$ 不同晶面的形成能差距很大[19-20],$\beta-Ga_2O_3$ 晶体容易沿着(100)面解理,形成厚度仅为 100 nm 左右的条状纳米带。这种材料已被用于制备MOSFET、肖特基二极管等器件[21],并且表现出与体材料制备的器

表 1.1　β - Ga_2O_3相对于其他常见半导体材料的基本性质比较[8]

	Si	GaAs	4H - SiC	GaN	金刚石	β - Ga_2O_3
禁带宽度 E_g/eV	1.12	1.43	3.3	3.4	5.5	4.8
电子迁移率 μ/($cm^2 \cdot V^{-1} \cdot s^{-1}$)	1400	8000	1000	1200	2000	300
击穿场强 E_{BR}/($MV \cdot cm^{-1}$)	0.3	0.4	2.5	3.3	10	8
相对介电常数 ε_S	11.8	12.9	9.7	9.0	5.5	10.2
巴利加高频品质因数 (Baliga FOM)$\kappa_S \varepsilon_0 \mu E_{BR}^3$	1	15	340	870	24664	3444
热导率/($W \cdot cm^{-1} \cdot K^{-1}$)	1.5	0.55	2.7	2.1	10	0.27 [010]

件相近的性能参数。α - Ga_2O_3的晶体结构和 α - Al_2O_3的晶体结构相同，为刚玉结构；且 α - Ga_2O_3相对 β - Ga_2O_3而言，具有更高的禁带宽度[22]，从而表现出更高的击穿场强。如果可以解决 α - Ga_2O_3在 α - Al_2O_3上外延过程中由于晶格失配带来的缺陷和位错，α - Ga_2O_3就可以借助廉价的蓝宝石衬底实现更低成本、更高性能的功率器件和光电器件。此外，借助于 α - Ga_2O_3和 α - Al_2O_3晶体结构相同这一优势，可以发展全组分无分相的 α -$(Al_xGa_{1-x})_2O_3$合金[23-25]，从而进一步提高材料临界击穿电场，并将响应波长拓展至真空紫外波段。ε - Ga_2O_3由于晶格具有中心反演不对称性，表现出相较于 ZnO 更大的自发极化强度，并且具有独特的铁电特性[26]，因此可用于制备负电容 MOSFET，也可降低器件的亚阈值摆幅[27]，还可通过界面控制工程增加光电信息功能器件的设计和研制维度。不同物相 Ga_2O_3目前的相对研究进展如图 1.1 所示。

得益于 β - Ga_2O_3可用熔融法获得大尺寸、高导电和半绝缘的单晶衬底，β - Ga_2O_3可以通过脉冲激光沉积(Pulsed Laser Deposition，PLD)[28]、分子束外延(Molecular Beam Epitaxy，MBE)[29]、金属有机物化学气相沉积(Metal - Oganic Chemical Vapor Deposition，MOCVD)[30]、卤化物化学气相外延(Halide Vapor Phase Epitaxy，HVPE)[31]、低压化学气相沉积(Low Pressure Chemical Vapor Deposition，LPCVD)[32]、喷雾辅助的化学气相沉积(mist - CVD)[33]等方法在 β - Ga_2O_3半绝缘或高导电同质衬底上外延掺杂浓度可控的 β - Ga_2O_3薄膜。此外，借助合金工程，可以获得 Al 组分较低的 β -$(Al_xGa_{1-x})_2O_3$合金[3-4]，通过能带剪裁和界面调控，可以实现基于调制掺杂的二维电子气(Two Dimensional Electron Gas，2DEG)[35]，用于制备高电子迁移率晶体管。另外，由于α - Ga_2O_3和蓝宝石具有相同的晶体结构，目前已经可以借助 HVPE 方法实现刃位错密度低

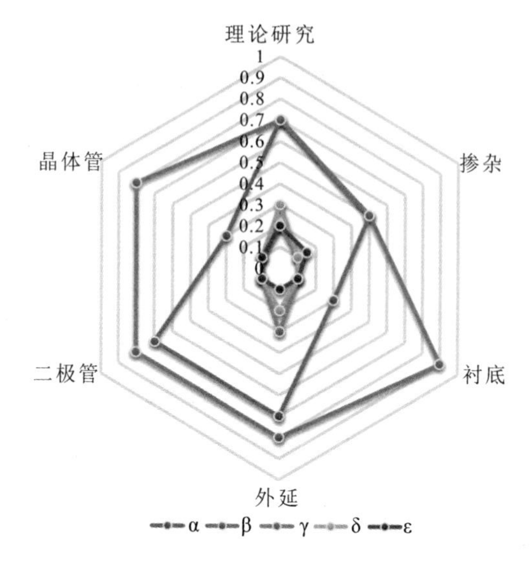

图 1.1　不同物相 Ga_2O_3 目前的相对研究进展[7]

于 $5\times10^6\ cm^{-2}$ 的 α-Ga_2O_3 外延层[36]，这为 α-Ga_2O_3 器件提供了基础。目前的研究表明，ε-Ga_2O_3 属于正交晶系[37]，而非之前认为的与纤锌矿型的 ZnO 和 GaN 相同的六方结构[38-39]。由于晶体结构不匹配导致的高质量外延困难，严重限制了 ε-Ga_2O_3 的铁电极化特性在新型器件中的应用。此外，虽然Ga_2O_3 有很多优越的物理和化学性质，但是 P 型导电无法得到稳定实现，并且其热导率低等问题也严重限制了 Ga_2O_3 的器件应用。尽管目前大家认为 Ga_2O_3 的热导率低是一个技术问题，通过技术攻关可以克服，但是没有 P 型导电却大大地限制了 Ga_2O_3 在双极型功率器件和多功能光电器件方面的进展。

1.1　氧化镓晶体结构

前文述及，Ga_2O_3 材料具有五种同分异构体[15,22,40-42]，其中 β-Ga_2O_3 热稳定性最好，大部分材料与器件研究工作均是基于 β 相。β-Ga_2O_3 具有单斜结构，属于 $C2/m(C_{2h}^3)$ 空间群[43-44]。如图 1.2 所示，在常压下对其他晶相 Ga_2O_3 进行退火处理，最终都会转为 β 相[45-47]。表 1.2 总结了所有不同晶相的 Ga_2O_3 的基本参数。用光学透射方法确定的 β-Ga_2O_3 的带隙在 4.4～5.0 eV 之间，这主要是由于电子根据费米黄金定则从价带顶到导带底的跃迁导致的[17]。α-Ga_2O_3 属于三角晶系，

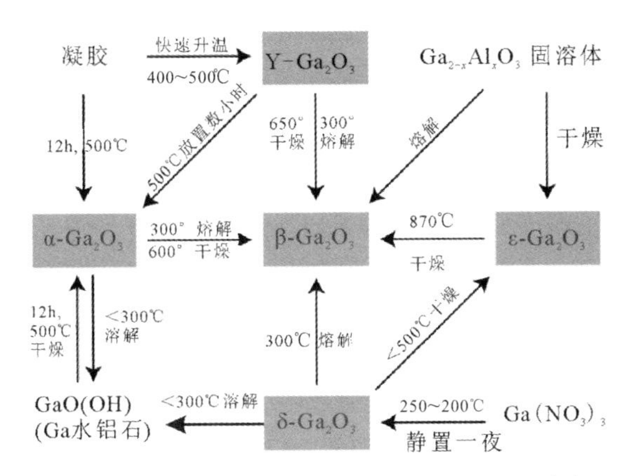

图 1.2　不同晶体结构的氧化镓的转换关系[47]

表 1.2　不同晶向 Ga_2O_3 的基本参数[47]

晶向	禁带宽度	晶体结构和空间群	晶格常数	备注	参考文献
α	5.3 eV[22] (5.25 eV[60])	三角晶系，$R\bar{3}c$	$a=4.9825\pm0.0005$ Å $c=13.433\pm0.001$ Å	实验值	[48]
			$a=5.059$ Å $c=13.618$ Å	计算值	[49]
β	4.4～5.0 eV[17]	单斜晶系，$C2/m$	$a=12.23\pm0.02$ Å $b=3.04\pm0.01$ Å $c=5.80\pm0.01$ Å $\beta=103.7\pm0.3°$	实验值	[43]
			$a=12.34$ Å $b=3.08$ Å $c=5.87$ Å $\beta=103.9°$	计算值	[44]
γ	4.4(间接带隙)[61] 5.0(直接带隙)[61]	立方晶系，$Fd\bar{3}m$	$a=8.30\pm0.05$ Å $a=8.24$ Å	实验值	[62] [61]
δ	—	立方晶系，$Ia\bar{3}$	$a=10.00$ Å	实验值	[45]
			$a=9.401$ Å	计算值	[49]

续表

晶向	禁带宽度	晶体结构和空间群	晶格常数	备注	参考文献
ε，κ	4.9(直接带隙)[54] 4.5(间接带隙)[63] 5.0(直接带隙)[63]	六方晶系，$P6_3mc$	a=2.9036(2) Å c=9.2554(9) Å	实验值	[46]
			a=2.906(2) Å c=9.255(8) Å	实验值	[39]
	—	四方晶系，$Pna2_1$	a=5.120 Å b=8.792 Å c=9.410 Å	计算值	[49] [37]
			a=5.0463(15) Å b=8.7020(9) Å c=9.2833(16) Å	实验值	[56]

和 α-Al_2O_3相似，属于刚玉结构，空间群为 $R\bar{3}c$[48-49]。根据 J. Tauc 等人[50]提出的公式$(\alpha h\nu)^{\frac{1}{n}}=A^2(h\nu-E_g)$(其中 α 为吸收系数，$h\nu$ 为光子能量)，当 n 取 2 或 1/2 时，α-Ga_2O_3的光学带隙在 5.1～5.3 eV 之间[22,25,42]。在本节中，一般认为 α-Ga_2O_3属于间接带隙半导体，取 n=2 拟合其透射谱，其禁带宽度为 5.1 eV[51]。α-Ga_2O_3的禁带宽度相比于 β-Ga_2O_3更大，因此其击穿场强比 β-Ga_2O_3更大，理论预测值为 9.5 MV·cm^{-1}[52]。S. Fujita 等人[22]报道了通过应变工程在生长温度低于 500℃、生长压强为常压条件下于蓝宝石衬底上生长出高质量的 α-Ga_2O_3薄膜。在引入 α-$(Al_xGa_{1-x})_2O_3$合金之后，α-Ga_2O_3薄膜的相变温度可以提高到 800℃ 左右[53]。γ-Ga_2O_3和 δ-Ga_2O_3 目前研究得比较少，本书中也没有涉及，故不再赘述。之前的研究显示，纯相的 ε-Ga_2O_3属于 $P6_3mc$[39,46,54]的空间群，与六方纤锌矿型的 ZnO、GaN 类似，具有中心反演不对称性，并具有更大的自发极化系数[39,55]。然而，最近实验结果以及理论计算表明，ε-Ga_2O_3实际上属于正交晶系 $Pna2_1$[37,49,56]，也就是之前所预言的，属于更有序的$P6_3mc$ 的子空间群，记为κ-Ga_2O_3[56]。因此，之前报道的 ε-Ga_2O_3严格来说都应称为 κ-Ga_2O_3。纯相的 κ-Ga_2O_3可以在 Al_2O_3[39,57]、SiC[54]、GaN[58]、AlN[54]、YSZ(111)[57]、MgO(111)[57]和 STO (111)[57-58]等衬底上获得，然而这些薄膜的晶体质量仍有较大提升空间，主要受限于晶格失配和晶畴旋转等因素。最近 H. Nishinaka 等人[59]利用 mist-CVD 方法在 FZ 方法生长的 κ-

$GaFeO_3$ 单晶衬底上，首次实现了层流(Step - Flow)生长的单畴应变的 κ - Ga_2O_3 外延薄膜。

目前来说，β - Ga_2O_3 是目前最有希望在器件上充分实现 Ga_2O_3 物理参数极限的一种同分异构体；由于 β 相单晶衬底相对易于获得，因此 β - Ga_2O_3 也是被研究得比较深入和完整的。因此，下面主要介绍 β - Ga_2O_3 的单晶、外延和掺杂性质及器件性能，并简要介绍 α - Ga_2O_3 和 κ - Ga_2O_3 的外延。

如图 1.3 所示，β - Ga_2O_3 的晶胞里有 20 个原子，包括两种 Ga 位，其中一种占据四面体位($Ga_{\rm I}$)，另一种占据八面体位($Ga_{\rm II}$)；三种 O 位($O_{\rm I}$，$O_{\rm II}$，$O_{\rm III}$)。由于这种不对称的结构，β - Ga_2O_3 展现出多种物理和化学性质的各向异性。这种各向异性也体现在 β - Ga_2O_3 的电子能带结构上，由此对 β - Ga_2O_3 电学性质和光学性质产生影响。

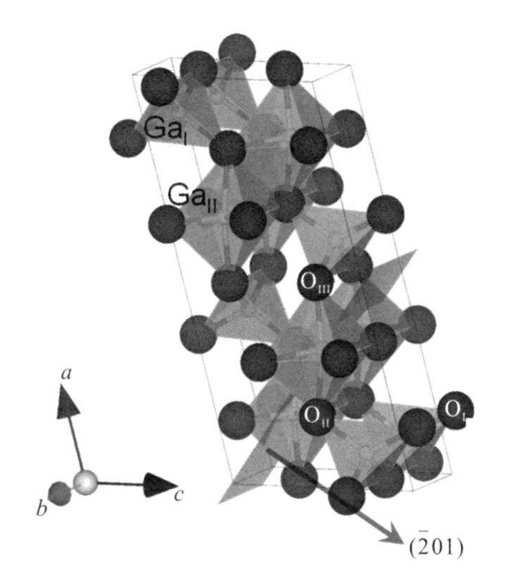

图 1.3　β - Ga_2O_3 的晶胞结构图

如图 1.4 所示，通过密度泛函理论计算得到了 β - Ga_2O_3 的能带结构[18]。由此可知，β - Ga_2O_3 的导带底在布里渊区的中心 Γ 点，并且其导带底是各向同性的，从而得到导带底电子的有效质量为(0.24～0.34) m_0[44,64]，其中 m_0 是自由电子的质量。β - Ga_2O_3 的价带顶在 L 点(½，½，½)，并非如其他文献中所述的那样在 M 点[18]。β - Ga_2O_3 的价带顶比 Γ 点处的价带稍高(＜100 meV)，这与之前的理论计算和实验结果相似[17-18,44,64]。T. Onuma 等人[17]通过偏振透射反射谱发现，在β - Ga_2O_3 中，直接带隙比间接带隙大 30～40 meV。这些结果表明，严格地说，β - Ga_2O_3 是间接带隙半导体。然而，实验中发现，在 β - Ga_2O_3 的吸收谱中，计算得到的吸收系数通常大于 10^5 cm^{-1}[65]，这可能是由于 Γ—Γ 的电子传递过程可以不借助声子传递动量实现，而 Γ—L(或 M)点的电子传递过程需要借助声子传递动量实现，因此 Γ—Γ 的电子跃迁过程比 Γ—L(或 M)点的发生概率更大一些。尽管如此，$\beta-Ga_2O_3$ 无论是在光致发光还是在冷阴极荧光中都没有发现带边发光[66]，间接证明其间接带隙的特征。

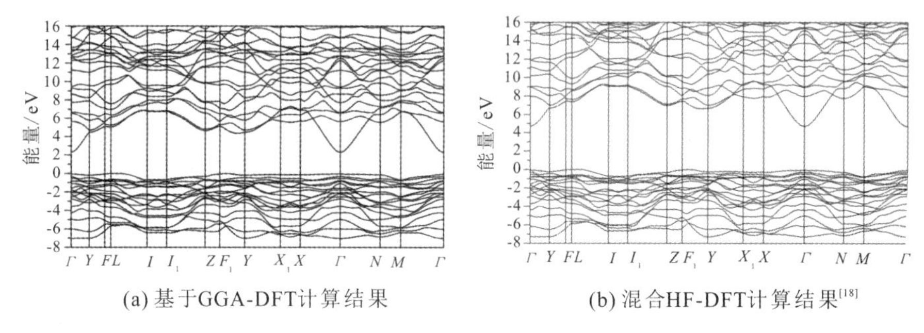

(a) 基于GGA-DFT计算结果　　(b) 混合HF-DFT计算结果[18]

图 1.4　$\beta-Ga_2O_3$ 的电子能带结构图

以上的理论计算结果还与角分辨光电子能谱(Angular Resolution Photoelectron Spectroscopy，ARPES)测试得到的实验结果相一致，如图 1.5 所示[67]。从 ARPES 得到的 $\beta-Ga_2O_3$ 间接带隙和直接带隙分别为 $E_{g,\ indir}=(4.85\pm0.1)$ eV，$E_{g,\ dir}=(4.90\pm0.1)$ eV，两者相差 50 meV，这和理论计算的结果相一致。

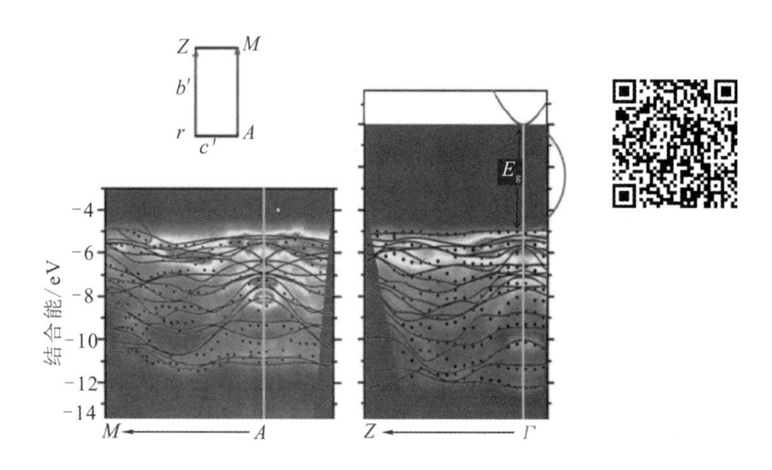

图 1.5　$\beta-Ga_2O_3$ 的 ARPES 价带谱测试结果[67]

在 $\beta-Ga_2O_3$ 中，本征缺陷主要是 Ga 空位 V_{Ga} 和 O 空位 V_O。理论计算结果表明，不同 O 位置 $O_{Ⅰ}$、$O_{Ⅱ}$ 和 $O_{Ⅲ}$ 处的 V_O 形成能分别为 3.31 eV、2.7 eV 和

3.57 eV[68]，由此可知这些O空位表现为深施主能级，不会对本征β－Ga_2O_3的导电特性产生贡献。然而，对应于$Ga_{Ⅰ}$和$Ga_{Ⅱ}$位的V_{Ga}分别在导带底以下1.62 eV和1.83 eV处形成了深受主能级，这些受主能级可能俘获电子，对N型Ga_2O_3产生补偿作用。此外，V_{Ga}的浓度会随着O_2分压的升高而增大[69]，这会对β－Ga_2O_3的导电特性产生很大的影响。

α－Ga_2O_3是刚玉结构的金属氧化物，其晶体结构与作为衬底的α－Al_2O_3相同，如图1.6所示[70]。其晶体结构属于三方晶系，空间群为$R\bar{3}c$，拥有1个三次反演对称轴、3个旋转对称轴和3个对称面。因为在c轴方向上，$+c$与$-c$面拥有相同的晶体结构，显示为相同的晶体排列，所以α－Ga_2O_3没有压电极化以及自发极化的性质。在刚玉结构氧化物中，氧原子以六方最密堆积的方式排列，金属原子填充氧原子包围的八面体空位中的2/3位置，而空出剩余1/3的八面体位。α－Ga_2O_3的晶格常数为$a=0.49825$ nm，$c=1.3433$ nm，与之对应，衬底蓝宝石的晶格常数为$a=0.4754$ nm，$c=1.299$ nm，由此可以得出外延膜与衬底之间在a方向上的失配为4.8%，在c方向上的失配为3.4%。许多X_2O_3型的金属氧化物均以刚玉结构作为其热力学最稳定的晶相，如氧化铁(Fe_2O_3)、氧化铬(Cr_2O_3)、氧化铑(Rh_2O_3)、氧化钒(V_2O_3)，这使得α相氧化

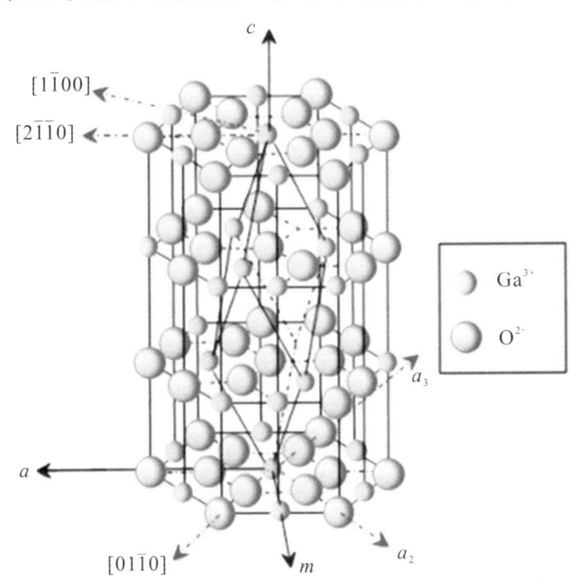

图1.6　α－Ga_2O_3晶体结构示意图

镓与这些材料结合形成新型氧化物功能材料成为可能[71]，并且这些材料的晶格常数也处于 $\alpha-Al_2O_3$ 到 $\alpha-In_2O_3$ 之间，如图 1.7(a)所示，具体的数值见表 1.3。通过将 $\alpha-Al_2O_3$、$\alpha-Ga_2O_3$、$\alpha-In_2O_3$ 制成合金，可以在 3.7～9.0 eV 之间实现能带的调控，而且没有 β 相氧化镓中的固溶度问题，调控几乎可以覆盖整个紫外波段[72]，如图1.7(b)所示。

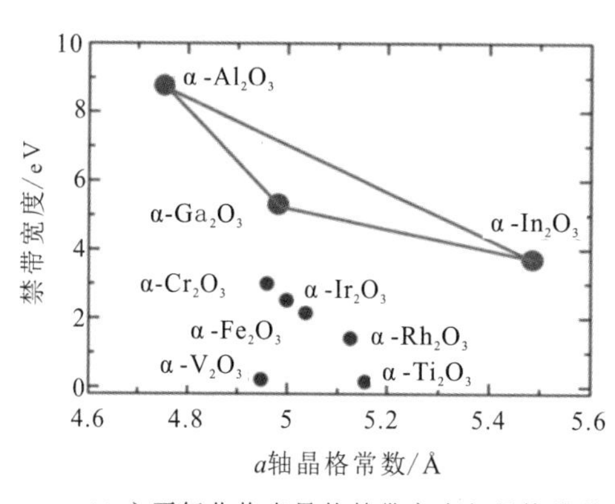

(a) 主要氧化物半导体禁带宽度与晶格常数的关系[71]

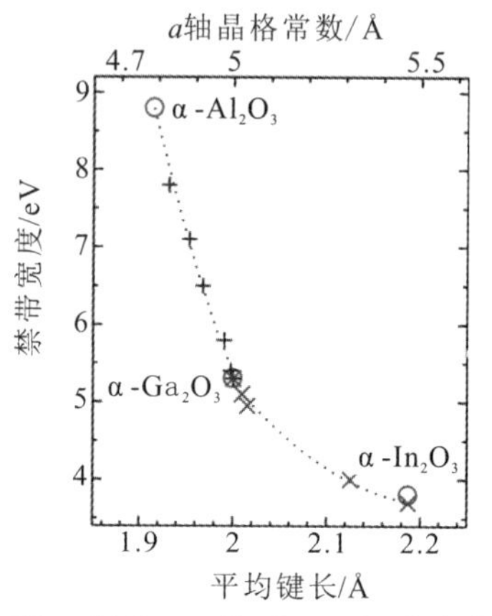

(b) $\alpha-Al_2O_3$、$\alpha-Ga_2O_3$-α、In_2O_3合金系已实现的能带调控范围[72]

图 1.7 主要氧化物半导体及合金禁带宽度与晶格常数的关系

表 1.3 $\alpha-Al_2O_3$、$\alpha-Ga_2O_3$和 $\alpha-In_2O_3$的基本物理参数[72]

材料	密度/($g\cdot cm^{-3}$)	a/Å	c/Å	离子半径/Å	禁带宽度/eV
$\alpha-Al_2O_3$	3.9956	4.754	12.99	0.535	8.75
$\alpha-Ga_2O_3$	6.4666	4.9825	13.433	0.62	5.1
$\alpha-In_2O_3$	7.3115	5.487	14.51	0.8	3.7

$\varepsilon-Ga_2O_3$ 作为另一种 Ga_2O_3 的同分异构体，也是当前 Ga_2O_3 研究的热点之一，其原因在于 $\varepsilon-Ga_2O_3$ 的晶体结构具有中心反演不对称性(如图 1.8(a)所示)，表现为比 GaN、ZnO 更大的自发极化系数[39,55]。根据第一性原理计算得到$\varepsilon-Ga_2O_3$沿 c 轴方向的自发极化系数为 23 $\mu C\cdot cm^{-2}$[26]，图 1.8 (b)是常见极化半导体的自发极化系数和晶格常数大小的比较。由图可知，$\varepsilon-Ga_2O_3$的自发极化系数近似为氮化物半导体材料 GaN 自发极化系数(−2.9 $\mu C\cdot cm^{-2}$)的8 倍[73]、ZnO 自发极化系数(−5.7 $\mu C\cdot cm^{-2}$)的 4 倍[74]。

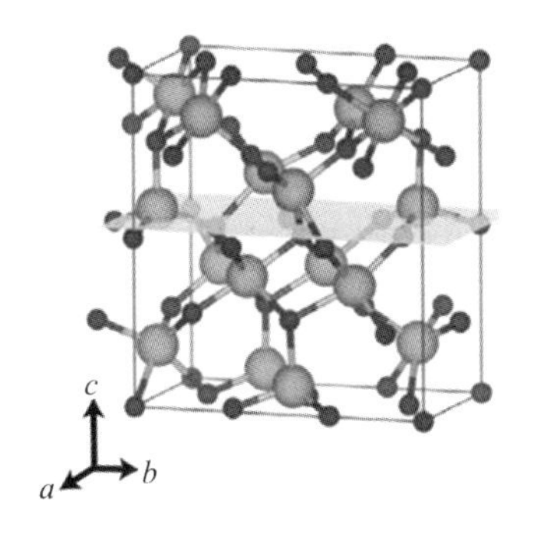

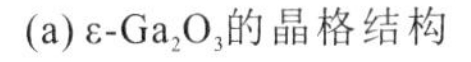

(a) ε-Ga_2O_3的晶格结构

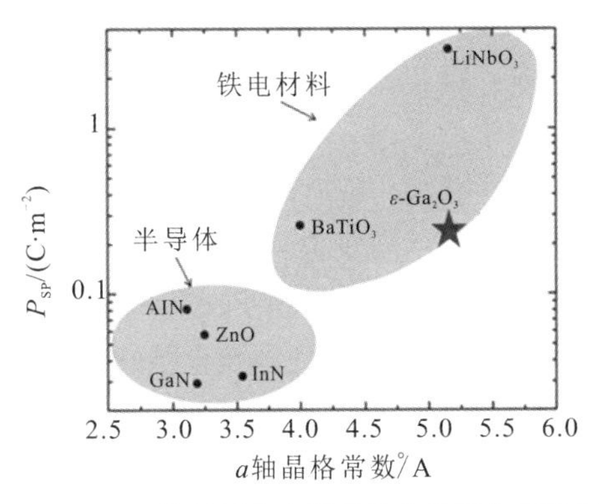

(b) 常见极化半导体的自发极化系数和晶格常数大小的比较

图 1.8　ε - Ga_2O_3 的物理性质[26,39,74]

1.2　氧化镓发展历程

得益于大尺寸单晶 β - Ga_2O_3 衬底技术的发展，目前高质量 β - Ga_2O_3 的外延主要是基于同质衬底进行的。不过 β - Ga_2O_3 早期的研究主要是异质外延，如通常使用蓝宝石作为衬底。由于 *c* 面蓝宝石和 β - Ga_2O_3 晶体结构相差很大，因此在 *c* 面蓝宝石上生长的 β - Ga_2O_3 主要表现为($\bar{2}01$)择优取向[75-76]，但晶格失配和面内晶畴旋转导致其薄膜表现为明显的多晶特征；以及晶界的存在造成了高缺陷密度，严重限制了薄膜的迁移率和载流子浓度。目前 β - Ga_2O_3 比较成熟的外延技术主要是分子束外延(MBE)、金属有机化学气相沉积(MOCVD)和氢化气相外延(HVPE)等技术。

为了充分利用 Ga_2O_3 在器件应用领域的潜能，外延生长掺杂可控、表面平整的高质量的单晶是先决条件。Ga_2O_3 具有五种常见的相，这些同分异构体由于晶体结构的不同，表现出丰富的物理和化学性质。例如，单斜相的 β - Ga_2O_3 的晶体结构决定了其具有明显的光学、电学、热学等方面的各向异性，κ - Ga_2O_3 具有自发极化产生的铁电特性。因此，实现 Ga_2O_3 的物相调控是充分利用这些物理化学性质的基础，有利于推进基于 Ga_2O_3 的新型光电信息器件的发展。得益于 β - Ga_2O_3 具有高质量的单晶衬底，相比于宽禁带半导体材料，如 GaN、AlN 和金刚石，β - Ga_2O_3 可以利用同质衬底实现同质外延，这是异质外延所不能比拟的。同质外延有利于研究材料的生长机制，通过生长机制提供有关成核、生长模式演化、岛形成和各向异性生长特性的各种信息，将有利于实现高质量的薄膜及器件的研制。就目前的研究结果而言，在 α - Al_2O_3 衬底上直接进行异质外延得到的 α - Ga_2O_3 薄膜受限于晶格失配产生的高刃位错密度对电子输运产生的散射，不利于充分发挥其优异的光电特性。参考 GaN 同质外延的技术发展路线，可通过选择性外延实现低位错密度的 α - Ga_2O_3 厚膜，并利用自支撑衬底的实现方式，有望实现高质量的 α - Ga_2O_3 同质衬底，以及将其用于高质量α - Ga_2O_3 及 α -$(Al_xGa_{1-x})_2O_3$ 合金的同质外延。因此，本节将涉及 α - Ga_2O_3 的位错演化机制及包括选择性外延在内的位错控制机制。

外延薄膜的晶体质量可从多个方面评估，如微观晶体结构、电学特性、表面形貌等。其中，电学特性表征是一种简单有效的分析外延薄膜晶体质量的方法，可以间接反映外延膜中晶格缺陷、位错的水平。特别是对不同散射机制的研究，有利于加深对载流子在 Ga_2O_3 中输运机制的理解，为高质量的可控掺杂的实现提供理论基础。同时，由于 Ga_2O_3 的光学声子散射，Ga_2O_3 的室温电子迁移率远低于 Si、GaAs、GaN 等半导体材料(<300 $cm^2 \cdot V^{-1} \cdot s^{-1}$)，这限制了 Ga_2O_3 在高频高功率领域的应用。因此，利用调制掺杂和能带剪裁实现$(Al_xGa_{1-x})_2O_3/Ga_2O_3$ 界面二维电子气以提高其迁移率是拓展 Ga_2O_3 应用领域的重要途径，研究 Ga_2O_3 中载流子的散射机制及输运特性对 2DEG 的实现具有重要意义。

1.2.1 氧化镓单晶的发展

β - Ga_2O_3 最大的优势在于其可以通过多种熔融方法生长出位错密度低于 10^3 cm^{-2} 的单晶[52]。这些熔融生长方法包括浮区法(Floating Zone，FZ)[77-88]、Czochralski (CZ)提拉法[89-92]、导模法(Edge-defined Film-fed Growth，EFG)[93-96]，以及 Verneuil[97-98]方法和垂直布里兹曼法[99-100]。此外，气相反应法[101-106]也曾被用来生长 β - Ga_2O_3 单晶衬底，但是由于其生长出来的单晶尺寸较小而不适于实际应用，目前已经很少利用气相反应法生长 β - Ga_2O_3 单晶。

目前，尺寸可以达到 2 英寸(1 英寸＝2.54 cm)且具有高晶体质量的 β - Ga_2O_3 单晶主要是利用 CZ提拉法和导模法生长获得的，如图 1.9 所示。德国莱布尼茨晶体生长研究所(Leibniz Institute for Crystal Growth，IKZ)主要使用提拉法进行 β - Ga_2O_3 晶体的生长[107]，目前报道的单晶尺寸在 2 英寸左右，如图 1.9 (a)、(b)所示。导电性较好的β - Ga_2O_3 单晶由于载流子的等离子体作用在长波段会具有强烈的吸收作用[92]，在提拉法生长的过程中，大量的热量会被提拉出熔融体的 β - Ga_2O_3 晶体吸收，导致晶体中心部分温度升高，β - Ga_2O_3 的单晶呈现螺旋生长[92]，如图1.9 (b)所示。因此，目前提拉法主要适用于生长半绝缘的 β - Ga_2O_3 晶体。

(a) 提拉法生长的单晶块[92]

(b) 提拉法生长2英寸Fe掺杂单晶[3]

(c) 导模法生长的单晶块[99]

4英寸（$\bar{2}$01）

(d) 导模法生长的4英寸晶圆[94]

图 1.9　利用不同方法生长的 β - Ga_2O_3 单晶

导模法是在提拉法基础上改良获得的一种晶体生长的方法，导模法主要用于单晶硅和蓝宝石的生长，可生长出大尺寸的 β - Ga_2O_3 单晶。导模法生长单晶的速度较快，可以达到 10 mm h^{-1}[94]。目前已报道的利用导模法生长的最大单晶尺寸达到了 6 英寸[108]。使用导模法生长 β - Ga_2O_3 单晶的主要有日本 Tamura 公司、日本国家材料科学研究所(NIMS)及国内的山东大学、中国电子科技集团 46 所等单位。其中日本 Tamura 公司生长的 β - Ga_2O_3 单晶体块和 4 英寸衬底如图 1.9 (c)、(d)所示。2 英寸非故意掺杂和 Sn 掺杂的具有($\bar{2}$01)、(100) 及 (001)晶向的 β - Ga_2O_3 单晶衬底已经商业化。在非故意掺杂的 β - Ga_2O_3 晶体中，主要的杂质元素是 Na、Si 和用作坩埚的 Ir，其含量大概为 1～5 wt. ppm(污染物的质量单位)，其他元素的含量一般低于 1 wt. ppm。由于这些杂质以及 H 元素的存在，非故意掺杂的 β - Ga_2O_3 通常表现为 N 型导电特征，室温下，其背景载流子浓度为 10^{16}～10^{17} cm^{-3}，迁移率大约为 130 $cm^2 \cdot V^{-1} \cdot s^{-1}$。

β - Ga_2O_3 单晶有两个主要的解理面，分别是{100}和{001}晶面簇，因此(010)晶向的衬底在制备过程中非常脆弱，容易沿着{100}和{001}晶面簇解理，这导致(010)面的衬底尺寸通常比较小。不过正是由于{100}晶面特别容易解理，因此可以用机械剥离的方法在 β - Ga_2O_3 单晶上剥离得到厚度低于 100 nm 的纳米片[109-110]，这为 β - Ga_2O_3 基功率器件和光电器件提供了另一种途径[111-114]。最近，E. Swinnich 等人[115]利用剥离出的 β-Ga_2O_3单晶纳米片在塑料衬底上制备了柔性的高功率肖特基二极管，可在一定程度上解决机械剥离 β-Ga_2O_3单晶纳米片重复性差的问题。

1.2.2 氧化镓薄膜外延的发展

目前利用 β-Ga_2O_3 衬底进行同质外延比较成熟的技术主要是 MBE、MOVPE 和 HVPE 等技术。其中，MBE 外延技术以其超高真空、超纯束流源、高可控性等优点，率先在 β-Ga_2O_3衬底上实现了高质量、掺杂可控的 β-Ga_2O_3外延膜，并被成功用于制备高性能 MOSFET 器件。此外，利用 MBE 技术还可以在 β-Ga_2O_3衬底上进行 β-$(Al_xGa_{1-x})_2O_3$合金的制备，并在此基础上利用调制掺杂和能带剪裁实现了$(Al_xGa_{1-x})_2O_3/Ga_2O_3$界面二维电子气。MOVPE 是用于外延生长氮化物、Ⅲ-Ⅴ族化合物、氧化物基功率电子器件、光电二极管、激光二极管等器件的标准设备。产业界量产多年积累的对 MOVPE 设备硬件及控制系统的认识,使得 MOVPE 生长的 β-Ga_2O_3外延膜可以快速用于外延器件制备上，特别是在 Agnitron 公司与美国加州大学圣芭芭拉分校的研究人员合作进行 β-Ga_2O_3同质外延研究之后，MOVPE 在 β-Ga_2O_3同质外延上的优势得到了充分体现，可在保持较高生长速率的条件下，实现低背景散射 β-Ga_2O_3薄膜外延。

HVPE 是一种利用无机物外延半导体薄膜的方法，其主要特征在于生长速率高、晶体质量高且掺杂浓度可控[87,104,116,117]。由于 HVPE 外延生长速率较快，目前最快已经可以接近 200 μm h^{-1}[3]。同时，可利用 HVPE 技术实现低背景载流子浓度的 β-Ga_2O_3薄膜。因此，目前 HVPE 主要用于外延生长功率器件中的低掺杂漂移层，以及制备高性能垂直型 SDB 和 MOSFET 功率器件。商业上已经可以获得 4 英寸，(001)面的高导衬底上外延厚度为 10 μm 左右的漂移层的晶圆。

为制备高性能 β-Ga_2O_3器件，在确保衬底晶体质量的前提下，还应提高外延层的外延质量。对于功率器件而言，β-Ga_2O_3外延层主要作为功率器件漂移层使用。漂移层的厚度大约在 10 μm 左右，这就要求外延层的生长速率超过 1 μm h^{-1}。此外，外延膜的掺杂浓度必须在 10^{-15}～10^{-17} cm^{-3}范围内严格可控。为此，需优化生长温度、生长速率及投料比例等外延相关的参数。此外，如上所述，β-Ga_2O_3的晶体取向对外延生长也有很大的影响。由于 β-Ga_2O_3特殊的单斜结构，外延 Si(立方金刚石结构)、GaN(六方纤锌矿结构)、GaAs(立方闪锌矿结构)等关于晶面对外延生长影响的经验并不能直接应用于 β-Ga_2O_3。因此，研究不同晶面对 β-Ga_2O_3外延层晶体质量的影响一直是 β-Ga_2O_3同质外延的重要课题。

为研究晶面沿着 b 轴和 c 轴旋转对外延的影响，规定衬底表面的晶向用衬底表面与(100)面形成的夹角表示，如图 1.10 所示，其中短虚线表示衬底表面。利用臭氧增强 MBE 技术外延 β - Ga_2O_3 薄膜，生长温度为 750℃，Ga 束流为 2.1×10^{-4} Pa，臭氧的流量为 5.0 sccm，生长时间为 30 min。需要注意的是，实验中并没有使用表面沿着 b 轴旋转 160°～170°的衬底，因为(100)面会产生解理，很难得到光滑的抛光表面。用电化学电容-电压法(Electrochemical Capacitance-Voltage，ECV)或二次离子质谱法(Secondary Ion Mass Spectroscopy，SIMS)测定薄膜的厚度，用 X 射线衍射分析晶体质量，用原子力显微镜分析表面形貌。

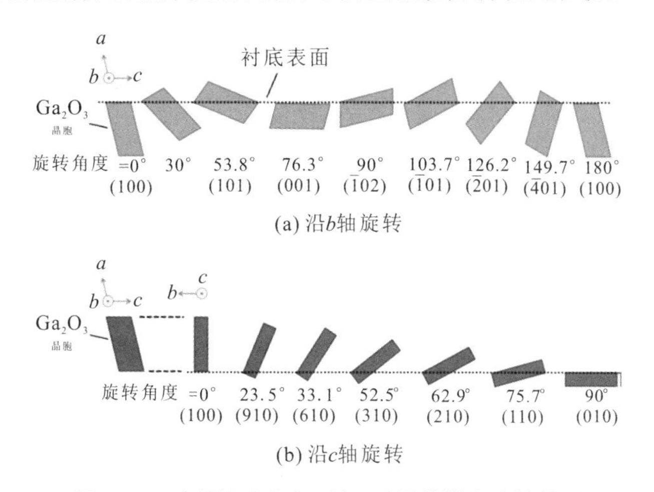

图 1.10　表面取向与相对(100)面旋转角度的关系

图 1.11(a)、(b)分别显示了生长速率与(100)面相对 b 轴和 c 轴的旋转角度的关系。(100)面的生长速度非常小(<0.01 $\mu m\cdot h^{-1}$)，比其他晶面小一个或多个数量级。生长速率随旋转角度的增大而增大，在距(100)晶面 10°或 10°以上达到饱和。(001)面的生长速率相对略小。这主要是由于(100)和(001)面为强解理面，其表面能小于其他面[19-20]。由于这两个面的悬挂键密度和(或)结合能很小，因此供给这两个面的原料再蒸发可能很大。沿 b 轴旋转的衬底表面的平均生长速率约为 0.4～0.5 $\mu m\cdot h^{-1}$；沿 c 轴旋转的衬底表面的平均增长率约为 40%，即 0.7 $\mu m\cdot h^{-1}$。其来源可能与表面的悬挂键密度和(或)结合能有关。从以上结果可看出，沿(100)晶面旋转 10°或以上的衬底表面更适用于外延 β - Ga_2O_3，且沿 c 轴旋转的表面比沿 b 轴旋转的表面的生长速度要高 40%左右。因此，我们认为(010)晶面是最适合用 MBE 进行 β - Ga_2O_3 外延生长的晶面。

接下来，研究外延膜表面粗糙度与衬底晶面的关系。从 AFM 图像估计的

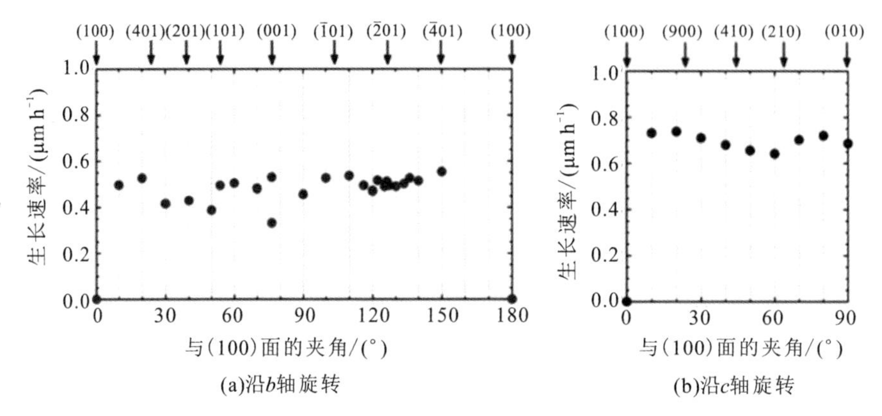

图 1.11　生长速率与(100)面相对 *b* 轴和 *c* 轴的旋转角度的关系

RMS 表面粗糙度如图 1.12 所示。如图 1.12(a)所示，在沿 b 轴旋转的晶面上，用相对(100)面夹角为 30°、76.3°～110°、150°晶面的衬底可以生长出表面光滑的薄膜；而生长在沿 c 轴旋转的晶面上的薄膜表面均为光滑表面，如图 1.12(b)所示。与生长速率与表面取向的关系类似，沿 c 轴旋转的晶面上生长的外延膜表面粗糙度较低，因而也更适于 β - Ga_2O_3 MBE 的外延生长。

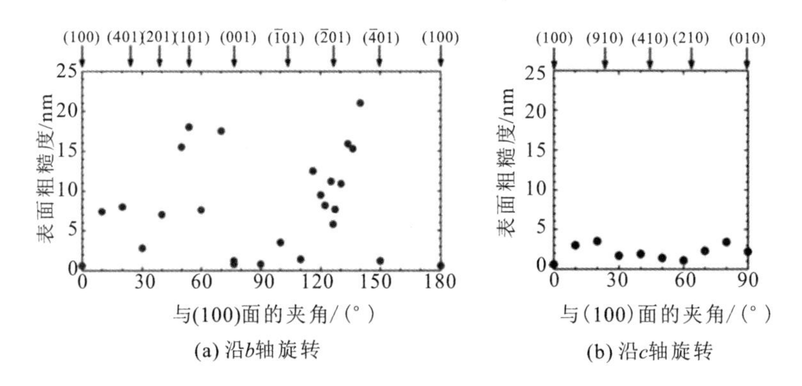

图 1.12　MBE 生长的 β - Ga_2O_3 同质外延薄膜表面 RMS 粗糙度与表面取向的关系

图 1.13 显示了在沿 b 轴旋转晶面衬底上生长的薄膜的表面 AFM 图像。图 1.13 中，在 RMS 值较小的外延膜表面可以看到清晰的原子台阶结构；而许多大岛状结构出现在 60°、70°、120°、126.2°表面上。由于岛状晶核的形状是不规则的，有可能产生晶格缺陷而不是原子台阶的聚簇。下面将从晶体质量的角度考虑它们的起源。

为了揭示表面粗糙度增加的原因，可以对沿 b 轴旋转不同角度晶面所生长的外延薄膜进行 2θ-ω XRD测试，如图1.14所示，右轴显示外延膜的表面方

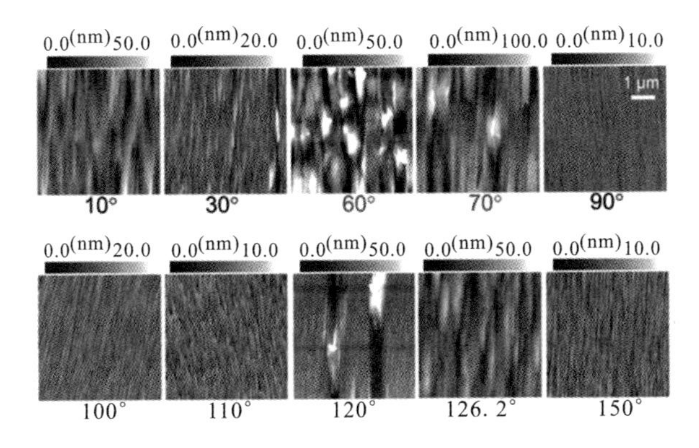

图 1.13　沿 *b* 轴旋转晶面衬底上生长的薄膜的表面 AFM 图像

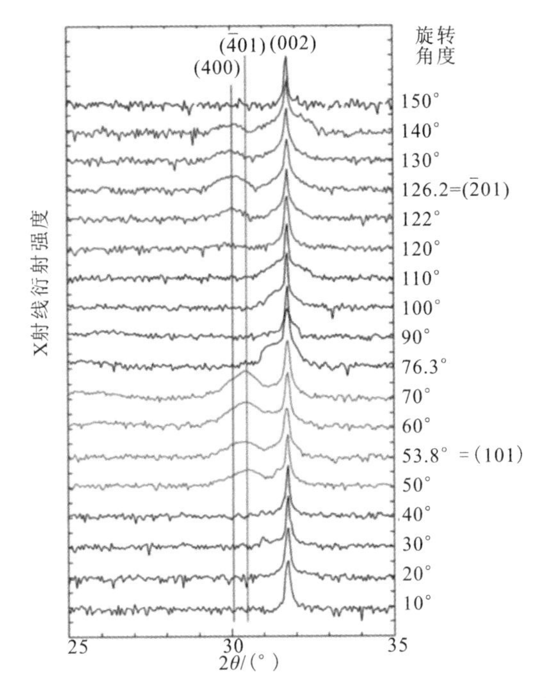

图 1.14　外延薄膜在(001)面的非对称 $2\theta-\omega$ XRD 图谱

向。实验中 X 射线入射方向平行于 *b* 轴。50°～70°旋转面(红线)的衍射谱包含了晶格缺陷在 2θ 约为 30.5°处产生的衍射，其代表的($\bar{4}$01)晶面的晶格缺陷平行于衬底的(001)面；而 120°～140°旋转面(红线)的衍射谱包含了晶格缺陷在 2θ 约为 30.0°处产生的衍射，其代表的(400)晶面的晶格缺陷平行于衬底的(001)面。这些旋转角度对应于显示出粗糙表面的晶面角度。因此，表面粗糙度增大的原因是晶格缺陷。在 120°～140°旋转晶面处的低指数面为$(\bar{2}01)$面，而在 50°～70°旋转晶面处的低指数面为(101)面，这些晶面是产生晶格缺陷的原因。与$(\bar{2}01)$面和(101)面相关的晶格缺陷产生机理将在下一节讨论。

图 1.15 显示了由 XRD 测量得到的晶格缺陷与衬底之间的取向关系。左图是β－Ga_2O_3 衬底正常的晶体结构，其中$(\bar{2}01)$面是水平的，它是存在于正常晶体中的晶格缺陷的结构。蓝色和红色的实心圆对应的是 Ga 和 O 原子，黑线表示β－Ga_2O_3的晶胞。可以看出，衬底与晶格缺陷的$(\bar{2}01)$面是平行的，然而每个晶体在$(\bar{2}01)$面上旋转了 180°。换言之，$(\bar{2}01)$面的晶格缺陷是$(\bar{2}01)$面的孪晶。

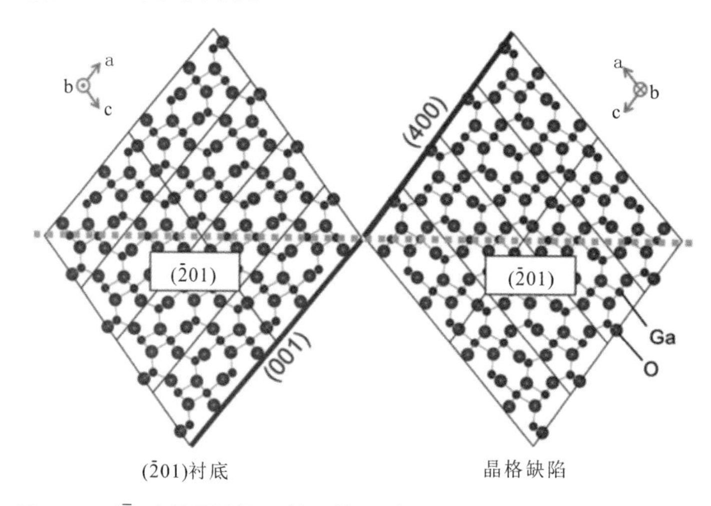

图 1.15　$(\bar{2}01)$晶面及沿 *b* 轴旋转 120°～140°晶面晶格缺陷示意图

可用透射电子显微镜(TEM)观察β－Ga_2O_3外延膜中原子的排列，从而确定其取向关系。图 1.16 显示了 $(\bar{2}01)$面外延膜的低倍率和高倍率 TEM 剖面图以及选区电子衍射图样。需要注意的是，电子束光斑直径约为 80 nm，因此衍射图样包括了正常晶体和缺陷晶体的信息。密勒指数是根据衍射图样之间的距离估计的。从低倍率 TEM 图中可以看出，外延薄膜中包含了具有不同衬度的区域。高倍率的 TEM 图表明，该区域的晶体取向与衬底取向不同，该晶格缺陷为 $(\bar{2}01)$面镜像旋转得到的。从选区电子衍射图样显示正常区域和缺陷区域的衍射图案大多重叠，这意味着正常晶体和晶格缺陷的 $(\bar{2}01)$面几乎是平行的。TEM 结果还表明，晶体缺陷为 $(\bar{2}01)$面的孪晶。O 原子在 $(\bar{2}01)$面上的排列几乎为六边形最密堆积，因而 O 层具有很高的面内对称性。相反地，Ga 原

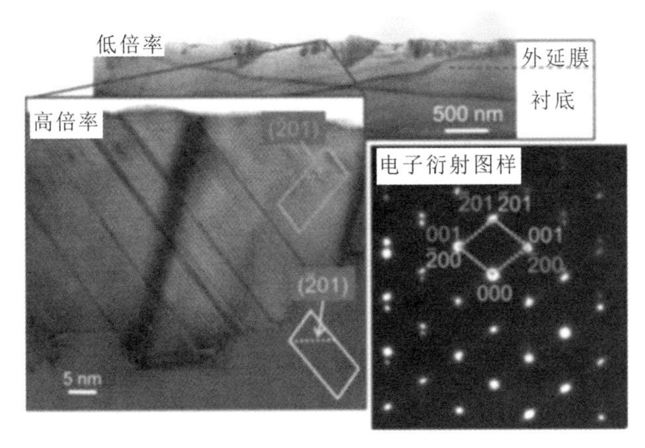

图 1.16　β - Ga_2O_3($\bar{2}01$)面外延膜的 TEM 剖面图以及选区电子衍射图样

子在 O 层上的排列不是最紧密的，因此，有理由认为，在高度对称的 O 层上，Ga 原子很容易发生错位，从而产生（$\bar{2}01$)面的孪晶。

类似地，上述方法也可用于评估沿 b 轴旋转 50°～70°时在(101)面附近产生晶格缺陷的原因。图 1.17 显示了由 XRD 测量得到的晶格缺陷与衬底之间的取向关系。左图是β - Ga_2O_3衬底正常的晶体结构，其中(101)面是水平的，它是存在于正常晶体中的晶格缺陷的结构。从图中可以看出，衬底的(101)面与晶体缺陷的($\bar{2}01$)面是平行的。图 1.18 显示了在 60°旋转晶面上生长的外延薄膜的低倍率和高倍率的 TEM 剖面图。这些薄膜的衬度与衬底的衬度不同。这意味着几乎所有的薄膜都是由晶体缺陷组成的。利用晶格缺陷与衬底界面的高分辨率图像，可以估算密勒指数；在这种情况下，衬底的(101)面和缺陷的($\bar{2}01$)面几乎是平行的。

如图 1.18 所示，晶格缺陷与衬底的界面几乎平行于(101)面，因此晶格缺陷可能是在(101)面上生长的。(101)面的 O 原子是六方最密堆积的，它具有高度的面内对称性，而（101)面上的 Ga 原子不是六方最密堆积的。这一特性与($\bar{2}01$)面相似。此外，(101)面一半位置的 Ga 原子与($\bar{2}01$)面上几乎相同。这些特征表明 Ga 原子在面内对称的 O 层上很容易发生偏移，(101)面变为($\bar{2}01$)面，由此产生的晶格缺陷一般为堆垛层错。堆垛层错通常会对器件性能产生显著的影响。此外，($\bar{2}01$)面外延 β - Ga_2O_3 容易产生孪晶，由于这些缺陷很难预防，因此($\bar{2}01$)面和(101)面周围的区域不适合用于 β - Ga_2O_3外延生长。

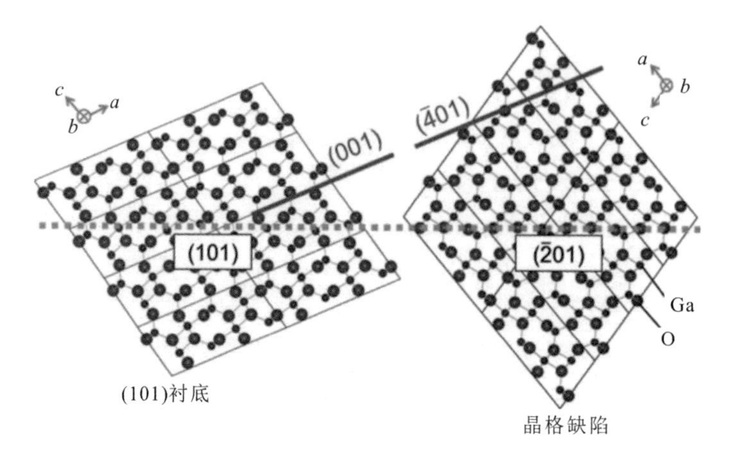

图 1.17　(101)晶面及沿 b 轴旋转 120°～140°晶面晶格缺陷示意图

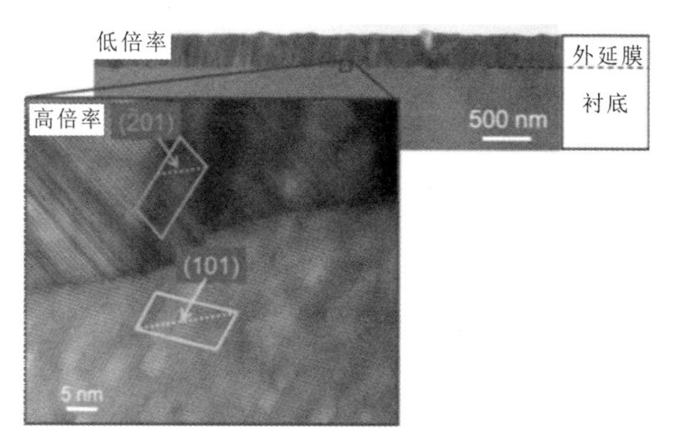

图 1.18　沿 b 轴旋转 60°衬底上生长的外延膜的 TEM 剖面图

除$(\bar{2}01)$面和(101)面外，对于(100)面生长的外延层，尽管在优化的生长条件下，外延薄膜中仍然存在很多堆垛层错和晶界。由于这些堆垛层错和晶界的存在，即使 Si 掺杂的 $\beta-Ga_2O_3$ 的 RMS 表面粗糙度在 0.4～0.8 nm 之间，无论是非故意掺杂还是低掺杂的 $\beta-Ga_2O_3$ 都表现出高阻的电学特性[118]。R. Schewski 等人[119]开发了一种定量模型，并研究了在(100)面上利用 MOVPE 方法生长 $\beta-Ga_2O_3$ 的过程中面缺陷的演化规律。根据这一模型，$\beta-Ga_2O_3$ 在独立的二维岛状生长时，二维岛将在两个不同的(100)面位置合并，导致不连续的晶界。这些二维岛状成核主要是生长的原子在生长界面处的扩散长度有限导致的。对于 Ga 而言，当生长温度为 850 ℃时，其扩散系数很低，仅为 $7\times10^{-9}\ cm^2\cdot s^{-1}$[119]。因此，Ga 的扩散长度小于台阶宽度，导致二维岛状成核。为减小面缺陷，必须提供层流生长条件而非二维岛状生长条件，这可以通过减小衬底的台阶宽度实现。当

(100)面的台阶宽度减小，即切割角增大(沿着[001]方向)时，β-Ga_2O_3的外延从二维岛状生长过渡到二维的层流生长，如图1.19所示。此时，β-Ga_2O_3中的孪晶密度随着切割角从～0°增加到6°而由10^{17} cm^{-3}减小至接近0，如图1.19所示。(100)面上外延β-Ga_2O_3产生面晶格缺陷的原因与($\bar{2}01$)面衬底外延相似，在(100)面上，β-Ga_2O_3的半个c轴晶胞沿着[001]镜面旋转而导致孪晶的产生。此外，由于(100)面生长速率极低，尽管(100)面β-Ga_2O_3衬底最先被制备出来，却没有成功外延出适合制备高性能电子器件的薄膜。

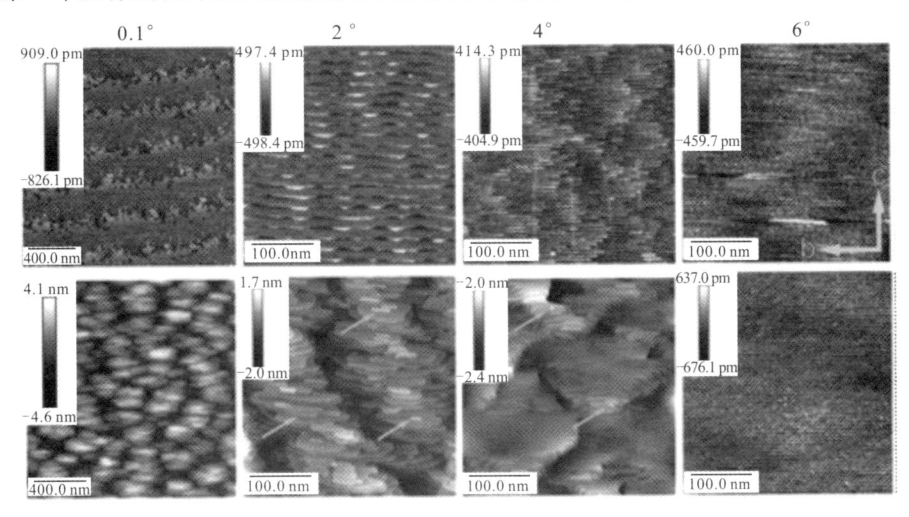

图1.19　不同切割角(0.1°、2°、4°和6°)的(100) β-Ga_2O_3衬底及MOVPE外延膜的AFM形貌图[119]

关于不同晶面的β-Ga_2O_3衬底对外延薄膜生长的影响已经有很多不同的研究[29-31,118-127]，由于(100)面是β-Ga_2O_3的天然解理面，并且受β-Ga_2O_3单晶生长技术发展及抛光技术的限制，因此初期的β-Ga_2O_3同质外延基本在(100)面上进行。如图1.20所示，尽管研究表明当(100)面切割角较小的时候，同质外延可以获得原子级平整的表面[118,120,128]，但受限于外延生长速率及晶格缺陷，对高质量、掺杂可控的(100)面β-Ga_2O_3同质外延的研究在很长一段时间内尚未取得显著成果。随着β-Ga_2O_3单晶衬底生长技术及其抛光技术的发展，在2012年，来自日本的研究人员率先在利用FZ法生长的(010) β-Ga_2O_3衬底上实现了掺杂可控的(浓度范围为10^{-16}～10^{-19} cm^{-3})的高质量同质外延[29]。利用这些高质量的β-Ga_2O_3外延膜，日本的研究人员于2013年分别实现了首个基于β-Ga_2O_3的MESFET[129]和MOSFET[129]器件，引发了β-Ga_2O_3研究的热潮。目前，绝大多数高性能水平型MOSFET都是基于MBE生长的

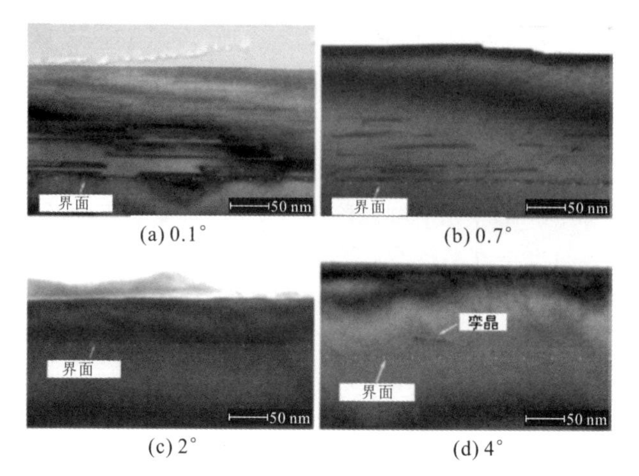

(a) 0.1°　(b) 0.7°　(c) 2°　(d) 4°

图 1.20　不同切割角的(100) β - Ga_2O_3 MOVPE 外延膜的 TEM 明场图像[119]

(010)面 β - Ga_2O_3 外延薄膜实现的。通常，这些外延膜和半绝缘衬底之间需要生长一层 500 nm 厚的非故意掺杂 β - Ga_2O_3 缓冲层[130-131]，用以屏蔽衬底中补偿掺杂元素(如 Mg、Fe)等的扩散对外延膜掺杂的影响。此外，目前没有遇到 Ga_2O_3 在两个相对稳定的方向(180°旋转)产生的位错和面缺陷问题，利用 MOVPE 方法在(010)面上外延生长 β - Ga_2O_3 薄膜也没有遇到明显的技术困难。在优化的生长条件下，可以在(010)面上外延出高质量而平整的薄膜，并且几乎没有缺陷。目前，美国的加州大学圣塔芭芭拉分校与 Agnitron 公司合作，利用 N_2O 作为反应气体，用 MOVPE 方法在(010)面的衬底上生长出了非故意掺杂的低背景载流子浓度(10^{14} cm^{-3})、高迁移率(>150 $cm^2 \cdot V^{-1} \cdot s^{-1}$)的 β - Ga_2O_3 外延膜[6]。此外，室温[132]和低温[133]迁移率最高的 β - Ga_2O_3 外延薄膜均是利用 MOVPE 方法在(010)面上实现的。其中室温迁移率为 184 $cm^2 \cdot V^{-1} \cdot s^{-1}$，接近室温下 β - Ga_2O_3 迁移率的理论值；而低温迁移率在 46 K 时已经超过 10^4 $cm^2 \cdot V^{-1} \cdot s^{-1}$。由于β - Ga_2O_3 的光学声子散射所限，β - Ga_2O_3 的室温迁移率相对 Si、GaAs、GaN 等半导体材料较低，限制了 Ga_2O_3 在高频高功率领域的应用，因此目前亟待发展调制掺杂技术，利用界面工程和载流子限域实现高迁移率 2DEG。这就要求高质量的 β - Ga_2O_3/$(Al_xGa_{1-x})_2O_3$ 合金外延技术及界面控制，而 β -$(Al_xGa_{1-x})_2O_3$ 的外延研究几乎与 β - Ga_2O_3 外延的研究同步。目前，β - Ga_2O_3/β -$(Al_xGa_{1-x})_2O_3$ 的调制掺杂及界面 2DEG 均已由 MBE 技术在(010)面上实现[35]，而 MOVPE 的β -$(Al_xGa_{1-x})_2O_3$ 生长仍处于进一步的研究中，并已取得较大进展[134-137]。

在(100)面 β - Ga_2O_3 衬底上生长外延膜曾遇到过较大的困难，直到德

国 IKZ的研究人员将(100)面的 β-Ga_2O_3衬底切割角增加到 4°以上，(100)面β-Ga_2O_3的高质量外延才得以实现。其主要的机理是将衬底表面的台阶宽度降低到一定程度后，Ga 的迁移足以实现层流生长而非岛状生长，可避免 Ga_2O_3分子的镜面旋转，也可避免晶格缺陷的产生[119]。最近的研究表明，当切割角沿着[001]或[00$\bar{1}$]方向时，生长出的薄膜晶体质量呈现出明显的区别，沿着[00$\bar{1}$]方向生长出来的薄膜质量更好[124]。在解决了由于 β-Ga_2O_3分子的镜面旋转而形成面缺陷和孪晶的问题后，β-Ga_2O_3的掺杂问题也迎刃而解。例如在(100)衬底切割角达到 6°时，可实现与体材料和(010)面 β-Ga_2O_3外延膜的迁移率相当的外延膜[107,138,139]，如图 1.21 所示。这些(100)面上外延得到的薄膜也被成功用于制备高性能 MOSFET[140-142]，特别是高截止频率的开关器件[142]。尽管就目前的研究情况来看，(100)面的 β-Ga_2O_3外延薄膜生长相对(010)面并没有优势，但是研究(100)面的 β-Ga_2O_3外延对研究 β-Ga_2O_3的生长机理及物理特性具有重要意义。如上文所述，($\bar{2}$01)面的 β-Ga_2O_3外延面临与(100)面外延相似的问题，但是目前并没有很好的解决方法。有一些研究在尝试提高($\bar{2}$01)面 β-Ga_2O_3外延膜的晶体质量[127]，但是并未取得明显效果。

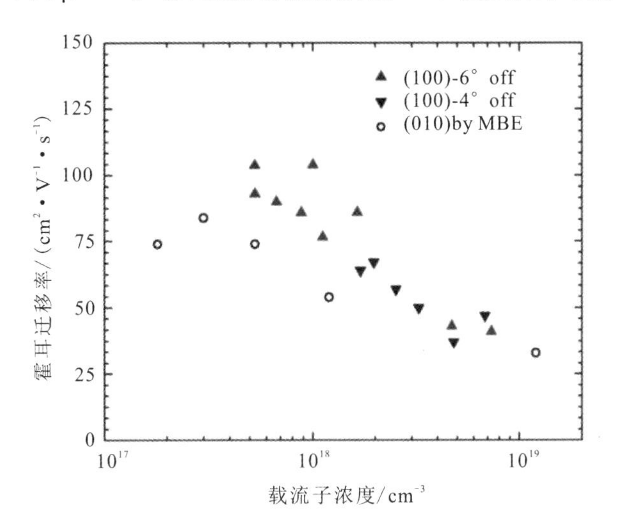

图 1.21　在 4°和 6°切割角(100)衬底上生长外延膜的霍耳迁移率和载流子浓度与 MBE 生长的(010)外延膜的参考值的比较[107]

采用了 MOVPE 技术后，相比 MBE 技术，β-Ga_2O_3外延生长速率提高到了～10 $\mu m \cdot h^{-1}$[143]，但比采用 HVPE 技术后的生长速率仍处于劣势[3]，并且目前没有 MOVPE 高质量地用于功率器件漂移层厚膜的报道，因此 HVPE 在高质量$\beta-Ga_2O_3$厚膜的外延中起着决定性作用。目前 HVPE 外延主要利用(001)面的$\beta-Ga_2O_3$衬底，生长速率可达几十 $\mu m \cdot h^{-1}$，并且可以实现背景载流子浓度低至 3×10^{15} cm^{-3}的高质量外延膜。采用(010)面$\beta-Ga_2O_3$衬底进行 HVPE 外延厚膜的主要原因在于成本和生长速率之间的权衡，即相对(010)面$\beta-Ga_2O_3$衬底而言，(001)面衬底更容易制备，且晶圆面积大(可超过 4 英寸)，制备成本较低，而不太牺牲生长速率和晶体质量。由于 HVPE 生长$\beta-Ga_2O_3$的初始目标就在于制备低掺杂浓度的、器件应用水平的$\beta-Ga_2O_3$漂移层厚膜，因此其主要在高导电的 Sn 掺杂的(001)面上生长。在未掺杂外延实现后[31]，很快在高导电的(001)衬底上实现低掺杂的$\beta-Ga_2O_3$外延膜[8,144]，并且很快将$\beta-Ga_2O_3$肖特基二极管的击穿电压提高到 1000 V 以上[145]。目前绝大多数高性能垂直型$\beta-Ga_2O_3$功率整流器件[146]和开关器件[11]均是基于 HVPE 生长的$\beta-Ga_2O_3$漂移层制备的。当前 HVPE 同质外延的目标在于进一步降低$\beta-Ga_2O_3$外延层中的缺陷密度，以便进一步提高垂直型$\beta-Ga_2O_3$基功率器件的开态电流(驱动电流)及击穿场强，使器件的性能更趋近于$\beta-Ga_2O_3$的理论极限。mist-CVD、LPCVD 和 PLD 等外延技术均可用来进行$\beta-Ga_2O_3$的同质外延，但是相对上述三种方法(MBE、MOVPE 和 HVPE)而言，外延膜晶体质量较差。

目前的重要研究进展是垂直型 MOSFET 器件[11]，这使水平 MOSFET 器件在成本和性能上失去了优势。横向 MOSFET 器件的研究重点会逐渐向以调制掺杂形成的高迁移率 2DEG 作为沟道层 HEMT 发展，促使$\beta-Ga_2O_3$在高频高功率领域的应用。在这一过程中，会加速$\beta-(Al_xGa_{1-x})_2O_3$合金工程和能带剪裁的研究，加深对$\beta-Ga_2O_3$中缺陷行为、界面控制等物理机制的理解。然而，受限于界面粗糙度散射，$\beta-(Al_xGa_{1-x})_2O_3/\beta-Ga_2O_3$界面 2DEG 的电子迁移率并没有得到进一步提高；同时，由于杂质散射导致的迁移率限制，即使界面散射减弱，2DEG 的低温迁移率也将维持在 10^4 $cm^2 \cdot V^{-1} \cdot s^{-1}$以下。因此，在研究材料的散射机制、外延模式的基础上提高材料的外延水平，降低$\beta-(Al_xGa_{1-x})_2O_3/\beta-Ga_2O_3$界面粗糙度以及离化杂质浓度是获得更高迁移率 2DEG 的关键，也是未来$\beta-Ga_2O_3$外延研究的重点方向。此外，由于$\beta-Ga_2O_3$及其合金没有自发极化特征，2DEG 主要通过调制掺杂实现，其浓度没有 AlGaN/GaN 中极化诱导产生的 2DEG 浓度高($>10^{13}$ cm^{-2})[147]。引入优化晶体质量后的$\kappa-Ga_2O_3$有望提供一种能提高$\kappa-(Al_xGa_{1-x})_2O_3/\kappa-Ga_2O_3$界面 2DEG 浓度和沟道导电性能的途径。另外，因为高质量$\beta-(Al_xGa_{1-x})_2O_3$中的 Al 含量仅为 20%左右，$\beta-(Al_xGa_{1-x})_2O_3$和$\beta-Ga_2O_3$的导带偏移只有 0.4 eV 左右，无法实现界面强局域化，2DEG 面密度也难以提高；而$\alpha-(Al_xGa_{1-x})_2O_3$可以制备全组分无相

变的合金[24,53,148-149]，发展 $\alpha-(Al_xGa_{1-x})_2O_3/\alpha-Ga_2O_3$ 异质结构，可进一步使 2DEG 限域性更好，面密度得到提高。为实现这一目的，低位错密度的 $\alpha-Ga_2O_3$ 的外延层或自支撑衬底的发展具有极大的吸引力。随着 HVPE 技术及 ELO 技术的发展，有望在得到低位错密度 $\alpha-Ga_2O_3$ 衬底的同时实现 $\alpha-Ga_2O_3$ 的同质外延，从而进一步增加 Ga_2O_3 器件的物理极限，并拓展其应用领域。因此，高质量的 Ga_2O_3 异质外延是目前研究的热点，同时也是实现弯道超车的关键所在。

同质外延 $\beta-Ga_2O_3$ 的异质外延可以在多种衬底(如 $\alpha-Al_2O_3$[150-152]、Si[153]、GaAs[150]、GaN[154]、MgO[155-156]等）上实现，最常见的是 $\alpha-Al_2O_3$ 衬底。事实上，由于 $\beta-Ga_2O_3$ 是 Ga_2O_3 的高温稳定相，只要生长条件合适(如较高温度下)，不论在哪种衬底上都可以生长出 $\beta-Ga_2O_3$。由于晶体结构不匹配，目前的 $\beta-Ga_2O_3$ 异质外延薄膜都是多晶薄膜。以 $\beta-Ga_2O_3/\alpha-Al_2O_3$ 为例，如图1.22所示，$\beta-Ga_2O_3$ 晶粒在 Al_2O_3 衬底上有三种方向的旋转畴，其面外旋转关系通常为$(\bar{2}01)$ $\beta-Ga_2O_3$ ∥ (0001) Al_2O_3；同时，由于 $\beta-Ga_2O_3$ 的单斜结构，上述每种方向的晶畴可旋转 180°。因此，在 $\alpha-Al_2O_3$ 衬底上有六种晶畴。尽管在对称面 XRD $2\theta-\omega$ 扫描时

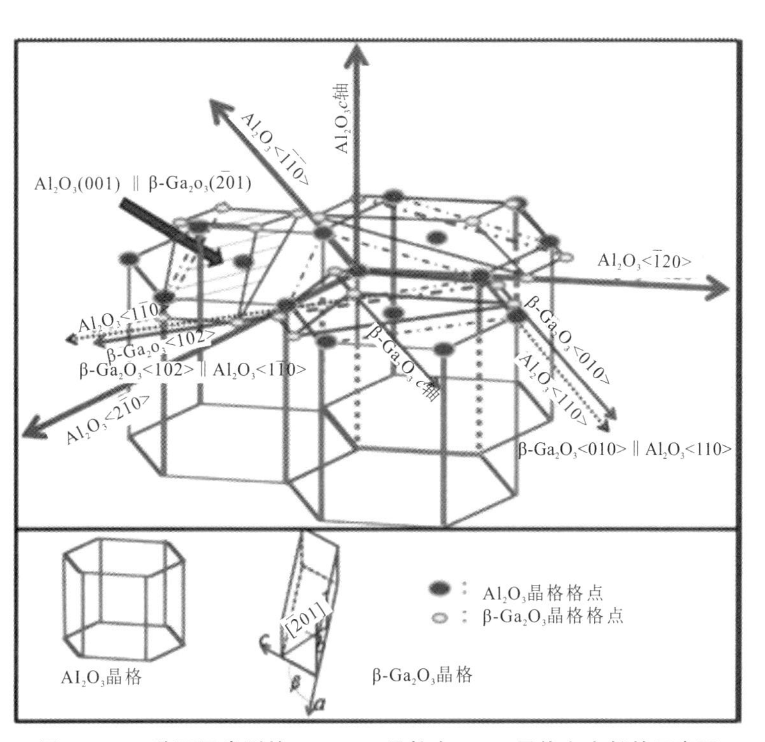

图 1.22 三种不同类型的 $\beta-Ga_2O_3$ 晶粒在 Al_2O_3 晶格上生长的示意图

只看到单一相的($\bar{2}01$) β-Ga_2O_3，但实际上薄膜中存在大量的晶格缺陷，并表现为多晶特征。这也可从 β-Ga_2O_3 ($\bar{2}01$)面的摇摆曲线半高宽中得知，通常，β-Ga_2O_3/α-Al_2O_3的($\bar{2}01$)面的摇摆曲线半高宽超过0.5°[76,157-158]。

由于异质外延的 β-Ga_2O_3薄膜中存在着大量的晶格缺陷，这些晶格缺陷会捕获载流子，并作为散射中心对载流子输运产生散射，由此导致异质外延 β-Ga_2O_3薄膜的掺杂成为难题。研究人员对异质外延 β-Ga_2O_3薄膜的掺杂研究表明，只有当薄膜中的掺杂浓度超过一定阈值(如 5×10^{18} cm^{-3})时[156,159-161]，β-Ga_2O_3异质外延膜才能表现出明显的导电特性，但往往其迁移率非常低(通常小于 1 $cm^2\cdot V^{-1}\cdot s^{-1}$)，表现出典型的多晶膜特性。2016 年，美国的研究人员采用 LPCVD 的方法在 α-Al_2O_3衬底上异质外延得到了 3.42 μm、霍耳迁移率最大为 42 $cm^2\cdot V^{-1}\cdot s^{-1}$的 β-$Ga_2O_3$外延膜[157]。如上所述，β-$Ga_2O_3$外延膜表现为($\bar{2}01$)择优取向，($\bar{2}01$)晶向的 XRD 摇摆曲线半高宽约为 1.5°，其 XRD $2\theta-\omega$扫描和摇摆曲线分别如图 1.23(a)、(b)所示。尽管 β-Ga_2O_3外延膜的晶体质量并不好，但研究人员利用 Si 掺杂实现了 $10^{17}\sim10^{19}$ cm^{-3}范围内的掺杂，薄膜中霍耳载流子浓度和掺杂剂 Si 流量的关系图如图 1.24 (a)所示。随着掺杂剂 Si 流量的增加，β-Ga_2O_3外延膜中的载流子浓度增加，这表明可以通过调整掺杂剂 Si 的流量实现载流子浓度可控的掺杂。当载流子浓度为 1.32×1018 cm^{-3}时，β-Ga_2O_3外延膜的霍耳迁移率达到了 42 $cm^2\cdot V^{-1}\cdot s^{-1}$，如图 1.24 (b)所示。当载流子浓度降低时，β-Ga_2O_3外延膜的迁移率降低，这是外延膜中的晶格缺陷所带来的散射所导致的。

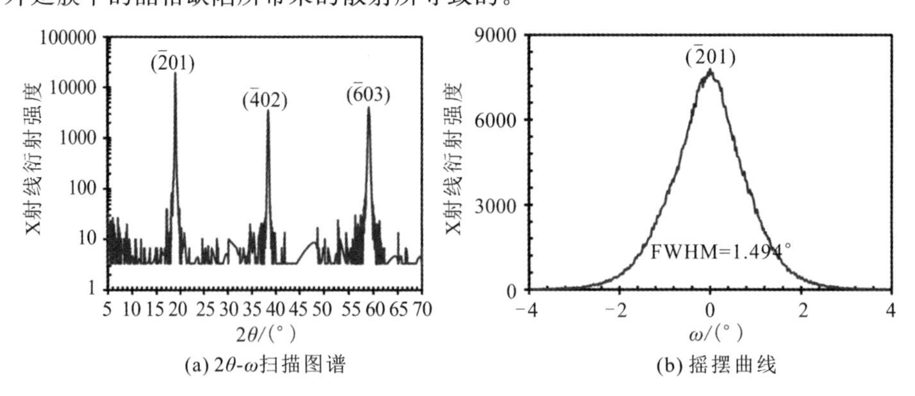

图 1.23 利用 LPCVD 方法在 α-Al_2O_3衬底上生长的 β-Ga_2O_3外延膜的 XRD 扫描图谱和摇摆曲线

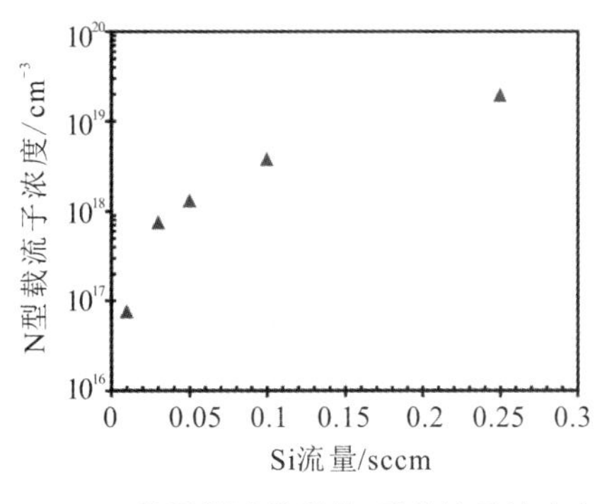

(a) 霍耳测试得到的N型载流子浓度和掺杂元素Si的流量的关系

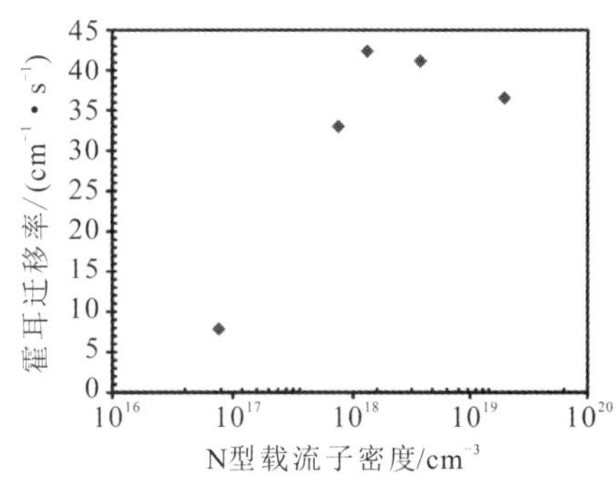

(b) 霍耳迁移率及载流子浓度的关系

图 1.24　LPCVD 方法异质外延生长的 β-Ga_2O_3 薄膜中载流子浓度和迁移率的性质

来自上述研究小组的报道显示，采用 LPCVD 在偏离<$11\bar{2}0$>轴向上不同离轴角的蓝宝石衬底上可外延出高迁移率的 N 型 Si 掺杂的 β-Ga_2O_3 外延膜[158]。采用离轴衬底后，外延膜的电学性能可得到很大改善。在 6°切割角的蓝宝石上生长的薄膜具有最佳的电学性能，其室温霍耳迁移率为 107 $cm^2 \cdot V^{-1} \cdot s^{-1}$，此时 N 型载流子浓度为 4.83×10^{17} cm^{-3}；而在相同的生长条件下，测得的 3.5°和 0°离轴β-Ga_2O_3 外延膜的室温霍耳迁移率分别为 64.45 $cm^2 \cdot V^{-1} \cdot s^{-1}$和 12.26 $cm^2 \cdot V^{-1} \cdot s^{-1}$。根据笔者的认知，这是目前唯一成功实现 β-$Ga_2O_3$ 异质外延掺杂的方法。在其他衬底上异质外延生长 β-Ga_2O_3 薄膜将遇到与 β-Ga_2O_3/α-Al_2O_3 异质外延相似的困难，即由于晶体结构不匹配而导致的晶畴旋转，并由此形成大量晶格缺陷，目前并没有很好的办法克服这一困难；此外，随着 β-Ga_2O_3 单晶衬底生长、切割和抛光等技术的发展，β-Ga_2O_3 同质外延已然成为 β-Ga_2O_3 外延的主流，因此，β-Ga_2O_3 的异质外延进展逐渐停滞。

目前最具有吸引力的 Ga_2O_3 异质外延当属 α-Ga_2O_3 异质外延，一方面是由于 α-Ga_2O_3 具有比 β-Ga_2O_3 更高的击穿场强，可用于制备具有更高 Baliga 品质因数(BFOM)的功率器件；另一方面，技术成熟、低成本的 α-Ga_2O_3 衬底及全组分无相变 α-$(Al_xGa_{1-x})_2O_3$ 合金有助于 Ga_2O_3 的进一步发展，为 Ga_2O_3 基高频大功率器件提供另一种潜在的可能。较高质量的 α-Ga_2O_3 外延首先在 Al_2O_3 衬底上利用 mist-CVD 的方法实现[22]。mist-CVD 最初是作为一种生长铁电材料和透明导体的氧化膜的技术而开发的[162]，是一种低成本的外延生长方式。研究人员发现，在 470℃下，在 α-Al_2O_3 衬底上用 mist-CVD 技术可实现刚玉结构的 α-Ga_2O_3 外延生长。尽管在 c 轴和 a 轴上有 3.5%和4.8%的晶格失配，但是 α-Ga_2O_3 的生长归因于外延层和衬底之间相似的晶格结构。蓝

宝石上的 $\alpha-Ga_2O_3$ 在 (0006) 面对称 X 射线-ω 扫描中表现出非常窄的衍射峰，其半高宽约 30～60 arcsec。然而，对 300～2500 nm 厚度的 $\alpha-Ga_2O_3$ 薄膜的 $(10\bar{1}4)$ 非对称 X 射线-ω 扫描表明其半高宽约为 2000 arcsec。$\alpha-Ga_2O_3/\alpha-Al_2O_3$ 界面处沿着 $[11\bar{2}0]$ 和 $[10\bar{1}0]$ 轴的剖面 TEM 图像结果表明，$\alpha-Ga_2O_3/\alpha-Al_2O_3$ 薄膜的缺陷被限制在其界面处，并在 $[11\bar{2}0]$ 和 $[10\bar{1}0]$ 轴的界面区分别观察到周期分别为 8.6 nm 和 4.9 nm 的周期性缺陷结构，如图 1.25 所示。需要注意的是，$\alpha-Ga_2O_3$ 沿着 $[11\bar{2}0]$ 和 $[10\bar{1}0]$ 方向的晶格常数分别为 0.43 nm 和 0.249 nm，而 $\alpha-Al_2O_3$ 的晶格常数分别为 0.41 nm 和 0.238 nm。这意味着观察到的缺陷周期结构在 $[10\bar{1}0]$ 和 $[11\bar{2}0]$ 方向与 $\alpha-Ga_2O_3$ 的 20 个晶格和 $\alpha-Al_2O_3$ 的 21 个晶格重合，表明外延畴匹配。正是由于 $\alpha-Ga_2O_3$ 和 $\alpha-Al_2O_3$ 之间晶格失配的存在，使得 $\alpha-Al_2O_3$ 异质外延的 $\alpha-Ga_2O_3$ 薄膜中总是存在大量的穿线位错，即螺位错和刃位错。其中螺位错密度在 $1\times10^6\ cm^{-2}$ 量级，而刃位错密度则比螺位错密度高多个数量级，达到了 $1\times10^{10}\ cm^{-2}$ 量级。尽管南京大学研究人员的研究表明[163]，当外延薄膜的厚度增加到 8 μm 时，有望将 $\alpha-Ga_2O_3$ 中的刃位错密度降低至 $10^9\ cm^{-2}$，但仍然无法避免位错对掺杂产生的影响；此外，由于应力的进一步释放，$\alpha-Ga_2O_3$ 薄膜将发生龟裂。

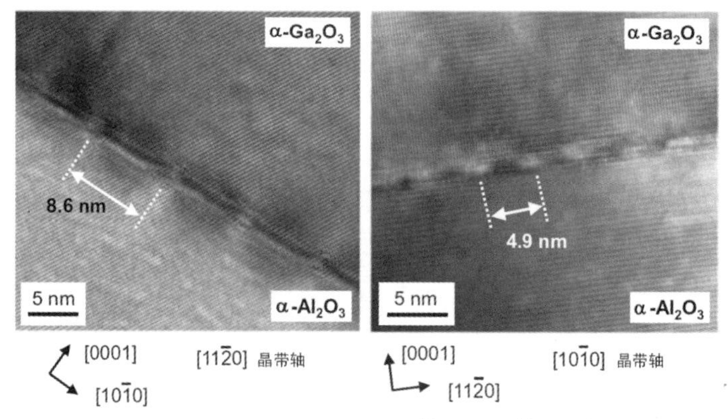

图 1.25 $\alpha-Ga_2O_3/\alpha-Al_2O_3$ 界面处沿着 $[11\bar{2}0]$ 和 $[10\bar{1}0]$ 轴的剖面 TEM 图像

与 GaN 类似[164-166]，由于位错处主要是 Ga 空位，对电子表现为补偿特性，因此，$\alpha-Ga_2O_3$ 中的位错将捕获载流子(即电子)并产生散射中心，进而对载流子的输运产生散射，使迁移率降低，即在一定的载流子浓度范围内(如 $<10^{18}\ cm^{-3}$)，$\alpha-Ga_2O_3$ 掺杂薄膜的霍耳迁移率将随载流子浓度的降低而下降，甚至表现出半绝缘特征。从 GaN 异质外延的发展情况看，只有将 GaN 中的位错密度降低到 $10^8\ cm^{-2}$ 以下，甚至低于 $10^7\ cm^{-2}$[166]，才可能在较低的掺

杂浓度下($1\times10^{16}\sim1\times10^{17}\ cm^{-3}$)达到其室温本征迁移率。尽管目前可以使用横向外延技术将掩模区域的刃位错密度降低到 $10^6\ cm^{-2}$ 以内[36]，但目前仍无法实现低背景载流子浓度高迁移率的 $\alpha-Ga_2O_3$ 异质外延。2012 年，日本的研究人员利用 Sn 作为掺杂元素在 $\alpha-Ga_2O_3$ 异质外延薄膜上实现了 N 型掺杂[167]。尽管当时 $\alpha-Ga_2O_3$ 外延膜的迁移率小于 1 $cm^2\cdot V^{-1}\cdot s^{-1}$，但却促进了 $\alpha-Ga_2O_3$ 材料和器件的发展，例如，$\alpha-Ga_2O_3$ 异质外延膜被成功用于制备整流器件[168]及开关器件[169]。2016 年，研究人员通过优化生长条件及缓冲层技术，成功地将 Sn 掺杂 $\alpha-Ga_2O_3$ 外延膜的迁移率提高到 24 $cm^2\cdot V^{-1}\cdot s^{-1}$。如图 1.26(a)所示，当在衬底和掺杂层中插入优化的缓冲层后，将非对称面($10\bar{1}4$)的摇摆曲线降低到 1000 arcsec。外延膜晶体质量的提高可减少位错对载流子的屏蔽及散射，因此，掺杂浓度低于 $1\times10^{18}\ cm^{-3}$ 的外延得以实现，同时，薄膜的迁移率也得到了进一步的提高。

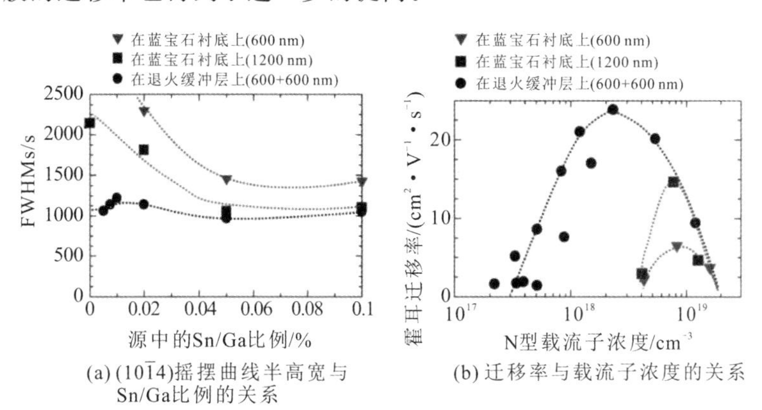

(a) ($10\bar{1}4$)摇摆曲线半高宽与Sn/Ga比例的关系

(b) 迁移率与载流子浓度的关系

图 1.26 不同生长条件下 Sn 掺杂 $\alpha-Ga_2O_3$ 异质外延膜的质量与霍耳迁移率对比

Sn 掺杂具有一定的不稳定性，例如其有两种离化状态 Sn^{2+}、Sn^{4+}，这将对 Sn 掺杂 $\alpha-Ga_2O_3$ 薄膜产生一定的影响。而 Si 掺杂却没有上述问题，因此，在利用 mist-CVD 生长方法制备 $\alpha-Ga_2O_3$ 时，寻求新的掺杂替代物也是重要课题。2018 年，研究人员利用[$ClSi(CH_3)_2((CH_2)_2CN)$]作为掺杂剂，将 $\alpha-Ga_2O_3$ 异质外延膜的迁移率提高到了 31.5 $cm^2\cdot V^{-1}\cdot s^{-1}$[170]。此外，利用 HVPE 方法制备 Si 掺杂 $\alpha-Ga_2O_3$ 异质外延膜也可以提高 $\alpha-Ga_2O_3$ 的迁移率，其最高迁移率已经超过 50 $cm^2\cdot V^{-1}\cdot s^{-1}$[171]。通过使用其他晶面的 Al_2O_3 衬底(如 *m* 面 $\alpha-Al_2O_3$)[172]也可以获得更高迁移率的 $\alpha-Ga_2O_3$ 外延膜，并将载流子浓度降低至 $1\times10^{17}\ cm^{-3}$。然而，由于 $\alpha-Ga_2O_3$ 异质外延过程中晶格失配形成的高刃位错密度问题尚未解决，因此由位错导致的载流子补偿及迁移率崩塌亦未得到有效的改善。若要进一步提高

$\alpha-Ga_2O_3$的外延质量并实现器件应用级别的掺杂外延膜，必须采用位错控制技术降低$\alpha-Ga_2O_3$外延膜的位错密度。目前，已有多种位错控制技术可用于降低$\alpha-Ga_2O_3$中的位错密度，例如渐变组分$\alpha-(Al_xGa_{1-x})_2O_3$缓冲层技术[149,173]、横向外延过度生长技术[36,174-175]等；利用ELO方法可以实现低刃位错密度($<5\times10^6\ cm^{-2}$)的异质外延[36]。除了mist-CVD和HVPE外，MOCVD[176]、ALD[177]、MBE[178]等也被用于异质外延$\alpha-Ga_2O_3$薄膜，但是异质外延薄膜质量远比不上用mist-CVD和HVPE生长的$\alpha-Ga_2O_3$薄膜。

下面将具体介绍ELO技术。首先介绍外延生长技术的原理，然后探讨其具体的实验方法，最后讨论其形貌特征和结构特征，希望能从中获得一些关于$\alpha-Ga_2O_3$位错控制的具体手段。

横向外延过度生长技术原理　为了提高异质外延薄膜的晶体质量，横向外延过度生长(Epitaxial Lateral Overgrowth，ELO)技术主要应用于GaN等Ⅲ-Ⅴ型半导体，可提高异质外延薄膜的晶体质量。ELO的操作步骤如图1.27所示。首先，在衬底上生长目标材料的种子层，并使用光刻技术在模板上制造周期性掩模(图中①)。SiO_x和SiN_x在很多情况下都被用作掩模材料。掩模的尺寸通常是微米尺度的，一般使用条纹或点图案的掩模。其次，在模板上进行再生长过程。再生长过程从掩模的窗口选择性地开始，并形成了目标晶体的孤立条纹或岛屿(图中②)。这些晶体垂直和横向生长并结合(图中③、④)，最终形成一个平面(图中⑤)。在再生长过程中，由于种子层中的位错只通过掩模窗口传播到再生的晶体中，因此，位错密度在侧向生长的翼区非常低。此外，为使弹性应变能最小化，当条纹或岛屿生长时，窗口区位错发生横向弯曲，通过控制再生条件使其在顶部有倾斜面。因此，窗口上方的位错密度也可以降低(图中⑥)。这种类型的ELO称为Facet-Initiated ELO (FIELO)[179]。

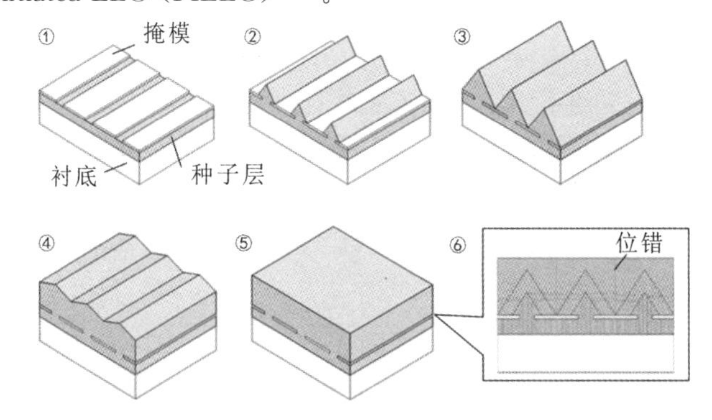

图 1.27　ELO技术的操作步骤

ELO技术最早被用于制造Si或GaAs电子器件台面结构[180-181]，后来该技术被用来提高GaAs[182]的晶体质量。Usui等人将该技术应用于在蓝宝石上

生长 GaN，发展出了 FIELO 技术[179]。如今，FIELO 技术被认为是生产高质量 GaN 晶片的关键技术[179,183-184]。

实验方法　为了有效地降低位错密度，需要采用小掩模填充系数的掩模图案，即用一个小的窗口大小和宽的窗口间距。在这种情况下，岛屿合并需要厚膜生长；从成本效益的角度来看，最好采用快速外延的技术。因此，HVPE 可作为 α-Ga_2O_3的 ELO 生长方法。

在蓝宝石衬底上生长(0001) α-Ga_2O_3层作为种子层进行研究：利用射频溅射和传统光刻技术在种子层上制备了点或条纹 SiO_x模版。以直径为 5 μm 的圆形窗口形成一个三角形模板图案，窗口间距为 5 μm，条纹图案间距(窗口宽度)为 5 μm。

本研究的 HVPE 生长条件基本与前面相同，GaCl 和 O_2的分压分别为1.25×10^{-1} kPa 和 1.25 kPa。采用扫描电子显微镜(SEM)观察生长薄膜表面的形貌，XRC 摇摆曲线和透射电镜(TEM)表征其晶体质量和位错行为。

ELO 生长的 α-Ga_2O_3的形貌表征　图 1.28 为在相同条件下，窗口间距为 5～20 μm 的点图案掩模上生长α-Ga_2O_3的 SEM 图像。当间距为 5 μm 时，α-Ga_2O_3岛屿选择性生长在掩模的窗口处，形成规则的阵列(见图 1.28(a))；当间距变宽时，在每个 α-Ga_2O_3岛周围出现了额外的晶体颗粒(见图 1.28(b)、(c))。在这种选择性区域生长中，前驱体实际上只在窗口区域被消耗。因此，有效前驱体供应量随窗口间距的增大和窗口密度的减小而增加。事实上，岛屿的大小随着窗口间距的增加而增加。这可能是由于生长驱动力的增加导致了成核。为了证实这一推测，减少 GaCl 的供应量，在 20 μm 宽的掩模上进行了较慢的生长，使得薄膜生长速率从12 μm • h^{-1}分别下降到7 μm • h^{-1}和 5 μm • h^{-1}，并且额外的成核晶粒明显受到抑制，如图1.29所示。

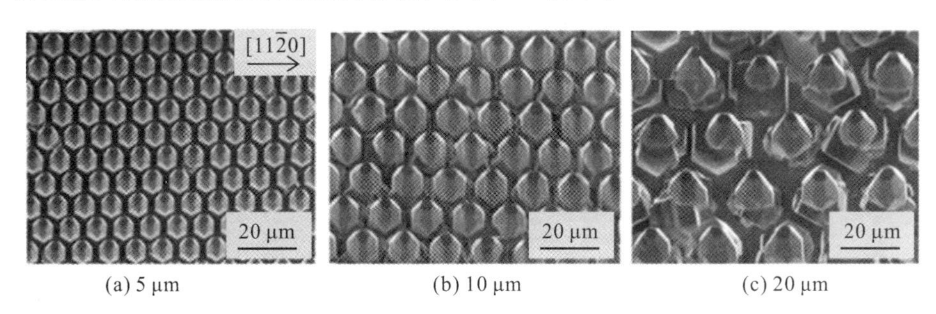

(a) 5 μm　(b) 10 μm　(c) 20 μm

图 1.28　点状掩模上生长的 α-Ga_2O_3岛的 SEM 图

图 1.30 分别为 540℃、500℃和 460℃温度下样品的 SEM 图像。对于 540 ℃，岛屿形态以六角形柱状为主，*c* 面生长良好，从顶部边缘切下的倾斜面(10$\bar{1}$1)晶

面如图 1.30(a)所示。当温度降低到 500℃时，$(10\bar{1}1)$面生长得平滑而(0001)面变得不稳定(如图 1.30(b)所示)。当温度进一步降低到 460℃时，(0001)面消失而$(10\bar{1}4)$面出现(如图 1.30(c)所示)。因此，岛屿形态对生长温度敏感并可控，这种特点对 FIELO 技术至关重要。

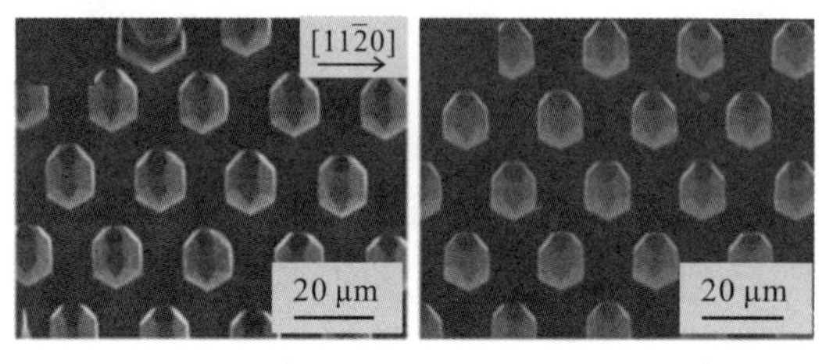

(a) 7 μm·h^{-1}　　(b) 5 μm·h^{-1}

图 1.29　7 μm·h^{-1}和 5 μm·h^{-1}生长速率的 α-Ga_2O_3岛的 SEM 图[36]

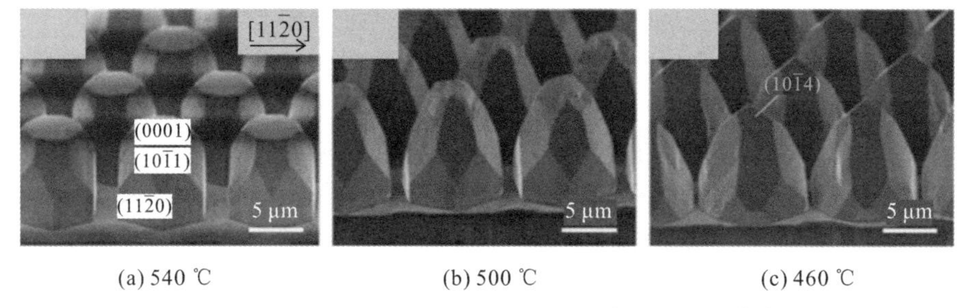

(a) 540 ℃　　(b) 500 ℃　　(c) 460 ℃

图 1.30　不同生长温度下的 α-Ga_2O_3岛的 SEM 图[36]

图 1.31 为 α-Ga_2O_3的 ELO 过程中随时间演变的 SEM 图。生长程度由薄膜厚度表示(见图 1.31(a))。再生开始时，每个岛的形状与圆形窗口相似。结晶逐渐清晰，形成六角形柱状(见图 1.31(b))。在这些生长条件下，垂直生长快于横向生长。岛的聚结从岛的底部开始(见图 1.31(c)、(d))，最终闭合为平滑的薄膜。

(a) 0.5 μm　　(b) 1.6 μm　　(c) 8 μm　　(d) 12 μm

图 1.31　不同厚度的 α-Ga_2O_3岛的 SEM 图[36]

ELO生长的α－Ga_2O_3的结构特征 通过对ELO生长的α－Ga_2O_3进行XRC测量，验证了该方法对提高晶体质量的有效性。图1.32为ELO生长的α－Ga_2O_3的XRC FWHM随薄膜厚度变化的函数。随着薄膜厚度的增加，倾斜角和扭转角均减小，这表明在三维生长过程中，高质量晶体区域在增加。

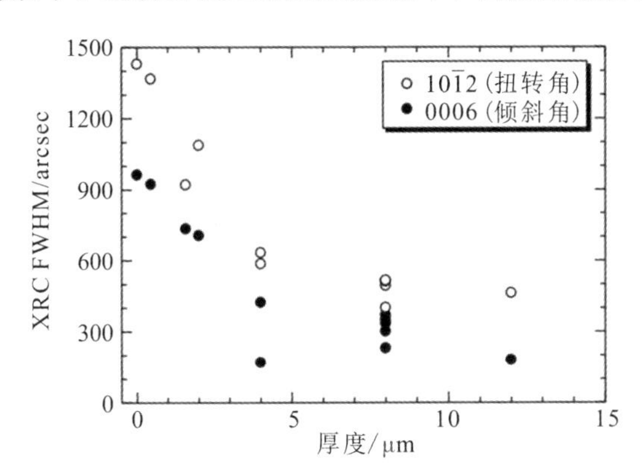

图1.32 α－Ga_2O_3的XRC FWHM随厚度变化的函数[36]

图1.33是薄膜厚度为12 μm的α－Ga_2O_3的XRC图。与ELO生长的GaN相比，(0006)衍射并没有观察到多个峰。对于GaN来说，由于小角度晶界的形成，ELO生长的GaN的XRC包含多个衍射峰[185-186]。这种横向生长翼区的倾斜主要是在掩模边缘上方形成边缘位错阵列导致的，这在透射电镜的横截面图像中可以清楚地看到[185]。因此，ELO生长的α－Ga_2O_3没有峰分裂，这说明ELO生长的α－Ga_2O_3的位错特征及其对晶体应变的响应可能与GaN不同。

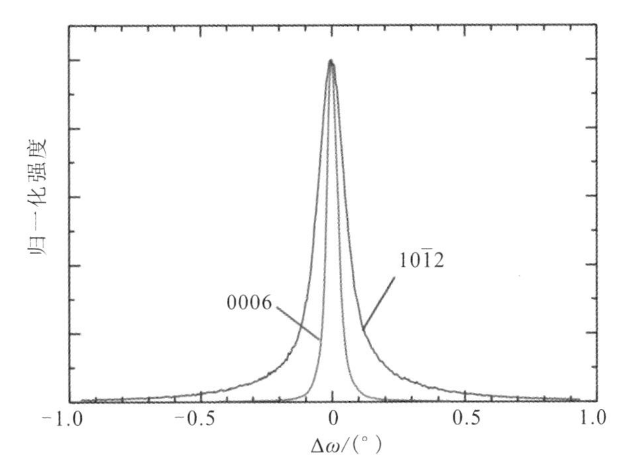

图1.33 α－Ga_2O_3薄膜的XRC摇摆曲线[36]

图 1.34 为 540℃和 460℃生长温度下 $\alpha-Ga_2O_3$ 岛屿的生长，对应的 SEM 图像如图 1.30 (a)、(c)所示。540℃生长的岛屿顶部有一个平滑的(0001)面，而 460℃生长的岛屿有平滑的倾斜面。在这两种情况下，种子层中的位错都通过窗口传播到岛中。当生长温度为 540℃时，翼区的位错密度明显低于种子层位错密度，而窗口区位错延伸至岛顶。在 460℃时岛中的位错发生了弯曲，使得位错线几乎垂直于自由表面(见图 1.34(b))。因此，FIELO 工艺不仅可以用于 GaN 生长，也可以用于 $\alpha-Ga_2O_3$ 生长。为了表征翼区的位错密度，在与 540℃生长条件相似的情况下，对生长在条纹图案掩模上的样品进行了平面 TEM 分析，如图 1.35 所示，条纹还没有相互闭合，并且在缝隙的两侧观察到低位错密度区。因为在大概 22 μm^2 的低位错密度区域没有观察到位错，所以位错密度应该低于 $5\times10^6\ cm^{-2}$。

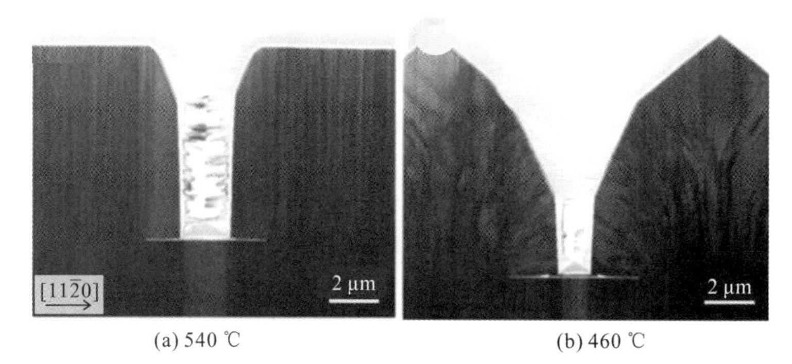

(a) 540 ℃　　(b) 460 ℃

图 1.34　不同温度下的 $\alpha-Ga_2O_3$ 岛的 TEM 剖面图

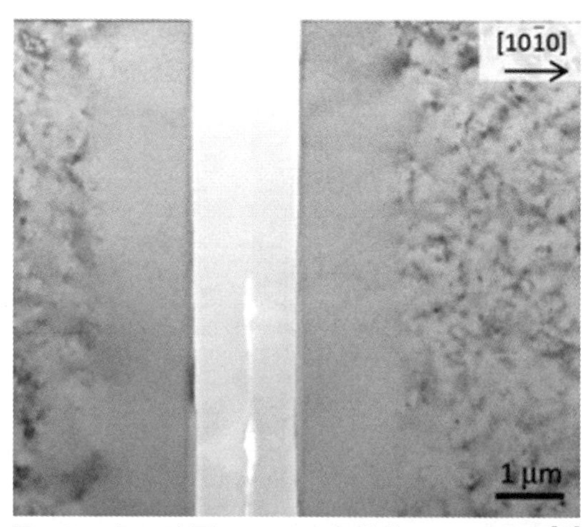

图 1.35　(0001)面 $\alpha-Ga_2O_3$ 条纹的 TEM 平面图[36]

在 520 ℃下生长 2 h 得到闭合薄膜，通过对闭合膜进行截面分析，可进一步了解 ELO 生长的 α－Ga_2O_3中的位错行为。因此，薄膜应该是通过倾斜面的生长形成的。图 1.36 为样品的 SEM 图像，表面仍然凹凸不平，突出的部分与窗口区域相对应。在图 1.36 所示的薄膜截面示意图中，对虚线矩形区域进行了 TEM 分析，窗口层上方的位错因多面生长而发生弯曲，顶部的位错密度远低于种子层。掩模边缘以上未观察到位错阵列，而 ELO－GaN 则可观察到，这与之前描述的 XRC 结果一致。在合并的边界，可以看到掩模附近的位错对比，上部密度减小，顶部未见位错。因此，结合 HVPE 方法的 ELO 技术，有望改善晶体质量。通过增加 3D 生长时间，可以进一步降低位错密度。如果第二个掩模对齐以覆盖第一个掩模的窗口位置，Double－ELO 也会有效。一般来说，低密度缺陷的薄膜同时依赖于材料质量、器件结构以及生长条件。因此，需要同时进行器件研究，以阐明晶格缺陷的影响以及外延膜的质量。

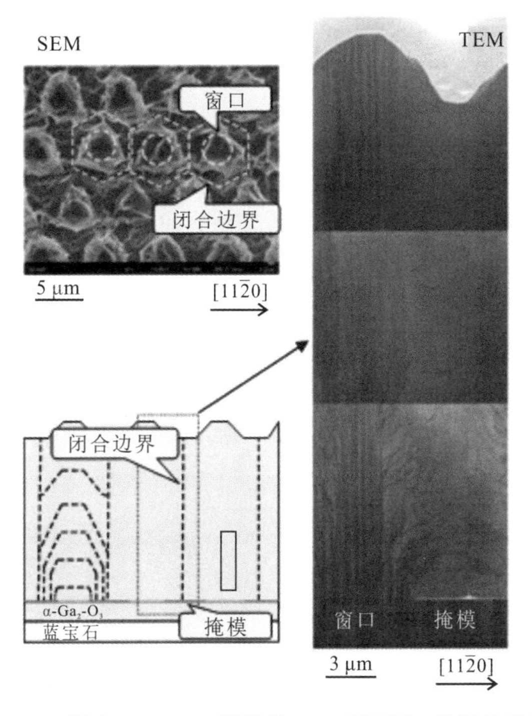

图 1.36　闭合 α－Ga_2O_3薄膜的 SEM 平面图、截面示意图以及薄膜的横截面 TEM 图[36]

对于 κ－Ga_2O_3的生长，多个研究小组报道了用不同晶体结构的衬底进行外延生长的研究。首先，描述了对外延生长具有重要意义的原子排列关系。正

交晶系的 κ - Ga_2O_3(001)面上的氧原子排列呈现出伪六方结构，如图 1.37(a)所示。同样，大多数用于外延生长 κ - Ga_2O_3的衬底具有六边形和伪六边形的原子排列，如 α - Al_2O_3、(0001)面的 GaN、AlN、6H - SiC、MgO、YSZ、STO、NiO、GGG 和 β - Ga_2O_3。此外，正交 κ - Ga_2O_3(001)呈矩形，具有相似晶体结构的晶圆也可以用作衬底[55]。图 1.37(b)～(e)描述了典型衬底的原子排列，衬底中氧的排列与 κ - Ga_2O_3基本一致。

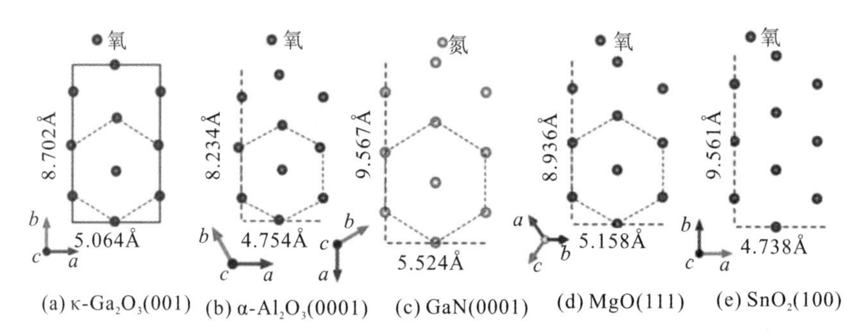

图 1.37　不同材料的原子排列示意图

mist - CVD 可用于制备 κ - Ga_2O_3，目前已经报道的衬底包括 GaN、AlN、α - Al_2O_3、YSZ、MgO、STO、NiO、GGG 以及立方结构的(100) SnO_2。图1.38显示了在不同衬底上生长的 κ - Ga_2O_3异质外延层的 $2\theta-\omega$ 衍射图谱。由图可见，利用 mist - CVD，根据原子排列选择合适的衬底，可实现单相 κ - Ga_2O_3外延生长。通常认为，利用化学反应方法(如 MOCVD、HVPE、ALD 和 mist - CVD)比 PVD方法(如 MBE 和 PLD)可以更早地成功制备 κ - Ga_2O_3外延层。在利用 MBE 或 PLD 方法异质外延生长 κ -Ga_2O_3时，通常需要添加表面活性剂材料，如 Sn；相反地，大多数用于 κ - Ga_2O_3的 CVD 过程不需要表面活性剂。目前，造成这种差异的原因尚不清楚。

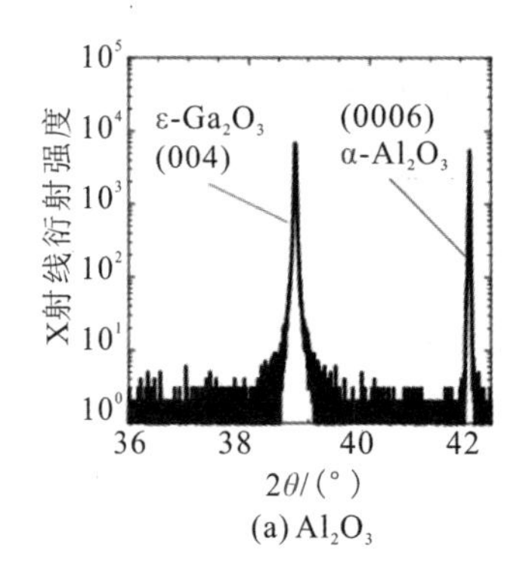

(a) Al_2O_3

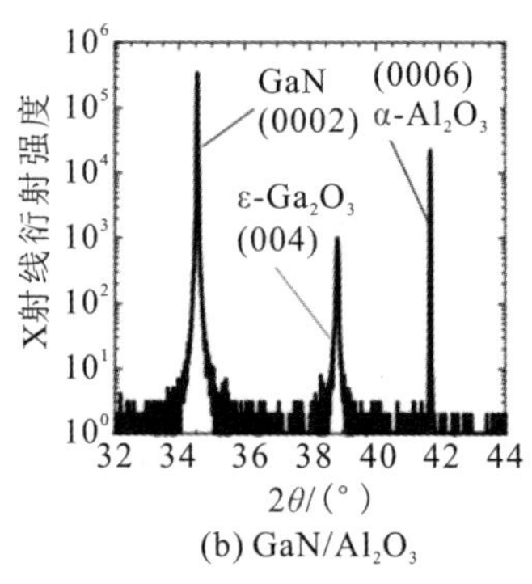

(b) GaN/Al_2O_3

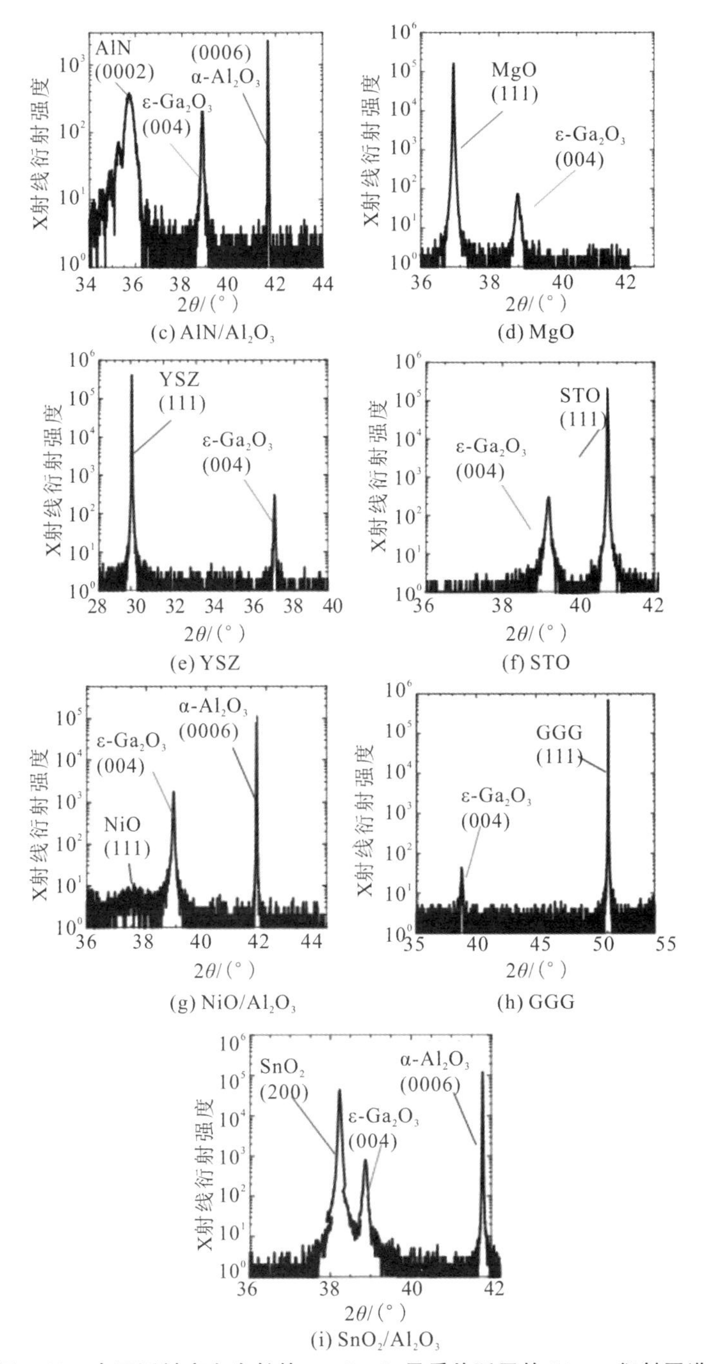

图 1.38　在不同衬底上生长的 $\kappa-Ga_2O_3$ 异质外延层的 $2\theta-\omega$ 衍射图谱

下面将讨论在 c 面蓝宝石衬底上异质外延生长 $\kappa-Ga_2O_3$ 薄膜的难点。c 面蓝宝石衬底是最广泛应用于半导体材料外延的衬底，这主要得益于其低廉的成本。然而，$\alpha-Al_2O_3$ 的晶体结构使 $\kappa-Ga_2O_3$ 的生长更为复杂。如上文所述，$\alpha-Al_2O_3$ 可用于制备 $\beta-Ga_2O_3$、$\alpha-Ga_2O_3$ 和 $\kappa-Ga_2O_3$，因此，根据生长条件的不同，这三种晶体将分为单相或混合相生长。如果生长参数，如生长温度、衬底的条件(如切割角)、生长速率和前驱体成分，超过了特定范围，$\kappa-Ga_2O_3$ 与 $\alpha-Ga_2O_3$ 或 $\beta-Ga_2O_3$ 将会同时在 c 面蓝宝石衬底上生长，造成混相。因此，可以通过插入缓冲层，在较大温度范围内实现 $\kappa-Ga_2O_3$ 的异质外延。例如，先在 $\alpha-Al_2O_3$ 上生长一层(111) NiO 缓冲层，然后再生长 $\kappa-Ga_2O_3$，即可在 400～800℃范围内实现单相 $\kappa-Ga_2O_3$ 的生长[187]。

$\kappa-Ga_2O_3$ 的特性在于中心反演不对称性所带来的极化效应，为了实现具有 2DEG 的 $\kappa-Ga_2O_3$ 基 HEMT，研究 $\kappa-Ga_2O_3$ 生长过程中旋转畴产生的机制是很重要的。这是由于旋转畴在薄膜中聚集，通常会影响电子的输运。Cora 等人通过 TEM 观察报道了一种含有 5～10 nm 小畴聚集的 $\kappa-Ga_2O_3$ 薄膜[56]。此外，旋转畴的存在可以通过 XRD $2\theta-\omega$ 扫描或极图来表征。我们假设旋转畴的出现有两种可能的机制：一种是由于 $\kappa-Ga_2O_3$ 的正交结构允许 120°旋转；另一种是衬底的晶体结构所导致的。

首先介绍利用 X 射线衍射 φ 扫描来评价旋转畴的方法。图 1.39 是典型的正交 $\kappa-Ga_2O_3$ 的 XRD {122}以及{204}和{134}的 φ 扫描图谱。单晶 $\kappa-Ga_2O_3$ 在{204}中有 2 个峰，在{122}中有 4 个峰，而在目前报道的 $\kappa-Ga_2O_3$ 中，{204}中有 6 个峰，在{122}中有 12 个峰[58]。正交相 $\kappa-Ga_2O_3${122}的 XRD 的 φ 扫描结果表明，异质外延晶体中存在三重旋转畴；相反地，{204}的结果并没有显示 $\kappa-Ga_2O_3$ 中具有三重旋转畴。当用{204}对 $\kappa-Ga_2O_3$ 外延层外延关系进行评估时，{134}晶面簇的衍射结果也在评估范围内。因此，当{204}出现 2 个 φ 衍射峰而{134}出现 4 个衍射峰时，$\kappa-Ga_2O_3$ 的 φ 扫描图谱上出现 6 个衍射峰，并不表现为三重旋转畴。因此，分析 $\kappa-Ga_2O_3$ 中的旋转畴时，应使用如{122}面这样的单衍射晶面簇来评估。

图 1.40(a)是沿 c 轴观察的正交 $\kappa-Ga_2O_3$ 中氧原子的排列示意图。对于单个晶胞，当[100]方向旋转 60°时，(130)平面所对应的[110]方向与(100)平面所对应的[100]方向近似重合。为了解释基于 $\kappa-Ga_2O_3$ 本身的旋转畴的产生，

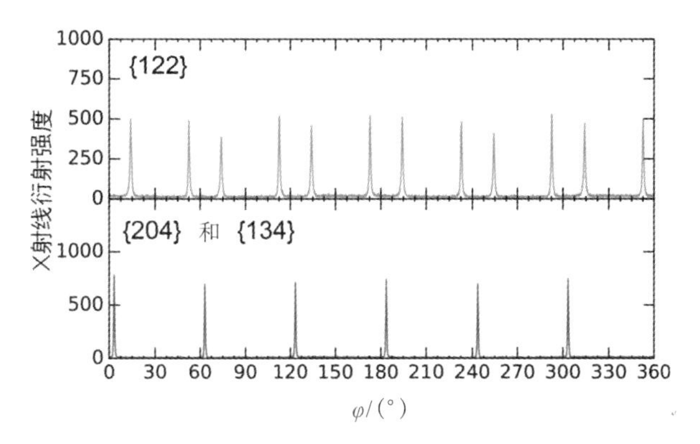

图 1.39　正交 κ-Ga_2O_3的 XRD 的 φ 扫描图谱[58]

旋转了 0°、120°、240°的三个蓝色晶胞如图 1.40 所示。旋转了 120°和 240°的蓝色氧原子的位置与红色氧原子的位置几乎重合，并且(200)的面间距 d_{200} = 0.2523 nm((100)面间距的一半)，与(130)的面间距(d_{130} = 0.2515 nm)相似。因此，正交κ-Ga_2O_3 本身的结构允许出现三个旋转畴。其次，以(0001)六方(GaN)和(111)立方(STO)衬底为例，解释了由衬底的晶体结构引起的旋转畴。正交κ-Ga_2O_3在(0001) GaN 和(111)STO 衬底上的旋转畴如图 1.40 所示，对于 GaN 和 STO，κ-Ga_2O_3的异质外延可能产生三个旋转畴。此外，φ 扫描结果显示的面内关系与图 1.40 中的晶胞排列一致。这些三重旋转畴可用 TEM 观察到，参见参考文献[58,187]。

κ-Ga_2O_3 的异质外延亦可利用 HVPE[38,188-189]、MOCVD[190-192]、MBE[178,193]和 PLD[57,194]等技术实现。与 β-Ga_2O_3的异质外延类似，κ-Ga_2O_3的异质外延薄膜往往表现出由晶畴旋转导致的大量晶格缺陷。为解决 κ-Ga_2O_3在外延过程中的晶畴旋转问题，参考 β-Ga_2O_3与 α-Ga_2O_3的外延生长，最重要的是寻找一种合适的单晶衬底。最近，H. Nishinaka 等人[59]利用 mist-CVD 方法在 FZ 方法生长的 κ-$GaFeO_3$单晶衬底上，首次实现了层流(Step-Flow)生长的单畴应变的 κ-Ga_2O_3外延薄膜。由于 κ-$GaFeO_3$与正交晶系的 κ-Ga_2O_3(即 κ-Ga_2O_3)具有相同的晶体结构，且其晶格常数为 a=5.007 Å，b=8.736 Å，c=9.377 Å，与 κ-Ga_2O_3晶格失配仅约为 1%，因此可以实现单畴应变的 κ-Ga_2O_3外延薄膜。

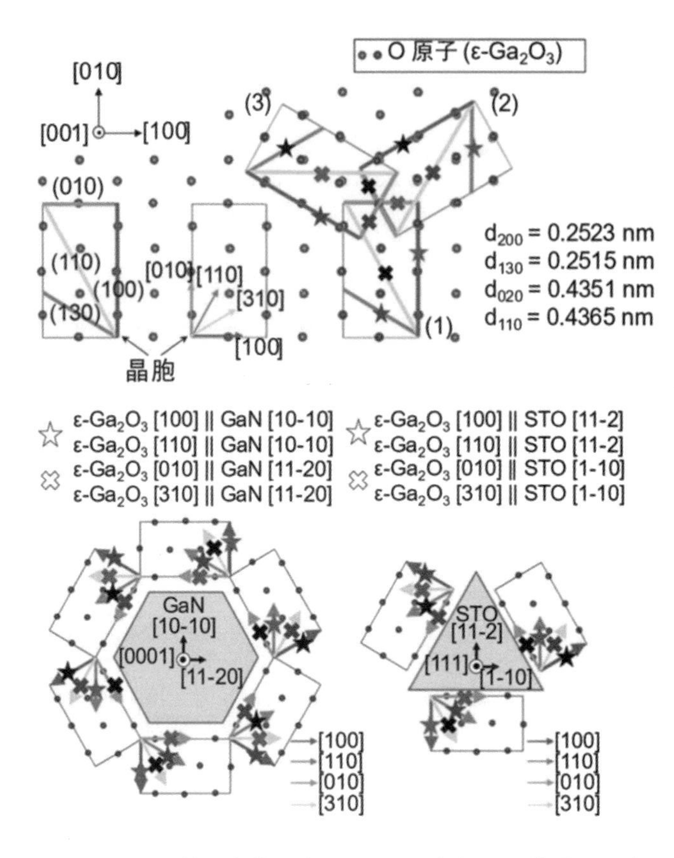

图 1.40 沿 c 轴观察的正交 $\kappa-Ga_2O_3$ 中氧原子的排列示意图，并包含了旋转 0°、120°和 240°的 $\kappa-Ga_2O_3$ 晶胞排列示意图(蓝色)以及由于 GaN 和 STO 衬底的晶体结构导致的 $\kappa-Ga_2O_3$ 的三重旋转畴产生的原理图

如图 1.41 所示为在 $\kappa-GaFeO_3$ 单晶衬底上不同生长时间的 $\kappa-Ga_2O_3$ 外延薄膜和 $\kappa-GaFeO_3$ 单晶衬底的 $2\theta-\omega$ XRD 图谱，在 39°附近的衍射峰为 $\kappa-Ga_2O_3$ 的(004)峰。从图中可见，当生长时间为 15 s～2 min 时，$\kappa-Ga_2O_3$ 具有劳厄震荡现象，这表明形成了高质量及表面平整的 $\kappa-Ga_2O_3$ 外延膜。此外，生长时间较短的 $\kappa-Ga_2O_3$ 衍射峰位大于 38.8°；而随着生长时长达到 5 min 和 10 min时，$\kappa-Ga_2O_3$ 的衍射峰位向低角度移动。由此表明，生长时间较短时，$\kappa-Ga_2O_3$ 处于应变状态，而随着生长时间增加时，外延膜逐渐弛豫。这一现象可在倒易空间映射图谱中得到更明显的体现，具体参考文献[59]。从图 1.41

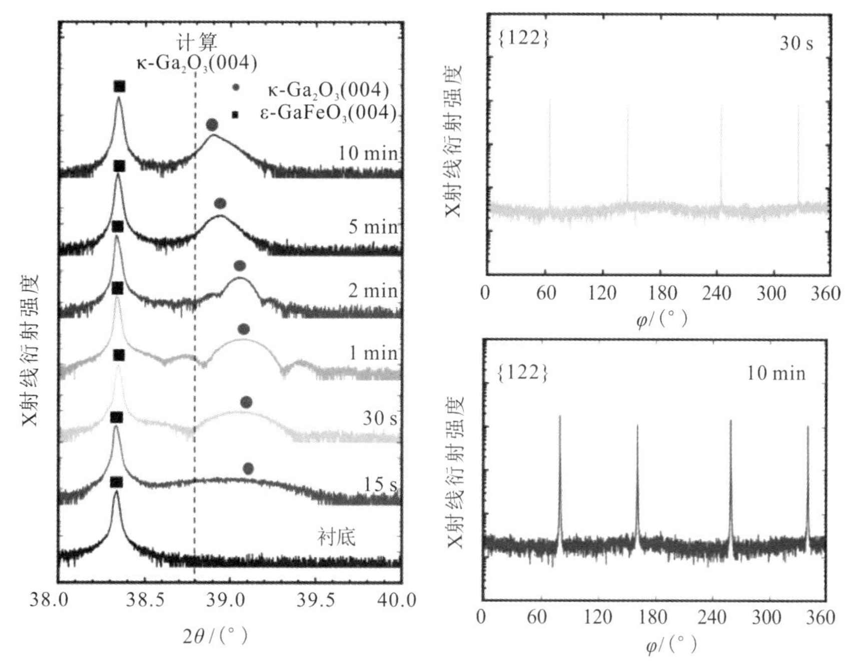

图 1.41 在 κ - $GaFeO_3$ 单晶衬底上不同生长时间的 κ - Ga_2O_3 外延薄膜和 κ - $GaFeO_3$ 单晶衬底的 2θ - ω XRD 图谱，以及在 κ - $GaFeO_3$ 单晶衬底上生长 30 s 和 10 min κ - Ga_2O_3 {122}晶面簇的 φ 扫描

(b)、(c)可以看出，κ - Ga_2O_3 {122}晶面簇的 φ 扫描只有 4 个峰位，而非之前其他异质外延中报道的 12 个峰位，表明此时的 κ - Ga_2O_3 只有一个晶畴，而非 120°旋转后的 3 个晶畴[59]。事实上，图 1.41 中的衍射峰为 κ - $GaFeO_3$ 单晶衬底和 κ - Ga_2O_3 外延膜的叠加，因为二者晶格常数相近。另外，AFM 和 TEM 等结果均表明，选择了衬底 κ - $GaFeO_3$，可实现具有表面原子台阶，以及高质量原子排布的 κ - Ga_2O_3 外延薄膜的生长，如图 1.42 所示。

κ - Ga_2O_3 可实现单畴应变具有重要意义。由于之前的研究受到不同晶畴的限制，因此无法对 κ - Ga_2O_3 性质进行进一步的研究，特别是对其自发极化特性和迁移率上限的深入研究。这主要表现在受 κ - Ga_2O_3 晶体质量的限制。尽管目前已经有 κ - Ga_2O_3 掺杂的相关报道[192]，但由于 κ - Ga_2O_3 中晶格缺陷的散射作用，其迁移率小于 5 $cm^2 \cdot V^{-1} \cdot s^{-1}$，如此低的迁移率远未达到器件应用的需求，加上晶粒的存在，使界面散射的问题根本无从解决。此外，尽管 κ -$(Al_xGa_{1-x})_2O_3$ 的合金取得了一定进展，但由于没有高质量 κ - Ga_2O_3 外延

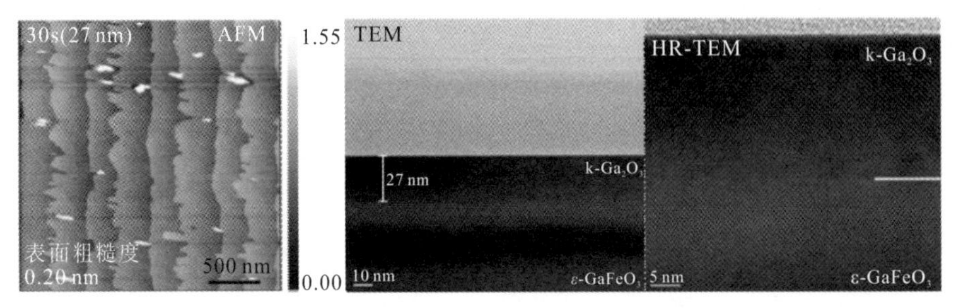

图 1.42　生长时间为 30 s 的 $\kappa-Ga_2O_3$ 外延薄膜的 AFM 形貌图、一定放大倍率下的 TEM 图像及高分辨 TEM 图像

薄膜，因而难以实现 $\kappa-Ga_2O_3/\kappa-(Al_xGa_{1-x})_2O_3$ 的自发极化特性。因此，利用极化调控 $\kappa-Ga_2O_3/\kappa-(Al_xGa_{1-x})_2O_3$ 界面产生高浓度 2DEG，并实现全 $\kappa-Ga_2O_3$ 基高性能 HEMT 原型器件仅在理论中可行。但是随着高质量单畴 $\kappa-Ga_2O_3$ 外延膜的实现，高质量 $\kappa-Ga_2O_3/\kappa-(Al_xGa_{1-x})_2O_3$ 界面控制及 $\kappa-Ga_2O_3$ 的可控掺杂均有可能得以实现，使得全 $\kappa-Ga_2O_3$ 基高浓度 2DEG 的产生及高性能 HEMT 原型器件的研制成为了可能。

1.2.3　氧化镓器件的发展

由于目前还没有制备出稳定的 P 型 $\beta-Ga_2O_3$，因此 $\beta-Ga_2O_3$ 的功率电子器件和光电探测器件都是由单极型或者和其他半导体组成的异质结构。P 型导电的缺失导致 $\beta-Ga_2O_3$ 的器件中不存在 PN 结型的终端结构，不过通过介电层场调控、半绝缘终端以及异质 PN 结等技术，$\beta-Ga_2O_3$ 功率器件已取得很大进展。研究显示，异质 PN 结在 $\beta-Ga_2O_3$ 二极管中体现出了比 $\beta-Ga_2O_3$ 肖特基二极管更高的耐压特性，但其正向特性亦受到影响[195]；此外 P 型层的引入对 $\beta-Ga_2O_3$ 二极管的界面特性和动态特性的影响规律仍需要进一步研究，异质 PN结 $\beta-Ga_2O_3$ 二极管对 $\beta-Ga_2O_3$ 器件性能的提升能否达到实际应用要求还不确定。目前的重要研究进展是垂直型 MOSFET 器件[11]，使得水平 MOSFET 器件在成本和性能上失去了优势。横向的 MOSFET 器件的研究重点会逐渐向以调制掺杂形成的高迁移率 2DEG 作为沟道层 HEMT 发展，促成 $\beta-Ga_2O_3$ 的高频高功率应用。在这一过程中，会加速 $\beta-(Al_xGa_{1-x})_2O_3$ 合金工程和能带剪裁的研究，加深对 $\beta-Ga_2O_3$ 中缺陷行为、界面控制等的物理机制理解，为 $\beta-Ga_2O_3$ 的功率电子器件研制和产业化建立基础。

由于Ga_2O_3的禁带宽度恰好处于日盲紫外波段(200～280 nm)，因此Ga_2O_3相较于其他宽禁带半导体材料而言在日盲紫外探测上具有天然独特的优势。基于Ga_2O_3单晶、外延薄膜、纳米结构、异质结构的日盲紫外探测器已得到了较为广泛的研究。目前研究表明，$\beta-Ga_2O_3$单晶制备的日盲探测器的抑制比已经超过10^4，瞬态响应速度在10 μs左右，响应度超过10^5 $A\cdot W^{-1}$。目前，雪崩探测器(Avalanche Photo Detector，APD)、窄带通探测器、阵列探测器、X射线探测器以及基于NEMS和等离子增强的探测器也陆续被报道[10]。然而，Ga_2O_3探测器目前还有几个关键问题亟待解决：① 如何通过控制Ga_2O_3内的缺陷或自束缚空穴来降低非平衡少子的束缚，提高器件的响应带宽；② 如何在结构上进行革新以实现更高抑制比的探测器件；③ 研究和确认Ga_2O_3中的电子和空穴雪崩倍增机制，以制备兼顾高响应度和高速的探测器件；④ 在此基础上，如何提高器件的一致性，用于实现集成化成像。要解决这些问题，必须实现材料的质量控制和结构创新。

目前基于Ga_2O_3的功率器件和日盲紫外器件的研究已经取得了一定的进展，正是得益于材料外延水平的提高、工艺流程的改进以及一些创新结构的提出。总体而言，Ga_2O_3的功率器件包含两个方面，其一是肖特基二极管(SBD)，其二是场效应晶体管(FET)。Ga_2O_3基的SBD主要是垂直型的。当前Ga_2O_3基SBD的性能提升主要归功于结构的优化，由于没有P型Ga_2O_3作为终端，无法借用Si、SiC或GaN中利用PN结的雪崩特性释放电极边缘积累的电子，因此Ga_2O_3的终端目前采用沟槽结构或半绝缘终端实现耐压的提高。如图1.43(a)所示是康奈尔大学W. Li等人[146]制备的沟槽型SBD的示意图，利用原子层沉积方法生长的Al_2O_3作为MOS层和场板用于调控沟槽处的电场分布，使Ga_2O_3耗尽区内的电场分布更均匀，从而增加器件的耐压特性。目前该器件的击穿电压达到了2.89 kV，在利用脉冲测试的情况下，其Baliga品质因数达到了0.95 $GW\cdot cm^{-2}$。如图1.43(b)所示，H. Zhou等人[196]在肖特基电极边缘利用Mg注入形成半绝缘Ga_2O_3作为终端，提高了SBD的耐压特性，相较于没有场板和终端的SBD，耐压从500 V提高到了1.65 kV。图1.43(c)是目前性能参数最优的一些Ga_2O_3基SBD的导通电阻和耐压参数。由图中可以看出，Ga_2O_3基SBD的耐压达到了3.0 kV，其Baliga品质因子已经逐渐向SiC靠近。

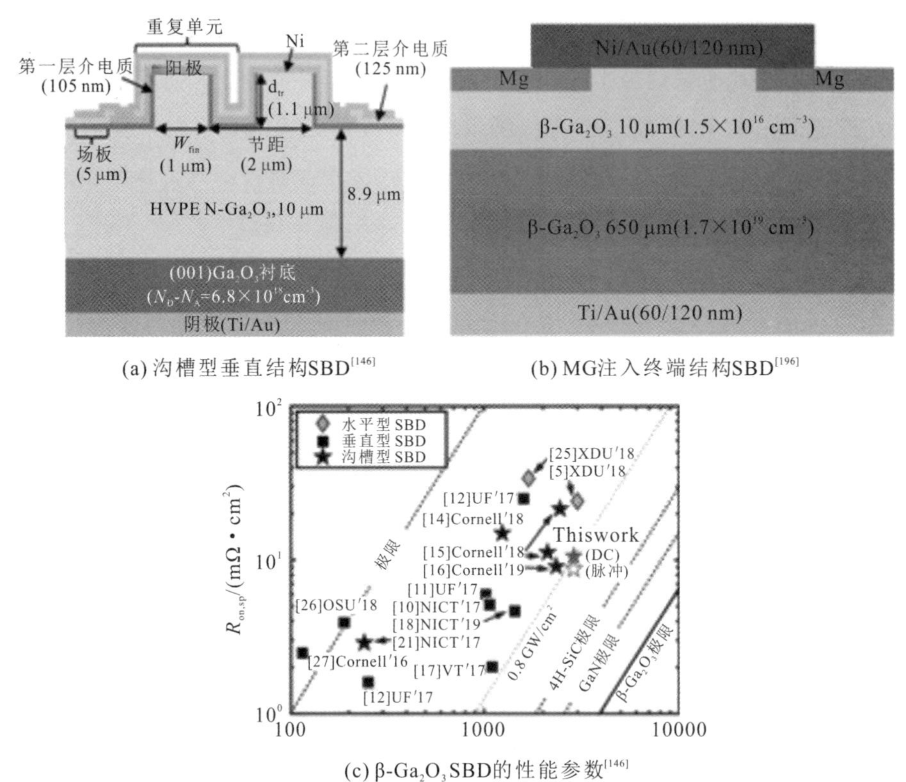

(a) 沟槽型垂直结构SBD[146]　　(b) MG注入终端结构SBD[196]

(c) β-Ga_2O_3SBD的性能参数[146]

图 1.43　β-Ga_2O_3基 SBD 示意图及总结的性能参数

目前最鼓舞人心的工作同样来自康奈尔大学 W. Li 等人[11]在 2019 年报道的结果。如图1.44(a)、(b)所示，利用多沟槽结构，配合场板，将垂直型 MOSFET 的击穿电压提高到了 2.66 kV(之前报道的结果是 1.6 kV[197])，并实现了 280 MW · cm^{-2}的 Baliga 品质因数。在沟槽两侧引入 MOS 结构可以使氧化层周围的 Ga_2O_3处于耗尽状态，当沟槽宽度较小时(当载流子浓度为 10^{16} cm^{-3}时，一般为 300 nm 左右)，整个沟槽内的电子耗尽，从而实现了开启电压为 2 V 左右的增强型 MOSFET。器件的性能与沟槽的刻蚀方向强烈相关，当沟槽的侧边沿着(100)面裸露时，MOS 处的界面态最少并且电流密度最高。图 1.44(c)显示了目前性能参数最高的 Ga_2O_3基 MOSFET 的导通电阻和耐压参数。Wenshen Li 等人的工作将 Ga_2O_3基 MOSFET 的 Baliga 品质因数提升到接近 4H-SiC 单极型功率器件的水平。目前横向的 Ga_2O_3基 MOSFET 器件的最高击穿电压约为 2.9 kV，Baliga品质因数为277 MW · cm^{-2}[198]。

Ga_2O_3基代表性器件的发展历程如图 1.45 所示。

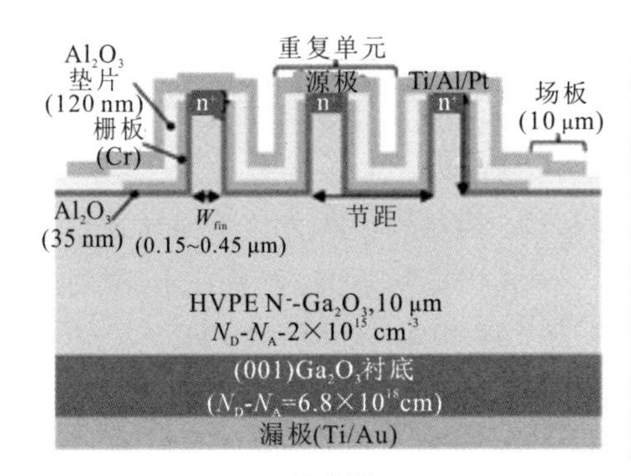

(a) 示意图

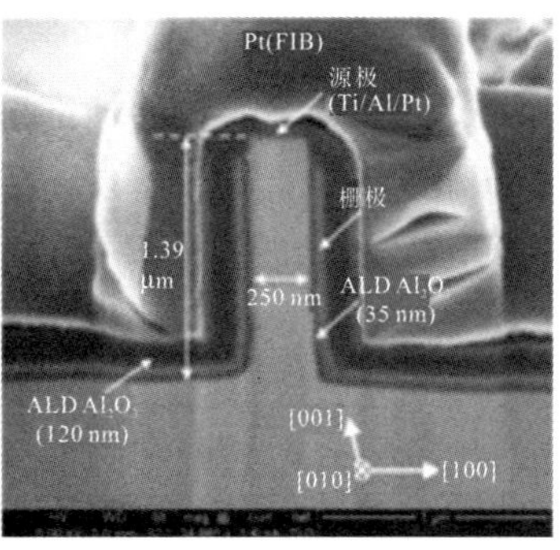

(b) 剖面SEM图

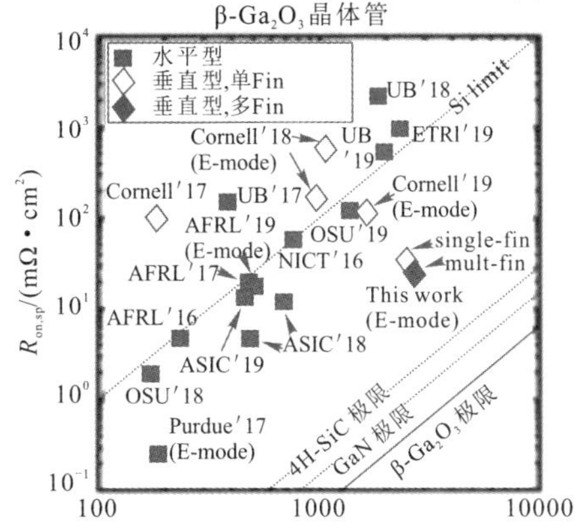

(c) 目前器件性能优异的β-Ga_2O_3MOSFET的性能参数[197]

图 1.44　沟槽型垂直 Ga_2O_3 基 MOSFET 器件

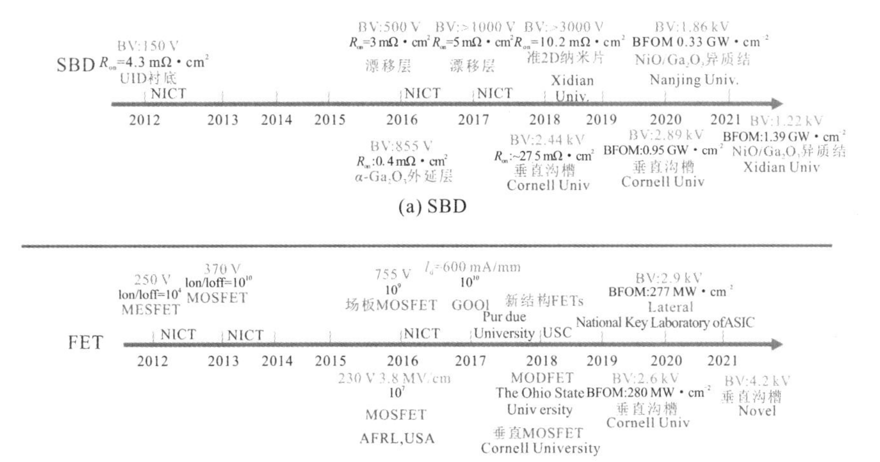

(b) MOSFET

图 1.45　Ga_2O_3基代表性器件发展历程图

Ga_2O_3的禁带宽度在4.4～5.3 eV之间，它是一种天然的日盲紫外探测材料。目前有许多基于Ga_2O_3日盲探测器的工作，基于纳米结构[114,199-208]、体材料和薄膜[209-228]以及异质结构[229-242]的Ga_2O_3光电探测器的响应度与响应时间的关系如图1.46所示。由于Ga_2O_3的结构、物相和生长方法不同导致晶体质量存在差异，响应度和响应时间分布在一个相当宽的范围内。图1.46中的虚线是在波长255 nm的入射光照射下EQE为1时的响应度值。很明显，大多数光电探测器的EQE值远远大于1，主要是由光生少数俘获效应造成的。到目前为止，基于Ga_2O_3光电探测器的响应时间最短的都在μs量级，并且几乎是基于异质结构或肖特基二极管的探测器，这主要是因为这两种结构有内建电场，可以加速光生电子空穴的分离。尽管如此，这些探测器的响应时间仍然比用Si和Ⅲ-Ⅴ半导体制成的商用探测器长得多[243-246]。光生少数载流子的捕获和释放时间是响应速度慢的主要原因[247]，这将在第7章中有比较详细的解释。雪崩光电探测器(APD)可以通过碰撞电离诱导的载流子倍增自发地获得高响应度和高速度[243,246,248-249]，这有助于克服光电探测器在增益和带宽性能之间的矛盾。如图1.46的左上角所示，与其他类型的Ga_2O_3光电探测器相比，APD具有较高的响应度和较短的响应时间。结果表明，三端FET器件通过栅偏置提供了减小泄漏电流的额外自由度，具有较高的检测能力，在低光子通量检测中具有广阔的应用前景，目前获得了超过10^5 A·W^{-1}的比探测率[114]。然而，光电晶

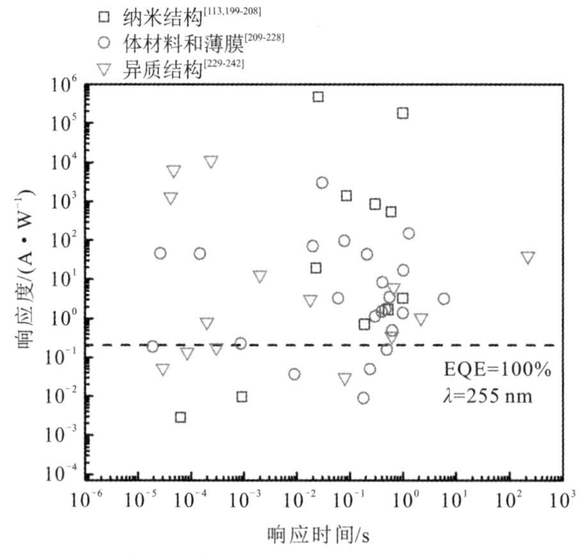

图1.46　Ga_2O_3基日盲紫外探测器的响应度和响应时间关系图[10]

体管的响应时间仍然相当长，约为 25 ms，因此响应速度需要进一步提高，以满足实际应用需求。

除了传统的肖特基型和异质结光电二极管，目前也有一些工作报道了具有新颖结构的 Ga_2O_3 光电探测器，包括窄带通光盲探测器[226]、光电晶体管[113-114]、用于图像传感的柔性探测器阵列[250-251]、纳米机电传感器[252-256]和等离子体增强光电探测器[257-258]。这些具有智能和多功能设计的新型概念 Ga_2O_3 光电探测器有望拓展其在民用和军事方面的应用。

尽管如此，目前还需进一步解决一些物理材料问题，以提高 Ga_2O_3 光电探测器的探测性能。例如，为了在不降低响应速度的情况下实现高效的光电探测器，需要对缺陷物理和行为进行全面的研究。Ga_2O_3 的合金能带工程可以扩大其对真空紫外区的光谱响应，但此时必须考虑合金固溶度和相变问题。最重要的是，从 ZnO 中 P 型掺杂的经验来看，目前 Ga_2O_3 的 P 型掺杂仍然是最大的挑战。因此，形成异质结成为一种折中的策略，但这种方法存在一些局限性，包括晶格常数、热导率和能带偏移的不匹配以及界面缺陷态控制等问题。因此，实现物相调控、能带工程、极化和缺陷的精细调控是进一步提高 Ga_2O_3 器件性能的重点。

参考文献

[1] TSAO J Y, CHOWDHURY S, HOLLIS M A, et al. Ultrawide-bandgap semiconductors: Research opportunities and challenges [J]. Advanced Electronic Materials, 2018, 4(1): 1600501.

[2] KIM M, SEO J H, SINGISETTI U, et al. Recent advances in free-standing single crystalline wide band-gap semiconductors and their applications: GaN, SiC, ZnO, β-Ga_2O_3, and diamond [J]. Journal of Materials Chemistry C, 2017, 5(33): 8338-8354.

[3] GALAZKA Z. β-Ga_2O_3 for wide-bandgap electronics and optoelectronics [J]. Semiconductor Science and Technology, 2018, 33(11): 113001.

[4] FUJITA S. Wide-bandgap semiconductor materials: For their full bloom [J]. Japanese Journal of Applied Physics, 2015, 54(3): 030101.

[5] MASTRO M A, KURAMATA A, CALKINS J, et al. Opportunities and future directions for Ga_2O_3 [J]. ECS Journal of Solid State Science and Technology, 2017, 6(5): P356-P359.

[6] ALEMA F, ZHANG Y, OSINSKY A, et al. Recent progress on the electronic structure, defect, and doping properties of Ga_2O_3 [J]. APL Materials, 2020, 8(2): 021110.

[7] REN F, YANG J C, FARES C, et al. Device processing and junction formation needs for ultra-high power Ga_2O_3 electronics [J]. MRS Communications, 2019, 9(01): 77-87.

[8] HIGASHIWAKI M, SASAKI K, MURAKAMI H, et al. Recent progress in Ga_2O_3 power devices [J]. Semiconductor Science and Technology, 2016, 31(3): 034001.

[9] CHABAK K D, LEEDY K D, GREEN A J, et al. Lateral β-Ga_2O_3 field effect transistors [J]. Semiconductor Science and Technology, 2020, 35(1): 013002.

[10] CHEN X, REN F F, YE J, et al. Gallium oxide-based solar-blind ultraviolet photodetectors [J]. Semiconductor Science and Technology, 2020, 35(2): 023001.

[11] LI W, NOMOTO K, HU Z, et al. Single and multi-fin normally-off Ga_2O_3 vertical transistors with a breakdown voltage over 2. 6 kV; proceedings of the 2019 IEEE International Electron Devices Meeting (IEDM), F 7-11 Dec. 2019. Institute of Electrical and Electronics Engineers [C], 2019.

[12] MUN J K, CHO K, CHANG W, et al. 2. 32 kV breakdown voltage lateral β-Ga_2O_3 MOSFETs with source-connected field plate [J]. ECS Journal of Solid State Science and Technology, 2019, 8(7): Q3079-Q3082.

[13] GUO Z, VERMA A, WU X, et al. Anisotropic thermal conductivity in single crystal β-gallium oxide [J]. Applied Physics Letters, 2015, 106(11): 111909.

[14] KRANERT C, STURM C, SCHMIDT-GRUND R, et al. Raman tensor elements of β-Ga_2O_3 [J]. Scientific Reports, 20.16, 6: 35964.

[15] UEDA N, HOSONO H, WASEDA R, et al. Anisotropy of electrical and optical properties in β-Ga_2O_3 single crystals [J]. Applied Physics Letters, 1997, 71(7): 933-935.

[16] HE H, BLANCO M A, PANDEY R. Electronic and thermodynamic properties of β-Ga_2O_3 [J]. Applied Physics Letters, 2006, 88(26): 261904.

[17] ONUMA T, SAITO S, SASAKI K, et al. Valence band ordering in β-Ga_2O_3 studied by polarized transmittance and reflectance spectroscopy [J]. Japanese Journal of Applied Physics, 2015, 54(11): 112601.

[18] MOCK A, KORLACKI R, BRILEY C, et al. Band-to-band transitions, selection rules, effective mass, and excitonic contributions in monoclinic β-Ga_2O_3 [J]. Physical

Review B, 2017, 96(24): 245205.

[19] BERMUDEZ V M. The structure of low-index surfaces of β-Ga_2O_3 [J]. Chemical Physics, 2006, 323(2-3): 193-203.

[20] LIU T, TRANCA I, YANG J, et al. Theoretical insight into the roles of cocatalysts in the Ni-NiO/β-Ga_2O_3 photocatalyst for overall water splitting [J]. Journal of Materials Chemistry A: Materials for Energy and Sustainability, 2015, 3(19): 10309-10319.

[21] BAE J, KIM H W, KANG I H, et al. Field-plate engineering for high breakdown voltage β-Ga_2O_3 nanolayer field-effect transistors [J]. RSC Advances, 2019, 9(17): 9678-9683.

[22] SHINOHARA D, FUJITA S. Heteroepitaxy of corundum-structured α-Ga_2O_3 thin tilms on α-Al_2O_3 substrates by ultrasonic mist chemical vapor deposition [J]. Japanese Journal of Applied Physics, 2008, 47(9): 7311-7313.

[23] WANG T, LI W, NI C, et al. Band gap and band offset of Ga_2O_3 and $(Al_xGa_{1-x})_2O_3$ alloys [J]. Physical Review Applied, 2018, 10(1): 011003.

[24] ITO H, KANEKO K, FUJITA S. Growth and band gap control of corundum-structured α-$(AlGa)_2O_3$ thin films on sapphire by spray-assisted mist chemical vapor deposition [J]. Japanese Journal of Applied Physics, 2012, 51: 100207.

[25] FUJITA S, ODA M, KANEKO K, et al. Evolution of corundum-structured Ⅲ-oxide semiconductors: Growth, properties, and devices [J]. Japanese Journal of Applied Physics, 2016, 55(12): 1202A1203.

[26] CHO S B, MISHRA R. Epitaxial engineering of polar ε-Ga_2O_3 for tunable two-dimensional electron gas at the heterointerface [J]. Applied Physics Letters, 2018, 112(16): 162101.

[27] LEE M H, CHEN P, LIU C, et al. Prospects for ferroelectric $HfZrO_x$ FETs with experimentally CET = 0.98 nm, SS_{for} = 42 mV/dec, SS_{rev} = 28 mV/dec, switch-off $<$ 0.2 V, and hysteresis-free strategies; proceedings of the 2015 IEEE International Electron Devices Meeting (IEDM), F 7-9 Dec. 2015, 2015 [C], 2015.

[28] LEEDY K D, CHABAK K D, VASILYEV V, et al. Highly conductive homoepitaxial Si-doped Ga_2O_3 films on (010) β-Ga_2O_3 by pulsed laser deposition [J]. Applied Physics Letters, 2017, 111(1): 012103.

[29] SASAKI K, KURAMATA A, MASUI T, et al. Device-quality β-Ga_2O_3 epitaxial

films fabricated by ozone molecular beam epitaxy [J]. Applied Physics Express, 2012, 5(3): 035502.

[30] BALDINI M, ALBRECHT M, FIEDLER A, et al. Editors' Choice—Si- and Sn-Doped Homoepitaxial β-Ga_2O_3 Layers Grown by MOVPE on (010)-Oriented Substrates [J]. ECS Journal of Solid State Science and Technology, 2016, 6(2): Q3040-Q3044.

[31] MURAKAMI H, NOMURA K, GOTO K, et al. Homoepitaxial growth of β-Ga_2O_3 layers by halide vapor phase epitaxy [J]. Applied Physics Express, 2015, 8(1): 015503.

[32] RAFIQUE S, KARIM M R, JOHNSON J M, et al. LPCVD homoepitaxy of Si doped β-Ga_2O_3 thin films on (010) and (001) substrates [J]. Applied Physics Letters, 2018, 112(5): 052104.

[33] LEE S D, KANEKO K, FUJITA S. Homoepitaxial growth of β gallium oxide films by mist chemical vapor deposition [J]. Japanese Journal of Applied Physics, 2016, 55(12): 1202B1208.

[34] KAUN S W, WU F, SPECK J S. β-$(Al_xGa_{1-x})_2O_3/Ga_2O_3$ (010) heterostructures grown on β-Ga_2O_3 (010) substrates by plasma-assisted molecular beam epitaxy [J]. Journal of Vacuum Science and Technology A, 2015, 33(4): 041508.

[35] ZHANG Y, NEAL A, XIA Z, et al. Demonstration of high mobility and quantum transport in modulation-doped β-$(Al_xGa_{1-x})_2O_3$/β-Ga_2O_3 heterostructures [J]. Applied Physics Letters, 2018, 112(17): 173502.

[36] OSHIMA Y, KAWARA K, SHINOHE T, et al. Epitaxial lateral overgrowth of α-Ga_2O_3 by halide vapor phase epitaxy [J]. APL Materials, 2019, 7(2): 022503.

[37] KRACHT M, KARG A, SCHÖRMANN J, et al. Tin-assisted synthesis of ε-Ga_2O_3 by molecular beam epitaxy [J]. Physical Review Applied, 2017, 8(5): 054002.

[38] OSHIMA Y, ViLLORA E G, MATSUSHITA Y, et al. Epitaxial growth of phase-pure ε-Ga_2O_3 by halide vapor phase epitaxy [J]. Journal of Applied Physics, 2015, 118(8): 085301.

[39] MEZZADRI F, CALESTANI G, BOSCHI F, et al. Crystal structure and ferroelectric properties of ε-Ga_2O_3 films grown on (0001)-sapphire [J]. Inorganic Chemistry, 2016, 55(22): 12079-12084.

[40] TIPPINS H H. Optical and microwave properties of trivalent chromium in β-Ga_2O_3

[J]. Physical Review, 1965, 137(3A): A865-A871.

[41] ORITA M, OHTA H, HIRANO M, et al. Deep-ultraviolet transparent conductive β-Ga_2O_3 thin films [J]. Applied Physics Letters, 2000, 77(25): 4166-4168.

[42] AKAIWA K, FUJITA S. Electrical conductive corundum-structured α-Ga_2O_3 thin films on sapphire with tin-doping grown by spray-assisted mist chemical vapor deposition [J]. Japanese Journal of Applied Physics, 2012, 51: 070203.

[43] GELLER S. Crystal structure of β-Ga_2O_3[J]. Journal of Chemical Physics, 1960, 33(3): 676-684.

[44] HE H, ORLANDO R, BLANCO M A, et al. First-principles study of the structural, electronic, and optical properties of Ga_2O_3 in its monoclinic and hexagonal phases [J]. Physical Review B, 2006, 74(19): 195123.

[45] ROY R, HILL V G, OSBORN E F. Polymorphism of Ga_2O_3 and the System Ga_2O_3-H_2O [J]. Journal of the American Chemical Society, 1952, 74(3): 719-722.

[46] PLAYFORD H Y, HANNON A C, BARNEY E R, et al. Structures of uncharacterised polymorphs of gallium oxide from total neutron diffraction [J]. Chemistry-a European Journal, 33 2013, 19(8): 2803-2813.

[47] CHEN X, REN F, GU S, et al. Review of gallium-oxide-based solar-blind ultraviolet photodetectors [J]. Photonics Research, 2019, 7(4): 381-415.

[48] MAREZIO M, REMEIKA J P. Bond lengths in the α-Ga_2O_3 structure and the high-pressure phase of $Ga_{2-x}Fe_xO_3$[J]. Journal of Chemical Physics, 1967, 46(5): 1862-1865.

[49] YOSHIOKA S, HAYASHI H, KUWABARA A, et al. Structures and energetics of Ga_2O_3 polymorphs [J]. Journal of Physics: Condensed Matter, 2007, 19(34): 346211.

[50] TAUC J, GRIGOROVICI R, VANCU A. Optical properties and electronic structure of amorphous germanium [J]. Physica Status Solidi B: Basic Research, 1966, 15(2): 627-637.

[51] MA T, CHEN X, REN F, et al. Heteroepitaxial growth of thick α-Ga_2O_3 film on sapphire (0001) by mist-CVD technique [J]. Journal of semiconductors, 2019, 40(1): 012804.

[52] AHMADI E, OSHIMA Y. Materials issues and devices of α- and β-Ga_2O_3[J]. Journal of Applied Physics, 2019, 126(16): 160901.

[53] JINNO R, UCHIDA T, KANEKO K, et al. Control of crystal structure of Ga_2O_3 on sapphire substrate by introduction of α-$(Al_xGa_{1-x})_2O_3$ buffer layer [J]. Physica Status Solidi B: Basic Research, 2018, 255(4): 1700326.

[54] OSHIMA Y, VLLORA E G, SHIMAMURA K. Quasi-heteroepitaxial growth of β-Ga_2O_3 on off-angled sapphire (0001) substrates by halide vapor phase epitaxy [J]. Journal of Crystal Growth, 2015, 410: 53-58.

[55] TAHARA D, NISHINAKA H, NODA M, et al. Use of mist chemical vapor deposition to impart ferroelectric properties to ε-Ga_2O_3 thin films on SnO_2/c-sapphire substrates [J]. Materials Letters, 2018, 232: 47-50.

[56] CORA I, MEZZADRI F, BOSCHI F, et al. The real structure of ε-Ga_2O_3 and its relation to κ-phase [J]. Crystengcomm, 2017, 19(11): 1509-1516.

[57] KNEIß M, HASSA A, SPLITH D, et al. Tin-assisted heteroepitaxial PLD-growth of κ-Ga_2O_3 thin films with high crystalline quality [J]. APL Materials, 2019, 7(2): 022516.

[58] NISHINAKA H, KOMAI H, TAHARA D, et al. Microstructures and rotational domains in orthorhombic ε-Ga_2O_3 thin films [J]. Japanese Journal of Applied Physics, 2018, 57(11): 115601.

[59] NISHINAKA H, UEDA O, TAHARA D, et al. Single-domain and atomically flat surface of κ-Ga_2O_3 thin films on FZ-grown ε-$GaGeO_3$ substrates via step-flow growth mode [J]. ACS Omega, 2020, 5(45): 29585-29592.

[60] LEE S D, AKAIWA K, FUJITA S. Thermal stability of single crystalline alpha gallium oxide films on sapphire substrates [J]. Physica Status Solidi C: Current Topics in Solid State Physics, 2013, 10(11): 1592-1595.

[61] OSHIMA T, NAKAZONO T, MUKAI A, et al. Epitaxial growth of γ-Ga_2O_3 films by mist chemical vapor deposition [J]. Journal of Crystal Growth, 2012, 359: 60-63.

[62] OTERO AREáN C, BELLAN A L, MENTRUIT M P, et al. Preparation and characterization of mesoporous γ-Ga_2O_3 [J]. Microporous and Mesoporous Materials, 2000, 40(1-3): 35-42.

[63] NISHINAKA H, TAHARA D, YOSHIMOTO M. Heteroepitaxial growth of ε-Ga_2O_3 thin films on cubic (111) MgO and (111) yttria-stablized zirconia substrates by mist chemical 34 vapor deposition [J]. Japanese Journal of Applied Physics, 2016, 55(12): 1202BC.

[64] VARLEY J B, WEBER J R, JANOTTI A, et al. Oxygen vacancies and donor impurities in β-Ga_2O_3[J]. Applied Physics Letters, 2010, 97(14): 142106.

[65] OSHIMA T, OKUNO T, ARAI N, et al. Vertical solar-blind deep-ultraviolet Schottky photodetectors based on β-Ga_2O_3 substrates [J]. Applied Physics Express, 2008, 1(1): 011202.

[66] ONUMA T, FUJIOKA S, YAMAGUCHI T, et al. Correlation between blue luminescence intensity and resistivity in β-Ga_2O_3 single crystals [J]. Applied Physics Letters, 2013, 103(4): 041910.

[67] JANOWITZ C, SCHERER V, MOHAMED M, et al. Experimental electronic structure of In_2O_3 and Ga_2O_3[J]. New Journal of Physics, 2011, 13(8): 085014.

[68] FURTHMüLLER J, BECHSTEDT F. Quasiparticle bands and spectra of Ga_2O_3 polymorphs [J]. Physical Review B, 2016, 93(11): 115204.

[69] ZACHERLE T, SCHMIDT P C, MARTIN M. Ab initiocalculations on the defect structure of β-Ga_2O_3[J]. Physical Review B, 2013, 87(23): 235206.

[70] SATO Y, AKIMOTO S I. Hydrostatic compression of four corundum-type compounds: α-Al_2O_3, V_2O_3, Cr_2O_3, and α-Fe_2O_3[J]. Journal of Applied Physics, 1979, 50(8): 5285-5291.

[71] KANEKO K, KAKEYA I, KOMORI S, et al. Band gap and function engineering for novel functional alloy semiconductors: Bloomed as magnetic properties at room temperature with α-$(GaFe)_2O_3$ [J]. Journal of Applied Physics, 2013, 113(23): 233901.

[72] FUJITA S, KANEKO K. Epitaxial growth of corundum-structured wide band gap Ⅲ-oxide semiconductor thin films [J]. Journal of Crystal Growth, 2014, 401: 588-592.

[73] ELLER B S, YANG J, NEMANICH R J. Polarization effects of gan and algan: polarization bound charge, band bending, and electronic surface states [J]. Journal of Electronic Materials, 2014, 43(12): 4560-4568.

[74] YE J D, PANNIRSELVAM S, LIM S T, et al. Two-dimensional electron gas in Zn-polar ZnMgO/ZnO heterostructure grown by metal-organic vapor phase epitaxy [J]. Applied Physics Letters, 2010, 97(11): 111908.

[75] NAKAGOMI S, KOKUBUN Y. Crystal orientation of β-Ga_2O_3 thin films formed on c-plane and a-plane sapphire substrate [J]. Journal of Crystal Growth, 2012, 349(1): 12-18.

[76] CHEN Y, LIANG H, XIA X, et al. The lattice distortion of β-Ga_2O_3 film grown on c-plane sapphire [J]. Journal of Materials Science: Materials in Electronics, 2015, 26(5): 3231-3235.

[77] SAURAT M, REVCOLEVSCHI A. Preparation by floating fone method, of refractory oxide monocrystals, in particular of gallium gxide, and study of some of their properties [J]. Revue Internationale des Hautes Temperatures et des Refractaires, 1971, 8(3-4): 291-304.

[78] UEDA N, HOSONO H, WASEDA R, et al. Synthesis and control of conductivity of ultraviolet transmitting β-Ga_2O_3 single crystals [J]. Applied Physics Letters, 1997, 70(26): 3561-3563.

[79] TOMM Y, KO J M, YOSHIKAWA A, et al. Floating zone growth of β-Ga_2O_3: A new window material for optoelectronic device applications [J]. Solar Energy Materials and Solar Cells, 2001, 66(1-4): 369-374.

[80] VíLLORA E G, YAMAGA M, INOUE T, et al. Optical spectroscopy study on β-Ga_2O_3[J]. Japanese Journal of Applied Physics, 2002, 41(Part 2, No. 6A): L622-L625.

[81] VLLORA E G, MORIOKA Y, ATOU T, et al. Infrared reflectance and electrical 35 conductivity of β-Ga_2O_3 [J]. Physica Status Solidi A: Applications and Materials Science, 2002, 193(1): 187-195.

[82] GARCÍA VÍLLORA E, HATANAKA K, ODAKA H, et al. Luminescence of undoped β-Ga_2O_3 single crystals excited by picosecond X-ray and sub-picosecond UV pulses [J]. Solid State Communications, 2003, 127(5): 385-388.

[83] VíLLORA E G, SHIMAMURA K, YOSHIKAWA Y, et al. Large-size β-Ga_2O_3 single crystals and wafers [J]. Journal of Crystal Growth, 2004, 270(3-4): 420-426.

[84] ZHANG J, LI B, XIA C, et al. Growth and spectral characterization of β-Ga_2O_3 single crystals [J]. Journal of Physics and Chemistry of Solids, 2006, 67(12): 2448-2451.

[85] ZHANG J, XIA C, DENG Q, et al. Growth and characterization of new transparent conductive oxides single crystals β-Ga_2O_3: Sn [J]. Journal of Physics and Chemistry of Solids, 2006, 67(8): 1656-1659.

[86] SUZUKI N, OHIRA S, TANAKA M, et al. Fabrication and characterization of transparent conductive Sn-doped β-Ga_2O_3 single crystal [J]. Physica Status Solidi C:

Current Topics in Solid State Physics, 2007, 4(7): 2310-2313.

[87] OHIRA S, SUZUKI N, ARAI N, et al. Characterization of transparent and conducting Sn-doped β-Ga_2O_3 single crystal after annealing [J]. Thin Solid Films, 2008, 516(17): 5763-5767.

[88] ViLLORA E G, SHIMAMURA K, YOSHIKAWA Y, et al. Electrical conductivity and carrier concentration control in β-Ga_2O_3 by Si doping [J]. Applied Physics Letters, 2008, 92(20): 202120.

[89] TOMM Y, REICHE P, KLIMM D, et al. Czochralski grown β-Ga_2O_3 crystals [J]. Journal of Crystal Growth, 2000, 220(4): 510-514.

[90] GALAZKA Z, UECKER R, IRMSCHER K, et al. Czochralski growth and characterization of β-Ga_2O_3 single crystals [J]. Crystal Research and Technology, 2010, 45(12): 1229-1236.

[91] GALAZKA Z, UECKER R, KLIMM D, et al. Scaling-up of bulk β-Ga_2O_3 single crystals by the Czochralski method [J]. ECS Journal of Solid State Science and Technology, 2016, 6(2): Q3007-Q3011.

[92] GALAZKA Z, IRMSCHER K, UECKER R, et al. On the bulk β-Ga_2O_3 single crystals grown by the Czochralski method [J]. Journal of Crystal Growth, 2014, 404: 184-191.

[93] AIDA H, NISHIGUCHI K, TAKEDA H, et al. Growth of β-Ga_2O_3 single crystals by the edge-defined, film fed growth method [J]. Japanese Journal of Applied Physics, 2008, 47(11): 8506-8509.

[94] KURAMATA A, KOSHI K, WATANABE S, et al. High-quality β-Ga_2O_3 single crystals grown by edge-defined film-fed growth [J]. Japanese Journal of Applied Physics, 2016, 55(12): 1202A1202.

[95] MU W, JIA Z, YIN Y, et al. High quality crystal growth and anisotropic physical characterization of β-Ga_2O_3 single crystals grown by EFG method [J]. Journal of Alloys and Compounds, 2017, 714: 453-458.

[96] MU W, JIA Z, YIN Y, et al. One-step exfoliation of ultra-smooth β-Ga_2O_3 wafers from bulk crystal for photodetectors [J]. Crystengcomm, 2017, 19(34): 5122-5127.

[97] CHASE A B. Growth of β-Ga_2O_3 by the Verneuil technique [J]. Journal of the American Ceramic Society, 1964, 47(9): 470-470.

[98] FLEISCHER M, MEIXNER H. Electron mobility in single- and polycrystalline

Ga_2O_3[J]. Journal of Applied Physics, 1993, 74(1): 300-305.

[99] HOSHIKAWA K, OHBA E, KOBAYASHI T, et al. Growth of β-Ga_2O_3 single crystals using vertical Bridgman method in ambient air [J]. Journal of Crystal Growth, 2016, 447: 36-41.

[100] OHBA E, KOBAYASHI T, KADO M, et al. Defect characterization of β-Ga_2O_3 single crystals grown by vertical Bridgman method [J]. Japanese Journal of Applied Physics, 2016, 55(12): 1202BF.

[101] KATZ G, ROY R. Flux growth and characterization of β-Ga_2O_3 single crystals [J]. Journal of the American Ceramic Society, 1966, 49(3): 168-169.

[102] GARTON G, SMITH S H, WANKLYN B M. Crystal growth from the flux systems PbO-V_2O_5 and Bi_2O_3-V_2O_5[J]. Journal of Crystal Growth, 1972, 13-14: 588-592.

[103] CHANI V I, INOUE K, SHIMAMURA K, et al. Segregation Coefficients in β-Ga_2O_3 crystals grown from a B_2O_3 based flux [J]. Journal of Crystal Growth, 1993, 132(1-2): 335-336.

[104] MATSUMOTO T, AOKI M, KINOSHITA A, et al. Absorption and reflection of vapor grown single crystal platelets of β-Ga_2O_3 [J]. Japanese Journal of Applied Physics, 1974, 13(10): 1578-1582.

[105] JUSKOWIAK H, PAJACZKOWSKA A. Chemical-transport of β-Ga_2O_3 using chlorine as a transporting agent [J]. Journal of Materials Science, 1986, 21(10): 3430-3434.

[106] PAJACZKOWSKA A, JUSKOWIAK H. On the chemical-transport of gallium oxide in the Ga_2O_3/N-H-Cl System [J]. Journal of Crystal Growth, 1986, 79(1-3): 421-426.

[107] BALDINI M, GALAZKA Z, WAGNER G. Recent progress in the growth of β-Ga_2O_3 for power electronics applications [J]. Materials Science in Semiconductor Processing, 2018, 78: 132-146.

[108] MOHAMED H F, XIA C, SAI Q, et al. Growth and fundamentals of bulk β-Ga_2O_3 single crystals [J]. Journal of semiconductors, 2019, 40(1): 011801.

[109] ZHOU H, MAIZE K, QIU G, et al. β-Ga_2O_3 on insulator field-effect transistors with drain currents exceeding 1. 5 A/mm and their self-heating effect [J]. Applied Physics Letters, 2017, 111(9): 092102.

[110] HWANG W S, VERMA A, PEELAERS H, et al. High-voltage field effect

transistors with wide-bandgap β-Ga_2O_3 nanomembranes [J]. Applied Physics Letters, 2014, 104(20): 203111.

[111] KWON Y, LEE G, OH S, et al. Tuning the thickness of exfoliated quasi-two-dimensional β-Ga_2O_3 flakes by plasma etching [J]. Applied Physics Letters, 2017, 110(13): 131901.

[112] OH S, KIM C-K, KIM J. High responsivity β-Ga_2O_3 metal - semiconductor - metal solar-blind photodetectors with ultraviolet transparent graphene electrodes [J]. ACS Photonics, 2017, 5(3): 1123-1128.

[113] KIM S, OH S, KIM J. Ultrahigh deep-UV sensitivity in graphene-gated β-Ga_2O_3 phototransistors [J]. ACS Photonics, 2019, 6(4): 1026-1032.

[114] LIU Y, DU L, LIANG G, et al. Ga_2O_3 field-effect-transistor-based solar-blind photodetector with fast response and high photo-to-dark current ratio [J]. IEEE Electron Device Letters, 2018, 39(11): 1696-1699.

[115] SWINNICH E, HASAN M N, ZENG K, et al. Flexible β-Ga_2O_3 nanomembrane Schottky barrier diodes [J]. Advanced Electronic Materials, 2019, 5(3): 1800714.

[116] MATSUMOTO T, AOKI M, KINOSHITA A, et al. Refractive-index of β-Ga_2O_3 [J]. Japanese Journal of Applied Physics, 1974, 13(4): 737-738.

[117] THIEU Q T, WAKIMOTO D, KOISHIKAWA Y, et al. Preparation of 2-in. -diameter (001) β-Ga_2O_3 homoepitaxial wafers by halide vapor phase epitaxy [J]. Japanese Journal of Applied Physics, 2017, 56(11): 110310.

[118] WAGNER G, BALDINI M, GOGOVA D, et al. Homoepitaxial growth of β-Ga_2O_3 layers by metal-organic vapor phase epitaxy [J]. Physica Status Solidi A: Applications and Materials Science, 2014, 211(1): 27-33.

[119] SCHEWSKI R, BALDINI M, IRMSCHER K, et al. Evolution of planar defects during homoepitaxial growth of β-Ga_2O_3 layers on (100) substrates—A quantitative model [J]. Journal of Applied Physics, 2016, 120(22): 225308.

[120] OSHIMA T, ARAI N, SUZUKI N, et al. Surface morphology of homoepitaxial β-Ga_2O_3 thin films grown by molecular beam epitaxy [J]. Thin Solid Films, 2008, 516(17): 5768-5771.

[121] OKUMURA H, KITA M, SASAKI K, et al. Systematic investigation of the growth rate of β-Ga_2O_3 (010) by plasma-assisted molecular beam epitaxy [J]. Applied Physics Express, 2014, 7(9): 095501.

[122] BALDINI M, ALBRECHT M, FIEDLER A, et al. Semiconducting Sn-doped β-Ga_2O_3 homoepitaxial layers grown by metal organic vapour-phase epitaxy [J]. Journal of Materials Science, 2015, 51(7): 3650-3656.

[123] OSHIMA Y, AHMADI E, KAUN S, et al. Growth and etching characteristics of (001) β-Ga_2O_3 by plasma-assisted molecular beam epitaxy [J]. Semiconductor Science and Technology, 2018, 33(1): 015013.

[124] SCHEWSKI R, LION K, FIEDLER A, et al. Step-flow growth in homoepitaxy of β-Ga_2O_3 (100)—The influence of the miscut direction and faceting [J]. APL Materials, 2019, 7(2): 022515.

[125] MAUZE A, ZHANG Y, ITOH T, et al. Metal oxide catalyzed epitaxy (MOCATAXY) of β-Ga_2O_3 films in various orientations grown by plasma-assisted molecular beam epitaxy [J]. APL Materials, 2020, 8(2): 021104.

[126] NGO T S, LE D D, LEE J, et al. Investigation of defect structure in homoepitaxial ($\bar{2}01$) β-Ga_2O_3 layers prepared by plasma-assisted molecular beam epitaxy [J]. Journal of Alloys and Compounds, 2020, 834: 155027.

[127] MAZZOLINI P, FALKENSTEIN A, WOUTERS C, et al. Substrate-orientation dependence of β-Ga_2O_3(100), (010), (001), and ($\bar{2}01$) homoepitaxy by indium-mediated metal-exchange catalyzed molecular beam epitaxy (MEXCAT-MBE) [J]. APL Materials, 2020, 8(1): 011107.

[128] TSAI M-Y, BIERWAGEN O, WHITE M E, et al. β-Ga_2O_3 growth by plasma-assisted molecular beam epitaxy [J]. Journal of Vacuum Science & Technology A: Vacuum, Surfaces, and Films, 2010, 28(2): 354-359.

[129] HIGASHIWAKI M, SASAKI K, KAMIMURA T, et al. Depletion-mode Ga_2O_3 metal-oxide-semiconductor field-effect transistors on β-Ga_2O_3 (010) substrates and temperature dependence of their device characteristics [J]. Applied Physics Letters, 2013, 38 103(12): 123511.

[130] MAUZE A, ZHANG Y, MATES T, et al. Investigation of unintentional Fe incorporation in (010) β-Ga_2O_3 films grown by plasma-assisted molecular beam epitaxy [J]. Applied Physics Letters, 2019, 115(5): 052102.

[131] WONG M H, SASAKI K, KURAMATA A, et al. Field-plated Ga_2O_3 MOSFETs with a breakdown voltage of over 750 V [J]. IEEE Electron Device Letters, 2016, 37 (2): 212-215.

[132] FENG Z, ANHAR UDDIN BHUIYAN A F M, KARIM M R, et al. MOCVD homoepitaxy of Si-doped (010) β-Ga_2O_3 thin films with superior transport properties [J]. Applied Physics Letters, 2019, 114(25): 250601.

[133] ALEMA F, ZHANG Y, OSINSKY A, et al. Low temperature electron mobility exceeding 104 cm^2/V s in MOCVD grown β-Ga_2O_3 [J]. APL Materials, 2019, 7 (12): 121110.

[134] BHUIYAN A F M A U, FENG Z, JOHNSON J M, et al. Phase transformation in MOCVD growth of $(Al_xGa_{1-x})_2O_3$ thin films [J]. APL Materials, 2020, 8(3): 031104.

[135] BHUIYAN A F M A U, FENG Z, JOHNSON J M, et al. MOCVD growth of β-phase $(Al_xGa_{1-x})_2O_3$ on $(\bar{2}01)$ β-Ga_2O_3 substrates [J]. Applied Physics Letters, 2020, 117(14): 142107.

[136] RANGA P, BHATTACHARYYA A, RISHINARAMANGALAM A, et al. Delta-doped β-Ga_2O_3 thin films and β-$(Al_{0.26}Ga_{0.74})_2O_3$/β-$Ga_2O_3$ heterostructures grown by metalorganic vapor-phase epitaxy [J]. Applied Physics Express, 2020, 13(4): 045501.

[137] RANGA P, BHATTACHARYYA A, CHMIELEWSKI A, et al. Growth and characterization of metalorganic vapor-phase epitaxy-grown β-$(Al_xGa_{1-x})_2O_3$/β-Ga_2O_3 heterostructure channels [J]. Applied Physics Express, 2021, 14(2): 025501.

[138] BIN ANOOZ S, GRÜNEBERG R, WOUTERS C, et al. Step flow growth of β-Ga_2O_3 thin films on vicinal (100) β-Ga_2O_3 substrates grown by MOVPE [J]. Applied Physics Letters, 2020, 116(18): 182106.

[139] BIN ANOOZ S, GRüNEBERG R, CHOU T S, et al. Impact of chamber pressure and Si-doping on the surface morphology and electrical properties of homoepitaxial (100) β-Ga_2O_3 thin films grown by MOVPE [J]. Journal of Physics D: Applied Physics, 2021, 54(3): 034003.

[140] GREEN A J, CHABAK K D, HELLER E R, et al. 3.8-MV/cm breakdown strength of MOVPE-grown Sn-doped β-Ga_2O_3 MOSFETs [J]. IEEE Electron Device Letters, 2016, 37(7): 902-905.

[141] CHABAK K D, WALKER D E, GREEN A J, et al. Sub-micron gallium oxide radio frequency field-effect transistors; proceedings of the 2018 IEEE MTT-S International

Microwave Workshop Series on Advanced Materials and Processes for RF and THz Applications (IMWS-AMP), F 16-18 July 2018. Institute of Electrical and Electronics Engineers [C], 2018.

[142] GREEN A J, CHABAK K D, BALDINI M, et al. β-Ga_2O_3 MOSFETs for radio frequency operation [J]. IEEE Electron Device Letters, 2017, 38(6): 790-793.

[143] ALEMA F, HERTOG B, OSINSKY A, et al. Fast growth rate of epitaxial β-Ga_2O_3 by close coupled showerhead MOCVD [J]. Journal of Crystal Growth, 2017, 475: 77-82.

[144] HIGASHIWAKI M, KONISHI K, SASAKI K, et al. Temperature-dependent capacitance-voltage and current-voltage characteristics of Pt/Ga_2O_3 (001) Schottky barrier diodes fabricated on n-Ga_2O_3 drift layers grown by halide vapor phase epitaxy [J]. Applied Physics Letters, 2016, 108(13): 133503.

[145] KONISHI K, GOTO K, MURAKAMI H, et al. 1 kV vertical Ga_2O_3 field-plated Schottky barrier diodes [J]. Applied Physics Letters, 2017, 110(10): 103506.

[146] LI W, NOMOTO K, HU Z, et al. Field-plated Ga_2O_3 trench Schottky barrier diodes with a $BV^2/R_{on,sp}$ of up to 0.95 GW/cm^2[J]. IEEE Electron Device Letters, 2020, 41(1): 107-110.

[147] PENGELLY R S, WOOD S M, MILLIGAN J W, et al. A review of GaN on SiC high electron-mobility power transistors and MMICs [J]. IEEE Transactions on Microwave Theory and Techniques, 2012, 60(6): 1764-1783.

[148] KANEKO K, KAWANOWA H, ITO H, et al. Evaluation of Misfit Relaxation in α-Ga_2O_3 Epitaxial Growth on α-Al_2O_3 Substrate [J]. Japanese Journal of Applied Physics, 2012, 51: 020201.

[149] ODA M, KANEKO K, FUJITA S, et al. Crack-free thick (~5 μm) α-Ga_2O_3 films on sapphire substrates with α-(Al, Ga)$_2$O$_3$ buffer layers [J]. Japanese Journal of Applied Physics, 2016, 55(12): 1202B1204.

[150] GOTTSCHALCH V, MERGENTHALER K, WAGNER G, et al. Growth of β-Ga_2O_3 on Al_2O_3 and GaAs using metal-organic vapor-phase epitaxy [J]. Physica Status Solidi A: Applications and Materials Science, 2009, 206(2): 243-249.

[151] GOGOVA D, WAGNER G, BALDINI M, et al. Structural properties of Si-doped β-Ga_2O_3 layers grown by MOVPE [J]. Journal of Crystal Growth, 2014, 401: 665-669.

[152] SCHEWSKI R, WAGNER G, BALDINI M, et al. Epitaxial stabilization of

pseudomorphic α-Ga_2O_3 on sapphire (0001) [J]. Applied Physics Express, 2015, 8 (1): 011101.

[153] CHOI Y G, KIM K H, CHERNOV V A, et al. EXAFS spectroscopic study of PbO-Bi_2O_3-Ga_2O_3 glasses [J]. Journal of Non-Crystalline Solids, 1999, 259: 205-211.

[154] CAO Q, HE L, XIAO H, et al. β-Ga_2O_3 epitaxial films deposited on epi-GaN/sapphire (0001) substrates by MOCVD [J]. Materials Science in Semiconductor Processing, 2018, 77: 58-63.

[155] KONG L, MA J, LUAN C, et al. Structural and optical properties of heteroepitaxial β-Ga_2O_3 films grown on MgO (100) substrates [J]. Thin Solid Films, 2012, 520 (13): 4270-4274.

[156] WAKABAYASHI R, YOSHIMATSU K, HATTORI M, et al. Epitaxial structure and electronic property of β-Ga_2O_3 films grown on MgO (100) substrates by pulsed-laser deposition [J]. Applied Physics Letters, 2017, 111(16): 162101.

[157] RAFIQUE S, HAN L, NEAL A T, et al. Heteroepitaxy of N-type β-Ga_2O_3 thin films on sapphire substrate by low pressure chemical vapor deposition [J]. Applied Physics Letters, 2016, 109(13): 132103.

[158] RAFIQUE S, HAN L, NEAL A T, et al. Towards high-mobility heteroepitaxial β-Ga_2O_3 on sapphire - Dependence on the substrate off-axis angle [J]. Physica Status Solidi A: Applications and Materials Science, 2018, 215(2): 1700467.

[159] ORITA M, HIRAMATSU H, OHTA H, et al. Preparation of highly conductive, deep ultraviolet transparent β-Ga_2O_3 thin film at low deposition temperatures [J]. Thin Solid Films, 40 2002, 411(1): 134-139.

[160] OU S L, WUU D S, FU Y C, et al. Growth and etching characteristics of gallium oxide thin films by pulsed laser deposition [J]. Materials Chemistry and Physics, 2012, 133(2-3): 700-705.

[161] MüLLER S, VON WENCKSTERN H, SPLITH D, et al. Control of the conductivity of Si-doped β-Ga_2O_3 thin films via growth temperature and pressure [J]. Physica Status Solidi A: Applications and Materials Science, 2014, 211(1): 34-39.

[162] KAWASAKI S, MOTOYAMA S I, TATSUTA T, et al. Improvement in homogeneity and ferroelectric property of mist deposition derived Pb(Zr, Ti)O_3 thin films by substrate surface treatment [J]. Japanese Journal of Applied Physics, 2004, 43(9B): 6562-6566.

[163] MA T C, CHEN X H, KUANG Y, et al. On the origin of dislocation generation and annihilation in α-Ga_2O_3 epilayers on sapphire [J]. Applied Physics Letters, 2019, 115(18): 182101.

[164] NG H M, DOPPALAPUDI D, MOUSTAKAS T D, et al. The role of dislocation scattering in N-type GaN films [J]. Applied Physics Letters, 1998, 73(6): 821-823.

[165] GURUSINGHE M N, ANDERSSON T G. Mobility in epitaxial GaN: Limitations of free-electron concentration due to dislocations and compensation [J]. Physical Review B, 2003, 67(23): 235208.

[166] MILLER N, HALLER E E, KOBLMüLLER G, et al. Effect of charged dislocation scattering on electrical and electrothermal transport inn-type InN [J]. Physical Review B, 2011, 84(7): 075315.

[167] KAWAHARAMURA T, DANG G T, FURUTA M. Successful growth of conductive highly crystalline Sn-doped α-Ga_2O_3 thin films by fine-channel mist chemical vapor deposition [J]. Japanese Journal of Applied Physics, 2012, 51(4): 040207.

[168] ODA M, TOKUDA R, KAMBARA H, et al. Schottky barrier diodes of corundum-structured gallium oxide showing on-resistance of 0.1 mΩ · cm^2 grown by MIST EPITAXY® [J]. Applied Physics Express, 2016, 9(2): 021101.

[169] DANG G T, KAWAHARAMURA T, FURUTA M, et al. Mist-CVD grown Sn-doped α-Ga_2O_3 MESFETs [J]. IEEE Transactions on Electron Devices, 2015, 62(11): 3640-3644.

[170] UCHIDA T, KANEKO K, FUJITA S. Electrical characterization of Si-doped n-type α-Ga_2O_3 on sapphire substrates [J]. MRS Advances, 2018, 3(3): 171-177.

[171] SON H, CHOI Y J, PARK J H, et al. Correlation of pulsed gas flowon Si-doped α-Ga_2O_3 epilayer grown by halide vapor phase epitaxy [J]. ECS Journal of Solid State Science and Technology, 2020, 9(5): 055005.

[172] AKAIWA K, OTA K, SEKIYAMA T, et al. Electrical properties of Sn-doped α-Ga_2O_3 films on m-plane sapphire substrates grown by mist chemical vapor deposition [J]. Physica Status Solidi A: Applications and Materials Science, 2020, 217(3): 1900632

[173] JINNO R, UCHIDA T, KANEKO K, et al. Reduction in edge dislocation density in corundum-structured α-Ga_2O_3 layers on sapphire substrates with quasi-graded α-(Al,

$Ga)_2O_3$ buffer layers [J]. Applied Physics Express, 2016, 9(7): 071101.

[174] KAWARA K, OSHIMA Y, OKIGAWA M, et al. Elimination of threading dislocations in α-Ga_2O_3 by double-layered epitaxial lateral overgrowth [J]. Applied Physics Express, 2020, 13(7): 075507.

[175] KAWARA K, OSHIMA T, OKIGAWA M, et al. In-plane anisotropy in the direction 41 of the dislocation bending in α-Ga_2O_3 grown by epitaxial lateral overgrowth [J]. Applied Physics Express, 2020, 13(11): 115502.

[176] SUN H, LI K-H, CASTANEDO C G T, et al. HCl Flow-Induced Phase Change of α-, β-, and ε-Ga_2O_3 Films Grown by MOCVD [J]. Crystal Growth & Design, 2018, 18(4): 2370-2376.

[177] MOLONEY J, TESH O, SINGH M, et al. Atomic layer deposited α-Ga_2O_3 solar-blind photodetectors [J]. Journal of Physics D: Applied Physics, 2019, 52(47): 475101.

[178] KRACHT M, KARG A, FENEBERG M, et al. Anisotropic optical properties of metastable (01$\bar{1}$2) α-Ga_2O_3 grown by plasma-assisted molecular beam epitaxy6 [J]. Physical Review Applied, 2018, 10(2): 024047.

[179] NAKAJIMA K, UJIHARA T, MIYASHITA S, et al. Thickness dependence of stable structure of the Stranski-Krastanov mode in the GaPSb/GaP system [J]. Journal of Crystal Growth, 2000, 209(4): 637-647.

[180] B. D. JOYCE J A B. Selective epitaxial deposition of silicon [J]. Nature, 1962, 195: 486.

[181] LAPIERRE F W T J A A G. A novel crystal growth phenomenon: Single crystal GaAs overgrowth onto silicon dioxide [J]. Journal of the Electrochemical Society, 1965, 112: 706.

[182] AL T N E. Epitaxial lateral overgrowth of GaAs by LPE [J]. Japanese Journal of Applied Physics, 1988, 27: L964.

[183] OSHIMA Y, ERI T, SHIBATA M, et al. Preparation of freestanding GaN wafers by hydride vapor phase epitaxy with void-assisted separation [J]. Japanese Journal of Applied Physics Part 2-Letters, 2003, 42(1A-B): L1-L3.

[184] KENSAKU MOTOKIA, TAKUJI OKAHISAA, SEIJI NAKAHATAA, et al. Growth and characterization of freestanding GaN substrates [J]. Journal of Crystal Growth, 2002, 237: 912-921.

[185] SAKAI A, SUNAKAWA H, USUI A. Transmission electron microscopy of defects in GaN films formed by epitaxial lateral overgrowth [J]. Applied Physics Letters, 1998, 73(4): 481-483.

[186] FINI P, MUNKHOLM A, THOMPSON C, et al. In situ, real-time measurement of wing tilt during lateral epitaxial overgrowth of GaN [J]. Applied Physics Letters, 2000, 76(26): 3893-3895.

[187] ARATA Y, NISHINAKA H, TAHARA D, et al. Heteroepitaxial growth of single-phase epsilon-Ga_2O_3 thin films on c-plane sapphire by mist chemical vapor deposition using a NiO buffer layer [J]. Crystengcomm, 2018, 20(40): 6236-6242.

[188] SHAPENKOV S, VYVENKO O, UBYIVOVK E, et al. Halide vapor phase epitaxy α- and ε-Ga_2O_3 epitaxial films grown on patterned sapphire substrates [J]. Physica Status Solidi A: Applications and Materials Science, 2020, 217(14): 1900892.

[189] LI Y, XIU X, XU W, et al. Pure-phase κ-Ga_2O_3 layers grown on c-plane sapphire by halide vapor phase epitaxy [J]. Superlattices and Microstructures, 2021, 152: 106845.

[190] XIA X, CHEN Y, FENG Q, et al. Hexagonal phase-pure wide band gap ε-Ga_2O_3 films grown on 6H-SiC substrates by metal organic chemical vapor deposition [J]. Applied 42 Physics Letters, 2016, 108(20): 202103.

[191] PARK S H, LEE H S, AHN H S, et al. Crystal phase control of epsilon-Ga_2O_3 fabricated using by metal-organic chemical vapor deposition [J]. Journal of the Korean Physical Society, 2019, 74(5): 502-507.

[192] PARISINI A, BOSIO A, MONTEDORO V, et al. Si and Sn doping of ε-Ga_2O_3 layers [J]. APL Materials, 2019, 7(3): 031114.

[193] VOGT P, BRANDT O, RIECHERT H, et al. Metal-exchange catalysis in the growth of sesquioxides: towards heterostructures of transparent oxide semiconductors [J]. Physical Review Letters, 2017, 119(19): 196001.

[194] CAI Y, ZHANG K, FENG Q, et al. Tin-assisted growth of epsilon-Ga_2O_3 film and the fabrication of photodetectors on sapphire substrate by PLD [J]. Optical Materials Express, 2018, 8(11): 3506-3517.

[195] WATAHIKI T, YUDA Y, FURUKAWA A, et al. Heterojunction P-Cu_2O/N-Ga_2O_3 diode with high breakdown voltage [J]. Applied Physics Letters, 2017, 111(22): 222104.

[196] ZHOU H, FENG Q, NING J, et al. High-Performance vertical β-Ga_2O_3 Schottky barrier diode with implanted edge termination [J]. IEEE Electron Device Letters, 2019, 40(11): 1788-1791.

[197] HU Z, NOMOTO K, LI W, et al. 1.6 kV vertical Ga_2O_3 FinFETs with source-connected field plates and normally-off operation; proceedings of the 2019 31st International Symposium on Power Semiconductor Devices and ICs (ISPSD), F 19-23 May 2019, 2019 [C].

[198] LV Y, LIU H, ZHOU X, et al. Lateral β-Ga_2O_3 MOSFETs with high power figure of merit of 277 MW/cm^2 [J]. IEEE Electron Device Letters, 2020, 41(4): 537-540.

[199] CHEN X, LIU K, ZHANG Z, et al. Self-powered solar-blind photodetector with fast response based on Au/β-Ga_2O_3 nanowires array film Schottky junction [J]. ACS Applied Materials & Interfaces, 2016, 8(6): 4185-4191.

[200] ZHAO B, WANG F, CHEN H, et al. An Ultrahigh responsivity (9.7 mA · W^{-1}) self-powered solar-blind photodetector based on individual ZnO-Ga_2O_3 heterostructures [J]. Advanced Functional Materials, 2017, 27(17): 1700264.

[201] TIAN W, ZHI C, ZHAI T, et al. In-doped Ga_2O_3 nanobelt based photodetector with high sensitivity and wide-range photoresponse [J]. Journal of Materials Chemistry, 2012, 22(34): 17984-17991.

[202] ZOU R, ZHANG Z, LIU Q, et al. High detectivity solar-blind high-temperature deep-ultraviolet photodetector based on multi-layered (100) facet-oriented β-Ga_2O_3 nanobelts [J]. Small, 2014, 10(9): 1848-1856.

[203] FENG W, WANG X, ZHANG J, et al. Synthesis of two-dimensional β-Ga_2O_3 nanosheets for high-performance solar blind photodetectors [J]. Journal of Materials Chemistry C, 2014, 2(17): 3254-3259.

[204] ZHONG M, WEI Z, MENG X, et al. High-performance single crystalline UV photodetectors of β-Ga_2O_3 [J]. Journal of Alloys and Compounds, 2015, 619: 572-575.

[205] OH S, KIM J, REN F, et al. Quasi-two-dimensional β-gallium oxide solar-blind photodetectors with ultrahigh responsivity [J]. Journal of Materials Chemistry C, 2016, 4(39): 9245-9250.

[206] KUMAR A, BAG A. High responsivity of quasi-2D electrospun β-Ga_2O_3-based 43 deep-UV photodetectors [J]. IEEE Photonics Technology Letters, 2019, 31(8):

619-622.

[207] WANG S, SUN H, WANG Z, et al. In situ synthesis of monoclinic β-Ga_2O_3 nanowires on flexible substrate and solar-blind photodetector [J]. Journal of Alloys and Compounds, 2019, 787: 133-139.

[208] OH S, MASTRO M A, TADJER M J, et al. Solar-blind metal-semiconductor-metal photodetectors based on an exfoliated β-Ga_2O_3 micro-flake [J]. ECS Journal of Solid State Science and Technology, 2017, 6(8): Q79-Q83.

[209] LEE S H, KIM S B, MOON Y-J, et al. High-responsivity deep-ultraviolet-selective photodetectors using ultrathin gallium oxide films [J]. ACS Photonics, 2017, 4(11): 2937-2943.

[210] GUO D, LIU H, LI P, et al. Zero-power-consumption solar-blind photodetector based on β-Ga_2O_3/NSTO heterojunction [J]. ACS Applied Materials & Interfaces, 2017, 9(2): 1619-1628.

[211] HU G C, SHAN C X, ZHANG N, et al. High gain Ga_2O_3 solar-blind photodetectors realized via a carrier multiplication process [J]. Optics Express, 2015, 23(10): 13554-13561.

[212] GUO D, WU Z, LI P, et al. Fabrication of β-Ga_2O_3 thin films and solar-blind photodetectors by laser MBE technology [J]. Optical Materials Express, 2014, 4(5): 1067-1076.

[213] XU Y, AN Z, ZHANG L, et al. Solar blind deep ultraviolet β-Ga_2O_3 photodetectors grown on sapphire by the mist-CVD method [J]. Optical Materials Express, 2018, 8(9): 2941-2947.

[214] PRATIYUSH A S, KRISHNAMOORTHY S, KUMAR S, et al. Demonstration of zero bias responsivity in MBE grown β-Ga_2O_3 lateral deep-UV photodetector [J]. Japanese Journal of Applied Physics, 2018, 57(6): 060313.

[215] SINGH PRATIYUSH A, KRISHNAMOORTHY S, VISHNU SOLANKE S, et al. High responsivity in molecular beam epitaxy grown β-Ga_2O_3 metal semiconductor metal solar blind deep-UV photodetector [J]. Applied Physics Letters, 2017, 110(22): 221107.

[216] QIAN L X, ZHANG H F, LAI P T, et al. High-sensitivity β-Ga_2O_3 solar-blind photodetector on high-temperature pretreated c-plane sapphire substrate [J]. Optical Materials Express, 2017, 7(10): 3643-3653.

[217] CUI S, MEI Z, ZHANG Y, et al. Room-temperature fabricated amorphous Ga_2O_3

high-response-speed solar-blind photodetector on rigid and flexible sustrates [J]. Advanced Optical Materials, 2017, 5(19): 1700454.

[218] FENG Q, HUANG L, HAN G, et al. Comparison study of β-Ga_2O_3 photodetectors on bulk substrate and sapphire [J]. IEEE Transactions on Electron Devices, 2016, 63(9): 3578-3583.

[219] OSHIMA T, OKUNO T, ARAI N, et al. Flame detection by a β-Ga_2O_3-based sensor [J]. Japanese Journal of Applied Physics, 2009, 48(1): 011605.

[220] GUO D Y, WU Z P, AN Y H, et al. Oxygen vacancy tuned Ohmic-Schottky conversion for enhanced performance in β-Ga_2O_3 solar-blind ultraviolet photodetectors [J]. Applied Physics Letters, 2014, 105(2): 023507.

[221] PRATIYUSH A S, MUAZZAM U U, KUMAR S, et al. Optical float-zone grown bulk β-Ga_2O_3-based linear MSM array of UV-C photodetectors [J]. IEEE Photonics Technology Letters, 2019, 31(12): 923-926.

[222] QIAN L X, WU Z H, ZHANG Y Y, et al. Ultrahigh-responsivity, rapid-recovery, solar-blind photodetector based on highly nonstoichiometric amorphous gallium oxide [J]. ACS 44 Photonics, 2017, 4(9): 2203-2211.

[223] ARORA K, GOEL N, KUMAR M, et al. Ultrahigh performance of self-powered β-Ga_2O_3 thin film solar-blind photodetector grown on cost-effective Si substrate using high-temperature seed layer [J]. ACS Photonics, 2018, 5(6): 2391-2401.

[224] QIN Y, DONG H, LONG S, et al. Enhancement-mode β-Ga_2O_3 metal-oxide - semiconductor field-effect solar-blind phototransistor with ultrahigh detectivity and photo-to-dark current ratio [J]. IEEE Electron Device Letters, 2019, 40(5): 742-745.

[225] QIAN L X, LIU H Y, ZHANG H F, et al. Simultaneously improved sensitivity and response speed of β-Ga_2O_3 solar-blind photodetector via localized tuning of oxygen deficiency [J]. Applied Physics Letters, 2019, 114(11): 113506.

[226] CHEN X, MU W, XU Y, et al. Highly narrow-band polarization-sensitive solar-blind photodetectors based on β-Ga_2O_3 single crystals [J]. ACS Applied Materials & Interfaces, 2019, 11(7): 7131-7137.

[227] ALEMA F, HERTOG B, MUKHOPADHYAY P, et al. Solar blind Schottky photodiode based on an MOCVD-grown homoepitaxial β-Ga_2O_3 thin film [J]. APL Materials, 2019, 7(2): 022527.

[228] QIAO B, ZHANG Z, XIE X, et al. Avalanche gain in metal-semiconductor-metal Ga_2O_3 solar-blind photodiodes [J]. The Journal of Physical Chemistry C, 2019, 123 (30): 18516-18520.

[229] ZHAO B, WANG F, CHEN H, et al. Solar-blind avalanche photodetector based On single ZnO-Ga_2O_3 core-shell microwire [J]. Nano Letters, 2015, 15(6): 3988-3993.

[230] NAKAGOMI S, SAKAI T, KIKUCHI K, et al. β-Ga_2O_3/p-type 4H-SiC heterojunction diodes and applications to deep-UV photodiodes [J]. Physica Status Solidi A: Applied Research, 2018, 216(5): 1700796.

[231] NAKAGOMI S, SATO T A, TAKAHASHI Y, et al. Deep ultraviolet photodiodes based on the β-Ga_2O_3/GaN heterojunction [J]. Sensors and Actuators A: Physical, 2015, 232: 208-213.

[232] MAHMOUD W E. Solar blind avalanche photodetector based on the cation exchange growth of β-Ga_2O_3/SnO_2 bilayer heterostructure thin film [J]. Solar Energy Materials and Solar Cells, 2016, 152: 65-72.

[233] CHEN X, XU Y, ZHOU D, et al. Solar-blind photodetector with high avalanche gains and bias-tunable detecting functionality based on metastable phase α-Ga_2O_3/ZnO isotype heterostructures [J]. ACS Applied Materials & Interfaces, 2017, 9 (42): 36997-37005.

[234] GUO D, SU Y, SHI H, et al. Self-powered ultraviolet photodetector with superhigh photoresponsivity (3. 05 A/W) based on the GaN/Sn: Ga_2O_3 pn junction [J]. ACS Nano, 2018, 12(12): 12827-12835.

[235] LIN R, ZHENG W, ZHANG D, et al. High-performance graphene/β-Ga_2O_3 heterojunction deep-ultraviolet photodetector with hot-electron excited carrier multiplication [J]. ACS Applied Materials & Interfaces, 2018, 10 (26): 22419-22426.

[236] KALITA G, MAHYAVANSHI R D, DESAI P, et al. Photovoltaic action in graphene-Ga_2O_3 heterojunction with deep-ultraviolet irradiation [J]. Physica Status Solidi RRL: Rapid Research Letters, 2018, 12(8): 1800198.

[237] KONG W Y, WU G A, WANG K Y, et al. Graphene-β-Ga_2O_3 heterojunction for highly sensitive deep UV photodetector application [J]. Advanced Materials, 2016, 28(48): 45 10725-10731.

[238] LI P, SHI H, CHEN K, et al. Construction of GaN/Ga_2O_3 PN junction for an

extremely high responsivity self-powered UV photodetector [J]. Journal of Materials Chemistry C, 2017, 5(40): 10562-10570.

[239] LI Y, ZHANG D, LIN R, et al. Graphene interdigital electrodes for improving sensitivity in a Ga_2O_3: Zn deep-ultraviolet photoconductive detector [J]. ACS Applied Materials & Interfaces, 2019, 11(1): 1013-1020.

[240] GUO D Y, SHI H Z, QIAN Y P, et al. Fabrication of β-Ga_2O_3/ZnO heterojunction for solar-blind deep ultraviolet photodetection [J]. Semiconductor Science and Technology, 2017, 32(3): 03LT01.

[241] YOU D, XU C, ZHAO J, et al. Vertically aligned ZnO/Ga_2O_3 core/shell nanowire arrays as self-driven superior sensitivity solar-blind photodetectors [J]. Journal of Materials Chemistry C, 2019, 7(10): 3056-3063.

[242] WANG Y, CUI W, YU J, et al. One-step growth of amorphous/crystalline Ga_2O_3 phase junctions for high-performance solar-blind photodetection [J]. ACS Applied Materials & Interfaces, 2019, 11(49): 45922-45929.

[243] CAMPBELL J C, DEMIGUEL S, MA F, et al. Recent advances in avalanche photodiodes [J]. IEEE Journal of Selected Topics in Quantum Electronics, 2004, 10(4): 777-787.

[244] LAW H, NAKANO K, TOMASETTA L. Ⅲ-Ⅳ alloy heterostructure high speed avalanche photodiodes [J]. IEEE Journal of Quantum Electronics, 1979, 15(7): 549-558.

[245] NIE H, ANSELM K A, LENOX C, et al. Resonant-cavity separate absorption, charge and multiplication avalanche photodiodes with high-speed and high gain-bandwidth product [J]. IEEE Photonics Technology Letters, 1998, 10(3): 409-411.

[246] KANBE H, KIMURA T, MIZUSHIMA Y, et al. Silicon avalanche photodiodes with low multiplication noise and high-speed response [J]. IEEE Transactions on Electron Devices, 1976, 23(12): 1337-1343.

[247] KATZ O, BAHIR G, SALZMAN J. Persistent photocurrent and surface trapping in GaN Schottky ultraviolet detectors [J]. Applied Physics Letters, 2004, 84(20): 4092-4094.

[248] TUT T, GOKKAVAS M, BUTUN B, et al. Experimental evaluation of impact ionization coefficients in $Al_xGa_{1-x}N$ based avalanche photodiodes [J]. Applied Physics Letters, 2006, 89(18): 183524.

[249] XIE F, LU H, CHEN D J, et al. Metal-semiconductor-metal ultraviolet avalanche

photodiodes fabricated on bulk GaN substrate [J]. IEEE Electron Device Letters, 2011, 32(9): 1260-1262.

[250] CHEN Y C, LU Y J, LIU Q, et al. Ga_2O_3 photodetector arrays for solar-blind imaging [J]. Journal of Materials Chemistry C, 2019, 7(9): 2557-2562.

[251] PENG Y, ZHANG Y, CHEN Z, et al. Arrays of solar-blind ultraviolet photodetector based on β-Ga_2O_3 epitaxial thin films [J]. IEEE Photonics Technology Letters, 2018, 30(11): 993-996.

[252] ZHENG X, LEE J, RAFIQUE S, et al. Wide bandgap β-Ga_2O_3 nanomechanical resonators for detection of middle-ultraviolet (MUV) photon radiation; proceedings of the 2017 IEEE 30th International Conference on Micro Electro Mechanical Systems (MEMS), F 22-26 46 Jan. 2017, 2017 [C].

[253] ZHENG X, LEE J, RAFIQUE S, et al. Nanoelectromechanical resonators enabled by Si-doped semiconducting β-Ga_2O_3 nanobelts; proceedings of the 2018 IEEE International Frequency Control Symposium (IFCS), F 21-24 May 2018, 2018 [C].

[254] ZHENG X Q, LEE J, RAFIQUE S, et al. Ultrawide band gap β-Ga_2O_3 nanomechanical resonators with spatially visualized multimode motion [J]. ACS Applied Materials & Interfaces, 2017, 9(49): 43090-43097.

[255] ZHENG X Q, XIE Y, LEE J, et al. β gallium oxide (β-Ga_2O_3) nanoelectromechanical transducer for dual-modality solar-blind ultraviolet light detection [J]. APL Materials, 2019, 7(2): 022523.

[256] ZHENG X Q, LEE J, RAFIQUE S, et al. β-Ga_2O_3 NEMS oscillator for real-time middle ultraviolet (MUV) light detection [J]. IEEE Electron Device Letters, 2018, 39(8): 1230-1233.

[257] AN Y, CHU X, HUANG Y, et al. Au plasmon enhanced high performance β-Ga_2O_3 solar-blind photo-detector [J]. Progress in Natural Science: Materials International, 2016, 26(1): 65-68.

[258] QIAO G, CAI Q, MA T, et al. Nanoplasmonically enhanced high-performance metastable phase α-Ga_2O_3 solar-blind photodetectors [J]. ACS Applied Materials & Interfaces, 2019, 11(43): 40283-40289.

第 2 章

氧化镓的电学特性

半导体最关键的性质就是通过控制杂质种类和浓度来对导电特性进行精确调控，该性质可用于实现多功能、可靠的、可重复的电子器件。半导体的导电特性不仅取决于其杂质浓度，也取决于载流子在单位电场下的漂移速度，即迁移率。因此，本章将介绍 Ga_2O_3 中的施主杂质及其分析方法，并简要介绍 Ga_2O_3 P 型掺杂的可能性；另外，还将介绍 Ga_2O_3 中的散射机制和高迁移率二维电子气的实现方法。同时，由于 Ga_2O_3 主要针对的是大功率电力电子器件应用，因此对 Ga_2O_3 中的载流子在高场下的输运也将进行简要介绍。

2.1 施主杂质与受主杂质

为实现半导体材料的可靠、可重复性能，须通过故意掺杂和减少非故意掺杂来精确控制半导体中的载流子浓度。$\beta-Ga_2O_3$ 器件的迅速发展，部分归功于 $\beta-Ga_2O_3$ 有效可控的 N 型掺杂及补偿受主掺杂形成的半绝缘衬底及电流阻挡层。Ga_2O_3 中的 N 型掺杂元素主要是Ⅵ主族元素，如 Si[1-4]、Sn[1,5]、Ge[6] 等。其中单晶生长中用到的掺杂元素主要是 Si 和 Sn，由此可以获得载流子浓度在 $10^{16}\sim10^{20}$ cm^{-3} 范围内的单晶[94]。而外延中还用到了 Ge，主要用在 MBE 方法中生长 N 型的 $\beta-Ga_2O_3$。在外延的 $\beta-Ga_2O_3$ 掺杂中，$\beta-Ga_2O_3$ 的电子浓度在 $10^{14}\sim10^{21}$ cm^{-3} 范围内可控[7-8]。理论上这些 N 型掺杂元素在 $\beta-Ga_2O_3$ 中都表现出浅施主特征，这三种掺杂元素的离化能都在 30～40 meV 左右[9-12]。随着掺杂浓度的升高，由于自由载流子和带电杂质(包括补偿性杂质)的库仑屏蔽作用，以及带电杂质随机分布而导致的导带边缘空间波动，使得掺杂元素的电离能下降[9]。从目前的理论和实验结果来看，Ga_2O_3 没有稳定、电离能低的受主杂质，只存在 Fe[13-15]、Mg[16-18]、N[18-19] 等深受主，这些深受主的电离能级通常超过 1.0 eV[20]，因此会补偿 Ga_2O_3 中的本征电子，形成半绝缘的 Ga_2O_3，其电导率可小至 10^{-12} $S\cdot cm^{-1}$[16]

2.1.1 半导体中的杂质和载流子浓度

当半导体中引入杂质后，将在禁带中引入杂质能级。施主杂质能级与导带底(或受主能级与价带顶)的差值称为电离能，分别用 E_D(或 E_A)表示。计算杂质能级最简单的方法是基于类氢模型实现的。对于氢原子，其真空电离能为

$$E_H=\frac{m_0q^4}{8\varepsilon_0^2h^2}=13.6\ \text{eV}$$

其中，$\hbar=\dfrac{h}{2\pi}$。对于半导体中的施主杂质或受主杂质，可以直接将上式中的电子质量m_0直接替换为导带底的电子有效质量m_n^*或价带顶的空穴有效质量m_p^*，并将真空介电常数替换为半导体的介电常数，由此可得半导体中施主杂质和受主杂质的电离能，即

$$E_d=13.6\left(\frac{\varepsilon_0}{\varepsilon_s}\right)^2\left(\frac{m_n^*}{m_0}\right) \quad 或 \quad E_a=13.6\left(\frac{\varepsilon_0}{\varepsilon_s}\right)^2\left(\frac{m_p^*}{m_0}\right) \tag{2-1}$$

如果我们将 Ga_2O_3的电子有效质量 $m_n^*=0.26m_0$以及 $\varepsilon_s=\kappa_s\varepsilon_0=10.2\varepsilon_0$代入式(2-1)，可得 Ga_2O_3中的类氢施主电离能为 34 meV，与电学测试结果相近。然而，由于 Ga_2O_3的空穴有效质量较大，其激活能可高达数百 meV，这将大大降低空穴的激活率。半导体中的屏蔽效应将降低施主电离能。屏蔽效应通常与一定温度下的电子浓度有关，并由稀释半导体中的施主电离能决定，即$E_d=E_d^0-\alpha N_d^{1/3}$，其中 E_d^0是施主杂质浓度极低的半导体(稀释半导体)中的电离能，N_d 是总的施主杂质浓度，α 是半导体相关的常数。需要注意的是，利用类氢模型计算的电离能适用于稀释半导体。

对于半导体而言，通常关注两个参数，即载流子浓度 n 和迁移率 μ，二者均可通过霍耳测试得到。本节将首先讨论半导体中的自由载流子浓度，特别是Ga_2O_3中的电子浓度，迁移率部分将在后面的章节中讨论。半导体中的载流子浓度与半导体的统计学参数有关。这一议题已在许多出版物(包括教科书中)讨论过，关于其处理方式可追溯到 20 世纪 50 年代[21-24]。因此，本节将结合Ga_2O_3这一新兴半导体材料进行一些结论性介绍。

众所周知，电子的能量分布函数为费米狄拉克分布函数，即

$$f_0(\xi)=\frac{1}{1+\exp\left(\dfrac{\xi-E_F}{k_BT}\right)} \tag{2-2}$$

其中，ξ 表示能量，k_B 表示玻尔兹曼常数，T 表示温度，$f_0(\xi)$表示分布函数，E_F表示费米能级。对于局域化能级，例如杂质能级或缺陷能级，其分布函数尚不明确。不过对于杂质而言，可用如下通用分布函数表示：

$$f(\xi)=\frac{1}{1+g\exp\left(\dfrac{\xi-E_F}{k_BT}\right)} \tag{2-3}$$

其中，g 为简并系数，$g=1$ 表示电子占据导带，$g=\dfrac{1}{2}$表示电子占据施主位，

而当电子占据受主位置时，$g=4$。半导体中的载流子浓度可通过态密度函数 $g(\xi)$ 及费米分布 $f_0(\xi)$ 乘积的积分求得，其中积分范围为整个导带，即

$$
\begin{aligned}
n &= \int_0^{\infty} g(\xi) f_0(\xi) \mathrm{d}\xi \\
&= \int_{E_c}^{\infty} \frac{1}{2\pi^2}\left(\frac{2m_n^*}{\hbar^2}\right)^{3/2} (\xi - E_c)^{1/2} \frac{1}{1+\exp\left(\dfrac{\xi - E_F}{k_B T}\right)} \mathrm{d}\xi \\
&= \frac{1}{2\pi^2}\left(\frac{2m_n^*}{\hbar^2}\right)^{3/2} \int_{E_c}^{\infty} \frac{[(\xi - E_c)/k_B T]^{1/2}}{1+\exp\left(\dfrac{\xi - E_F}{k_B T}\right)} \mathrm{d}\xi
\end{aligned} \tag{2-4}
$$

其中，E_c 为导带能量，m_n^* 为导带态密度有效质量。对于球形等能面而言，导带态密度有效质量与有效质量一致。式(2-4)可表示为

$$
\begin{aligned}
n &= \frac{2(2\pi m_n^* k_B T)^{3/2}}{\hbar^3} \frac{2}{\sqrt{\pi}} \int_0^{\infty} \frac{x^{1/2}}{1+\exp(x-\eta)} \mathrm{d}x \\
&= N_c \frac{2}{\sqrt{\pi}} \mathscr{F}_{1/2}(\eta)
\end{aligned} \tag{2-5}
$$

其中 $x=\dfrac{(\xi - E_c)}{k_B T}$；$\eta=\dfrac{(E_F - E_c)}{k_B T}$；$\mathscr{F}_j(x_0)$ 为费米积分；N_c 为导带底有效态密度，是一个只与材料性质和温度有关的函数，为

$$
N_c = \frac{2(2\pi m_n^* k_B T)^{3/2}}{\hbar^3} = 2.5 \times 10^{19} \left(\frac{m_n^*}{m_0} \frac{T}{300}\right)^{3/2} \mathrm{cm}^{-3} \tag{2-6}
$$

费米积分 $\mathscr{F}_j(x_0)$ 定义为

$$
\mathscr{F}_j(x_0) = \int_0^{\infty} \frac{x^j}{1+\exp(x-x_0)} \mathrm{d}x \tag{2-7}
$$

当 $x_0 \leqslant 3$，即 $E_c - E_F \geqslant 3k_B T$ 时，$\mathscr{F}_j(x_0)$ 退化为 $\mathscr{F}_j(x_0) = \Gamma(j+1)\exp x_0$，其中 $\Gamma(j+1)$ 为 Γ 函数。在这一情况下，费米分布近似为经典的玻耳兹曼分布，表明此时为非简并半导体，上述稀释半导体也属于这一情况。此时，载流子浓度 n 具有解析形式，可不需通过数值计算得到，即

$$
n = N_c \exp\left[\frac{-(E_c - E_F)}{k_B T}\right] \tag{2-8}
$$

费米积分(实线)和玻耳兹曼近似(虚线)下的结果和 η 的关系如图 2.1 所示。对于空穴，具有和电子类似的结果，由于 Ga_2O_3 目前还无法实现稳定高效的 P 型掺杂，在此不具体介绍。

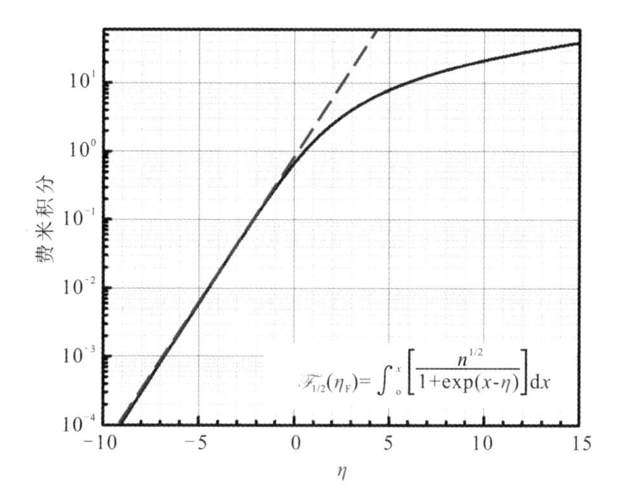

图 2.1　费米积分(实线)和玻耳兹曼近似(虚线)下的数值计算结果

热平衡状态下，本征载流子浓度 n_i 和导带价带的态密度相关，推导可得

$$n_i^2=np=N_cN_v\exp\left(\frac{E_g}{k_BT}\right)$$

其中 N_v 为价带顶态密度。上式可用更简便的方式表示，即

$$n_i=2.5\times10^{19}\left(\frac{m_n^*m_p^*}{m_0^2}\right)^{3/4}\left(\frac{T}{300}\right)^{3/2}\exp\left(\frac{-E_g}{2k_BT}\right)\text{cm}^{-3} \tag{2-9}$$

由公式可知，当禁带宽度 E_g 增大时，本征载流子浓度迅速降低。当半导体中同时具有施主和受主杂质(也可以是类施主和类受主缺陷)时，由于电荷平衡(电中性原理)，正电荷的总数要等于负电荷总数，将在下文中进行更具体的说明。对于补偿半导体，如果其是 N 型的，所有的受主杂质将全部电离，即杂质浓度 $N_a^-=N_a$，此时平衡时的电子浓度可表示为

$$n_0=\frac{1}{2}\left[(N_d^+-N_a^-)+\sqrt{(N_d^+-N_a^-)^2+4n_i^2}\right] \tag{2-10}$$

对于宽禁带半导体，如 GaN、SiC、Ga_2O_3 等，由于 $E_g>3$ eV，本征载流子浓度可以忽略不计，因此 $n_0=N_d^+-N_a^-$；同理，对于显示 P 型的情况，空穴浓度可表示为 $p_0=N_a-N_d$。如果半导体材料中存在缺陷，例如面缺陷、线缺陷或点缺陷，则需对缺陷进行进一步的处理，这将在第 2.3.3 小节中做具体的阐述。当然，离化的施主(受主)杂质和载流子浓度之间的关系还需通过统计方法进一步确定。

通常，采用基于可以容纳零个、一个和两个电子的方盒子的半导体统计模型

对载流子进行统计。由于自旋向上和自旋向下的简并度，每个态可以拥有两个电子。这里忽略复杂的因素，如特定电荷态的激发态(如施主态)，并限制了一些指标项，从而导致 $g_0=1$、$g_1=2$ 和 $g_2=1$ 三个状态中的每个状态的简并因子。与这些能态相关的波函数很大，并且遍布整个晶体，因此可以忽略电子与电子之间的排斥力。设三个态的能级为 ξ_0、ξ_1 和 ξ_2。令 $\xi_0=0$，作为参考能量，则 $\xi_2=2\xi_1$。根据这些限定，上述三个状态的平均电子占据率可由下式确定：

$$n_{\text{ave}}=n_1+2n_2=\frac{2N}{1+\exp\left[\dfrac{(\xi_1-E_{\text{F}})}{k_{\text{B}}T}\right]} \tag{2-11}$$

其中 N 表示能态总数，系数 2 表示自旋向上或向下的电子。有趣的是，$n_{\text{ave}}/2N=f(\xi)$，即费米分布。对于给施主态，类 s -施主态可以用与能带态相似的方式来表示，但由于波函数局部化，电子与电子之间的排斥力起作用。在这种情况下，$E_2\gg 2E_1$，可以预测，$\exp\left(\dfrac{E_2}{k_{\text{B}}T}\right)\to\infty$，由此导致：

$$n_{\text{ave}}=n_1+2n_2=\frac{N}{1+\left(\dfrac{1}{2}\right)\exp\left[\dfrac{(\xi_1-E_{\text{F}})}{k_{\text{B}}T}\right]} \tag{2-12}$$

式(2-12)即众所周知的浅类 s -施主费米分布方程。其中简并因子 $\dfrac{1}{2}$ 是强电子与电子之间排斥力的结果，该排斥力阻碍了双电子态(E_2 能级)在典型温度下被占据。如果简单地认为离化施主杂质浓度 N_{d}^{+} 就是所有占据施主态密度 N 与中性施主杂质密度 N_{d}^{+} 的差，则 N_{d}^{+} 可用下式表示：

$$N_{\text{d}}^{+}=N-N_{\text{d}}^{0}=N-n_{\text{ave}}=\frac{N}{1+2\exp\left[\dfrac{-(E_1-E_{\text{F}})}{k_{\text{B}}T}\right]} \tag{2-13}$$

简并因子为 2 或 1/2，取决于考虑的是被占据状态还是未被占据状态，前者对单能级施主有效而后者则对中性施主有效。然而，对单受主而言，情况正好相反。

通常，更常见的情况是将施主能级与导带底相关联，即，令 $E_{1\text{CB}}=E_1-E_{\text{g}}=-E_{\text{d}}$，其中 E_{d} 表示施主电离能。此外，可令 $E_{\text{FCB}}=E_{\text{F}}-E_{\text{g}}=-E_{\text{F}}$，则式(2-13)可写为

$$N_{\text{d}}^{+}=\frac{N_{\text{d}}}{1+2\exp\left[\dfrac{(E_{\text{d}}-E_{\text{F}})}{k_{\text{B}}T}\right]} \tag{2-14}$$

对受主杂质而言，简并因子为 4，则

$$N_a^- = \frac{N_a}{1 + 4\exp\left[\frac{-(E_a - E_F)}{k_B T}\right]} \tag{2-15}$$

平衡状态下，半导体中的载流子浓度是由电荷平衡和统计量决定的。在平衡状态下存在电荷平衡，即所有负电荷和正电荷的总和为 0。如前文所述，在宽禁带半导体中，由于本征载流子浓度 n_i 在室温下非常低，当半导体表现出 N 型或 P 型特性时，相反的自由载流子浓度(p 或 n)非常小，因此在电中性原则的表达式中往往可以忽略。换言之，例如在 Ga_2O_3 中，N - Ga_2O_3 中的空穴浓度 p 可忽略不计，而 P - Ga_2O_3(假设存在)中的电子浓度 n 也同样可忽略不计。仅仅处理占据概率往往无法自动得到电子或空穴浓度，为得到 n 和 p，首先应该得到费米能级，这可通过电中性方程或电荷平衡方法得到。

电中性原理表明在半导体材料中，正电荷和负电荷必须相等。在半导体中，忽略由于类施主或类受主杂质缺陷带来的影响，电中性方程可表述为

$$n + N_a^- = p + N_d^+ \tag{2-16}$$

其中等式左侧代表负电荷，包括自由电子浓度 n 和离化的受主 N_a^-；而等式右侧代表正电荷，包括自由空穴浓度 p 和离化的施主 N_d^+。若半导体(例如 GaN[25]、InN[26]、ZnO[27]、Ga_2O_3[28]等)中存在类施主或类受主缺陷，则缺陷可能束缚电子或空穴，产生负电中心和正电中心，这也需考虑到电中性方程中，具体的处理方式将在第 2.3.3 小节中详述。需要注意的是，在 N 型半导体中，费米能级的位置总是在禁带中央之上，所有能级在费米能级以下的受主杂质在平衡状态下将全部电离；同样，在 P 型半导体中，费米能级在禁带的下半部分，所有能级高于费米能级的施主杂质将全部电离。若半导体中存在多种施主或受主，则电中性方程将作一些变化，即需考虑多种离化施主或受主，则 $p + \sum_i N_{di}^+ = n + \sum_j N_{aj}^-$，其中 $\sum_i N_{di}^+$ 和 $\sum_j N_{aj}^-$ 分别表示所有离化的施主杂质和受主杂质。

目前 Ga_2O_3 仅实现了稳定的 N 型掺杂，下面介绍电中性原理应用于 N 型半导体的情况，对于 P 型半导体可做相似的处理。在宽禁带半导体，特别是超宽禁带氧化镓半导体中，可以简单地认为 $n \gg p$，因为在室温下，Ga_2O_3 的本征载流子浓度极低，在低温下尤甚，因此这一假设很容易实现。此外，我们还可以假设，除了占据主导地位的施主外，其他施主杂质能级均低于费米能级几个 $k_B T$。这一假设下，除占据主导地位的施主外，其他所有施主和受主杂质相关的费米分布函数与温度无关。在这种情况下，如果费米能级高于受主能级，

与特定受主 j 相关的电离受主浓度将等于受主浓度；如果受主能级高于费米能级，则等于零。用数学形式表达，对受主杂质而言，有

$$N_{aj}^{-}=\begin{cases}N_{aj}, & E_{aj}<E_F-3k_BT\\ 0, & E_{aj}>E_F+3k_BT\end{cases} \tag{2-17}$$

同样地，对施主杂质 i 而言，有

$$N_{di}^{+}=\begin{cases}N_{di}, & E_{di}>E_F+3k_BT\\ 0, & E_{di}<E_F-3k_BT\end{cases} \tag{2-18}$$

上面的描述暗含了半导体中存在多种施主或受主杂质(晶体生长或薄膜外延过程中不可避免引入的杂质)，我们可以定义一个量，用来表示由于杂质离化带来的净负电荷 N_a^{net}，具体可表示为 $N_a^{net}=jN_{aj}-\sum_i N_{di}^{+}$。

将式(2-14)代入式(2-16)中，并忽略 N 型半导体中的空穴浓度 p，电中性方程可表示为

$$n+N_a^{net}=N_d^{+}=\frac{N_d}{1+2\exp\left[\dfrac{(E_{d0}-E_F)}{k_BT}\right]} \tag{2-19}$$

实际上，由于式(2-19)中包含费米积分，无法直接得到载流子浓度 n 和费米能级 E_F 的解析解，必须通过数值计算的方法实现方程的求解。具体地，对于 N 型半导体，由于费米能级的位置在 $\left(-\frac{E_g}{2}, \frac{E_g}{2}\right)$ 之间，因此可在 $\left(-\frac{E_g}{2}, \frac{E_g}{2}\right)$ 之间随机取一数值作为 E_F，经过多次迭代使得等式两边之差小于某个控制值 δ，此时，可得方程的近似解；通常，控制值越小，需要迭代的次数越多。此外，对于非简并半导体，费米分布可近似为玻耳兹曼分布，根据式(2-8)，可将式(2-19)整理为如下形式：

$$n+N_a^{net}=\frac{N_d}{1+2\left(\dfrac{n}{N_c}\right)\exp\left(\dfrac{E_d}{k_BT}\right)} \tag{2-20}$$

进一步，可将自由电子浓度 n 单独整理出来，即

$$n=\frac{1}{2}(n_1+N_a^{net})\left\{\left[1+\frac{4n_1(N_d-N_a^{net})}{(n_1+N_a^{net})^2}\right]^{1/2}-1\right\} \tag{2-21}$$

其中，$n_1=\frac{1}{2}N_c\exp\left(\frac{-E_d}{k_BT}\right)$ 或 $n_1=\frac{1}{2}N_c' T^{3/2}\exp\left(\frac{\alpha_d}{k_B}\right)\exp\left(-\frac{E_{d0}}{k_BT}\right)$，$\alpha_d$ 表示温度依赖的施主激活能的温度因子。在后一表达式中，$N_c=N_c' T^{3/2}$，N_c' 为去掉温度效应后的导带底态密度，$E_d=(E_{d0}-\alpha_d T)$ 表示施主激活能与温度呈线性

关系。式(2-21)较为复杂，无法直观地理解，但在一定的限制条件下，如不同的温度区间内，将变得相对直观。

在低温并且 $n_1 \ll N_a^{net}$，$n_1 \ll \frac{(N_a^{net})^2}{N_d - N_a^{net}}$ 时，式(2-21)中的根号项可以展开，由此可得

$$n \approx \left(\frac{N_d}{N_a^{net}} - 1\right) n_1 = \frac{1}{2}\left(\frac{N_d}{N_a^{net}} - 1\right) N_c' T^{3/2} \exp\left(\frac{\alpha_d}{k_B}\right) \exp\left(-\frac{E_{d0}}{k_B T}\right) \tag{2-22}$$

由此可知 $\ln\left(\frac{n}{T^{3/2}}\right)$ 与 $\frac{1}{T}$ 的关系用直角坐标画出来是一条直线，其斜率为 $\left(-\frac{E_{d0}}{k_B}\right)$。

在低温且式(2-21)的第二项远大于 1，即 $n_1 \gg N_a^{net}$，$n_1 \ll \frac{(N_a^{net})^2}{N_d - N_a^{net}}$ 时，有

$$\begin{aligned} n &\approx \frac{1}{2} n_1 \frac{2(N_d - N_a^{net})^{1/2}}{n_1^{1/2}} \\ &= 2(N_d - N_a^{net})^{1/2} \left[\frac{1}{2} N_c'\right]^{1/2} T^{3/4} \exp\left(-\frac{E_{d0}}{2k_B T}\right) \end{aligned} \tag{2-23}$$

由此可知 $\ln\left(\frac{n}{T^{3/4}}\right)$ 与 $\frac{1}{T}$ 的关系用直角坐标画出来是一条直线，其斜率为 $\frac{-E_{d0}}{2k_B}$，与 $n_1 \ll N_a^{net}$，$n_1 \ll \frac{N_a^{net\,2}}{N_d - N_a^{net}}$ 时，斜率为 $-E_{d0}/k_B$ 的结果不同。并且，这一情况只有当 $N_a/N_d < 0.1$，即当受主杂质浓度很小时才会发生。

在高温且 $n_1 \gg N_a^{net}$，$n_1 \gg \frac{(N_a^{net})^2}{N_d - N_a^{net}}$ 时，式(2-21)中的根号项可以展开，由此得

$$n \approx \frac{1}{2}(N_1 + N_a^{net}) \frac{2n_1(N_d - N_a^{net})}{(N_1 + N_a^{net})^2} \approx N_d - N_a^{net} \tag{2-24}$$

这表明在高温下，电子浓度接近常量，为 $n \approx N_d - N_a^{net}$。

由以上讨论可知，利用不同温度下的霍耳测试得到的载流子浓度可拟合得到半导体材料中不同掺杂元素的激活能。此外，通过对不同掺杂浓度下的激活能拟合可得稀释半导体中的掺杂元素激活能 E_d^0 和线性系数 α。如图 2.2(a)所示，K. Irmscher 等人[9]利用电中性方程(2-16)。对不同 Ga_2O_3 晶体在不同温度下的霍耳载流子浓度进行拟合，可得不同掺杂浓度的 Ga_2O_3 晶体中施主电离能、施主杂质浓度和受主杂质浓度。利用线性拟合测试得到的 $E_d - N_d^{1/3}$ 曲线，可得稀释半导体 β-Ga_2O_3 中的施主电离能 $E_d^0 = 36.3$ meV，线性系数 $f(K) = -1.46$(拟合公式

为 $E_d=E_d^0+f(K)\frac{q^2 N_d^{1/3}}{4\pi\kappa_s\varepsilon_0}$，其中 κ_s 为β-Ga_2O_3的相对介电常数)。样品的具体拟合参数见表 2.1。

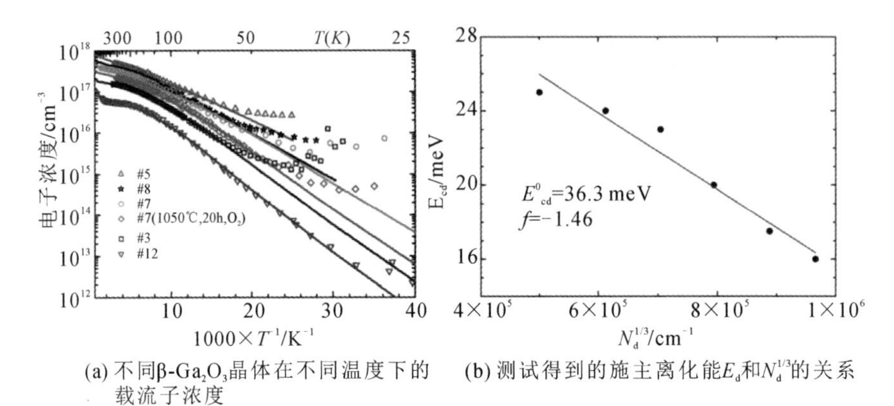

(a) 不同β-Ga_2O_3晶体在不同温度下的载流子浓度

(b) 测试得到的施主离化能E_d和$N_d^{1/3}$的关系

图 2.2 β-Ga_2O_3 的电子浓度温度依赖特性及施主离化能[9]

表 2.1 利用电中性方程，根据图 2.2(a)中不同温度下 β-Ga_2O_3 载流子浓度最佳拟合得到的 N_d、E_d、N_a 和 E_a

样品	N_d/cm^{-3}	E_d/meV	N_a/cm^{-3}	E_a/meV
＃5	9×10^{17}	16	1×10^{17}	≥500
＃8	7×10^{17}	17.5	1.2×10^{17}	≥500
＃7	5×10^{17}	20	5×10^{16}	≥500
＃7 (1050 ℃，20 h，O_2)	3.5×10^{17}	23	5×10^{16}	≥500
＃3	2.3×10^{17}	24	5×10^{16}	≥500
＃12	1.25×10^{17}	25	6×10^{16}	500

注：拟合时，施主杂质简并度 $g_d=2$，受主杂质简并度 $g_a=1$，禁带宽度 E_g 取 4.6 eV。

A. T. Neal 等人[11]分析了不同生长方法(例如提拉法单晶、导模法单晶、MBE 外延膜和 LPCVD 外延膜)得到的 β-Ga_2O_3 的施主电离能。有报道[29]显示利用电子顺磁共振(Electron Paramagnetic Resonance，EPR)测试发现 β-Ga_2O_3 中有浅 DX 中心；作为开放性讨论，A. T. Neal 等人利用 DX 中心的电中性方程进行拟合，具体的拟合公式可参阅参考文献[278]。结果显示，对于 Ge 和 Si 施主而言，其施主离化能在较低 N_D 时收敛为约 30 meV；通过对不同温度下的霍耳迁移率拟合表明，β-Ga_2O_3中的杂质模型更符合上述讨论的普通模型，而非具有

DX 中心的模型。K. Goto 等人[12]利用 HVPE 方法在(001)面 $\beta-Ga_2O_3$ 上外延非故意掺杂(Unintentional Doping，UID)的 $\beta-Ga_2O_3$，成功实现了 $10^{15}\sim10^{18}$ cm^{-3} 的可控掺杂。当 N_D 低至 9.37×10^{15} cm^{-3} 和 3.18×10^{15} cm^{-3} 时，施主激活能收敛至约 45 meV。此外，Y. Zhang 等人[10]通过对 MOCVD 方法生长的 $\beta-Ga_2O_3$ 外延膜进行变温霍耳测试研究，在利用双施主态拟合的条件下，得到了不同施主能级的激活能，分别为 35.2 meV 和 80 meV，对应的施主杂质浓度分别为 9.5×10^{15} cm^{-3} 和 3×10^{15} cm^{-3}。需要注意的是，当考虑两个施主态时，电中性方程对应的形式为

$$n+N_a^-=\frac{N_{d1}}{1+2\exp\left(-\dfrac{E_{d1}-E_F}{k_BT}\right)}+\frac{N_{d2}}{1+2\exp\left(-\dfrac{E_{d2}-E_F}{k_BT}\right)} \tag{2-25}$$

当然，依旧假设空穴浓度 p 可忽略不计，受主杂质全部电离。由这些结果可知，在稀释 $\beta-Ga_2O_3$ 半导体中，施主电离能为 35～45 meV，具有典型的浅施主特征。氧化镓中的施主杂质(N 型掺杂)及基于目前理论实验结果出发得到的 P 型掺杂可能性将分别在第 2.1.2 节和第 2.1.3 节中讨论。

2.1.2　氧化镓中的施主杂质

通过故意掺杂来精确控制半导体中的载流子浓度和电阻率是实现高性能功率电子和光电子器件的关键。掺杂有利于控制晶体管通道和漂移区域的载流子密度，实现低接触电阻的欧姆接触，调控阈值电压，形成 PN 结，产生电流阻塞层以及制造半绝缘衬底。$\beta-Ga_2O_3$ 器件的快速发展可以部分归结于 N 型掺杂和通过补偿受主掺杂的有效性。目前，Si、Ge、Sn 等Ⅳ族元素都是氧化镓 N 型掺杂剂的有效选择[11,30-35]。另外，Fe、Mg 以及 N 是深层受主[11,16,18,36-39]，可以用于形成半绝缘衬底或者电流阻塞层。非故意的 N 型掺杂以及补偿受主掺杂也会在材料生长过程中通过外部污染引入 $\beta-Ga_2O_3$，如熔融生长的晶体衬底中的硅杂质，或者通过内在缺陷引入 $\beta-Ga_2O_3$，如空位。非故意 N 型掺杂在 $\beta-Ga_2O_3$ 中十分重要，因为其决定了剩余掺杂以及背景载流子浓度的下限，从而也决定了器件击穿电压的上限。此外，非故意受主补偿机制也会影响 N 型掺杂的下限，因为目标电子浓度必须与补偿受体浓度相当，才能实现有效的 N 型掺杂。此外，由非故意施主、补偿受主引起的电离杂质散射降低了 $\beta-Ga_2O_3$的电子霍耳迁移率。由于诸多效应会直接影响到 $\beta-Ga_2O_3$ 的电子输运过程，譬如影响载流子浓度和霍耳迁移率，因此可以利用变温霍耳测试来表

征不同掺杂剂(Si、Ge、Fe、Mg)掺杂的β-Ga_2O_3。通过该方法，可以得到施主或者受主电离能、受主补偿比率和电子散射机制等关键信息。这些信息可以帮助我们理解β-Ga_2O_3故意施主、受主掺杂剂以及非故意掺杂剂的性质。下面将阐述β-Ga_2O_3中施主杂质以及N型掺杂的进展，并对P型掺杂进行简要回顾。

氧化镓中可控的N型电导率可以通过故意掺杂Ⅳ族元素(如Si、Ge、Sn)[40~42]以及过渡金属元素(如Nb、Zr、Ta)[43-44]作为浅层施主来实现，或者用Mg和Fe来补偿N型电导率。Si和Sn是研究最为广泛的N型掺杂剂，因为它们的活化能低(Sn的活化能为7.4～60 meV[45-46]，Si为16～50 meV[9,29,47-49]，Ge为17.5～30 meV[32,50]，并且与外延生长过程具有兼容性。加入Si、Sn、Ge作为掺杂剂，可使其在氧化镓体单晶中的自由载流子浓度范围为10^{16}～10^{19} cm^{-3}，最高室温霍耳迁移率为152 $cm^2·V^{-1}·s^{-1}$；其在氧化镓外延膜中的自由载流子密度范围为10^{15}～10^{20} cm^{-3}，最高室温霍耳迁移率为194 $cm^2·V^{-1}·s^{-1}$。

表2.2回顾了掺杂的氧化镓体单晶以及外延膜的基本电学性质(电导率、子浓度和霍耳迁移率)。J. B. Varely等人[51]利用密度泛函理论计算表明Si、Sn和Ge在氧化镓的导带最小值底部形成浅层施主态；在缺氧条件下，这三种掺杂剂有较低的形成能，然而在富氧条件下会优先生成SiO_2、SnO_2以及SnO_2。

表2.2 不同方法和条件下掺杂的β-Ga_2O_3体单晶和外延膜的基本电学性质

氧化镓类型	衬底	生长方法	掺杂剂	电子浓度/cm^{-3}	电子迁移率/($cm^2·V^{-1}·s^{-1}$)	电导率/($S·cm^{-1}$)	参考文献
体单晶	—	OFZ	10^{-5}～10^{-1} mol% Si	$5×10^{16}$～$5×10^{18}$	～100	0.9～40	[42]
	—	OFZ	2 mol% SnO_2	$2.26×10^{17}$	65	23	[60]
	—	OFZ	5 mol% SnO_2	$7.12×10^{17}$	49	56	[60]
	—	OFZ	SnO_2	$1×10^{18}$	80	13	[77]
	—	OFZ	Mg	—	—	$1.7×10^{-12}$	[62]
	—	EFG	SiO_2	$4.9×10^{18}$	93	7.1	[16]
	—	EFG	SiO_2	$1×10^{19}$	—	—	[41]

续表

氧化镓类型	衬底	生长方法	掺杂剂	电子浓度 $/cm^{-3}$	电子迁移率 $/(cm^2\ V^{-1}\cdot s^{-1})$	电导率 $/(S\cdot cm^{-1})$	参考文献
体单晶	—	CZ	800 wt.ppm Sn^{4+}	$3\times10^{18}\sim1\times10^{19}$	35～52	17～100	[17]
	—	CZ	6～28 wt.ppm Mg^{2+}	—	—	—	[17]
	—	Bridgman 法	150～400 wt.ppm Mg^{2+}	$5\times10^{18}\sim1\times10^{19}$	30～40	—	[58]
外延膜	Ga_2O_3 (010)	MBE	Ge	$5\times10^{16}\sim1\times10^{20}$	120～40	0.952～635	[40]
	Ga_2O_3 (010)	MBE	Sn	$1\times10^{16}\sim7.5\times10^{19}$	97～39	0.154～464.3	[40]
	Ga_2O_3 (010)	MBE	Sn	$1\times10^{16}\sim1\times10^{19}$	140～33	0.22～532.8	[1]
	Ga_2O_3 (010)	MOCVD	Si	$1\times10^{17}\sim8\times10^{19}$	130～50	2.06～634	[34]
	Ga_2O_3 (010)	MOCVD	Si	2.5×10^{16}	184	0.73	[54]
	Ga_2O_3 (010)	PLD	0.025～1 wt% SiO_2	$3.25\times10^{19}\sim1.75\times10^{20}$	20～30	732	[65]
	Ga_2O_3 (001)	HVPE	Si	$1\times10^{15}\sim1\times10^{18}$	149～88	0.076～16.67	[12]
	Ga_2O_3 (001)	HVPE	Si	$3\times10^{16}\sim1\times10^{20}$	124～50	$4.8\times10^{-3}\sim800$	[67]

Si 和 Ge 会优先取代 T_d 配位的 GaI 位点，Sn 因为其阳离子尺寸大而优先取代 O_h 配位的 GaII 位点。用 X 射线吸收光谱(X－ray Asorption Sectra，XAS)已经证实了 GaII 位点上 Sn 的存在[52]。然而，在掺 Si 的 EFG 生长的单晶中，扫描隧

道显微镜(Scanning Tunneling Microscope，STM)的结果表明，Si 在 GaI 与 GaII 之间分布均匀[53]。处在不同配位的 Si 可能有不同的活化能。有研究认为 GaII 位点的 Si 可能不具有电活性[42]，也有研究认为其活化能为 120 meV[54]。

图 2.3 显示了室温下由 SIMS 测试得到的总掺杂浓度以及采用范德堡几何结构、利用霍耳效应测试得到的载流子浓度[34]。结果表明，当掺杂剂的掺杂量小于 10^{19} cm^{-3}时，自由电子密度随着掺杂量的增加而增加，大多数掺杂剂被激活，进而产生了自由载流子。在较高的掺杂浓度下，载流子浓度受到掺杂剂溶解度的限制，一方面可能是由于形成了氧化物的二次相(如 SiO_2 和 SnO_2)，可能是由于高蒸汽压导致 Sn 的实际掺入量较低。需要说明的是，不同条件下引入的缺陷，也会显著影响载流子浓度。例如，在富氧/缺金属条件下形成的镓空位(V_{Ga})或者间隙氧(O_i)可能会作为“电子杀手”，与 N 型掺杂相抵消；同样，在缺氧/富金属条件下，氢(H)、间隙镓(Ga_i)或者氧空位(V_O)也会提供额外电子，当然，它们的作用仍然存在争议。

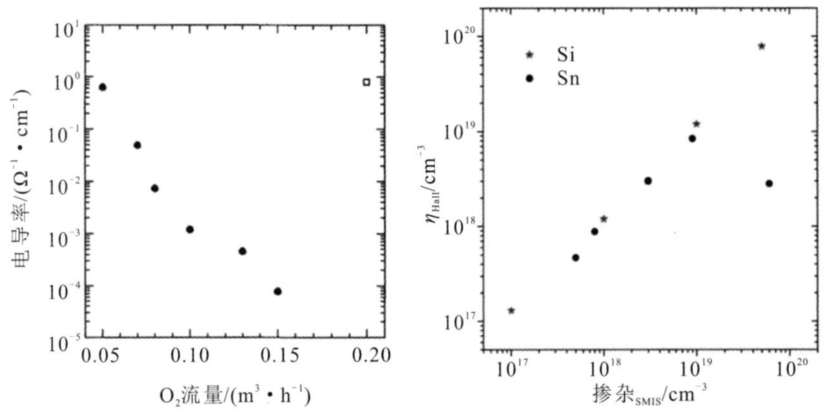

注：总气体流量(N_2+O_2)为$0.2m^3\cdot h^{-1}$。实心圆和空心方块分别指以未掺杂和掺Sn的Ga_2O_3捧上生长出来的样品[78]

图 2.3 β-Ga_2O_3 单晶沿 *b* 轴的电导率随 O_2 流速的函数以及通过二次离子质谱(SIMS)获得的 Si 和 Sn 掺杂的 β-Ga_2O_3 单晶外延层的霍耳载流子浓度与掺杂浓度的关系[34]

如图 2.4 所示，在体单晶[17,42,50,56-63]与单晶外延膜[1,34,40,54,64-68]中，电子霍耳迁移率与自由电子浓度呈负相关关系。电子浓度 n 从 $10^{17}\,cm^{-3}$增加至 5×10^{20} cm^{-3}，电子霍耳迁移率从 100 $cm^2\ V^{-1}\cdot s^{-1}$下降至 10 $cm^2\ V^{-1}\cdot s^{-1}$。这表明电离的掺杂物作为散射中心[10,54,65]。在质量较差的外延膜中，如在蓝宝石衬底上生长的外延膜失配较大，由于晶界或位错处的散射，导致其电子霍耳迁

移率比体单晶或者高质量的同质外延层低得多[69-71]。

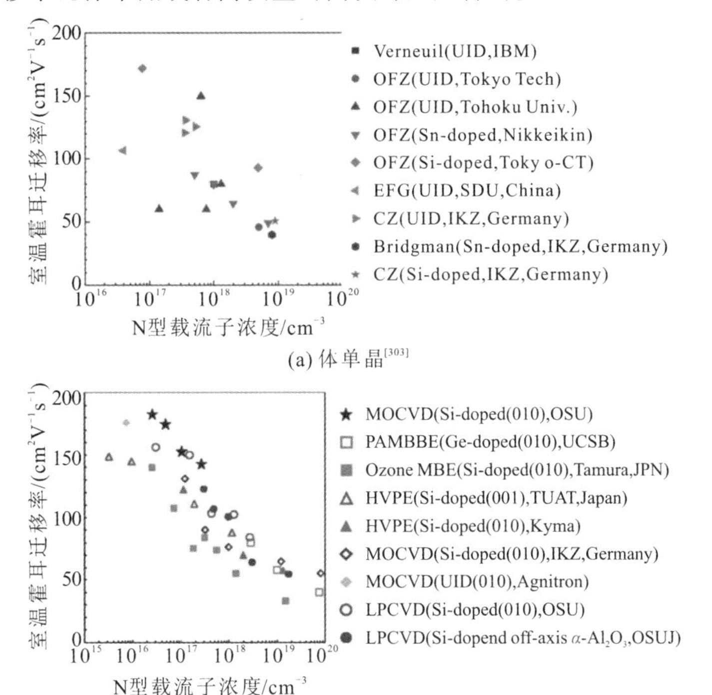

(a) 体单晶[303]

(b) 单晶外延薄膜[132]

图 2.4　β - Ga_2O_3 中的 N 型载流子(电子)浓度与室温霍耳迁移率的关系

一般而言，外延膜的电导率和载流子浓度要比体单晶高得多。M. Baldini 等人[34]通过 MOCVD 制备出硅掺杂 β - Ga_2O_3 外延膜，其电导率为 641 S·cm^{-1}，载流子浓度为 8 × 10^{19} cm^{-3}，霍耳迁移率为 50 cm^2·V^{-1}·s^{-1}。E. Ahmadi 等人[40]通过 MBE 制备出 Sn 掺杂 β - Ga_2O_3 外延膜，其霍耳迁移率为 39 cm^2·V^{-1}·s^{-1}，载流子浓度为 1 × 10^{20} cm^{-3}，电导率为 625 S·cm^{-1}。最近，K. D. Leedy 等人[69]通过 PLD 制备出 Si 掺杂同质外延(010) β - Ga_2O_3，其电导率为 732 S·cm^{-1}，电子浓度为 1.74 × 10^{20} cm^{-3}，霍耳迁移率为 26.5 cm^2·V^{-1}·s^{-1}。Z. Feng 等人[73]通过 MOCVD 制备出 Si 掺杂 β - Ga_2O_3 同质外延膜，其载流子浓度为 8×10^{15} cm^{-3}，室温霍耳迁移率为 194 cm^2·V^{-1}·s^{-1}。高导电掺杂氧化镓层的生长对于器件的应用具有重要意义。特别是宽禁带半导体都存在欧姆接触电阻大的问题，这一点在氧化镓中可以通过高的 N 型掺杂来解决[69]。此外，由于大的带隙，掺杂的氧化镓在可见区域仍具有很高的透明度，可以在光电应用中作为透明电极替代 Sn 掺杂 In_2O_3。

温度依赖输运特性，可通过电子顺磁共振谱(ERP)及第一性原理计算等测试手段来检测氧化镓中的浅层施主能级，测试结果通常都会显示出小于70 meV的活化能。但是，确切的激活机制与活化能(E_A)的值还存在一些差异[11,51,74]，Sn的活化能范围为7.4～60 meV[45-46]，Si的活化能范围为16～50 meV[9,27,47-49]，Ge的活化能范围为17.5～30 meV[32,50]。活化能的差别可能与不同的掺杂浓度相关，或者与其他的杂质及缺陷相关，还或者与生长方法、测量误差等也相关。最近N. T. Son等人[29]通过电子顺磁共振实验证明Si有可能充当negative-U中心(又称DX中心)，带有负的电荷态DX^-，与高Al组分的$Al_xGa_{1-x}N$中的Si施主类似[75]。DX^-的活化能范围为44～49 meV。在1150℃氮气氛围中退火后，DX^-施主会被完全激活并部分挣脱局域化以形成杂质带，从而将施主活化能降低至17 meV。DX中心的性质以及杂质带的形成解释了施主活化能变化较大的原因。然而，其他研究小组报道了并没有证据证明DX中心的存在[11]。A. T. Neal等人[11]利用范德堡结构下的霍耳测试研究了N型$\beta-Ga_2O_3$中载流子密度与霍耳迁移率随温度的变化。他们通过对低温电离杂质有限霍耳迁移率的拟合结果可靠地估计了补偿受主的浓度，从而准确确定了施主的能量。结果表明，与浅层DX中心相比，Si与Ge在$\beta-Ga_2O_3$中是典型的浅层施主，电离能为30 meV。

其他的研究聚焦于相对深的施主态。例如，A. T. Neal等人[48]在商用$(\bar{2}01)$的氧化镓衬底中检测到了浓度为10^{16} cm^{-3}的非故意掺杂施主，通过变温霍耳测试以及导纳谱得到的能级分别为110 meV和131 meV。Z. Feng等人[54]通过MOCVD同质外延生长了Si掺杂的(010)晶向的$\beta-Ga_2O_3$，其霍耳迁移率为184 $cm^2\cdot V^{-1}\cdot s^{-1}$。除了浓度为$2.7\times10^{16}$ cm^{-3}、活化能为34.9 meV的主要施主态外，他们还发现了另外一个浓度为5×10^{15} cm^{-3}、活化能为120 meV的深施主态，其来源可能为反位点、间隙原子，以及类似于O_h配位GaII位点上的氢或硅等杂质。这种相对较深的施主态以及在器件工作温度下导致的电离率可能会对整流器件的通态电阻和击穿电压产生影响[48]。

氧化镓的高电导率掺杂受到了极大关注且十分重要，实现高载流子迁移率以及低缺陷密度的氧化镓体单晶和外延膜对场效应晶体管及射频器件的制备至关重要[16,76]。N. Ma等人[47]报道了氧化镓的载流子迁移率上限为220 $cm^2\cdot V^{-1}\cdot s^{-1}$，这是因为受到了低载流子浓度($<1\times10^{18}$ cm^{-3})时的极化光学声子散射以及高载流子浓度时的电离杂质散射。诸多研究正致力于通过最大限度地减少缺陷、掺杂剂和载流子浓度来生长高结晶质量和高载流子迁移率的氧化镓。

表2.2总结了掺杂 β - Ga_2O_3 体单晶和外延膜的室温霍耳迁移率与载流子浓度的关系。可以看出，最低载流子浓度的外延薄膜的室温霍耳迁移率接近于理论预测极限 220 $cm^2 \cdot V^{-1} \cdot s^{-1}$。Z. Feng 等人[73]通过 MOCVD 制备出了纯相和高质量的(010) Si 掺杂 β - Ga_2O_3 同质外延薄膜，可以控制 Si 掺杂浓度在 8×10^{15} cm^{-3}，此时测得室温霍耳迁移率为 194 $cm^2 \cdot V^{-1} \cdot s^{-1}$，在 45 K 时测得的峰值霍耳迁移率为～9500 $cm^2 \cdot V^{-1} \cdot s^{-1}$。可控的掺杂浓度、较高的霍耳迁移率、低的补偿浓度对于实现高性能高电场下的 β - Ga_2O_3 基垂直型功率电子器件十分重要。另一种获得高迁移率的方法是通过调制掺杂的 β -$(Al_xGa_{1-x})_2O_3$/β - Ga_2O_3 异质结构在界面上形成二维电子气。这是由于电离杂质和2DEG之间的空间分离，在高的迁移率、低温下可观察到 SdH 震荡效应[3]。室温沟道迁移率为180 $cm^2 \cdot V^{-1} \cdot s^{-1}$、低温峰值迁移率为 2790 $cm^2 \cdot V^{-1} \cdot s^{-1}$的器件已经被报道[3]。

利用过渡族金属元素(Nb[43]、Ta[44]、W[78]、Mo[79]、Fe[37]、Co[80]、Cr[81])以及稀土金属元素(Eu[82]、Er[81])掺杂氧化镓也受到了广泛的关注。这是因为，一方面，过渡金属(如 Nb^{5+}、Ta^{5+}、W^{6+} 和 Mo^{6+})具有更高的氧化态，原则上，每一种掺杂剂都能比 Si 和 Sn 提供更多的电子，使得电离掺杂剂的散射最小化，以达到相同的载流子浓度水平。例如，通过掺杂 W[83-84] 和 Mo[85-86] 实现了高电导率和高迁移率的 In_2O_3，掺杂 Ta[86] 实现了高电导率和高迁移率的 SnO_2。另一方面，过渡金属(如 Co)的掺杂可以实现稀磁性半导体/氧化物，稀土金属(Eu)可以改善发光和电致发光性能[82]。

M. Saleh 等人[87]对 W、Mo、Re 和 Nb 作为 N 型掺杂剂在 Ga_2O_3 中的生存能力进行了密度泛函理论计算。结果表明，Nb 可作为最佳的候选掺杂剂是由于其具有较低的生成能而且电离能很小，而 W、Mo 和 Re 则作为深层供体。W. Zhou 等人[43]通过 OFZ 法生长出了 Nb 掺杂浓度可控的高质量β - Ga_2O_3体单晶。结果表明，Nb 可以作为氧化镓的有效 N 型掺杂剂，载流子浓度可控制在 9.55×10^{16} cm^{-3}～1.8×10^{19} cm^{-3}。在氧化镓体单晶中掺杂 Zr 和 Ta 也获得了一定的电导率和载流子迁移率。为了探索其他过渡金属掺杂剂的可能性，还需要进行更多的实验研究。

2.1.3　氧化镓 P 型掺杂

稳相氧化镓(β - Ga_2O_3)由于其优异且稳定的性能，在高功率电力电子器件以及日盲紫外探测器件方面得到广泛运用。半导体材料是器件制备的基础，决定着器件的性能。目前，诸多研究致力于 β - Ga_2O_3 材料的物性研究，尤其

聚焦于 β - Ga_2O_3 的 P 型掺杂，这被认为是制备 β - Ga_2O_3 基双极型器件以提高器件性能的必由之路。

然而，对于宽带隙透明氧化物半导体材料，譬如氧化锌(ZnO)、氧化镓(Ga_2O_3)以及氧化铟(In_2O_3)，产生足够多的空穴来提高 P 型导电率是目前极具挑战性也亟待解决的问题，主要局限于以下几点：① 产生空穴的本征受主形成能高，譬如阳离子空位；② 用于补偿受主的本征施主形成能低，譬如阴离子空位；③ β - Ga_2O_3 中由于大的有效质量导致价带平坦，从而使得空穴极易自束缚，形成自束缚空穴(Self-Trapped Hole，STH)[88]。

为了探讨 P 型掺杂在 β - Ga_2O_3 的可行性，首先应该了解其能带结构。β - Ga_2O_3晶体表现为单斜结构，其单位晶胞由两个不同位置的 Ga 原子($Ga_{Ⅰ}$、$Ga_{Ⅱ}$)以及三种 O($O_{Ⅰ}$、$O_{Ⅱ}$、$O_{Ⅲ}$)原子构成[62,89-94]。由于氧离子的强结合，导致 β - Ga_2O_3 的离子化程度比Ⅲ族氮化物高得多。β - Ga_2O_3 在很多物理性质上体现出各向异性，包括热导率[95]、声子振动模式[96]、有效质量[57,93]、光学带隙[55,62,97]、表面形成能[98-99]，以及载流子输运[57]。由于光学的各向异性，β - Ga_2O_3的光学带隙在 4.48～4.7 eV 范围内浮动[62]。理论和实验研究表明，在遵循费米黄金选择法则的前提下，电子从价带到导带底的跃迁过程导致了β - Ga_2O_3 的光学各向异性[51,62,93,94,97,100]，在(010)晶向的 β - Ga_2O_3 中，光学各向异性最小，其吸收边只有 0.1 eV 的差异[62,91]。图 1.4 是计算得到的 β - Ga_2O_3 电子能带结构图，可以明显看出价带底部和顶部之间有较大的分裂[97]。

其中，Ga(3d)能量与价带底 O(2s)重叠[102]，这与 GaN 中 Ga(3d)能量[103]以及 ZnO 中 Zn(3d)能量相似[104]。由此产生的共振导致 Ga(3d)电子与上、下 s 轨道和 p 轨道发生强烈杂化，这对 β - Ga_2O_3 中的受主能级产生深远影响。在导带底(Conduction Band Minimum，CBM)，位于布里渊区中心的 Γ 点具有各向同性的特性，其有效电子质量范围为 0.24～0.34 m_0[51,94,105]。值得一提的是，与一些复合钙钛矿氧化物 CBM 电子态来源于 $|d>$ 或者 $|p>$ 轨道杂化不同，β - Ga_2O_3的 CBM 电子态来源于 Ga$|s>$轨道杂化，因此具有相对小的导带电子有效质量(m_c^*)[47]，意味着 β - Ga_2O_3 在室温下的电子霍耳迁移率相较于复合钙钛矿氧化物更高，这在非故意掺杂的 β - Ga_2O_3 单晶中已经被证实[2,9,47,50]。然而，β - Ga_2O_3 价带顶非常平，这导致了非常高的有效空穴质量。理论计算结果表明，β - Ga_2O_3 价带最高点位于 $L\left(\frac{1}{2}, \frac{1}{2}, \frac{1}{2}\right)$，略高于 $\Gamma(0, 0, 0)$[97]。T. Onuma 等人[62]报道了 β - Ga_2O_3 作为间接带隙半导体时，带隙能量略小于直接带隙，

能量差为0.03～0.04 eV。角分辨光电发射光谱测量结果表明，β-Ga_2O_3是一种间接带隙半导体，与理论计算结果吻合[100,106,107]。J. Li等人[108]研究发现，β-$(Al_xGa_{1-x})_2O_3$三元合金的间接带隙性质会随着Al组分的增加而更加明显，这是价带顶L和Γ点之间的特征能量间隙增加所致。由此，即使受主在β-Ga_2O_3中被有效激活，但是高的有效空穴质量所导致的低霍耳迁移率可能会阻碍空穴的运动与P型传导。

目前，已经有一些理论和实验致力于研究和寻找可能实现P型β-Ga_2O_3导电的掺杂物，例如利用Ⅴ族阴离子取代一个O位，如N；或者利用Ⅰ、Ⅱ、ⅡB族阳离子取代一个Ga位，如Li、Mg、Zn。A. Kyrtsos等人[20]利用密度泛函理论研究了一些Ⅰ、Ⅱ、ⅡB族掺杂剂，通过取代阳离子来实现P型β-Ga_2O_3。这些掺杂剂都引入了电离能大于1.0 eV的深层受主，具有在非常深的施主能级捕获额外空穴的寄生效应，同时也阻碍了P型电导率的转换。J. L. Lyons等人[109]从理论上研究了用于实现β-Ga_2O_3 p型掺杂的阴离子和阳离子取代掺杂物，发现所有的杂质(N_O，Ⅰ、Ⅱ、ⅡB阳离子)都表现出高于价带1.3 eV以上的受体跃迁能级。相比之下，Mg取代Ga位(Mg_{Ga})成为了β-Ga_2O_3中最稳定的杂质，这意味着Mg杂质可以用来补偿施主，从而实现用于半绝缘衬底和终端结构的高电阻率β-Ga_2O_3。

如前所述，X射线光电发射光谱的实验结果表明，Ga(3d)的核心能量与价带底部O(2s)能量相互重叠，造成β-Ga_2O_3的价带底比GaN和GaAs更深[102]，由此产生的共振能量使得Ga(3d)电子与价带顶s轨道能级以及价带底p轨道能级发生强烈杂化[103]。这种杂化可能会对GaN的性质(如能带、晶格常数、受主能级和价带偏移等)产生深远影响，通常也会将这些影响与β-Ga_2O_3相联系。在GaN的P型掺杂中，没有d轨道电子的Mg被证明是GaN形成P型导电足够浅的受主。因此，相较于Zn、Cd和Hg这些有d轨道电子的元素，Mg最有可能实现β-Ga_2O_3的P型导电，尽管其他理论计算给出了相反的预测。J. B. Varely等人[110]预测，在所有晶型的Ga_2O_3中，Mg_{Ga}的受主能级都与价带顶相差很远，这意味着Mg_{Ga}引入了极化深能级受主水平，本质上并没有促进Ga_2O_3的P型导电。

与ZnO的掺杂类似，氮(N)也被认为是实现P型β-Ga_2O_3的潜在掺杂元素[19,111,112]。然而，用于取代O位的N(N_O)在某些热力学条件下(如在富氧或者高温条件下)是不稳定的[111]。在实验方面，通过氮离子注入可以形成高阻β-Ga_2O_3区域，用以实现终端结构或者P型阻塞层[19]。但是在氮离子注入的

$\beta-Ga_2O_3$中，由于高的活化能以及类施主杂质的补偿效应，导致激活温度超过1000 ℃，此时$\beta-Ga_2O_3$会变成半绝缘体，并不具有P型导电特征[18,111,1113]。

存在于$\beta-Ga_2O_3$中的自束缚空穴有可能是实现P型掺杂的另一阻碍[16,110,114,115]。由于在$\beta-Ga_2O_3$中，STHs(Self-Trapped Holes，自束缚空穴)主要局限在晶格中单个O原子上，具有O原子2p轨道的形状特征，比非局域化空穴更易形成，即使在没有缺陷或者杂质的情况下，空穴也更趋向于形成具有局部晶格畸变特征的局域小极化子，这种情况同样存在于其他宽带隙氧化物半导体中，如ZnO、In_2O_3及SnO_2[110]。通过理论计算，J. B. Varely等人[110]得出$\beta-Ga_2O_3$中空穴的自俘获能量E_{ST}与自俘获势垒E_b分别为0.53 eV和0.10 eV。T. Gake[116]等人基于密度泛函理论，通过第一性原理计算研究了在α、β、δ、ε相Ga_2O_3中STHs的稳定性以及Mg、N作为取代掺杂物所形成的受主能级位置，以评估P型导电的可能性。图2.5显示了四种Ga_2O_3中STHs、Mg_{Ga}以及N_O相对于各自的价带顶的能级位置。

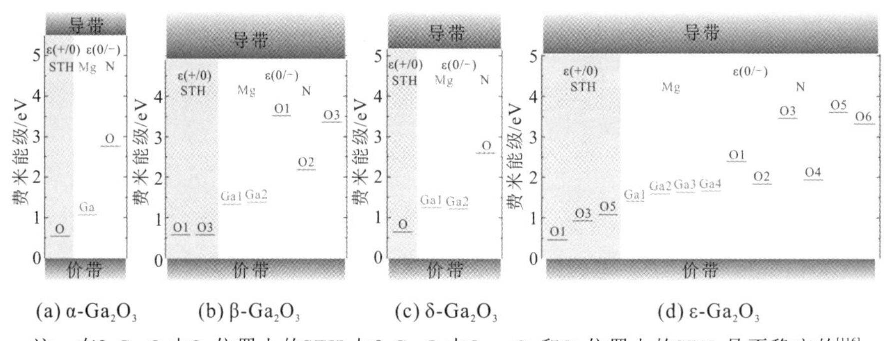

注：在$\beta-Ga_2O_3$中O_{II}位置上的STHs与$\beta-Ga_2O_3$中O_{II}、O_{III}和O_{IV}位置上的STHs是不稳定的[116]

图2.5 四种氧化镓晶型中STHs、Mg_{Ga}和N_O在非等效位置上的热力学转变能级

STHs的+/0电荷跃迁能级对应于自俘获能量E_{ST}。显而易见的是，在任何情况下，具有高自俘获能量的STHs都是稳定存在的，因此空穴更倾向于形成局域化的STHs而不是非局域化空穴载流子。这些结果表明，从STHs形成的角度来看，四种Ga_2O_3的P型掺杂似乎是不可行的[337]。值得一提的是，STHs与Ga_2O_3中广泛存在的紫外发射相关，阴极射线发光(Cathodoluminescence，CL)与光致发光(Photoluminescence，PL)的结果表明在非故意掺杂、Si掺杂、Mg掺杂以及N掺杂的$\beta-Ga_2O_3$中都存在紫外发射，这意味着在Ga_2O_3中，STHs似乎是本征的，对P型掺杂有明显的阻碍作用。通过电子顺磁共振对$\beta-Ga_2O_3$中的中性Mg受主进行了表征[338]，实验结果表明，在77 K左右辐照条件下，当空穴被

捕获在单电离的 Mg 受主(Mg_{Ga}^-)上时会形成中性受体。

除了 STHs 的形成会阻碍 P 型电导率外，还应考虑由固有施主缺陷引起的自补偿效应。β-Ga_2O_3 中位于三重配位($O_Ⅰ$，$O_Ⅱ$)以及四重配位($O_Ⅲ$)的氧空位被认为是深施主[68]。这意味着氧空位不直接贡献可移动的电子，而是有效的补偿受体。外部杂质(如 Si、Ge、Sn 和 H)可能是 N 型电导率的贡献者[118]。因此，通过降低本征以及外来施主浓度使得背景载流子浓度下降至 10^{15} cm^{-3} 是实现 β-Ga_2O_3 有效 P 型掺杂的要求之一。为了克服 P 型掺杂剂在 β-Ga_2O_3 中的低溶解度，有研究尝试了共掺杂的方法，即在 MBE 或 MOVPE 生长过程中，在非热平衡条件下同时进行 N 型和 P 型掺杂[103]。虽然这种方法在 P 型 GaN 中可以有效提高平衡溶解度和降低电离能，但是对 β-Ga_2O_3 似乎不起作用。M. J. Tadjer 等人[113]提出了在利用 HVPE 生长 β-Ga_2O_3 外延膜的同时掺入 Si 以及 N。然而，在平均 Si 浓度约为 5×10^{15} cm^{-3} 的 β-Ga_2O_3 薄膜中引入 N 后，N 的补偿性质导致薄膜的电阻率升高，经光电离光谱证明其具有接近 E_C(−0.23 eV)的深层受主水平。T. Kamimura 等人[112]提出了利用 MBE 在长关型 MOSFET 的 Ga_2O_3 沟道原位非故意共掺 N 以及 Si，即便他们观察到了器件在反型模式下的工作，并声称该通道表现为 P 型导电，但是其 P 型传导尚需进一步研究考证。

总之，由于高的受主活化能、低 P 型掺杂剂溶解度以及 STHs 的存在，目前还无法实现稳定可靠的 P 型 β-Ga_2O_3。因此利用 P 型氧化物例如 NiO[119]、Cu_2O[120]、α-Ir_2O_3[121]等与 Ga_2O_3 形成异质 PN 结成为提高 Ga_2O_3 器件性能的替代选择，并已取得一些重要进展。

2.2　电子-声子相互作用

由电流输运主导的半导体电导率或器件电阻不仅取决于材料中存在的自由载流子浓度，还严重依赖于自由载流子在半导体中的输运。这种输运的自由性称为迁移率，迁移率首先取决于载流子在导带或价带中的传输，也就是第 2.1 节中所讨论的 N 型或 P 型半导体，其次取决于材料本身。载流子迁移率是由晶格温度、电场、掺杂浓度及半导体材料质量决定的，它是一个通用的品质因数，不仅可用于反映材料质量，还可作为器件串联电阻的指标。在一些情况下，载流子可以在杂质带内，或者在由高浓度缺陷引起的带内运动，这一运动

过程以相对低的迁移率为特征。如上所述，由于迁移率是温度的强相关函数，因此可以从载流子迁移率和自由载流子浓度对晶格温度的测量中提取出大量的信息。如第2.1节中所述，由此可得施主杂质或受主杂质的激活能、掺杂水平及补偿水平。在合金（如$(Al_xGa_{1-x})_2O_3$）中，由于其他元素的掺入，将引入另一种散射机制，即合金散射。合金散射可以被认为是由Ⅲ主族元素的随机分布引起的能带边缘的局部扰动，该扰动使移动的载流子发生散射。

当载流子在半导体中运动时，它们与材料主体发生各种相互作用[122-124]。电子迁移率是用于表征外延层微观质量的最常用和最重要的传输参数。和其他半导体材料类似，Ga_2O_3也具有低场迁移率和高场迁移率，即当电场强度较低时，电子漂移速度和电场强度成正比，此时半导体中的迁移率为固定值，而当电场强度达到一定临界值时，电子漂移速度趋于饱和。对GaN而言，有研究表明，当电子浓度为10^{17} cm^{-3}时，电子在电场为$\sim1.4\times10^5$ $V\cdot cm^{-1}$时的饱和速度达到2.7×10^7 $cm\cdot s^{-1}$；对$\beta-Ga_2O_3$而言，理论研究表明，当点电场强度为$\sim2.0\times10^5$ $V\cdot cm^{-1}$时电子的饱和速度达到2.0×10^7 $cm\cdot s^{-1}$。在50 K时，$\beta-Ga_2O_3$中电子饱和速度的实验值约为1.1×10^5 $V\cdot cm^{-1}$。关于$\beta-Ga_2O_3$高场迁移率的具体情况将在第2.4节中进行简要介绍。载流子传输取决于许多内在（与半导体固有特性相关的过程）和外在（由非固有特性（如杂质和缺陷）以带电中心或边界的形式强加的过程）参数，因此在实验和理论预测方面都很活跃。

在完美的静态的晶体中，载流子会被外加电场无限加速。然而，半导体晶体含有缺陷、故意掺杂的杂质，且即使在非常低的温度下，半导体中的原子也是运动的，而非静止的。当自由载流子在半导体中运动时，它们将遇到各种称为散射的过程，其中最显著的是晶格振动（声子）和带电杂质（或带电中心）。前者是由移动电荷与晶格振动、收缩和膨胀的相互作用引起的，后者通过带电中心的长程库仑作用使自由载流子发生偏转。这可以被认为是能带边缘的局部扰动对电子运动的影响。当原子彼此靠近和远离时，由于变形导致的能带边缘的相应扰动会导致散射，即形变势散射（Deformation Potential Scattering）。此外，在压电材料（如Ⅲ族氮化物半导体、ZnO等）中，晶格中膨胀或收缩的波动产生波动电场，这也将导致散射，即压电散射（Piezoelectronic Scattering）。前文述及，$\kappa-Ga_2O_3$属于非中心对称晶体，在其晶体中将存在压电效应，因此在讨论$\kappa-Ga_2O_3$的迁移率模型时，应考虑压电散射。形变势和压电散射都被认为是声学声子散射。然而，早期的理论大多是为非压电半导体开发的，因此形变势散射单独称为声学声子散射，而压电导致的散射分量则单独称为压电散

射。此外，现在流行的另一个术语是将形变势散射称为非极性声学声子散射，将压电散射称为极性声学声子散射。另一种散射机制是由位错产生的，在高掺杂水平下位错散射可以被部分屏蔽。杂质散射是弹性或接近弹性的，虽然会改变动量，但能保存能量。然而，声子散射是非弹性的，会改变电子的能量和动量。在散射过程中，可以通过声子吸收或发射来获得或损失能量。声子是用定义明确的波矢量量子化的，因此，它们将电子从一个 Bloch 态散射到另一个 Bloch 态。

晶体中具有许多类型的晶格振动，如声学的或光学的，每种晶格振动都有多种模式，如横向和纵向模式，前者具有较长的波长，而后者则具有较短的波长。在 Ge、Si 等非极性(单质)半导体中，声学和非极性光学的声子散射和杂质散射通过控制载流子运动来影响迁移率。在极性半导体(如 GaAs 和 GaN)中，纵向光学(Longitudinal Optical，LO)极性光学声子(Polar Optical Phonon，POP)散射是与晶格振动相关的主要机制，在室温及高温下起显著作用。在极性材料中，带相反电荷原子的振动导致长程宏观电场和形变势，电子与这些场的相互作用导致了额外的散射，称为极性光学声子散射。图 2.6 是半导体中存在的各种散射机制，包括载流子之间的相互作用(如电子-电子相互作用)带电粒子或缺陷对载流子的散射、晶格散射及界面散射。在半导体单晶或外延薄膜中，起主要作用的是杂质散射和晶格散射，对于化合物半导体而言，通常决定其室温迁移率的是极性光学声子散射，因此本节将重点介绍极性光学声子散射。在某种新兴半导体发展的初期，由于外延膜中存在大量的缺陷，如面缺陷和线缺陷等，缺陷对载流子的散射往往起决定性作用，主要表现为高掺杂浓度

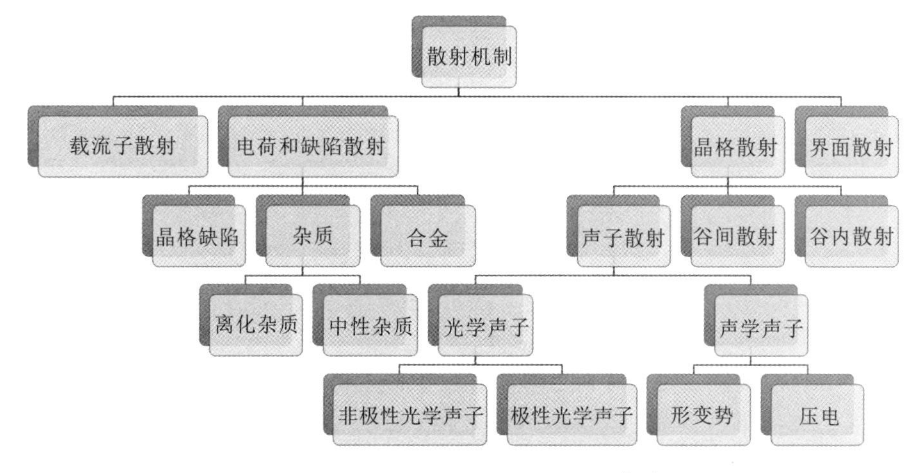

图 2.6　半导体中各种散射机制总览[324]

导电和低掺杂浓度半绝缘。在β-Ga_2O_3发展中，堆垛层错对电子的散射起主导作用，而α-Ga_2O_3中则是由高刃位错密度导致的散射，目前仍是限制α-Ga_2O_3发展的主要因素。由于极性光学声子散射的支配作用，Ga_2O_3在室温下的迁移率约为200～300 $cm^2 \cdot V^{-1} s^{-1}$[47]，这将限制Ga_2O_3在高频领域的应用。因此，当前的发展方向是利用调制掺杂在β-Ga_2O_3或α-Ga_2O_3上实现2DEG，或是利用κ-Ga_2O_3的极化特性(类似GaN和ZnO)实现2DEG，有望在室温下提高迁移率和载流子浓度，实现高频大电流应用。为实现2DEG的限域，必须用到合金薄膜，因此就会涉及合金散射、电子散射及界面散射等，Ga_2O_3 2DEG相关研究将在第2.3.4小节中详细介绍。

半导体中载流子的输运性质可以用线性形式的漂移扩散来描述，其中假设扩散常数和迁移率与电场强度无关，或者利用非线性方法考虑对电场的依赖性。漂移-扩散模型是一个经典模型，但它不能描述尺寸非常小(亚微米级)的器件中的输运，因为器件内部的电场变化迅速，从而产生较强的非局域效应，如速度过冲等。为了精确地模拟非局域效应，需采用半经典玻耳兹曼输运方程。如果输运是相位相干的，即电子的量子力学相位没有被非弹性碰撞随机化，那么量子干涉效应可能主导输运。这种情况下，需要运用量子力学模型。

在扩散-漂移模型中，电流传输方程、连续性方程和泊松方程用于自洽地确定外延层中的电流-电压特性。仅电子的连续性方程由下式给出：

$$\frac{\partial n}{\partial t}=\frac{1}{q}\nabla\cdot\mathbf{J}_n+G_n-R_n \tag{2-26}$$

其中等式左侧的项表示电子浓度的时间变化率；右侧的第一项表示由于电流引起的电子浓度变化，第二项是生成率，最后一项是复合率。电子的漂移扩散电流由下式给出：

$$\mathbf{J}_n=q\mu_n n\boldsymbol{E}+qD_n\nabla n \tag{2-27}$$

由于迁移率和扩散常数的场依赖性使得漂移-扩散输运方程是非线性的。然而，输运方程可以用下列经验表达式来处理：

$$\mu_n(E)=\frac{\mu_n^0}{\left[1+\left(\frac{E}{E_{cr}}\right)^{\beta}\right]^{1/\beta}} \tag{2-28}$$

其中μ_n^0是零场迁移率，β是拟合系数，E_{cr}是速度饱和时的临界电场。式(2-28)在Si等不含多通道散射的半导体中已经被研究得相对透彻了。即便如此，它仍然适用于GaAs和GaN等半导体，尽管它们在临界场以上具有负微分电阻行为的多通道散射。此外，当器件尺寸减小到纳米尺度时，即使在Si等半导体中也会出现速度过冲，因此迁移率不能用式(2-28)来拟合。扩散常数的

场依赖性可以用类似于迁移率情况的方式来处理，即

$$D_{\mathrm{n}}(E)=\frac{D_{\mathrm{n}}^{0}}{\left[1+\left(\frac{E}{E_{\mathrm{cr}}}\right)^{\beta}\right]^{1/\beta}} \tag{2-29}$$

2.2.1　玻耳兹曼输运方程

当电子等载流子受到力的作用时，就会产生电流。例如，如果电子密度是 n，其运动的平均速度是 $\langle v_{\mathrm{n}}\rangle$，电流密度定义为单位时间内通过单位面积的净电荷通量，由下式给出：

$$J=qn\langle v_{\mathrm{n}}\rangle \tag{2-30}$$

如果突然关闭外加电场(驱动力)，平均载流子速度会在弛豫时间 τ 内降至零，τ 通常与能量有关。外场产生的稳态电流可以从有耗系统中的一阶微分方程得到：

$$m_{\mathrm{n}}^{*}\left(\frac{\mathrm{d}\langle v_{\mathrm{n}}\rangle}{\mathrm{d}t}+\frac{\langle v_{\mathrm{n}}\rangle}{\langle\tau\rangle}\right)=qE \tag{2-31}$$

电子稳态平均漂移速度由下式给出：

$$\langle v_{\mathrm{n}}\rangle=\frac{q\langle\tau\rangle}{m_{\mathrm{n}}^{*}}=\mu_{\mathrm{n}}E \tag{2-32}$$

其中 μ_{n} 是迁移率，与电场相关。

在周期性重复的晶体中，电子(或空穴)分布在由波矢量 $\boldsymbol{k}$ 定义的能带和由 r 及带数 i 定义的实空间中的态上。我们用 $\boldsymbol{k}$ 定义一个电子的波矢，讨论它在外场中的电子态的变化。电子波矢量在外场 $\boldsymbol{F}$ 作用下会发生变化，即

$$\hbar\frac{\mathrm{d}\boldsymbol{k}}{\mathrm{d}t}=\boldsymbol{F} \tag{2-33}$$

在时间 t 具有位置向量 $\boldsymbol{r}$ 和波矢 $\boldsymbol{k}$ 的粒子(电子)的概率函数 $f(\boldsymbol{k},\boldsymbol{r},t)$，称为粒子(电子)的分布函数。假设电子不受散射，其状态被外力(电场、磁场等)改变。然后经过一个时间间隔 $\mathrm{d}t$，电子变成新的状态，具有位置矢量 $\boldsymbol{r}+\dot{\boldsymbol{r}}\,\mathrm{d}t$ 和波矢 $\boldsymbol{k}+\dot{\boldsymbol{k}}\,\mathrm{d}t$。由此可计算时间间隔 $\mathrm{d}t$ 内分布函数 $f(\boldsymbol{k},\boldsymbol{r},t)$ 的变化。在时间 $t-\mathrm{d}t$ 占据状态 $\boldsymbol{r}-\dot{\boldsymbol{r}}\,\mathrm{d}t$ 和波矢 $\boldsymbol{k}-\dot{\boldsymbol{k}}\,\mathrm{d}t$ 的粒子将在时间间隔 $\mathrm{d}t$(即时间 t)后进入状态 $f(\boldsymbol{k},\boldsymbol{r},t)$。因此，分布函数的变化率由下式给出：

$$\left(\frac{\mathrm{d}f}{\mathrm{d}t}\right)_{\mathrm{drift}}=\frac{f(\boldsymbol{k}-\dot{\boldsymbol{k}}\mathrm{d}t,\boldsymbol{r}-\dot{\boldsymbol{r}}\mathrm{d}t,t-\mathrm{d}t)-f(\boldsymbol{k},\boldsymbol{r},t)}{\mathrm{d}t} \tag{2-34}$$

由于粒子的散射不包括在本分析中，上述速率代表粒子的连续流动，因此该项被称为漂移项。将式(2-34)右侧第一项利用泰勒展开(Taylor Expansion)

并保留至第二项，则上述漂移项可由下式给出：

$$\left(\frac{\mathrm{d}f}{\mathrm{d}t}\right)_{\text{drift}}=-\left(\dot{\boldsymbol{k}}\cdot\nabla_{\boldsymbol{k}}f+\boldsymbol{v}\cdot\nabla_{\boldsymbol{k}}f+\frac{\partial f}{\partial t}\right)\tag{2-35}$$

其中 $\boldsymbol{v}=\dot{\boldsymbol{r}}$ 是粒子(电子)的速度。将式(2-34)代入式(2-35)，则漂移项可写为

$$\left(\frac{\mathrm{d}f}{\mathrm{d}t}\right)_{\text{drift}}=-\left[\frac{1}{\hbar}(\boldsymbol{F}\cdot\nabla_{\boldsymbol{k}}f)+\boldsymbol{v}\cdot\nabla_{\boldsymbol{k}}f+\frac{\partial f}{\partial t}\right]\tag{2-36}$$

另一方面，由于散射(碰撞)改变粒子的状态，我们定义分布函数 $\left(\frac{\mathrm{d}f}{\mathrm{d}t}\right)_{\text{coll}}$ 为碰撞的变化率。因为分布函数必须满足平衡条件(稳态条件)，所以漂移项与散射项之和为0。由此可得

$$\frac{1}{\hbar}(\boldsymbol{F}\cdot\nabla_{\boldsymbol{k}}f)+\boldsymbol{v}\cdot\nabla_{\boldsymbol{k}}f+\frac{\partial f}{\partial t}=\left(\frac{\mathrm{d}f}{\mathrm{d}t}\right)_{\text{coll}}\tag{2-37}$$

式(2-37)被称为玻耳兹曼输运方程。

下面利用玻耳兹曼输运方程推导载流子的弛豫时间及迁移率之间的关系。首先考虑一个均匀晶体，假设分布函数与位置 $\boldsymbol{r}$ 无关，那么分布函数可写成 $f(\boldsymbol{k})$。分布函数 $f(\boldsymbol{k})$ 的变化率包括两项：从所有可能的 $\boldsymbol{k}'$ 态到 $\boldsymbol{k}$ 态引起的 $f(\boldsymbol{k})$ 增长率和从 $\boldsymbol{k}$ 态到所有可能的 $\boldsymbol{k}'$ 态引起的 $f(\boldsymbol{k})$ 下降率。通过 $P(\boldsymbol{k}',\boldsymbol{k})$ 和 $P(\boldsymbol{k},\boldsymbol{k}')$ 定义单位时间内的相应转移率，则散射项可用下式表示：

$$\left(\frac{\mathrm{d}f}{\mathrm{d}t}\right)_{\text{coll}}=\sum_{\boldsymbol{k}'}\{P(\boldsymbol{k}',\boldsymbol{k})f(\boldsymbol{k}')[1-f(\boldsymbol{k})]-P(\boldsymbol{k},\boldsymbol{k}')f(\boldsymbol{k})[1-f(\boldsymbol{k}')]\}\tag{2-38}$$

其中 $P(\boldsymbol{k}',\boldsymbol{k})$ 的前置因子 $f(\boldsymbol{k}')[1-f(\boldsymbol{k})]$ 表示电子在初始状态下 $\boldsymbol{k}$ 占据的概率和最终状态下 $\boldsymbol{k}'$ 的电子空缺。

为简单起见，下面讨论费米能级位于导带底部以下的情况。此时 $f(\boldsymbol{k})\ll 1$ 且 $f(\boldsymbol{k}')\ll 1$。用 $f_0(\boldsymbol{k})$ 定义热平衡的分布函数，则 $\left(\frac{\mathrm{d}f}{\mathrm{d}t}\right)_{\text{coll}}=0$，根据式(2-38)可得 $P(\boldsymbol{k}',\boldsymbol{k})f_0(\boldsymbol{k}')=P(\boldsymbol{k},\boldsymbol{k}')f_0(\boldsymbol{k})$，这一关系称为精细平衡原理(Principle of Detailed Balance)。利用这一关系，式(2-38)可表示为

$$\left(\frac{\mathrm{d}f}{\mathrm{d}t}\right)_{\text{coll}}=-\sum_{\boldsymbol{k}'}P(\boldsymbol{k},\boldsymbol{k}')\left[f(\boldsymbol{k})-f(\boldsymbol{k}')\frac{f_0(\boldsymbol{k})}{f_0(\boldsymbol{k}')}\right]\tag{2-39}$$

利用积分代替 $\boldsymbol{k}'$ 的总和，可得

$$\left(\frac{\mathrm{d}f}{\mathrm{d}t}\right)_{\text{coll}}=-\frac{V}{(2\pi)^3}\int\mathrm{d}^3\boldsymbol{k}'P(\boldsymbol{k},\boldsymbol{k}')\left[f(\boldsymbol{k})-f(\boldsymbol{k}')\frac{f_0(\boldsymbol{k})}{f_0(\boldsymbol{k}')}\right]\tag{2-40}$$

其中 $V=L^3$，为晶体的体积。当外力很弱，分布函数相对于热平衡值的位移很

小时，$f(\boldsymbol{k})$可以写成(或者用泰勒级数展开)

$$f(\boldsymbol{k})=f_0(\boldsymbol{k})+f_1(\boldsymbol{k}),\qquad f_1(\boldsymbol{k})\ll f_0(\boldsymbol{k}) \tag{2-41}$$

假设散射引起的能量变化很小，并且初始状态下 $\boldsymbol{k}$ 的能量$\xi(\boldsymbol{k})$非常接近最终状态下 $\boldsymbol{k}'$的能量 $\xi(\boldsymbol{k}')$，这种情况被称为弹性碰撞。此时可近似认为 $f_0(\boldsymbol{k})\cong f_0(\boldsymbol{k}')$，则式(2-41)可用如下关系表示：

$$\begin{aligned}\left(\frac{\mathrm{d}f}{\mathrm{d}t}\right)_{\text{coll}}&=-f_1(\boldsymbol{k}')\frac{V}{(2\pi)^3}\int \mathrm{d}^3\boldsymbol{k}'P(\boldsymbol{k},\boldsymbol{k}')\left[1-\frac{f_0(\boldsymbol{k})}{f_0(\boldsymbol{k}')}\right]\\&\equiv-\frac{f_1(\boldsymbol{k}')}{\tau(\boldsymbol{k})}=-\frac{f(\boldsymbol{k})-f_0(\boldsymbol{k})}{\tau(\boldsymbol{k})}\end{aligned} \tag{2-42}$$

其中 $\tau(\boldsymbol{k})$称为碰撞的弛豫时间，由于弛豫时间是电子波矢 $\boldsymbol{k}$ 的函数，因此也是能量的函数。这一近似称为弛豫近似(Relaxation Approximation)。

电子系统在外场下达到稳态后，外部场在时间 $t=0$ 时被移除，则玻耳兹曼方程满足$\dfrac{\partial f}{\partial t}=\left(\dfrac{\mathrm{d}f}{\mathrm{d}t}\right)_{\text{coll}}$。在弛豫近似条件下，可得

$$\frac{\partial f}{\partial t}=\left(\frac{\mathrm{d}f}{\mathrm{d}t}\right)_{\text{coll}}=-\frac{f-f_0}{\tau} \tag{2-43}$$

为简便起见，假设弛豫时间为常数 τ，可得

$$f-f_0=(f-f_0)_{t=0}\exp\left(\frac{-t}{\tau}\right) \tag{2-44}$$

其中$(f-f_0)_{t=0}$是时间 $t=0$ 时分布函数相对于热平衡的偏移。上述结果表明，在 $t=0$ 时，去除外场后，分布函数随时间常数 τ 向热平衡值以指数函数恢复。当弛豫时间近似有效时，玻耳兹曼输运方程可写成

$$\frac{1}{\hbar}(\boldsymbol{F}\cdot\nabla_k f)+\boldsymbol{v}\cdot\nabla_k f+\frac{\partial f}{\partial t}=\frac{1}{\hbar}(\boldsymbol{F}\cdot\nabla_k f)=-\frac{f-f_0}{\tau} \tag{2-45}$$

这是由于空间一致性下$\nabla_k f=0$，稳态导致$\dfrac{\partial f}{\partial t}=0$。当仅在 x 方向上施加外场时，式(2-45)简化为

$$f_1=-\frac{\tau}{\hbar}F_x\frac{\partial f}{\partial k_x} \tag{2-46}$$

对于具有各向同性的有效质量为 m^* 的电子而言，其能量是波矢的函数，并可写为 $\xi(k)=\dfrac{\hbar^2k^2}{2m^*}$，且有 $\hbar k_x=m^*v_x$，由此可得

$$f_1=-\frac{\tau}{\hbar}F_x\frac{\partial f}{\partial\xi}\frac{\partial\xi}{\partial k_x}=-\frac{\tau}{\hbar}v_xF_x\frac{\partial f}{\partial\xi} \tag{2-47}$$

利用关系 $f=f_0+f_1$ 且当 $f_0 \gg f_1$ 时，可得 $f_1=-\frac{\tau}{\hbar}v_x F_x \frac{\partial f_0}{\partial \xi}$。在弹性散射假设下，弛豫时间 τ 是能量 ξ 的函数，在散射事件之后，弛豫时间 τ 的大小不变。将式(2-47)代入弛豫时间表达式，可得

$$\begin{aligned}\frac{1}{\tau(\boldsymbol{k})}&=\frac{V}{(2\pi)^3}\int \mathrm{d}^3\boldsymbol{k}'P(\boldsymbol{k},\boldsymbol{k}')\left(1-\frac{k'_x}{k_x}\right)\\&=\frac{V}{(2\pi)^3}\int \mathrm{d}^3\boldsymbol{k}'P(\boldsymbol{k},\boldsymbol{k}')(1-\cos\theta)\end{aligned} \tag{2-48}$$

其中 k_x 和 k'_x 分别为散射前后电子波矢 $\boldsymbol{k}$ 和 $\boldsymbol{k}'$ 沿着外力方向(x 方向)的分量。在简并半导体中，由式(2-38)得到的精细平衡原理为

$$P(\boldsymbol{k}',\boldsymbol{k})f(\boldsymbol{k}')[1-f(\boldsymbol{k})]=P(\boldsymbol{k},\boldsymbol{k}')f_0(\boldsymbol{k})[1-f_0(\boldsymbol{k}')] \tag{2-49}$$

利用这种关系，简并半导体的弛豫时间由下式给出：

$$\frac{1}{\tau(\boldsymbol{k})}=\frac{1}{1-f_0(\boldsymbol{k})}\frac{V}{(2\pi)^3}\sum_{\boldsymbol{k}'}\mathrm{d}^3\boldsymbol{k}'P(\boldsymbol{k},\boldsymbol{k}')[1-f_0(\boldsymbol{k})]\left(1-\frac{k'_x}{k_x}\right) \tag{2-50}$$

当 $f_0(\boldsymbol{k})\ll 1$ 且 $f_0(\boldsymbol{k}')\ll 1$ 时，式(2-50)退化为非简并状态。需要注意的是，当末态被电子占据时，$1-f_0(\boldsymbol{k}')=0$，散射过程不被允许。

当弛豫时间由电子能量或电子波矢量的函数给出时，电子迁移率和电导率可由下面的推导给出。在 x 方向施加电场的情况下，可得 $F_x=-qE_x$，式(2-41)可表示为

$$f(\boldsymbol{k})=f_0(\boldsymbol{k})+qE_x\tau v_x\left(\frac{\partial f_0}{\partial \xi}\right) \tag{2-51}$$

因此，x 方向的电流密度由下式给出：

$$\begin{aligned}J_x&=\frac{2}{(2\pi)^3}\int(-q)v_x f(\boldsymbol{k})\mathrm{d}^3\boldsymbol{k}\\&=-\frac{q}{4\pi^3}\int v_x f_0(\boldsymbol{k})\mathrm{d}^3\boldsymbol{k}-\frac{q^2E_x}{4\pi^3}\int \tau v_x^2\frac{\partial f_0}{\partial \xi}\mathrm{d}^3\boldsymbol{k}\end{aligned} \tag{2-52}$$

其中因子 2 是由于自旋简并，且 $v_x=\hbar k_x/m^*$。函数 $f_0(\boldsymbol{k})$ 由费米(或费米·狄拉克)分布函数或玻耳兹曼分布函数给出，是电子能量 $\xi(\boldsymbol{k})$ 的函数。由于 ξ 是 $\boldsymbol{k}$ 的偶函数，$v_x f_0(\boldsymbol{k})$ 是 v_x 的奇函数。由于 $\mathrm{d}k_x$ 的积分范围为 $-\infty\sim+\infty$，因此式(2-52)右侧的第一项将变为零，仅保留第二项，即

$$J_x=\frac{q^2E_x}{4\pi^3}\int \tau v_x^2\frac{\partial f_0}{\partial \xi}\mathrm{d}^3\boldsymbol{k} \tag{2-53}$$

可借助图 2.7 来解释这个结果。在没有电场的情况下，热平衡状态的分布

函数在 $\boldsymbol{k}$ 空间中是各向同性的，因此任何方向上的电流都具有相同的大小，相互抵消，没有宏观电流。在施加电场的情况下，分布函数由 $f=f_0+f_1$ 给出，并在电场方向上产生位移 f_1，以及与沿电场方向的位移成比例的电流。

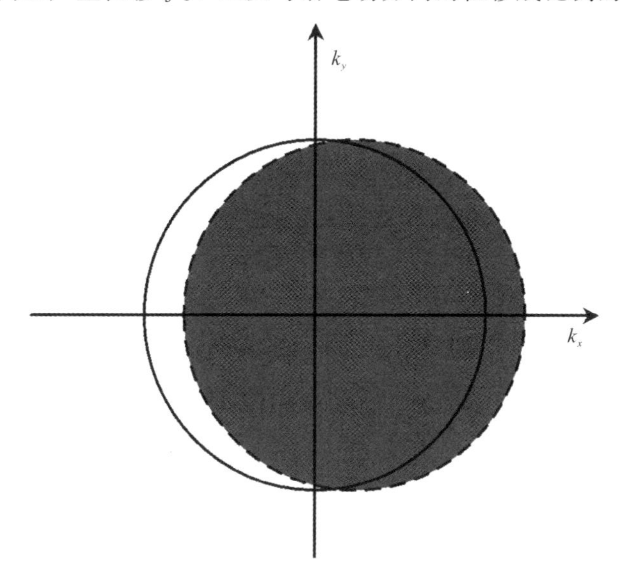

图 2.7　外加电场下分布函数的变化，$\boldsymbol{k}$ 空间中的分布函数沿场方向略有位移

由电子浓度 $n=\dfrac{2}{(2\pi)^3}\int f_0 \mathrm{d}^3\boldsymbol{k}$，式(2-53)可写为

$$J_x=-q^2 nE_x\frac{\int \tau v_x^2\left(\dfrac{\mathrm{d}f_0}{\mathrm{d}\xi}\right)\mathrm{d}^3\boldsymbol{k}}{\int f_0\mathrm{d}^3\boldsymbol{k}}=\frac{q^2 nE_x}{k_\mathrm{B}T}\frac{\int \tau v_x^2 f_0(1-f_0)\mathrm{d}^3\boldsymbol{k}}{\int f_0\mathrm{d}^3\boldsymbol{k}} \tag{2-54}$$

式(2-54)最终的结果由费米分布 $f_0(\xi)$ 和 $\dfrac{\partial f_0}{\partial \xi}=-\dfrac{1}{k_\mathrm{B}T}f_0(1-f_0)$。由于式(2-54)中的被积分项 $\tau f_0(1-f_0)$ 与能量 ξ 有关，我们将之记为 $\phi(\xi)$，同时注意到 $\mathrm{d}^3\boldsymbol{k}=\mathrm{d}k_x\mathrm{d}k_y\mathrm{d}k_z$，因此可得到以下关系：

$$\int v_x^2\phi(\xi)\mathrm{d}^3\boldsymbol{k}=\int v_y^2\phi(\xi)\mathrm{d}^3\boldsymbol{k}=\int v_z^2\phi(\xi)\mathrm{d}^3\boldsymbol{k}=\frac{1}{3}\int v^2\phi(\xi)\mathrm{d}^3\boldsymbol{k} \tag{2-55}$$

利用 $\xi-k$ 关系 $\left(\xi=\dfrac{\hbar^2k^2}{2m^*}\right)$，可将关于 $\mathrm{d}^3\boldsymbol{k}$ 的积分转换为关于 ξ 的积分，即

$$\mathrm{d}^3\boldsymbol{k}=4\pi k^2\mathrm{d}k=\frac{8\pi m^{*3/2}}{\sqrt{2}\hbar^3}\xi^{1/2}\mathrm{d}\xi \tag{2-56}$$

在式(2－56)中，有效质量 m^* 是各向同性(标量)有效质量。在 Ge 和 Si 这样的半导体中，我们知道其导带是由多能谷结构组成的，它们的等能面通常用一个椭球来表示，椭球的横向有效质量为 m_t，纵向有效质量为 m_l。在这种情况下，可定义态密度质量 $m_d^*(\equiv m^*)=(m_t^2 m_l)^{1/3}$。而在 β－$Ga_2O_3$ 中，理论计算表明其导带底为各向同性[62]。由此可得沿 x 方向的电流为

$$J_x=\frac{2q^2nE_x}{3k_BTm^*}\frac{\int_0^\infty \tau\xi^{3/2}f_0(1-f_0)\mathrm{d}\xi}{\int\xi^{1/2}f_0\mathrm{d}\xi} \tag{2-57}$$

虽然式(2－57)的积分上限应该是导带上边缘，但是考虑到分布函数在较高能量区域的指数衰减，可用无穷大代替。如上所述，态密度质量出现在分母和分子中，并被约除，式(2－57)可化简为式(2－54)。式(2－57)中的有效质量 m^* 由项 $v_x=\hbar k_x/m^*$ 在假设各向同性有效质量下给出。有效质量也常由 m_c^* 表示，称为电导率有效质量，因为它是来自速度分量的术语。下面分两种情况来讨论式(2－57)。

(1) 金属和简并半导体。在这种情况下，费米能级 ξ_F 位于导带中，而项 $\frac{-\partial f_0}{\partial\xi}=\frac{1}{k_BT}f_0(1-f_0)$仅在费米能附近具有较大值。因此，项$\frac{\mathrm{d}f_0}{\mathrm{d}\xi}$可以用 Dirac－$\delta$ 函数来近似。另外，$f_0\approx1(\xi\leqslant\xi_F)$，$f_0\approx0(\xi>\xi_F)$，因此，具有如下关系：

$$\frac{1}{k_BT}\int_0^\infty\tau(\xi)\xi^{3/2}f_0(1-f_0)\mathrm{d}\xi=-\int_0^\infty\tau(\xi)\xi^{3/2}\frac{\mathrm{d}f_0}{\mathrm{d}\xi}\mathrm{d}\xi\approx\tau(\xi_F)\xi_F^{3/2} \tag{2-58}$$

$$\int_0^\infty\xi^{1/2}f_0\mathrm{d}\xi=\int_0^{\xi_F}\xi^{1/2}\mathrm{d}\xi=\frac{2}{3}\xi_F^{3/2} \tag{2-59}$$

代入式(2－57)可得 $J_x=\frac{nq^2\tau(\xi_F)}{m^*}E_x$。其中 $\tau(\xi_F)$ 是电子在 $\xi=\xi_F$(或费米表面)的弛豫时间。费米能级与电子浓度的关系由 $n=\frac{2}{(2\pi)^3}\int f_0\mathrm{d}^3\boldsymbol{k}$ 和式(2－58)给出，即

$$\xi_F=\frac{\hbar^2}{2m^*}(3\pi^2n)^{2/3} \tag{2-60}$$

(2) 非简并半导体。对于非简并半导体，有 $f_0\ll1$，且 $1-f_0\cong1$，则式(2－57)化简为

$$J_x=\frac{2q^2nE_x}{3k_BTm^*}\frac{\int_0^\infty\tau\xi^{3/2}f_0\mathrm{d}\xi}{\int\xi^{1/2}f_0\mathrm{d}\xi} \tag{2-61}$$

由于$\int_0^\infty \xi^{3/2} f_0 \mathrm{d}\xi = \frac{3}{2} k_B T \int_0^\infty \xi^{1/2} f_0 \mathrm{d}\xi$，则式(2-61)可用下式表示，即

$$J_x = \frac{q^2 n E_x}{m^*} \frac{\int_0^\infty \tau \xi^{3/2} f_0 \mathrm{d}\xi}{\int \xi^{3/2} f_0 \mathrm{d}\xi} = \frac{q^2 n \langle \tau \rangle E_x}{m^*} \tag{2-62}$$

其中，弛豫时间

$$\langle \tau \rangle = \frac{\int_0^\infty \tau \xi^{3/2} f_0 \mathrm{d}\xi}{\int \xi^{3/2} f_0 \mathrm{d}\xi} \tag{2-63}$$

为$\tau(\xi)$的均值。我们可在x方向上存在电场的情况下定义电子的平均速度$\langle v_x \rangle$，则$\langle v_x \rangle = -\frac{q\langle \tau_x \rangle}{m^*} E_x = -\mu E_x$，该平均速度通常被称为漂移速度。这是因为电子通过沿电场方向的漂移运动(伴随着碰撞)对电流产生贡献。散射(碰撞)的平均时间或散射率(散射率)由弛豫时间的平均值给出$\langle \tau \rangle$。这里μ是单位电场下的平均电子速度(漂移速度)，即(低场)迁移率。这种迁移率通常被称为漂移迁移率，以区别于霍耳迁移率μ_H。

作为一个简单的例子，我们考虑由能量ξ的函数给出的弛豫时间τ的情况，例如$\tau = a\xi^{-s}$，则上述平均弛豫时间可以表示为

$$\langle \tau \rangle = \frac{a \int_0^\infty \xi^{3/2-s} \exp(-\xi / k_B T) \mathrm{d}\xi}{\int \xi^{3/2} \exp(-\xi / k_B T) \mathrm{d}\xi} = a(k_B T)^{-s} \frac{\Gamma\left(\frac{5}{2} - s\right)}{\Gamma\left(\frac{5}{2}\right)} \tag{2-64}$$

其中，$\Gamma(s)$为Γ函数，具有如下简单的性质：$\Gamma(s+1) = s\Gamma(s)$，$\Gamma(1) = 1$，$\Gamma(1/2) = \sqrt{\pi}$。

我们知道，可以利用霍耳效应测试半导体材料的迁移率和载流子浓度，即在半导体上加垂直于电流的磁场，由于洛伦兹力($\boldsymbol{F} = -e\boldsymbol{v} \times \boldsymbol{B}$，其中$\boldsymbol{B}$为磁场)的作用，将产生垂直于电流方向和磁场方向的电场。假设电流沿着x方向，磁场加在z方向(或具有z方向分量，为B_z)，可以证明在稳态下，由于洛伦兹力产生的电场沿着$-y$方向，并具有如下关系：

$$E_y = v_x B_z = -\frac{B_z J_x}{nq} = R_H J_x B_z \tag{2-65}$$

其中R_H为霍耳系数，对于电子而言$R_{H,e} = \frac{1}{nq}$，对空穴而言$R_{H,h} = \frac{1}{pq}$。需要

注意的是，当弛豫时间 τ 取决于载流子能量并且有效质量不是标量时，霍耳系数由以下关系式给出：

$$R_{\mathrm{H}}=\frac{r_{\mathrm{H}}}{nq} \tag{2-66}$$

其中 r_{H} 称为霍耳系数散射因子(Hall Coefficient Scattering Factor)，它由载流子的散射机制和分布函数决定。由此，可定义霍耳迁移率 μ_{H} 为

$$\mu_{\mathrm{H}}=|R_{\mathrm{H}}|\sigma=r_{\mathrm{H}}\mu \tag{2-67}$$

其中 μ 为漂移迁移率。式(2-67)表明，霍耳迁移率和漂移迁移率之间相差一个系数 r_{H}。

为求得 r_{H}，需要考虑带磁场的玻耳兹曼输运方程，此时载流子受到的外力包括电场力和洛伦兹力，载流子的运动方程满足下式：

$$m^{*}\frac{\mathrm{d}v}{\mathrm{d}t}+\frac{m^{*}v}{\tau}=-q(\boldsymbol{E}+\boldsymbol{v}\times\boldsymbol{B}) \tag{2-68}$$

当对半导体施加静态电场 $\boldsymbol{E}$ 和静态磁场 $\boldsymbol{B}$ 时，稳态条件 $\frac{\mathrm{d}\boldsymbol{v}}{\mathrm{d}t}=0$ 下的稳态漂移速度 $\boldsymbol{v}$(区别于纯电场 $\boldsymbol{E}$ 下的漂移速度)由下式给出：

$$\boldsymbol{v}=-\frac{q\tau}{m^{*}}(\boldsymbol{E}+\boldsymbol{v}\times\boldsymbol{B}) \tag{2-69}$$

由于磁场沿着 z 方向，此时的电流密度 $\boldsymbol{J}$ 不能表示为标量形式，而是矢量形式，满足 $\boldsymbol{J}=\boldsymbol{\sigma}\boldsymbol{E}$，其中 $\boldsymbol{\sigma}$ 为电导张量。当假设电子有效质量各向同性并且其漂移速度为定值时，其电流电导张量具有简单的形式，并且没有磁阻现象出现。为求得霍耳迁移率与漂移迁移率之间的关系，需借助玻耳兹曼输运方程对磁阻效应进行更精确的处理。

在直流电场 $\boldsymbol{E}$ 和磁场 $\boldsymbol{B}$ 存在的情况下，洛伦兹力作用在式(2-68)右边给出的电子上，把这个关系代入式(2-46)中得到

$$-\frac{q}{\hbar}\left(\boldsymbol{E}+\frac{1}{\hbar}\frac{\partial\xi}{\partial\boldsymbol{k}}\times\boldsymbol{B}\right)\cdot\frac{\partial f}{\partial\boldsymbol{k}}=-\frac{f-f_{0}}{\tau}\equiv\frac{f_{1}}{\tau} \tag{2-70}$$

在弱磁场近似且认为电子有效质量各向同性时，利用近似处理只有电场情况下的玻耳兹曼输运方程，可得

$$J_{x}=\sigma_{xx}E_{x}+\sigma_{xy}E_{y}=(\sigma_{0}+\beta_{0}B_{z}^{2})E_{x}+\gamma_{0}B_{z}E_{y} \tag{2-71}$$

$$J_{y}=\sigma_{yx}E_{x}+\sigma_{yy}E_{y}=-\gamma_{0}B_{z}E_{x}+(\sigma_{0}+\beta_{0}B_{z}^{2})E_{y} \tag{2-72}$$

其中 $\sigma_{0}=\frac{nq^{2}}{m^{*}}\langle\tau\rangle$，$\gamma_{0}=-\frac{nq^{3}}{m^{*2}}\langle\tau^{2}\rangle$，$\beta_{0}=\frac{nq^{4}}{m^{*3}}\langle\tau^{3}\rangle$。由于磁场 $\boldsymbol{B}$ 只沿着 z 方向，

霍耳效应是在 y 方向上没有电流流动的情况下测量的，即 $J_y=0$，因此有

$$\sigma_{xx}=\sigma_{yy}=\sigma_0+\beta_0 B_z^2\frac{nq^2}{m^*}\langle\tau\rangle-\frac{nq^2\omega_c^2}{m^*}\langle\tau^3\rangle$$

$$\sigma_{yx}=-\sigma_{xy}=\gamma_0 B_z=-\frac{nq^2\omega_c}{m^*}\langle\tau^2\rangle \tag{2-73}$$

其中 $\omega_c=\frac{eB_z}{m^*}$。霍耳系数也可通过 $J_y=0$ 获得，将 $J_y=0$ 代入式(2-72)，计算得 E_x 并将其代入(2-71)得到

$$E_x=\frac{\sigma_{xy}}{\sigma_{xx}^2+\sigma_{xy}^2}J_x=\frac{\gamma_0}{(\sigma_0+\beta_0 B_z^2)+\beta_0 B_z^2}J_x B_z \tag{2-74}$$

则霍耳系数为

$$R_H=\frac{E_x}{J_x B_z}=\frac{\gamma_0}{(\sigma_0+\beta_0 B_z^2)+\beta_0 B_z^2}\cong\frac{\gamma_0}{\sigma_0^2} \tag{2-75}$$

其中，最终结果是通过考虑弱磁场限制，即 $\sigma_0\gg\beta_0 B_z^2$ 和 $\sigma_0\gg\gamma_0 B_z$ 时得到的。弱磁场中的霍耳系数表示为 $R_H=-\frac{r_H}{ne}$，则

$$r_H=\frac{\langle\tau^2\rangle}{\langle\tau\rangle^2} \tag{2-76}$$

根据上述结果，我们发现当弛豫时间 τ 的分布函数和能量依赖性已知时，霍耳效应的散射因子可以计算出来。例如，在假设载流子遵守麦克斯韦分布函数，即 $\tau=a\xi^{-s}$ 时，可得到以下结果：

$$r_H=\frac{\Gamma\left(\frac{5}{2}-2s\right)\Gamma\left(\frac{5}{2}\right)}{\left[\Gamma\left(\frac{5}{2}-s\right)\right]^2} \tag{2-77}$$

在第 2.2.2 小节所讨论的声学声子散射的情况下，可知 $s=1/2$，则 $r_H=3\pi/8\approx1.18$，接近 1；然而，在杂质散射(将在第 2.3.1 小节中介绍)的情况下，有 $s=3/2$，则 $r_H=315\pi/512\approx1.93$，这意味着霍耳迁移率几乎是漂移迁移率的 2 倍。

2.2.2　声学声子散射

声学声子散射是声学声子在晶格间距中扰动引起的散射，包括形变势散射和压电散射。由于 $\beta-Ga_2O_3$ 不是非中心对称晶体，因此在讨论 $\beta-Ga_2O_3$ 时一般不讨论压电散射，但是压电散射是 GaN 等非中心对称晶体中的重要散射之一。此外，目前的研究表明 $\varepsilon-Ga_2O_3$ 也是一种非中心对称晶体，具有压电效应，因此压电散射也是 $\kappa-Ga_2O_3$ 中的重要散射之一，不过目前由于 $\kappa-Ga_2O_3$ 的可控掺杂还存在一定困难，因此就没有文献讨论 $\kappa-Ga_2O_3$ 的散射机制。形变势散射是由晶格的振动导致的，它对电子的作用可以看作是一种波的作用。早期的处理方法之一为依赖于穿过和离开应变引起的能带波动的波透射和反射。这种晶格原子围绕其平衡位置的振动会引起晶格间距的局部扰动，从而形成局部带隙。由于晶格局部发生形变，简单地可以认为是由于晶格间距的单位变化导致的带隙变化，因此这种微扰势称为形变势。这一声学声子形变势的单位为能量单位，在 $\beta-Ga_2O_3$ 中，该数值为 6.9 eV[47]，记为 D_{ac}。电子从小带隙区域移动到大带隙区域所需的势能增益必须来自电子的动能。因此，对波的传播和反射进行一维处理通常足以给出散射过程合理的物理图像。在这种近似下，形变势(由体积的相对变化引起的导带变化)被定义为与体积变化相关的导带中势能跃变，而体积变化又与通过半导体可压缩性产生的压力有关。由于电子的平均自由程取决于给定特征距离内电子的偏转次数，因此由精确的三维量子力学处理可推导出弛豫时间在玻耳兹曼分布假设下的表达式[124]：

$$\tau_{dp}=\frac{\pi\hbar^4\rho s^2}{\sqrt{2}(m^*)^{3/2}D_{ac}^2(k_BT)}\xi^{-1/2} \tag{2-78}$$

其中 ρ 和 s 分别为材料的密度和声速，这一数值在 $\beta-Ga_2O_3$ 中分别为 5.88 $g\cdot cm^{-3}$ 和 6.8×10^5 $cm\cdot s^{-1}$[47]。因此，在玻耳兹曼分布近似下，声学声子散射的平均弛豫时间为

$$\langle\tau_{dp}\rangle=\frac{\int_0^\infty\tau_{dp}(\xi)\xi^{3/2}\left[\frac{\partial f_0(\xi)}{\partial\xi}\right]d\xi}{\int_0^\infty\xi^{3/2}\left[\frac{\partial f_0(\xi)}{\partial\xi}\right]d\xi}\approx\frac{2\sqrt{2\pi}\hbar^4\rho s^2}{3D_{ac}^2(m^*)^{3/2}}(k_BT)^{-3/2} \tag{2-79}$$

由此可以得出声学声子形变势散射下的电子迁移率的解析式为

$$\mu_{dp}=\frac{q\langle\tau_{dp}\rangle}{m^*}=\frac{2\sqrt{2\pi}q\hbar^4\rho s^2}{3D_{ac}^2(m^*)^{5/2}}(k_BT)^{-3/2} \tag{2-80}$$

由式(2-80)可以看出，形变势散射下的载流子弛豫时间和迁移率在玻耳兹曼分布近似下与掺杂浓度无关，只与材料本身的性质和温度有关。下面利用数值计算的方法计算形变势散射下的不同材料(包括 $\beta-Ga_2O_3$、GaN、AlN、InN 和 GaAs)在不同温度下的电子迁移率，如图 2.8 所示。用于计算这些材料的迁移率极限的参数如表 2.3 所示。

表 2.3　用于计算声学声子形变势散射下 β－Ga_2O_3、GaN、AlN、InN、GaAs 电子迁移率的参数

参数	β－Ga_2O_3	GaN	AlN	InN	GaAs
密度 $\rho/(g \cdot cm^{-3})$	5.88	6.15	3.23	6.81	5.317
形变势 D_{ac}/eV	6.9	8.3	9.5	7.1	9.3
电子有效质量 $m^*(m_0)$	0.26	0.22	0.48	0.115	0.067
声速 $s \times 10^5/(cm \cdot s^{-1})$	6.8	6.59	9.06	6.24	4.73

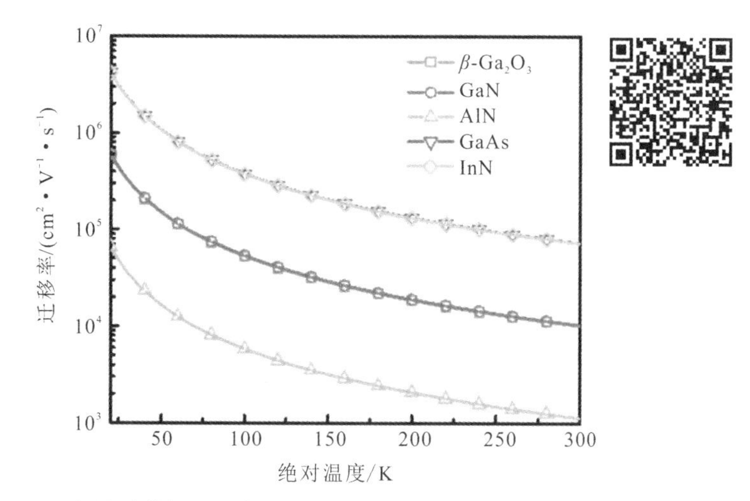

图 2.8　数值计算得到的声学声子形变势散射下 β－Ga_2O_3、GaN、AlN、InN、GaAs 在不同温度下的电子迁移率

2.2.3　极性光学声子散射

通常，半导体中的光学声子具有几十 meV 的能量，例如在 β－Ga_2O_3 中纵向光学声子的能量为(44 ± 4) meV[47]。这意味着在低温(如 100 K)下，绝大部分的电子不具有足够的动能释放光学声子。同时，热平衡态的声子数 N 在低温下具有非常小的数值，这进一步降低了吸收和释放声子的概率。因此，光学声子散射在低温下可以忽略不计。但是，在高温下，由于电子具有足够的动能释放声子，光学声子的散射对化合物半导体的载流子迁移率具有很大的影响。因此，在化合物半导体中，光学声子散射在室温下往往可以取代纵向声学声子散射的作用，对载流子的散射起决定性作用。在低电场下，当电子吸收或释放一个光学声子的时候，会对其动量和能量引起较大的散射，进而影响电子

的迁移。在这种情况下，玻耳兹曼方程$\frac{\partial f}{\partial t_{\text{coll}}}=\frac{-(f-f_0)}{\tau(\xi)}$的弛豫近似由于$\tau(\xi)$不仅依赖于电子能量还依赖于扰动强度而变得不再适用。因此，求解玻耳兹曼方程需要引入变分法进行分析。经过 D. J. Howarth 和 E. H. Sondheimer 的分析[125]及 H. Ehrenreich 等人[126-128]的研究，利用变分法计算极性半导体的理论相对成熟，下面借用这一理论对 Ga_2O_3 中的极性光学声子散射进行理论计算并结合实验结果进行分析。

以下的分析都是基于电子占据一个单球对称谷的假设进行的，即有效质量近似，在这一近似下，电子的能量和波数具有众所周知的关系：$\xi(\boldsymbol{k})=\frac{\hbar^2 k^2}{2m^*}$，其中 $\boldsymbol{k}$ 为电子波矢。在小电场 $\boldsymbol{E}$ 和任意磁场 $\boldsymbol{B}$ 下，电子的分布函数可以写为

$$f(\boldsymbol{B},\ \boldsymbol{k})=f_0(\xi)-\frac{\mathrm{d}f_0(\xi)}{\mathrm{d}\xi}\boldsymbol{\phi}(\boldsymbol{B},\ \boldsymbol{k})\cdot\boldsymbol{E} \tag{2-81}$$

其中矢量 $\boldsymbol{\phi}(\boldsymbol{B},\ \boldsymbol{k})$可以通过求解线性玻耳兹曼方程求得，即

$$\boldsymbol{E}\cdot\left\{-q\boldsymbol{v}(\boldsymbol{k})\frac{\mathrm{d}f_0(\xi)}{\mathrm{d}\xi}-\frac{q}{\hbar}\frac{\mathrm{d}f_0(\xi)}{\mathrm{d}\xi}[\boldsymbol{B}\cdot\boldsymbol{v}(\boldsymbol{k})\times\nabla_k]\phi(\boldsymbol{B},\ \boldsymbol{k})\right\}=\left[\frac{\mathrm{d}f}{\mathrm{d}t}\right]_{\text{coll}} \tag{2-82}$$

其中 $\boldsymbol{v}(k)=\frac{\hbar\boldsymbol{k}}{m^*}$是波数为 k 的电子的速度。式(2-82)中的散射项为

$$\left[\frac{\mathrm{d}f}{\mathrm{d}t}\right]_{\text{coll}}=\boldsymbol{E}\cdot\left[\frac{1}{k_{\mathrm{B}}T}\int V(\boldsymbol{k},\ \boldsymbol{k}')(\phi(\boldsymbol{k}')-\phi(\boldsymbol{k}))\mathrm{d}^3\boldsymbol{k}'\right] \tag{2-83}$$

其中 $V(\boldsymbol{k},\ \boldsymbol{k}')$是平衡态下波数从 $\boldsymbol{k}$ 到 $\boldsymbol{k}'$的散射概率，可表示为

$$V(\boldsymbol{k},\ \boldsymbol{k}')=W(\boldsymbol{k},\ \boldsymbol{k}')f_0(\boldsymbol{k})(1-f_0(\boldsymbol{k}'))=V(\boldsymbol{k}',\ \boldsymbol{k}) \tag{2-84}$$

如果仅考虑极性光学声子的吸收和释放对 $W(\boldsymbol{k},\ \boldsymbol{k}')$的贡献，则

$$\begin{aligned}W_{\mathrm{E}}(\boldsymbol{k},\ \boldsymbol{k}')&=\frac{q^2\omega_{\mathrm{LO}}(N+1)}{8\pi^2\varepsilon_0}\left(\frac{1}{\kappa_\infty}-\frac{1}{\kappa_0}\right)\frac{1}{|\boldsymbol{k}-\boldsymbol{k}'|^2}\delta[\xi(\boldsymbol{k}')-\xi(\boldsymbol{k})+\hbar\omega_0]\\W_{\mathrm{A}}(\boldsymbol{k},\ \boldsymbol{k}')&=\frac{q^2\omega_{\mathrm{LO}}N}{8\pi^2\varepsilon_0}\left(\frac{1}{\kappa_\infty}-\frac{1}{\kappa_0}\right)\frac{1}{|\boldsymbol{k}-\boldsymbol{k}'|^2}\delta[\xi(\boldsymbol{k}')-\xi(\boldsymbol{k})-\hbar\omega_0]\end{aligned} \tag{2-85}$$

其中 κ_∞ 和 κ_0 分别为高频和低频下的相对介电常数；N 是热平衡态的声子数，由玻色爱因斯坦分布确定，$N=\left[\exp\left(\frac{\hbar\omega_{\mathrm{LO}}}{k_{\mathrm{B}}T}\right)-1\right]^{-1}$。

由于方程(2-82)和(2-83)中的电场 E 是任意的，通过观察可将之移除

并留下关于矢量 $\boldsymbol{\phi}(\boldsymbol{B}, \boldsymbol{k})$的方程。对于对称球形的能谷而言，$\boldsymbol{\phi}(\boldsymbol{B}, \boldsymbol{k})$相对于 $\boldsymbol{B}$ 是圆柱形对称的。假设磁场 $\boldsymbol{B}$ 沿着 z 方向，则 $\boldsymbol{\phi}(\boldsymbol{B}, \boldsymbol{k})$可以写为

$$\boldsymbol{\phi}(\boldsymbol{B}, \boldsymbol{k}) = P_1 \boldsymbol{k}_t + P_2(\hat{\boldsymbol{z}} \times \boldsymbol{k}_t) + P_3 \boldsymbol{k}_z \hat{\boldsymbol{z}} \tag{2-86}$$

其中 $\boldsymbol{k}_t=(k_x, k_y, 0)$，$\hat{\boldsymbol{z}}=(0, 0, 1)$，而 P_n 是 $\boldsymbol{k}$ 的标量方程。通过对称性原则，并利用 x、y、z 三个方向的性质，可以得到下列方程组：

$$\begin{cases} -A[k_x(P_1) - k_y L(P_2)] + \dfrac{q}{\hbar}B(-v_x P_2 - v_y P_1) = -q v_x & (2-87) \\ -A[k_y(P_1) + k_x L(P_2)] + \dfrac{q}{\hbar}B(v_x P_1 - v_y P_2) = -q v_y & (2-88) \\ -A k_z L(P_3) = -q v_z & (2-89) \end{cases}$$

其中：

$$A = \frac{q^2 \omega_{\mathrm{LO}}}{4\pi\varepsilon_0 \xi(\boldsymbol{k}) \dfrac{\mathrm{d}\xi(\boldsymbol{k})}{\mathrm{d}\xi}} \left[\frac{1}{\kappa_\infty} - \frac{1}{\kappa_0}\right] \tag{2-90}$$

且有

$$\begin{aligned} L(P_n) = {} & (N+1)\frac{f_0(\xi + \hbar\omega_{\mathrm{LO}})}{f_0(\xi)}\left\{P_n(\xi + \hbar\omega_{\mathrm{LO}})\left[(2\xi + \hbar\omega_{\mathrm{LO}})\operatorname{arcsinh}\left(\frac{\xi}{\hbar\omega_{\mathrm{LO}}}\right) - \right.\right. \\ & \left.\left. \sqrt{\xi(\xi + \hbar\omega_{\mathrm{LO}})} - 2\xi P_n(\xi)\operatorname{arcsinh}\left(\frac{\xi}{\hbar\omega_{\mathrm{LO}}}\right)\right]\right\} + \theta(\xi - \hbar\omega_{\mathrm{LO}}) + \\ & N\frac{f_0(\xi - \hbar\omega_{\mathrm{LO}})}{f_0(\xi)}\left\{P_n(\xi - \hbar\omega_{\mathrm{LO}})\left[(2\xi - \hbar\omega_{\mathrm{LO}})\operatorname{arccosh}\left(\sqrt{\frac{\xi}{\hbar\omega_{\mathrm{LO}}}}\right) - \right.\right. \\ & \left.\left. \sqrt{\xi(\xi - \hbar\omega_{\mathrm{LO}})}\right] - 2\xi P_n(\xi)\operatorname{arccosh}\left(\sqrt{\frac{\xi}{\hbar\omega_{\mathrm{LO}}}}\right)\right\} \end{aligned} \tag{2-91}$$

其中：

$$\theta(x) = \begin{cases} 0, & x < 0 \\ 1, & x > 0 \end{cases} \tag{2-92}$$

是单位阶跃函数，由于利用了 $\theta(x)$，反双曲余弦函数 $\operatorname{arccosh}\left(\sqrt{\dfrac{\xi}{\hbar\omega_{\mathrm{LO}}}}\right)$的计算结果也变得可以理解了，并且$\sqrt{\xi(\xi-\hbar\omega_{\mathrm{LO}})}$中的将不会出现虚数。当我们将方程组(2-87)～(2-89)的 $\boldsymbol{k}$ 消除之后，可以得到不同方程的 $L(P_n)$数值：

$$L(P_1) = Z\xi^{3/2}\left(1 - \frac{BP_2}{\hbar}\right) \tag{2-93}$$

$$L(P_2)=\frac{Z\xi^{3/2}BP_1}{\hbar} \tag{2-94}$$

$$L(P_3)=Z\xi^{3/2} \tag{2-95}$$

其中 Z 为与电子能量无关的常数，即

$$Z=\frac{4\sqrt{2}\hbar^2\pi\varepsilon_0}{q\omega_0 m^{*3/2}}\left(\frac{1}{\kappa_\infty}-\frac{1}{\kappa_0}\right)^{-1} \tag{2-96}$$

根据 P_n 的数值可以很好地求得电导张量中的各个元素以及输运参数。由于电流密度为

$$\boldsymbol{J}=\frac{q}{4\pi^3}\int \boldsymbol{v}(\boldsymbol{k})[\boldsymbol{\phi}(\boldsymbol{B},\boldsymbol{k})\cdot\boldsymbol{E}]\frac{\mathrm{d}f_0(\xi)}{\mathrm{d}\xi}d^3\boldsymbol{k} \tag{2-97}$$

由此可得电导张量中的元素 σ_{ij}，即

$$\sigma_{ij}=\frac{q}{4\pi^3}\int v_i(\boldsymbol{k})\phi_j(\boldsymbol{B},\boldsymbol{k})\frac{\mathrm{d}f_0(\xi)}{\mathrm{d}\xi}d^3k \tag{2-98}$$

将式(2-86)代入式(2-98)中，可以得到与唯一非零的元素 σ_{ij}：

$$\begin{cases}\sigma_{xx}=\sigma_{yy}=\langle P_1\rangle\\ \sigma_{xy}=-\sigma_{yx}=\langle P_2\rangle\\ \sigma_{zz}=\langle P_3\rangle\end{cases} \tag{2-99}$$

由此可知，纵向的电导只有 σ_{zz}。鉴于以上的分析是在有磁场 $\boldsymbol{B}$ 的条件下求得的，可得霍耳系数、霍耳迁移率分别为

$$R_\mathrm{H}=-\frac{\sigma_{yz}}{B(\sigma_{xx}^2+\sigma_{yz}^2)} \tag{2-100}$$

$$\mu_\mathrm{H}=-R_\mathrm{H}\sigma_{zz} \tag{2-101}$$

当磁场 $B=0$ 时，载流子的迁移只与 $P_3(\xi)$ 有关，此时的电子迁移率为漂移迁移率，并且此时的弛豫时间 τ_POP 正比于 $P_3(\xi)$，为

$$\tau_\mathrm{POP}=-\frac{m^*}{q\hbar}P_3(\xi) \tag{2-102}$$

因此，只要计算出 $P_3(\xi)$ 就可以获得极性光学声子相关的弛豫时间，通过数值计算就可以得到与极性光学声子相关的迁移率上限。

为求解式(2-91)，将 $\xi_n=\xi+n\hbar\omega_\mathrm{LO}$ 代入该方程中，并将之记为

$$L(P_3)=A_nP_3(\xi+(n-1)\hbar\omega_0)+B_nP_3(\xi+n\hbar\omega_0)+ \\ C_nP_3(\xi+(n+1)\hbar\omega_0)=D_n \tag{2-103}$$

令 $n=0, 1, 2, 3, \cdots, n$，可得下列方程组：

$$
\begin{cases}
A_0P_3(\xi-\hbar\omega_{\mathrm{LO}})+B_0P_3(\xi)+C_0P_3(\xi+\hbar\omega_{\mathrm{LO}})=D_0 \\
A_1P_3(\xi)+B_1P_3(\xi+\hbar\omega_{\mathrm{LO}})+C_1P_3(\xi+2\hbar\omega_{\mathrm{LO}})=D_1 \\
A_2P_3(\xi+\hbar\omega_{\mathrm{LO}})+B_2P_3(\xi+2\hbar\omega_{\mathrm{LO}})+C_2P_3(\xi+\hbar\omega_{\mathrm{LO}})=D_2 \\
\vdots \\
A_nP_3(\xi+(n-1)\hbar\omega_0)+B_nP_3(\xi+n\hbar\omega_0)+C_nP_3(\xi+(n+1)\hbar\omega_0)=D_n
\end{cases}
\tag{2-104}
$$

当 $\xi_n \gg \hbar\omega_{\mathrm{LO}}$ 时，$P_3(\xi)$ 趋于定值，此时可认为 $P_3(\xi+n\hbar\omega_{\mathrm{LO}})=P_3(\xi+(n+1)\hbar\omega_{\mathrm{LO}})$，由此可得如下矩阵，

$$
\begin{bmatrix}
B_0 & C_0 & 0 & 0 & \cdots & 0 & 0 \\
A_1 & B_1 & C_1 & 0 & \cdots & 0 & 0 \\
0 & A_2 & B_2 & C_2 & \cdots & 0 & 0 \\
0 & 0 & A_3 & B_3 & \cdots & 0 & 0 \\
\vdots & \vdots & \vdots & \vdots & & \vdots & \vdots \\
0 & 0 & 0 & 0 & \cdots & B_{n-1} & C_{n-1} \\
0 & 0 & 0 & 0 & \cdots & A_n & B_n+C_n
\end{bmatrix}
\begin{bmatrix}
P_3(\xi) \\
P_3(\xi+\hbar\omega_{\mathrm{LO}}) \\
P_3(\xi+2\hbar\omega_{\mathrm{LO}}) \\
P_3(\xi+3\hbar\omega_{\mathrm{LO}}) \\
\vdots \\
P_3(\xi+(n-1)\hbar\omega_{\mathrm{LO}}) \\
P_3(\xi+n\hbar\omega_{\mathrm{LO}})
\end{bmatrix}
=
\begin{bmatrix}
D_0 \\ D_1 \\ D_2 \\ D_3 \\ \vdots \\ D_{n-1} \\ D_n
\end{bmatrix}
\tag{2-105}
$$

利用雅可比(Jacob)迭代将不同的 ξ 代入方程组中，通过数值计算即可求出不同 ξ 下的 $P_3(\xi)$，由此计算出极性光学声子散射下的迁移率极限。

在 $\beta-Ga_2O_3$ 中，高频和低频下的相对介电常数 κ_∞ 和 κ_0 分别为 3.57 和 10.2，利用数值计算，并代入 $m^*=0.26m_0$，$\hbar\omega_{\mathrm{LO}}=48\ \mathrm{meV}$，可以得到 $\beta-Ga_2O_3$ 在非简并态时($E_F=-5\hbar\omega_{\mathrm{LO}}$)的弛豫时间 τ_{POP}，如图 2.9 所示。当温度降低时，电子的弛豫时间 τ_{POP} 增加，对应地，电子迁移率提高。这和上文提到的结论一致，即当温度降低时，热平衡态的声子数目减少，电子受到晶格的碰撞概率降低，同时，电子的动能降低导致电子释放声子的概率下降，这两者的共同作用促使电子的弛豫时间 τ_{POP} 增加，电子迁移率迅速增加。此外，由图 2.9 可知，由于声子是量子化的，当电子能量达到 $n\hbar\omega_{\mathrm{LO}}$ 时，电子具有足够的能量释放声子，电子的弛豫时间降低。

另外，电子浓度的变化也会导致电子弛豫时间 τ_{POP} 的变化，在不考虑电子-电子相互作用和屏蔽效应的条件下，电子浓度的增加将反映在费米能级的变化上。在室温下，当费米能级从 $E_F=-5\hbar\omega_{\mathrm{LO}}$ 变化到 $E_F=1.0\hbar\omega_{\mathrm{LO}}$ 时，如图 2.10 所示，τ_{POP} 整体呈现下降的趋势。原因在于，当电子浓度增加时，有更多电子的能量大于声子能量 ω_{LO}，电子释放声子导致弛豫时间下降。

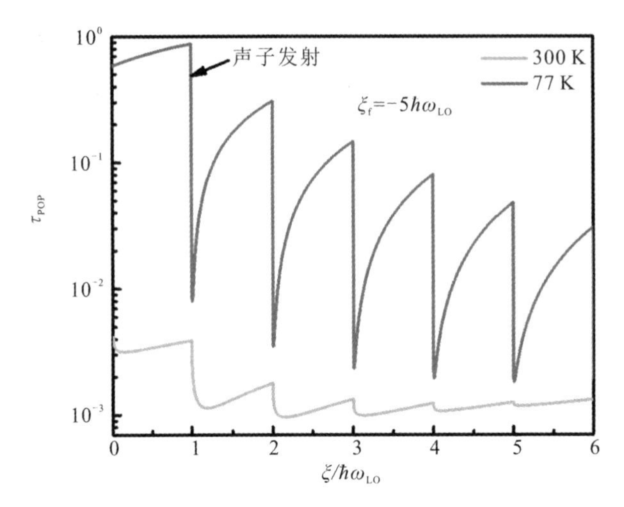

图 2.9　当 $E_F=-5\hbar\omega_{LO}$ 时，室温和 77 K 下 β-Ga_2O_3 的光学声子散射弛豫时间和电子能量 ξ 的关系

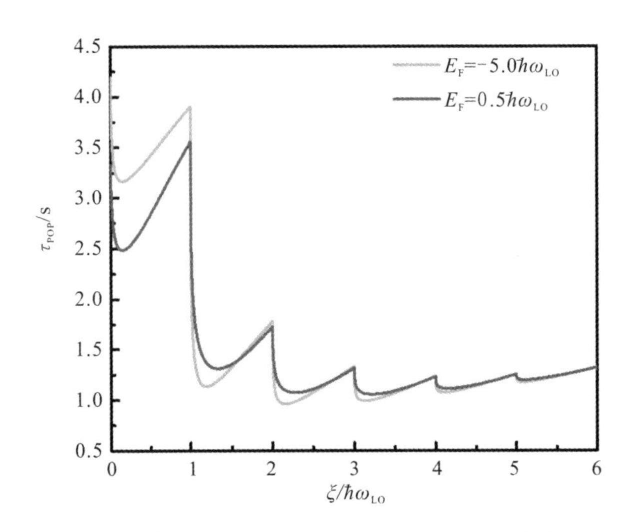

图 2.10　室温下，不同费米能级下 β-Ga_2O_3 的光学声子散射弛豫时间和电子能量 ξ 的关系

利用迁移率的计算公式(2-57)和(2-76)，我们可以得到 β-Ga_2O_3 在不同温度、不同电子浓度下的纵向光学声子限制的迁移率，如图 2.11 所示。左图中的插图是光学声子散射限制的霍耳系数散射因子 r_H，由此可知，在室温下，光学声子散射限制的迁移率在本模型下的电子迁移率约为 200 $cm^2 \cdot V^{-1} \cdot s^{-1}$。因此，非故意掺杂的 β-$Ga_2O_3$ 的室温迁移率上限约为 200 $cm^2 \cdot V^{-1} \cdot s^{-1}$，和目前观察到的实验现象相一致。如

右图所示，当载流子浓度超过 $1\times10^{19}\ cm^{-3}$ 后，如果不考虑禁带变窄效应，则极性光学声子限制的迁移率由于电子屏蔽作用[129-130]随电子平均能量的增加而增加。

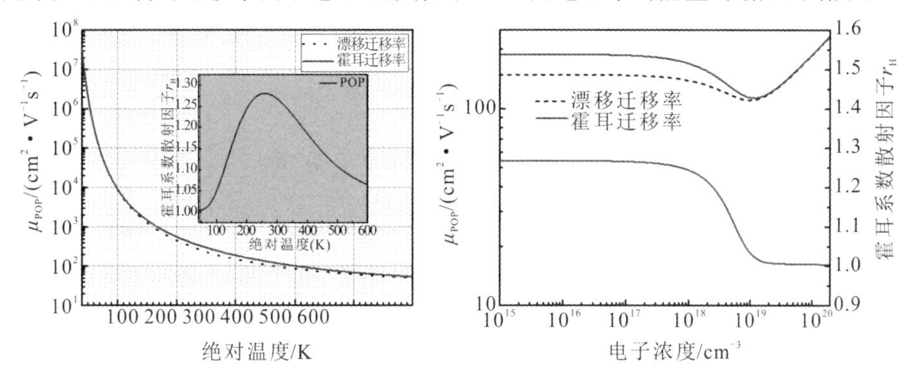

图 2.11　β-Ga_2O_3 在不同温度下纵向光学声子限制的(偏移和霍耳)迁移率以及β-Ga_2O_3 在不同电子浓度下纵向光学声子限制的迁移率和霍耳系数散射因子

2.3　电子迁移率

从第 2.2 节的叙述中我们知道，材料中载流子的弛豫时间不是常数，通常与能量相关。在仅有电场存在的情况下，利用弛豫时间近似求解玻耳兹曼输运方程可得到载流子平均弛豫时间和迁移率的关系，即 $\mu=q\langle\tau\rangle/m^*$，其中 μ 为漂移迁移率，m^* 为各向同性有效质量。半导体中的载流子平均弛豫时间如式(2-57)所示；而在非简并半导体中，利用玻耳兹曼分布求得载流子的平均弛豫时间如式(2-63)所示。当载流子同时在电场和磁场中运动时，由于载流子的弛豫时间与其能量相关，载流子存在磁阻效应，此时载流子的迁移率(称为霍耳迁移率 μ_H)与漂移迁移率之间存在一个系数 r_H，满足 $\mu_H/\mu=r_H$，r_H 称为霍耳系数散射因子。在有效质量近似、玻耳兹曼分布近似且低磁场近似的条件下，霍耳系数散射因子可由弛豫时间计算得，即 $r_H=\langle\tau^2\rangle/\langle\tau\rangle^2$，$\langle\tau\rangle$如式(2-63)所示。由以上的叙述可知，在半导体中存在着多种多样的散射，如果弛豫时间近似适用于每个散射事件类型并且每个散射事件彼此独立，则意味着一种散射不会改变另一种散射的性质，总的迁移率可以用 Matthiessen 法则来计算，即

$$\mu_{tot}=\left[\sum_i\frac{1}{\mu_i}\right]^{-1}\tag{2-106}$$

Matthiessen 法则通常作为第一近似值应用于分析半导体迁移率。虽然 Matthiessen 法则的精确度在±10%左右，但由于其计算方便而得到了广泛的运用。然而，当主要的散射机制是非弹性和各向异性的，如上述光学声子散射时，弛豫时间近似是不合适的，尽管它有很大的吸引力。即使精度受到影响，弛豫时间近似仍然适用于各种散射。下面将介绍 $\beta-Ga_2O_3$ 中存在的其他散射机制，包括离化杂质散射、中性杂质散射、缺陷散射和调制掺杂诱导的 2DEG 可能涉及的散射。

2.3.1 离化杂质散射

载流子在晶体中将受到杂质或缺陷的散射。这些散射体有些是带电的，有些是中性的，前者的散射截面更大。缺陷带电也可以解释为离化杂质，并适用于迁移率计算。如果与缺陷或其他有关的散射中心是中性的，它们就可以用中性杂质散射理论来处理。下面将给出离化杂质散射的相关分析。

电子和空穴通过长程库仑相互作用被带电中心散射。在高质量的半导体中，带电中心是电离的施主或受主，载流子由于带电中心导致的散射被称为电离杂质散射。在图 2.12 中示意性地描绘了正、负散射中心。电离杂质散射在低温下占主导地位，因为随着载流子的热运动速度降低，长程库仑相互作用对其运动的影响加强。为了解决电离杂质散射，必须首先考虑载流子统计。如第 2.1 节中所述，对于 N 型 Ga_2O_3 样品，由于费米能级通常在禁带中央以上，因此所有的受主或类受主都将发生电离。根据电中性原则，部分施主可能保持电中性。在 Ga_2O_3 中，$N-Ga_2O_3$ 通过补偿受主形成 N 型导电，这是因为存在 V_{Ga} 等。

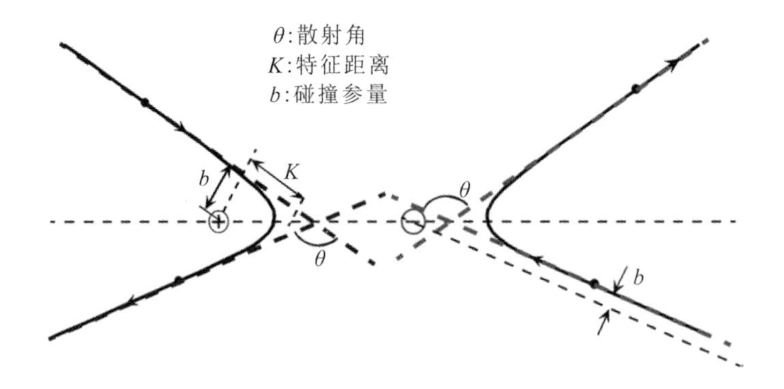

图 2.12 电子被带正电荷的离子(左)和带负电荷的离子(右)的库仑散射示意图

E. Conwell 和 V. F. Weisskopf[131]用经典方法研究了电离杂质的散射。假设电子通过与离子的库仑相互作用被经典地散射。通过计算相关的散射截面，可以确定散射率。半导体中电离杂质散射的标准教科书方法是 Brooks - Herring (BH)方法。在半导体中，自由载流子试图屏蔽固定电荷中心。许多处理半导体中自由电子杂质屏蔽的方法都是在假设完全屏蔽的托马斯-费米(Thomas - Fermi)近似下发展起来的。应该注意的是，BH 方法基于两个固有的重要近似，即玻恩近似和单离子屏蔽近似。尽管 BH 方法被广泛运用，但其预测载流子的行为并不完全符合实验迁移率数据，特别是在高施主浓度下[132]。在强屏蔽区时，单粒子屏蔽近似被打破，通过托马斯-费米理论计算的屏蔽长度变得比杂质之间的平均距离短得多，因此，相邻电位不会显著重叠。在高补偿的情况下，单离子屏蔽变得不是问题。在这种情况下，对于给定数量的电子来说，在保持电中性条件的同时单独屏蔽所有电离施主更加困难。自然地，已经有研究人员尝试通过利用电子-杂质散射的相移分析来克服玻恩近似，进而改进 BH 方法。J. R. Meyer 和 F. J. Bartoli[133]提供了一种基于部分波相移分析的方法，同时也涉及多离子屏蔽。

电离中心引起的长程库伦力使得单个离子的散射截面面积非常大，如果不加屏蔽则趋向于无穷大。库仑散射是一个各向异性的过程，其中发生小角度散射事件的概率很高。虽然改变动量的散射事件经常发生，但它们对动量弛豫的影响很小。蒙特卡罗计算表明，在硅中，对于低掺杂样品，大约 93%的散射事件源于库仑散射，其余由声子散射组成。库伦散射占比随着掺杂浓度的增加而下降，但对于非常大的掺杂水平(10^{20} cm^{-3})，该占比再次增加，这是因为一旦超过该值，电离杂质散射事件的频率将开始增加。

轻掺杂半导体中一个明显的悖论是，虽然电离杂质散射是最常见的过程，但它对迁移率几乎没有影响。这是因为电离杂质散射的碰撞截面和动量截面可能相差几个数量级。在这种情况下，小角散射可以用来解决这个问题，而不影响运输问题的性质[134]。本质是使用各向同性并产生与各向异性截面相同的动量弛豫率的等效截面来代替屏蔽库仑相互作用的高度各向异性散射截面。该有效截面非常适合于全带蒙特卡罗计算。在这些计算中，随机选择一个动量传递向量 $\boldsymbol{q}$ 是有问题的，因为它与一个非常数的概率密度函数相一致。如果用上述等效各向同性模型代替原来的各向异性模型，这个特殊问题就不会出现。

下面首先介绍 BH 近似。点电荷 z_e 产生的库仑势在真实空间中表示为

$V_i(r)=\frac{z_e^2}{4\pi\varepsilon r}$，其中介电常数 ε 用于考虑晶格振动引起的电子极化和离子极化。价电子对介电常数的贡献将在后面讨论。电势 $V_i(\boldsymbol{q})$的傅里叶变换为

$$V_i(\boldsymbol{q})=\frac{z_e^2}{L^3}\frac{1}{q^2} \tag{2-107}$$

虽然上述方程的推导很简单，但出于计算和一般性的考虑，我们需要考虑屏蔽库仑势，并假设离子电荷的分布如下：

$$\rho_I(\boldsymbol{r})=z_e\sum_{i=1}^{N_I}\delta(\boldsymbol{r}-\boldsymbol{r}_i) \tag{2-108}$$

其中 $\boldsymbol{r}_i$ 是离子化杂质的位置矢量。电离杂质的库仑势表示为

$$V(\boldsymbol{r})=\sum_{i=1}^{N_I}V_i(\boldsymbol{r}-\boldsymbol{r}_i) \tag{2-109}$$

则库伦屏蔽势 $V(\boldsymbol{r}-\boldsymbol{r}_i)$由下式给出：

$$V(\boldsymbol{r}-\boldsymbol{r}_i)=\frac{z_e^2}{4\pi\varepsilon}\frac{\exp(-q_s\mid r-r_i\mid)}{\mid \boldsymbol{r}-\boldsymbol{r}_i\mid} \tag{2-110}$$

其中 q_s 是德拜屏蔽长度 λ_s 的倒数，为 $q_s=\frac{1}{\lambda_s}=\sqrt{\frac{nz_e^2}{\varepsilon k_B T}}$，其中，$n$ 是导带电子浓度。为简单起见，假设一个单点电荷，我们将电势定义为 $V(r)=C\frac{\exp(-q_s r)}{r}$，其库仑势的傅里叶变换由下式给出：

$$V(q)=\frac{1}{L_3}\int V(r)\exp(-i\boldsymbol{q}\cdot\boldsymbol{r})\mathrm{d}^3\boldsymbol{r}=\frac{1}{L^3}\frac{4\pi C}{q^2+q_s^2} \tag{2-111}$$

由此可得 $V(\boldsymbol{q})=V(q)=\frac{z_e^2}{L^3}\frac{1}{q^2+q_s^2}$，若将 $q_s=0$ 代入，即可得式(2-107)。

根据这些结果，电离杂质 N_I 的库仑势用傅里叶变换给出：

$$V(q)=\sum_{i=1}^{N_I}\frac{z_e^2}{\varepsilon L^3}\frac{1}{q^2+q_s^2}\exp(-i\boldsymbol{q}\cdot\boldsymbol{r}_i) \tag{2-112}$$

由此可计算得电离杂质散射的矩阵元为

$$\begin{aligned}\mid V(\boldsymbol{k}'-\boldsymbol{k})\mid^2&=\left(\frac{z_e^2}{\varepsilon L^3}\right)^2\frac{1}{(\mid\boldsymbol{k}'-\boldsymbol{k}\mid^2+q_s^2)^2}\sum_{i=1}^{N_I}\sum_{j=1}^{N_I}\delta_{ij}\\&=N_I\left(\frac{z_e^2}{\varepsilon L^3}\right)^2\frac{1}{(\mid\boldsymbol{k}'-\boldsymbol{k}\mid^2+q_s^2)^2}\end{aligned} \tag{2-113}$$

由此可得弛豫时间：

$$\frac{1}{\tau_1(\boldsymbol{k})}=\frac{L^3}{(2\pi)^2\hbar}\int \mathrm{d}^3\boldsymbol{k}' \mid V(\boldsymbol{k}'-\boldsymbol{k})\mid^2(1-\cos\theta)\times\delta(\xi_{\boldsymbol{k}'}-\xi_{\boldsymbol{k}})$$
$$=\frac{n_{\mathrm{I}}}{(2\pi)^2\hbar}\int \mathrm{d}^3\boldsymbol{k}'\left(\frac{ze^2}{\varepsilon L^3}\right)^2\frac{1}{(\mid \boldsymbol{k}'-\boldsymbol{k}\mid^2+q_{\mathrm{s}}^2)^2}(1-\cos\theta)\times\delta[\xi_{\boldsymbol{k}'}-\xi_{\boldsymbol{k}}]$$
$$(2-114)$$

电子能量仍遵循有效质量近似，即 $\xi_{\boldsymbol{k}}\equiv\xi(\boldsymbol{k})=\dfrac{\hbar^2k^2}{2m^*}$，且在球形 $\boldsymbol{k}$ 空间中 $\mathrm{d}^3\boldsymbol{k}'=2\pi k'^2\mathrm{d}k'\sin\theta\mathrm{d}\theta$，其中 θ 是 $\boldsymbol{k}'$ 和 $\boldsymbol{k}$ 之间的夹角，$|\boldsymbol{k}'-\boldsymbol{k}|=2k\sin\dfrac{\theta}{2}$。利用 δ 函数的性质可得

$$\int \boldsymbol{k}'^2\mathrm{d}k'\delta\left[\frac{\hbar^2k'^2}{2m^*}-\frac{\hbar^2k^2}{2m^*}\right]=\frac{2m^*}{\hbar^2}\int k'^2\mathrm{d}k'\delta[(\mid\boldsymbol{k}'\mid-\mid\boldsymbol{k}\mid)(\mid\boldsymbol{k}'\mid+\mid\boldsymbol{k}\mid)]$$
$$=\frac{2m^*}{\hbar^2}\int\frac{\boldsymbol{k}'^2}{2\mid\boldsymbol{k}\mid}\mathrm{d}k'\delta[\mid\boldsymbol{k}'\mid-\mid\boldsymbol{k}\mid]$$
$$=\frac{m^*}{\hbar}\mid\boldsymbol{k}\mid \qquad (2-115)$$

则式(2-114)化简为

$$\frac{1}{\tau(\boldsymbol{k})}=\frac{n_{\mathrm{I}}m^*k}{2\pi\hbar^3}\left(\frac{z_{\mathrm{e}}^2}{\varepsilon}\right)^2I(\boldsymbol{k}) \qquad (2-116)$$

其中：

$$I(\boldsymbol{k})=\int_0^{\pi}\left\{\frac{1}{\left[2k\sin^2\left(\dfrac{\theta}{2}\right)\right]^2+q_{\mathrm{s}}^2}\right\}^2(1-\cos\theta)\sin\theta\mathrm{d}\theta$$
$$=\frac{1}{k^4}\left\{\log[1+(2k\lambda_{\mathrm{s}})^2]-\frac{(2k\lambda_{\mathrm{s}})^2}{1+(2k\lambda_{\mathrm{s}})^2}\right\} \qquad (2-117)$$

因此，电离杂质散射的弛豫时间(BH 方程)由下式给出：

$$\frac{1}{\tau(\xi)}=\frac{z^2e^4n_{\mathrm{I}}}{16\pi\varepsilon^2\sqrt{2m^*}}\xi^{-3/2}\left[\log\left(1+\frac{8m^*\lambda_{\mathrm{s}}^2\xi}{\hbar^2}\right)-\frac{\dfrac{8m^*\lambda_{\mathrm{s}}^2\xi}{\hbar^2}}{\dfrac{1+8m^*\lambda_{\mathrm{s}}^2\xi}{\hbar^2}}\right] \qquad (2-118)$$

Conwell-Weisskopf(CW) 采用卢瑟福散射导出了电离杂质散射的弛豫时间。用 A 表示单个杂质的散射截面，在电离杂质浓度为 n_{I}、电子速度 $v=(\partial\xi/\partial k)/\hbar$ 的半导体中，电子的弛豫时间为 τ_{I}(碰撞时间)，且$\dfrac{1}{\tau_{\mathrm{I}}}=n_{\mathrm{I}}vA$。微分

截面$\sigma(\theta, \phi)$由散射成小立体角$d\omega=\sin\theta d\theta d\phi$的概率定义，在各向同性散射的情况下，横截面$A=\int\sigma(\theta, \varphi)\sin\theta d\theta d\phi$。假设散射为弹性散射并且用$\theta$表示电子波矢$\boldsymbol{k}'$和$\boldsymbol{k}$之间的夹角，则

$$\begin{aligned}\frac{1}{\tau_{\mathrm{I, CW}}}&=n_{\mathrm{I}}v\int_{\phi=0}^{2\pi}\int_{\theta=0}^{\pi}\sigma(\theta, \phi)(1-\cos\theta)\sin\theta d\theta d\phi\\&=2\pi n_{\mathrm{I}}v\int_{\theta=0}^{\pi}\sigma(\theta)(1-\cos\theta)\sin\theta d\theta\end{aligned}\tag{2-119}$$

忽略导带电子引起的屏蔽效应，电离杂质引起的电势由卢瑟福散射截面给出，即

$$\sigma(\theta)=\frac{1}{4}R^2\mathrm{cosec}^4\left(\frac{\theta}{2}\right)$$

其中：

$$R=\frac{ze^2}{4\pi\varepsilon m^* v^2}$$

在含有许多电离杂质的半导体中，杂质对散射事件的影响似乎在相邻的两杂质之间消失了。这个假设使我们能够排除r_{m}处散射势的影响，其中r_{m}由关系式$(2r_{\mathrm{m}})^{-3}=n_{\mathrm{I}}$给出。换言之，当电子与杂质距离超过$r_{\mathrm{m}}$时，受杂质影响的电子不会被杂质散射。在这种假设下，截止角θ_{m}（如图2.13所示）由式$\tan\left(\frac{\theta_{\mathrm{m}}}{2}\right)=\frac{R}{r_{\mathrm{m}}}$给出。而式(2.119)中相对于$\theta$的积分在$\theta_{\mathrm{m}}$处被截断，即$\theta_{\mathrm{m}}<\theta<\pi$，由此可得最终结果为

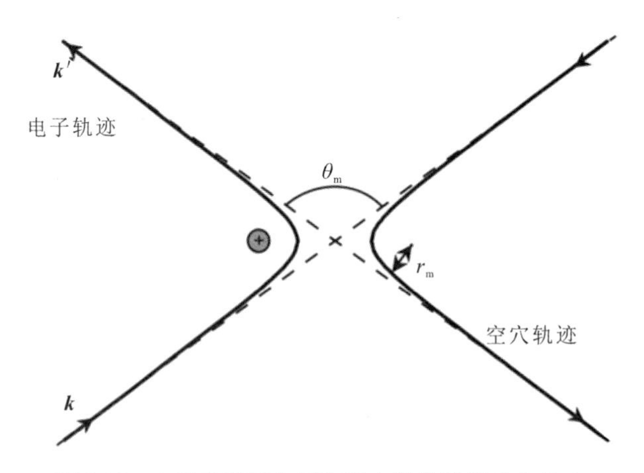

图 2.13　电离杂质对电子和空穴的散射及截止角 θ_{m}

$$\frac{1}{\tau_{\mathrm{I,CW}}}=-4\pi n_{\mathrm{I}}vR^{2}\ln\left(\sin\frac{\theta_{\mathrm{m}}}{2}\right)=2\pi n_{\mathrm{I}}vR^{2}\ln\left(1+\frac{r_{\mathrm{m}}}{R^{2}}\right)$$
$$=\frac{z^{2}e^{4}n_{\mathrm{I}}}{16\pi\varepsilon^{2}\sqrt{2m^{*}}}\xi^{-3/2}\left[1+\left(\frac{2\xi}{\xi_{\mathrm{m}}}\right)^{2}\right] \tag{2-120}$$

其中$\frac{2\xi}{\xi_{\mathrm{m}}}=\frac{r_{\mathrm{m}}}{R}$，$\xi_{\mathrm{m}}=\frac{ze^{2}}{4\pi\varepsilon r_{\mathrm{m}}}$。式(2－120)即为半导体中离化杂质散射的 CW 方程。

假设仅存在唯一的散射过程是由离化杂质散射导致的，用 Brooks－Herring 近似和 Conwell－Weisskopf 近似计算的载流子迁移率如图 2.14 所示，在低载流子浓度下，二者几乎相同；而在高载流子浓度下，BH 法计算的迁移率将严重高估迁移率而 CW 方法则略低估迁移率。

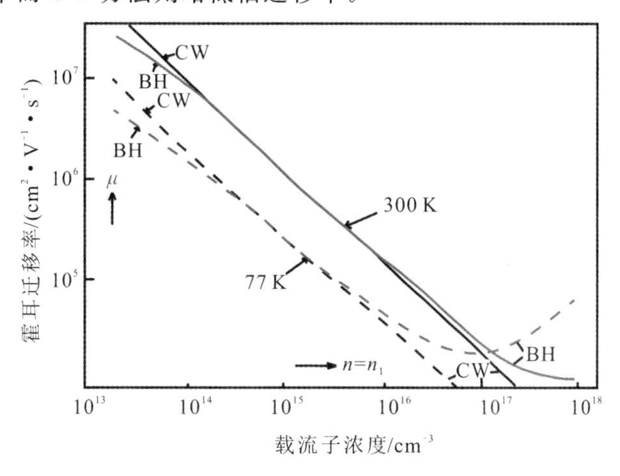

图 2.14　仅考虑电离杂质散射计算的电子迁移率与杂质浓度的函数[135]

2.3.2　中性杂质散射

在低温下，半导体中的施主和受主态分别被电子和空穴占据，表现为中性杂质，对库仑散射没有贡献。由浅施主俘获的电子的波函数分布在很宽的范围内，基态的有效玻尔半径 a_{NI} 比晶格常数大得多。C. Erginsoy 导出了电子被中性施主散射的截面，其中有效玻尔半径和有效电离能用于中性氢的散射公式[136]。设电子波矢量为 $\boldsymbol{k}$，$ka_{\mathrm{NI}}\leqslant 0.5$。散射截面可以近似为 $\sigma_{\mathrm{NI}}=20a_{\mathrm{NI}}/k$。设中性杂质浓度为 n_{NI}，电子穿过单位距离通过单位面积的散射概率由 $n_{\mathrm{NI}}\sigma_{\mathrm{NI}}$ 定义，因此电子的平均自由程为 $l_{\mathrm{NI}}=\tau_{\mathrm{NI}}v=\frac{\tau_{\mathrm{NI}}\hbar k}{m^{*}}$。平均自由程的倒数满足$\frac{1}{l_{\mathrm{NI}}}=$

$n_{NI}\sigma_{NI}$。由此可得与能量无关的中性杂质散射弛豫时间为[355]

$$\tau_{NI}(\xi)=\frac{m^*}{20a_{NI}\hbar n_{NI}} \tag{2-121}$$

其中 n_{NI} 可以由施主杂质浓度减去离化的施主杂质浓度获得，$a_{NI}=\frac{\kappa_s}{m^*}\frac{4\pi\varepsilon_0\hbar^2}{e^2}$。由于中性杂质散射的弛豫时间与能量无关，因此与中性杂质散射有关的电子迁移率可以通过简单的计算获得：

$$\mu_{NI}=\frac{q}{20a_{NI}\hbar n_{NI}} \tag{2-122}$$

取 $m^*=0.26m_0$，N_d 在 $10^{15}\sim10^{19}\ \mathrm{cm^{-3}}$ 范围内，在 20%补偿条件下，通过数值计算可以得到不同温度下 Ga_2O_3 中性杂质散射迁移率，如图 2.15 所示。当掺杂浓度增加时，如果不考虑电子-电子相互作用和屏蔽效应，那么在高掺杂浓度下，施主杂质离化比例降低，中性杂质浓度升高，由此可知在高掺杂浓度下，由中性杂质散射导致的迁移率急剧降低。

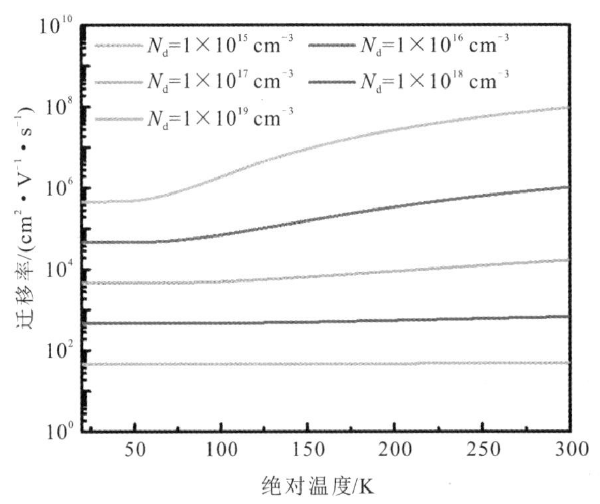

图 2.15 数值计算得到的中性杂质散射当施主杂质浓度为 $10^{15}\sim10^{19}\ \mathrm{cm^{-3}}$ 且补偿率为 20%时 Ga_2O_3 在不同温度下的电子迁移率

2.3.3 氧化镓中的缺陷散射

从上文的叙述中我们知道，在(100)、$(\bar{2}01)$面的 β-Ga_2O_3 同质外延中，由于密堆积的关系，在这两个晶面(也是很容易获得的晶体取向)上同质外延的 β-Ga_2O_3 薄膜中存在大量的孪晶和缺陷，这些缺陷的存在将捕获半导体中的自

由载流子，形成散射中心，这不仅会降低掺杂效率，还将对载流子产生散射，降低其迁移率；半导体中的缺陷还将限制其临界击穿电场，但这并不在本章的讨论范围内。有幸的是，目前可通过在(010)和(001)面上同质外延 β - Ga_2O_3 大大降低其中的缺陷浓度，实现高质量的外延。然而，禁带宽度更大、击穿场强更高的 α - Ga_2O_3 由于没有同质衬底，在 α - Al_2O_3 上异质外延的时候，由于晶格失配将带来大量的位错，包括螺位错和刃位错。目前，利用 mist - CVD、HVPE 等化学气相外延的方法，可将螺位错降低至 10^6 cm^{-2}左右[137]；尽管随着薄膜生长厚度的增加，刃位错密度可降低约两个数量级至 10^9 cm^{-2}[137]，但仍无法实现宽范围的可控掺杂，限制了 α - Ga_2O_3 的进一步发展。这一现象目前与 GaN 外延早期遇到的问题相似，然而，两步生长法对于 α - Ga_2O_3 并不适用，原因是高温退火时，α - Ga_2O_3 发生相变成为 β - Ga_2O_3，这不仅无法改善晶体质量，反而会导致大量的晶界，从而使薄膜表面变得非常粗糙。目前 ELO 方法是一种降低 α - Ga_2O_3 中刃位错密度的有效方法，最近也有一些成果，但是仍无法实现大面积薄膜的外延。

刃位错(如混合的和完全的刃位错)与悬挂键形成有关。刃位错通过其悬挂键俘获电子从而带有负电荷，这首先在 Ge 的研究中受到关注[138]，在 GaAs 中深入探讨，在 GaN[25,139,140]、ZnO[27]的研究中得到了更进一步的认知，并且在 β - Ga_2O_3 中也观察到了类似的现象[28]。在本节中，我们将借用 Ge 在 GaN 中的刃位错分机制，分析带电的晶格缺陷对载流子的散射，然后介绍β - Ga_2O_3 中的缺陷散射，并试着将其推广至 α - Ga_2O_3 中。

缺陷(包括面缺陷、线缺陷和点缺陷等)对半导体的各种性质具有有害影响。就输运而言，位错只有在引入带电中心时才是重要的，特别是高密度的位错，并且在某种程度上来说，它们对振动的无序效应会影响热导率。对于 Ga_2O_3，位错对输运的影响屡见不鲜。20 世纪五六十年代即有人指出，如果半导体中存在刃位错，它们就会沿着位错线引入受主中心，从 N 型半导体的导带捕获电子，如图 2.16 所示，形成散射中心[138,141]。例如，当位错密度为 10^{10} cm^{-2}时，假设陷阱的间距为 GaN c 轴的晶格常数时，在位错线附近将存在高达2×10^{17} cm^{-3}的悬挂键[139]。带负电荷的位错线在它们周围形成了空间电荷区，穿过位错的电子将被这个空间电荷区散射。

在 GaN 中，位错线带有负电荷，因此将形成导带电子的库仑散射中心线。本节中，首先借用 W. T. Read 提出的用于 Ge 中位错分析的模型[138]，将之拓展到六方GaN中，用于计算存在不同位错密度的N 型 GaN中的自由载流子浓

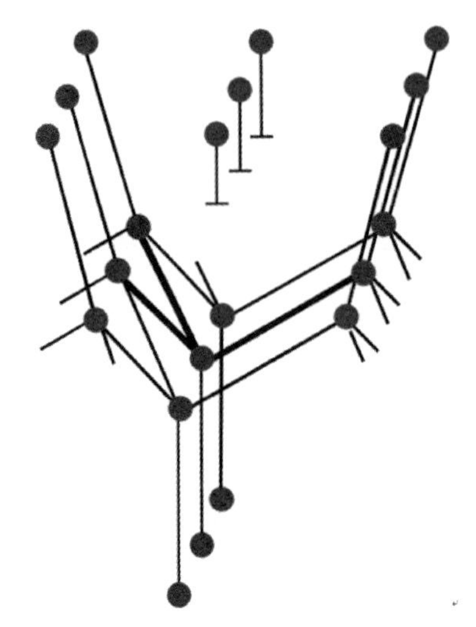

图 2.16　由晶格失配引入了刃位错，由于其悬挂键的存在，在刃位错边缘形成了类受主态[138]

度和迁移率。在数值计算中，位错的简并能级 $E_T = 2.19$ eV(相对导带底的大小)。迁移率的结果包括漂移迁移率和霍耳迁移率，除了以载流子浓度的形式呈现外，还包括位错密度。

如上所述，如果半导体中存在刃位错，它们就会沿着位错线引入受主中心，从 N 型半导体的导带捕获电子，形成散射中心。一般来说，不是所有的悬挂键都会被填充，填充的多少可以用填充因子 f 来描述。假设 l 是两个被电子占据类受主中心的距离，则带负电位点的受主中心比例为 $f = c/l$，其中 c 是 GaN 沿着(0001)晶向的晶格常数。占据这些位置电子的相应体密度为 $N_{\text{dis}} f/c$，其中 N_{dis} 为材料中的位错密度。因此，材料中的电荷平衡方程变为

$$N_d^+ = n + N_a^- + \frac{N_{\text{dis}} f}{c} \tag{2-123}$$

位错线中的负电荷将由位错周围半径为 R 的圆柱形正空间电荷区补偿。考虑位错线附近每单位长度的线电荷中性条件，R 由下式定义：

$$\pi R^2 (N_d^+ - N_a^-) = \frac{1}{l} = \frac{f}{c} \tag{2-124}$$

自由电子 n 被排斥出这个空间电荷区，因此没有贡献。我们通过该空间电荷圆柱体的最小可接受半径定义 f 的临界值为 f_0，由 GaN 的基本晶格常数 a 给出，$R = a\sqrt{\dfrac{f}{f_0}}$。当导带电子沿着位错填充空的简并位置时，系统的静电势

能增加。这些态的势能上升，总静电能增加，直到将导带中的电子转移至位错处不再增加能量为止。

在导出总静电能的解析表达式的方法中，考虑了三种能量贡献。

(1) 在位错中，每电子距离的电子-电子相互作用能量 E_e 为

$$E_e = E_0 f\left[\ln\left(\frac{f}{2c}\right) + 0.577\right] \tag{2-125}$$

其中 E_0 是位错线上最近邻电子-电子相互作用的能量，$E_0 = \frac{e^2}{4\pi\varepsilon c}$；0.577 是欧拉常数。

(2) 储存在周围正空间电荷区的能量。为了导出空间电荷区正电荷相互作用能的表达式，应求解位错周围($r \ll R$)的泊松方程，即

$$\frac{1}{r}\frac{\mathrm{d}}{\mathrm{d}r}\left(r\frac{\mathrm{d}V}{\mathrm{d}r}\right) = -\frac{e\rho_p}{\varepsilon} = -\frac{e(N_d^+ - N_a^-)}{\varepsilon} \tag{2-126}$$

由此可计算得 $V(r \leqslant R) = \frac{e\rho_p}{4\varepsilon}(R_0^2 - r^2)$，其中 R_0 是积分常数，由 $r=R$ 处的电势连续性决定。因为对于 $r>R$，电势是相同的，就好像所有的电荷都集中在圆柱体的轴上，所以使用高斯定律的积分形式更加方便。在这种情况下，电势由 $V(r>R) = \frac{eR^2\rho_p}{2\varepsilon}\ln\left(\frac{1}{r}\right)$ 给出。利用 $r=R$ 处的电势连续性，以及关系式 $\rho_p R^2 = \frac{f}{\pi c}$，电势可变为

$$V(r \leqslant R) = \frac{e\rho_p}{4\pi\varepsilon}\left(1 - 2\ln R - \frac{r^2}{R^2}\right) \tag{2-127}$$

由于空间正电荷在某个位置的总相互作用能为 E_p，因此可以写成 $E_p = \frac{1}{2}\int_0^R e\rho_p V(r \leqslant R) 2\pi r \mathrm{d}r$，将之代入式(2-127)中，可得

$$E_p = E_0 f\left(\frac{1}{4} - \ln R\right) \tag{2-128}$$

(3) 电子在位错线和正空间电荷区的相互作用。正空间电荷和电子在位错线(E_{pe})的相互作用能等于 $\frac{1}{2}e\rho_p V_e(r, z)$ 相对于 r 和 z 的积分。然而，根据能量守恒，这个能量应该等于电子在位错线上与正空间电荷(E_{pe})的相互作用能量。电子和正空间电荷的相互作用能 $E_{ep} = -\frac{1}{2}\mathrm{eV}(r=0)$，这个能量等于正电

荷和电子的相互作用能量。根据式(2-128)，有

$$E_{ep}=E_{pe}=-\frac{1}{2}E_0 f(1-2\ln R) \tag{2-129}$$

因此每个位置的总静电相互作用能为 $E_s=E_e+E_p+E_{ep}+E_{pe}$。由此可得

$$E_s(f)=E_0 f\left[\frac{1}{2}\ln\left(\frac{a^2 f^3}{c^2 f_0}\right)-0.866\right] \tag{2-130}$$

正空间电荷的静电能量与位错距离之间的关系满足下式：

$$E_r=E_0 f\left(1+2\ln\frac{1}{R}-\frac{r^2}{R^2}\right) \tag{2-131}$$

由式(2-131)可知，当 $r=R$ 时，$E_r=0$，可能在位错附近产生不连续的导带。这可以通过假设 $r=R$ 的电势为零、$r>R$ 的能量为导带能量来避免。由这些带负电荷的位错线引起的能带弯曲为：

$$E_r=E_0 f\left(1-\frac{r^2}{R^2}\right) \tag{2-132}$$

在这种情况下，总静电相互作用能 $E_s(f)=E_0 f\left[\ln\left(\frac{f}{c}\right)-0.866\right]$，这对于具有高位错密度和高掺杂浓度的材料而言是一个很好的近似。

接下来，我们通过某个位置上每个电子的形成能，找到上述现象的数学描述。与位错线上局域的点位相关的简并能级设为 E_T，假设 E_T 在禁带中，并满足 $E_T<E_F$。如果一个位错在 p 个可能位置中有 q 个电子，那么在这 p 个位置之间排列 q 个电子的方式的数量是 $\frac{p!}{(p-q)!\ q!}={}^pC_q$，每个位点的自由能可以写成

$$fG(f)=f\left[E_T-E_F+E_s(f)-\frac{k_B T}{fp}\ln({}^pC_q)\right] \tag{2-133}$$

在这个模型中，我们假设一个位点仅可以有一个电子。在统计和热平衡状态下，这个自由能相对于 f 应该最小化，而 f 又取决于对位错线电荷有贡献的所有参数。然后通过取式(2-133)关于 f 的导数，则位错中的电荷填充因子 f 可由费米分布函数给出：

$$f=\frac{1}{1+\exp\left[\frac{E(f)-E_F}{k_B T}\right]} \tag{2-134}$$

其中 $E(f)$是 f 的显函数，$E(f)=E_T+\frac{\mathrm{d}}{\mathrm{d}f}fE_s(f)$。$E_s(f)$的导数可以用公式(2-130)求得，为

$$E(f)=E_{\mathrm{T}}+E_{0}f\left[3\ln\left(\frac{f}{f_{\mathrm{c}}}\right)-0.232\right] \tag{2-135}$$

其中，$f_{\mathrm{c}}=c\sqrt[3]{\pi(N_{\mathrm{d}}^{+}-N_{\mathrm{a}}^{-})}$。首先，我们忽略任何非故意受主掺杂，只考虑沿位错线存在的类受主态。位错电荷填充因子 f 不是一个独立的参数，而是由所有的浓度决定的，包括位错密度 N_{dis}、空间电荷密度和自由电子浓度 n。其中位错密度与 f 的关系来自体电荷平衡方程，自由电子浓度与 f 的关系来自费米能级 E_{F} 和$(N_{\mathrm{d}}^{+}-N_{\mathrm{a}}^{-})$。如图 2.17 所示，当自由电子浓度或位错密度较低时，填充因子较小。电子占据位错受主中心位点的概率 f 分别随着自由载流子浓度和位错密度的增加而增加。在高载流子密度($n>10^{18}$ cm^{-3})或高位错密度($N_{\mathrm{dis}}>10^{10}$ cm^{-2})时，几乎所有的位错位置都被电子占据。

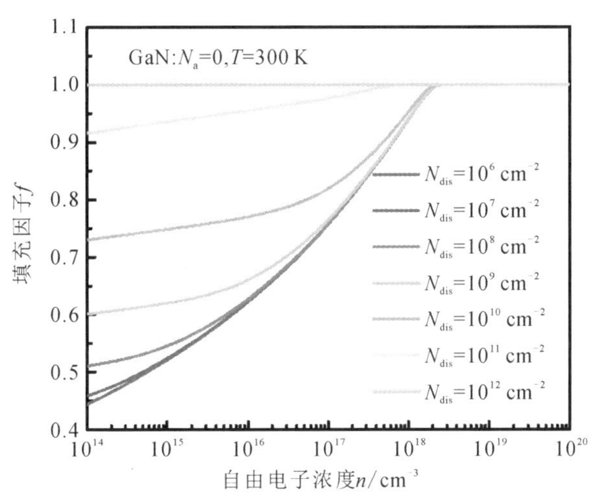

图 2.17　对于不同位错密度值，电子沿位错线的填充因子 f 是自由载流子浓度的函数

任何移动到带负电的位错线附近的电子都会被散射。该线电荷充当库仑散射中心，其中相应的弛豫时间已由 Pödör 解析求解[141]，在求解时考虑了被电离杂质和自由电子屏蔽的连续带负电的位错线。垂直于平行位错系统运动的电子的弛豫时间为

$$\frac{1}{\tau_{\mathrm{dis}}}=\frac{f^{2}N_{\mathrm{dis}}m^{*}e^{4}}{\hbar^{3}\varepsilon^{2}c^{2}}\frac{\lambda^{4}}{(1+4\lambda^{2}k_{\perp}^{2})^{3/2}} \tag{2-136}$$

其中垂直于位错线的波矢 $k_{\perp}$ 由 $\xi=\frac{\hbar^{2}k_{\perp}^{2}}{2m^{*}}$ 确定。由以上的弛豫时间，根据式(2-63)和式(2-76)可分别求得在一定载流子浓度、位错密度下受位错限制的

漂移迁移率 μ_D 和霍耳系数散射因子 r_H。从位错散射得到的数值计算出的迁移率分量和霍耳系数散射因子分别如图 2.18 所示，其中横轴为自由载流子浓度。一般来说，按照式(2-136)，位错迁移率与 f^2N_{dis}成反比。由于 f 依赖于电荷平衡方程中的 N_{dis}，所以对迁移率的影响不能清楚地看到，不过可从图 2.17 和图2.18看出变化。同时，从图2.18中可知，当位错密度高达 10^{10} cm^{-2}时，仍可以在低掺杂浓度下观察到半导体(如 GaN)的迁移率，只是比低位错时小得多[140]。

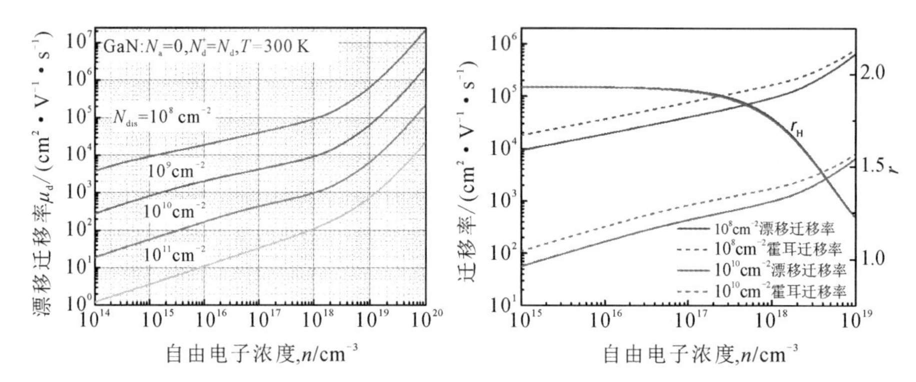

图 2.18　根据自由载流子浓度计算不同位错密度散射引起的迁移率分量以及不同位错密度、自由载流子浓度计算得到的漂移迁移率和霍耳系数散射因子

如前文所述，当 $\beta-Ga_2O_3$ 的同质外延在 O 密堆积面(如($\bar{2}$01)面和(101)面)进行时，由于 Ga 原子容易发生错位，因此可能产生孪晶。A. Fiedler 等人[28]研究了 MOVPE 方法在(100)面 $\beta-Ga_2O_3$ 衬底上外延 Si 掺杂薄膜时，由于孪晶的存在，在孪晶边界表现出悬挂键和局部晶格弛豫。这些沿着(001)面的孪晶界将在能带中引入深能级，类似于线位错，将捕获电子，形成负电中心，对外延膜中的载流子产生散射作用，从而影响载流子的迁移。为描述定量模型，其先决条件是了解由这些边界引入的活动缺陷的密度。如图 2.19 所示，左图为透射电镜剖面图中非相干孪晶界(Incoherent Twin Boundary，ITB)分布示意图。由于 $h_i \ll D$，$h_i \ll L$ 且沿着 a^* 方向的平均间距约为 10 nm，因此可将 ITB 视为独立的线缺陷。根据原子成键模型，在 ITB 中每个晶胞存在一个悬挂键。 由此可量化柱状排列的悬挂键的密度 $N_{ITB}=\dfrac{\sum_i h_i}{ABa\sin(\beta)}$，其中 $\beta=103.7°$ 为$\beta-Ga_2O_3$中 a 轴与 c 轴的夹角。根据文献[28]的 TEM分析，外延膜中的 N_{ITB} 在 $1.0\times10^{11}\sim1.5\times10^{12}$ cm^{-2}之间。由于文献[28]中研究的是中等浓度到高浓度 N 型掺杂的材料，费米能级位于悬挂键态之上或被其钉扎。因此，悬挂键类受主捕获一个自由电子并形成一个带负电荷的区域，导致价带和导带边缘弯曲，并在悬空键周围形成球形空间电荷区。悬挂键是柱状排列的，像线缺陷一样，ITB 周围的空间电荷区具有圆柱形状，半径为 R，圆柱中心轴沿着[010]方向，如右图所示。

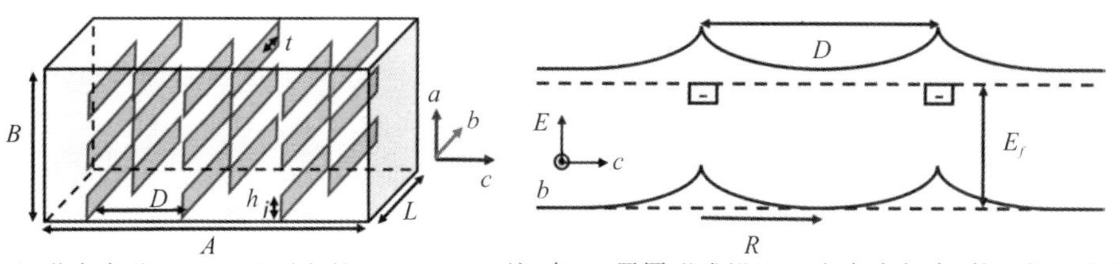

注：黄色条纹—(001)平面上的ITB；
B—外延层的厚度；A—图像的宽度；
L—透射电子显微镜样品的厚度；
D—每两个相邻的中间键之间的平均距离；
t—ITB中两个相邻的悬挂键之间的距离；
h—中间键的高度

注：在ITB周围形成沿[010]方向半径为R的圆柱形空间电荷区；D—每两个相邻独立ITB之间的平均距离[28]

图 2.19 透射电镜剖面图中非相干孪晶界分布示意图以及由于悬挂键在 N 型半导体中引入受主态(矩形中的负号)而导致的能带弯曲示意图

根据以上描述，对悬挂键周围的电势求解采用与位错线附近的电势相似的处理方法，可得到填充因子 f。假设 ITB 均匀分布，则半导体中将有周期性静电势 ϕ 出现。对于通过该层的面内电输运，沿[001]方向的静电势是至关重要的，因为 ITB 沿着[001]方向。如图 2.19 所示，当电子沿[001]方向流动时，必须克服的势垒等于在 ITB 中的最大电势和在相邻 $\dfrac{D}{2}$ 的中间带之间的最小电势之差。其中电势 ϕ 由 Krasavin[142] 在处理 GaN 位错线中的电势分布时给出：

$$-e\phi(R, D, b)=\frac{4e^2(N_{\mathrm{d}}^{+}-N_{\mathrm{a}}^{-})R^3}{3\varepsilon D}-\frac{ef^2}{2b\pi\varepsilon}\ln 2 \tag{2-137}$$

对于孪晶区之间的电流，必须通过热电子发射来克服势垒 ϕ，就像在多晶或粉末半导体中一样。因此，双边界可以假设为背对背肖特基势垒，并且可以定义这种势垒的有效电阻。利用有效电阻，可以定义一个具有载流子迁移率大小的量 μ_{ITB}：

$$\mu_{\mathrm{ITB}}=\frac{eL}{\sqrt{8k_{\mathrm{B}}T\pi m^*}}\exp\left[-\frac{e(R, D, b)}{k_{\mathrm{B}}T}\right] \tag{2-138}$$

利用 Matthiessen 法则，可得外延膜中的总迁移率 $\mu_{\mathrm{tot}}=\mu_{\mathrm{bulk}}+\mu_{\mathrm{ITB}}$，如图2.20所示。由此可知，在(100)面 $\beta-Ga_2O_3$ 上外延生长掺杂薄膜时，由于孪晶的存在，

将表现出迁移率崩塌，即当电子浓度低于 10^{18} cm^{-3}时，由于费米面太低，电子不具备足够能量跨越由于孪晶边界类受主中心捕获电子带来的势垒，而无法沿着[001]方向传导(可能表现出明显的电导各向异性[57])，因此无法测试得到霍耳迁移率。而在 $\alpha-Ga_2O_3$ 中，由于位错线沿着 c 方向，当电子在(0001)面内输运时，如果位错密度较低，则电子受到的散射将减小，这样有可能在低电子浓度下测得电子迁移率[143]，当电子浓度为2×10^{17} cm^{-3}时，可测得 Sn 掺杂的 $\alpha-Ga_2O_3$ 薄膜的霍耳迁移率。当然，这也可能是由于$\alpha-Ga_2O_3$中的位错密度降低而实现了迁移率的提升，不过目前还需要进一步的理论分析和实验验证。对于 $\alpha-Ga_2O_3$ 而言，若要实现可运用于器件级别的材料，则需降低薄膜中的刃位错和螺位错密度，使位错密度小于 10^6 cm^{-2}，这样不仅有利于实现高迁移率的可控掺杂，还可以降低 $\alpha-Ga_2O_3$ 电子器件中的漏电流。

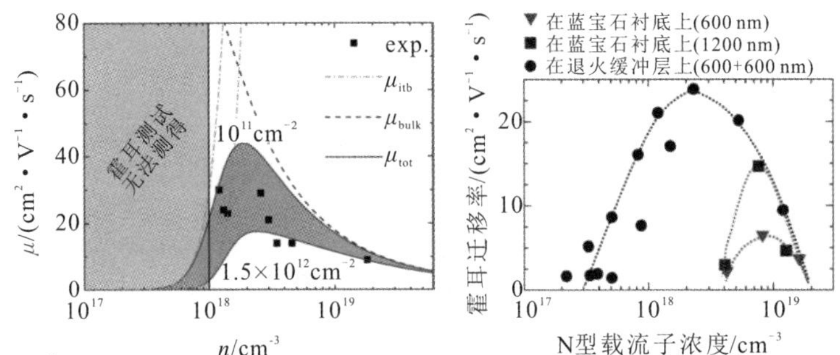

图 2.20　300 K 时，在(100)取向的衬底(黑色方块)上由 MOVPE 同质外延生长的 $\beta-Ga_2O_3$ 的电子霍耳迁移率与电子浓度的关系[28]以及蓝宝石上生长的 Sn 掺杂的 $\alpha-Ga_2O_3$ 薄膜的霍耳迁移率和电子浓度的关系[143]

2.3.4　半导体中的其他散射机制

上一小节我们提到了声学声子散射、极性光学声子散射、杂质散射，这些散射机制在极性半导体中占据重要地位，特别是极性光学声子散射和杂质散射。其中极化光学声子散射往往决定了化合物半导体在室温下的迁移率。通常，电子-极性光学声子的相互作用可用无量纲的 Fröhlich 耦合常数表征[144]：

$$\alpha_F=\frac{e^2}{8\pi\varepsilon_0\hbar}\sqrt{\frac{2m_c^*}{\hbar\omega_{LO}}}\left(\frac{1}{\varepsilon_\infty}-\frac{1}{\varepsilon_s}\right) \tag{2-139}$$

α_F通常与鲍林离子性(Pauling′s Ionicity) f_p 呈正相关，如图2.21所示，其中曲线为经验公式 $\alpha_F\propto2.5f_p$ 拟合的结果[47]。通常，当 α_F 越大时，载流子

（电子）有效质量 m_c^* 越大，PO 声子能量 $\hbar\omega_{LO}$ 越小，表明电子与极性光学声子的相互作用越强，因此载流子受到 PO 声子散射作用越大，室温迁移率越低。例如在室温 300 K 下，GaN（$m_c^* = 0.22m_0$，$\hbar\omega_{LO} = 91.2$ meV）体材料的迁移率上限约为 1500 $cm^2 \cdot V^{-1} \cdot s^{-1}$，而 $\beta-Ga_2O_3$ 的仅为 300 $cm^2 \cdot V^{-1} \cdot s^{-1}$。杂质散射通常决定了材料在低温和高掺杂浓度下的迁移率。除此之外，半导体中其他一些散射机制主导的迁移率分量也被具体研究过，将在本节做简要介绍。

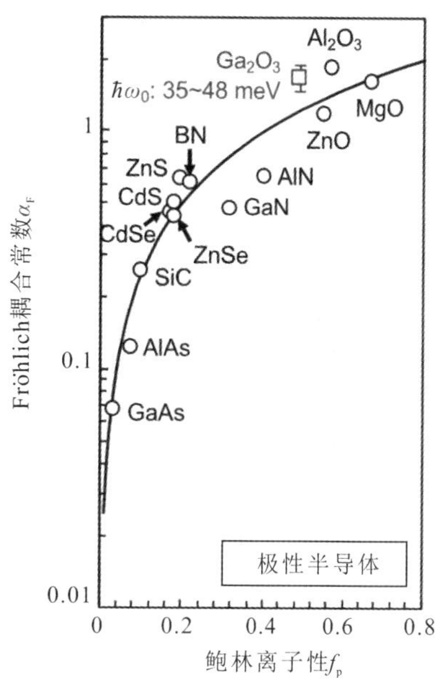

图 2.21　鲍林离子性与 Fröhlich 耦合常数的关系[47]

1. 压电散射

在非中心对称晶体（如 GaN、ZnO 等）中，施加应力时会产生极化场，然后，载流子与应变诱发的电场相互作用，由此导致载流子的散射。在某种意义上，除了纵向声学声子之外，载流子还可以通过压电耦合被横向声学声子散射，如形变势声学声子散射中的情况。这种情况不同于形变势散射，因为波矢 $\boldsymbol{q}$ 的方向也很重要。然而，通过对形变势散射事件进行一阶比较，可以得出压电散射对于具有小波矢的声子作用更显著的结论。因为在共价键占主导地位的半导体中，具有小波矢的声子在弛豫载流子动量方面不太有效，所以可以认为形变势散射占主导地位。然而，在高离子性半导体和压电系数大的半导体（GaN、ZnO）中，这种说法并不成立。相反，压电散射将支配形变势散射。这意味着在低温下，在具有最小电离中心的 GaN 中，迁移率将受到压电散射的限制。在电离中心散射被消除或屏蔽的 GaN 基 2DEG 系统中，其低温迁移率也将由压电散射主导。压电散射的弛豫时间由下式给出[103]：

$$\tau_{pe}(\xi) = \frac{2^{3/2}\pi\hbar^2\rho s^2\varepsilon^2}{q^2 h_{pz}^2 \sqrt{m^*}\, k_B T} \equiv \frac{2^{3/2}\pi\hbar^2\varepsilon^2}{q^2 P_\perp^2 \sqrt{m^*}\, k_B T} \tag{2-140}$$

其中 $P_\perp^2 \equiv h_{pz}^2$，$h_{pz}$ 为压电常数，$P_\perp$ 是压电系数的垂直分量。

2. 非极性光学声子散射

在晶胞中具有两个或两个以上原子的晶体中，由于晶胞中原子之间的相对位移，产生晶格振动（光学声子模式），并且由相对位移引起的电势将导致电子或空穴散射，其相互作用势与相对位移 $\boldsymbol{u}$ 成正比。理论研究表明，金刚石型晶体(如锗和硅)和闪锌矿型晶体(如 GaAs)中的位移张量属于既约表达式。因此，在 0 阶相互作用情况下，对于 s 型导带中的电子，矩阵元素消失在 Γ 点。换言之，电子与非极性光学声子之间的相互作用在布里渊区 Γ 点具有极值的非简并带中不存在。众所周知，零阶相互作用在布里渊区的〈100〉(例如硅)方向导带底消失，而其相互作用是高阶的，因此对电子的散射作用相当小。然而，在 Ge 的〈111〉方向导带底或 Ge、Si 的价带中，其相互作用则非常强。与声学声子散射类似，非极性光学声子散射的形变势定义为 D_{OP}，它是单位应变的能量，通常以电子伏特为单位。一般而言，光学声子的能量 $\hbar\omega_0 \cong 50$ meV，大于室温下电子的平均热动能 $k_{\mathrm{B}}T \approx 25.9$ meV，因此，电子在光学声子的散射中损失了大量的能量，导致非弹性散射。这意味着用于评估声学声子散射的弛豫时间的近似方法不能被采用，否则将导致评估弛豫时间变得非常困难，而必须采用数值计算的方法求解。当假设非极性光学声子散射为类似声学声子散射的弹性散射时，其动量弛豫时间 $\dfrac{1}{\tau_{\mathrm{OP}}}$ 由下式给出：

$$\frac{1}{\tau_{\mathrm{OP}}}=\frac{(2m^*)^{3/2}D_{\mathrm{OP}}^2}{4\pi\hbar^3\rho}\frac{}{\omega_0}\left[(n_{\mathrm{q}}+1)\sqrt{\xi-\hbar\omega_0}+n_{\mathrm{q}}\sqrt{\xi+\hbar\omega_0}\right] \tag{2-141}$$

3. 短程势散射

短程势(Short - Range Potential)在很小的体积范围内具有恒定的强度，当超过这个体积后，电势迅速消失到近似于零的程度。最简单的短程势是 δ 函数电势，$\Delta V=V_\delta\xi_\delta\delta(\boldsymbol{r}-\boldsymbol{r}_0)$，它能很好地表示定域势，其中 ξ_δ 是与电势相关的能量参数，而 V_δ 是受电势影响的体积。相比之下，电离杂质引起的散射势是指数衰减函数。如果散射中心密度为 N，则与这种类 δ 势散射相关的弛豫时间由下式给出：

$$\frac{1}{\tau_\delta(\xi)}=\frac{\sqrt{2}NV_\delta^2\xi_\delta^2(m^*)^{3/2}\xi^{1/2}}{\pi\hbar^4} \tag{2-142}$$

正如声学声子散射，多种不同来源的势垒将导致散射，称为势垒散射(Potential Barrier Scattering)，它们属于短程势散射。假设一个阶跃电势 $V(r)=\begin{cases}V_0, r<a\\0, \ r>a\end{cases}$，当波矢 k 与 a 的乘积 $ka\ll 1$ 时，$V_\delta\xi_\delta=\dfrac{4\pi}{3}a^3V_0$，代入式(2-142)中可得到势垒散射的弛豫时间。除势垒外，势阱散射(Potential Well Scattering)也属于一种短程势散射。这一问题可以视为电子被一个势垒等于 ξ_{B} 的结合能俘获。对于比结合能小得多的电子能量，弛豫时间可以写成 $\tau_{\mathrm{well}}=\dfrac{3(m^*)^{3/2}\xi_{\mathrm{B}}}{2^{7/2}\pi^2\hbar^2N}$

$\xi^{-1/2}$(或令 $\xi = k_B T$)。具有横截面为 σ_{SC} 的、厚的、不可穿透的空间电荷区的弛豫时间可以描述为 $\tau_{SC}(\xi) = \dfrac{\sqrt{m^*}}{\sqrt{2} N \sigma_{SC}} \xi^{-1/2}$，称为空间电荷散射(Space Charge Scattering)，也属于一种短程势散射。如果带相反电荷的中心(无论是缺陷还是杂质)在彼此的长程势内，它们会以偶极形式散射电子，而不是单极形式，这种散射机制称为偶极散射(Dipole Scattering)，同样属于一种短程势散射。若偶极散射中的相对电势为 ΔV，借用离化杂质散射推导的电势，在非屏蔽情况下(即 $\lambda_D \to \infty$ 时)，由偶极散射导致的弛豫时间为 $\dfrac{1}{\tau_{diple}(\xi)} = \dfrac{\sqrt{m^*} q^2 N q_d^2}{2^{3/2} 3\pi\hbar^2 \varepsilon^2} \xi^{-1/2}$，其中 q_d 为偶极矩 $\boldsymbol{q}_d$ 的强度。

4. 合金电势诱导散射

晶体中的随机合金引入了短程势，这一结果可以通过合金中的成分引起能带边缘势的波动所带来的载流子散射来解释，因此合金散射也属于一种短程势散射，不过在这里单独说明。目前，能带边缘不连续性的强度是由形成合金的二元金属的电子亲合力差异决定的，还是由导带边缘不连续性决定的仍存在争议，尽管后者相对更受学界欢迎。因此，为求得合金散射的弛豫时间，归结于经过合适的处理得到 $NV_\delta^2 \xi_\delta^2$。如果 V_A 和 V_B 代表每个二元位置的电势(例如，InGaN 中的 GaN 代表 A，InN 代表 B)，由两种二元化合物组成的晶格中的平均电势由下式给出：

$$V = (1 - x)V_A + xV_B \tag{2-143}$$

其中 x 代表晶格中 B 的摩尔分数。如果 N_c 表示单位体积中的基本单元数，则基本单元中的 A 和 B 元素数分别由 $(1-x)N_c$ 和 xN_c 给出，则分析可得

$$NV_\delta^2 \xi_\delta^2 = V_c^2 [(1-x)N_c \xi_A^2 + x\xi_B^2] = x(1-x)V_c^2 N_c \xi_{AB}^2 \tag{2-144}$$

其中 $\xi_{AB} = |V_A - V_B|$，V_c 为原始单位细胞的体积。由此可得合金散射的弛豫时间 τ_{al} 和合金散射限制的迁移率 $\mu_{al} \propto [x(1-x)]\xi_{AB}^2$。当 $x=0.5$ 时 $[x(1-x)]$ 的值最大，此时的迁移率分量最小。此外，合金散射限制的迁移率与合金势 $(V_A - V_B)$ 成反比，因此受到该电势的显著影响。尽管不同的近似方式对合金散射弛豫时间的表达式略有不同，但 $\mu_{al} \propto [x(1-x)]\xi_{AB}^2$ 的关系保持不变。

5. 等离子体散射

与电磁辐射的粒子方面相关的术语以“on”结尾，如磁振子(Magnon，磁自旋波)、光子(Photon)、声子(Phonon)、等离子体(Plasmon)，等等。等离子体可以被描述为自由电子、电子气和所有电子的相干振荡的集体激发，这是由于

全局电荷中性及库仑力的长程特性而产生的。等离子体产生宏观电场(如极性光学声子),可以散射电子。电子可以从这些集体激发中获得动量,但是如果等离子体衰变为单粒子激发,动量可能会返回到电子,这称为朗道阻尼(Landau Damping)。一个典型的例子是,如果朗道阻尼是衰减速率较快的通道,那么电子迁移率仅通过修改分布函数而受到间接影响。然而,当等离子体通过与声子和杂质的碰撞而衰减时,它们会直接影响电子的迁移率。电子等离子体散射在 GaN 等半导体中并没有受到太多的关注,主要工作已经在硅[145]和 GaAs[146]中有所报道。研究结果表明,当掺杂密度大于 10^{17} cm^{-3}时,电子-等离子体相互作用是相当重要的,如果由碰撞阻尼引起的衰减相对于朗道阻尼占主导地位,那么当电子浓度大于 10^{17} cm^{-3}时,电子-等离子体散射将使电子迁移率降低 20%。波矢为 k、能量为 ξ 的电子吸收或发射能量为 $\hbar\omega$ 的等离子体的弛豫时间为 $\tau_{pl}(\xi, \hbar\omega)$,由下式给出[103]:

$$\frac{1}{\tau_{pl}(\xi, \hbar\omega)}=\mu(\xi')\frac{\omega k'(1+2\alpha\xi')}{\alpha_0}\frac{1-f_0(\xi')}{1-f_0(\xi)}\left[N_p(\omega)+\frac{1}{2}\mp\frac{1}{2}\right]$$
$$\int_{x_c}^{1}\left[1-\frac{k'\Phi(\xi')}{k'\Phi(\xi)}x\right]\frac{1}{q^2}dx \tag{2-145}$$

$\mp$中的$+$表示发射等离子体,而$-$表示吸收等离子体。此外,$x_c=\dfrac{1+\Psi-\left(\dfrac{q_c}{k}\right)^2}{2\sqrt{\Psi}}$,而 $\Psi=\left(\dfrac{k'}{k}\right)^2=(1\pm\hbar\omega)\dfrac{1+\alpha\xi'}{1+\alpha\xi}$,其中$\pm$分别表示吸收和发射等离子;$q_c$ 是等离子体波矢的最大值,高于此值则等离子体振荡是不可持续的。通常近似认为 $q_c=\lambda_0^{-1}$。同样,$\mu(\xi')$为阶跃函数,$\xi'=\xi\pm\hbar\omega$;$N_p(\omega)=\dfrac{1}{\exp\left(\dfrac{\hbar\omega}{k_BT}\right)-1}$,为波色统计下的等离子体数;$q$ 是等离子体波矢,$q^2=k^2(1+\Psi-2\Psi^{1/2}X)$;且 $\Psi(\xi)=\dfrac{\tau(\xi)}{1+2\alpha\xi}$,而 $\tau(\xi)$为总弛豫时间。计算方程(2-145)中的积分需要求解非线性玻耳兹曼方程。研究表明 $\Phi(\xi)$的能量依赖性在相关的电子浓度范围内都可以忽略,这表明$\dfrac{\Phi(\xi')}{\Phi(\xi)}\approx 1$,由此可得总动量弛豫率:

$$\frac{1}{\tau_{pl}}=\int_0^{\infty}g(\omega_p-\omega)\frac{1}{\tau_{pl}(\xi, \hbar\omega)}d(\hbar\omega) \tag{2-146}$$

其中 $\omega_p=\omega_0(1-3\alpha\hbar\omega_{p0})$为对非抛物线效应修正的等离子体频率;$\omega_{p0}$为等离子体频率,满足 $\omega_{p0}=\dfrac{nq^2}{\varepsilon m^*}$;$g(\omega_p-\omega)=\dfrac{\Gamma}{\pi}[\hbar^2(\omega_p-\omega)^2+\Gamma^2)$,式中 Γ 是与朗道

阻尼相关的等离子体线的半宽度。当杂质浓度较大时，Γ 较小，这是因为衰减速率与等离子体能量成反比。碰撞阻尼引起的展宽的半宽可以用单粒子弛豫速率$\langle\tau\rangle^{-1}$来估算。因为只要阻尼不是很强，迁移率对 Γ 的依赖就非常轻微，所以碰撞阻尼不必非常精确地确定。

2.3.5　$\beta-Ga_2O_3$ 中的调制掺杂

在 MOSFET 中首次观察到电子的二维特性，并且在 MOSFET 中对量子效应的各种性质进行了研究。研究 MOSFET 中电子的二维特性，能更清楚地了解由异质结构形成的量子结构的量子效应。在 P 型 Si 衬底上制备的 N 型 MOSFET 上，栅极通过施加偏压控制绝缘二氧化硅薄膜下诱导的反转层(沟道)中的电子密度，从而控制通过沟道的电流。MOSFET 的电流电压特性在许多教材中都有非常详尽的描述[122, 147]。由于栅极电压的调控，半导体与栅氧化层界面处的半导体能带发生弯曲，因此在 P 型 Si 的界面上产生了电子，这一层的电子被称为反转层。价带也同样产生了弯曲，该区域中的空穴被耗尽，留下带负电荷的受主，因此这一层也称为耗尽层。在耗尽层之外($z_d\leqslant z\leqslant\infty$)，电中性由空穴和电离受主保持，其费米能与体费米能相同，如图 2.22 所示。限制在界面处的反型层中的电子在 z 方向上被量子化，并且只能在 x 和 y 方向上移动，由此，反型层中的电子形成二维状态，称为二维电子气。

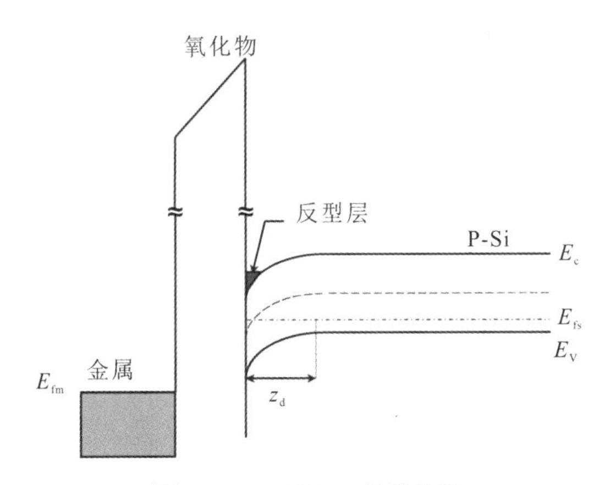

图 2.22　MOSFET 的能带图

在 MOSFET 中，由于电子在界面处沿着 z 方向被限域，电子的能量和态密度均呈现量子化特征。如果选择能带结构合适的半导体材料或其合金组成异质结构，也同样可能在异质界面处实现 2DEG。例如，利用 Si/SiGe[148]、AlGaAs/GaAs[149]、AlGaN/GaN[150]、MgZnO/ZnO[151]等异质结构，均可在异质界面处形成 2DEG。尽管它们的形成原理不尽相同，但最终的结果都是形成较高的电子浓度并提高迁移率。如图 2.23 所示为不同种类的二维系统及用于诱导界面电荷机制的比较示意图[152]。其中在 AlGaN/GaN 和 ZnMgO/MgO 等具有极化特性的材料中，通过极化电场的诱导，可在异质界面处形成 2DEG，由于κ-Ga_2O_3 被预测具有非中心对称晶体结构，因此有望利用κ-$(Al_xGa_{1-x})_2O_3$/κ-Ga_2O_3 系统实现极化调控的 2DEG。而在 AlGaAs/GaAs 等系统中，可通过均匀掺杂(Uniform Doping)和调制掺杂(Modulation Doping)形成 2DEG，前者由于在界面附近引入离化杂质而限制了电子迁移率，特别是低温迁移率，因此往往采用后者形成 2DEG 系统。在调制掺杂中，通常在界面处外延非故意掺杂的势垒层，而在距离势垒层一定的距离 d 处外延掺杂的合金层，从而更显著地降低离化杂质的散射作用。

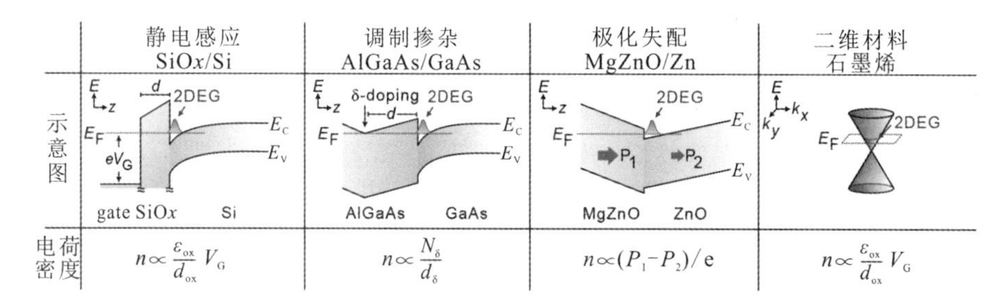

图 2.23　不同种类的二维系统和用于诱导界面电荷机制的比较[152]

由于 Al 可与β-Ga_2O_3 或α-Ga_2O_3 形成β-$(Al_xGa_{1-x})_2O_3$ 或α-$(Al_xGa_{1-x})_2O_3$ 合金，并具有跨越型的能带结构，因此有可能在β-$(Al_xGa_{1-x})_2O_3$/β-Ga_2O_3(或α-$(Al_xGa_{1-x})_2O_3$/α-Ga_2O_3)界面形成 2DEG，有望用于制作高频大功率射频(Radio Frequence，RF)器件，并加深对 Ga_2O_3 物理性质的理解。由于β-$(Al_xGa_{1-x})_2O_3$/β-Ga_2O_3(或α-$(Al_xGa_{1-x})_2O_3$/α-Ga_2O_3)中不存在极化特性，因此需要采用调制掺杂的方法实现 2DEG。在讨论 2DEG 系统时，通常讨论其两个性质：2DEG 的迁移率和电子浓度。理论计算表明，当 2DEG 浓度超过 5×10^{12} cm^{-2}时，电子屏蔽效应增强，可将室温下的电子迁移率提高到 400 $cm^2\cdot V^{-1}\cdot s^{-1}$以上[153]。平衡状态下的 2DEG 浓度($n_S$)可由静电力学的方法确定[154]：

$$n_S=\frac{qN_d^+d_\delta-\kappa_s\varepsilon_0\left(\phi_b-\frac{\Delta E_c}{e}\right)}{eD} \tag{2-147}$$

其中 N_d^+、ϕ_b 和 ΔE_c 分别表示已激活的施主浓度、肖特基势垒高度和导带不连续

位置的偏移值；e 和 κ_s 具有与之前约定的相同的值，即单位元电荷量和半导体的相对介电常数；d_δ 为 β-$(Al_xGa_{1-x})_2O_3$ 势垒层的厚度，D 为总的 β-$(Al_xGa_{1-x})_2O_3$ 厚度(包括隔离层、调制掺杂层和势垒层)，如图 2.24 所示[155]。由式(2－147)可知，增加势垒层中故意掺杂浓度或减小隔离层厚度可增加 2DEG 面密度。然而，β-$(Al_xGa_{1-x})_2O_3$ 势垒层中的高掺杂浓度将导致寄生沟道的产生，破坏了调制掺杂结构的整体导电性并影响器件性能。此外，对于给定的导带偏移，寄生沟道的产生将限制纯 2DEG 浓度的上限。此外，增加导带偏移 ΔE_C 有利于提高 2DEG 面密度，然而这有可能对合金的掺杂带来一定挑战。因此，提高 2DEG 浓度并保持高迁移率的重点在于生长高质量和高 Al 组分的 β-$(Al_xGa_{1-x})_2O_3$。

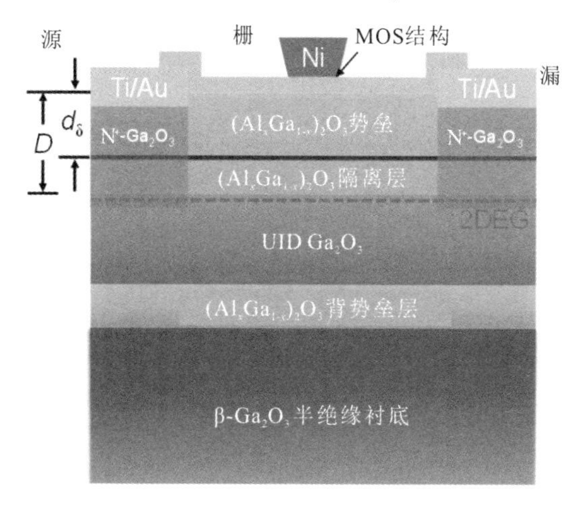

图 2.24　Ga_2O_3 MODFET 的剖面结构示意图[155]

研究表明，虽然当 Al 浓度达到 80%时，β-$(Al_xGa_{1-x})_2O_3$ 合金仍是稳定的，但晶体质量很差，这是因为 Al_2O_3 的高温稳定相是刚玉结构。目前已有多种技术被用来生长 β-$(Al_xGa_{1-x})_2O_3$ 合金，包括 MBE[156]、PLD[157] 及 MOCVD[158]。然而，在同质外延 β-$(Al_xGa_{1-x})_2O_3$ 合金薄膜中获得的最大 Al 组分小于 25%[156]，这导致 β-$(Al_xGa_{1-x})_2O_3/\beta$-$Ga_2O_3$ 界面的导带偏移仅有 0.4 eV 左右，限制在界面处的 2DEG 最高浓度只有 2×10^{12} cm^{-2} 左右[3]。然而，在 α-$(Al_xGa_{1-x})_2O_3/\alpha$-$Ga_2O_3$ 异质结构中可以获得更高的二维电子气浓度，因为即使 Al 组分很高，在 α-$(Al_xGa_{1-x})_2O_3$ 中也不会发生相分离[159-160]。不过 α-Ga_2O_3 及其异质结构面临的挑战在于其高质量的外延，由于 α-Ga_2O_3 属于异质外延，目前其可控掺杂仍存在问题。

迄今为止，高迁移率 β-Ga_2O_3 2DEG 采用 MBE 方法首次实现[3,161,162]。

β - Ga_2O_3 2DEG 的初步演示是利用 MBE 方法在 β - Ga_2O_3 衬底上通过 Si[4,6,163] 或 Ge[164] 在 β -$(Al_xGa_{1-x})_2O_3$ 合金层上调制掺杂实现的。尽管利用电容-电压测试在一定程度上证明了载流子限域，但并未观察到沟道迁移率的改善[4,6,163,164]。Y. Zhang 等人[3,162,165] 致力于优化 β -$(Al_xGa_{1-x})_2O_3$ 势垒层中的故意掺杂浓度，以避免寄生沟道的形成，并成功地展示了室温迁移率为 180 $cm^2 \cdot V^{-1} \cdot s^{-1}$时的调制掺杂[3]。在这一工作中[3]，利用(020)方向的高分辨 XRD 衍射图谱，β -$(Al_xGa_{1-x})_2O_3$的厚度和浓度分别被估算为 27 nm 和 18%，如图 2.25(a)所示。图 2.25(b)为基于一维薛定谔-泊松自洽计算获得的 MODFET 的能带图。当在 δ 掺杂层中采用4.7×10^{12} cm^{-2}的施主浓度时，随着缓冲层从 130 nm 增加到 360 nm，计算得到的 2DEG 密度从 1.12×10^{12} cm^{-2}增加到 1.50×10^{12} cm^{-2}，这是减少缓冲层背面耗尽的结果。

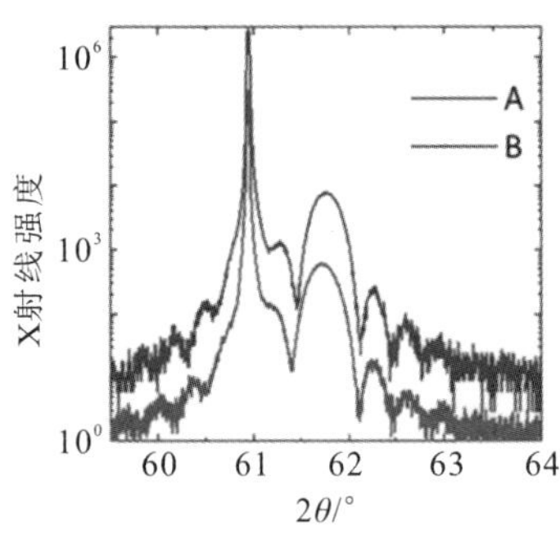

(a) (020)方向的高分辨XRD衍射图谱

(b) β-$(Al_xGa_{1-x})_2O_3$/β-Ga_2O_3异质结构平衡能带图和计算的二维电荷分布

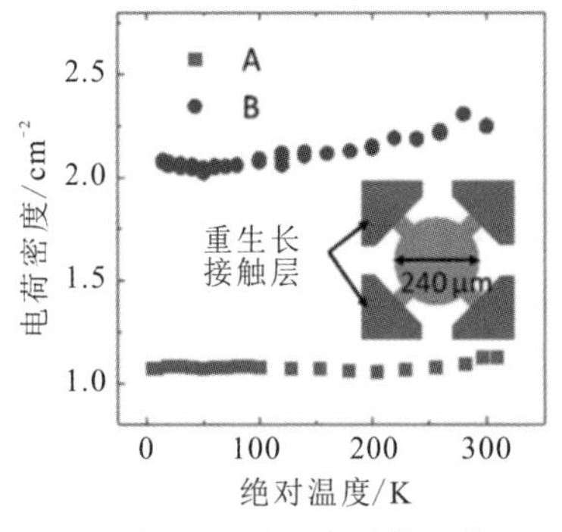

(c) 利用插图所示的结构，使用范德堡法测量电荷密度的温度依赖性

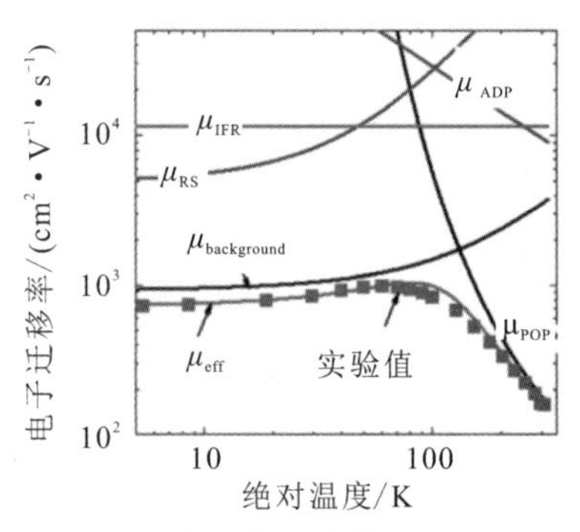

(d) 通过考虑各种散射机制，对样品A实验和计算的电子迁移率进行比较[3]

图 2.25　不同缓冲层氧化镓厚度的 β -$(Al_xGa_{1-x})_2O_3$/β - Ga_2O_3 MODFET 的相关材料和电学特性的对比，其中样品 A 的缓冲层厚度为 13 nm，样品 B 的缓冲层厚度为 360 nm

使用再生长的 N^+ 型 Ga_2O_3 作为接触电极进行温度依赖的霍耳测量结果如图 2.25(c)、(d)所示。与低温下体掺杂 $\beta-Ga_2O_3$ 中的载流子冻析相反，载流子浓度表现出很弱的温度依赖性。这证实了在 $\beta-(Al_xGa_{1-x})_2O_3/\beta-Ga_2O_3$ 异质界面上形成简并二维电子气。在具有 4.5 nm 隔离层的异质结构处，2DEG 的最大电荷密度约为 $2\times10^{12}\ cm^{-3}$。2DEG 面密度的进一步提高需要更高的导带偏移或使用相对更薄的隔离层。室温迁移率测量值为 180 $cm^2\cdot V^{-1}\cdot s^{-1}$时，霍耳迁移率随温度降低而迅速增加，在温度为 50 K 时达到峰值 2790 $cm^2\cdot V^{-1}\cdot s^{-1}$。杂质散射导致迁移率在温度低于 50 K 时略有下降。对于实际应用来说，室温下的高迁移率是器件应用所必需的，然而，如前所述，在高温范围内，电子散射主要由极性光学散射控制。在简并电子气中，增强的纵向光学等离子体耦合可以对光学声子散射产生更好的屏蔽效应，并提高增强电子迁移率[129,166]。

二维电子气在低温下的高迁移率使研究 $\beta-Ga_2O_3$ 的基本输运性质成为了可能。在 3.5～7 K 的不同温度下观察到了 Shubnikov - de Hass (SdH)振荡中的横向磁阻振荡，如图 2.26 所示。其中低磁场下的负磁阻现象归因于弱局域化[167]。扣除背景后，R_{xx} 的振荡分量是磁场倒数$\frac{1}{B}$的函数。由此可用式$\Delta\left(\frac{1}{B}\right)=\frac{e}{\pi\hbar n_{2D}}$估算 2DEG 的浓度。由 SdH 振荡测得的 2DEG 密度为 $1.96\times10^{12}\ cm^{-3}$，与低场霍耳测量值一致。2DEG 的有效质量可由固定磁场(B)下 SdH 振幅(A)的温度依赖性决定。振幅的温度依赖性可表示为[3]

$$\ln(A)=C-\ln\left[\sinh\left(\frac{2\pi m^*}{e\hbar B}k_BT\right)\right] \tag{2-148}$$

$\ln\left(\frac{A}{T}\right)$和温度 T 的关系和拟合线如图 2.26 所示，由此可得电子有效质量 $m^*=0.313\pm0.015m_0$。当电子输运被限制在(010)面时，$\beta-Ga_2O_3$ 的有效质量接近各向同性，且拟合得到的有效质量与理论计算和实验结果非常吻合。此外，Zhang 等人还通过设计双 Si - δ 掺杂层将 $\beta-Ga_2O_3$ 2DEG 的浓度进一步提高到 $3.85\times10^{12}\ cm^{-2}$，然而，其室温迁移率仅有 123 $cm^2\cdot V^{-1}\cdot s^{-1}$，低温(40 K)迁移率则仅有 1775 $cm^2\cdot V^{-1}\cdot s^{-1}$。尽管目前 $\beta-Ga_2O_3$ 调制掺杂的室温迁移率和低温迁移率相对体材料并无明显优势，但 2DEG

提供的高电子浓度沟道对实现高频高耐压大电流 RF 器件具有重要意义。

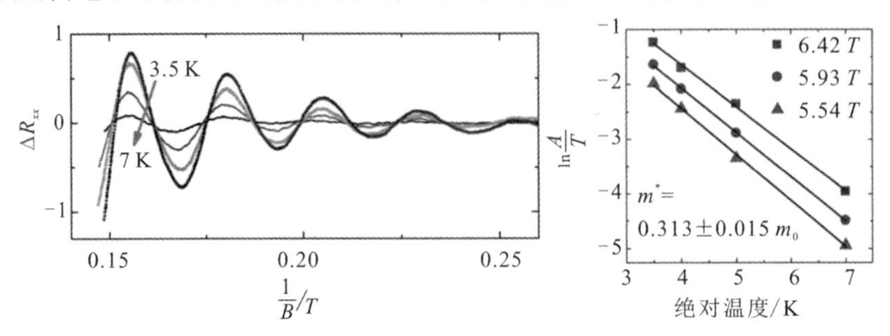

图 2.26 在垂直于样品表面的磁场下测量的横向磁阻温度依赖的 SdH 振荡以及三个不同磁场值下有效质量的拟合[3]

2.4 高压下的载流子输运

$\beta-Ga_2O_3$ 作为新兴超宽禁带半导体材料，在功率电子和光电子器件领域有着广泛的应用[168]。目前高击穿电压功率晶体管[15,30,169-172]、肖特基二极管[173-175]以及深紫外光电探测器[176-178]等器件的研究成果显著。而且，日益成熟的晶体生长技术以及器件制备工艺使得 $\beta-Ga_2O_3$ 的应用前景更加广阔[9,50,179]。N 型掺杂的高精度及 P 型掺杂的难以实现，使得电子在 $\beta-Ga_2O_3$ 中成为了主要的输运载流子。衡量功率半导体性能的一个重要的指标是 Baliga 品质因数[180]，它与击穿电场及电子迁移率相关，而这两者都依赖于载流子的输运特性。因此，深刻理解 $\beta-Ga_2O_3$ 中的电子输运机制对于高性能器件的设计工程具有重要意义。然而，$\beta-Ga_2O_3$ 低的晶体对称性和大的原始晶胞单元使其电子输运特性的计算具有挑战性。目前，低电场电子输运性质已经得到一些理论和实验上的研究和报道[47,49,181,182]。温度和掺杂对 $\beta-Ga_2O_3$ 各向异性的作用也有广泛报道[153]。然而，在二维电子气(2DEG)的地电场输运性质(即异质结构中的迁移率以及合金造成的散射机制)对 2DEG 的影响等方面仍有待于研究。另外，在高电场下的电子输运性质少有研究报道[183-184]。高电场输运大致可以分为两类：中等高电场和超高电场。在中等高电场下，主要研究的物理机制在于速度过冲以及速度饱和；而在超高电场的碰撞电离作用下，主要研究的是齐纳隧穿(Zener Tunneling Breakdown)机制以及高频布洛赫振荡(Bloch Oscillations)。速度饱和和碰撞电离的电场范围随着材料系统的不同而变化很大。一般而言，更宽带隙的材料会向更高的电场值移动。本节讨论的重点在于超高电场下的电子输运机制，特别是 $\beta-Ga_2O_3$ 中的碰撞电离机制以及由此产生的击穿极限。

当大功率器件在关断状态下施加大偏置时，栅-漏结处的电场分布会出现急剧的峰值。像 InAs 这样的窄带隙半导体，高电场会立即造成带间隧穿，从而导致器件的击穿。然而，在类似于 $\beta-Ga_2O_3$ 的宽带隙半导体中，这种带间隧穿是不可能发生的，主要的击穿机制来自碰撞电离。此外，由于热载流子的注入导致栅极介质被击穿，因此在 $\beta-Ga_2O_3$ 器件中可能存在潜在的外部击穿机制。本章侧重于碰撞电离，将分别讨论 $\beta-Ga_2O_3$ 中的碰撞电离机制、电离率、用全波段蒙特卡罗模拟计算的电离系数，Chynoweth 参数的估算以及预测 $\beta-Ga_2O_3$ 击穿电压的一些重要器件模拟参数。

2.4.1　高电场下的输运模型

电子从外加电场中获得能量，而通过电子-声子和电子-电子相互作用损失能量。目前，电子-电子相互作用意味着电离事件。参数 IIC 是两个连续电离事件之间电子所经过的距离的倒数。由二次电子的产生速率和电子漂移速率的系综平均值可以计算得到 IIC。在外加电场 E 下，电子的产生速率 G 与漂移速度 v_d 和参数 IIC(α)的关系为 ：$G(E)=\alpha(E)v_d(E)$ 。电子产生速率和速度遵从全带蒙特卡洛模拟(Full - Band Monte Carlo Simulation，FBMC 模拟)，需要提及的是，G 和 v_d 都是在达到稳态之后从 FBMC 模拟中提取出的。FBMC 模拟考虑了电子结构和晶格动力学、电子-声子相互作用、电子-电子相互作用以及不同类型的散射率，包括极性非极性声子散射和电离事件。FBMC 模拟是随着时间演变的场模拟，其中电子群被抛到电场中，电子的运动轨迹被记录为电子在电场中漂移并被前文述及的散射事件所散射。FBMC 模拟可以随机得到两个散射事件之间的时间、散射机制以及散射后电子的最终状态。每一个电离事件发生时，一个额外的电子就被添加到电子群中。需要注意的是，价电子分布不受外加电场的影响，这意味着由价电子产生的平均场以及由此产生的电离率与外加电场无关。然而，价电子产生速率确实随着电场的增加而增加，因为在较高的电场有更多的热电子出现，可为价电子的产生提供所需的能垒。因此，电离速率在 FBMC 模拟中是完全确定的结果，而电子产生速率是 FBMC 模拟产生的随机结果。

图 2.27 显示了电子在 2 $MV \cdot cm^{-1}$ 电场下的瞬态动力学，图中出现的振荡被称为布洛赫振荡[185]，发生在电子撞击布里渊区表面的时刻。电子群速度与布里渊区表面相反，在传统半导体中，主要有以下两个原因阻止了布洛赫振荡的产生：一是当电子试图接近布里渊区表面时，它们获得了高的能量，因此面临着高散射概率，从而随机化它们的动量。譬如，价电子的平均散射时间是 t_S，电子到达布里渊区表面的时间是 t_B，那么电子在布里渊区表面发生反射时

$t_S \gg t_B$。然而，满足这一标准需要极高的电场，因此这抑制了大多数电子到达布里渊区表面，除了极少数的“幸运电子”；而电子速率采用的是系综平均值，因而不会受到少量“幸运电子”的影响。二是在布里渊区表面附近，电子可能隧穿到一个更高能级的带，而不是在同一个能带中保持相同的反向群速度。因此这也保持了群速度反向的一致性，阻止了布洛赫振荡的产生。在 β－Ga_2O_3 的 FBMC 模拟中，$t_S \gg t_B$ 很容易实现，因为直到布里渊区边缘都没有出现卫星谷，谷间散射通常比谷内散射大得多，它可能会减慢电子到达布里渊区表面的速度，但是在 β－Ga_2O_3 中，谷间散射与电子到达布里渊区表面几乎同时发生，因此允许部分电子满足 $t_S \gg t_B$。然而，带间隧穿作为影响布洛赫振荡的重要因素在 β－Ga_2O_3 中尚未研究，但可以用 FBMC 模拟，这是未来工作的重点。另外，还利用 FBMC 模拟计算了 β－Ga_2O_3 中三个不同方向的速度场，如图 2.28 所示，可以看到，漂移速度在三个方向上都随着场强的增加而增加，直到 200 kV·cm^{-1}，而漂移速度从大于 200 kV·cm^{-1}开始下降，这是导带的非抛物线性引起的，而不是谷间散射[183]，β－Ga_2O_3 的峰值漂移速度大约为 2 ×10^7 cm·s^{-1}，略低于 GaN。

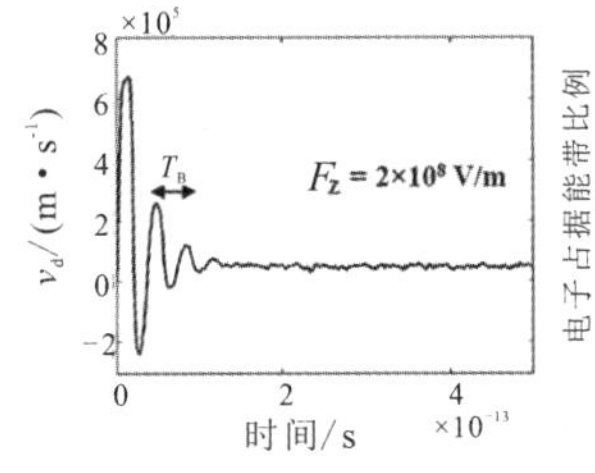

(a) FBMC输出的瞬态结果显示为布洛赫振荡

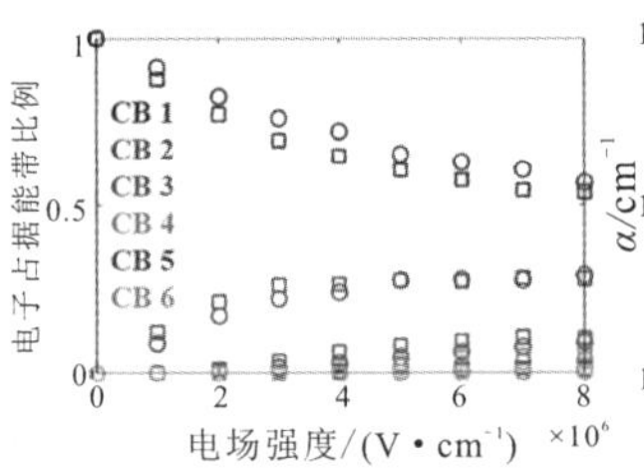

(b) 电子在不同能带中的占比随着电场的变化

(c) 不同带隙中的碰撞电离系数与电场强度的关系

图 2.27　高场输运[184]

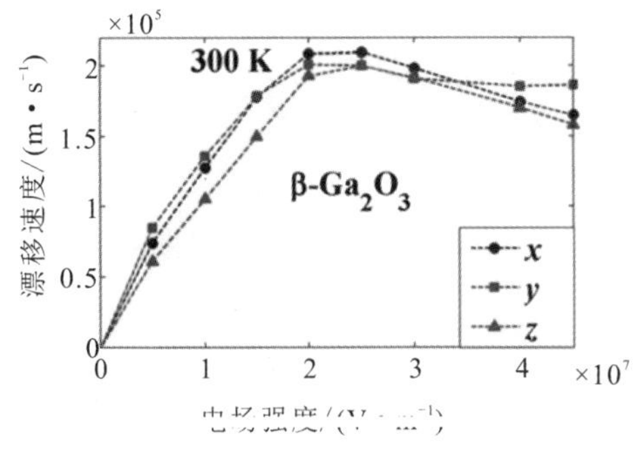

图 2.28　β－Ga_2O_3 在室温下三个不同方向的速度场特性[183]

2.4.2　电离率

碰撞电离是一个双电子过程，其中一个导带电子与一个价带电子相互作用，在导带(CB)中产生一个额外的电子以及在价带(VB)中产生一个额外的空穴。这将导致二次载流子的产生，而且二次载流子的产生会自我维持，最终导致器件击穿。虽然这种现象在一些高频器件如 IMPATT 二极管和电离场效应晶体管中会被利用，但是在功率器件中不希望这种现象的产生。图 2.29(a)给出了碰撞电离机制的实空间示意图，图 2.29(b)给出了倒空间的相同示意图。为了阐明这一过程中的能量和动量守恒，我们将 $m\boldsymbol{k}$ 态的热电子与价带中 $n'\boldsymbol{k}'$ 态电子相互作用，而热电子将以导带中的 $n\boldsymbol{k}+\boldsymbol{q}$ 态结束，价电子会提升到导带中的 $m'\boldsymbol{k}'-\boldsymbol{q}$ 态。具体过程见图 2.29(b)的费曼图。电离率由屏蔽的库伦算符的矩阵元素计算。

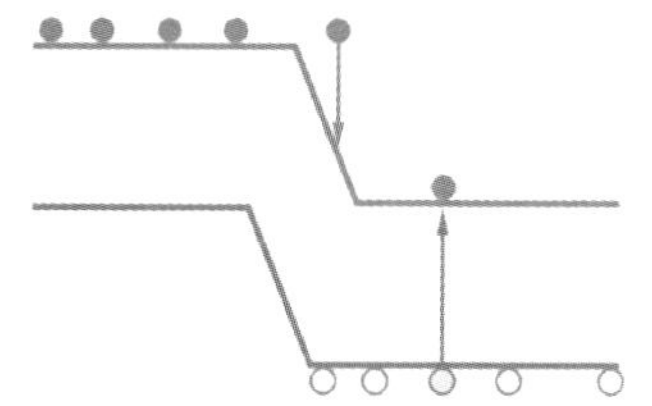

(a) 碰撞电离过程的实空间原理图;圆点表示价带上的热电子,圆圈表示价带上的电子。当热电子失去能量时，一个价电子被提升到导带

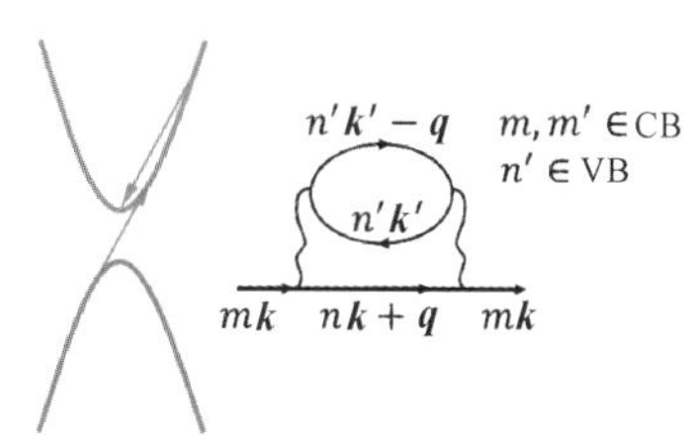

(b) 碰撞电离过程的倒空间原理图 费曼图表示了守恒和动量以及所有的内部自由度

图 2.29　碰撞电离机制示意图[184]

碰撞电离率的计算需要对费曼图上的内部自由度求和，这意味着要对 $\boldsymbol{k}'$ 和 $\boldsymbol{q}$ 求积分，而对 m'、n'以及 n 求和。基于密度泛函理论计算的 β - Ga_2O_3 电子能带结构图如图 2.30(a)所示。众所周知，DFT 计算低估了光学带隙，然而，对于电离率的计算则需要准确的带隙。据报道，β - Ga_2O_3 的带隙在 4.5～4.9 eV之间。因此导带通过剪接修饰以匹配实验结果。我们可以通过 G_0W_0 来精确计算结果。不过，利用 DFT 计算得到的波函数可以很好地描述价带和导带，因而可以直接用于电离率的计算。

接下来，我们讨论 β - Ga_2O_3 中 IIR(蒙特卡洛模拟中与电离相关的另一个参数)的一些特征。与声子介质散射一样，IIR 也依赖于电离中和电离电子的最终态密度。β - Ga_2O_3 的导带最小值在卫星谷下为～2.5 eV。在电离开始时，电离电子和被电离电子的最终态都在 Γ 谷。此外，如图 2.30(a)所示，在布里渊区边缘附近出现了高能远谷。靠近布里渊区边缘的热电子引起电离是不太可能的。这是因为引起电离的库伦作用是长期的，意味着相互作用不会引起电子动量的较大变化。因此，带边电子无法找到同时满足能量和动量守恒的最终态。这种现象可以在图 2.30（b）中观察到，在区域中心附近的 IIR 比在区域边缘附近高得多。这对 IIC 和高场输运特性产生至关重要的影响。这使得布洛赫振荡和带间隧穿在布里渊区边缘附近发生的可能性更高。

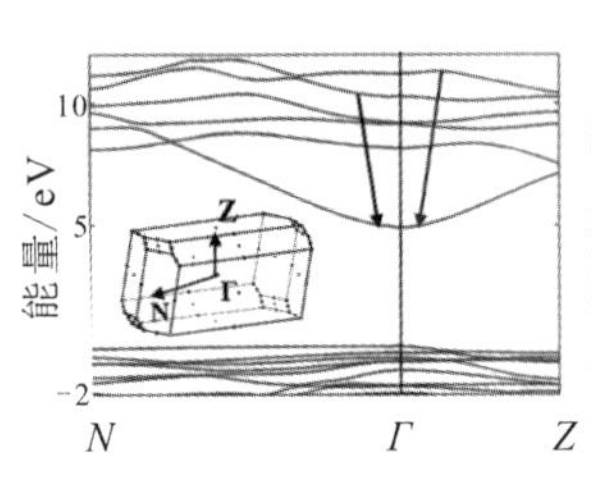

(a) DET计算得到的β-Ga_2O_3能带图；导带被剪移位以匹配实验带隙

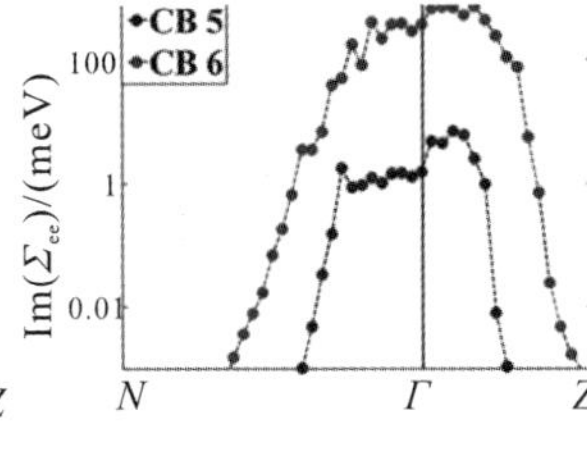

(b) 沿着两条高对称线的电离率

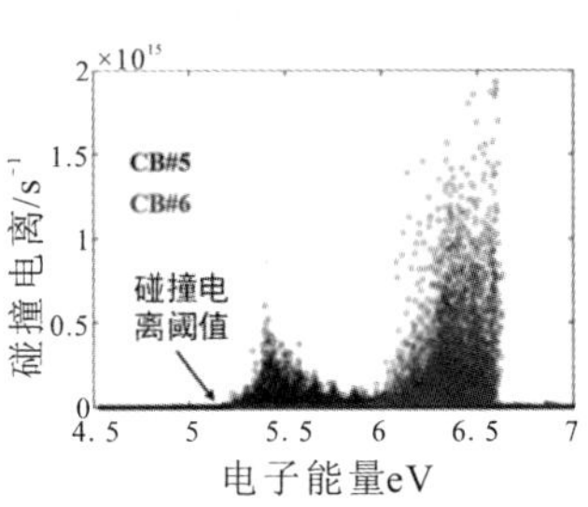

(c) 布里渊区所有k点的电离率与能量的关系

图 2.30　碰撞电离率[184]

由于没有足够大的能量（例如，大于带隙能量）来将价带电子激发到导带，导带 1～3 中的电子无法产生电离。虽然导带 4 确实有一些比带隙更高的能态，但是这些能态都是位于带边，因此发生电离的可能性也很小。因此，主要的电离贡献来自导带 5 及以上。图 2.30（c）显示了整个布里渊区的电离贡献作为能量的函数。从给定能量下布里渊区不同 k 点的 IIR 值范围可以清楚观察到 IIR 的各向异性，而造成这种各向异性的原因在于较高有效质量所致的价带平坦性。接近电离开始时，IIR 遵循幂指数定律，在其他半导体中也能观察到这一现象[186]。IIR 在 6.5 eV 左右突然下降是因为电离后没有最终态密度。需要说明的是，热电子分布来自蒙特卡洛模拟，超过 6.5 eV 时，分布就会消失，因此超过 6 个频带时不太可能改变计算得到的 IIC；此外，由于存在很多声子，更多能级的导带会增加计算难度。因此这里只考虑 6 个导带能量。

2.4.3　雪崩击穿及其对器件的影响

本小节重点讨论如何利用计算得到的 IIC 来预测功率器件的击穿电场。第一步是提取紧凑的模型参数用于 TCAD 仿真。与电场强度（E）以及 IIC（α）相关的 Chynoweth[187]模型是包含碰撞电离在内的器件仿真的知名模型，其关系

式为 $\alpha(E)=a\mathrm{e}^{-b/E}$，其中 a 和 b 是来自实验击穿测量数据或宏观输运计算的拟合参数。在这里，用于 FBMC 计算得到 IIC 的 Chynoweth 参数如表 2.4 所示，适用于所有三个笛卡尔方向。由于沿 x 轴方向的 IIC 最低，因此有可能表现出较高的击穿场强。

表 2.4　Chynoweth 参数和电离积分[184]

	a /cm^{-1}	b /$(\mathrm{V\cdot cm^{-1}})$	$I_{\alpha\mid E_p}=8\ \mathrm{MV\cdot cm^{-1}}$ $\alpha_n\approx\alpha_p$	$I_{\alpha\mid E_p}=8\ \mathrm{MV\cdot cm^{-1}}$ $\alpha_n\gg\alpha_p$	$E_c\mid_{\alpha_n\approx\alpha_p}$ /$(\mathrm{MV\cdot cm^{-1}})$
x	0.79×10^6	2.92×10^7	0.38	0.32	10.2
y	2.16×10^6	1.77×10^7	击穿	击穿	4.8
z	0.71×10^6	2.10×10^7	击穿	0.70	7.6

当碰撞电离可以自我持续时才会发生雪崩击穿，这意味着乘数的分母消失了。此时分母的形式为 $1-\int_0^W \alpha_n \mathrm{e}^{\int_x^W(\alpha_n-\alpha_p)\mathrm{d}x}\mathrm{d}x$，其中 W 是空间电荷区的宽度，α_n 和 α_p 是电子和空穴作为空间函数的 ⅡC。由于目前对于 β-Ga_2O_3，只有电子的 IIC 是已知的，因此这里只讨论两种极限情况：$\alpha_n\approx\alpha_p$ 以及 $\alpha_n\gg\alpha_p$。为了估计击穿电场，我们考虑一个三角形的电场模型(近似于 PN 结)，峰值电场为 8 $\mathrm{MV\cdot cm^{-1}}$，宽度为 1 μm。对于第一种情况，如果电离积分 $\int_0^W \alpha_n \mathrm{d}x=1$，那么分母会消失。表 2.4 显示了分母消失时每个方向上的临界电场极限。可以看出，从 x 方向击穿不太可能，对于沿 y 方向的电场，两种极限情况都会发生击穿。实验和理论计算表明，x 方向上的电子迁移率也优于其他两个方向。因此，从 Baliga 品质因数来看，x 方向是最合适的方向。接下来，使用 TCAD 仿真估计的 Chynoweth 参数，将显示更真实的器件运行情况。

这里设计了一种场板结构的 β-Ga_2O_3 垂直结构场效应晶体管[188-189]，利用 TCAD 工具 Silvaco ATLAS 仿真演示了碰撞电离作用对击穿电压的影响。当击穿发生在通道区域时，在场板边缘附近观察到一个接近 7 $\mathrm{MV\cdot cm^{-1}}$ 的电场峰值，用电离积分法估计了一个高达 1.78 kV 的击穿电压，如图 2.31 所示。用于仿真的器件具有典型的横向 MOSFET 结构，可在 0.5 μm 厚场板氧化物上可形成额外的 1.5 μm 长场板。源-漏以及沟道通过 N 型掺杂达到的掺杂浓

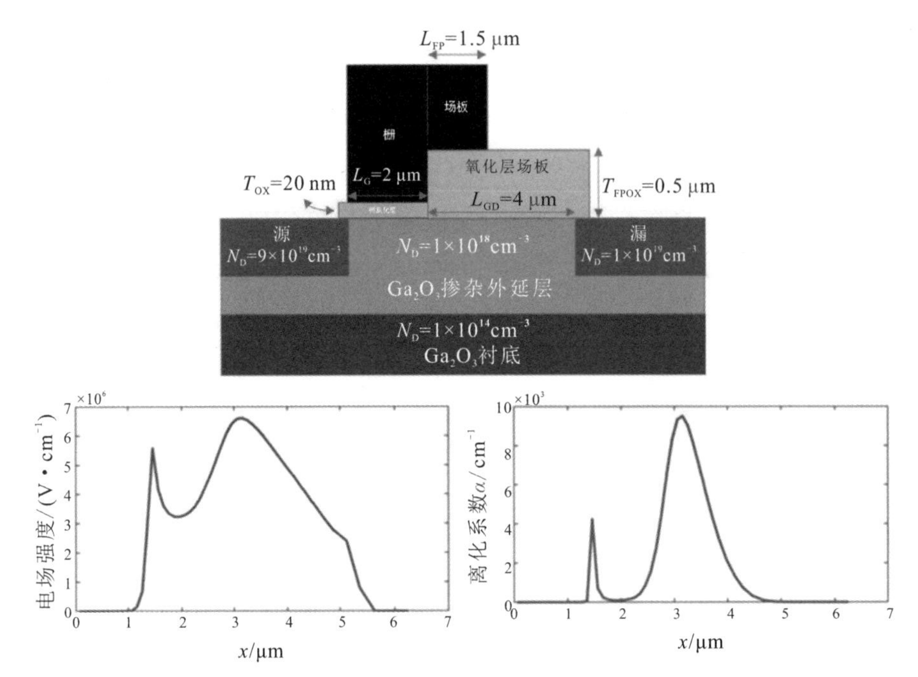

图 2.31　场板结构的 β-Ga_2O_3 MOSFET 的截面图、沿沟道 x 方向的电场分布以及沿沟道 x 方向的电离系数分布[188-189]

度分别为9×10^{19} cm^{-3}和1×10^{18} cm^{-1}。在 20 nm 厚的栅极氧化物上可形成一个功函数为 5.93 eV 的 2 μm 金属栅极。金属栅极与漏极之间保持 4 μm 的间距。首先假设β-Ga_2O_3的能带带隙为 4.8 eV，电子亲和能为 4.0 eV。以电子有效质量为自由电子质量的 0.3 倍计算了导带的有效态密度。在室温下，电子迁移率为 118 $cm^2\cdot V^{-1}\cdot s^{-1}$。$x$ 方向上的 Chynoweth 参数取自表 2.4。如图 2.31所示，随着漏极电压的升高，在场板和金属栅极附近的电场越来越强，几乎达到 7 $MV\cdot cm^{-1}$，当电压为 1.78 kV 时，在场板边缘附近发生击穿。场板的优点在于电场的扩展导致了更高的击穿电压，图 2.31 显示了电离系数随 x 方向位置的变化，其峰值位置与电场峰值位置一致。为了简单起见，假设电子和空穴的电离系数相同。通过改变场板的长度和场板氧化层的厚度可以得到尽可能高的击穿电压，若要改变沟道中的掺杂浓度以获得更大的电流，则可以相应地改变以上两个参数，使保持击穿电压不变。

参 考 文 献

[1] SASAKI K, KURAMATA A, MASUI T, et al. Device-quality β-Ga_2O_3 epitaxial films fabricated by ozone molecular beam epitaxy [J]. Applied Physics Express, 2012, 5(3): 035502.

[2] KURAMATA A, KOSHI K, WATANABE S, et al. High-quality β-Ga_2O_3 single crystals grown by edge-defined film-fed growth [J]. Japanese Journal of Applied Physics, 2016, 55(12): 1202A1202.

[3] ZHANG Y, NEAL A, XIA Z, et al. Demonstration of high mobility and quantum transport in modulation-doped β-$(Al_xGa_{1-x})_2O_3$/β-Ga_2O_3 heterostructures [J]. Applied Physics Letters, 2018, 112(17): 173502.

[4] OSHIMA T, KATO Y, KAWANO N, et al. Carrier confinement observed at modulation-doped β-$(Al_xGa_{1-x})_2O_3$/β-Ga_2O_3 heterojunction interface [J]. Applied Physics Express, 2017, 10(3): 035701.

[5] SUZUKI N, OHIRA S, TANAKA M, et al. Fabrication and characterization of transparent conductive Sn-doped β-Ga_2O_3 single crystal [J]. Physica Status Solidi C: Current Topics in Solid State Physics, 2007, 4(7): 2310-2313.

[6] KRISHNAMOORTHY S, XIA Z, JOISHI C, et al. Modulation-doped β-$(Al_{0.2}Ga_{0.8})_2O_3$/Ga_2O_3 field-effect transistor [J]. Applied Physics Letters, 2017, 111(2): 023502.

[7] ALEMA F, ZHANG Y, OSINSKY A, et al. Recent progress on the electronic structure, defect, and doping properties of Ga_2O_3 [J]. APL Materials, 2020, 8(2): 021110.

[8] CHABAK K D, LEEDY K D, GREEN A J, et al. Lateral β-Ga_2O_3 field effect transistors [J]. Semiconductor Science and Technology, 2020, 35(1): 013002.

[9] IRMSCHER K, GALAZKA Z, PIETSCH M, et al. Electrical properties of β-Ga_2O_3 single crystals grown by the Czochralski method [J]. Journal of Applied Physics, 2011, 110(6): 063720.

[10] ZHANG Y, ALEMA F, MAUZE A, et al. MOCVD grown epitaxial β-Ga_2O_3 thin

film with an electron mobility of 176 cm^2/V s at room temperature [J]. APL Materials, 2019, 7(2): 022506.

[11] NEAL A T, MOU S, RAFIQUE S, et al. Donors and deep acceptors in β-Ga_2O_3 [J]. Applied Physics Letters, 2018, 113(6): 062101.

[12] GOTO K, KONISHI K, MURAKAMI H, et al. Halide vapor phase epitaxy of Si doped β-Ga_2O_3 and its electrical properties [J]. Thin Solid Films, 2018, 666: 182-184.

[13] POLYAKOV A Y, SMIRNOV N B, SHCHEMEROV I V, et al. Electrical properties of bulk semi-insulating β-Ga_2O_3(Fe) [J]. Applied Physics Letters, 2018, 113(14): 142102.

[14] JOISHI C, XIA Z, MCGLONE J, et al. Effect of buffer iron doping on delta-doped β-Ga_2O_3 metal semiconductor field effect transistors [J]. Applied Physics Letters, 2018, 113(12): 123501.

[15] WONG M H, SASAKI K, KURAMATA A, et al. Field-plated Ga_2O_3 MOSFETs with a breakdown voltage of over 750 V [J]. IEEE Electron Device Letters, 2016, 37 (2): 212-215.

[16] ONUMA T, FUJIOKA S, YAMAGUCHI T, et al. Correlation between blue luminescence intensity and resistivity in β-Ga_2O_3 single crystals [J]. Applied Physics Letters, 2013, 103(4): 041910.

[17] GALAZKA Z, IRMSCHER K, UECKER R, et al. On the bulk β-Ga_2O_3 single crystals grown by the Czochralski method [J]. Journal of Crystal Growth, 2014, 404: 184-191.

[18] WONG M H, LIN C H, KURAMATA A, et al. Acceptor doping of β-Ga_2O_3 by Mg and N ion implantations [J]. Applied Physics Letters, 2018, 113(10): 102103.

[19] WONG M H, GOTO K, MURAKAMI H, et al. Current aperture vertical β-Ga_2O_3 MOSFETs fabricated by N- and Si-Ion implantation doping [J]. IEEE Electron Device Letters, 2019, 40(3): 431-434.

[20] KYRTSOS A, MATSUBARA M, BELLOTTI E. On the feasibility of p-type Ga_2O_3 [J]. Applied Physics Letters, 2018, 112(3): 032108.

[21] LANDSBERG P T. A note on the theory of semiconductors [J]. Proceedings of the Physical Society Section A, 1952, 65(8): 604-608.

[22] GUGGENHEIM E A. Electron spin in semiconductors [J]. Proceedings of the

Physical Society Section A, 1953, 66(1): 121-122.

[23] LANDSBERG P T. Defects with several trapping levels in semiconductors [J]. Proceedings of the Physical Society Section B, 1956, 69(10): 1056-1059.

[24] SHOCKLEY W, LAST J T. Statistics of the charge distribution for a localized flaw in a semiconductor [J]. Physical Review, 1957, 107(2): 392-396.

[25] FARVACQUE J L, BOUGRIOUA Z, MOERMAN I. Free-carrier mobility in GaN in the presence of dislocation walls [J]. Physical Review B, 2001, 63(11): 115202.

[26] LOOK D C, LU H, SCHAFF W J, et al. Donor and acceptor concentrations in degenerate InN [J]. Applied Physics Letters, 2002, 80(2): 258-260.

[27] ELLMER K, MIENTUS R. Carrier transport in polycrystalline ITO and ZnO:Al II: The influence of grain barriers and boundaries [J]. Thin Solid Films, 2008, 516(17): 5829-5835.

[28] FIEDLER A, SCHEWSKI R, BALDINI M, et al. Influence of incoherent twin boundaries on the electrical properties of β-Ga_2O_3 layers homoepitaxially grown by metal-organic vapor phase epitaxy [J]. Journal of Applied Physics, 2017, 122(16): 165701.

[29] SON N T, GOTO K, NOMURA K, et al. Electronic properties of the residual donor in unintentionally doped β-Ga_2O_3 [J]. Journal of Applied Physics, 2016, 120(23): 235703.

[30] HIGASHIWAKI M, SASAKI K, KURAMATA A, et al. Gallium oxide (Ga_2O_3) metal-semiconductor field-effect transistors on single-crystal β-Ga_2O_3 (010) substrates [J]. Applied Physics Letters, 2012, 100(1): 013504.

[31] MI W, DU X, LUAN C, et al. Electrical and optical characterizations of β-Ga_2O_3:Sn films deposited on MgO (110) substrate by MOCVD [J]. RSC Advances, 2014, 4(58): 30579.

[32] MOSER N, MCCANDLESS J, CRESPO A, et al. Ge-doped β-Ga_2O_3 MOSFETs [J]. IEEE Electron Device Letters, 2017, 38(6): 775-778.

[33] BALDINI M, ALBRECHT M, FIEDLER A, et al. Semiconducting Sn-doped β-Ga_2O_3 homoepitaxial layers grown by metal organic vapour-phase epitaxy [J]. Journal of Materials Science, 2015, 51(7): 3650-3656.

[34] BALDINI M, ALBRECHT M, FIEDLER A, et al. Editors' Choice: Si and Sn-Doped Homoepitaxial β-Ga_2O_3 Layers Grown by MOVPE on (010)-Oriented Substrates [J].

ECS Journal of Solid State Science and Technology, 2016, 6(2): Q3040-Q3044.

[35] ViLLORA E G, SHIMAMURA K, UJIIE T, et al. Electrical conductivity and lattice expansion of β-Ga_2O_3 below room temperature [J]. Applied Physics Letters, 2008, 92(20): 202118.

[36] ZHU G Y, XIAO Z B, ZHOU R J, et al. Fragrance and flavor microencapsulation technology [J]. Advanced Materials Research, 2012, 535-537: 440-445.

[37] WONG M H, SASAKI K, KURAMATA A, et al. Anomalous Fe diffusion in Si-ion-implanted β-Ga_2O_3 and its suppression in Ga_2O_3 transistor structures through highly resistive buffer layers [J]. Applied Physics Letters, 2015, 106(3): 032105.

[38] HARWIG T, SCHOONMAN J. Electrical-Properties of β-Ga_2O_3 Single-Crystals .2. [J]. Journal of Solid State Chemistry, 1978, 23(1-2): 205-211.

[39] TANG C, SUN J, LIN N, et al. Electronic structure and optical property of metal-doped Ga_2O_3: a first principles study [J]. RSC Advances, 2016, 6(82): 78322-78334.

[40] AHMADI E, KOKSALDI O S, KAUN S W, et al. Ge doping of β-Ga_2O_3 films grown by plasma-assisted molecular beam epitaxy [J]. Applied Physics Express, 2017, 10(4): 041102.

[41] KURAMATA A, KOSHI K, WATANABE S, et al. High-quality beta-Ga_2O_3 single crystals grown by edge-defined film-fed growth [J]. Japanese Journal of Applied Physics, 2016, 55(12): 8506.

[42] ViLLORA E G, SHIMAMURA K, YOSHIKAWA Y, et al. Electrical conductivity and carrier concentration control in β-Ga_2O_3 by Si doping [J]. Applied Physics Letters, 2008, 92(20): 202120.

[43] ZHOU W, XIA C T, SAI Q L, et al. Controlling N-type conductivity of β-Ga_2O_3 by Nb doping [J]. Applied Physics Letters, 2017, 111(24): 242103.

[44] CUI H, MOHAMED H F, XIA C, et al. Tuning electrical conductivity of β-Ga_2O_3 single crystals by Ta doping [J]. Journal of Alloys and Compounds, 2019, 788: 925-928.

[45] ORITA M, OHTA H, HIRANO M, et al. Deep-ultraviolet transparent conductive β-Ga_2O_3 thin films [J]. Applied Physics Letters, 2000, 77(25): 4166-4168.

[46] OISHI T, HARADA K, KOGA Y, et al. Conduction mechanism in highly doped β-Ga_2O_3 (-201) single crystals grown by edge-defined film-fed growth method and

their Schottky barrier diodes [J]. Japanese Journal of Applied Physics Part 1, 2016, 55: 030305.

[47] MA N, TANEN N, VERMA A, et al. Intrinsic electron mobility limits in β-Ga_2O_3 [J]. Applied Physics Letters, 2016, 109(21): 212101.

[48] NEAL A T, MOU S, LOPEZ R, et al. Incomplete ionization of a 110 meV unintentional donor in β-Ga_2O_3 and its effect on power devices [J]. Scientific Reports, 2017, 7(1): 13218.

[49] PARISINI A, FORNARI R. Analysis of the scattering mechanisms controlling electron mobility in β-Ga_2O_3 crystals [J]. Semiconductor Science and Technology, 2016, 31(3): 035023.

[50] GALAZKA Z, UECKER R, IRMSCHER K, et al. Czochralski growth and characterization of β-Ga_2O_3 single crystals [J]. Crystal Research and Technology, 2010, 45(12): 1229-1236.

[51] VARLEY J B, WEBER J R, JANOTTI A, et al. Oxygen vacancies and donor impurities in β-Ga_2O_3 [J]. Applied Physics Letters, 2010, 97(14): 142106.

[52] SIAH S C, BRANDT R E, LIM K, et al. Dopant activation in Sn-doped Ga_2O_3 investigated by X-ray absorption spectroscopy [J]. Applied Physics Letters, 2015, 107(25): 252103.

[53] IWAYA K, SHIMIZU R, AIDA H, et al. Atomically resolved silicon donor states of β-Ga_2O_3 [J]. Applied Physics Letters, 2011, 98(14): 142116.

[54] FENG Z, ANHAR UDDIN BHUIYAN A F M, KARIM M R, et al. MOCVD homoepitaxy of Si-doped (010) β-Ga_2O_3 thin films with superior transport properties [J]. Applied Physics Letters, 2019, 114(25): 250601.

[55] UEDA N, HOSONO H, WASEDA R, et al. Synthesis and control of conductivity of ultraviolet transmitting β-Ga_2O_3 single crystals [J]. Applied Physics Letters, 1997, 70(26): 3561-3563.

[56] LORENZ M R, WOODS J F, GAMBINO R J. Some electrical properties of semiconductor beta-Ga_2O_3 [J]. Journal of Physics and Chemistry of Solids, 1967, 28 (3): 403-404.

[57] UEDA N, HOSONO H, WASEDA R, et al. Anisotropy of electrical and optical properties in β-Ga_2O_3 single crystals [J]. Applied Physics Letters, 1997, 71(7): 933-935.

[58] GALAZKA Z, UECKER R, KLIMM D, et al. Scaling-up of bulk β-Ga_2O_3 single

crystals by the Czochralski method [J]. ECS Journal of Solid State Science and Technology, 2016, 6(2): Q3007-Q3011.

[59] VLLORA E G, MORIOKA Y, ATOU T, et al. Infrared reflectance and electrical conductivity of β-Ga_2O_3 [J]. Physica Status Solidi A: Applications and Materials Science, 2002, 193(1): 187-195.

[60] SUZUKI N, OHIRA S, TANAKA M, et al. Fabrication and characterization of transparent conductive Sn-doped beta-Ga_2O_3 single crystal [M]. Physica Status Solidi C - Current Topics in Solid State Physics, Vol 4 No 7 2007. 2007: 2310-2313.

[61] OHIRA S, SUZUKI N, ARAI N, et al. Characterization of transparent and conducting Sn-doped β-Ga_2O_3 single crystal after annealing [J]. Thin Solid Films, 2008, 516(17): 5763-5767.

[62] ONUMA T, SAITO S, SASAKI K, et al. Valence band ordering in β-Ga_2O_3 studied by polarized transmittance and reflectance spectroscopy [J]. Japanese Journal of Applied Physics, 2015, 54(11): 112601.

[63] MU W, JIA Z, YIN Y, et al. High quality crystal growth and anisotropic physical characterization of β-Ga_2O_3 single crystals grown by EFG method [J]. Journal of Alloys and Compounds, 2017, 714: 453-458.

[64] AHMADI E, OSHIMA Y. Materials issues and devices of α- and β-Ga_2O_3 [J]. Journal of Applied Physics, 2019, 126(16): 160901.

[65] LEEDY K D, CHABAK K D, VASILYEV V, et al. Si content variation and influence of deposition atmosphere in homoepitaxial Si-doped β-Ga_2O_3 films by pulsed laser deposition [J]. APL Materials, 2018, 6(10): 101102.

[66] JINNO R, UCHIDA T, KANEKO K, et al. Reduction in edge dislocation density in corundum-structured α-Ga_2O_3 layers on sapphire substrates with quasi-graded α-(Al, Ga)$_2O_3$ buffer layers [J]. Applied Physics Express, 2016, 9(7): 071101.

[67] LEACH J H, UDWARY K, RUMSEY J, et al. Halide vapor phase epitaxial growth of β-Ga_2O_3 and α-Ga_2O_3 films [J]. APL Materials, 2019, 7(2): 022504.

[68] RAFIQUE S, KARIM M R, JOHNSON J M, et al. LPCVD homoepitaxy of Si doped β-Ga_2O_3 thin films on (010) and (001) substrates [J]. Applied Physics Letters, 2018, 112(5): 052104.

[69] LEEDY K D, CHABAK K D, VASILYEV V, et al. Highly conductive homoepitaxial Si-doped Ga_2O_3 films on (010) β-Ga_2O_3 by pulsed laser deposition [J]. Applied

Physics Letters, 2017, 111(1): 012103.

[70] ZHANG F, ARITA M, WANG X, et al. Toward controlling the carrier density of Si doped Ga_2O_3 films by pulsed laser deposition [J]. Applied Physics Letters, 2016, 109(10): 100-104.

[71] ZHANG F, SAITO K, TANAKA T, et al. Electrical properties of Si doped Ga_2O_3 films grown by pulsed laser deposition [J]. Journal of Materials Science-Materials in Electronics, 2015, 26(12): 9624-9629.

[72] ZHANG J, SHI J, QI D C, et al. Recent progress on the electronic structure, defect, and doping properties of Ga_2O_3 [J]. APL Materials, 2020, 8(2): 020906.

[73] FENG Z, BHUIYAN A F M A U, XIA Z, et al. Probing charge transport and background doping in metal-organic chemical vapor deposition-grown (010) β-Ga_2O_3 [J]. Physica Status Solidi RRL: Rapid Research Letters, 2020, 14(8): 2000145.

[74] DEáK P, DUY HO Q, SEEMANN F, et al. Choosing the correct hybrid for defect calculations: A case study on intrinsic carrier trapping in β-Ga_2O_3 [J]. Physical Review B, 2017, 95(7): 075208.

[75] TRINH X T, NILSSON D, IVANOV I G, et al. Stable and metastable Si negative-U centers in AlGaN and AlN [J]. Applied Physics Letters, 2014, 105(16): 162106.

[76] BINET L, GOURIER D. Origin of the blue luminescence of β-Ga_2O_3 [J]. Journal of Physics and Chemistry of Solids, 1998, 59(8): 1241-1249.

[77] OHIRA S, ARAI N. Wet chemical etching behavior of β-Ga_2O_3 single crystal [J]. Physica Status Solidi C: Current Topics in Solid State Physics, 2008, 5(9): 3116-3118.

[78] ZADE V, MALLESHAM B, ROY S, et al. Electronic structure of tungsten-doped β-Ga_2O_3 compounds [J]. ECS Journal of Solid State Science and Technology, 2019, 8: Q3111-Q3115.

[79] BATTU A K, MANANDHAR S, SHUTTHANANDAN V, et al. Controlled optical properties via chemical composition tuning in molybdenum-incorporated β-Ga_2O_3 nanocrystalline films [J]. Chemical Physics Letters, 2017, 684: 363.

[80] KIM H G, KIM W T. Optical properties of β-Ga_2O_3 and α-Ga_2O_3: Co thin films grown by spray pyrolysis [J]. Journal of Applied Physics, 1987, 62(5): 2000-2002.

[81] NOGALES E, GARCíA J Á, MéNDEZ B, et al. Doped gallium oxide nanowires with waveguiding behavior [J]. Applied Physics Letters, 2007, 91(13): 133108.

[82] GOLLAKOTA P, DHAWAN A, WELLENIUS P, et al. Optical characterization of Eu-doped β-Ga_2O_3 thin films [J]. Applied Physics Letters, 2006, 88(22): 221906.

[83] MENG F, SHI J, LIU Z, et al. High mobility transparent conductive W-doped In_2O_3 thin films prepared at low substrate temperature and its application to solar cells [J]. Solar Energy Materials and Solar Cells, 2014, 122: 70.

[84] NEWHOUSE P F, PARK C H, KESZLER D A, et al. High electron mobility W-doped In_2O_3 thin films by pulsed laser deposition [J]. Applied Physics Letters, 2005, 87: 112108.

[85] BHACHU D S, SCANLON D O, SANKAR G, et al. Origin of high mobility in molybdenum-doped indium oxide [J]. Chemistry of Materials, 2015, 27: 2788.

[86] SWALLOW J E N, WILLIAMSON B A D, SATHASIVAM S, et al. Resonant doping for high mobility transparent conductors: The case of Mo-doped In_2O_3 [J]. Materials Horizons, 2020, 7: 236.

[87] SALEH M, BHATTACHARYYA A, VARLEY J B, et al. Electrical and optical properties of Zr doped β-Ga_2O_3 single crystals [J]. Applied Physics Express, 2019, 12: 085502.

[88] ZHANG K H, XI K, BLAMIRE M G, et al. P-type transparent conducting oxides [J]. Journal of Physics: Condensed Matter, 2016, 28(38): 383002.

[89] GALAZKA Z. β-Ga_2O_3 for wide-bandgap electronics and optoelectronics [J]. Semiconductor Science and Technology, 2018, 33(11): 113001.

[90] PEARTON S J, REN F, TADJER M, et al. Perspective: Ga_2O_3 for ultra-high power rectifiers and MOSFETS [J]. Journal of Applied Physics, 2018, 124(22): 220901.

[91] CHEN X, REN F, GU S, et al. Review of gallium-oxide-based solar-blind ultraviolet photodetectors [J]. Photonics Research, 2019, 7(4): 381-415.

[92] BLANCO M A, SAHARIAH M B, JIANG H, et al. Energetics and migration of point defects in Ga_2O_3 [J]. Physical Review B, 2005, 72(18): 184103.

[93] HE H, BLANCO M A, PANDEY R. Electronic and thermodynamic properties of β-Ga_2O_3 [J]. Applied Physics Letters, 2006, 88(26): 261904.

[94] HE H, ORLANDO R, BLANCO M A, et al. First-principles study of the structural, electronic, and optical properties of Ga_2O_3 in its monoclinic and hexagonal phases [J]. Physical Review B, 2006, 74(19): 195123.

[95] GUO Z, VERMA A, WU X, et al. Anisotropic thermal conductivity in single crystal

β-gallium oxide [J]. Applied Physics Letters, 2015, 106(11): 111909.

[96] KRANERT C, STURM C, SCHMIDT-GRUND R, et al. Raman tensor elements of β-Ga_2O_3 [J]. Scientific Reports, 2016, 6: 35964.

[97] MOCK A, KORLACKI R, BRILEY C, et al. Band-to-band transitions, selection rules, effective mass, and excitonic contributions in monoclinic β-Ga_2O_3 [J]. Physical Review B, 2017, 96(24): 245205.

[98] BERMUDEZ V M. The structure of low-index surfaces of β-Ga_2O_3 [J]. Chemical Physics, 2006, 323(2-3): 193-203.

[99] LIU T, TRANCA I, YANG J, et al. Theoretical insight into the roles of cocatalysts in the Ni - NiO/β-Ga_2O_3 photocatalyst for overall water splitting [J]. Journal of Materials Chemistry A: Materials for Energy and Sustainability, 2015, 3(19): 10309-10319.

[100] JANOWITZ C, SCHERER V, MOHAMED M, et al. Experimental electronic structure of In_2O_3 and Ga_2O_3 [J]. New Journal of Physics, 2011, 13(8): 085014.

[101] MENGLE K A, SHI G, BAYERL D, et al. First-principles calculations of the near-edge optical properties of β-Ga_2O_3 [J]. Applied Physics Letters, 2016, 109(21): 212104.

[102] NAVARRO-QUEZADA A, ALAMé S, ESSER N, et al. Near valence-band electronic properties of semiconducting β-Ga_2O_3 (100) single crystals [J]. Physical Review B, 2015, 92(19): 195306.

[103] MORKOc H. Handbook of Nitride Semiconductors and Devices [M]. John Wiley & Sons, 2008.

[104] SHIH B C, XUE Y, ZHANG P, et al. Quasiparticle band gap of ZnO: high accuracy from the conventional G0W0 approach [J]. Physical Review Letters, 2010, 105(14): 146401.

[105] YAMAGUCHI K. First principles study on electronic structure of β-Ga_2O_3 [J]. Solid State Communications, 2004, 131(12): 739-744.

[106] LOVEJOY T C, YITAMBEN E N, SHAMIR N, et al. Surface morphology and electronic structure of bulk single crystal β-Ga_2O_3 (100) [J]. Applied Physics Letters, 2009, 94(8): 081906.

[107] MOHAMED M, JANOWITZ C, UNGER I, et al. The electronic structure of β-Ga_2O_3 [J]. Applied Physics Letters, 2010, 97(21): 211903.

[108] LI J, CHEN X, MA T, et al. Identification and modulation of electronic band structures of single-phase β-(Al_xGa_{1-x})$_2O_3$ alloys grown by laser molecular beam epitaxy [J]. Applied Physics Letters, 2018, 113(4): 041901.

[109] LYONS J L. A survey of acceptor dopants for β-Ga_2O_3 [J]. Semiconductor Science and Technology, 2018, 33: 05LT02.

[110] VARLEY J B, JANOTTI A, FRANCHINI C, et al. Role of self-trapping in luminescence and p-type conductivity of wide-band-gap oxides [J]. Physical Review B, 2012, 85(8): 081109.

[111] TETZNER K, THIES A, BAHAT TREIDEL E, et al. Selective area isolation of β-Ga_2O_3 using multiple energy nitrogen ion implantation [J]. Applied Physics Letters, 2018, 113(17): 172104.

[112] KAMIMURA T, NAKATA Y, WONG M H, et al. Normally-off Ga_2O_3 MOSFETs with unintentionally Nitrogen-doped channel layer grown by plasma-assisted molecular beam epitaxy [J]. IEEE Electron Device Letters, 2019, 40(7): 1064-1067.

[113] TADJER M J, KOEHLER A D, FREITAS J A, et al. High resistivity halide vapor phase homoepitaxial β-Ga_2O_3 films co-doped by silicon and nitrogen [J]. Applied Physics Letters, 2018, 113(19): 192102.

[114] HARWIG T, KELLENDONK F. Some observations on the photoluminescence of doped β-gallium sesquioxide [J]. Journal of Solid State Chemistry, 1978, 24: 255-263.

[115] ONUMA T, NAKATA Y, SASAKI K, et al. Modeling and interpretation of UV and blue luminescence intensity in β-Ga_2O_3 by silicon and nitrogen doping [J]. Journal of Applied Physics, 2018, 124(7): 075103.

[116] GAKE T, KUMAGAI Y, OBA F. First-principles study of self-trapped holes and acceptor impurities in Ga_2O_3 polymorphs [J]. Physical Review Materials, 2019, 3(4): 044603.

[117] KANANEN B E, HALLIBURTON L E, SCHERRER E M, et al. Electron paramagnetic resonance study of neutral Mg acceptors in β-Ga_2O_3 crystals [J]. Applied Physics Letters, 2017, 111(7): 072102.

[118] FURTHMüLLER J, BECHSTEDT F. Quasiparticle bands and spectra of Ga_2O_3 polymorphs [J]. Physical Review B, 2016, 93(11): 115204.

[119] GONG H H, CHEN X H, XU Y, et al. A 1.86 kV double-layered NiO/β-Ga_2O_3 vertical p－n heterojunction diode [J]. Applied Physics Letters, 2020, 117(2).

[120] WATAHIKI T, YUDA Y, FURUKAWA A, et al. Heterojunction p-Cu_2O/n-Ga_2O_3 diode with high breakdown voltage [J]. Applied Physics Letters, 2017, 111(22): 222104.

[121] KAN S I, TAKEMOTO S, KANEKO K, et al. Electrical properties of α-Ir_2O_3/α-Ga_2O_3 pn heterojunction diode and band alignment of the heterostructure [J]. Applied Physics Letters, 2018, 113(21): 212104.

[122] SZE S M, LEE M K. Semiconductor devices: physics and technology [M]. 3rd ed.: John Wiley & Sons, 2012.

[123] HAMAGUCHI C, HAMAGUCHI C. Basic semiconductor physics [M]. Springer, 2010.

[124] LOOK D C. Electrical characterization of GaAs materials and devices [M]. New York: Wiley, 1989.

[125] HOWARTH D J, SONDHEIMER E H. The theory of electronic conduction in polar semi-conductors [J]. Proceedings of the Royal Society of London, Series A: Mathematical, Physical and Engineering Sciences, 1953, 219(1136): 53-74.

[126] FLETCHER K, BUTCHER P N. An exact solution of the linearized Boltzmann equation with applications to the Hall mobility and Hall factor of N-GaAs [J]. Journal of Physics C: Solid State Physics, 1972, 5(2): 212-224.

[127] EHRENREICH H, COHEN M H. Self-consistent field approach to the many-electron problem [J]. Physical Review, 1959, 115(4): 786-790.

[128] EHRENREICH H. Electron scattering in InSb [J]. Journal of Physics and Chemistry of Solids, 1957, 2(2): 131-149.

[129] EHRENREICH H. Screening effects in polar semiconductors [J]. Journal of Physics and Chemistry of Solids, 1959, 8: 130-135.

[130] PREISSLER N, BIERWAGEN O, RAMU A T, et al. Electrical transport, electrothermal transport, and effective electron mass in single-crystalline In_2O_3 films [J]. Physical Review B, 2013, 88(8): 085305.

[131] CONWELL E, WEISSKOPF V F. Theory of Impurity Scattering in Semiconductors [J]. Physical Review, 1950, 77(3): 388-390.

[132] WANG S, LIU H, SONG X, et al. An analytical model of anisotropic low-field

electron mobility in wurtzite indium nitride [J]. Applied Physics A, 2013, 114(4): 1113-1117.

[133] MEYER J R, BARTOLI F J. Ionized-impurity scattering in the strong-screening limit [J]. Phys Rev B Condens Matter, 1987, 36(11): 5989-6000.

[134] DHAR S, GHOSH S. Low field electron mobility in GaN [J]. Journal of Applied Physics, 1999, 86(5): 2668-2676.

[135] PETER Y, CARDONA M. Fundamentals of semiconductors: physics and materials properties [M]. Springer Science & Business Media, 2010.

[136] ERGINSOY C. Neutral impurity scattering in semiconductors [J]. Physical Review, 1950, 79(6): 1013-1014.

[137] MA T C, CHEN X H, KUANG Y, et al. On the origin of dislocation generation and annihilation in α-Ga_2O_3 epilayers on sapphire [J]. Applied Physics Letters, 2019, 115(18): 182101.

[138] READ W T. Theory of dislocations in germanium [J]. Philosophical Magazine, 1954, 45(367): 775-796.

[139] NG H M, DOPPALAPUDI D, MOUSTAKAS T D, et al. The role of dislocation scattering in N-type GaN films [J]. Applied Physics Letters, 1998, 73(6): 821-823.

[140] GURUSINGHE M N, ANDERSSON T G. Mobility in epitaxial GaN: Limitations of free-electron concentration due to dislocations and compensation [J]. Physical Review B, 2003, 67(23): 235208.

[141] PöDöR B. Electron mobility in plastically deformed germanium [J]. Physica Status Solidi B: Basic Research, 1966, 16(2): K167-K170.

[142] KRASAVIN S E. Effect of charged dislocation walls on mobility in GaN epitaxial layers [J]. Semiconductors, 2012, 46(5): 598-601.

[143] AKAIWA K, KANEKO K, ICHINO K, et al. Conductivity control of Sn-doped α-Ga_2O_3 thin films grown on sapphire substrates [J]. Japanese Journal of Applied Physics, 2016, 55(12): 1202BA.

[144] FRÖHLICH H. Electrons in lattice fields [J]. Advances in Physics, 1954, 3(11): 325-361.

[145] FISCHETTI M V. Effect of the electron-plasmon interaction on the electron mobility in silicon [J]. Phys Rev B Condens Matter, 1991, 44(11): 5527-5534.

[146] BENNETT H S. Majority and minority electron and hole mobilities in heavily doped

gallium aluminum arsenide [J]. Journal of Applied Physics, 1996, 80(7): 3844-3853.

[147] SZE S M, NG K K. Physics of Semiconductor Devices [M]. New Jersey: John Wiley & Sons, Inc., 2007.

[148] ABSTREITER G, BRUGGER H, WOLF T, et al. Strain-induced two-dimensional electron gas in selectively doped Si/Si_xGe_{1-x} superlattices [J]. Physical Review Letters, 1985, 54(22): 2441-2444.

[149] PFEIFFER L, WEST K W, STORMER H L, et al. Electron mobilities exceeding 107 cm^2/V s in modulation-doped GaAs [J]. Applied Physics Letters, 1989, 55 (18): 1888-1890.

[150] IBBETSON J P, FINI P T, NESS K D, et al. Polarization effects, surface states, and the source of electrons in AlGaN/GaN heterostructure field effect transistors [J]. Applied Physics Letters, 2000, 77(2): 250-252.

[151] FALSON J, MARYENKO D, FRIESS B, et al. Even-denominator fractional quantum Hall physics in ZnO [J]. Nature Physics, 2015, 11(4): 347-351.

[152] FALSON J, KAWASAKI M. A review of the quantum Hall effects in MgZnO/ZnO heterostructures [J]. Reports on Progress in Physics, 2018, 81(5): 056501.

[153] GHOSH K, SINGISETTI U. Electron mobility in monoclinic β-Ga_2O_3—Effect of plasmon-phonon coupling, anisotropy, and confinement [J]. Journal of Materials Research, 2017, 32(22): 4142-4152.

[154] HIGASHIWAKI M, FUJITA S. Gallium Oxide: Materials Properties, Crystal Growth, and Devices [M]. Splinger, 2020.

[155] CHEN X, JAGADISH C, YE J. Fundamental properties and power electronic device progress of gallium oxide [M]. John Wiley & Sons, 2021.

[156] KAUN S W, WU F, SPECK J S. β-$(Al_xGa_{1-x})_2O_3/Ga_2O_3$ (010) heterostructures grown on β-Ga_2O_3 (010) substrates by plasma-assisted molecular beam epitaxy [J]. Journal of Vacuum Science and Technology A, 2015, 33(4): 041508.

[157] WAKABAYASHI R, HATTORI M, YOSHIMATSU K, et al. Band alignment at β-$(Al_xGa_{1-x})_2O_3/\beta$-$Ga_2O_3$ (100) interface fabricated by pulsed-laser deposition [J]. Applied Physics Letters, 2018, 112(23): 232103.

[158] ANHAR UDDIN BHUIYAN A F M, FENG Z, JOHNSON J M, et al. MOCVD epitaxy of β-$(Al_xGa_{1-x})_2O_3$ thin films on (010) Ga_2O_3 substrates and N-type doping

[J]. Applied Physics Letters, 2019, 115(12): 120602.

[159] PEELAERS H, VARLEY J B, SPECK J S, et al. Structural and electronic properties of Ga_2O_3-Al_2O_3 alloys [J]. Applied Physics Letters, 2018, 112(24): 242101.

[160] WANG T, LI W, NI C, et al. Band gap and band offset of Ga_2O_3 and $(Al_xGa_{1-x})_2O_3$ alloys [J]. Physical Review Applied, 2018, 10(1): 011003.

[161] JOISHI C, ZHANG Y, XIA Z, et al. Breakdown characteristics of β-Ga_2O_3/Ga_2O_3 field-plated modulation-doped field-effect transistors [J]. IEEE Electron Device Letters, 2019, 40(8): 1241-1244.

[162] ZHANG Y, XIA Z, MCGLONE J, et al. Evaluation of low-temperature saturation velocity in β-$(Al_xGa_{1-x})_2O_3$/Ga_2O_3 modulation-doped field-effect transistors [J]. IEEE Transactions on Electron Devices, 2019, 66(3): 1574-1578.

[163] KRISHNAMOORTHY S, XIA Z, BAJAJ S, et al. Delta-doped β-gallium oxide field-effect transistor [J]. Applied Physics Express, 2017, 10(5): 051102.

[164] AHMADI E, KOKSALDI O S, ZHENG X, et al. Demonstration of β-$(Al_xGa_{1-x})_2O_3$/β-Ga_2O_3 modulation doped field-effect transistors with Ge as dopant grown via plasma-assisted molecular beam epitaxy [J]. Applied Physics Express, 2017, 10(7): 071101.

[165] ZHANG Y, JOISHI C, XIA Z, et al. Demonstration of β-$(Al_xGa_{1-x})_2O_3$/β-Ga_2O_3 double heterostructure field effect transistors [J]. Applied Physics Letters, 2018, 112(23): 233503.

[166] KANG Y, KRISHNASWAMY K, PEELAERS H, et al. Fundamental limits on the electron mobility of β-Ga_2O_3 [J]. Journal of Physics: Condensed Matter, 2017, 29(23): 234001.

[167] WANG T, OHNO Y, LACHAB M, et al. Electron mobility exceeding 104 cm^2/Vs in an AlGaN-GaN heterostructure grown on a sapphire substrate [J]. Applied Physics Letters, 1999, 74(23): 3531-3533.

[168] HIGASHIWAKI M, SASAKI K, MURAKAMI H, et al. Recent progress in Ga_2O_3 power devices [J]. Semiconductor Science and Technology, 2016, 31(3): 034001.

[169] HIGASHIWAKI M, SASAKI K, KAMIMURA T, et al. Depletion-mode Ga_2O_3 metal-oxide-semiconductor field-effect transistors on β-Ga_2O_3 (010) substrates and temperature dependence of their device characteristics [J]. Applied Physics Letters,

2013, 103(12): 123511.

[170] ZENG K, WALLACE J S, HEIMBURGER C, et al. Ga_2O_3 MOSFETs using spin-on-glass source/drain doping technology [J]. IEEE Electron Device Letters, 2017, 38(4): 513-516.

[171] GREEN A J, CHABAK K D, HELLER E R, et al. 3.8 MV/cm breakdown strength of MOVPE-grown Sn-doped β-Ga_2O_3 MOSFETs [J]. IEEE Electron Device Letters, 2016, 37(7): 902-905.

[172] CHABAK K D, MOSER N, GREEN A J, et al. Enhancement-mode Ga_2O_3 wrap-gate fin field-effect transistors on native (100) β-Ga_2O_3 substrate with high breakdown voltage [J]. Applied Physics Letters, 2016, 109(21): 213501.

[173] OISHI T, KOGA Y, HARADA K, et al. High-mobility β-Ga_2O_3 (-201) single crystals grown by edge-defined film-fed growth method and their Schottky barrier diodes with Ni contact [J]. Applied Physics Express, 2015, 8(3): 031101.

[174] HIGASHIWAKI M, SASAKI K, GOTO K, et al. Ga_2O_3 Schottky barrier diodes with N-Ga_2O_3 drift layers grown by HVPE; proceedings of the 2015 73rd Annual Device Research Conference (DRC), F, 2015 [C]. IEEE.

[175] SASAKI K, HIGASHIWAKI M, KURAMATA A, et al. Ga_2O_3 Schottky barrier diodes fabricated by using single-crystal β-Ga_2O_3 (010) substrates [J]. IEEE Electron Device Letters, 2013, 34(4): 493-495.

[176] OSHIMA T, OKUNO T, ARAI N, et al. Vertical solar-blind deep-ultraviolet Schottky photodetectors based on β-Ga_2O_3 substrates [J]. Applied Physics Express, 2008, 1(1): 011202.

[177] GUO D, WU Z, LI P, et al. Fabrication of β-Ga_2O_3 thin films and solar-blind photodetectors by laser MBE technology [J]. Optical Materials Express, 2014, 4(5): 1067-1076.

[178] FENG Q, HUANG L, HAN G, et al. Comparison study of β-Ga_2O_3 photodetectors on bulk substrate and sapphire [J]. IEEE Transactions on Electron Devices, 2016, 63(9): 3578-3583.

[179] TOMM Y, REICHE P, KLIMM D, et al. Czochralski grown β-Ga_2O_3 crystals [J]. Journal of Crystal Growth, 2000, 220(4): 510-514.

[180] BALIGA B J. Gallium nitride devices for power electronic applications [J]. Semiconductor Science and Technology, 2013, 28(7): 074011.

[181] GHOSH K, SINGISETTI U. Ab initio calculation of electron - phonon coupling in monoclinic β-Ga_2O_3 crystal [J]. Applied Physics Letters, 2016, 109(7): 072102.

[182] WONG M H, SASAKI K, KURAMATA A, et al. Electron channel mobility in silicon-doped Ga_2O_3 MOSFETs with a resistive buffer layer [J]. Japanese Journal of Applied Physics, 2016, 55(12): 1202B1209.

[183] GHOSH K, SINGISETTI U. Ab initio velocity-field curves in monoclinic β-Ga_2O_3 [J]. Journal of Applied Physics, 2017, 122(3): 035702.

[184] GHOSH K, SINGISETTI U. Impact ionization in β-Ga_2O_3 [J]. Journal of Applied Physics, 2018, 124(8): 085707.

[185] DEKORSY T, OTT R, KURZ H, et al. Bloch oscillations at room temperature [J]. Physical Review B: Condensed Matter, 1995, 51(23): 17275-17278.

[186] BERNARDI M, VIGIL-FOWLER D, ONG C S, et al. Ab initio study of hot electrons in GaAs [J]. Proceedings of the National Academy of Sciences of the United States of America, 2015, 112(17): 5291-5296.

[187] CHYNOWETH A G. Ionization rates for electrons and holes in silicon [J]. Physical Review, 1958, 109(5): 1537-1540.

[188] LEE I, KUMAR A, ZENG K, et al. Mixed-mode circuit simulation to characterize Ga_2O_3 MOSFETs in different device structures [M]. 2017.

[189] LEE I, KUMAR A, ZENG K, et al. Modeling and power loss evaluation of ultra wide band gap Ga_2O_3 device for high power applications [M]. 2017 IEEE Energy Conversion Congress and Exposition. 2017: 4377-4382.

第3章

氧化镓器件中的接触

半导体器件涉及多种材料之间的接触，主要包括半导体与金属之间的接触(欧姆接触和肖特基接触)、半导体与介质材料之间的接触以及半导体与半导体之间的接触(同质结与异质结)。各类接触界面的特性在半导体器件性能中扮演着极其重要的角色。因此，对于器件中材料接触特性的研究是非常重要的，氧化镓器件也不例外。本章主要介绍氧化镓半导体与金属之间的欧姆接触和肖特基接触，以及氧化镓半导体与介质材料之间的接触特性。

3.1 欧姆接触

金属与半导体接触时，由于金属的功函数与半导体的功函数之间的差距而形成不同的接触界面。通常具有低界面接触电阻 R_c 且电流-电压之间具有较好线性度关系的非整流接触称为欧姆接触，即对于电流传输，金属-半导体(金-半)接触界面的势垒是不存在或透明的。常见的欧姆接触主要有两种：第一种是理想的金属-半导体非整流接触，第二种是半导体表面重掺杂利用隧道效应与金属形成欧姆接触。

形成高质量、高稳定性的欧姆接触是半导体器件极其重要的一环。接触电阻 R_c 或接触电阻率 ρ_c 是欧姆接触的重要指标参数。低接触电阻能够有效降低接触压降，减小导通损耗并提高器件的导通速度。同时，由于器件工作时的自热效应，具有低接触电阻及高热稳定性的欧姆接触能够提高器件的可靠性。接触电阻常采用矩形传输线模型(TLM)或环形传输线模型(CTLM)进行表征测试。

3.1.1 欧姆接触基本理论

1. 理想非整流接触势垒

对于N型半导体，我们考虑在金属功函数 ϕ_m < 半导体功函数 ϕ_s 的情况下金-半接触的理想情况。图3.1(a)为接触前金-半接触的理想能带图，图3.1(b)为热平衡下金-半欧姆接触的理想能带图。热平衡前，为了达到热平衡，电子从金属流到能量状态低的半导体中，使得半导体表面大量电子聚集。当在金属表面加正电压时，不存在电子从半导体流向金属的势垒；而当在金属表面加负电压时，电子能很容易从金属流向半导体，便形成了欧姆接触[1-3]。

然而，由于半导体表面大量界面态的存在，理想的金-半接触总是很难实

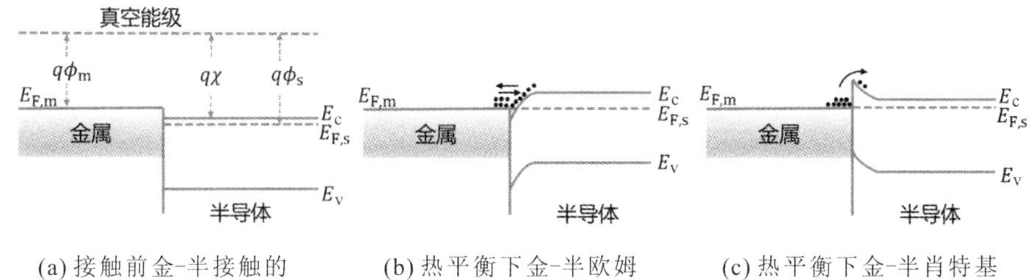

(a) 接触前金-半接触的理想能带图　(b) 热平衡下金-半欧姆接触的理想能带图　(c) 热平衡下金-半肖特基接触的理想能带图

图 3.1　$\phi_m < \phi_s$ 时金-半接触的理想情况

现的。此外，与窄禁带半导体不同，大多数金属沉积在宽禁带半导体上，都有着较大的势垒高度，金-半接触总是表现出肖特基接触特性，如图 3.1(c)所示。因此通常采用高浓度的掺杂区，利用隧道效应的原理与金属形成欧姆接触。此时接触电阻率 ρ_c 主要与势垒高度 ϕ_B 和半导体掺杂浓度 N_D 有关。

2. 理想非整流接触势垒

对于 N 型半导体，依据 Mott - Schottky(莫特-肖特基)理论，肖特基势垒高度 ϕ_B 可以由式(3 - 1)得到[4]：

$$q\phi_B = q\phi_m - \chi_s \tag{3-1}$$

其中 ϕ_m 和 χ_s 分别为金属功函数和半导体材料的电子亲和势。

对于不同的半导体掺杂浓度 N_d(N 型半导体)，由于形成的耗尽区宽度不同，载流子在金-半界面传输的机制也会有所不同。因此，接触电阻率 ρ_c 对势垒高度 ϕ_B、掺杂浓度 N_d 和温度 T 的依赖程度也不一样。

对于低掺杂半导体，耗尽层宽度足够大，电流传输机制由热电子发射(Thermionic Emission，TE)主导，如图 3.2(a)所示。此时，ρ_c 可由式(3 - 2)得到：

$$\rho_c = \frac{k_B}{qA^* T}\exp\left(\frac{q\phi_B}{k_B T}\right) \tag{3-2}$$

其中：

$$A^* = \frac{4\pi q m_n k_B^2}{h^3} \tag{3-3}$$

参数 A^* 称为热电子发射的有效理查森常数，k_B 为玻耳兹曼常数，m_n 为导带电子有效质量，h 是普朗克常数。

在热电子发射机制下，接触电阻率 ρ_c 主要由 ϕ_B 和 T 决定，与 N_D 关系不大。

对于中等掺杂半导体，耗尽层宽度有所减小，热场发射(Thermionic Field Emission，TFE)开始主导电流传输，如图 3.2(b)所示。依据 Padovani 和 Stratton

的模型理论，引入特征能级 E_{00}(eV)，可由式(3-4)表示：

$$E_{00}=\frac{qh}{4\pi}\sqrt{\frac{N_D}{\varepsilon_0\varepsilon_r\dfrac{m^*}{m_0}}} \tag{3-4}$$

其中 ε_0 为真空介电常数，ε_r 为半导体材料相对介电常数。当 $E_{00}\ll kT$ 时，电流传输机制由 TE 主导；$E_{00}\approx kT$ 或 $E_{00}\gg kT$ 时，载流子通过势垒的方式主要为 TFE 或 FE(Field Emission)。在 TFE 机制下，有

$$\rho_c \propto \exp\frac{\phi_B}{E_{00}\coth\left(\dfrac{E_{00}}{kT}\right)} \tag{3-5}$$

在重掺杂半导体中，耗尽层宽度极小，电子在 FE 机制下直接隧穿通过势垒层，如图 3.2(c)所示，此时，接触电阻率强烈依赖于 ϕ_B 和 N_d，即

$$\rho_c \propto \exp\left(\frac{\phi_B}{\sqrt{N_d}}\right) \tag{3-6}$$

综上考虑，采用低势垒高度金属和重掺杂半导体层是形成具有低接触电阻的欧姆接触的有效手段。

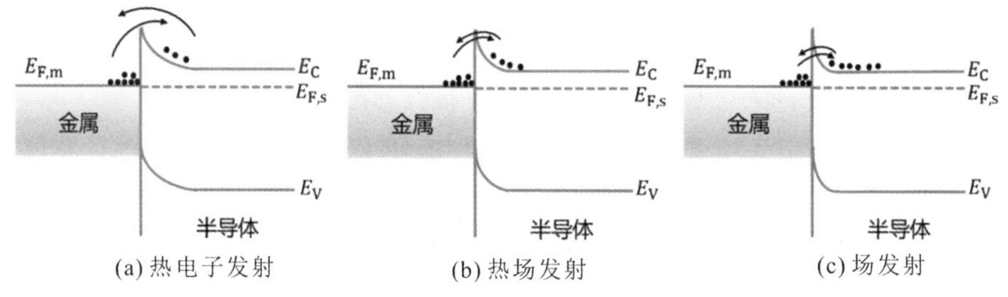

(a) 热电子发射　(b) 热场发射　(c) 场发射

图 3.2　电流传输机制

3.1.2　氧化镓的欧姆接触

宽禁带半导体材料氧化镓由于其独特的材料优势，在功率电子器件的应用中有着巨大的前景。近几年，氧化镓功率器件发展迅猛，国内外各研究团队对氧化镓欧姆接触的形成也做了大量的研究。目前，氧化镓材料要有效形成良好的欧姆接触主要依赖于三个方面，分别是接触材料的选择、表面处理和高掺杂的 Ga_2O_3 接触区。

1. 接触材料的选择

对于 N 型半导体，低功函数金属是形成良好欧姆接触的潜在的选择。氧化镓电子亲和势约为 4.0 eV，因此，选择功函数接近或低于 4.0 eV 的金属形成欧姆

接触是早期研究的一个方向。早在2009年，T. Oshima等人发现将块状金属In($\phi_m \approx 4.1$ eV)置于氧化镓基底背面，样品在800～1000℃退火温度下，$I-V$特性曲线具有很好的线性度，In/Ga_2O_3能够形成较好的欧姆接触，如图3.3所示[5]。

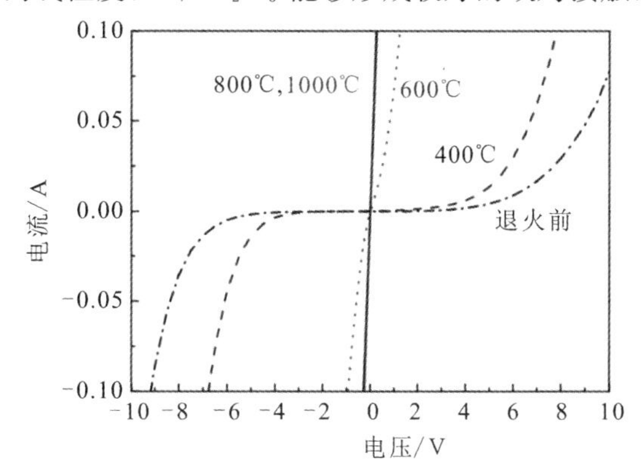

图3.3　不同温度退火下In-Ga_2O_3接触的$I-V$特性

尽管以金属In作为欧姆接触有一定的优势和效果，但其低熔点的特性使得其不太切合实际应用。此外，Yao等人研究了其他几种低功函数的金属(Ti、In、Ag、Sn、W、Mo、Sc、Zn和Zr)与氧化镓形成接触时的电学特性[6]。研究发现，金属Ti和In接触表现出较好的欧姆特性，金属Ag、Sn和Zr接触在合适条件下则显现出近似欧姆接触的特性；而其他几种金属接触都无法表现出欧姆特性，即使是具有最低功函数的金属Sc，这可能与接触界面的表面态有关。

迄今为止，几乎所有的氧化镓电子器件都是采用带有其他金属覆盖层的钛界面层作为欧姆接触电极，覆盖层可以降低金属层总电阻并防止表面氧化。K. Sasaki等人在氧化镓衬底背面通过电子束蒸发Ti(100 nm)/Au(100 nm)，并在450℃、N_2氛围下退火1 min形成良好的欧姆接触[7]。随后该团队在Ga_2O_3 MOSFET的研究中发现，退火后的Au/Ti-Ga_2O_3接触的$I-V$特性显著改善，曲线有极好的线性度，如图3.4(a)所示[8]。

此外，他们通过3.4(b)所示的透射电子显微镜TEM图观察到退火后的Ti/Ga_2O_3界面存在有缺陷的Ga_2O_3层和已反应的Ti-Ga_2O_3层。M. H. Lee等人进一步详细探索了Ti/Ga_2O_3接触的界面反应[9]，他们通过TEM图发现，470℃下短暂退火1 min后，Ti/Ga_2O_3接触区域形成了三个界面层：3～5 nm的Ga_2O_3缺陷层、3～5 nm的Ti-TiO_x混合层和富含Ti纳米晶的Au-Ti混合层，如图3.5所示。

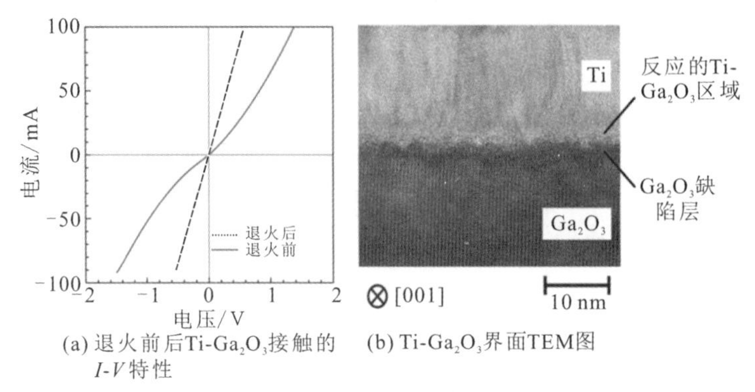

(a) 退火前后Ti-Ga_2O_3接触的 I-V特性　(b) Ti-Ga_2O_3界面TEM图

图 3.4　Ti－Ga_2O_3 的接触

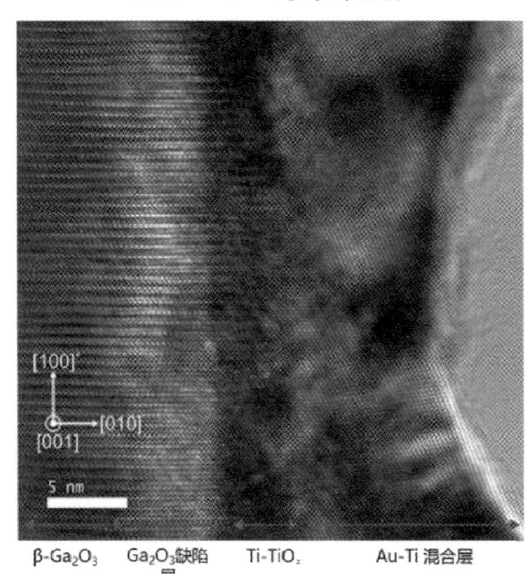

图 3.5　Ti－Ga_2O_3 界面 TEM 图及分层现象

这是由于退火过程中，金属 Ti 在 Ga_2O_3 层及 Au 层发生了扩散反应。尽管 Ga_2O_3 缺陷层中存在一些晶格畸变或其他缺陷，但该层仍保持着单斜晶体结构。图 3.5 显示出边界处的 Ti－TiO_x 混合层与 Ga_2O_3 衬底晶格匹配，这也是能够形成良好欧姆接触的一个重要原因。此外，Ti/Au 之间的相互扩散，使得低电阻的 Au 与高掺杂衬底相邻，从而形成了理想的欧姆接触。Ti/Au 欧姆接触在 α－Ga_2O_3 中也有所报道[10-12]。G. T. Dang 等人在通过 mist－CVD 生长的 α－Ga_2O_3 薄膜制备了 MESFET，其采用 Ti/Au 作为源漏欧姆接触电极[10]。D. Y. Guo 等人在 α－Ga_2O_3 上采用 Ti/Au 作为叉指电极制备日盲探测

器，$I-V$ 特性曲线显示出良好的线性度[11]。

此外，一些研究者还加入了其他金属层在 Ti/Au 的叠层中，如 Al、Ni 和 Pt。但对于欧姆接触是否有积极影响目前还不是很清楚[13-15]。

除了采用传统的金属电极作为欧姆接触外，窄禁带宽度的透明导电氧化物也常作为中间半导体层(Intermediate Semiconductor Layer，ISL)插入金属与氧化镓之间，能够有效降低势垒高度使电子轻松越过势垒[16-19]。此外，高电子浓度的中间层能够进一步降低接触电阻。T. Oshima 等人在非故意掺杂 (Unintentionally Doped，UID)β-Ga_2O_3 衬底上成功地利用铟锡氧化物(Indium-Tin Oxide，ITO)形成了极好的欧姆接触[16]。图 3.6 显示了 Pt/ITO 与 Pt/Ti 两种双层电极在不同温度退火下的 $I-V$ 特性曲线。可以看出 Pt/ITO 电极在 N_2 氛围 850℃退火下的 $I-V$ 特性曲线呈非线性，经 900～1150℃高温退火后

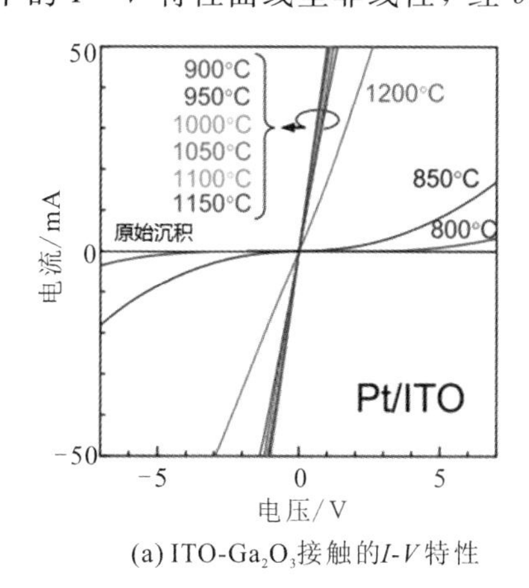

(a) ITO-Ga_2O_3接触的I-V特性

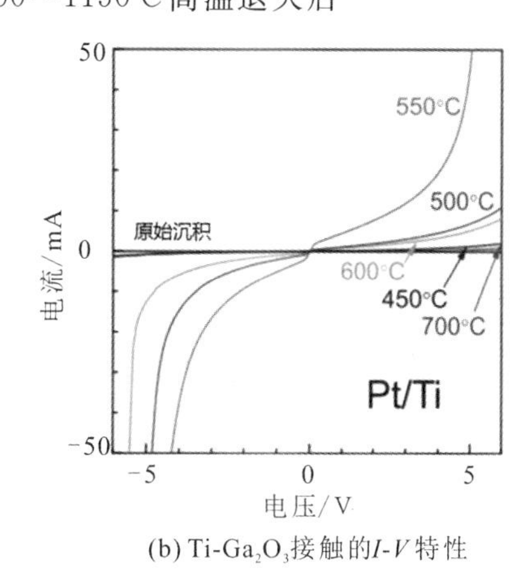

(b) Ti-Ga_2O_3接触的I-V特性

图 3.6　Pt/ITO 与 Pt/Ti 两种双层电极在不同温度退火下的 $I-V$ 特性曲线

呈现出极好的欧姆特性，1200℃时情况开始恶化。对于 Pt/Ti 电极，尽管在 550℃退火后欧姆特性有所改善，但其肖特基接触特性仍比较明显，且随着退火温度升高其欧姆接触特性进一步恶化。Pt/Ti/Ga_2O_3 接触特性较差可能与 Ga_2O_3 载流子浓度较低有关，这也间接证明了 ITO 欧姆接触在低掺杂浓度 Ga_2O_3 衬底上的可适用性。此外 ITO 欧姆接触在高温下有更好的稳定性。P.H. Carey等人研究了 Al 掺杂 ZnO 透明半导体氧化物电极(AZO)作为 Ga_2O_3 欧姆接触的特性，如图 3.7 所示[18]。TLM 结果显示，在 400℃的低温退火下，最小接触电阻和比接触电阻分别为 0.42 Ω·mm 和 2.82×10^{-5} Ω·cm^2。

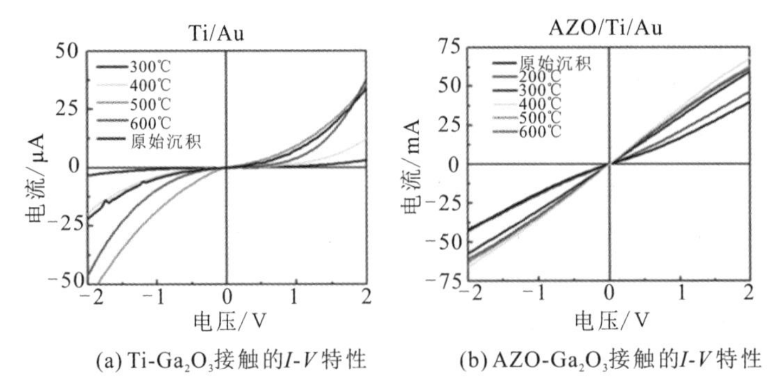

(a) Ti-Ga_2O_3接触的I-V特性　　(b) AZO-Ga_2O_3接触的I-V特性

图 3.7　Ti－与 AZO 两种电极在不同温度退火下I－V特性曲线

2. 表面处理

氧化镓欧姆接触常见的表面处理方式主要有金属沉积前的表面处理和金属沉积后的热退火。金属沉积前，一般对氧化镓表面进行离子刻蚀或等离子轰击[20-25]。

M. Higashiwaki 等人在 2012 年首次提出了 Ga_2O_3 MESFET[20]。实验采用反应离子刻蚀(Reactive－Ion Etching，RIE)对样品表面进行处理，处理时长为 1 min，刻蚀气体为 BCl_3 和 Ar 的混合气体，腔内气压和刻蚀功率分别为 5.0 Pa和 150 W。如图 3.8 所示，RIE处理能够显著降低接触电阻，I－V特性曲

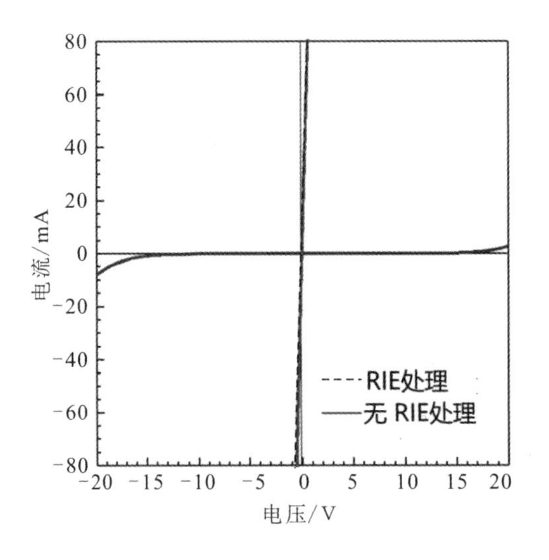

图 3.8　有无 RIE 处理下 Ti－Ga_2O_3 接触的 I－V 特性曲线

线表现出极好的线性度和低电阻特性，这可能是因为刻蚀能够使 Ga_2O_3 表面产生大量的施主表面态，如氧空位，有效促进了 Ti - Ga_2O_3 之间的电子运输。Q. He 等人采用 BCl_3 气体通过电感耦合等离子体刻蚀(Inductively Coupled Plasma, ICP)对样品背面进行处理，从而增加了背面的粗糙度和表面态密度，改善了 Ti/Ga_2O_3 欧姆接触[23]。

此外，H. Zhou 等人报道了低接触电阻的 Ga_2O_3 背栅晶体管[24]。金属沉积前通过 Ar 等离子体轰击接触表面 30 s，可在 Ga_2O_3 表面产生大量的氧空位，提高了表面 N 型掺杂浓度，从而有效降低了欧姆接触电阻。作者还发现等离子体轰击时间若超过优化值 30 s，会导致欧姆接触变差、接触电阻增加。耗尽型器件和增强型器件的接触电阻通过 TLM 模型测试提取，分别为 2.7 Ω·mm 和0.95 Ω·mm，增强型器件的接触电阻较低主要是因为其 Ga_2O_3 纳米薄膜较薄。图 3.9 显示了两种器件的输出特性曲线，可以看出具有较大接触电阻的耗尽型器件，其输出特性曲线在线性区随栅压变化不均匀，因此，降低欧姆接触电阻是提高器件性能的一个关键。

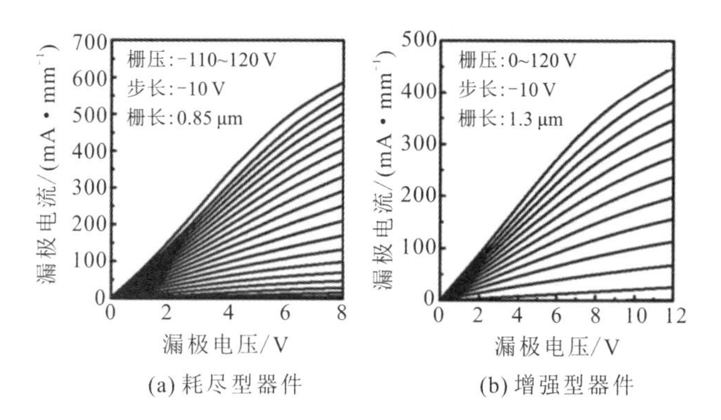

图 3.9 Ga_2O_3 背栅晶体管的输出特性曲线

前述的金属或者透明导电氧化物电极都需要通过采用合适的退火条件才能够形成良好的欧姆接触。退火工艺条件主要包括温度、气体氛围和退火时间。前一小节对透明氧化物电极退火已有所述，此处不再赘述。关于主流金属 Ti 电极的退火主要有 N_2 氛围和 Ar 氛围。空气氛围与 N_2 氛围下退火对比实验已有所研究[26]。从图 3.10 可以看出，N_2 氛围退火欧姆接触特性优于空气氛围，可能是因为空气中 O_2 组分抑制了 Ga_2O_3 中氧空位的形成。K. Sasaki 等人对 Ti/Ga_2O_3 欧姆接触在 N_2 氛围 450℃下退火 1 min 后获得了较好的欧姆接触，之后研究者基本都延续采用或略微优化了该退火条件来实现 Ga_2O_3 的欧姆接触。

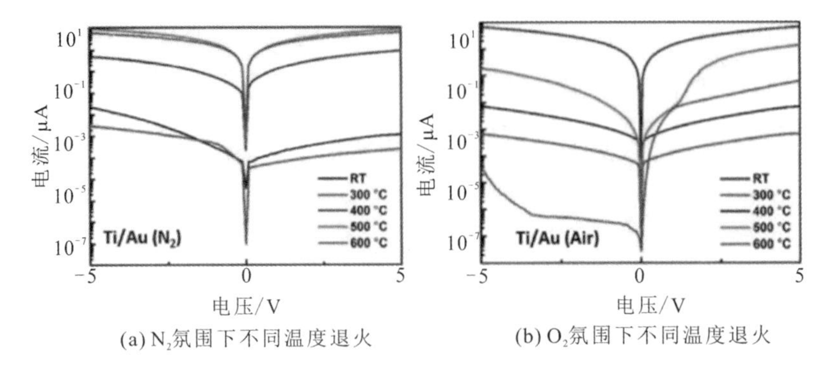

(a) N_2氛围下不同温度退火　　(b) O_2氛围下不同温度退火

图 3.10　不同温度和氛围退火下 Ti－Ga_2O_3 接触的 *I*－*V* 特性曲线

Y. Yao 等人详细研究了在 Ar 氛围下不同温度退火对 Ti/Ga_2O_3 欧姆接触特性的影响[6]。图 3.11(a) SEM 图中显示了退火后 Ti/Ga_2O_3 接触仍保持连续、平滑的形态。图 3.11(b)显示了 Ti/Au 电极欧姆接触电极在不同温度下的 *I*－*V*特性曲线，从现有结果看到 400℃是最佳的优化温度，温度过高会严重破

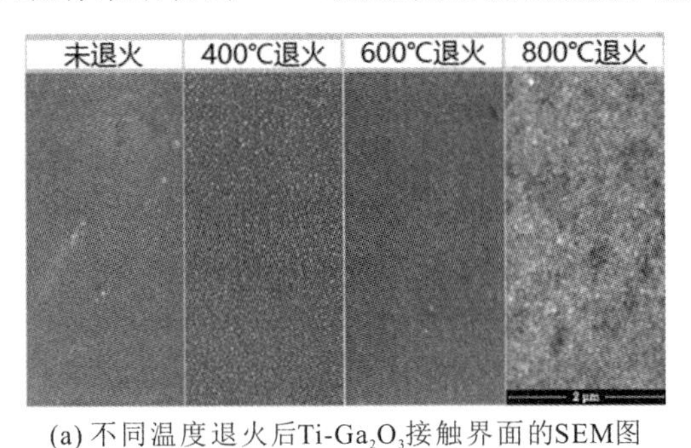

(a) 不同温度退火后Ti-Ga_2O_3接触界面的SEM图

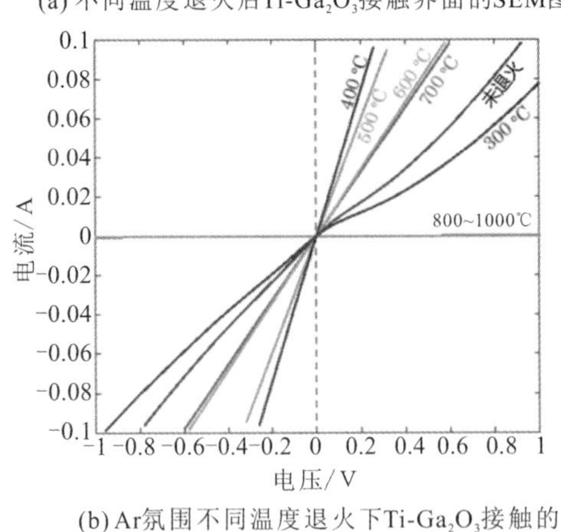

(b) Ar氛围不同温度退火下Ti-Ga_2O_3接触的*I*-*V*特性曲线

图 3.11　Ar 氛围下不同温度退火 Ti－Ga_2O_3 的接触

坏欧姆接触。400℃以上，Ti可能与Ga_2O_3发生了化学反应生成了绝缘层，这也是高温下接触电阻增大的原因。

3. 高掺杂的Ga_2O_3接触区

第3.2节从理论上分析了高掺杂半导体区对于欧姆接触的重要性，因此，形成高掺杂Ga_2O_3半导体区仍是降低欧姆接触电阻的重要手段。第3.3.1小节和第3.3.2小节所述的透明导体氧化物电极以及金属沉积前的表面处理，在不同程度上都增大了Ga_2O_3表面载流子浓度，从而提高了欧姆接触特性。但上述处理方法提高载流子浓度的能力有限。本小节主要介绍通过离子注入或再生长方法形成高掺杂的Ga_2O_3表面。

M. Higashiwaki等人在2013年再次报道了Ga_2O_3 MOSFET，如图3.12所示[8]。

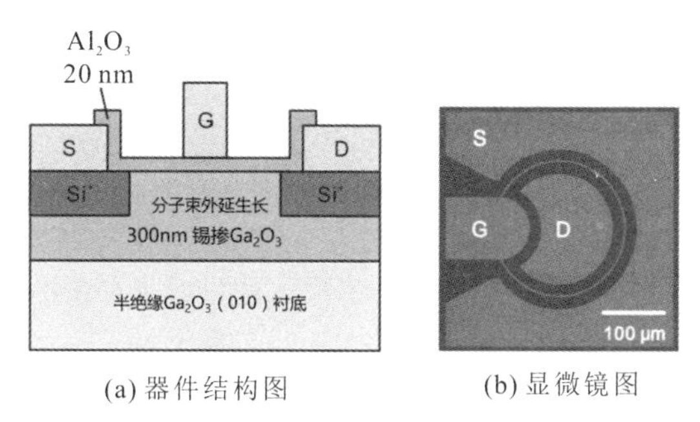

(a) 器件结构图　　(b) 显微镜图

图3.12　Ga_2O_3 MOSFET

由于氧化镓表面没有介质层钝化且源漏接触区载流子浓度仅有$7\times10^{17}\ cm^{-3}$左右，首次报道的Ga_2O_3 MESFET漏电大、开关比低且源漏接触电阻大，因此，作者采用20 nm的Al_2O_3作为栅介质层同时对源漏区域进行Si离子注入，以提高其载流子浓度，器件性能也得到了很大提升。实验中，对源漏区域进行多次Si离子注入以形成Si浓度为$5\times10^{19}\ cm^{-3}$、深150 nm的接触区，之后利用红外线热退火系统在N_2氛围、925℃的条件下进行30 min的退火以激活杂质。此外，由于离子注入区近表面区域的Si密度较低，为使高掺杂的次表面层与欧姆金属直接接触，通过BCl_3气体反应离子刻蚀对注入的区域进行了13 nm槽深的刻蚀，之后沉积Ti(20 nm)/Au(230 nm)金属并在470℃、N_2氛围下退火1 min。通过CTLM测试，退火后欧姆电极的比接触电阻低至$8.1\times10^{-6}\ \Omega\cdot cm^2$。此外，作者还进一步详细研究了$\beta-Ga_2O_3$的Si离子注入技术以及对欧姆接触的影响[27]。作者采用不同Si离子注入剂量进行注入，对应$1\times10^{19}\sim1\times10^{20}\ cm^{-3}$ Si离子注入浓度，并在不同温度下退火激活，如图3.13所示。

对于Si离子浓度低于$5\times10^{19}\ cm^{-3}$，有效掺杂浓度N_d-N_a在700～800℃

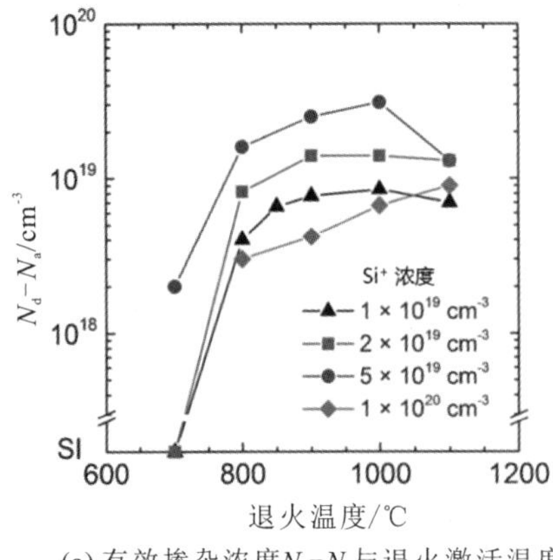

(a) 有效掺杂浓度N_d-N_a与退火激活温度的关系

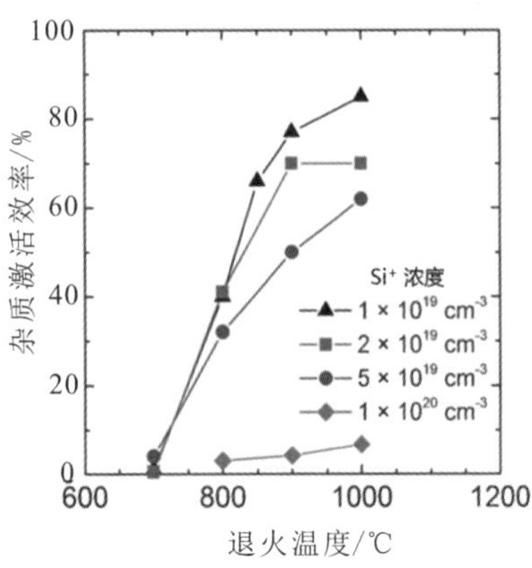

(b) 杂质激活效率与退火激活温度的关系

图 3.13　退火激活温度对有效掺杂浓度、杂质激活效率的影响

区间急剧增加，在 900～1000℃区间接近饱和，升至 1000℃以上则会下降。此外，激活效率在 1000℃条件下高达 60%。当 Si 离子浓度为 1×10^{20} cm^{-3}时，尽管 N_d-N_a 在整个退火温度区间都保持单调增加，但其激活效率很低(不到 10%)。进一步，作者研究了不同 Si 离子注入浓度对 Ti/Au 欧姆接触的影响。

图 3.14(a)显示了 5 μm CTLM 图案间距不同 Si 离子注入浓度下 Ti/Au 接触电极的 $I-V$ 特性曲线。所有离子注入浓度曲线都表现出极好的线性度，尤其在 5×10^{19} cm^{-3}的 Si 离子浓度注入下电阻最小。图 3.14(b)为 5×10^{19} cm^{-3}的 Si 离子浓度注入下，CTLM 模型不同电极间距下的总电阻，薄膜方块电阻提取为 96 Ω/□。图 3.14(c)、(d)分别为比接触电阻率和薄膜电阻率与 Si 离子注入浓度的关系。可以看出在 Si 离子注入浓度为 5×10^{19} cm^{-3}下二者均达到最小，分别为 8.1×10^{-6} Ω·cm^2 和1.4 mΩ·cm，接触电阻值可与 GaN 或AlGaN/GaN 体系欧姆接触电阻值相比拟，足以说明离子注入是形成高质量的 Ga_2O_3 欧姆接触的良好选择。

除了上述传统的离子注入技术之外，K. Zeng 等人首次报道了一种新型的更温和的掺杂技术——Sn 掺旋涂玻璃(Spin-On-Glass，SOG)掺杂技术[28]。这种技术的优点主要是低成本且没有像离子注入那样带来的表面损伤。作者将 170 nm 厚的 Sn(浓度约为 4×10^{21} cm^{-3})掺 SOG 旋涂在 Fe 掺 Ga_2O_3 半绝缘衬底上，并在 1200℃的 N_2 氛围下退火 5 min，随后采用 10 min BHF 处理将 SOG 去掉。二次离子质谱(Secondary Ion Mass Spectroscopy，SIMS)所测的 Sn 掺扩散曲线如图 3.15 所示，红、绿两条曲线为 Silvaco 软件仿真所得。Sn 的浓度相对于深

度迅速下降，表明扩散激活能非常高。

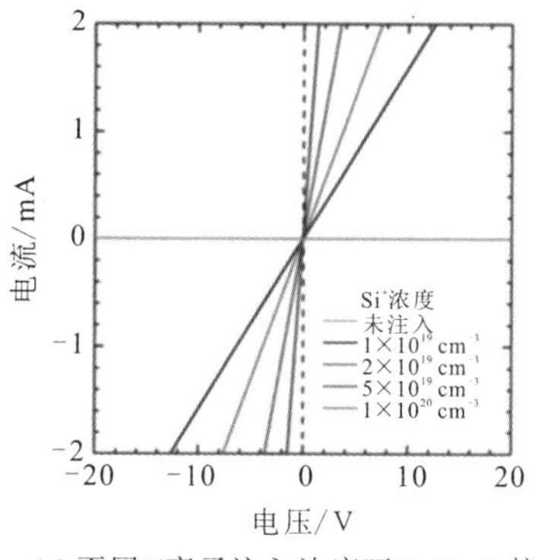

(a) 不同Si离子注入浓度下Ti-Ga_2O_3接触的*I*-*V*特性曲线

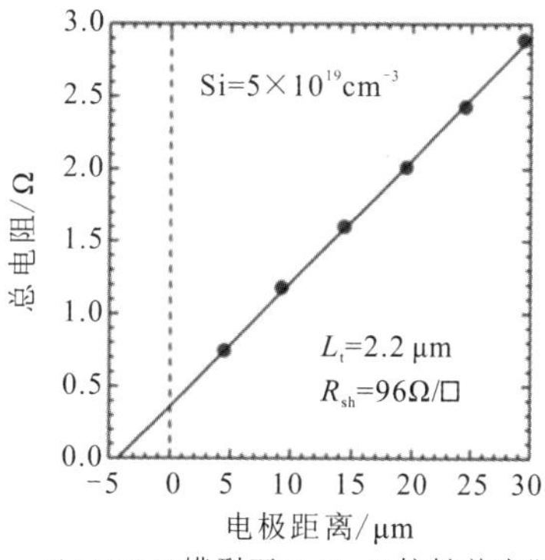

(b) CTLM模型下Ti-Ga_2O_3接触总电阻与不同电极之间距离的关系

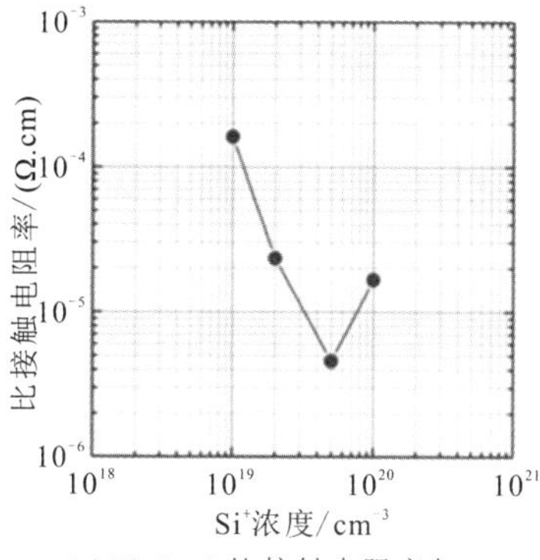

(c) Ti-Ga_2O_3比接触电阻率与Ga_2O_3接触区Si离子注入浓度的关系

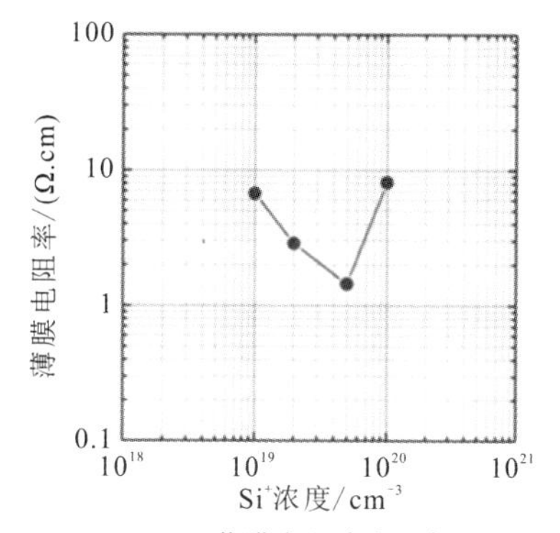

(d) Ga_2O_3薄膜电阻率与Si离子注入浓度的关系

图 3.14　不同 Si 离子注入浓度对 Ti/Au 欧姆接触的影响

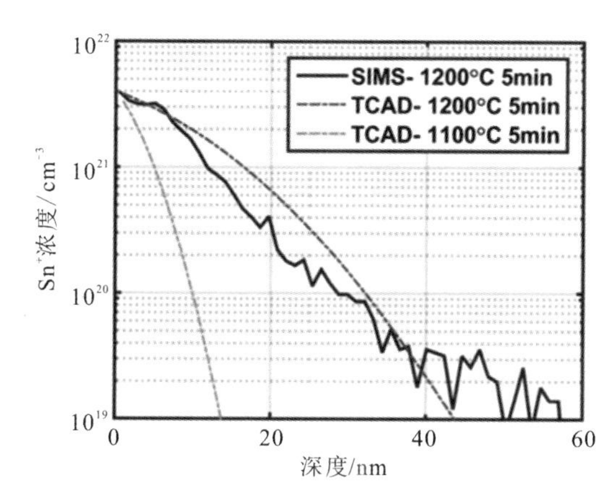

图 3.15　Sn 掺杂浓度随扩散深度的变化曲线

由 1100℃条件下的仿真曲线可以看出，样品表面源漏区形成了一个约 20 nm的浅结，从而避免了 MOSFET 外延层其他区域的寄生扩散。图 3.16 显示了 Ti/Au TLM 结构所测得的 $I-V$ 特性曲线以及总电阻。比接触电阻率和薄膜方块电阻分别提取为 $2.1\pm1.4\times10^{-6}\ \Omega\cdot cm^2$ 和 $1.0\pm0.1\times10^4\ \Omega/\square$。图 3.17为 SOG 旋涂 Sn 掺源漏区域 Ga_2O_3 MOSFET 的输出特性曲线，低漏电压表现出极好的线性关系。

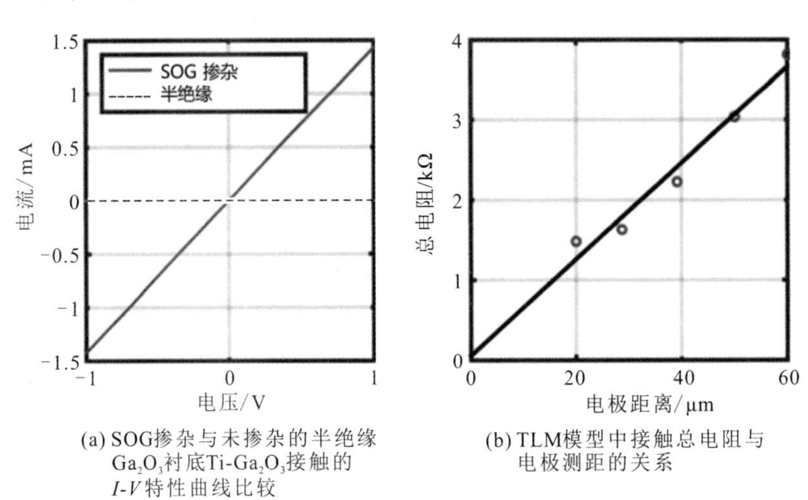

(a) SOG掺杂与未掺杂的半绝缘 Ga_2O_3衬底Ti-Ga_2O_3接触的 I-V特性曲线比较

(b) TLM模型中接触总电阻与电极测距的关系

图 3.16　Ti/Au TLM 结构所测得的 $I-V$ 特性曲线以及总电阻

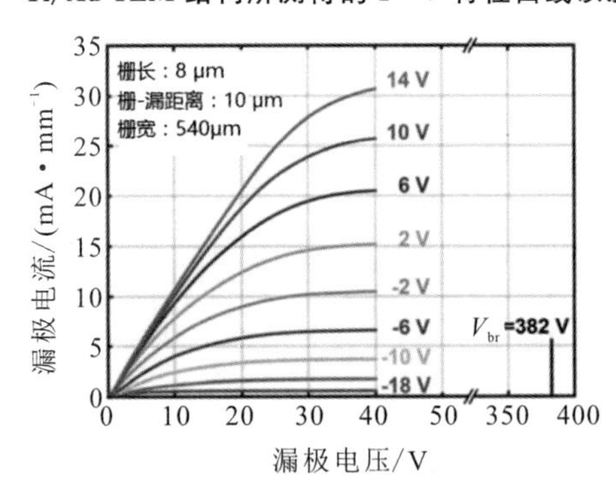

图 3.17　源漏区域 SOG 掺杂的 MOSFET 的输出特性曲线

除此之外，Z. Xia 等人报道了 Si 离子注入 δ (Delta)掺杂的 $\beta-Ga_2O_3$ MESFET，其源极-漏极欧姆接触是通过再生长高掺杂 Ga_2O_3 区形成的，如图 3.18(a)所示[29]。

由于通过 Si 离子注入 δ 掺杂的整个外延层浓度较低，为获得低接触电阻的源漏接触电极，作者提出了图形化再生长技术。首先，通过 PECVD 在样品

外延层表面沉积500 nm厚的SiO_2层，源漏再生长区域通过光刻定义形成。其次，将接触区域的SiO_2层通过ICP-RIE系统采用CF_4气体刻蚀去除，随后采用BCl_3气体刻蚀40 nm深的Ga_2O_3槽，约2×10^{20} cm^{-3}的高掺杂浓度N型Ga_2O_3再生长在槽中，再生长的高掺杂的Ga_2O_3层与沟道外延层有着相似的表面形态和粗糙度。最后，去掉剩下的SiO_2层，再将Ti/Au/Ni欧姆接触电极叠层沉积在再生长区并在470℃、N_2氛围下退火1 min。TLM模型测试提取得到的接触电阻与薄膜方块电阻分别为1.5 Ω·mm和8.1×10^3 Ω/□。接触电阻包括金属半导体间的电阻R_1、多余的再生长区域的横向电阻R_2和再生长层与原外延层界面之间的电阻R_3。计算得到R_3约为1.2 Ω·mm，占了总接触电阻的80%，由此可知接触电阻主要受限于R_3。图3.18(b)为该MESFET的输出特性曲线，由于其源漏接触电阻低，因此器件能够达到150 mA/mm的电流。

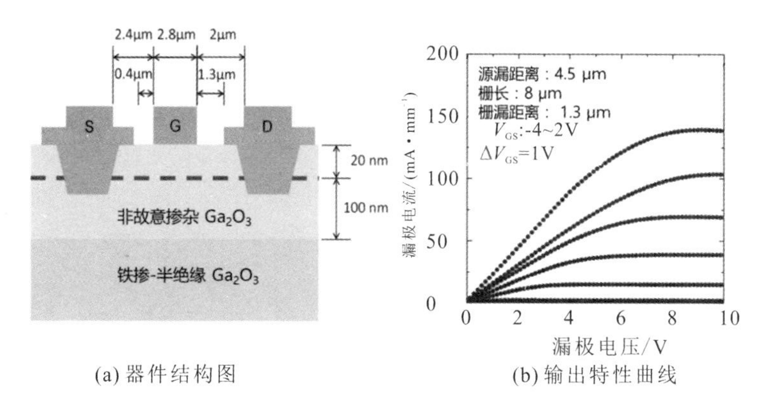

(a) 器件结构图　　(b) 输出特性曲线

图3.18　δ掺杂的β-Ga_2O_3 MESFET

3.2　肖特基接触

β-Ga_2O_3之所以能成功地应用于超高效率电子和光电器件的宽禁带半导体平台，是因为该材料在欧姆接触和整流(肖特基)接触方面所具备的控制能力。本节先介绍肖特基接触的一般原理、肖特基势垒的测量方法，然后重点介绍β-Ga_2O_3肖特基接触的研究现状、所用材料和结构以及相应的电学性能。

3.2.1　肖特基接触基本原理

跨肖特基金属-半导体界面的载流子传输通常是通过势垒上载流子的热电子发射来实现的。在正向偏置(金属相对于半导体正偏置)下，电流密度由式

(3-7)给出：

$$J = J_S(e^U - 1) \tag{3-7}$$

其中饱和电流密度 J_S 为

$$J_S = A^* T^2 e^{\frac{-\phi_B}{kT}} \tag{3-8}$$

式中，U 是外加电压，A^* 是有效 Richardson 常数，T 是温度，k 是玻耳兹曼常数，ϕ_B 是肖特基势垒高度(SBH)。理想因子反映了偏离热电子发射理论的程度。

肖特基接触常被用作金属半导体场效应晶体管(MESFET)和许多光电探测器设计中的栅极元件。了解金属-半导体界面的性质和界面上的载流子传输具有重要的基础和技术意义。

肖特基势垒的形成可以通过考虑半导体上任意金属的电子能级来理解[30]。图 3.19 显示了有较高功函数(金属中的电子到达真空能级所需的最小能量)的金属和 N 型半导体在彼此隔离时的能带图。图中 $q\phi_M$、$q\chi$、E_c、E_v、E_{FM}、E_{FS}、$q\phi_B$ 分别表示金属功函数、电子亲和能、导带底、价带顶、金属费米能级、半导体费米能级、肖特基势垒高度。

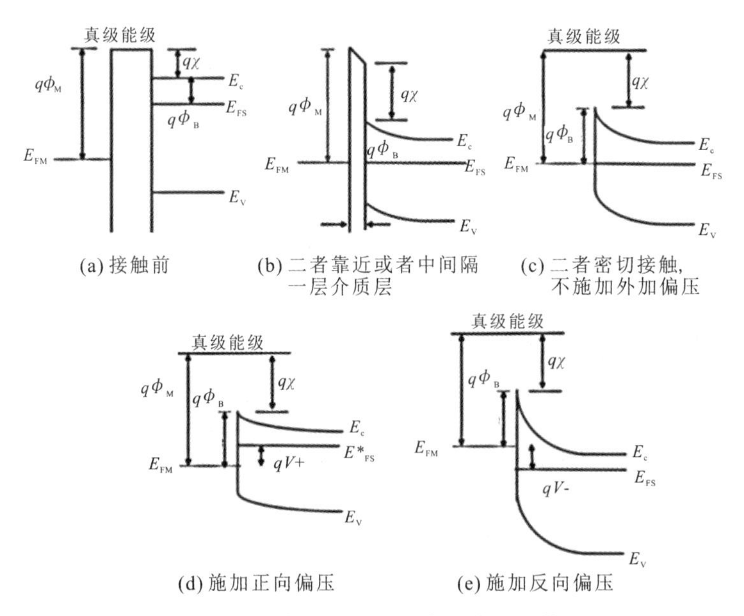

图 3.19　任意金属与 N 型半导体的能带图

金属与半导体接触时，热力学规定金属和半导体的费米能级必须按照莫特-肖特基模型排列：

$$\phi_B = \phi_M - \chi \tag{3-9}$$

这一规则简明扼要地指出，一个完美的肖特基势垒将产生一个内建势垒ϕ_B，这个值是金属的功函数ϕ_M和半导体的电子亲和能χ（半导体中导带底电子跃迁到真空能级所需的最小能量）之间的差值。对于宽度为δ的间隙距离，将半导体金属两者互相连接，形成一个统一的系统，电荷将从半导体流到金属，热平衡状态建立，此时两者费米能级排列在同一水平线上，半导体的能带开始弯曲。随着宽度δ的进一步减小，间隙之间的电场增加，能带根据泊松方程弯曲得更多，如图3.19(b)所示。当δ小到与原子间距相比拟甚至接近零时，从半导体到金属的电子在金属表面形成积累，在半导体表面形成带正电的空间电荷区，并产生从半导体表面到金属的空间电场。整个接触电势由半导体表面的耗尽区来承受。根据莫特-肖特基理论，肖特基势垒ϕ_B得以建立，如图3.19(c)所示。金属与半导体表面形成的空间电荷区类似于单边突变结（如P^+N结），此空间电荷区的内建电势V_{bi}与势垒高度ϕ_B的关系为

$$\phi_B = qV_{bi} + (E_c - E_{FS}) \tag{3-10}$$

因为材料的性质是已知的，内建电势V_{bi}在半导体内产生一个零偏耗尽层，其宽度为

$$W_0 = \sqrt{\frac{2\varepsilon_S V_{bi}}{qN_D}} \tag{3-11}$$

需要注意的是，这种分析是严格的物理（理想）情况：它没有考虑金属引起的带隙状态/表面态的存在，也没有考虑系统中发生化学反应或缺陷的可能性。金属-半导体的接触通常在一定程度上偏离了前面所述的莫特-肖特基关系，这是因为存在表面状态、晶体缺陷、金属引起的间隙状态，以及在某些情况下，金属-半导体界面上的薄电介质膜。

图3.19(d)、(e)分别表示了在正偏（金属相对半导体加正电压）和反偏（金属相对半导体加负电压）电压下的能带图，施加偏压可以有效地提高或降低半导体的费米能级。在正向偏压下，费米能级升高，半导体一边的电势降低，电荷根据热发射模型流动，此时从半导体到金属的电子数目增加，超过从金属到半导体的电子数，形成一股从金属到半导体的正向电流。在反向偏压下，费米能级被施加的电压作用下移，半导体一边的电势升高，半导体到金属的电子数目减小，金属到半导体的电子流占优势，形成一股由半导体到金属的反向电流。肖特基势垒阻止电子从金属进入半导体，从而导致施加电压低于反向击穿电压时有较低的电流密度。

3.2.2 势垒高度的测量

金属-半导体接触的势垒高度通常可以采用以下四种方法进行测量：电流电压法、电流电压温度测量法、光电法及电容电压法。下面将简要介绍各种方法。

1. 电流电压法

由第3.2.1小节给出的电流与电压的关系式，在$U=0$时，可根据电流与电压的半对数关系得到饱和电流密度J_S与势垒高度ϕ_B的表达式：

$$\phi_B=\frac{kT}{q}\ln\frac{A^* T^2}{J_S} \tag{3-12}$$

其中：

$$A^*=\frac{4\pi m^* k^2}{h^3} \tag{3-13}$$

m^*是电子有效质量，h是普朗克常量。在氧化镓中，采用$m^*=0.342\ m_0$计算得出$A^*=41.1\ \mathrm{A\cdot cm^{-2}\cdot K^{-2}}$[31]。

2. 电流电压温度测量法

根据式(3-12)可以得到饱和电流密度与温度的关系式：

$$\ln\frac{J_S}{T^2}=\ln A^*-\frac{q\phi_B}{kT} \tag{3-14}$$

依据上述函数关系，可以绘制$\ln\left(\frac{J_S}{T^2}\right)$与$\frac{1}{kT}$的关系曲线。理论上曲线应该是线性的，曲线的斜率代表势垒高度，与Y轴的截距代表理查森常量。为了解释理想因子n随温度的变化，可以将$\ln\left(\frac{J_S}{T^2}\right)$画成$\frac{1}{nkT}$的函数，得到修正的理查森图。

3. 光电法

当单色光照射到金属表面时会产生光电流，在肖特基势垒二极管中，会有载流子越过势垒的激发以及带与带之间的激发这两种激发模式构成光电流，而对于光电法测量势垒高度时只有载流子越过势垒的激发模式有用，可用的波长范围为$q\phi_B<h\upsilon<E_g$，而且最关键的光吸收区域应在金属-半导体界面处。正面光照下的金属接触应足够薄，以达到电子透明性。收益率Y被定义为光电流/吸收光子通量，可由式(3-15)表示[32]：

$$Y = B(hv - q\phi_B)^2 \tag{3-15}$$

绘制光收益率(Y)的平方根与光子能量的关系图时，可得到一条直线，根据能量值的外推值即可直接给出势垒高度。

4. 电容电压法

当一个小的交流电压叠加在一个直流偏压上时，在金属表面感生一种极性的电荷，而在半导体内感生极性相反的电荷，C(单位面积耗尽层电容)和V之间有如下关系：

$$\frac{1}{C^2} = \frac{2\left[V_{bi} - V - \frac{kT}{q}\right]}{q\varepsilon_s N_d} \tag{3-16}$$

内建电势V_{bi}由电压轴上的截距得到，则肖特基势垒高度可表示为[33]

$$\phi_B = V_{bi} + \varphi_n + \frac{kT}{q} - \Delta\Phi \tag{3-17}$$

其中$\Delta\Phi$表示由镜像力引起的势能变化，φ_n的值由下式给出：

$$\varphi_n = \frac{kT}{q}\ln\frac{N_d - N_a}{N_c} \tag{3-18}$$

3.2.3　Ga_2O_3 材料的肖特基接触

肖特基整流器由于其快速的开关速度对提高感应电机控制器和电源的效率很重要，而且与PN结整流器相比，肖特基整流器的开启电压较低，因此在Ga_2O_3中具有很好的应用前景。与传统的硅整流器相比，Ga_2O_3肖特基二极管有许多优点，在给定电压下，其最大电场击穿强度超过硅的10倍，通态电阻(R_{ON})约为硅的1/400。这些特性使得Ga_2O_3器件在混合电动汽车和大型工业电机的功率调节方面具有广阔的运用前景。

与氧化镓构成肖特基接触的材料主要分为金属和金属氧化物以及其他材料，它们与氧化镓材料构成的肖特基接触具有各自不同的特性，下面将通过最新的文献资料进行介绍。

1. 金属电极材料

与氧化镓材料形成肖特基接触的金属有很多，在实验中常见的主要有钯(Pd)、镍(Ni)、铂(Pt)、金(Au)、钨(W)等。俄亥俄州立大学的研究人员对(010)晶面的$\beta-Ga_2O_3$衬底上的肖特基势垒进行了系统性研究[34]。通过采用电流-电压-温度法($I-V-T$)、电容-电压法($C-V$)和内部光电发射法(IPE)

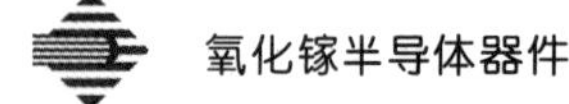

测量钯、镍、铂和金的肖特基二极管，分析肖特基势垒高度和电流输运机制，测量结果如图 3.20 所示。金属电极均由电子束蒸发沉积，厚 8 nm，形成半透明肖特基接触以允许光学穿透进行 IPE 测量。每种金属制造的二极管显示出近乎理想的 $I-V$ 特性，室温下理想因子从 1.03 变化到 1.09，热离子发射是镍、铂和钯肖特基二极管的主要电流传输模式。肖特基势垒高度值根据金属的选择而变化，在 IPE 测量下，钯、镍、铂、金的势垒高度分别为 1.27 eV、1.54 eV、1.58 eV、1.71 eV。对于镍、钯和铂肖特基势垒，IPE 测定的势垒高度值与 $I-V$ 和 $C-V$ 测量得到的势垒高度值均一致。相比之下，对于金电极，不同势垒高度测量方法得到的结果之间缺乏普遍的一致性，这可能与金肖特基势垒的不均匀性有关，这意味着金与氧化镓形成的肖特基势垒存在更复杂的界面。肖特基势垒高度对金属功函数的依赖性表明，金属-(010) $\beta-Ga_2O_3$ 界面没有被完全钉扎，这由该样本组上进行的扫描开尔文探针显微镜测量结果得以证实。

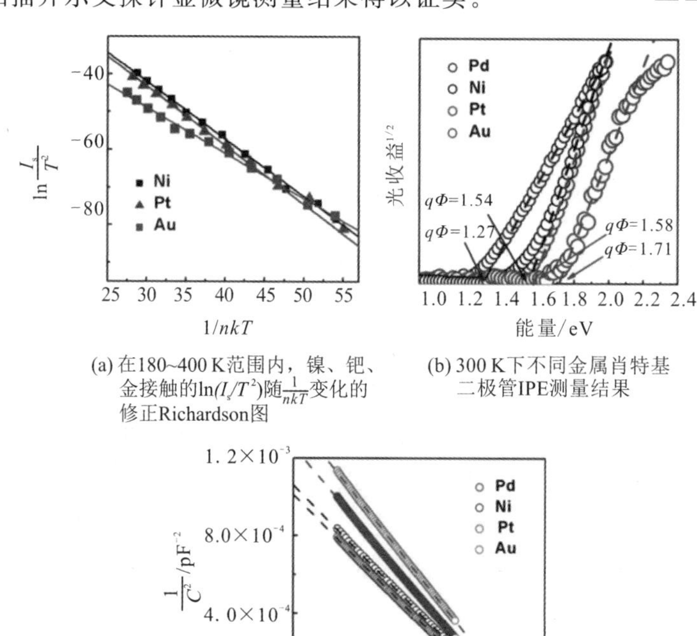

(a) 在180~400 K范围内，镍、钯、金接触的$\ln(I_s/T^2)$随$\frac{1}{nkT}$变化的修正Richardson图

(b) 300 K下不同金属肖特基二极管IPE测量结果

(c) 300 K下不同金属肖特基二极管$1/C^2-V$结果

图 3.20　钯、镍、铂和金的肖特基二极管肖特基势垒高度和电流输运机制分析

如表3.1所示，佛罗里达大学的研究人员研究了Ni/Au和Pt/Au肖特基二极管的温度特性[35]。他们在外延和大尺寸(－201)β－Ga_2O_3上使用电子束蒸发分别生长了Ni/Au和Pt/Au肖特基电极，并在20～200℃条件下进行了电学特性测量。在25℃条件下，通过电流电压法得到Ni/Au和Pt/Au电极的势垒高度分别为1.07 eV和1.04 eV，理想因子分别为1.3和1.28。在变温测量时发现势垒高度随温度的升高而升高，表明电流的传输由几种机制共同作用，另外器件导通电阻和理想因子却有相反的趋势，如图3.21(a)所示。Ni/Au和Pt/Au的反向击穿电压随温度上升而降低，温度系数分别为－4 mV/K和－0.1 mV/K，如图3.21(b)和(c)所示。铂有更大的值，可能是因为二极管是直接在抛光的衬底表面上制造的，而不是像镍那样在生长的外延上制造，所以散热性更好。Ni/Au二极管的品质因数在25℃时超过3 MW/cm^2，即使在200℃条件下仍超过1 MW/cm^2。他们还测量了反向恢复时间作为温度的函数，在25～150℃的范围内，外延二极管和体二极管的反向恢复时间都在21～28 ns范围内。

表3.1　各种不同测量方法所得结果总结

金属	功函数/V	不同方法测得的SBH值/V			
		I－*V*	*I*－*V*－*T*	*C*－*V*	IPE
Pd	5.20	1.29	—	1.28	1.27
Ni	5.25	1.50	1.52	1.54	1.54
Pt	5.65	1.53	1.57	1.59	1.58
Au	5.30	—	—	1.97	1.71

佛罗里达大学另一研究组2019年研究了钨(W)肖特基接触的温度电学特性[36]。研究发现相比于传统的Ni/Au肖特基材料，在大尺寸(－201)β－Ga_2O_3单晶上W/Au有更好的热稳定性，在假设热发射占主导地位的情况下，提取的势垒高度随测量温度从0.97eV(25℃)下降到0.39eV(500℃)。从各个工作温度降温后，W/Au的势垒高度与初始值0.97 eV相比变化不大，正反向特性曲线与25℃下的测量结果相差很小，如图3.22所示，故钨作为肖特基电极器件具有较高稳定性和重复性。但是它的势垒高度相比于Ni/Au更低，在500℃的整个测量范围内，大约低0.25 eV。

肖特基接触质量不仅与金属的选择有关，也与氧化镓的晶面选择有关，如图3.23所示。挪威奥斯陆大学的研究人员使用钯(Pd)、金、镍金属作为肖特基

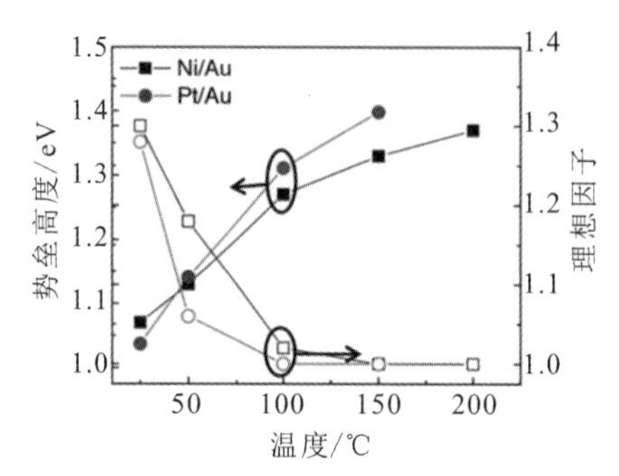

(a) 在外延Ga_2O_3上的Ni/Au和在衬底上的Pt/Au肖特基二极管的势垒高度，理想因子随温度的变化

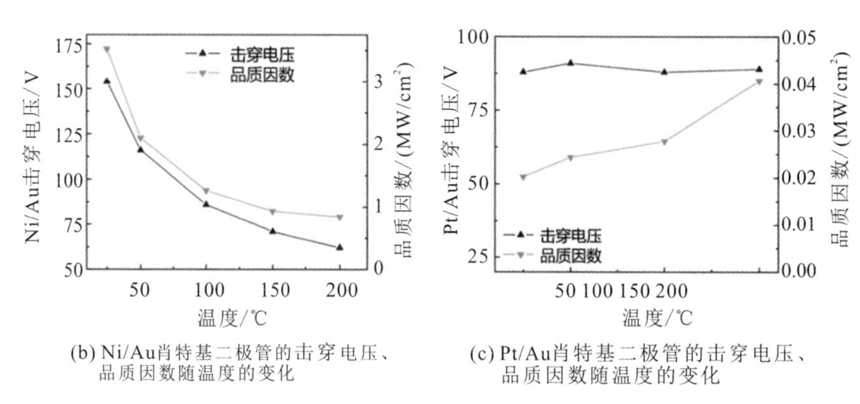

(b) Ni/Au肖特基二极管的击穿电压、品质因数随温度的变化

(c) Pt/Au肖特基二极管的击穿电压、品质因数随温度的变化

图 3.21　Ni/Au 和 Pt/Au 肖特基二极管的温度特性研究

电极研究了在(010)和($\bar{2}$01)晶面的 β - Ga_2O_3 单晶上的肖特基接触情况[37]。结果发现具有 Pd 和 Ni 接触的(010)样品的理想因子(n)接近于 1，考虑到镜像力的降低，可以假定接触是由穿过势垒的热电子发射主导的。对于 Au，观察到较低的整流比和较高的理想因子，这可能与 Au 在 β - Ga_2O_3 上的附着力较低有关，也可能与前文所述的金肖特基势垒不均匀有关；而($\bar{2}$01)衬底上的肖特基接触表现出明显更高的理想因子，但也有更高的反向漏电流，如图 3.23 所示，至少 Pd 和 Ni 的反向漏电流比它们在(010)衬底上的相应接触要高，表明肖特基接触的界面质量一部分也取决于 β - Ga_2O_3 晶面的取向。

日本研究发现对氧化镓外延层进行氧退火处理可以调制肖特基二极管的性能，降低其反向漏电[38]。他们发现在(001)β - Ga_2O_3 上以 Ni/Au 为肖特基电极制造的未经任何处理的普通 SBD(原生样品)表现出很差的反向漏电流特性。然而在含氧环境中对 β - Ga_2O_3 外延层进行长达 40 min 的退火处理后，可以极大降低反向漏电流。SBD的比导通电阻R_{on}在退火到20min时与原生样

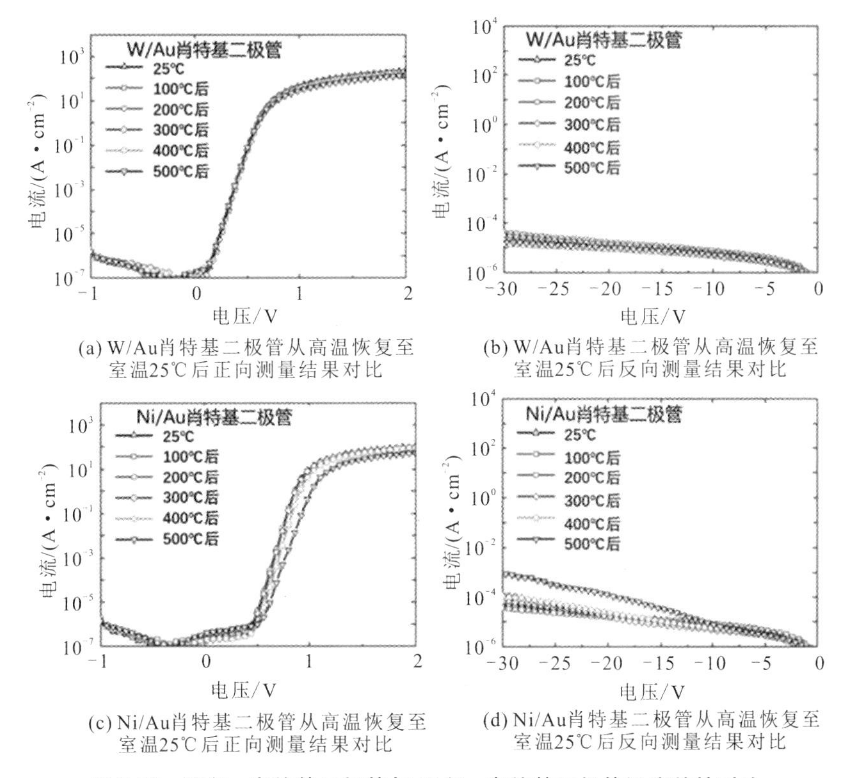

(a) W/Au肖特基二极管从高温恢复至室温25℃后正向测量结果对比

(b) W/Au肖特基二极管从高温恢复至室温25℃后反向测量结果对比

(c) Ni/Au肖特基二极管从高温恢复至室温25℃后正向测量结果对比

(d) Ni/Au肖特基二极管从高温恢复至室温25℃后反向测量结果对比

图 3.22　W/Au 肖特基二极管与 Ni/Au 肖特基二极管温度特性对比

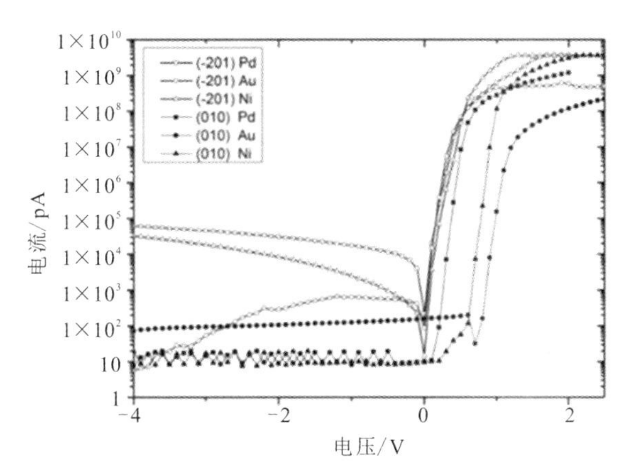

图 3.23　在(010)和($\bar{2}$01)单晶上以 Pd、Au、Ni 作为肖特基电极的 $I-V$ 特性曲线

晶非常接近，仅有细微的增加，而在退火到 40 min 时几乎增加了 25 倍，如图 3.24(a)所示。研究发现退火过程中(退火 20 min)氧的扩散首先钝化了氧空位型

表面态，导致漏电流降低了两个数量级，而 R_{on} 变化很小。进一步的退火(直到40 min)随后将外延层净载流子浓度从 $3.3\times10^{16}\ cm^{-3}$ 降低到了 $2.9\times10^{15}\ cm^{-3}$，如图3.24(b)所示，补偿了外延层的有意掺杂，这导致反向漏电流和 R_{ON} 都发生了巨大的变化。

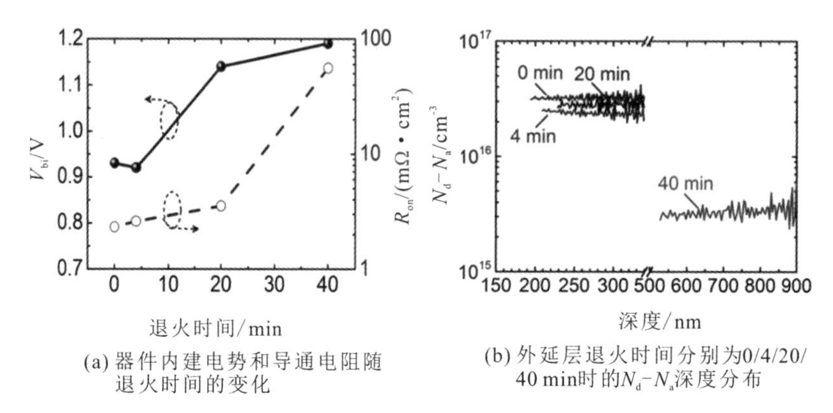

(a) 器件内建电势和导通电阻随退火时间的变化

(b) 外延层退火时间分别为0/4/20/40 min时的 N_d-N_a 深度分布

图 3.24　Ni/Au 肖特基二极管氧化镓外延层氧退火调制器件性能研究

2. 金属氧化物电极材料

与氧化镓材料形成肖特基接触的除了众多的金属材料外，还有许多金属氧化物和金属化合物材料。新西兰的研究人员对氧化的铂族金属材料形成的肖特基接触高温工作极限进行了研究。这些材料包括氧化铂(PtO_x)、氧化铱(IrO_x)、氧化钯(PdO_x)、氧化钌(RuO_x)[39]，它们是在($\bar{2}01$)β-Ga_2O_3 单晶衬底上通过在氧化等离子体中对普通金属靶材进行反应性射频溅射而形成的。如图3.25(a)～(d)所示，四种不同电极器件变温测量直至300℃，四种氧化型铂族金属肖特基接触的整流比(±3 V)均在10个数量级以上，而反向漏电流密度与室温下相比几乎没有明显增加。从350℃到500℃，观察到泄漏电流明显增加，这与相应的镜像力降低的肖特基势垒上电荷载流子的热电子发射相关。尽管漏电流增加，工作在500℃的时候，它们(PtO_x、IrO_x、PdO_x、RuO_x)各自的整流比分别为 6×10^6、8×10^6、5×10^5、2×10^4，如图3.25(e)～(h)所示，提取的势垒高度分别为2.1、2.1、1.9、1.6。前三者在500℃的条件下是热稳定的，这表明它们在超高温整流设备中的应用潜力巨大；而 RuO_x 的势垒高度在高温下降低，是因为在400℃以后部分不可逆地还原为Ru。

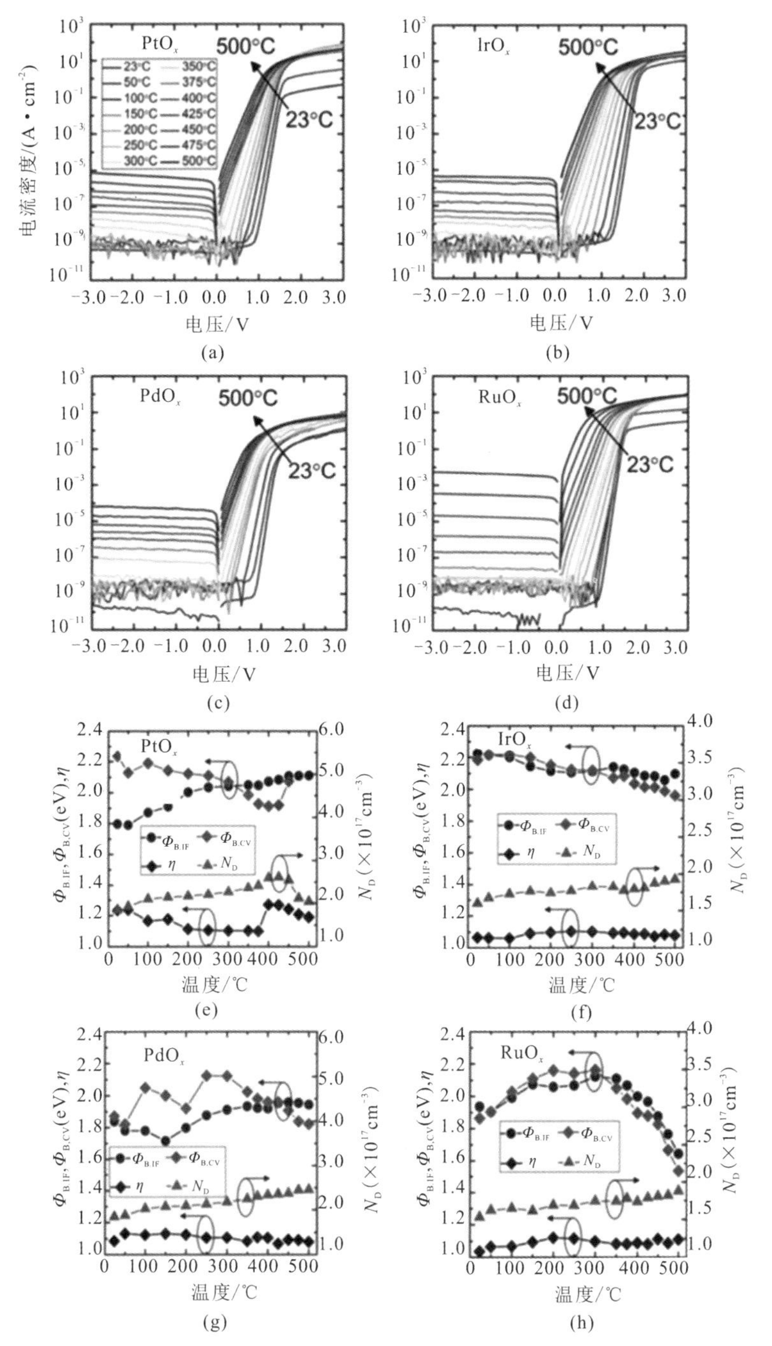

图 3.25　氧化的铂族金属材料形成的肖特基接触高温工作特性研究

他们还对不同金属(Ru、Ir、Pd、Pt、Ag、Au)形成的肖特基接触与对应金属氧化物形成的肖特基接触特性进行了对比[40]，实验结果如图3.26所示，研究发现氧化后的肖特基接触表现出更高的势垒高度，且除氧化金外，另外几种高温性能显著改善，在 180℃时的稳定整流能力可达 12 个数量级以上。除 Ag 外，普通金属的势垒高度被钉扎在接近1.3 eV的位置，而氧化肖特基接触的等效势垒高度始终比普通

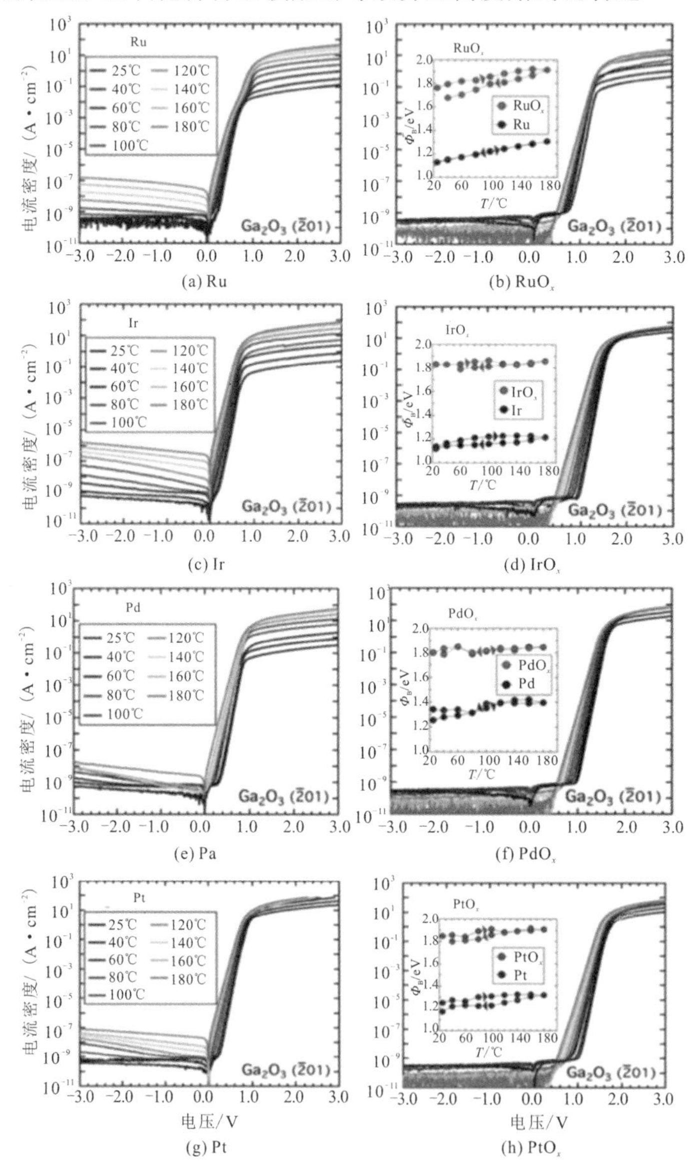

(a) Ru (b) RuO_x
(c) Ir (d) IrO_x
(e) Pa (f) PdO_x
(g) Pt (h) PtO_x

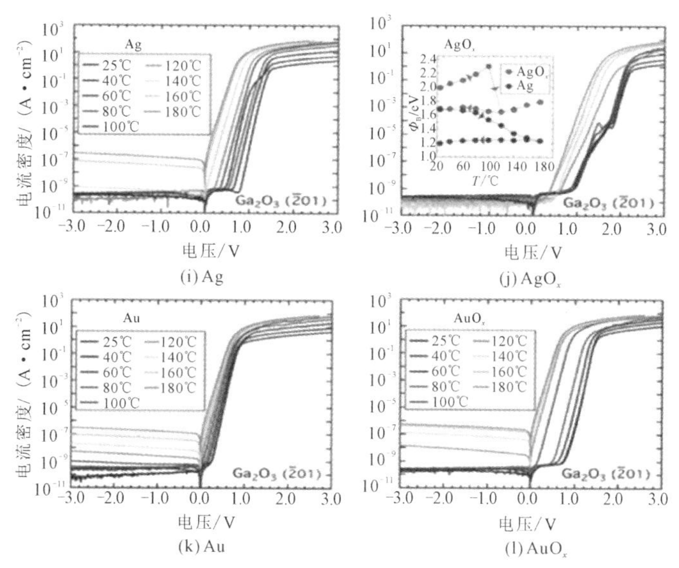

图 3.26　不同金属(Ru、Ir、Pd、Pt、Ag、Au)与之对应金属氧化物形成的肖特基接触特性对比研究

金属高 0.5～0.8 eV，范围在 1.8～2.5 eV 之间，这主要归因于界面氧空位的钝化和氧化金属功函数的显著提高。普通金属和氧化金属肖特基接触的最高肖特基势垒都涉及 Ag，这可能与它相对容易的无意和有意氧化有关。

3. 其他电极材料

日本的研究人员报道了一种新型的极性分层结构电极 $PdCoO_2$ 与($\bar{2}$01) β-Ga_2O_3 形成的肖特基界面接触[41]。他们使用了氧化物异质结构的极性界面将 Ga_2O_3 与极性层状金属 $PdCoO_2$ 结合在一起，如图 3.27(a)所示。这种具有 Pd^+ 和$[CoO_2]^-$子晶格交替的结构有两个显著特点：平面外的极性和平面内的高导电性[42-43]。平面外的极性可以调节 $PdCoO_2$ 块体单晶的表面物理性质。$PdCoO_2$ 的高面内电导性与金相当，使其适宜作为肖特基接触金属。这种极性离子堆叠可以有效地诱发电偶极子层，从而提高界面处的肖特基势垒高度，图3.27(b)展示了该二极管的 $J-V$ 特性曲线，该二极管实现了约 1.8 eV 的高肖特基势垒高度，远远超过了基础莫特-肖特基关系所预期的 0.7 eV。由于自然形成均匀的电偶极子，即使在 350℃ 的高温下，该结也实现了整流率接近 10^8 的电流整流。

他们还对这种结的动态特性进行了研究[44]。$PdCoO_2$/β-Ga_2O_3 肖特基结的整流电流-电压特性表现出较小的磁滞特性，最高频率可达 3 MHz。电流斜

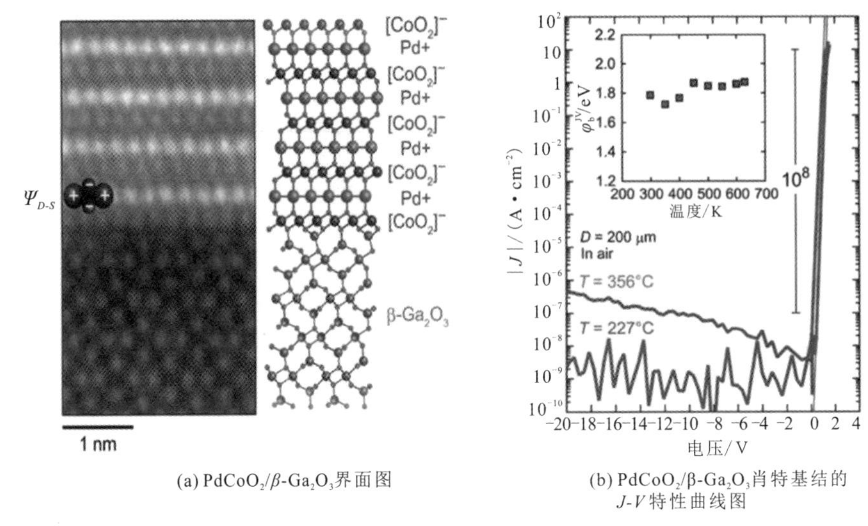

(a) $PdCoO_2$/β-Ga_2O_3界面图　(b) $PdCoO_2$/β-Ga_2O_3肖特基结的J-V特性曲线图

图 3.27　$PdCoO_2$ 与($\bar{2}01$)β－Ga_2O_3 肖特基接触

率约为-2×10^{10} A/cm² 的开关从通态到断态，反向恢复时间短至11 ns。在25～350℃的工作温度范围内，持续获得了较短的反向恢复时间，从而显示出 $PdCoO_2$/β－Ga_2O_3 肖特基结的低损耗开关特性。如图 3.28(b)所示，在经历过 10^8 次开关循环后，肖特基结的势垒高度仍保持在 1.78 eV 左右，理想因子为1.06，表现出优秀的稳定性。

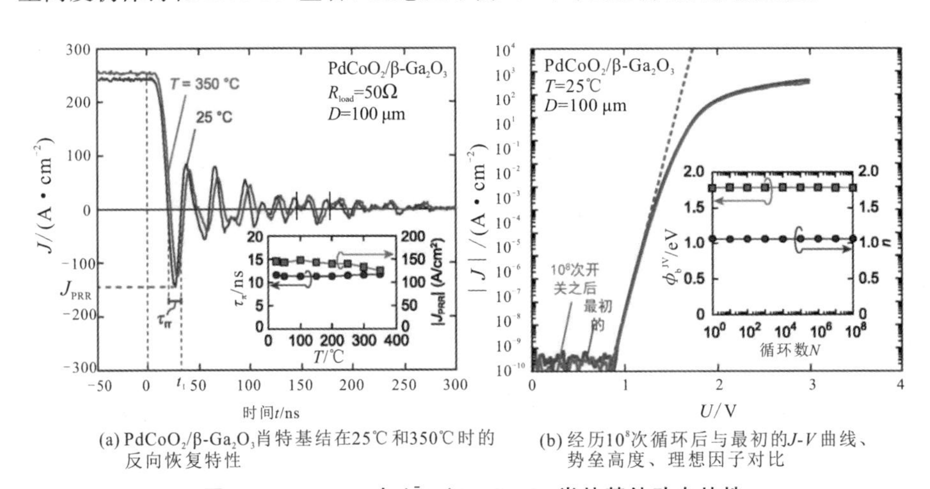

(a) $PdCoO_2$/β-Ga_2O_3肖特基结在25℃和350℃时的反向恢复特性　(b) 经历10^8次循环后与最初的J-V曲线、势垒高度、理想因子对比

图 3.28　$PdCoO_2$ 与($\bar{2}01$)β－Ga_2O_3 肖特基结动态特性

石墨碳与氧化镓的接触也可形成肖特基接触，受到人们的关注[45]。澳大利亚的研究人员在使用和不使用氧气等离子体的情况下在($\bar{2}01$)β－Ga_2O_3 单

晶上使用溅射和高能离子沉积石墨碳(富含 sp^2),肖特基结展示出超过 10^5 的整流比,理想因子为1.08,势垒高度在0.8～1.2 eV范围内。如图3.29所示,经过适中的热处理(595 K氮气中)后,在 $I-V$ 测量下,反向漏电流降低了3～4个数量级,势垒高度提升至1.5 eV,与此同时理想因子也下降了。XPS和UPS测量表明,这些变化与氧从氧化石墨层向外扩散以及功函数从4.6 eV增加到5.4 eV有关。势垒高度测量值与莫特-肖特基模型对比表明,在经历了热退火后,费米能级被解钉,器件特性的改善部分归因于肖特基接触/$\beta-Ga_2O_3$ 界面附近氧空位的钝化。改善后的势垒高度与常用的金、铂、钯、铱相当,表明石墨碳也具有作为 $\beta-Ga_2O_3$ 高性能肖特基接触层的潜力。

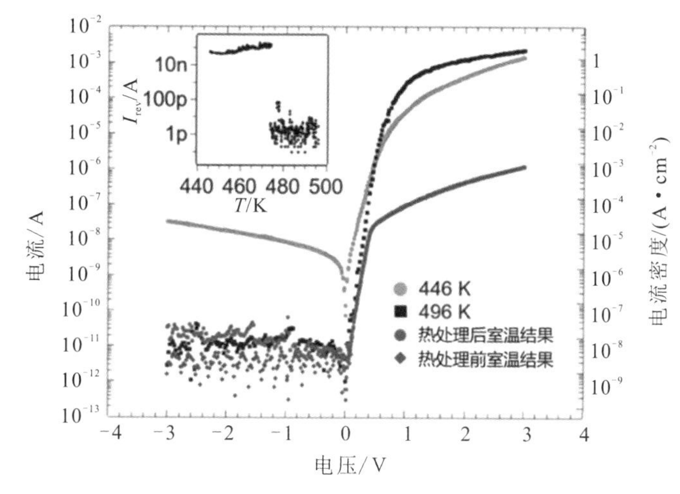

图3.29 在 N_2 的环境中加热至595 K期间,在446～496 K下测量的伏安特性(小图显示了在446～496 K之间连续测量的反向漏电流 I_{rev}(偏置为3.5 V))

此外,有研究人员使用氮化钛(TiN)作为肖特基电极[46]。与Pt作为肖特基电极作比较,发现两个样品的势垒高度和理想因子值相似,在室温下TiN的反向漏电流大约低一个数量级,而在高温下,Pt接触的反向电流明显更低。

3.3 氧化镓与介质的接触

介质在半导体器件中扮演着极其重要的角色,它可以作为 Ga_2O_3 SBD的钝化层和场板结构层,更为重要的是作为 Ga_2O_3 MOSFET的栅介质层。尤其对于MOSFET,栅极电介质必须满足三个基本的要求:第一,该介质必须对半导体具有热力学稳定性,并且在工艺处理过程中不与半导体材料发生反应;第

二，介质与半导体应形成具有低缺陷和陷阱密度的高质量界面，以确保高载流子迁移率；第三，介质必须具有足够的带隙，在给定的介质/半导体系统必须能够同时充当电子和空穴的势垒。Ga_2O_3 MOSFET 器件目前在降低泄漏电流和消除阈值电压漂移方面还需要更多的研究。因此，高导带漂移与高质量的低缺陷氧化物与 Ga_2O_3 的界面是提高器件性能的一个极为关键的因素。本节主要研究了有关介质与 Ga_2O_3 能带偏移和界面缺陷等问题[1,47]。

3.3.1　SiO_2/Ga_2O_3

SiO_2 作为常见的氧化物栅介质，具有极大的禁带宽度，接近于 9.0 eV，它在 Ga_2O_3 MOSFET 中作为介质层也有众多报道[28,48,49]。

能带关系是介质-半导体界面的首要研究对象[50-52]。Y. Jia 等人在 2015 年详细研究了原子层沉积(Atomic Layer Deposition，ALD)生长的 SiO_2 与($\bar{2}01$) Ga_2O_3 之间的能带关系以及 MOSCAPs 的电学特性[50]。3 nm SiO_2 通过 ALD 沉积在 Ga_2O_3 单晶上，用于 XPS 测试分析。图 3.30 为 SiO_2/Si、Ga_2O_3、SiO_2/Ga_2O_3 三个样品的 XPS 能谱。图 3.30(a)显示出 SiO_2 价带最大处能级(Valence Band

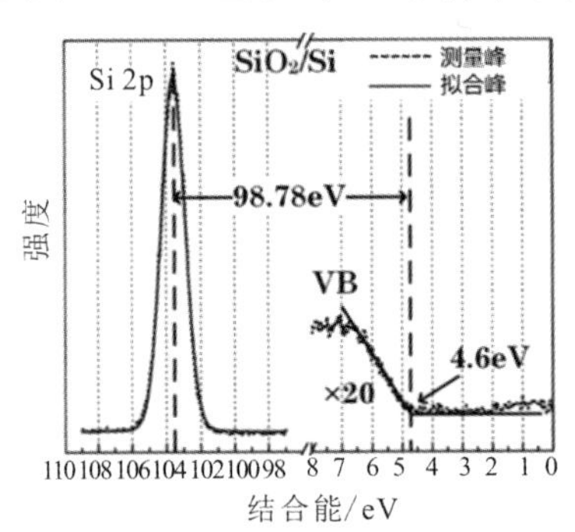

(a) 40 nm SiO_2/Si的Si 2p峰及价带最大值点

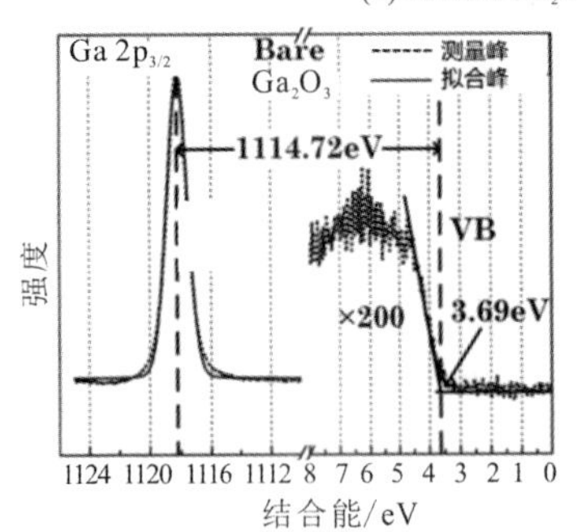

(b) 纯Ga_2O_3的Ga $2p_{3/2}$峰及价带最大值点

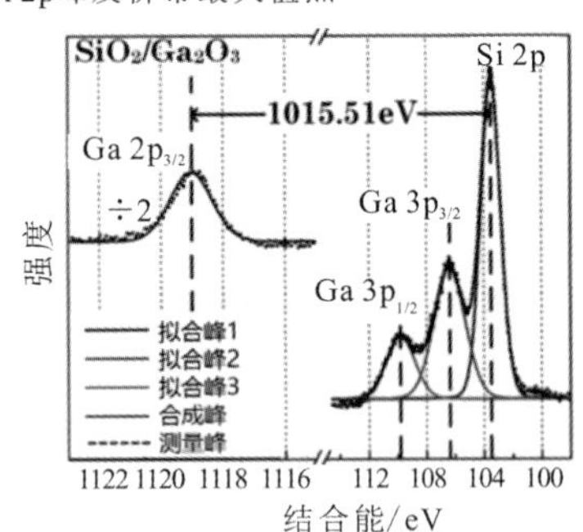

(c) 3 nm SiO_2/Ga_2O_3结构的Ga $2p_{3/2}$峰和Si 2p峰

图 3.30　XPS 能谱

Maxima，VBM）约为4.6 eV，Si 2p峰值处距VBM约98.78 eV，其中VBM值通过线性外推法得到。同样，图3.30(b)中Ga_2O_3单晶材料VBM约为3.69 eV，Ga $2P_{3/2}$峰处距VBM约为1114.72 eV。结合SiO_2/Ga_2O_3 XPS能谱，如图3.30(c)所示，价带偏移量ΔE_v可以通过式(3-19)得到：

$$\Delta E_v = \left(E_{Si2p}^{\frac{SiO_2}{Ga_2O_3}} - E_{Ga2p\frac{3}{2}}^{\frac{SiO_2}{Ga_2O_3}}\right) + \left(E_{Ga2p\frac{3}{2}}^{Ga_2O_3} - E_{VBM}^{Ga_2O_3}\right) - \left(E_{Si2p}^{SiO_2} - E_{VBM}^{SiO_2}\right) \tag{3-19}$$

计算得到$\Delta E_v = 0.43$ eV。此外，图3.31中显示了SiO_2/Si和纯Ga_2O_3两个样品的O 1s能谱的核心能级峰和能量损失点，可得到SiO_2的带隙$E_g^{SiO_2}$和Ga_2O_3的带隙$E_g^{Ga_2O_3}$分别为8.6 eV和4.54 eV。由此导带偏移量ΔE_c可通过式(3-20)计算得到：

$$\Delta E_c = \Delta E_g - \Delta E_v \tag{3-20}$$

其中$\Delta E_g = E_g^{SiO_2} - E_g^{Ga_2O_3}$，因此，$\Delta E_c = 3.63$ eV。

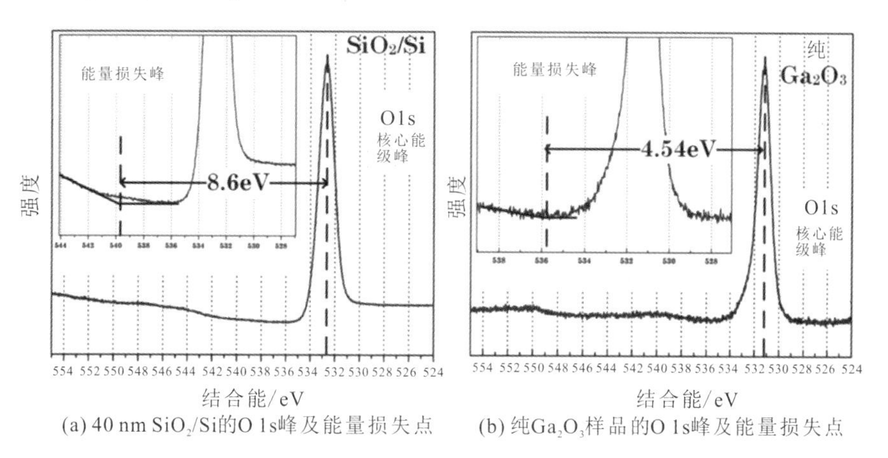

(a) 40 nm SiO_2/Si的O 1s峰及能量损失点　(b) 纯Ga_2O_3样品的O 1s峰及能量损失点

图3.31　SiO_2/Si和纯Ga_2O_3样品的O 1 s能谱的核心能级峰和能量损失点

为进一步研究SiO_2/Ga_2O_3的界面及MOSCAP的电学特性，40 nm SiO_2沉积在Ga_2O_3上，MOSCAP结构如图3.32所示。

MOSCAP的电流-电压特性曲线如图3.33(a)所示。由于Fowler-Nordheim隧穿效应(F-N隧穿效应)，正向偏压在50 V时，电流急剧上升，MOSCAP器件在60 V时发生破坏性击穿。通过F-N隧穿效应电流与ΔE_c存在如下关系：

$$J = \frac{q^3 m_0 E_{ox}^2}{8\pi h m_{ox} \Delta E_c} \exp\left[-\frac{8\pi\sqrt{2m_{ox}}}{3hqE_{ox}}(\Delta E_c)^{\frac{3}{2}}\right] \tag{3-21}$$

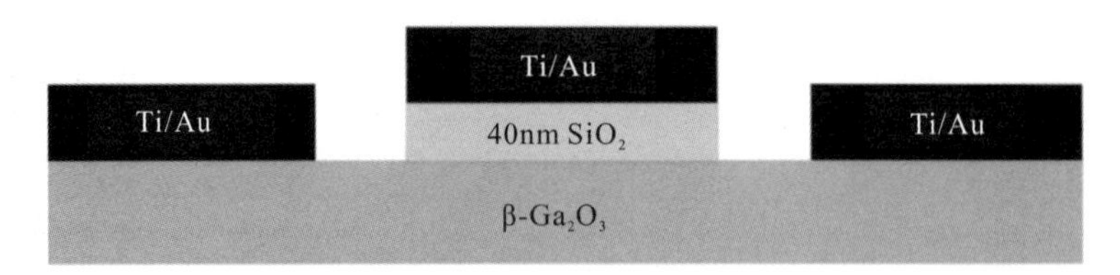

图 3.32　Ti/SiO₂/Ga₂O₃ MOSCAP 器件结构图

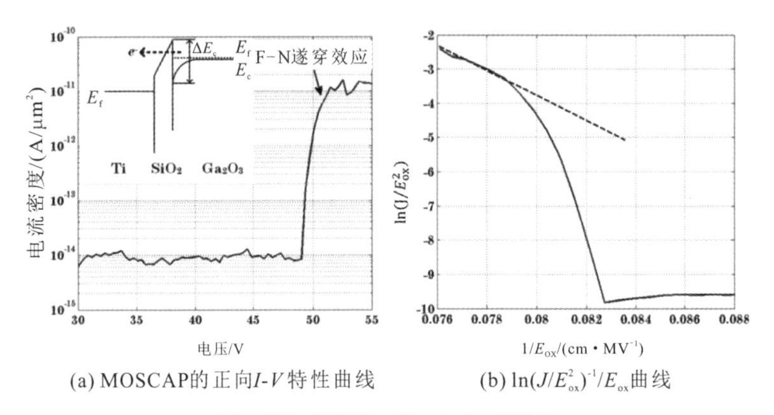

(a) MOSCAP的正向I-V特性曲线　　(b) $\ln(J/E_{ox}^2)^{-1}/E_{ox}$曲线

图 3.33　Ti/SiO₂/Ga₂O₃ MOSCAP

其中 J 是电流密度，q 为电子电荷量，h 为普朗克常数，m_0 为电子有效质量，m_{ox}是氧化物介质层的电子有效质量，E_{ox}为氧化物介质层的电场强度。如图3.33(b)所示，ΔE_C 可通过 $\ln\left(\frac{J}{E_{ox}^2}\right)-\frac{1}{E_{ox}}$曲线的斜率 S 提取得到，即

$$S=\frac{\mathrm{d}\left[\ln\frac{J}{E_{ox}^2}\right]}{\mathrm{d}\left(\frac{1}{E_{ox}}\right)}=-\frac{8\pi\sqrt{2m_{ox}}}{3hq}(\Delta E_c)^{\frac{3}{2}}=\text{const} \tag{3-22}$$

由此可计算出 ΔE_c 值为 3.76 eV，与前述 XPS 结果接近。结合 Ga_2O_3 与 SiO_2 的带隙，以及 Ti 与 SiO_2 平衡时的势垒高度 3.34 eV，可得出 Ti/SiO_2/Ga_2O_3 MOSCAP 的能带图，如图 3.34 所示。

SiO_2/Ga_2O_3 之间较大的导带偏移能够有效降低栅极漏电流，提高器件性能。此外，界面特性也是影响器件性能一个极其关键的因素。界面态密度(Interface Trap Density，D_{it})不仅影响 MOSFET 栅极调控沟道的能力和沟道的迁移率，同时也控制器件的击穿性能。因此，SiO_2/Ga_2O_3 界面态的研究也是极其必要的。

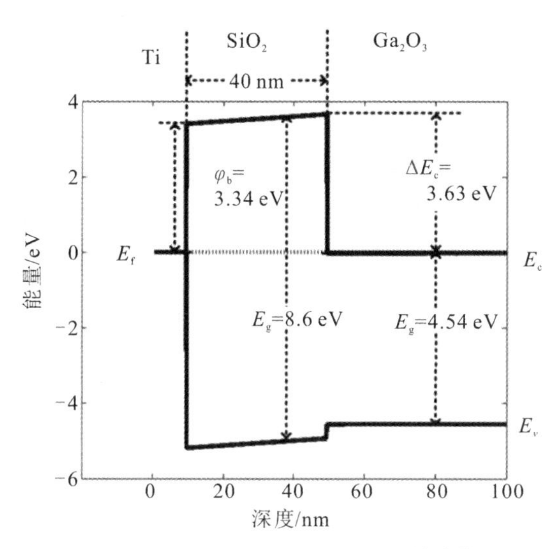

图 3.34　Ti/SiO_2/Ga_2O_3 MOSCAP 的能带图

K. Zeng 等人重点研究了不同表面处理对于 SiO_2/Ga_2O_3 界面的影响[53]。两个 Sn 掺杂浓度为 9×10^{18} cm^{-3}的 Ga_2O_3 衬底样品 1 号与样品 2 号分别采用 HF 和 HCl 溶液浸泡 1 min，与未做任何处理的样品 3 号进行对比，20 nm SiO_2 通过 ALD 生长在 Ga_2O_3 衬底上。图 3.35(a)显示了 1 MHz 下不同样品的 $C-V$ 曲线和理论计算的 $C-V$ 曲线。基于高频条件下的 $C-V$ 测试，当频率足够高时界面陷阱无法响应，但会响应缓慢变化的直流栅极电压，且造成高频条件下的 $C-V$ 曲线沿着栅压轴延长。从图 3.35(a)可看出，未做表面处理的样品其伸长程度低于 HF 和 HCl 处理的样品，表明其有更低的 D_{it}。D_{it}可通过式(3-23)得出：

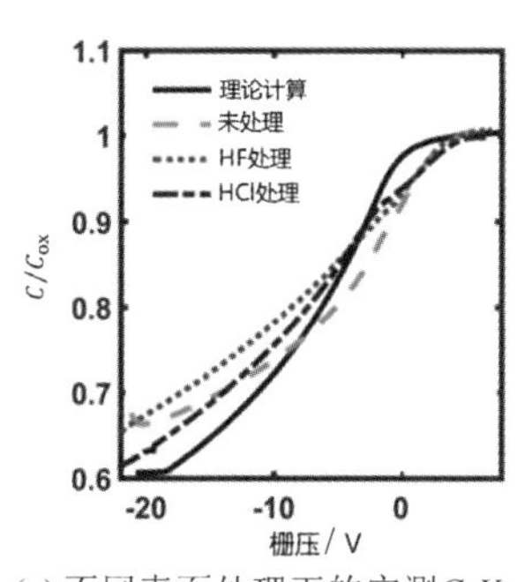

(a) 不同表面处理下的实测C-V与理论计算C-V曲线的对比

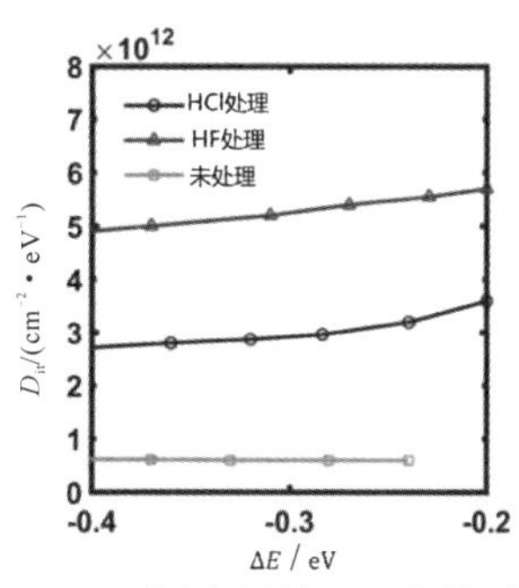

(b) 不同表面处理下的界面态密度与能级的关系

图 3.35　不同表面处理对于 SiO_2/Ga_2O_3 界面的影响

$$D_{\mathrm{it}}=\frac{C_{\mathrm{ox}}}{q^2}\left(\frac{\mathrm{d}V_{\mathrm{G}}}{\mathrm{d}\varphi_{\mathrm{s}}}-1\right)-\frac{C_{\mathrm{s}}}{q}=\frac{C_{\mathrm{ox}}}{q^2}\frac{\mathrm{d}\Delta V_{\mathrm{G}}}{\mathrm{d}\varphi_{\mathrm{s}}} \tag{3-23}$$

其中 $\Delta V_{\mathrm{G}}=V_{\mathrm{G}}$(实际)$-V_{\mathrm{G}}$(理想)为实验电压曲线与理想电压曲线的漂移值，$\varphi_{\mathrm{s}}$ 为表面势，C_{s} 为半导体电容。图 3.35(b)为通过特曼法提取的不同样品的 D_{it}。可以看出，在能级 $\Delta E=0.4$ eV 时，HF 处理样品 1 号、HCl 处理样品 2 号和未处理样品 3 号各自提取得到的 D_{it} 分别是 4.9×10^{12} $\mathrm{cm^{-2}\cdot eV^{-1}}$、$2.7\times10^{12}$ $\mathrm{cm^{-2}\cdot eV^{-1}}$ 和 6.5×10^{11} $\mathrm{cm^{-2}\cdot eV^{-1}}$。

此外，作者还研究了不同晶向的 Ga_2O_3 的 MOSCAP 的 D_{it} 随温度的变化，如图 3.36 所示[54]。从图 3.36(a)～(c)可以看出，三个晶向的样品的 D_{it} 都有随温度升高而下降的趋势，且能级范围也在逐渐扩大；图 3.36(d)显示了 200℃和 300℃高温下三个晶向的 MOSCAP 的 D_{it} 均低于 1×10^{12} $\mathrm{cm^{-2}\cdot eV^{-1}}$，这可能是因为

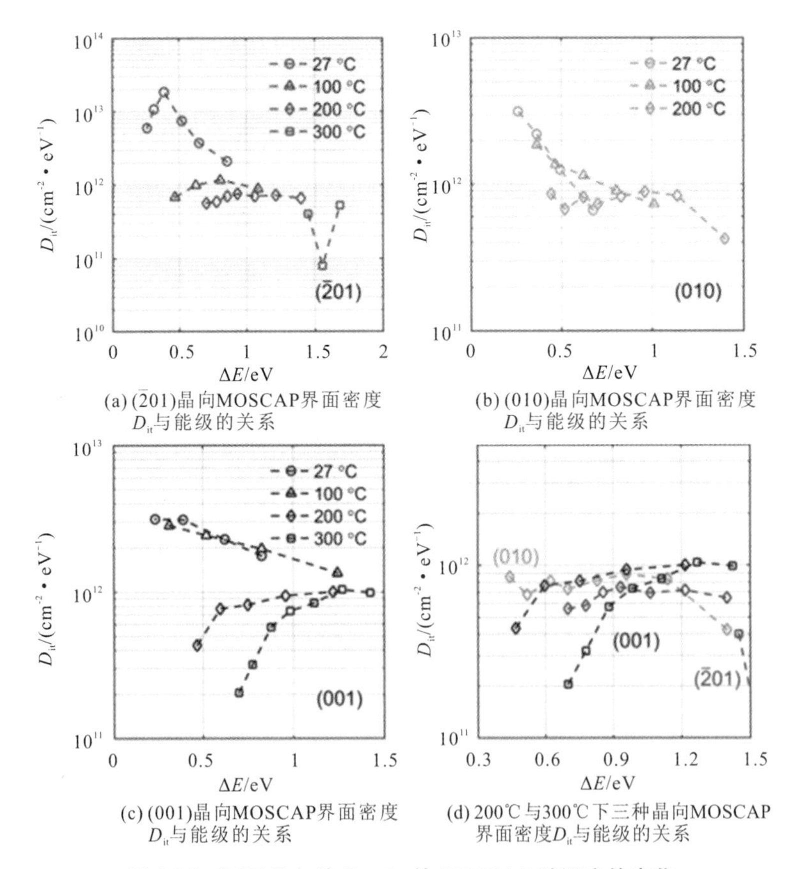

(a) ($\bar{2}$01)晶向MOSCAP界面密度 D_{it} 与能级的关系

(b) (010)晶向MOSCAP界面密度 D_{it} 与能级的关系

(c) (001)晶向MOSCAP界面密度 D_{it} 与能级的关系

(d) 200℃与300℃下三种晶向MOSCAP界面密度 D_{it} 与能级的关系

图 3.36 不同晶向的 Ga_2O_3 的 MOSCAP 随温度的变化

几个小时的高温测试使介质界面得到了退火，从而改善了界面特性，降低了 D_{it}。

3.3.2　Al_2O_3/Ga_2O_3

M. Higashiwaki 等人在 2013 年报道了采用 Al_2O_3 作为栅介质的 Ga_2O_3 MOSFET[8]，器件在室温和 250℃下分别在 404 V 和 378 V 时发生永久性击穿，这是由于 Al_2O_3 栅介质和栅电极处发生了破坏性击穿，因此，提高 Al_2O_3/Ga_2O_3 界面特性一直深受研究者关注[55-64]。

随后该研究组采用 XPS 研究了 $\gamma-Al_2O_3/\beta-Ga_2O_3$ 的能带结构[55]，分析方法与上述 SiO_2 类似。ΔE_v、$E_g^{Al_2O_3}$、$E_g^{Ga_2O_3}$ 和 ΔE_c 分别为 0.74 eV、6.6～7.0 eV、4.6～4.7 eV 和 1.3～1.7 eV。$Au/Al_2O_3/N-Ga_2O_3$ 能带图如图 3.37 所示。

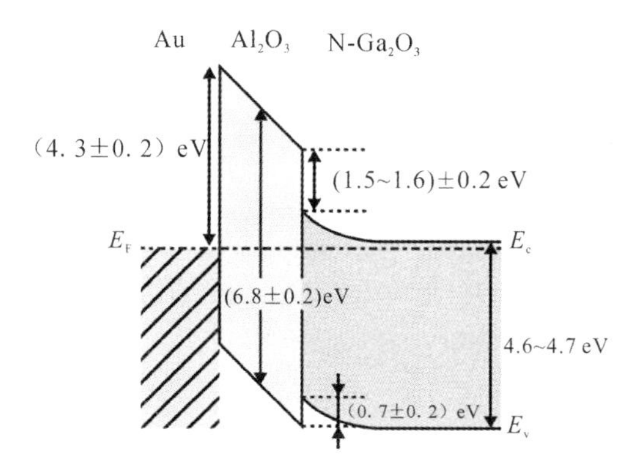

图 3.37　$Au/Al_2O_3/N-Ga_2O_3$ 能带示意图

此外，该研究组将 20 nm Al_2O_3 通过 ALD 沉积在(010)晶向和($\bar{2}$01)晶向的 Ga_2O_3 衬底上，如图 3.38 所示，阳极金属和阴极金属分别为 Au 和 Ti/Au 叠层，重点研究了 Al_2O_3/Ga_2O_3 界面特性[57]。

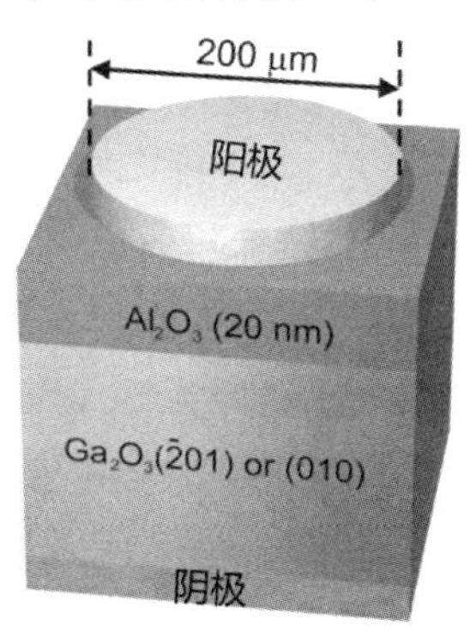

图 3.38　$Au/Al_2O_3/Ga_2O_3$ MOSCAP 器件结构图

由于在高频情况下被界面态捕获的载流子无法快速响应，对测得电容值没有贡献，因此高频下的 $C-V$ 曲线可视为理想的、无界面态影响的；而在低频情况下，浅能级缺陷捕获的载流子能够完全响应。因此，在高低频电容法测试中，可以通过每一个电压下高、低频率电容（C_{hf} 和 C_{lf}）之差计算出界面态密度 D_{it}，即

$$D_{it}=\frac{C_{ox}}{q^2}\left(\frac{C_{lf}/C_{ox}}{1-C_{lf}/C_{ox}}-\frac{C_{hf}/C_{ox}}{1-C_{hf}/C_{ox}}\right) \tag{3-24}$$

其中 $C_{ox}=\frac{\varepsilon_{ox}}{t_{ox}}$，为介质层电容；$\varepsilon_{ox}$ 和 t_{ox} 分别为介质层介电常数和厚度。

图 3.39 显示了 $Au/Al_2O_3/\beta-Ga_2O_3(\bar{2}01)$ 和 $Au/Al_2O_3/\beta-Ga_2O_3(010)$ 高、低频 $C-V$ 曲线以及提取的 D_{it} 分布。

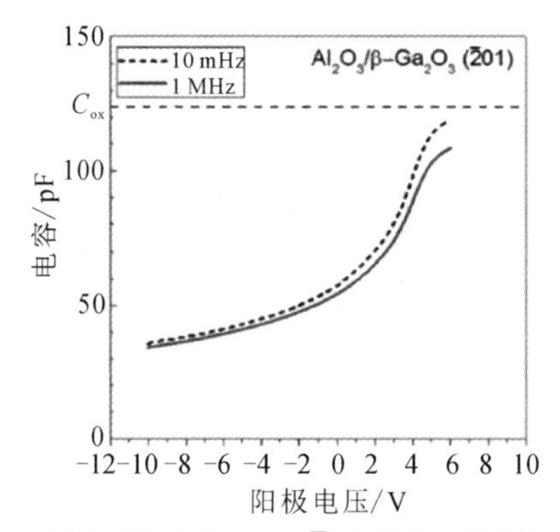

(a) $Au/Al_2O_3/\beta$-$Ga_2O_3(\bar{2}01)$的高、低频C-V曲线

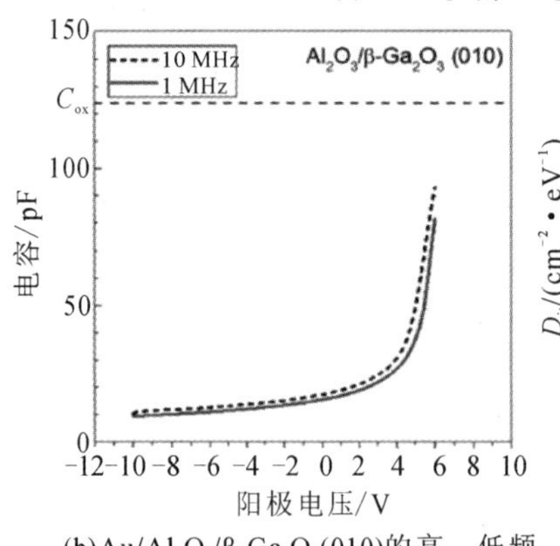

(b) $Au/Al_2O_3/\beta$-$Ga_2O_3(010)$的高、低频 C-V 曲线

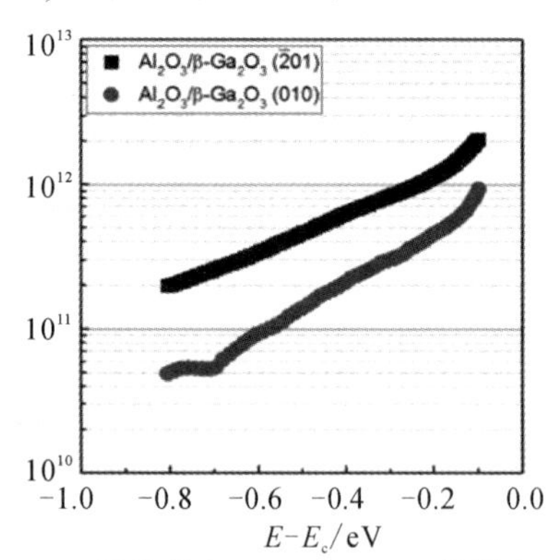

(c) 两种晶向Ga_2O_3 MOSCAP界面态D_{it}随能级的分布

图 3.39　$Au/Al_2O_3/\beta-Ga_2O_3$ $C-V$ 曲线及 D_{it} 分布

可见，Al_2O_3/($\bar{2}$01) Ga_2O_3 界面的 D_{it} 约在 $2.0\times10^{11}\sim2.0\times10^{12}$ $cm^{-2}\cdot eV^{-1}$ 之间；而 Al_2O_3/(010) Ga_2O_3 界面 D_{it} 更低，约在 $5.0\times10^{10}\sim9.3\times10^{11}$ $cm^{-2}\cdot eV^{-1}$ 之间。从图3.40 TEM图可看出，Al_2O_3/(010) Ga_2O_3 界面存在一薄层单晶 γ-Al_2O_3 层，这可能是因为 γ-Al_2O_3(110)与(010) Ga_2O_3 之间的原子排列相似，导致250℃下在膜沉积初始阶段发生了结晶。因此，结晶界面处悬空键密度降低，从而有效降低了 D_{it}。

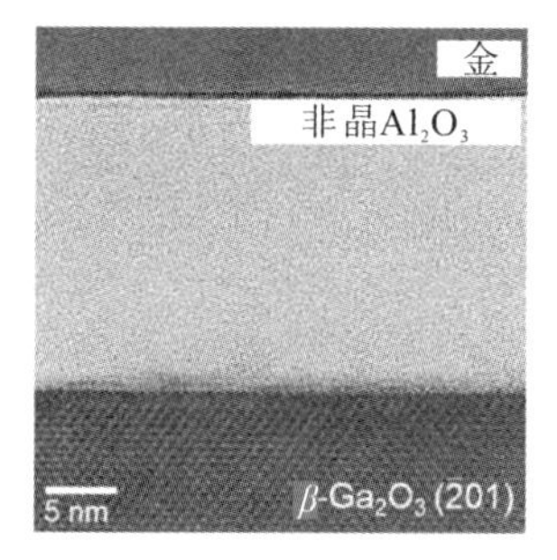

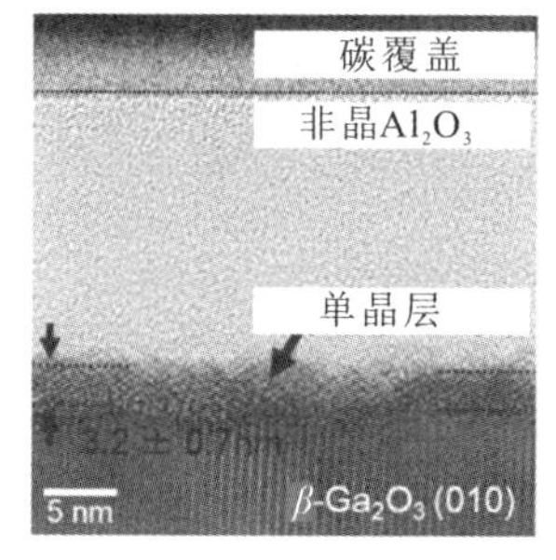

图3.40　Al_2O_3/($\bar{2}$01) Ga_2O_3 界面TEM图与 Al_2O_3/(010) Ga_2O_3 界面TEM图

此外，作者还进一步探究了不同温度下采用ALD沉积 Al_2O_3 薄膜的技术，以及 Al_2O_3 与(010) Ga_2O_3 之间的界面特性。不同温度下界面处均形成不同厚度的单晶 γ-Al_2O_3 层，温度越高，单晶 γ-Al_2O_3 层越厚。如图3.41所示，在250℃和350℃下生长的 Al_2O_3 样品，其 D_{it} 相差不大，但远低于低温下生长的样品。对于界面无单晶 γ-Al_2O_3 层的 Al_2O_3/($\bar{2}$01) Ga_2O_3 样品，其 D_{it} 始终高于存在单晶 γ-Al_2O_3 层的 Al_2O_3/(010) Ga_2O_3 样品。综上所述，高质量的 Al_2O_3 薄膜是提高界面质量的重要手段。

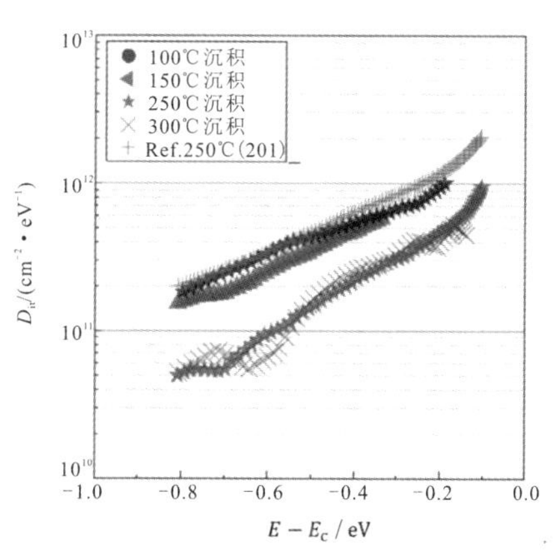

图3.41　不同温度沉积下的 Al_2O_3/(010) Ga_2O_3 MOSCAP的 D_{it} 分布曲线

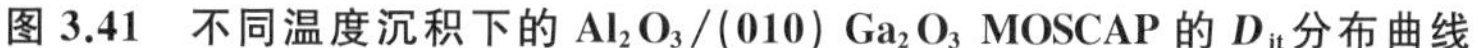

Zhou 等人报道了通过食人鱼溶液(98% H_2SO_4 ∶ 30% H_2O_2 = 3 ∶ 1)和退火工艺处理后具有低缺陷态密度的 $Al_2O_3/(\bar{2}01)$ Ga_2O_3 界面，其界面态密度最低至 2.3×10^{11} $cm^{-2}\cdot eV^{-1}$[58]。

图 3.42(a)显示了经食人鱼溶液处理并在 500℃的 O_2 氛围退火 2 min 的 MOSCAP 样品的 $C-V$ 回滞曲线，图 3.42(b)为仅退火处理的对比样品的 $C-V$ 曲线。可以看出，食人鱼处理后样品回滞电压 ΔV 仅为 0.1 V，而未处理的样品，ΔV 高达 0.45 V。界面陷阱电荷 Q_{it} 可以由式(3-25)计算得到：

$$Q_{it}=C_{ox}\times\frac{\Delta V}{q} \tag{3-25}$$

其中 $C_{ox}=0.5\ \mu F/cm^2$。

食人鱼溶液处理后 Q_{it} 从 $1.4\times10^{12}\ cm^{-2}$ 下降到 $3.2\times10^{11}\ cm^{-2}$，这可能与处理后样品表面粗糙度显著下降有关，如图 3.42(c)、(d)所示。

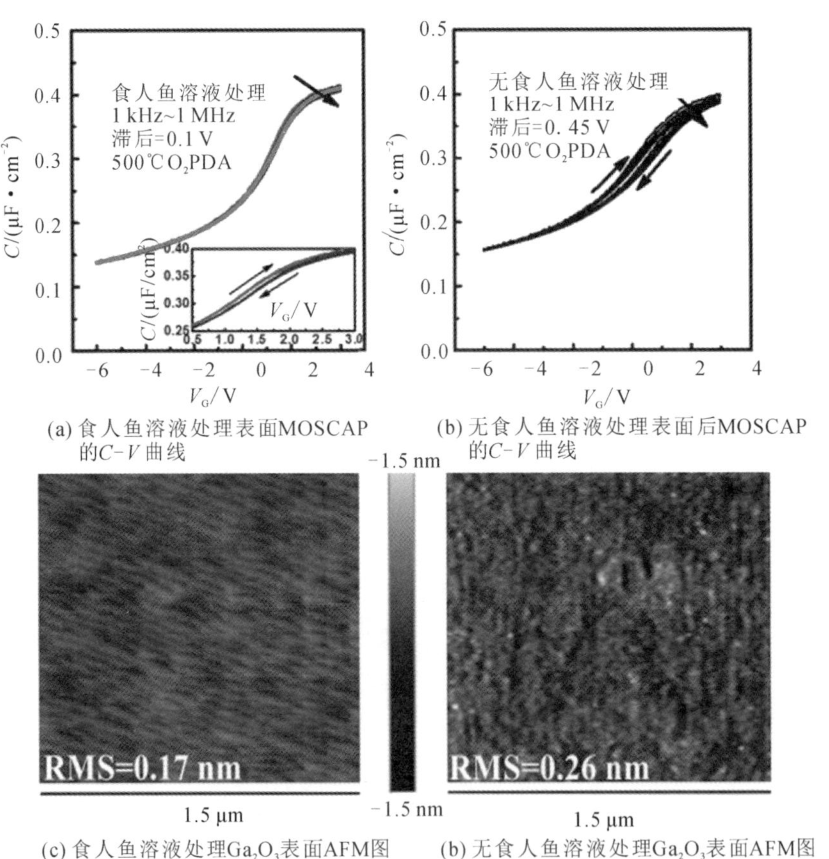

(a) 食人鱼溶液处理表面MOSCAP的$C-V$曲线
(b) 无食人鱼溶液处理表面后MOSCAP的$C-V$曲线
(c) 食人鱼溶液处理Ga_2O_3表面AFM图
(b) 无食人鱼溶液处理Ga_2O_3表面AFM图

图 3.42 MOSCAP 的食人鱼表面处理

不同温度和频率的 $C-V$ 曲线如图3.43所示，用来表征退火工艺对界面的影响。与室温下的 $C-V$ 曲线相比，150℃下的 $C-V$ 曲线有一个明显的右移，表明 $Al_2O_3/(\bar{2}01)\ Ga_2O_3$ 界面存在负电荷。此外，高温下，与退火样品相比，未退火的MOSCAP的 $C-V$ 曲线存在明显的频率发散，如图中红色矩形所示，表明退火工艺能够有效改善界面质量。

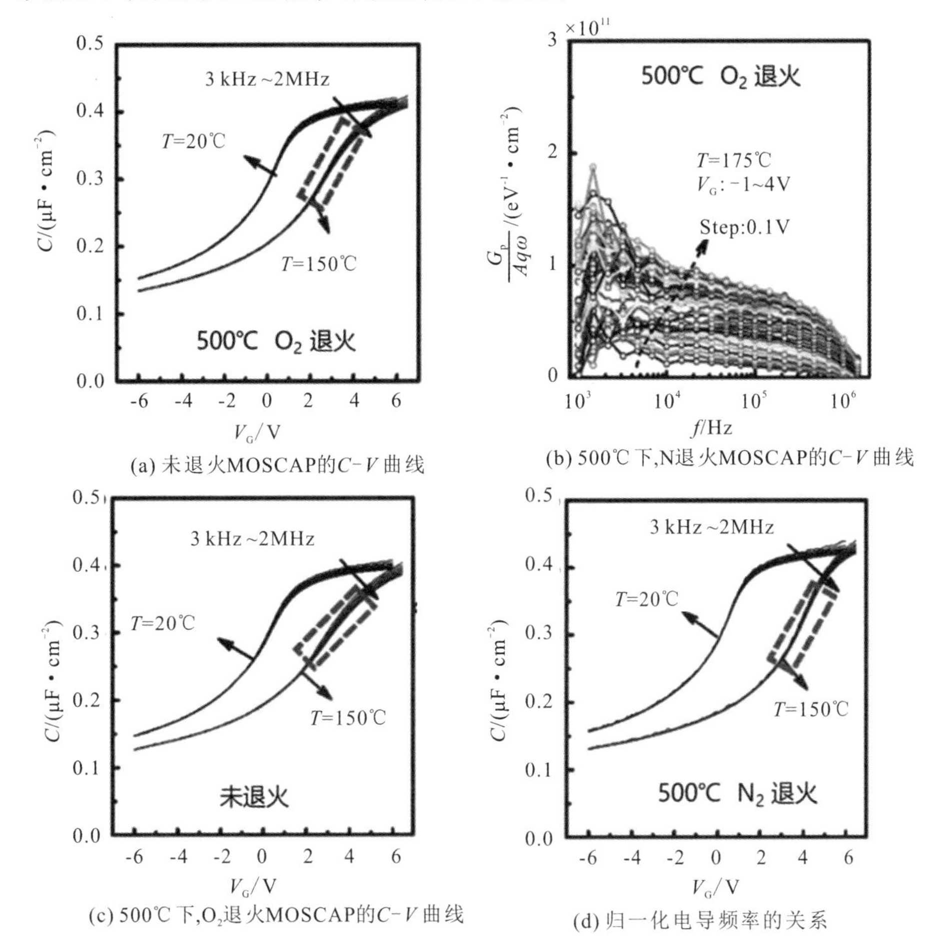

(a) 未退火MOSCAP的$C-V$曲线　(b) 500℃下,N退火MOSCAP的$C-V$曲线

(c) 500℃下,O_2退火MOSCAP的$C-V$曲线　(d) 归一化电导频率的关系

图3.43 不同退火工艺所得不同温度和频率的 $C-V$ 曲线

Z.Jian 等人首次研究了 ALD $Al_2O_3/(001)\ \beta-Ga_2O_3$ MOSCAP的界面态和体缺陷，重点探究了ALD生长温度以及退火工艺对介质质量以及MOSCAP $C-V$ 回滞的影响[63]。

图 3.44 显示了不同生长温度和退火条件下 MOSCAP 的 $C-V$ 特性。从图 3.44(a)可看出，低温下 $C-V$ 曲线有着凸缘，这可能是介质的体缺陷引起的。随着生长温度升高，介质质量提高，凸缘消失，回滞现象有效减轻。如图 3.44(b)所示，在 N_2 与 O_2 氛围中退火能够有效改善介质质量。

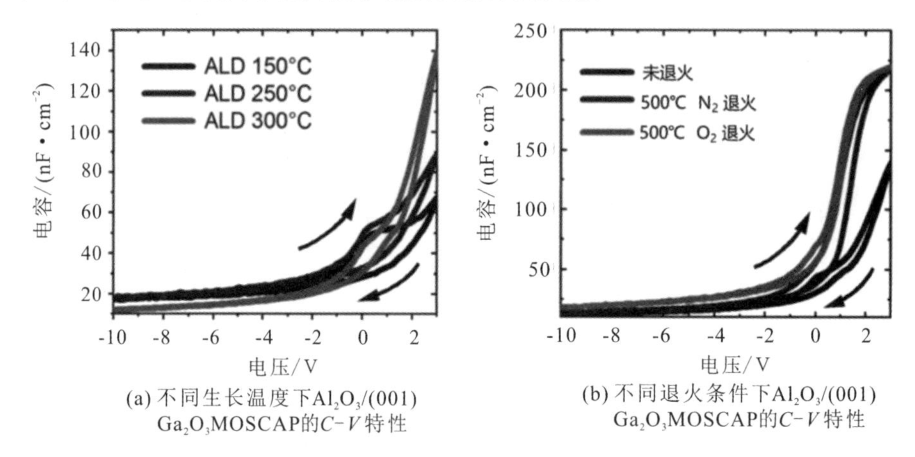

(a) 不同生长温度下Al_2O_3/(001) Ga_2O_3MOSCAP的$C-V$特性　　(b) 不同退火条件下Al_2O_3/(001) Ga_2O_3MOSCAP的$C-V$特性

图 3.44　不同生长温度和退火条件下 MOSCAP 的 $C-U$ 特性

此外，研究者还测试了各个 MOSCAP 的击穿特性，如图 3.45所示。150℃下采用 ALD 生长 Al_2O_3，MOSCAP 漏电流较大；300℃条件下器件整体击穿特性相对提高，低压时漏电流更低。图 3.45(b)中，氧气退火击穿特性有所改善，而 N_2 退火击穿电压有所下降，可能是因为 O_2 退火能够降低 Ga_2O_3 的氧空位缺陷，而 N_2 增加了氧空位，使得 MOS 界面形成漏电通道，击穿电压下降。

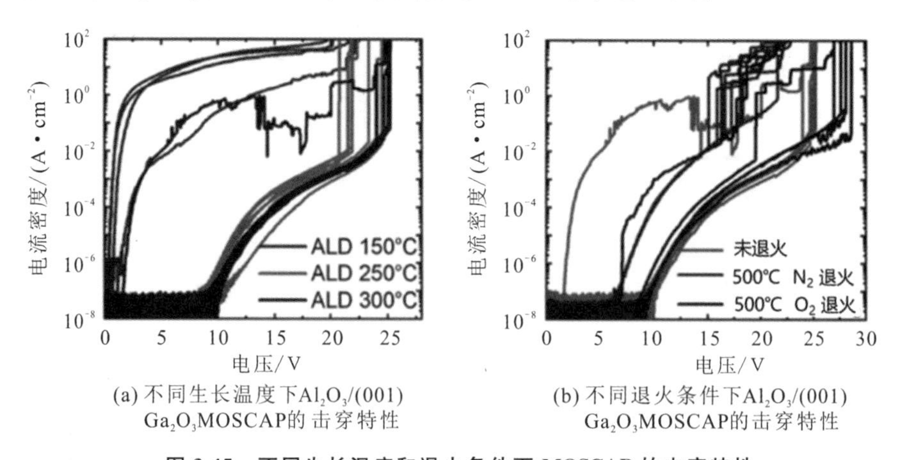

(a) 不同生长温度下Al_2O_3/(001) Ga_2O_3MOSCAP的击穿特性　　(b) 不同退火条件下Al_2O_3/(001) Ga_2O_3MOSCAP的击穿特性

图 3.45　不同生长温度和退火条件下 MOSCAP 的击穿特性

考虑 Al_2O_3 介质的体缺陷，作者研究了不同厚度(t) Al_2O_3 的 MOSCAP 的深紫外光辅助(DUV)$C-V$ 特性，如图3.46所示。

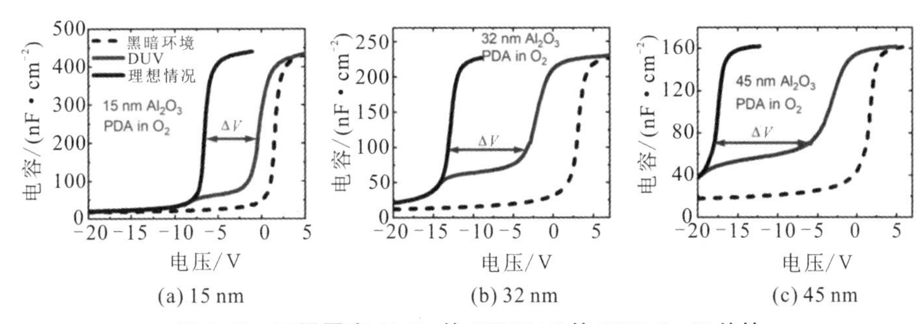

(a) 15 nm　(b) 32 nm　(c) 45 nm

图3.46　不同厚度 Al_2O_3 的 MOSCAP 的 DUV $C-U$ 特性

在深耗尽状态下，理想的黑暗环境下的 $C-V$ 曲线应匹配 DUV 光照下曲线的电容值，因此将图3.46中黑暗环境下测得的曲线即图中虚线进行移动匹配得到的实黑线。图中 ΔV 值为在给定电容下理想的黑暗环境与 DUV 条件下的电压差值，其主要由界面态与体缺陷捕获的电荷引起，即

$$\Delta V=\frac{Aq}{C_{ox}}\left(N_{it}+\int_0^t \frac{xN_{bulk}(x)}{t}dx\right) \tag{3-26}$$

其中 A 为器件面积，N_{it} 为单位面积上界面态捕获的电子，N_{bulk} 为单位面积距金属 x 处的介质体缺陷捕获的电子数量。缺陷态密度(D_t)可以由式(3-27)表示：

$$D_t=\frac{C_{ox}}{Aq}\frac{d\Delta V}{d\psi_s}=\frac{dN_{it}}{d\psi_s}+t\frac{dN_{bulk}}{2d\psi_s}=D_{it}+t\frac{n_{bulk}}{2} \tag{3-27}$$

其中 ψ_s 为表面势，D_{it} 和 n_{bulk} 分别为界面态密度和体缺陷密度。图3.47为不同介质厚度的 MOSCAP 所提取的 D_t 与能级的关系。

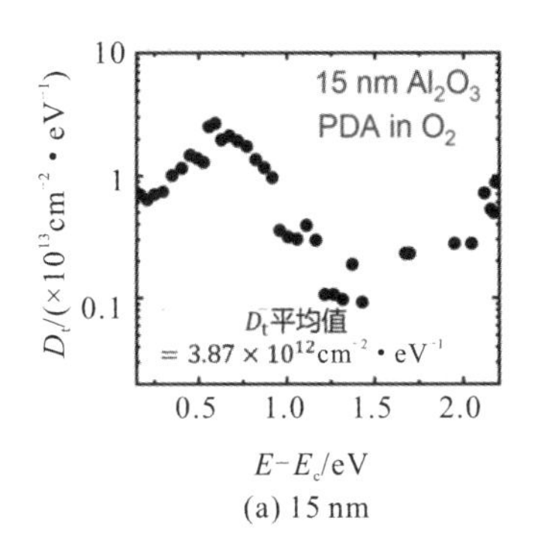

(a) 15 nm

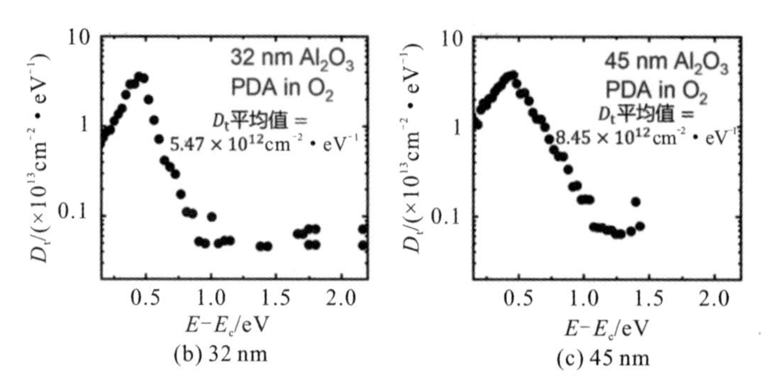

图 3.47　不同 Al_2O_3 厚度的 MOSCAP 的界面态密度 D_t 与能级的关系

在 $E-E_c=0.5$ eV 处，曲线显示出峰值，对应于 Al_2O_3/Ga_2O_3 界面价带势垒处空穴的积累。随着介质层厚度 t 的增加，D_t 的平均值也在增加，D_t-t 曲线如图 3.48 所示，据式(3-27)可知曲线 y 轴截距即为 D_{it}，由斜率可推出 n_{bulk}。因此，可计算出 $D_{it}=1.34\times10^{12}\ cm^{-2}\cdot eV^{-1}$，$n_{bulk}=2.98\times10^{18}\ cm^{-3}\cdot eV^{-1}$。

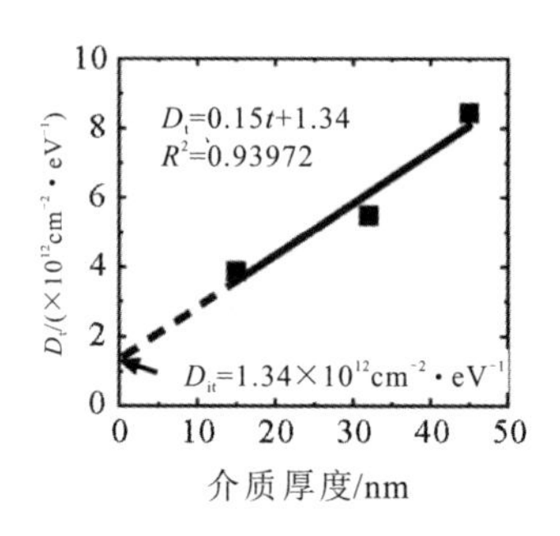

图 3.48　缺陷态密度 D_t 与介质厚度的关系

3.3.3　HfO_2/Ga_2O_3、$HfAlO/Ga_2O_3$

高 k 氧化物介质(HfO_2、ZrO_2 和 La_2O_3 等)一直是 MOS 器件的重点研究对象。高 k 介质具有大的介电常数(12～24)、良好的热力学稳定性和较高的结晶温度，不仅可以实现更低的有效氧化层厚度和更高的临界电场，还可以调整阈值电压。因此对于宽禁带 Ga_2O_3 MOSFET 器件，铪基高 k 氧化物介质的研究同样备受关注[65-72]。

两种高 k 氧化物 ZrO_2 和 HfO_2 与 Ga_2O_3 界面的能带关系可通过 XPS 结果的分析得到，如图 3.49 所示[65]。二者都表现出类型Ⅱ的能带结构，且与

Ga_2O_3 形成的导带偏移量 $\Delta E_c < 1.4$ eV。

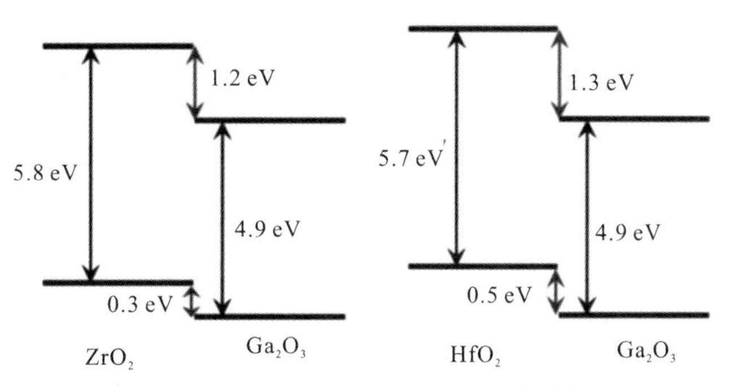

图 3.49　ZrO_2 和 HfO_2 与 Ga_2O_3 界面的能带关系

D. I. Shahin 等人研究了 ALD $HfO_2/(\bar{2}01)Ga_2O_3$ MOSCAP 的电学特性，结构如图 3.50 所示[68]。

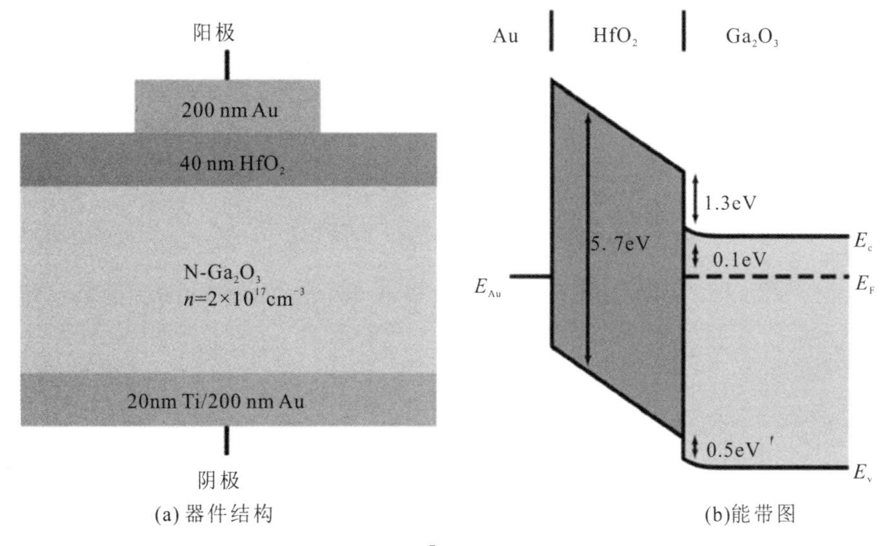

图 3.50　$HfO_2/(\bar{2}01)Ga_2O_3$ MOSCAP

不同频率下 MOSCAP 的 $C-V$ 曲线如图 3.51(a)所示。可以看出无论是低频还是高频，$C-V$ 曲线都显示出较好的一致性且回滞电压低。与理想曲线相比，实际 $C-V$ 曲线正向漂移 1 V，理想的平带电压约为 1.1 V，而实际的平带电压约为 2.15 V，可以计算出存在的负电荷密度约为 3×10^{-7} C/cm^2。

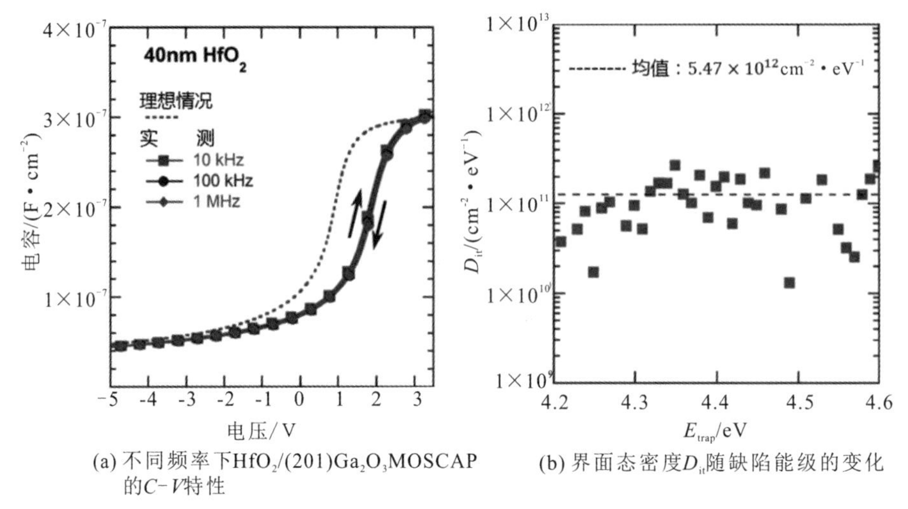

(a) 不同频率下HfO_2/(201)Ga_2O_3MOSCAP的C-V特性

(b) 界面态密度D_{it}随缺陷能级的变化

图 3.51 $HfO_2/(\bar{2}01)Ga_2O_3$ MOSCAP 的研究

通过特曼法从 $C-V$ 特性曲线提取出不同缺陷能级下的界面态密度 D_{it}，如图 3.51(b)所示。当 $E_c-0.6\ eV \leqslant E_{trap} \leqslant E_c-0.2\ eV$ 时，E_{trap} 为缺陷能级，D_{it}平均值约为 $1.3\times10^{11}\ cm^{-2}\cdot eV^{-1}$。

图 3.52(a)显示了 0～20 V 正偏电压下 MOSCAP 的泄漏电流。依据 4.1 小节所述的 F-N 隧穿效应，可得 $\ln\left(\frac{J}{E_{ox}^2}\right)-\frac{1}{E_{ox}}$曲线，如图 3.52(b)所示。通过曲线斜率 S 提取得到 $\Delta E_c=1.30$ eV，结果与图 3.49 XPS 提取结果一致。

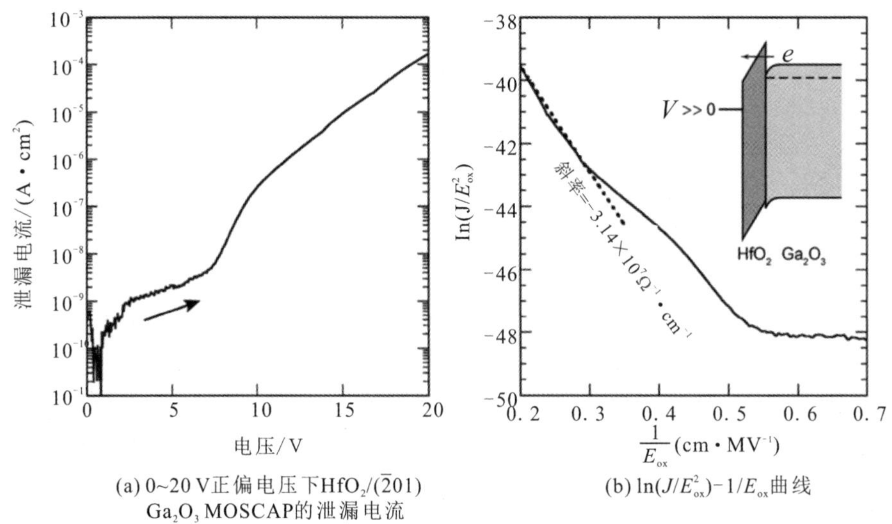

(a) 0~20 V正偏电压下$HfO_2/(\bar{2}01)$ Ga_2O_3 MOSCAP的泄漏电流

(b) $\ln(J/E_{ox}^2)-1/E_{ox}$曲线

图 3.52 $HfO_2/(\bar{2}01)Ga_2O_3$ MOSCAP 电学特性

由于 Ga_2O_3 禁带宽度比较大而高 k 介质往往带隙较窄，在前面所述的 HfO_2/Ga_2O_3 的能带关系中，其 ΔE_c 仅有 1.3 eV，较小的 ΔE_c 无法有效抑制泄漏电流。将 Al_2O_3 和 HfO_2 混合形成 $HfAlO=(HfO_2)_x(Al_2O_3)_{1-x}$ 作为介质层具有一定的优势，因为 HfO_2 可以具有 HfO_2 的高 k 特性，同时能与 Ga_2O_3 形成较大的 ΔE_c。此外，HfAlO 的结晶温度高于 HfO_2 的结晶温度，可以最小化介质层泄漏路径。

L. Yuan 等人利用 XPS 研究了$(HfO_2)_x(Al_2O_3)_{1-x}$与$(\bar{2}01)Ga_2O_3$ 之间的能带关系[69]。样品 1＃、2＃、3＃和 4＃各自对应的 HfO_2 组分摩尔系数 x 以及 XPS 提取的 HfAlO 禁带宽度 E_g^{HfAlO}、ΔE_c 和 ΔE_v 如表 3.2 所示。

表 3.2　样品的参数对比

参数	1＃	2＃	3＃	4＃
Hf%	0	4.16	5.70	8.68
Al%	38.02	30.35	29.05	25.24
O%	61.97	65.50	65.25	66.08
x	0	0.215	0.282	0.408
E_g/eV	/	6.71±0.05	6.62±0.05	6.46±0.05
ΔE_v/eV	0.48±0.05	0.33±0.05	0.28±0.05	0.19±0.05
ΔE_c/eV	1.65±0.05	1.53±0.05	1.49±0.05	1.42±0.05

图 3.53 显示了 E_g^{HfAlO}、ΔE_c 和 ΔE_v 与 HfAlO 中 HfO_2 摩尔组分 x 的关系。可以看出，三者均与 x 有很好的线性度。

此外，该研究组进一步探究了 $HfAlO/(\bar{2}01)Ga_2O_3$ MOSCAPs 的电学特性[71]。图 3.54 显示了高、低频下(1 MHz 和 1 kHz)MOSCAP 的电容特性和不同偏压下 MOSCAP 的泄漏电流。

$C-V$ 曲线的回滞现象和不同频率下的发散现象，表明 $HfAlO/(\bar{2}01)Ga_2O_3$ 界面存在一定的界面陷阱。HfAlO 的介电常数 ε_{ox} 可由积累状态下电容即 C_{ox} 提取得到，$\varepsilon_{ox}\approx 10.74$。从 $C-V$ 曲线提取出界面态密度 D_{it} 约为 $1.16\times 10^{12}\ cm^{-2}\cdot eV^{-1}$，平带电压 V_{FB} 约为 3.6 V。此外作者采用恒压应力测试(Constant-Voltage Stress，CVS)探究了 $C-V$ 曲线和 D_{it} 的变化。图 3.55(a)为恒压 6 V 下不同压力时间下的 $C-V$

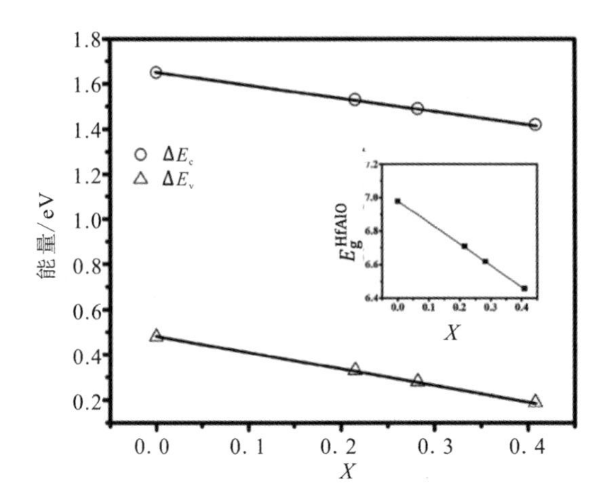

图 3.53 E_g^{HfAlO}、ΔE_C 和 ΔE_V 与 HfAlO 中 HfO_2 摩尔组分 x 的关系

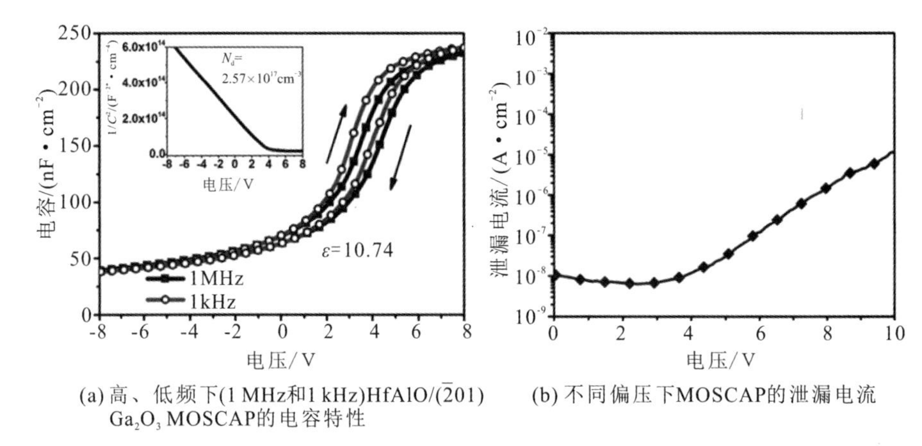

(a) 高、低频下(1 MHz和1 kHz)HfAlO/($\bar{2}01$) Ga_2O_3 MOSCAP的电容特性

(b) 不同偏压下MOSCAP的泄漏电流

图 3.54 HfAlO/($\bar{2}01$)Ga_2O_3 MOSCAP 的电学特性

曲线，可以看出随着压力和时间的增加，$C-V$曲线向右正向偏移，间接反映了负陷阱电荷的增加。不同电压下平带电压漂移量 ΔV_{FB}随压力和时间的变化如图3.55(b)所示，可以看出一方面在施加时间的维度上，陷阱电荷随着应力和时间的增加而增加，在正应力偏置下更多的负有效电荷形成或填充。另一方面在施加电压的维度上，ΔV_{FB}随电压的增加而增加，说明在较大偏压下，HfAlO/($\bar{2}01$)Ga_2O_3 界面压力诱导陷阱现象的存在。此外，结果也反映出在相同的压力和时间下，大的偏压可导致 HfAlO 薄膜内负有效电荷的增加。

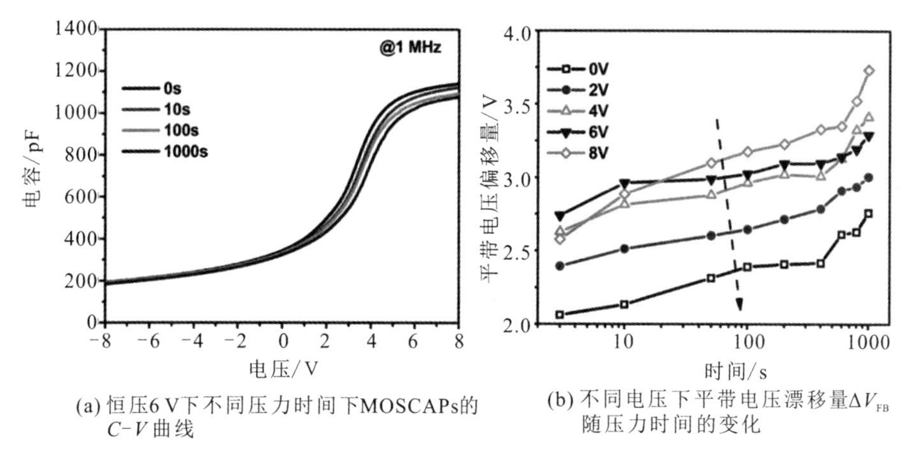

(a) 恒压6 V下不同压力时间下MOSCAPs的 $C-V$ 曲线　(b) 不同电压下平带电压漂移量 ΔV_{FB} 随压力时间的变化

图 3.55　恒压应力测试探究 $C-V$ 曲线和 D_{it} 的变化

本章首先介绍了氧化镓与金属之间的欧姆接触，目前以钛作为底层金属的多种金属叠层结构是与氧化镓形成欧姆接触的主要结构，表面刻蚀和离子注入是主要辅助手段；其次介绍了不同材料与氧化镓形成肖特基接触的物理特性；最后介绍了 SiO_2、Al_2O_3、HfO_2 和 HfAlO 各介质与氧化镓之间的能带关系及 MOSCAP 电学特性。因此做好每一个部分的接触，是高性能氧化镓器件的保证。

参考文献

[1] PEARTON S J, YANG J, CARY P H, et al. A review of Ga_2O_3 materials, processing, and devices [J]. Applied Physics Reviews, 2018, 5(1): 011301.

[2] HUAN Y W, SUN S M, GU C J, et al. Recent advances in β-Ga_2O_3-metal contacts [J]. Nanoscale Res Lett, 2018, 13(1): 246.

[3] WANG C, ZHANG J, XU S, et al. Progresses in state-of-the-art technologies of Ga_2O_3 devices [J]. Journal of Physics D: Applied Physics, 2021.

[4] GRECO G, IUCOLANO F, ROCCAFORTE F. Ohmic contacts to Gallium Nitride materials [J]. Applied Surface Science, 2016, 383: 324-345.

[5] OSHIMA T, OKUNO T, ARAI N, et al. Flame detection by a β-Ga_2O_3-based sensor

[J]. Japanese Journal of Applied Physics, 2009, 48(1): 011605.

[6] YAO Y, DAVIS R F, PORTER L M. Investigation of different metals as ohmic contacts to β-Ga_2O_3: Comparison and analysis of electrical behavior, morphology, and other physical properties [J]. Journal of Electronic Materials, 2016, 46(4): 2053-2060.

[7] SASAKI K, KURAMATA A, MASUI T, et al. Device-quality β-Ga_2O_3 epitaxial films fabricated by ozone molecular beam epitaxy [J]. Applied Physics Express, 2012, 5(3): 035502.

[8] HIGASHIWAKI M, SASAKI K, KAMIMURA T, et al. Depletion-mode Ga_2O_3 metal-oxide-semiconductor field-effect transistors on β-Ga_2O_3 (010) substrates and temperature dependence of their device characteristics [J]. Applied Physics Letters, 2013, 103(12): 123511.

[9] LEE M H, PETERSON R L. Interfacial reactions of titanium/gold ohmic contacts with Sn-doped β-Ga_2O_3 [J]. APL Materials, 2019, 7(2): 022524.

[10] DANG G T, KAWAHARAMURA T, FURUTA M, et al. Mist-CVD grown Sn-doped α-Ga_2O_3 MESFETs [J]. IEEE Transactions on Electron Devices, 2015, 62 (11): 3640-3644.

[11] GUO D Y, ZHAO X L, ZHI Y S, et al. Epitaxial growth and solar-blind photoelectric properties of corundum-structured α -Ga_2O_3 thin films [J]. Materials Letters, 2016, 164: 364-367.

[12] JEON D W, SON H, HWANG J, et al. Electrical properties, structural properties, and deep trap spectra of thin α-Ga_2O_3 films grown by halide vapor phase epitaxy on basal plane sapphire substrates [J]. APL Materials, 2018, 6(12): 121110.

[13] CHEN J X, LI X X, MA H P, et al. Investigation of the mechanism for ohmic contact formation in Ti/Al/Ni/Au contacts to β-Ga_2O_3 nanobelt field-effect transistors [J]. ACS Appl Mater Interfaces, 2019, 11(35): 32127-32134.

[14] LU X, ZHANG X, JIANG H, et al. Vertical β-Ga_2O_3 Schottky barrier diodes with enhanced breakdown voltage and high switching performance [J]. physica status solidi (a), 2019, 217(3): 1900497.

[15] JI M, TAYLOR N R, KRAVCHENKO I, et al. Demonstration of large-size vertical

Ga_2O_3 Schottky barrier diodes [J]. IEEE Transactions on Power Electronics, 2021, 36(1): 41-44.

[16] OSHIMA T, WAKABAYASHI R, HATTORI M, et al. Formation of indium-tin oxide ohmic contacts for β-Ga_2O_3 [J]. Japanese Journal of Applied Physics, 2016, 55(12): 1202B1207.

[17] CAREY P H, REN F, HAYS D C, et al. Band offsets in ITO/Ga_2O_3 heterostructures [J]. Applied Surface Science, 2017, 422: 179-183.

[18] CAREY P H, YANG J, REN F, et al. Ohmic contacts on N-type β-Ga_2O_3 using AZO/Ti/Au [J]. AIP Advances, 2017, 7(9): 095313.

[19] CAREY P H, YANG J, REN F, et al. Improvement of ohmic contacts on Ga_2O_3 through use of ITO-interlayers [J]. Journal of Vacuum Science & Technology B, Nanotechnology and Microelectronics: Materials, Processing, Measurement, and Phenomena, 2017, 35(6): 061201.

[20] HIGASHIWAKI M, SASAKI K, KURAMATA A, et al. Gallium oxide (Ga_2O_3) metal-semiconductor field-effect transistors on single-crystal β-Ga_2O_3 (010) substrates [J]. Applied Physics Letters, 2012, 100(1): 013504.

[21] HIGASHIWAKI M, KONISHI K, SASAKI K, et al. Temperature-dependent capacitance-voltage and current - voltage characteristics of Pt/Ga_2O_3 (001) Schottky barrier diodes fabricated on N - Ga_2O_3 drift layers grown by halide vapor phase epitaxy [J]. Applied Physics Letters, 2016, 108(13): 133503.

[22] HOGAN J E, KAUN S W, AHMADI E, et al. Chlorine-based dry etching of β-Ga_2O_3 [J]. Semiconductor Science and Technology, 2016, 31(6): 065006.

[23] HE Q, MU W, DONG H, et al. Schottky barrier diode based on β-Ga_2O_3 (100) single crystal substrate and its temperature-dependent electrical characteristics [J]. Applied Physics Letters, 2017, 110(9): 093503.

[24] ZHOU H, SI M, ALGHAMDI S, et al. High-performance depletion/enhancement-mode β -Ga_2O_3 on insulator (GOOI) field-effect transistors with record drain currents of 600/450 mA/mm [J]. IEEE Electron Device Letters, 2017, 38(1): 103-106.

[25] LI W, HU Z, NOMOTO K, et al. 1230 V β-Ga_2O_3 trench Schottky barrier diodes

with an ultra-low leakage current of <1 μA/cm^2 [J]. Applied Physics Letters, 2018, 113(20): 202101.

[26] BAE J, KIM H Y, KIM J. Contacting mechanically exfoliated β-Ga_2O_3 nanobelts for (opto) electronic device applications [J]. ECS Journal of Solid State Science and Technology, 2016, 6(2): Q3045-Q3048.

[27] SASAKI K, HIGASHIWAKI M, KURAMATA A, et al. Si-Ion implantation doping in β-Ga_2O_3 and Its application to fabrication of low-resistance ohmic contacts [J]. Applied Physics Express, 2013, 6(8): 086502.

[28] ZENG K, WALLACE J S, HEIMBURGER C, et al. Ga_2O_3 MOSFETs using Spin-On-Glass source/drain doping technology [J]. IEEE Electron Device Letters, 2017, 38(4): 513-516.

[29] XIA Z, JOISHI C, KRISHNAMOORTHY S, et al. Delta doped β-Ga_2O_3 field effect transistors with regrown ohmicts contacts [J]. IEEE Electron Device Letters, 2018, 39(4): 568-571.

[30] BALIGA B J. Fundamentals of power semiconductor devices [J]. 2008.

[31] SASAKI K, HIGASHIWAKI M, KURAMATA A, et al. Ga_2O_3 Schottky barrier diodes fabricated by using single-crystal β-Ga_2O_3 (010) substrates [J]. IEEE Electron Device Letters, 2013, 34(4): 493-495.

[32] FOWLER R H. The analysis of photoelectric sensitivity curves for clean metals at various temperatures [J]. Physical Review, 1931, 38(1): 45-56.

[33] GOODMAN A M. Metal—semiconductor barrier height measurement by the differential capacitance method—one carrier system [J]. Journal of Applied Physics, 1963, 34(2): 329-338.

[34] FARZANA E, ZHANG Z, PAUL P K, et al. Influence of metal choice on (010) β-Ga_2O_3 Schottky diode properties [J]. Applied Physics Letters, 2017, 110(20): 202102.

[35] AHN S, REN F, YUAN L, et al. Temperature-dependent characteristics of Ni/Au and Pt/Au Schottky diodes on β-Ga_2O_3 [J]. ECS Journal of Solid State Science and Technology, 2017, 6(1): P68-P72.

[36] FARES C, REN F, PEARTON S J. Temperature-dependent electrical characteristics of

β-Ga_2O_3 diodes with W Schottky contacts up to 500°C [J]. ECS Journal of Solid State Science and Technology, 2018, 8(7): Q3007-Q3012.

[37] INGEBRIGTSEN M E, VINES L, ALFIERI G, et al. Bulk β-Ga_2O_3 with (010) and (201) surface orientation: Schottky contacts and point defects [J]. Materials Science Forum, 2017, 897: 755-758.

[38] LINGAPARTHI R, THIEU Q T, SASAKI K, et al. Effects of oxygen annealing of β-Ga_2O_3 epilayers on the properties of vertical Schottky barrier diodes [J]. ECS Journal of Solid State Science and Technology, 2020, 9(2): 024004.

[39] HOU C, YORK K R, MAKIN R A, et al. High temperature (500℃ operating limits of oxidized platinum group metal (PtO_x, IrO_x, PdO_x, RuO_x) Schottky contacts on β-Ga_2O_3 [J]. Applied Physics Letters, 2020, 117(20): 203502.

[40] HOU C, GAZONI R M, REEVES R J, et al. Direct comparison of plain and oxidized metal Schottky contacts on β-Ga_2O_3 [J]. Applied Physics Letters, 2019, 114(3): 033502.

[41] HARADA T, ITO S, TSUKAZAKI A. Electric dipole effect in $PdCoO_2$/β-Ga_2O_3 Schottky diodes for high-temperature operation [J]. Sci Adv, 2019, 5(10): eaax5733.

[42] DAOU R, FRESARD R, EYERT V, et al. Unconventional aspects of electronic transport in delafossite oxides [J]. Sci Technol Adv Mater, 2017, 18(1): 919-938.

[43] MACKENZIE A P. The properties of ultrapure delafossite metals [J]. Rep Prog Phys, 2017, 80(3): 032501.

[44] HARADA T, TSUKAZAKI A. Dynamic characteristics of $PdCoO_2$/β-Ga_2O_3 Schottky junctions [J]. Applied Physics Letters, 2020, 116(23): 232104.

[45] TRAN H N, LE P Y, MURDOCH B J, et al. Temperature-Dependent Electrical Properties of Graphitic Carbon Schottky Contacts to β-Ga_2O_3 [J]. IEEE Transactions on Electron Devices, 2020, 67(12): 5669-5675.

[46] TADJER M J, WHEELER V D, SHAHIN D I, et al. Thermionic emission analysis of TiN and Pt Schottky contacts to β-Ga_2O_3 [J]. ECS Journal of Solid State Science and Technology, 2017, 6(4): P165-P168.

[47] MASTRO M A, KURAMATA A, CALKINS J, et al. Perspective-opportunities and

future directions for Ga_2O_3 [J]. ECS Journal of Solid State Science and Technology, 2017, 6(5): P356-P359.

[48] CHABAK K D, MCCANDLESS J P, MOSER N A, et al. Recessed-gate enhancement-mode β-Ga_2O_3 MOSFETs [J]. IEEE Electron Device Letters, 2018, 39(1): 67-70.

[49] ZENG K, VAIDYA A, SINGISETTI U. 1.85 kV breakdown voltage in lateral field-plated Ga_2O_3 MOSFETs [J]. IEEE Electron Device Letters, 2018, 39(9): 1385-1388.

[50] JIA Y, ZENG K, WALLACE J S, et al. Spectroscopic and electrical calculation of band alignment between atomic layer deposited SiO_2 and β-Ga_2O_3 ($\bar{2}01$) [J]. Applied Physics Letters, 2015, 106(10): 102107.

[51] KONISHI K, KAMIMURA T, WONG M H, et al. Large conduction band offset at SiO_2/β-Ga_2O_3 heterojunction determined by X-ray photoelectron spectroscopy [J]. physica status solidi (b), 2016, 253(4): 623-625.

[52] CAREY P H, REN F, HAYS D C, et al. Band alignment of atomic layer deposited SiO_2 and $HfSiO_4$ with (-201) β-Ga_2O_3 [J]. Japanese Journal of Applied Physics, 2017, 56(7): 071101.

[53] ZENG K, JIA Y, SINGISETTI U. Interface state density in atomic layer deposited SiO_2/β-Ga_2O_3($\bar{2}01$) MOSCAPs [J]. IEEE Electron Device Letters, 2016, 37(7): 906-909.

[54] ZENG K, SINGISETTI U. Temperature dependent quasi-static capacitance-voltage characterization of SiO_2/β-Ga_2O_3 interface on different crystal orientations [J]. Applied Physics Letters, 2017, 111(12): 122108.

[55] KAMIMURA T, SASAKI K, HOI WONG M, et al. Band alignment and electrical properties of Al_2O_3/β-Ga_2O_3 heterojunctions [J]. Applied Physics Letters, 2014, 104(19): 192104.

[56] HATTORI M, OSHIMA T, WAKABAYASHI R, et al. Epitaxial growth and electric properties of γ-Al_2O_3(110) films on β-Ga_2O_3(010) substrates [J]. Japanese Journal of Applied Physics, 2016, 55(12): 1202B1206.

[57] KAMIMURA T, KRISHNAMURTHY D, KURAMATA A, et al. Epitaxially grown crystalline Al_2O_3 interlayer on β-Ga_2O_3(010) and its suppressed interface state density [J]. Japanese Journal of Applied Physics, 2016, 55(12): 1202B1205.

[58] ZHOU H, ALGHAMDI S, SI M, et al. Al_2O_3/ β-Ga_2O_3 (-201) Interface improvement through piranha pretreatment and postdeposition annealing [J]. IEEE Electron Device Letters, 2016, 37(11): 1411-1414.

[59] BHUIYAN M A, ZHOU H, JIANG R, et al. Charge trapping in Al_2O_3/β-Ga_2O_3-based MOS capacitors [J]. IEEE Electron Device Letters, 2018, 39(7): 1022-1025.

[60] JAYAWARDENA A, RAMAMURTHY R P, AHYI A C, et al. Interface trapping in ($\bar{2}$01) β-Ga_2O_3 MOS capacitors with deposited dielectrics [J]. Applied Physics Letters, 2018, 112(19): 192108.

[61] SU C Y, HOSHII T, MUNETA I, et al. Interface state density of atomic layer deposited Al_2O_3 on β-Ga_2O_3 [J]. ECS Transactions, 2018, 85(7): 27-30.

[62] HIROSE M, NABATAME T, YUGE K, et al. Influence of post-deposition annealing on characteristics of Pt/Al_2O_3/β-Ga_2O_3 MOS capacitors [J]. Microelectronic Engineering, 2019, 216: 111040.

[63] JIAN Z, MOHANTY S, AHMADI E. Deep UV-assisted capacitance-voltage characterization of post-deposition annealed Al_2O_3/β-Ga_2O_3 (001) MOSCAPs [J]. Applied Physics Letters, 2020, 116(24): 242105.

[64] HIROSE M, NABATAME T, IROKAWA Y, et al. Interface characteristics of β-Ga_2O_3/Al_2O_3/Pt capacitors after postmetallization annealing [J]. Journal of Vacuum Science & Technology A, 2021, 39(1): 012401.

[65] WHEELER V D, SHAHIN D I, TADJER M J, et al. Band alignments of atomic layer deposited ZrO_2 and HfO_2 High-k dielectrics with (-201) β-Ga_2O_3 [J]. ECS Journal of Solid State Science and Technology, 2016, 6(2): Q3052-Q3055.

[66] DONG H, MU W, HU Y, et al. C-U and J-V investigation of HfO_2/Al_2O_3 bilayer dielectrics MOSCAPs on (100) β-Ga_2O_3 [J]. AIP Advances, 2018, 8(6): 065215.

[67] OSHIMA T, HASHIKAWA M, TOMIZAWA S, et al. β-Ga_2O_3-based metal-oxide-semiconductor photodiodes with HfO_2 as oxide [J]. Applied Physics Express, 2018,

11(11): 112202.

[68] SHAHIN D I, TADJER M J, WHEELER V D, et al. Electrical characterization of ALD HfO_2 high-k dielectrics on ($\bar{2}$01) β-Ga_2O_3 [J]. Applied Physics Letters, 2018, 112(4): 042107.

[69] YUAN L, ZHANG H, JIA R, et al. Energy-band alignment of $(HfO_2)x(Al_2O_3)_{1-x}$ gate dielectrics deposited by atomic layer deposition on β-Ga_2O_3 (-201) [J]. Applied Surface Science, 2018, 433: 530-534.

[70] ZHANG H, JIA R, LEI Y, et al. Leakage current conduction mechanisms and electrical properties of atomic-layer-deposited HfO_2/Ga_2O_3 MOS capacitors [J]. Journal of Physics D: Applied Physics, 2018, 51(7): 075104.

[71] ZHANG H, YUAN L, JIA R, et al. Stress-induced charge trapping and electrical properties of atomic-layer-deposited $HfAlO/Ga_2O_3$ metal-oxide-semiconductor capacitors [J]. Journal of Physics D: Applied Physics, 2019, 52(21): 215104.

[72] ZHANG H, YUAN L, TANG X, et al. Influence of metal gate electrodes on electrical properties of Atomic-Layer-Deposited Al-rich $HfAlO/Ga_2O_3$ MOSCAPs [J]. IEEE Transactions on Electron Devices, 2020, 67(4): 1730-1736.

第4章

氧化镓器件的制备工艺

半导体器件加工制备流程中，刻蚀以及离子注入是极为关键的步骤，前者能够对半导体衬底材料的形貌进行调控，而后者是对衬底进行掺杂的重要手段，二者对于设计新型器件结构、拓宽器件设计思路，以及提升器件性能至关重要。氧化镓器件经过近十年的发展，已经具备了一些较为成熟、具有普适性的刻蚀及离子注入工艺，明确这些工艺手段对材料的影响是合理利用工艺的先决条件。本章将专门针对氧化镓器件制备流程中使用到的刻蚀、离子注入以及损伤修复工艺进行详细介绍，明确不同处理方式对器件性能造成的影响，从而获得对氧化镓器件制备工艺的整体认知。

4.1 刻蚀

在制备氧化镓基功率器件和光电探测器的工艺流程中，需要对衬底材料的形貌进行精准调控，通过设计特定的结构，满足器件性能的相关需求。其中刻蚀工艺是实现精准调控衬底形貌的关键，包括干法刻蚀(Dry Etch)和湿法腐蚀(Wet Etch)两大类，干法刻蚀可以实现较大深度、垂直侧壁的刻蚀，而湿法腐蚀可以在不同晶向上形成特定形状。

湿法腐蚀工艺是指蚀刻剂溶液与样品表面之间发生化学反应，从而逐渐去除表面样品，实现腐蚀的工艺过程。其工艺形式主要包括将样品浸没在反应刻蚀液和将刻蚀溶液向样品表面喷涂两种方式，一般实验室进行湿法腐蚀都是将样品沉浸在反应刻蚀液中进行。相比于干法刻蚀，湿法腐蚀具有以下几项特点：选择比高、各向同性腐蚀。而针对特定的样品选择相应的蚀刻剂是湿法腐蚀的关键，关于氧化镓的湿法腐蚀也进行了一系列探索性研究，主要的蚀刻剂包括磷酸(H_3PO_4)、浓硫酸(H_2SO_4)、四甲基氢氧化铵溶液(TMAH)和氢氧化钾溶液(KOH)[1-3]，后文中将进行详细介绍。

干法刻蚀工艺是利用高密度的等离子体与样品表面发生物理和化学作用，从而逐渐去除样品的过程。相比于湿法腐蚀工艺，干法刻蚀需要精密的刻蚀仪器，一般由产生等离子体的部件与刻蚀反应腔室等配套组成，根据刻蚀设备功能差异，还会有进样腔室、衬底冷却装置、终点监测设备等其余设施。一个功能完善的干法刻蚀设备能够对刻蚀过程中腔室中的气压、温度等进行精确控制，从而实现所需的刻蚀速率和刻蚀形貌。依据刻蚀过程中实际反应形式的不同，干法刻蚀过程可以分为三类：离子物理轰击刻蚀、纯化学反应刻蚀、混合

反应刻蚀，这些刻蚀过程后文中会进行详细介绍。除此之外，在硅材料干法刻蚀中还有一项特殊的 Bosch 工艺[4]，可通过淀积薄膜与刻蚀交替进行的方式进行深硅刻蚀。

与湿法腐蚀工艺相比，干法刻蚀工艺的特点在于：刻蚀各向异性、刻蚀速率快、准直性好。相比于湿法腐蚀的各向同性，干法刻蚀能够实现垂直方向的刻蚀速率远高于水平方向的刻蚀，在保证高刻蚀速率的同时，能够实现较为垂直的侧壁角度；各向异性的刻蚀过程有助于实现特定的形貌，从而满足器件制备的需求。依据所选择的掩模材料的不同，干法刻蚀对掩模和待刻蚀材料的选择比会有较大范围变化，应该根据需要选择特定的掩模材料。

4.1.1　干法刻蚀

1. 干法刻蚀的原理

干法刻蚀过程中，刻蚀设备内会通入一定量的反应气体，在射频电源的作用下反应气体发生电离，电离后带电的离子会继续和中性原子、分子发生碰撞，产生更多的带电离子，最终形成高密度的等离子体基团；等离子体等混合物在偏置电压的加速下与样品表面发生相互作用，这其中既包括带电离子对样品表面的物理轰击，也有中性原子、分子与样品表面之间的化学反应；轰击出的样品原子、化学反应的生成物等都会从样品表面逸出，易挥发性产物被设备及时抽取排走，保证刻蚀能够持续向更深处进行。干法刻蚀完成后，将掩模材料剥离，通过台阶仪测试刻蚀深度，从而计算干法刻蚀速率；利用台阶仪、扫描电子显微镜(SEM)等对刻蚀后的材料表面和侧壁进行形貌表征。

图 4.1 所示为干法刻蚀中的物理轰击过程，设备通入氩气(Ar)后使其电离，形成氩离子(Ar^+)并经衬底偏置电压加速，实现对样品表面的轰击。当 Ar^+ 撞击并传递给衬底的动能超过其表面结合能时，原子就会脱离样品表面束

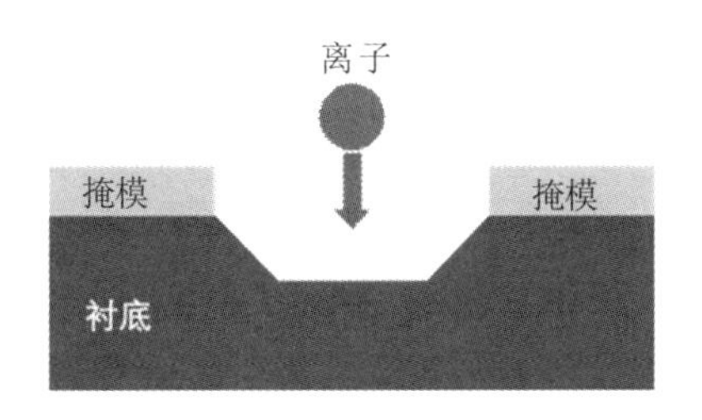

图 4.1　干法刻蚀中的物理轰击过程

缚，形成挥发性产物并被抽取带走。调节偏置电压的大小，可以获得不同动能的 Ar^+，从而实现对表面不同程度的轰击，一般来说，动能越高，刻蚀速率越快，但也会使得刻蚀后的表面粗糙度增大，同时由于离子能量高，对于掩模材料的消耗也更快，可能导致刻蚀选择比降低。

图 4.2 所示为干法刻蚀中的化学反应过程，针对不同的待刻蚀材料，选择不同的反应气体通入。一般来说，对于硅基材料，如硅(Si)、氧化硅(SiO_2)、氮化硅(SiN_x)等，采用氟基气体进行刻蚀速率较快[5]；对于氮化镓(GaN)、氧化铝(Al_2O_3)、氧化镓(Ga_2O_3)等，采用氯基气体的刻蚀速率较快[6-8]。通入的反应气体会在射频电源施加的磁场和电场作用下发生电离，产生高密度等离子体，在到达样品表面之前，离子会经过偏置电压的加速，具备一定动能；在等离子体和样品发生化学反应后，生成的挥发性产物被抽取走，从而保证产物不会沉积在样品表面，刻蚀过程能够持续进行。干法刻蚀设备产生高密度的等离子体，弥漫于整个反应腔室中，也会充满整个刻蚀沟槽。和湿法腐蚀类似，这类化学反应过程会同时对沟槽底面和侧壁产生刻蚀，使得两者之间并非完全垂直。根据这一特点，结合对不同晶面刻蚀存在的速率差异，通过调整刻蚀气体配比、刻蚀角度与刻蚀时间，能够实现特定倾角侧壁的刻蚀，这在氮化镓的 CAVET 结构中有大量应用[9]

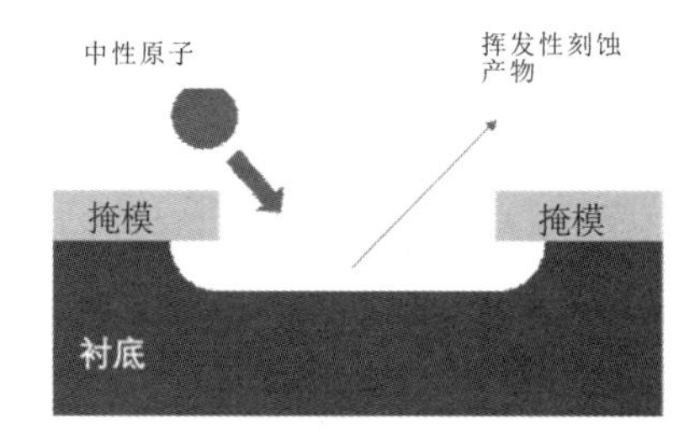

图 4.2　干法刻蚀中的化学反应过程

一般干法刻蚀工艺中同时具备以上两种反应过程，既有 Ar^+ 的物理轰击，又有化学反应过程。例如，在氮化镓材料的刻蚀过程中，腔室中会同时通入氯气(Cl_2)和氩气，氩气经过电离后变为氩离子，在偏置电压加速下轰击氮化镓表面，氯气和氮化镓发生化学反应生成 $GaCl_3$ 和 N_2，这些挥发性产物能够被及时抽取走，再加上氩离子的轰击作用，将表面难挥发的副产物去除，保证了刻蚀过程不间断进行[6]。相比于纯化学反应过程，这种化学反应辅助的离子束刻蚀过程具备更好的准直性、更加光滑的刻蚀表面，但可能会在表面引入某些

缺陷，导致该位置漏电加剧，需通过后续的修复工艺来降低缺陷造成的影响。

2. 干法刻蚀过程的分类

目前多数的干法刻蚀过程同时包括离子物理轰击和化学反应。通入腔室中的气体混合了氩气和反应气体，在射频电源产生的磁场和电场作用下，气体发生电离形成混合等离子体，进而与待刻蚀样品的表面发生相互作用。根据物理轰击与化学反应的特点，通过调节通入气体的比例，可以获得所需的刻蚀表面粗糙度和侧壁形貌。在器件结构设计中，复杂结构的形成往往需要多次刻蚀，每次刻蚀过程的参数都会存在差异，因而需要事前通过实验确定刻蚀的效果，明确气体比例、通量、气压等变化对反应过程产生的影响，这样才能对最终的刻蚀结果有准确的把握。

针对常见的干法刻蚀过程，下面进行了简单分类，每一类刻蚀过程均存在简化，以对不同刻蚀过程加以区别。

1）离子物理轰击

离子物理轰击过程仅包含纯物理轰击，不包含化学反应过程，例如氩离子对材料表面轰击刻蚀的过程。当氩离子产生后，位于衬底电极上的电源会施加相应的偏置电压，对氩离子进行加速，此时反应腔室中的压强较低，离子运动的平均自由程较长，能够保证到达衬底表面的离子仍然具备相当高的动能，从而与样品表面原子发生碰撞，将原子溅射出材料表面，实现刻蚀效果。理论上讲，衬底所加偏置电压越高，反应腔室气压越低，离子动能越高，对于表面的刻蚀作用越强，此时刻蚀过程各向异性强，基本只沿垂直方向进行刻蚀，但是刻蚀后的表面粗糙度高，表面缺陷较多，并且刻蚀选择比较低，对于掩模材料的消耗较快，可用于深度较小的材料的刻蚀。

2）等离子体刻蚀

等离子体刻蚀过程一般包括较多的化学反应。在射频电源的作用下，通入的反应气体被电离形成电子和带电离子，所形成的等离子体中混合了正负电荷、中性原子、自由基、分子等，能够和材料表面发生相互作用，实现材料刻蚀效果。发生化学反应的过程可近似由三个部分组成：反应物吸附、化学反应、生成物解吸附。吸附的原子、分子、自由基等与材料表面发生反应，生成物一般为挥发性物质，会随着反应气体一起被排气系统排走。对于较难挥发的生成物，需要通过离子轰击加以清除，最终暴露出待刻蚀的材料表面。若要形成较大深度的刻蚀，则需要对反应气体组分进行调整。

3）反应离子刻蚀

反应离子刻蚀(Reactive Ion Etching，RIE)的机制与等离子体刻蚀基本类似，主要是由活性基团与材料表面发生反应从而实现刻蚀效果。相比于等离子体刻蚀，反应离子刻蚀的腔室工作压强更低，一般在10～100 mTorr气压范围内，并且衬底即待刻蚀样品所在电极上会施加自偏压，使得该处电位低于腔室中其余位置，从而加速带电离子对样品表面的作用，实现更强的各向异性刻蚀。

多数的反应离子刻蚀设备主体由两个电极和中间的真空腔室组成，如图4.3所示，其中底电极(即衬底电极)由射频电源(多为13.56 MHz)激励，上电极接地。当反应气体从类似喷淋头的装置中通入腔室后，两电极之间的电场会离化气体分子，产生等离子体，该过程称为起辉即辉光放电，伴随有可见光发出。同时衬底电极会施加额外的偏置电压，从而分离出等离子体中部分带电离子并对其加速。因此，直流偏置增加了刻蚀的方向性并提高了材料表面反应产物的解吸附速率。腔室中等离子体的产生速率和密度均取决于射频电源的功率大小，因此直流偏置与到达衬底电极的离子电流相关，受同一个射频电源控制。反应生成的物质被真空泵及时抽走。

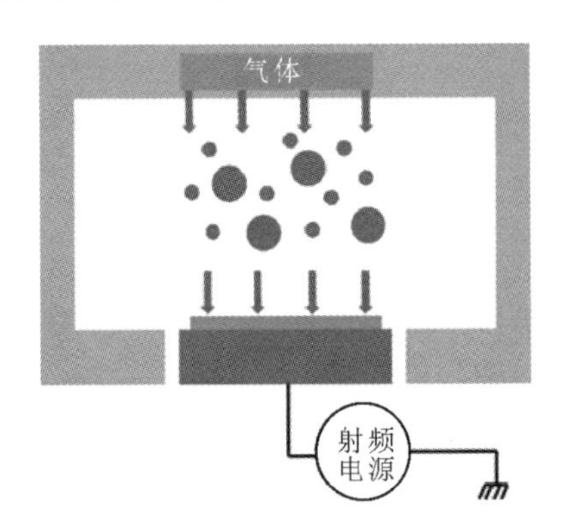

图4.3　反应离子刻蚀(RIE)设备

根据材料种类的不同，反应离子刻蚀选择的反应气体也在变化。对于介质材料(如氧化硅、氮化硅等)，一般采用氟基气体进行刻蚀，而对于金属材料一般采用氯基气体进行刻蚀。刻蚀过程中，具体的刻蚀条件可以依据所需的结果进行调整，包括射频电源功率、腔室压强、气体通量等。

4）电感耦合等离子体刻蚀

反应离子刻蚀虽然综合了物理轰击和化学反应过程，但等离子体直接在反

应腔室中产生，提高射频电源功率虽然可以增加等离子体密度，提升刻蚀速率，但也会导致离子对材料表面的轰击作用增强，刻蚀表面粗糙度增加，缺陷增多，进而导致后续修复工艺复杂。电感耦合等离子体(Inductively Coupled Plasma，ICP)刻蚀设备将一路单独的射频电源与真空腔室外的电感线圈相连，如图4.4所示，当通入反应气体后，射频线圈产生交变磁场和交变电场，使得低压腔室内的电子与分子相互碰撞，产生高密度的等离子体。此时另一路射频电源与衬底电极相连，在此电极上施加射频功率以及直流偏置电压，能够维持等离子体和吸引离子轰击衬底表面。因此，ICP刻蚀设备将产生等离子体的电源与控制等离子体动能的电源进行了设计分离，实现了离子电流与离子能量的解耦，在提高刻蚀速率的同时降低了刻蚀对材料表面造成的损伤。

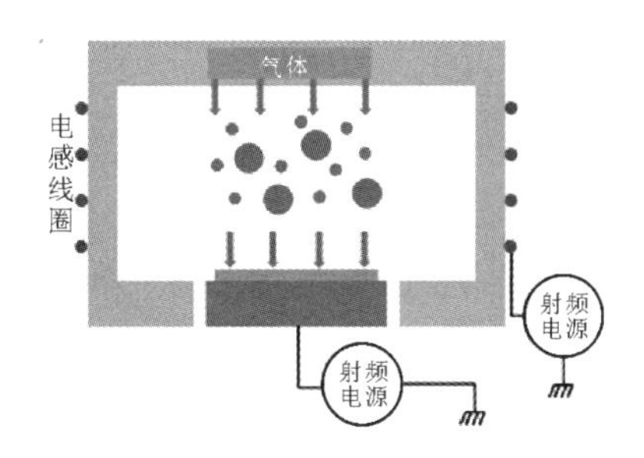

图4.4　电感耦合等离子体(ICP)刻蚀设备

ICP刻蚀过程中采用等离子体与材料发生化学反应，同时结合离子轰击刻蚀，实现较高的刻蚀速率。部分设备可以实现刻蚀过程中较宽范围内的温度控制、高密度的离子和自由基团($>10^{11}$ cm^{-3})、片内的高均匀性、高选择比和低刻蚀损伤。电感线圈上一般施加2 MHz的射频功率，线圈包括平面型、柱型、圆锥型等，衬底电极上施加13.56 MHz的射频功率和直流偏置，共同组成完整的刻蚀系统，实现对半导体、介质、金属、高分子化合物的刻蚀。刻蚀过程中，射频功率、腔室压强、气体流量等均可调节，以实现对刻蚀结果的精确控制。

综合来看，电感耦合等离子体刻蚀的应用范围更为广泛，在当前氧化镓的干法刻蚀实验中也应用得最多。各类刻蚀工艺既要考虑设备的区别，又要选择合适的掩模材料和反应气体，同时调节工艺参数以实现较好的刻蚀效果，最终的刻蚀目标主要包括刻蚀选择比高、侧壁倾角可控、刻蚀表面粗糙度小、刻蚀损伤低。

3. 氧化镓的干法刻蚀实验总结

氧化镓的干法刻蚀实验主要集中于ICP刻蚀和RIE刻蚀，多采用氯基气体(Cl_2、BCl_3)进行刻蚀，控制刻蚀设备的功率、温度、压强等变量，分析其对刻蚀速率产生的影响。

美国加州大学的研究人员对采用 RIE 和 ICP 刻蚀氧化镓($\beta-Ga_2O_3$)进行了实验，并且选择不同的刻蚀气体，如氯基气体(Cl_2、BCl_3)和氟基气体(CF_4、SF_6)，以及不同的射频功率来摸索最佳的刻蚀条件[10]。研究发现，(010)和$(\bar{2}01)$晶面的刻蚀速率近似，均快于(100)晶面，原因主要包括两方面：一是(100)晶面由电负性的氧原子组成，会排斥带负电的离子(Cl^- 和 BCl^-)，导致反应基团无法在(100)晶面大量吸附；二是(010)和$(\bar{2}01)$晶面的悬挂键数量更多，更容易与反应离子结合，从而提高刻蚀的速率。对反应产物的分析发现其中含有 $GaCl_3$，这说明晶面内的 Ga 原子会和 Cl^- 反应变为挥发性产物，因此晶面内的 Ga 原子密度也会对刻蚀速率产生影响。

通过实验对比发现，氯基气体尤其是 BCl_3 对于氧化镓($\beta-Ga_2O_3$)的刻蚀速率远高于氟基气体，这和氮化镓的刻蚀情况类似，说明氯基气体和氧化镓的化学反应速率更快。和氮化镓不同的是，BCl_3 的刻蚀速率高于 Cl_2。随着 ICP 刻蚀设备产生等离子体功率和衬底偏置功率逐渐升高，氧化镓刻蚀速率也在加快，但刻蚀后表面的粗糙度随着离子轰击作用的增强也在增大。

美国康奈尔大学的研究人员也在实验中发现，ICP 刻蚀过程中刻蚀速率与产生等离子体的功率呈正相关[11]。研究者采用 BCl_3 气体和氩气的混合气体进行刻蚀，如图 4.5 所示，刻蚀速率随氩气比例的升高而逐渐降低，同时导致刻蚀后表面粗糙度逐渐升高。在此刻蚀过程中，混合等离子体中的氩离子和其他带电离子一起对氧化镓表面进行物理轰击，而含氯的自由基团会与氧化镓发生化学反应。在实际刻蚀中发现，当 BCl_3 气体和氩气的流量在 40 sccm/0 sccm 到 25 sccm/15 sccm 之间时，既能保证 100 nm/min 的刻蚀速率，又能获得平

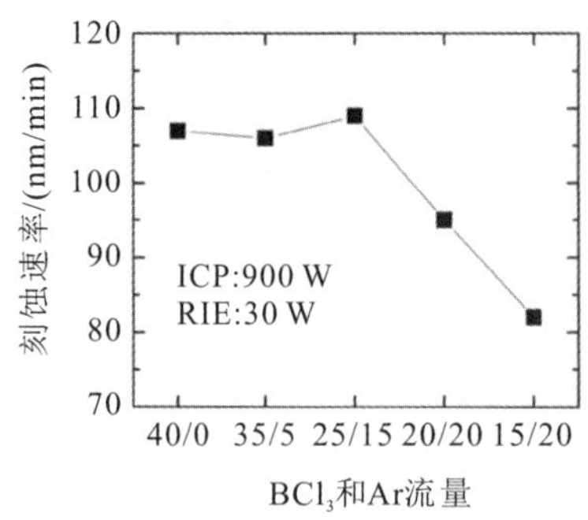

图 4.5 ICP 刻蚀速率与通入气体流量的关系[11]

均粗糙度小于 1 nm 的刻蚀表面。此时物理轰击作用与化学反应达到了相互协同的效果，是较为理想的刻蚀过程。

印度塔塔基础研究院的研究人员在对比实验中发现，采用 BCl_3 气体和氩气的混合气体对($\bar{2}01$)晶面的锡(Sn)掺杂氧化镓进行刻蚀，刻蚀速率最高可达 135 nm/min，远高于氯气(Cl_2)和氩气组合的速率 16.1 nm/min[10]。对比氯基气体对氮化镓和氧化铝的刻蚀结果，发现氧化镓和氧化铝的刻蚀效果类似，和氮化镓存在差异。其原因在于 Cl_2 中含有的 Cl 和 Cl_2 自由基会和氮化镓中的 Ga 原子反应生成挥发性产物 $GaCl_3$，从而实现较快的刻蚀速率；但 Cl 和 Cl_2 自由基不和氧化镓中的 O 原子发生反应，限制了氧化镓的刻蚀速率；而 BCl_3 和其电离出的 BCl^{2+} 会和 O 原子发生反应生成 $B_3Cl_3O_3$ 和 B_2O_3，前者是挥发性物质，后者是不挥发性物质，需要氩离子物理轰击从表面清除掉，最终 BCl_3 气体和氩气的组合能够对氧化镓形成较好的刻蚀效果。

美国佛罗里达大学的研究人员发现，当提高 ICP 刻蚀过程中产生等离子体的功率以及延长刻蚀时间后，刻蚀表面的 O 和 Ga 元素的比例并未改变，说明刻蚀在面内是均匀的[12]；但是制备出的肖特基二极管(SBD)器件的势垒高度降低，反向漏电也在增加，说明 ICP 刻蚀不可避免地在表面引入了缺陷。因此在需要刻蚀较大厚度的氧化镓时，为了降低表面损伤及减少漏电，终点的刻蚀尽量选择较小的功率，可以减少对表面造成的影响。

研究人员进一步研究发现，将刻蚀后的样品在 400℃或 450℃的氩气环境中退火 10 min 能够恢复 SBD 的器件性能[13]，即将刻蚀带来的损伤进行修复，这对于需要刻蚀制备的器件是一种可选择的修复方式。

总的来讲，采用 BCl_3 气体和氩气的混合气体进行 ICP 刻蚀是当前干法刻蚀氧化镓的主流方向，合理设定通入气体的比例、功率、气压等可以获得 100 nm/min以上的刻蚀速率，并且刻蚀的侧壁准直性较好，刻蚀后表面的平均粗糙度也比较低；但高密度等离子体和氧化镓表面作用时不可避免地会造成表面损伤，需要特殊处理工艺加以消除。

4.1.2　湿法腐蚀

湿法腐蚀工艺因为工艺操作简单、腐蚀造成的损伤较小等特点，在实际氧化镓的器件制备中也有一定程度的应用。湿法腐蚀一般是指利用酸或碱性蚀刻剂与样品表面反应从而达到刻蚀目的。在硅基 MEMS 器件的制备流程中，湿法腐蚀是一种常见工艺，选择碱性溶液，如 KOH、TMAH 或者乙二胺邻苯二酚(EDP)来进行腐蚀[14]，从而实现图形的转移。

在湿法腐蚀过程中，若衬底材料所有晶向的腐蚀速率一样，则腐蚀速率仅受限于反应物与产物的扩散输运过程，因此不同晶面的原子以相同的速率被消耗掉，导致总体的刻蚀速率与晶向基本无关，则扩散过程控制下的腐蚀即为各向同性的，所形成的腐蚀剖面也接近球面形状。

但是如果不同晶格位置的原子在反应速率上有明显差异，刻蚀则由反应活化能即反应速率的相对值决定；因为不同晶面包含的各类原子组成有差别，所以化学腐蚀的速率也有差别，从而出现特定形状的刻蚀剖面，这在制备特殊形状的器件时应用得较多。

1. 湿法腐蚀的指标

简单来讲，湿法腐蚀系统主要由衬底、掩模及蚀刻剂组成。对于湿法腐蚀来说，最重要的三项指标为：刻蚀选择比、对准的精确性以及终点停止刻蚀的能力。除此之外，衬底的某些特点如表面质量和体内微缺陷等，也会对局部的刻蚀速率产生影响。

刻蚀选择比是湿法腐蚀首先需要考虑的指标，良好的蚀刻剂应该仅刻蚀衬底而对掩模无消耗。最理想的腐蚀情况是，对于多层材料，蚀刻剂仅腐蚀指定层材料，对于上层或者下层材料以及掩模都不产生腐蚀作用。在硅基材料常见的蚀刻剂中，能够具有高选择比的蚀刻剂有 KOH、EDP、TMAH，既对硅材料具有较高的刻蚀速率，又能对掩模材料具有较高的选择比[14]，而 TMAH 对于氧化镓来说也是一种良好的蚀刻剂[15]。

精确对准主要是保证掩模的边界在所需的晶界位置处，在刻蚀时能够沿指定边界进行腐蚀，形成特定形貌。

顾名思义，终点停止刻蚀的能力即形成所需腐蚀形貌后终止腐蚀的能力。通过大量实验可以确定蚀刻剂对衬底的腐蚀速率，以及衬底的不同晶面在特定温度、特定浓度的蚀刻剂中经过一定时间后的腐蚀深度值。通过控制材料在蚀刻剂中浸没的时间，即可以控制材料腐蚀的深度。

对于硅基衬底的腐蚀，研究发现掺杂浓度的高低会影响到腐蚀速率的快慢。因此在硅的 PN 结中为了只腐蚀 P 型层保留 N 型层薄膜，会在 PN 结之间插入一重掺杂的 P 型薄层，当腐蚀到达重掺杂层时腐蚀速率降低，从而有更大的腐蚀时间富余，避免了对于 N 型层的腐蚀。

更进一步的研究表明，可采用施加电压形成表面氧化薄层的方法来终止腐蚀过程。当到达设定腐蚀时间后，直接在硅衬底上施加电压从而结束腐蚀过程，能够实现更加精确的腐蚀深度控制。以此为基础，对于PN结的腐蚀控制，施加电压使PN结反偏，P型层的腐蚀结束后，N型层受到反向偏置电压的影响形成表面氧化薄层，使得腐蚀很难继续下去，从而保证精确的腐蚀深度控制。

相比于干法刻蚀，湿法腐蚀在某些方面具有明显优势：操作简单，成本较低，对衬底表面损伤很小，能够在晶面间形成特定的角度。大量实验结果表明，湿法腐蚀的结果受多种因素的影响，能够实现多种多样的腐蚀效果。这些因素中比较重要的包括：蚀刻剂的浓度和温度；衬底的掺杂浓度；外加的偏置电压；蚀刻催化剂的使用等。

2. 氧化镓的湿法腐蚀

氧化镓($\beta-Ga_2O_3$)单晶衬底主要有($\bar{2}01$)、(010)、(001)、(100)晶面，不同晶面之间腐蚀速率的差异已经有相关实验进行了分析，其中晶面内的O原子密度和悬挂键数量是影响腐蚀速率的关键，也导致某些晶面腐蚀速率更慢，在蚀刻剂中表现得更加稳定。

日本轻金属有限公司的研究人员对浮区熔融法(Floating Zone Method)制备的(100)和(001)面氧化镓单晶进行腐蚀实验[16]，利用溶解的镓含量来计算实际腐蚀速率。实验采用了多种蚀刻剂进行腐蚀，却发现多数蚀刻剂(盐酸、浓硫酸、60℃的硝酸、KOH，双氧水：浓硫酸：水＝1：4：1的混合溶液)对氧化镓都没有明显的腐蚀效果；只有NaOH、氢氟酸(HF)、120℃的硝酸具有一定的腐蚀速率。常温下47%的氢氟酸腐蚀速率最快，会与氧化镓发生如下的化学反应：

$$Ga_2O_3 + 6HF \longrightarrow 2GaF_3 + 3H_2O \tag{4-1}$$

对于影响腐蚀速率的几个因素，研究人员发现：当提高氢氟酸的浓度时，腐蚀速率基本呈线性增加；由于氧化镓衬底本身属于单斜晶系，其(100)晶面间距比(001)要大，因此(100)衬底的腐蚀速率接近(001)衬底的2倍；对于掺杂了Sn杂质的衬底，其腐蚀速率比非故意掺杂的样品要低，并且随着掺杂浓度的升高，腐蚀速率会逐渐减慢。氢氟酸腐蚀前后的样品表面粗糙度均在0.4 nm以下，说明氢氟酸在面内的腐蚀较为均匀。

日本京都大学的研究人员对浮区熔融法制备的(100)氧化镓单晶进行了腐蚀实验研究[3]，对比了两种蚀刻剂(磷酸和硫酸)的腐蚀速率。二者的腐蚀均为各向同性的，相比之下，磷酸(H_3PO_4)腐蚀速率快于硫酸(H_2SO_4)，其在150℃下的腐蚀速率可达70 nm/min以上。研究人员同时发现，当温度超过

190℃后，硫酸与氧化镓反应会生成多晶硫化物，附着于氧化镓衬底表面，阻止内部材料继续被腐蚀，也会使得表面粗糙度增加。

韩国檀国大学的研究人员对比了导模法(EFG Method)生长的($\bar{2}01$)和(010)晶面氧化镓的腐蚀速率[17]，他们采用紫外光照作为辅助，利用KOH溶液进行化学腐蚀实验。通过对氧化镓晶体结构的分析，($\bar{2}01$)晶面的O原子密度和O悬挂键数量比(010)晶面更多，如表4.1所示。氧悬挂键数量越多，和蚀刻剂中氢氧根离子(OH^-)结合就越多，腐蚀速率也就越快；在95℃的蚀刻剂中腐蚀2 h后，(010)晶面粗糙度比较小，($\bar{2}01$)晶面呈现出三角形的岛状结构，如图4.6所示，三角形的三条边对应的晶面分别为(115)、($\bar{1}1\bar{5}$)和(010)晶面，这些晶面与KOH反应速率很慢，因此表现为稳定状态。

表4.1 氧化镓(010)和($\bar{2}01$)晶面的原子密度与悬挂键数量[17]

晶体结构	Ga原子密度 /($\times10^{15}$ cm^{-2})	O原子密度 /($\times10^{15}$ cm^{-2})	Ga悬挂键密度 /($\times10^{15}$ cm^{-2})	O悬挂键密度 /($\times10^{15}$ cm^{-2})
(010)类型Ⅰ	0.58	0.87	0.87	0.87
(010)类型Ⅱ	0.58	0.87	0.87	0.87
($\bar{2}01$)Ga面类型Ⅰ	0.89	0	2.68	0
($\bar{2}01$)O面类型Ⅰ	0	1.34	0	1.78
($\bar{2}01$)Ga面类型Ⅱ	0.89	0	1.78	0
($\bar{2}01$)O面类型Ⅱ	0	1.34	0	2.68

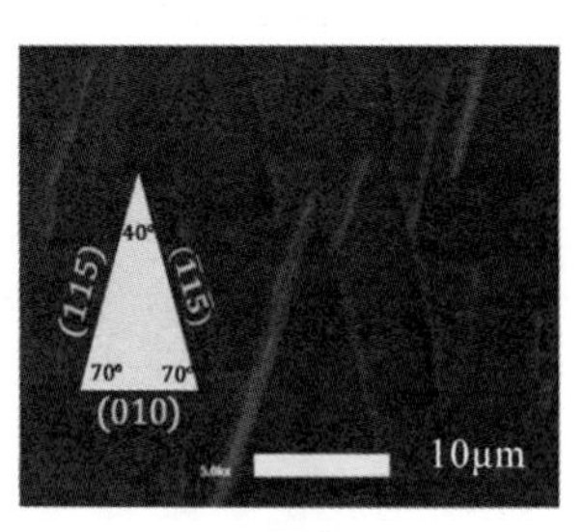

(a) 扫描电镜图片

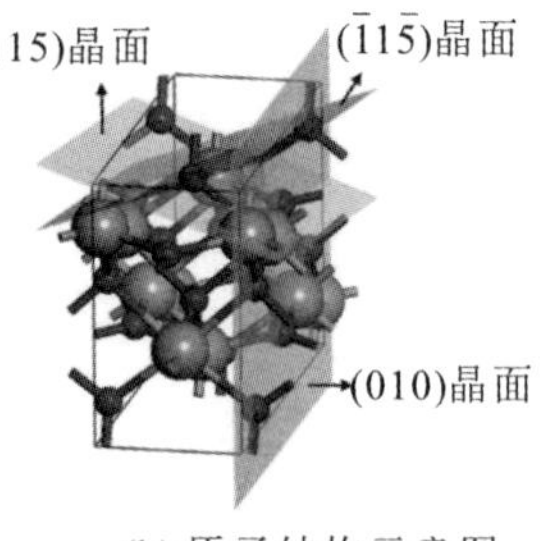

(b) 原子结构示意图

图4.6 氧化镓湿法腐蚀后形成的三角形岛状结构[17]

掺杂浓度接近的两块氧化镓衬底分别为($\bar{2}$01)和(010)晶面，经过 KOH 溶液腐蚀后，在其表面生长金属钛和金(Ti/Au)，测试发现：($\bar{2}$01)晶面金属接触表现出欧姆特性，而(010)晶面金属接触表现出肖特基特性。由此说明，在掺杂浓度一定的情况下，金属和氧化镓接触的势垒高度还受到表面原子悬挂键密度的影响。这对于降低欧姆接触电阻有一定的参考价值。

美国伊利诺伊大学的研究人员采用金属铂(Pt)作为催化剂，利用氢氟酸和过硫酸钾($K_2S_2O_8$)作为蚀刻剂，在紫外光照射下对(010)晶面的氧化镓单晶(导模法)进行了湿法腐蚀(Metal - Assisted Chemical Etching)[18]。研究发现，该湿法腐蚀和晶向直接相关，通过长达 120 h 的腐蚀实验，最终形成了 3 组不同形貌的腐蚀样品，腐蚀形貌的形成与金属铂沿晶向的分布有关。随着铂取向从[102]晶向逐渐转向[010]晶向，腐蚀样品的形貌由金字塔形向梯形、刀片形转变，如图 4.7 所示。当金属铂取向靠近[010]晶向时，形成的梯形和刀片形剖面的高度都接近 7 μm，侧壁倾斜角度达到 70°。

通过对比 XPS 和 STEM 的测试结果发现，刀片形侧壁的 O/Ga 原子比最低，仅为 1.08，金字塔形为 1.15，而未腐蚀的(010)晶面的 O/Ga 原子比为 1.47，接近化学计量比 1.5。由此推断，随着面内 O 原子数量的相对减少，O 悬挂键的数量也在降低，导致腐蚀速率下降，形成相对稳定的侧壁形状。与之相对应的，该晶面的电子亲和势也在增加，导致其和金属 Pt 接触形成的肖特基势垒高度降低，这在肖特基二极管的测试中得到了验证，势垒高度从(010)晶面的 1.49 eV 降低到刀片形侧壁的 1.13 eV。

研究人员对不同形貌的侧壁与氧化铝(Al_2O_3)介质接触的界面进行了分析，通过高频电容法测试得知，三种结构的侧壁与氧化铝之间的界面态数量都比较低，最低为 1.93×10^{11} cm^{-2}；光辅助的电容测试能够获得较深能级的界面缺陷信息，由此得出的界面态密度最低为 2.73×10^{11} $cm^{-2}\cdot eV^{-1}$，均低于原始(010)晶面和氧化铝之间的界面态密度，同时与其他文献报道的数据值接近。以此腐蚀结构为基础，可以制备界面特性优异的氧化镓基 Fin - MOSFET 器件。

日本筑波大学的研究人员对干法刻蚀后的(010)氧化镓单晶(导模法)进行观察，发现当 ICP - RIE 设备上的功率高达 400 W 时会导致刻蚀后的表面粗糙度较大，这与刻蚀生成副产物的不挥发性有关[2]。对于干法刻蚀后的氧化镓样品，去除掩模材料后，研究人员采用四种不同蚀刻剂(食人鱼溶液、磷酸、TMAH 溶液、KOH 溶液)进行刻蚀修复，尽管四种蚀刻剂的腐蚀速率都不算快，但能够观察到食人鱼溶液和 TMAH 溶液的腐蚀是各向同性的，而磷酸的腐蚀是各向异性的，沿[101]和[001]晶向的腐蚀速率比沿[$\bar{1}$01]和[103]晶向的腐蚀速率快。

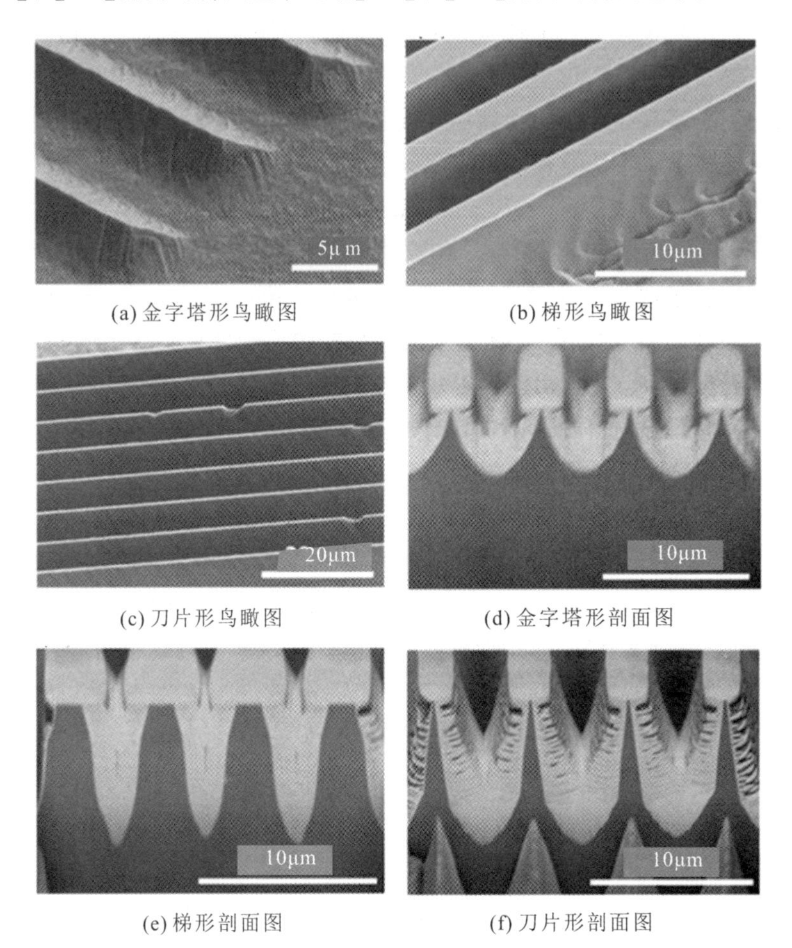

(a) 金字塔形鸟瞰图　(b) 梯形鸟瞰图　(c) 刀片形鸟瞰图　(d) 金字塔形剖面图　(e) 梯形剖面图　(f) 刀片形剖面图

图 4.7　湿法腐蚀后的氧化镓形貌[18]

相比 KOH 溶液和 TMAH 的腐蚀结果，因为 KOH 溶液中钾离子的存在和较高的氢氧根离子浓度，其与氧化镓表面 Ga 原子的反应更迅速，腐蚀速率更快，导致腐蚀后的形貌更不规则，这也进一步佐证了氧化镓的湿法腐蚀过程依赖于不同晶面的原子组成和悬挂键密度等特性。

美国加州大学的研究人员利用 140℃的磷酸对 ICP－RIE 后的(010)面氧化镓衬底(导模法)进行了腐蚀[1]，通过巧妙设计的车轮形掩模形状，同时对不同晶向的腐蚀结果进行了对比。研究结果发现，即使在 160℃的磷酸中，氧化镓单晶的腐蚀速率也仅有 120 nm/h，这与前述结果类似，说明氧化镓材料化

学性质稳定，难溶于强酸、强碱等溶液。

ICP 刻蚀形成的侧壁倾角约在 65°～70°左右，经过热磷酸湿法腐蚀后，侧壁倾角基本都在 80°左右，但[203]、[101]、[201]晶向的侧壁倾角则变为 60°，如图 4.8 所示。[001]、[201]和[101]晶向的腐蚀速率比其余晶向更快，同时[001]晶向的侧壁粗糙度更低，因此适合于制备 Fin 结构的 SBD 和 MOSFET 等器件；而其余晶向的侧壁倾角较低时，可能会对电场调控终端等结构有所帮助。

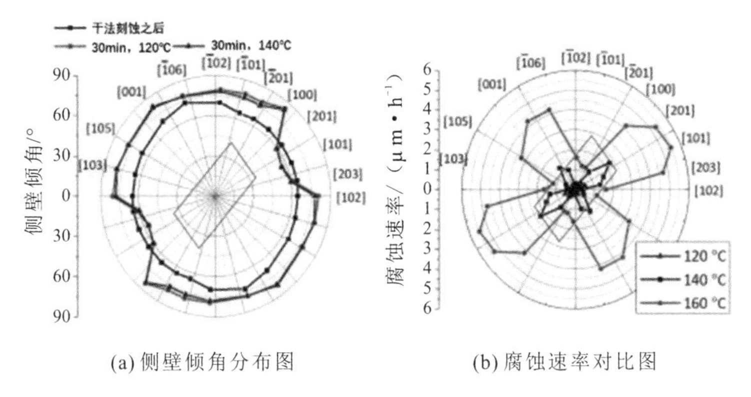

(a) 侧壁倾角分布图　　(b) 腐蚀速率对比图

图 4.8　热磷酸腐蚀(010)晶面氧化镓结果示意图[1]

研究同时发现，相比于金属镍(Ni)掩模，介质二氧化硅(SiO_2)掩模所覆盖的氧化镓表面的腐蚀坑数量更少，更加有利于后续的器件制备，并且 SiO_2 在热磷酸中基本不会被腐蚀，因此 SiO_2 是更好的掩模材料。掩模覆盖表面的腐蚀坑来源于 ICP－RIE 过程中，金属掩模影响电场分布，从而导致离子对表面的轰击。

中国科学院物理研究所的研究人员探究了 TMAH 溶液和磷酸对非晶氧化镓(Amorphous Ga_2O_3)薄膜的腐蚀效果[15]。研究人员选择了两种磁控溅射生长的非晶氧化镓薄膜，分别为溅射过程中通入氧气和不通入氧气的薄膜，其中不通入氧气会导致薄膜内的氧空位缺陷增多。对比发现在 60℃时，浓度为 0.24%的 TMAH 溶液对于通氧样品的腐蚀速率为 10.6 nm/s，对于不通氧样品的腐蚀速率为 12.3 nm/s，并且腐蚀速率随着蚀刻剂温度的升高而逐渐增加。不通氧样品在相同条件下腐蚀 15 s 后，由原子力显微镜(AFM)测得其表面粗糙度从腐蚀前的 0.55 nm 略微增加到 1.24 nm。

为制备背栅结构的非晶氧化镓光电晶体管，研究者采用氧化铝作为栅介质，同时对非晶氧化镓薄膜进行选区腐蚀，这需要蚀刻剂基本不腐蚀氧化铝。通过实验对比，60℃下浓度为0.24%的TMAH溶液对非晶氧化镓薄膜和氧化铝的腐蚀速率比为17∶1，满足实验选区腐蚀要求，且TMAH溶液腐蚀前后的氧化铝薄膜表面粗糙度基本无变化。TMAH溶液满足了非晶氧化镓的图形化需求，并且能够形成相对平缓的腐蚀侧壁，便于后续电极覆盖。通过这一图形化过程，研究人员制备出了低栅极漏电、高响应度和高灵敏度的光电晶体管，成功抑制了光电导效应，为其后续的成像应用打下了基础。

韩国高丽大学的研究人员研究了光电辅助的化学腐蚀对于氧化镓(导模法)的效果[19]。研究人员将氧化镓晶体剥离成40 μm厚的(100)面薄膜，在其表面沉积金属后放置于磷酸中，金属和外接电源的正极相连，磷酸作为电解液，负极和铂盘连接，并且用254 nm波长的紫外光灯进行照射，如图4.9所示，以促进化学腐蚀过程(Photoelectrochemical Etching，PEC Etching)。研究结果证明，随着外接电源的电压逐渐升高，腐蚀速率从不到0.1 μm/min(5 V)提高到0.65 μm/min(30 V)。据理论分析，紫外光照射使得氧化镓产生电子-空穴对，空穴会在氧化镓/磷酸电解液界面聚集，发生如下反应：

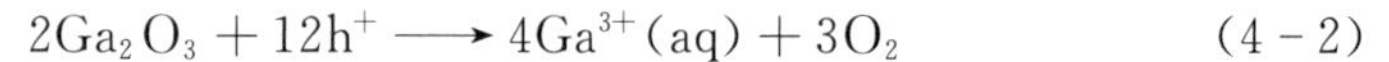

$$2Ga_2O_3 + 12h^+ \longrightarrow 4Ga^{3+}(aq) + 3O_2 \qquad (4-2)$$

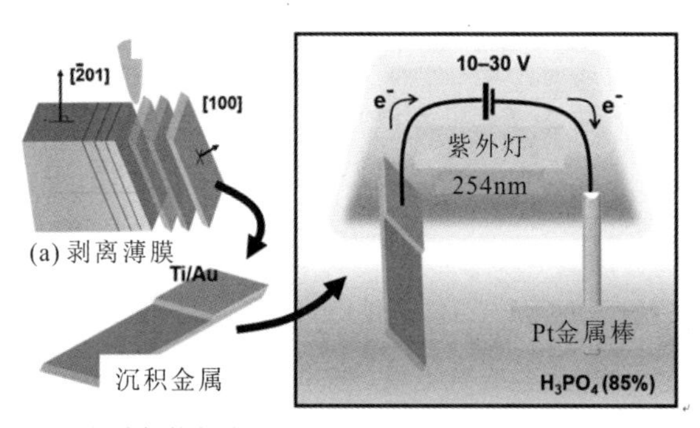

(b) 沉积欧姆接触金属　　(c) PEC腐蚀过程示意图

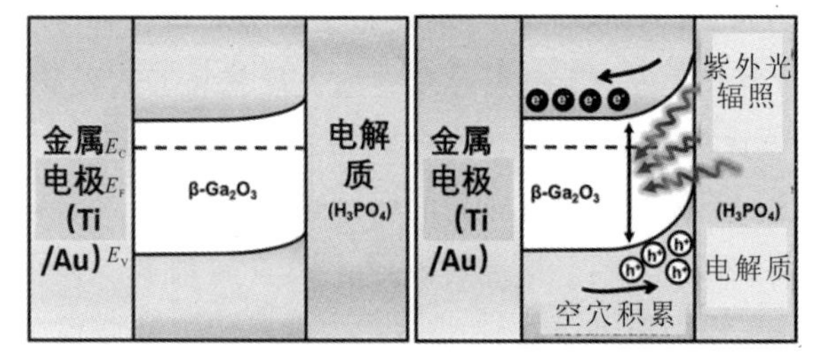

(d) 平衡态能带示意图　(e) PEC腐蚀过程中能带示意图

图4.9　光电辅助的化学腐蚀过程示意图[19]

当外接电压升高后，界面处氧化镓的能带偏移量增加，吸引空穴集聚，从而促进化学反应的进行。磷酸的温度也对反应的进行至关重要，当温度从100℃增加到160℃时，腐蚀速率从0.1 μm/min提高到0.73 μm/min。

对腐蚀后的(100)晶面观察发现，腐蚀均从表面缺陷处开始，沿[001]晶向逐渐进行，并且当腐蚀进行到($\bar{2}$01)晶面时，由于($\bar{2}$01)晶面由Ga原子面和O原子面交替排布而成，因此当Ga原子面被腐蚀掉后，O原子面会排斥磷酸根离子，阻止腐蚀继续进行，从而形成稳定的侧壁晶面($\bar{2}$01)。光电辅助的磷酸湿法腐蚀会缩小表面缺陷的影响，从而保证后续制备的光电探测器中，载流子能够更快地从沟道中输运到接触处，进而提高器件的光响应速率。

综上所述，磷酸是较为常用的氧化镓湿法蚀刻剂，不同晶面由于O原子和Ga原子密度以及悬挂键数量的差异，会导致湿法腐蚀速率差别较大，表现出各向异性的腐蚀过程。提高磷酸蚀刻剂的温度可以提高腐蚀速率，紫外光照和外接电源的辅助作用也能促进载流子的产生和转移，进而促进湿法腐蚀过程。湿法腐蚀不仅是制备氧化镓器件形貌的重要工艺手段，也是修复干法刻蚀损伤的关键步骤。

4.2　离子注入

离子注入是现今半导体集成电路制造中的主要掺杂技术。与热扩散相比，离子注入可更精准地控制杂质原子在半导体材料中的掺杂分布，实现超浅结，适于制作小尺寸器件，能够适应器件尺寸微缩的需要，在半导体集成电路的发展中起到了重要作用。

为了精确调控氧化镓器件的性能，需要对氧化镓材料进行定域、定量的掺杂。离子注入由于其均匀性好、可重复性好的特点，在氧化镓器件的制备中被一些研究人员采用。离子注入工艺在氧化镓器件制备中的应用使更复杂器件结构的实现成为可能，推动了氧化镓器件性能的提升。

按照注入元素种类与离子注入掺杂目的的不同，$\beta-Ga_2O_3$中的离子注入主要分为以下几类：一是施主杂质掺杂，用于形成肖特基势垒二极管(SBD)、金属-氧化物-半导体场效应晶体管(MOSFET)的欧姆接触或MOSFET的导电沟道；二是受主杂质掺杂，用于形成器件中的电流阻挡层及耐压终端；三是氢、氘、氦等元素的注入，用于$\beta-Ga_2O_3$的剥离；四是稀土元素掺杂，用于在氧化镓中形成发光中心。

本节首先介绍离子注入的基本原理，随后按照上述分类方法，对不同目的的离子注入中的一些研究成果进行介绍。其中，重点介绍广泛应用于氧化镓器件制造中的施主杂质与受主杂质离子注入，而后两类注入不作详细介绍，将于本章最后列出部分相关参考文献，以供感兴趣的读者查阅。本节最后主要介绍离子注入技术在 $\beta-Ga_2O_3$ 器件制造中的应用。

4.2.1 离子注入的基本原理

离子注入是一种常用的半导体掺杂手段。该技术利用光刻胶、介质材料、金属等在半导体材料部分区域表面形成的保护层作为掩模，可以实现离子的选区注入。未被保护的区域将直接受到高能离子束的轰击，导致杂质离子进入半导体材料中。图 4.10 绘制出了离子注入过程的示意图。离子注入结束后，需要对靶材进行退火，以修复注入造成的损伤、激活杂质原子以及实现预期的杂质分布。

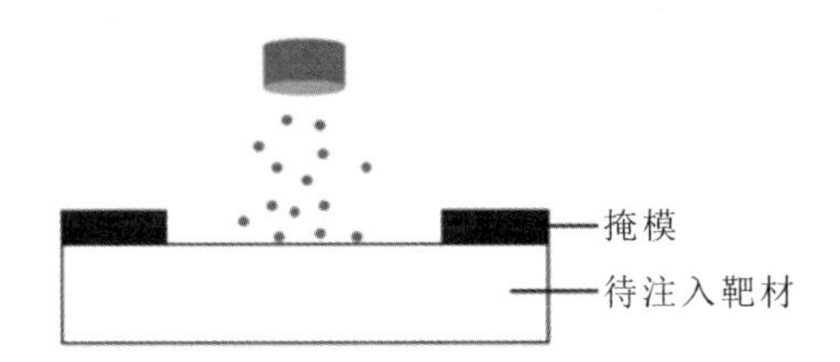

图 4.10 离子注入过程的示意图

离子注入采用的设备是离子注入机。离子注入机内部是真空的，以防止离子与气体分子碰撞而发生散射。离子注入机的离子源利用射频微波辐射等方式使杂质电离为离子，产生的离子被吸出后，在质量分析仪中的电磁场作用下发生偏转，最终筛选出具有特定质量电荷比的待注入杂质离子。待注入的杂质离子经过加速管的电场加速，进入高真空的反应腔，注入至半导体靶材中。不同的离子注入机中，离子分析与加速的先后顺序可能有所不同。

注入至靶材中的杂质离子将与靶材中的原子核及电子发生相互作用。具有很高动能的杂质离子与晶格原子发生碰撞后，自身逐渐失去能量，最终停留于靶材中，而受到碰撞的一些晶格原子会离开晶格点。当注入粒子能量很高时，可能会使样品表面变为非晶。注入后的很多杂质离子位于晶格间隙处，不具有电学活性，并非有效的施主或受主，需通过退火使之成为替位式杂质，完成晶

体激活。另外，离子注入对晶格造成的辐射损伤也可以通过退火修复。

离子注入中的两个重要参数是剂量和平均投影射程。剂量是指单位面积的材料中注入的离子数目，可通过式(4-3)求得：

$$Q=\frac{6.25\times 10^{18}It}{A} \tag{4-3}$$

式中 Q 为剂量，I 为离子束电流，t 为注入时间，A 为注入面积。

平均投影射程是注入离子进入样品中的平均距离，可通过改变注入机中注入离子的能量而调整。平均投影射程与离子束的入射角、注入离子的质量、靶材性质等均有关。

采用离子注入向单晶衬底中注入杂质时，若注入方向与衬底的晶向平行，则会产生沟道效应，即杂质经由晶体中的通道注入至半导体中，其运动过程中受到的碰撞较少，注入深度大大增加，纵向分布偏离高斯分布[20]。因此，沟道效应不利于对杂质注入深度的精确控制。为了避免沟道效应，一般会将待注入衬底倾斜一个角度，使离子束与衬底不再垂直。

离子注入的优点包括[20-21]：第一，能够通过控制离子束的注入剂量与注入能量而精确地控制杂质含量和深度，可通过多次注入实现对杂质分布的调控；第二，可注入的杂质含量范围很大且均匀性与可重复性好；第三，离子注入是一种低温工艺，对光刻掩模材料要求低，可供选择的掩模材料种类更多；第四，离子注入利用高纯度的单一离子束在处于真空状态的反应腔内完成注入，引入的沾污杂质少；第五，与扩散相比，离子注入中离子束的准直性好，杂质的横向效应较弱。

离子注入的缺点在于会造成晶格损伤，需要采用退火工艺修复晶格结构并激活注入的杂质原子。另外，离子注入设备复杂、成本高昂[21]。

4.2.2　施主杂质的离子注入

β-Ga_2O_3 中最常见的浅施主能级杂质包括 Ge、Si 与 Sn。这些Ⅳ族原子替代 Ga_2O_3 晶格中的Ⅲ族 Ga 原子后可贡献一个自由电子。目前，已有大量关于在生长 β-Ga_2O_3 衬底与外延层过程中进行 Si、Sn、Ge 掺杂的报道[22-26]。离子注入由于能够进行定域、定量掺杂，适于准确地定义 MOSFET 的沟道或对器件的欧姆接触区域进行高浓度的简并掺杂，为灵活地制备不同结构的器件提供了新的可能。对于向 β-Ga_2O_3 中离子注入施主杂质的研究主要集中于 Si 的注入条件以及退火对 Si、Sn、Ge 在 β-Ga_2O_3 中再分布的影响。

2013 年，日本研究者对 β-Ga_2O_3 进行了 Si 注入，实现了施主杂质掺杂[27]。

注入后，样品被置于 N_2 氛围中退火 30 min，以进行晶格修复与杂质激活。该工作最终得到了 $\beta-Ga_2O_3$ 与 Ti/Au 电极之间良好的欧姆接触，其比接触电阻为 $4.6\times10^{-6}\ \Omega\cdot cm^2$，电导率为 1.4 mΩ・cm。进行 Si 离子注入时，作者控制离子束与 $\beta-Ga_2O_3$ 衬底的[010]晶向间的入射角为 7°，通过能量不同的多次注入，控制总掺杂剂量在 $2\times10^{14}\sim2\times10^{15}\ cm^{-2}$ 之间，最终得到了 $1\times10^{19}\sim1\times10^{20}\ cm^{-3}$ 的不同 Si 掺杂浓度的样品。该工作利用以上样品研究了退火温度对有效施主浓度和激活效率的影响。如图 4.11(a)所示，作者发现对于 Si 掺杂浓度不高于 $5\times10^{19}\ cm^{-3}$ 的样品，退火温度在 700～800℃时，有效施主浓度随退火温度升高而快速升高；退火温度在 900～1000℃时，有效施主浓度随退火温度升高逐渐趋向饱和。由图 4.11(c)可知退火温度超过 1000℃后，由 Si 在 $\beta-Ga_2O_3$ 中的热扩散引起的杂质再分布现象更为显著，导致表面处有效施主浓度的下降，不利于制备良好的欧姆接触。故对 $\beta-Ga_2O_3$ 进行 Si 注入掺杂的最佳退火温度在 900～1000℃，此时能够获得超过 60%的激活效率，如图 4.11(b)所示。而对于 Si 掺杂浓度为 $1\times10^{20}\ cm^{-3}$ 的样品，杂质激活效率小于 10%，导致其有效施主浓度在各个退火温度下均低于掺杂浓度为 $5\times10^{19}\ cm^{-3}$ 的样品。作者通过 AFM 扫描发现退火后样品表面较为平整，表面粗糙度的均方根值在 0.44 nm 以下，表明离子注入工艺未使 $\beta-Ga_2O_3$ 衬底粗糙度显著提高。随后，作者在 Si 注入、950℃下退火的 $\beta-Ga_2O_3$ 上制备了 Ti/Au 电极，在 N_2 中退火 1 min 后形成了良好的欧姆接触，由此证明了离子注入调控电子浓度在 $\beta-Ga_2O_3$ 器件制备中的有效性。

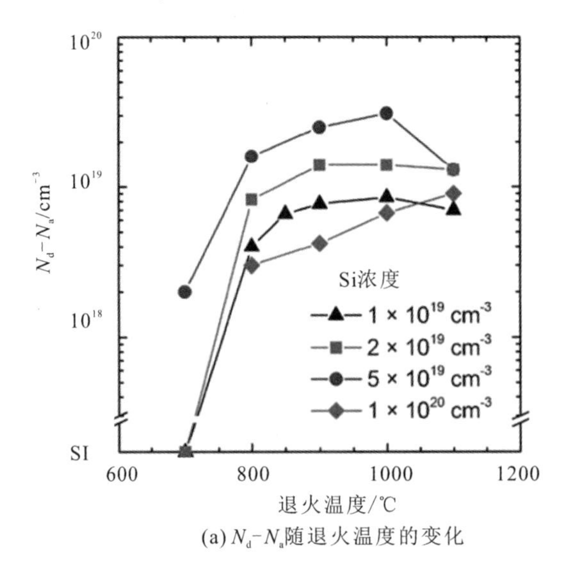

(a) N_d-N_a随退火温度的变化

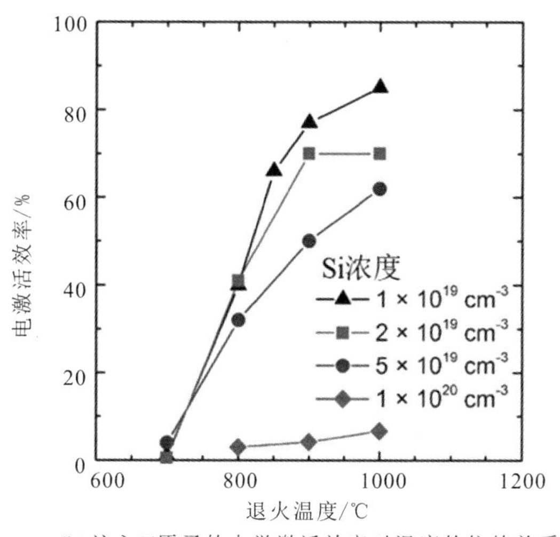

(b) 注入Si原子的电学激活效率对温度的依赖关系

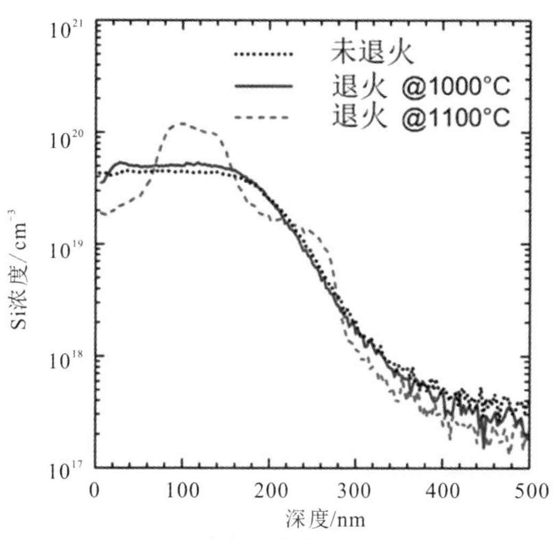

(c) UID Ga_2O_3衬底退火前后Si的深度分布，注入Si的浓度为5×10^{19} cm^{-3}

图 4.11　退火对非故意掺杂(UID)Ga_2O_3 衬底中的杂质浓度、杂质电学激活效率与杂质分布的影响[27]

2019 年，美国佛罗里达大学的课题组研究了(－201) β－Ga_2O_3 中注入 Si 后的退火损伤修复与退火后 Si 的扩散行为[8]。作者利用了一个考虑扩散系数随温度变化的菲克扩散模型估算了 1150℃下 Si 的扩散行为，并与二次离子质谱法(SIMS)数据进行了对比，提取了 Si 的扩散率、依赖浓度的扩散系数与表面逸出率(Surface Outgas Rate)。作者通过对 SIMS 数据积分可知在该温度下退火 Si 的表面逸出是不显著的。

同年，该课题组研究了 1100℃下不同退火氛围对 ($\bar{2}01$) β-Ga_2O_3 中离子注入的 Si 的扩散的影响[29]。作者利用不同剂量与能量的多次注入得到了杂质分布接近均匀、掺杂浓度分别为 10^{18} cm^{-3}、10^{19} cm^{-3}、10^{20} cm^{-3}的样品。其中 10^{18} cm^{-3}的掺杂浓度通过三次能量与剂量分别为 30 keV/3×10^{12} cm^{-2}、60 keV/7×10^{12} cm^{-2}、120 keV/10^{13} cm^{-2}的注入获得。如图 4.12(a)所示，作者通过 SIMS 发现在 O_2 氛围中退火后，Si 出现了明显的再分布，表面处 Si 的浓度会升高；而在 N_2 氛围中的退火时，Si 的扩散受到了抑制，向表面的扩散也更少。作者认为这可能与不同退火氛围中可动空位与缺陷密度有关。由于 N_2 氛围中退火时会出现 Ga 空位，因此处于间隙位置的 Si 可能进入 Ga 空位成为了替位原子而表现出很低的扩散率。

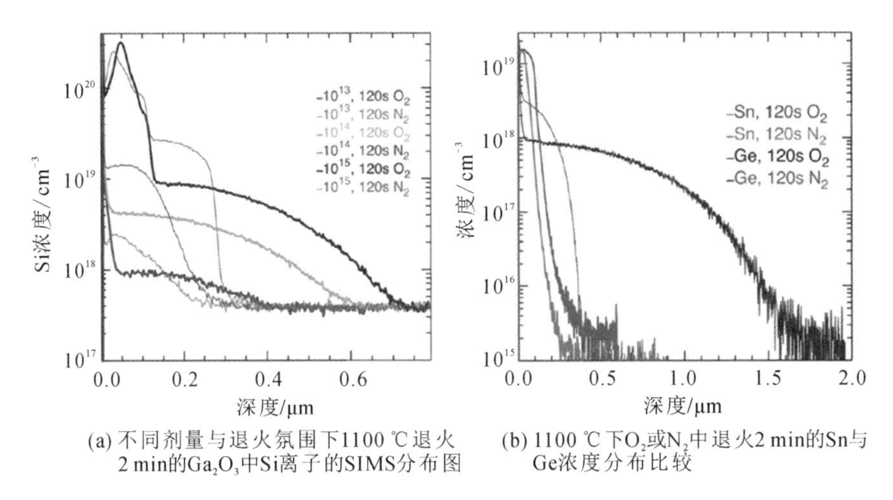

(a) 不同剂量与退火氛围下1100 ℃退火2 min的Ga_2O_3中Si离子的SIMS分布图

(b) 1100 ℃下O_2或N_2中退火2 min的Sn与Ge浓度分布比较

图 4.12　退火后 Si、Sn、Ge 离子的浓度分布[29]

该课题组在另一项工作中研究了退火氛围和退火时间对另外两种常见的施主杂质 Ge 与 Sn 在($\bar{2}01$) β-Ga_2O_3 中扩散行为的影响[30]。作者利用考虑空位与填隙原子影响以及掺杂原子的俘获与释放的菲克扩散模型对 SIMS 数据进行拟合，其结果表明，在 1100℃ O_2 退火条件下，Ge 表现出了比 Sn 较高的扩散率(分别为 1.05×10^{-11} cm·s^{-1}与 2.7×10^{-13} cm·s^{-1})。但经过分析后作者认为 Ge 较高的扩散率并非由其原子大小直接决定。该条件下退火时，Ge 与 Sn 均存在一定的体内扩散与表面流失。而相同温度下在 N_2 中退火，杂质再分布现象得到了明显抑制，如图 4.12(b)所示。与对不同气体氛围下 Si 的再分布研究[29]所得结论类似，作者认为退火氛围会通过影响点缺陷影响杂质的扩散

率。另外，在该工作中，注入 Ge 的样品在 1100℃下退火后，晶格均基本恢复至初始状态，仅剩余 17 nm 的损伤区域，证明了退火对 Ge 注入($\bar{2}01$) β-Ga_2O_3损伤修复的有效性。

2019 年，M.J.Tadjer 等比较研究了于 900～1150℃下退火对 Si、Sn 离子注入的($\bar{2}01$)β-Ga_2O_3 中缺陷修复与掺杂原子扩散的影响，发现在 1150℃下的 O_2中退火后，Si 的晶格常数完全恢复至注入前，而 Sn 掺杂样品的晶格损伤未完全修复，晶格常数小于注入前[28]。作者认为类似 Sn 的重掺杂离子可能需要更高的退火温度修复晶格损伤。1150℃下，Si 与 Sn 都出现了明显的扩散，其扩散规律符合浓度引起的扩散模型，扩散率分别为 9.5×10^{-13} cm・s^{-1}与 1.7×10^{-13} cm・s^{-1}。退火前后 Si 与 Sn 随深度的浓度分布分别如图 4.13(a)、(b)所示。

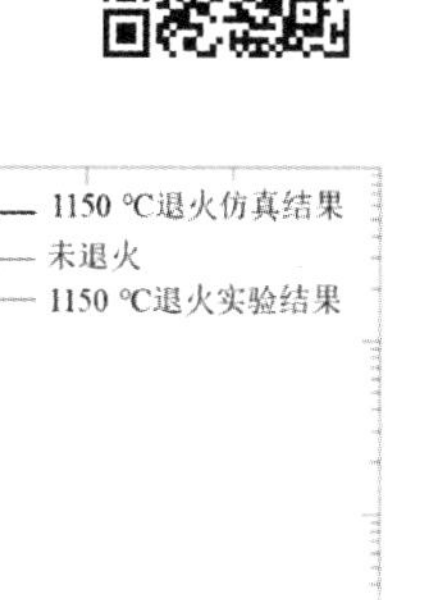

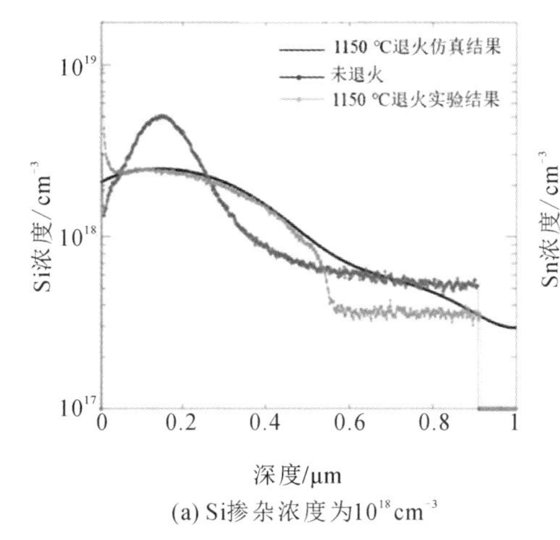

(a) Si掺杂浓度为10^{18} cm^{-3}

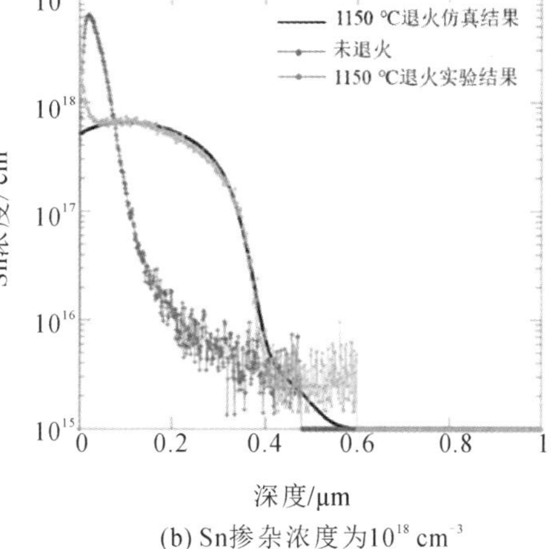

(b) Sn掺杂浓度为10^{18} cm^{-3}

图 4.13　1150℃退火前后的 Ga_2O_3 SIMS 与仿真所得杂质分布[28]

2020 年，美国约翰霍普金斯大学的研究者发现 Ge 注入以及注入后退火会使 β-Ga_2O_3 发生晶相的变化[31]。Ge 注入会在 β-Ga_2O_3 中形成孤立的损伤带，损伤带呈现 κ 相，且其周围存在 Ge 注入导致的点缺陷簇。注入后样品于 1150℃ O_2 中退火 1 min，可以修复部分损伤带，使其重新转变为 β 相，但在样品表面仍有 17 nm 损伤区残留，完全修复 Ge 注入损伤可能需要更长的退火时间。另外，作者发现注入区域的微小结构在退火后并未完全恢复，材料内部存在应力，其化学结构有所改变。

表 4.2 总结了部分文献中施主杂质注入采用的工艺条件参数与注入效果。

表格中列出的掺杂浓度是通过多次注入实现的，其中每一次注入的能量与剂量均依次列出。

表 4.2　部分文献中施主杂质离子注入工艺参数总结

注入杂质	能量 /keV	剂量 /cm^{-2}	掺杂浓度 /cm^{-3}	深度 /nm	退火氛围	温度 /℃	退火时间 /min	比接触电阻 /$\Omega\cdot cm^2$	参考文献
	—	—	5×10^{19}	150	N_2	950	30	8.1×10^{-6}	[32]
	—	—	5×10^{19}	150	N_2	925	30	8×10^{-6}	[33]
	—	—	3×10^{17}	300	N_2	925	30	—	
	30	3×10^{14}							
Si	60	7×10^{14}	10^{20}	480	O_2	1150	1	—	[28]
	120	10^{15}							
	30	3×10^{12}							
	60	7×10^{12}	10^{18}	—	N_2	1100	2	—	[29]
	120	10^{13}							
	60	2×10^{14}							
	100	3×10^{14}	10^{20}	—	O_2	1150	1	—	[28]
	200	4×10^{14}							
Sn	60	2×10^{13}							
	100	3×10^{13}	10^{19}	—	O_2 或 N_2	1100	2	—	[30]
	200	4×10^{13}							
	60	3×10^{13}							
	100	5×10^{13}	10^{19}	130	O_2 或 N_2	1150	1	—	[30]
	200	7×10^{13}							
Ge	60	3×10^{13}							
	100	5×10^{13}	10^{19}	130	O_2	1150	1	—	[31]
	200	7×10^{13}							

4.2.3　深能级受主杂质的离子注入

Mg、N 是 $\beta-Ga_2O_3$ 中常用的深受主杂质，会向 $\beta-Ga_2O_3$ 的禁带中引入深能级，可补偿材料中的施主杂质，形成高阻区域。对 $\beta-Ga_2O_3$ 中受主杂质的研究也采取了与施主杂质注入研究类似的思路，相关研究者首先研究了不同受主杂质的注入工艺参数与退火时的扩散特性，而后将受主杂质的离子注入工艺应用于器件制备中。在器件制备方面，已有研究人员利用 Mg、N 离子注入进行器件隔离、实现电流孔型 MOSFET 中的电流阻挡层以及形成 SBD 中的终端结构。

日本国家信息与通信技术研究所的研究者[34]于 2018 年对于向 $\beta-Ga_2O_3$ 中的离子注入深受主杂质 Mg 与 N 这一技术进行了研究。作者利用离子注入对(001) $\beta-Ga_2O_3$ 进行了深受主掺杂，利用 1000～1200℃ N_2 氛围中的退火对离子注入造成的损伤进行了修复，同时激活了掺入的受主杂质。作者采用 560 keV 的注入能量对 Sn 掺杂浓度为 2×10^{18} cm^{-3} 的衬底注入了剂量为 6×10^{14} cm^{-2} 的 Mg^{++}，得到了 1.5×10^{19} cm^{-3} 的 Mg 峰值浓度。将能量为 480 keV、剂量为 4×10^{13} cm^{-2} 的 N 注入 Si 浓度为 2×10^{17} cm^{-3} 的非故意掺杂层，达到了 1.5×10^{18} cm^{-3} 的 N 峰值浓度。对 Mg 注入和 N 注入的器件分别于 600～1000℃、800～1200℃ N_2 中进行 30 min 的退火。实验结果表明，当退火温度高于 800℃及 900℃时，Mg 在 Si 掺杂和 Sn 掺杂样品中分别发生了明显扩散，如图 4.14 所示，退火温度升至 1100℃时，N 在 Si 掺杂样品中出现明显的再分布。二极管 $I-V$

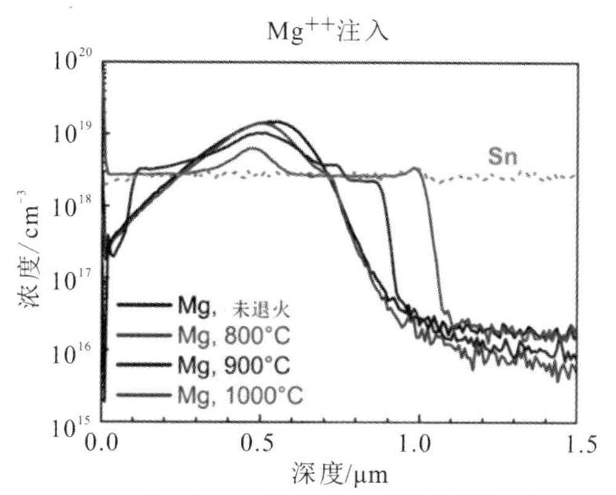

(a) Sn掺杂N^+ Ga_2O_3衬底上Mg^{++}注入样品中Mg与Sn的SIMS深度分布

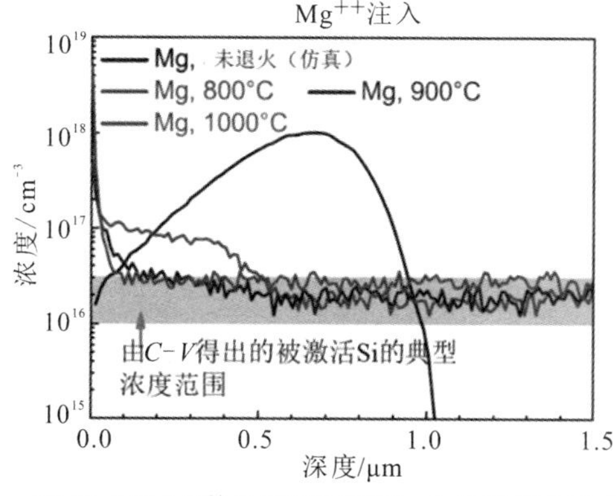

(b) Mg^{++}注入Si掺杂HVPE N型Ga_2O_3外延层中Mg的分布

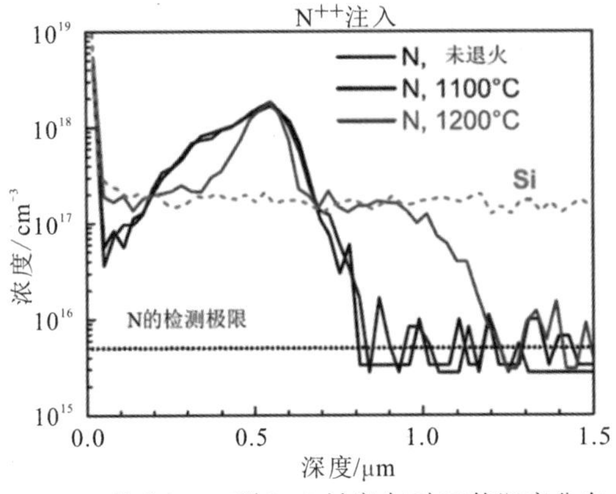

(c) N注入UID N型Ga_2O_3衬底中N与Si的深度分布

图 4.14　Mg^{++}或 N 注入后的离子分布[34]

特性测试表明，在900℃以上退火时，Mg只有作为深受主才得到有效激活，而在800℃退火时，N已经显现出深受主特性，并在800～1200℃范围内，N的激活率随退火温度的升高而增大。由于N的热扩散率弱于Mg，因此N注入的器件可采用高温实现高效率的杂质激活，同时保证了稳定的注入杂质分布，N注入工艺适于制备高功率器件。

2018年，德国的研究者通过多次不同能量的N离子注入在MOCVD生长的$\beta-Ga_2O_3$外延层上首次完成了选择性区域隔离，使得注入区域的方块电阻显著增大，达到了10^{13} Ω/sq，且具备一定的高温稳定性[35]。作者对样品进行了多次注入，图4.15显示了仿真所得的每次注入后离子浓度及

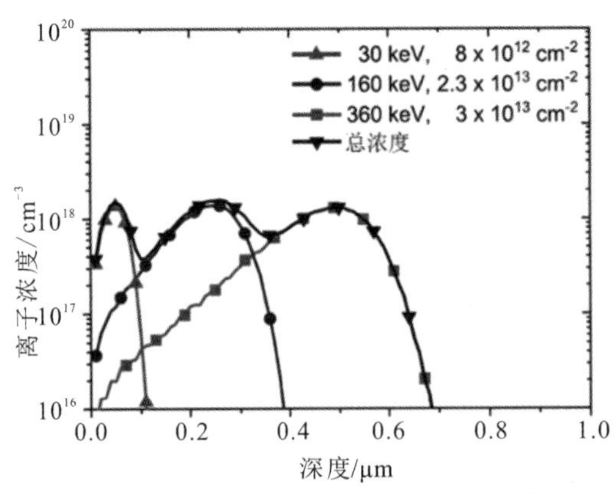

(a) 每次注入得到的N离子浓度及总离子浓度随深度的分布仿真结果

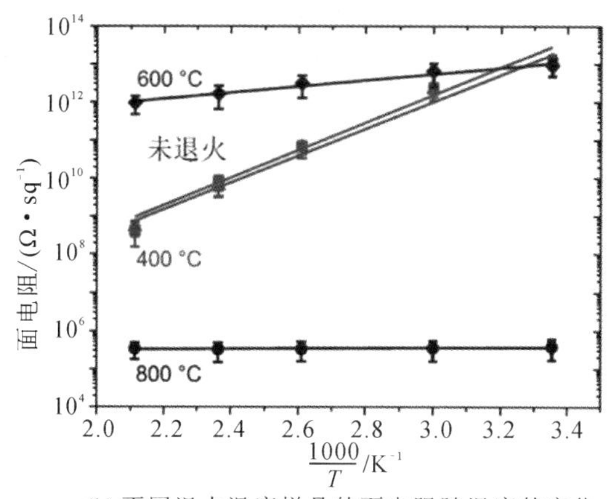

(b) 不同退火温度样品的面电阻随温度的变化

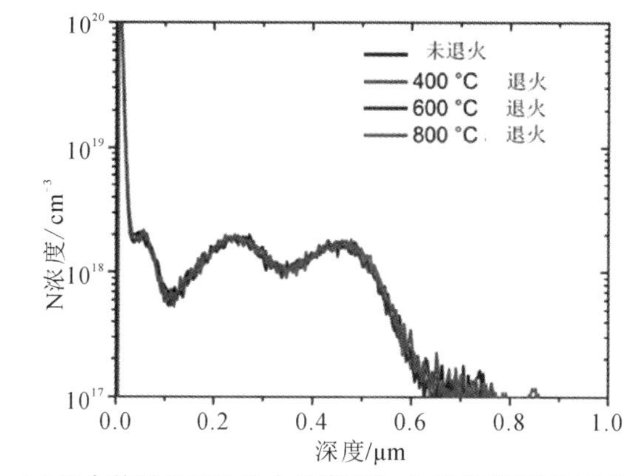

(c) 退火前后及不同退火温度下Ga_2O_3衬底中N的SIMS深度分布

图 4.15　注入后的离子浓度分布、退火对面电阻的影响及退火后的离子分布[35]

总离子浓度随深度的分布。注入前外延层面电阻为 8.4 kΩ/sq，通过注入面电阻提升了 9 个数量级。作者通过在不同温度下的退火实验发现 600℃下退火 1 min 不会影响其高阻特性，但退火温度达到 800℃后，损伤区域晶格的再次晶化会导致方块电阻降至 10^5 Ω/sq，如图 4.15(b)所示。图 4.15(c)显示了退火后 N 的深度分布。作者依据阻值随退火温度的变化，认为注入晶格损伤引入的深能级陷阱补偿了初始载流子浓度，使得 N 离子注入在 $\beta-Ga_2O_3$ 中可实现隔离。

表 4.3 总结了深受主杂质注入采用的工艺条件参数。表中列出了多次注入实现的掺杂，以及每一次注入的能量与剂量。

表 4.3　部分文献中受主杂质离子注入工艺参数

杂质	能量/剂量	峰值掺杂浓度/cm^{-3}	深度/μm	退火温度/℃	氛围	退火时间/min	作用	参考文献
Mg	560 keV/6×10^{14} cm^{-2}	1.5×10^{19}	0.5～0.6	600～1000	N_2	30	—	[34]
	50 keV/1.4×10^{14} cm^{-2} +125 keV/2×10^{14} cm^{-2} +250 keV/9.8×10^{14} cm^{-2}	$2-3\times10^{19}$	0.8	未退火	未退火	未退火	SBD终端	[36]
N	480 keV/4×10^{13} cm^{-2}	1.5×10^{18}	—	800～1200	N_2	30	—	[34]
	30 keV/8×10^{12} cm^{-2} +160 keV/2.3×10^{13} cm^{-2} +360 keV/3×10^{13} cm^{-2}	—	0.5	400或600	N_2	30	器件隔离	[35]
	—	1.0×10^{17}	0.8	1100	N_2	30	SBD终端	[37]
	—	-	—	900	Ar	50		[38]

4.2.4　稀土元素的离子注入

通过向 $\beta-Ga_2O_3$ 中注入铕(Eu)、铒(Er)、钆(Gd)等稀土元素，可引入发光中心，这有可能为光电领域带来新的应用[39-41]。

2013 年，葡萄牙的研究人员对 $\beta-Ga_2O_3$ 纳米线注入了 Eu 或 Gd，以此研究了晶体质量对注入稀土元素的 $\beta-Ga_2O_3$ 纳米结构发光特性的影响。实验结果表明，室温下注入 Eu 会导致高密度缺陷的产生；高剂量注入 Eu 或 Gd 时，特别是剂量超过 1×10^{15} cm^{-2}时会导致 $\beta-Ga_2O_3$ 非晶化[39]。

2017 年，该课题组研究了注入温度与退火温度对 $\beta-Ga_2O_3$ 体单晶进行 Eu 掺杂的影响[41]。通过将注入温度提高至 400～600℃能提高替位 Eu 的比例，

从而对 Eu 进行了有效的光学激活，并减少了注入损伤。之所以注入损伤减少，是因为注入温度提高，缺陷的迁移率增大，注入过程中缺陷的复合增多。

4.2.5　H、D、He、Ar 的离子注入

H 在 β - Ga_2O_3 中可以起到钝化缺陷中心和浅施主掺杂的作用[42]。与 H 相比，其同位素 D 更易观察检测，美国佛罗里达大学的研究者通过 D 注入研究了退火对 D 在 β - Ga_2O_3 体单晶中的热稳定性，发现注入与扩散相比，高温下 D 逸出量更少，因为注入损伤会俘获 D[43-44]。

H、He 的注入可用于剥离 β - Ga_2O_3 并将其转移至异质衬底上。美国加州大学的研究者利用 160 keV、剂量为 5×10^{16} cm^{-2} 的 He 离子注入以及 200℃ 与 500℃下的退火使得投影射程处产生 He 气泡，完成了对 β - Ga_2O_3 的剥离[45]。中科院上海微系统与信息技术研究所的研究人员利用 H、Ar 离子注入将 β - Ga_2O_3转移至 Si 上并制备了 MOSFET[46]。

4.2.6　离子注入在器件制备中的应用

本节主要介绍施主杂质、受主杂质及 Ar 离子注入在 β - Ga_2O_3 功率器件及深紫外光电探测器中的应用。在 β - Ga_2O_3 功率器件制备中，施主杂质离子注入主要用于形成 SBD 的欧姆接触、对 MOSFET 的源漏及沟道进行掺杂。在 β - Ga_2O_3 SBD 中，离子注入深能级受主杂质及 Ar 注入常用于形成终端结构，可缓解电极边缘的电场集中效应，提高 SBD 的击穿电压。另外，离子注入受主杂质除了作为器件隔离外，也用于形成电流孔型 Ga_2O_3 MOSFET 中的电流阻挡层，以及实现垂直型 MOSFET。下面按照 SBD 中的施主杂质注入、受主杂质与 Ar 注入、MOSFET 中的施主杂质注入、受主杂质注入的顺序依次介绍不同杂质离子注入在器件制备中的应用。

1. 离子注入在 SBD 制备中的应用

2019 年，日本研究者利用 N 注入区域作为 β - Ga_2O_3 SBD 的终端，将 SBD 的击穿电压从无终端结构的 750 V 提升至 860 V[37]，其结构如图 4.16(a)所示。通过向载流子浓度为 $1.0\sim1.2\times10^{16}$ cm^{-3}的掺 Si(001)β - Ga_2O_3 HVPE 外延层中注入 N 形成了 0.8 μm 深、N 掺杂浓度为 1.0×10^{17} cm^{-3}的区域。随后将样品置于 1100℃ N_2中进行 30 min 的退火，完成了杂质激活。该工作中含 N 注入终端与场板的 SBD 与仅含场板的 SBD 相比，比导通电阻相近，而击穿电压提高了 50 V。

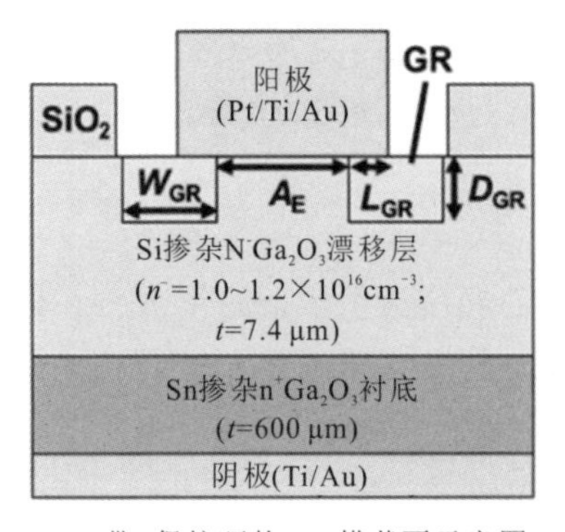

(a) 带N保护环的SBD横截面示意图

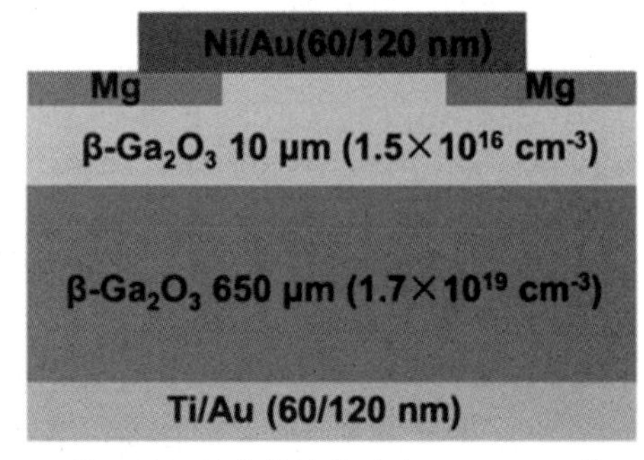

(b) 带Mg注入边缘终端的垂直β-Ga_2O_3 SBD的横截面示意图

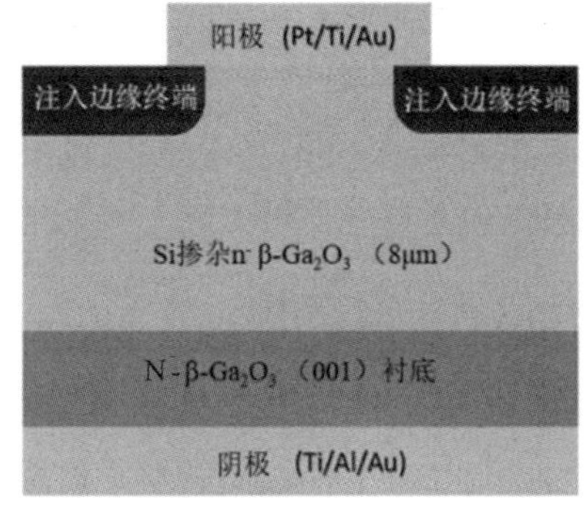

(c) 带Ar注入边缘终端的制备于体材料上的垂直β-Ga_2O_3 SBD横截面示意图

图 4.16　带注入终端的 SBD 结构示意图[36-38]

西安电子科技大学的研究人员对 β-Ga_2O_3 薄膜进行了 N 注入，并利用 N 注入薄膜制备了 SBD[38]。N 掺杂浓度分别为 1×10^{18} cm^{-3}、1×10^{19} cm^{-3}、1×10^{20} cm^{-3}的样品均通过三次能量与剂量不同的注入实现。研究人员发现，随着 N 注入浓度的提高，β-Ga_2O_3 的晶体质量逐渐下降，甚至形成了多晶。注入后在 900℃ Ar 氛围中退火 50 min 提高了各个掺杂浓度样品的晶体质量，减少了离子注入引入的缺陷数量，起到了晶格修复的作用。由于 N 的补偿作用，基于 N 注入 β-Ga_2O_3 层的 SBD 中载流子浓度与注入前相比下降了 1～2 个数量级。

2019 年，同课题组的研究人员利用 Mg 离子注入作为终端结构，将垂直 SBD 的击穿电压从 500 V 提升至 1550 V，功率品质因数达到 0.47 GW/cm^2，以此证明了 Mg 离子注入终端是一种简单而有效的提升击穿电压的方法[36]。如图 4.16(b)所示，作者利用光刻完成阳极图形转移后，进行了三次 Mg 离子

注入，能量与剂量分别为 50 keV/1.4×10^{14} cm^{-2}、125 keV/2×10^{14} cm^{-2} 与 250 keV/9.8×10^{14} cm^{-2}。离子注入完成后，样品未进行退火，利用晶格损伤产生的高电阻区域承担电极边缘处的高电场。

同时，该课题组对机械剥离的 10 μm Sn 掺杂(100) β-Ga_2O_3 SBD 漂移层进行了 Ar 注入，发现随 Ar 注入浓度的增大，样品的击穿电压从 252 V 增至 451 V[47]。作者首先利用 50 keV/ 2.5×10^{14} cm^{-2}的 Ar 注入对 SBD 背面进行了处理，并在 950℃ N_2 中退火 60 min，以便与金属电极形成良好的欧姆接触。之后，在两个样品正面电极边缘处分别注入了 50 keV/5×10^{14} cm^{-2}及 50 keV/1×10^{16} cm^{-2}的 Ar，并于 400℃ N_2 中快速热退火 60 s。退火的目的在于修复晶格损伤，减少 SBD 反向电压下的漏电。作者通过仿真发现，Ar 注入可以使峰值电场的位置从界面处移动至体内，击穿电压显著升高。

2019 年，中山大学的研究者利用 Ar 注入区域作为(001) β-Ga_2O_3 垂直肖特基二极管的终端，并测试了器件的开关特性[48]。Ar 的峰值掺杂浓度为 1.0×10^{18} cm^{-3}，Ar 注入形成的高阻区域深度超过 0.1 μm。在保证高输出电流密度和接近于 1 的理想因子的前提下，该工作通过 Ar 注入将器件漏电流降低了 3 个数量级，将击穿电压从 257 V 提升至 391 V。其器件结构如图 4.16(c)所示。

部分文献中的 Ar 离子注入参数总结于表 4.4 中。

表 4.4　部分文献中 Ar 离子注入工艺参数

杂质	能量/剂量	退火温度/℃	退火氛围	退火时间/min	作用	参考文献
Ar	50 keV/2.5×10^{14} cm^{-2}	950	N_2	60	提升欧姆接触质量	[47]
	50 keV/5×10^{14} cm^{-2}或 1×10^{16} cm^{-2}	400	N_2	1	SBD 终端	[47]
	30 keV/1×10^{14} cm^{-2} +40 keV/1×10^{14} cm^{-2} +60 keV/1×10^{14} cm^{-2} +80 keV/1×10^{14} cm^{-2}	未退火	未退火	未退火	SBD 终端	[48]

2. 离子注入在 MOSFET 制备中的应用

利用 Mg、N、Ar 注入区域作为 β-Ga_2O_3 SBD 的终端可以获得较高的击穿电压，利用 Si 离子注入能够实现较低的欧姆接触电阻，且具有一定的温度稳定性。下面分别介绍施主与受主离子注入在 β - Ga_2O_3 功率 MOSFET 中的应用。

2013 年，日本国家信息与通信研究院的研究者利用 Si^+ 注入在 Sn 掺杂的 (010) β - Ga_2O_3 沟道层上实现了源漏区域高掺杂，他们制备出的耗尽型 OSFET与先前未采用离子注入掺杂的 MESFET 相较具有更高的开关比[32]。其器件结构示意图如图 4.17(a)所示。离子注入后样品于 950℃ N_2 氛围下退火 30 min，最终注入 Si^+ 浓度为 5×10^{19} cm^{-3} 的区域与金属电极间的比接触电阻为8.1×10^{-6} Ω·cm^2。

同年，该课题组利用 Si^+ 离子注入在 (010) β - Ga_2O_3 非故意掺杂 (UID) 层上实现了沟道掺杂和欧姆接触掺杂，对电子浓度进行了很好的调控，成功制备了耗尽型 β - Ga_2O_3 MOSFET，其器件结构如图 4.17(b)所示[33]。作者通过多次离子注入，形成了 300 nm 掺杂浓度为 3×10^{17} cm^{-3} 的沟道和 150 nm 掺杂浓度为 5×10^{19} cm^{-3} 的源漏接触区域，掺杂浓度呈现均匀分布。高掺杂区域与 Ti/Au 叠层的接触呈现出欧姆特性，作者通过传输线法(TLM)测量得到了其比接触电阻为 8×10^{-6} Ω·cm^2。

2015 年，该课题组发现离子注入造成的损伤会加剧半绝缘 Fe 掺杂衬底中 Fe向注入层的扩散，故在制备横向 β - Ga_2O_3 场效应晶体管 (FET) 时，需要在 Si 注入层与 Fe 掺杂衬底之间加入非掺杂缓冲层，防止离子注入损伤衬底[49]。2017 年，研究者通过注入 Si 定义了沟道位置，利用多次注入控制沟道深度，制备了带栅场板的 MOSFET，如图 4.17(c)所示。该器件在 Fe 掺杂半绝缘衬底与注入沟道间存在 900 μm 厚的非掺杂区域，有效阻挡了 Fe 向沟道区域的扩散[50]。

该课题组通过对非故意掺杂的 β - Ga_2O_3 外延层进行选择性 Si^+ 注入，实现了增强型 β - Ga_2O_3 MOSFET [51]，如图 4.17(d)所示。该工作中的 Si^+ 注入在源漏欧姆接触区域得到了 5×10^{19} cm^{-3} 的掺杂浓度。注入后，材料在 950℃的 N_2 氛围中退火 30 min。由于离子注入不易在靠近表面处实现高浓度掺杂，因此作者利用 BCl_3 对注入区域进行了刻蚀，以确保金属与高掺杂 β - Ga_2O_3 的良好接触。生长 Ti/Au 电极并进行欧姆接触退火后，作者通过 TLM 的方法测得电极与 β - Ga_2O_3 所形成的欧姆接触的面电阻为 84 Ω/sq，接触电阻为 0.25 Ω·mm，比接触电阻为 7.5×10^{-6} Ω·cm^2，源漏间寄生电阻为 2.2 Ω·mm。作者指出，采用自对准工艺不仅能减小栅极与注入区域的交叠，还能进一步降低串联电阻。

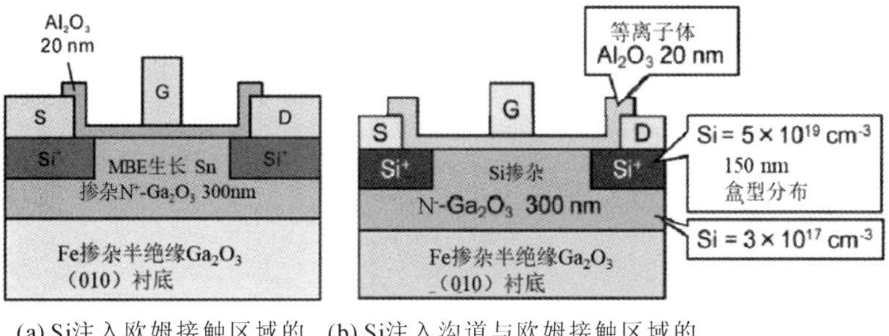

(a) Si注入欧姆接触区域的耗尽型Ga_2O_3 MOSFET横截面示意图　(b) Si注入沟道与欧姆接触区域的Ga_2O_3 MOSFET横截面示意图

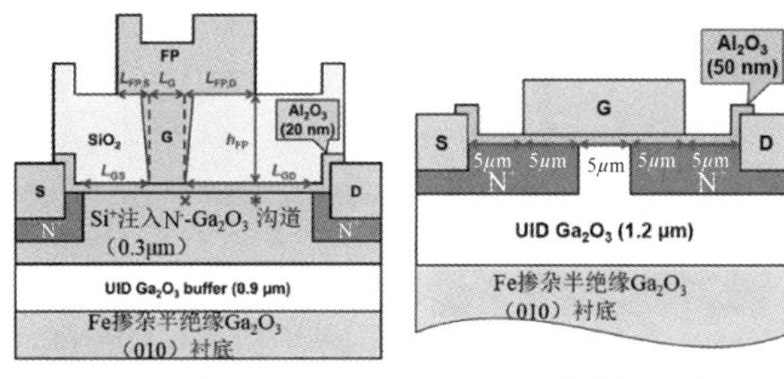

(c) 带栅场板的β-Ga_2O_3 MOSFET横截面示意图　(d) Si注入欧姆接触区域的增强型(010)β-Ga_2O_3 MOSFET横截面示意图

图 4.17　含 Si 注入区域的 MOSFET 结构示意图[32,33,50,51]

深受主离子注入在 $\beta-Ga_2O_3$ MOSFET 中的一类应用是形成电流阻挡层(Current Barrier Layer，CBL)，使得垂直的电流孔型 MOSFET 的制备成为了可能。

2017 年，日本国家信息与通信研究院的研究人员将 Mg 注入区域作为电流阻挡层，制作了第一个 $\beta-Ga_2O_3$ 垂直型 MOSFET[52]。电流阻挡层实现了源漏电极间的电学隔离，源极提供的电子通过栅极下方沟道区后经过电流孔径进入漂移区。能量为 560 keV、剂量为 8×10^{12} cm^{-2} 的 Mg^{++} 注入至 Si 掺杂浓度为 3×10^{16} cm^{-3} 的 $\beta-Ga_2O_3$ 外延层中，并通过 1000℃ N_2 中 30 min 的退火对补偿杂质进行了激活[53]，退火前后 Mg 的深度分布如图 4.18(a)所示。后续的 Si注入定义了掺杂浓度与厚度分别为 3×10^{17} cm^{-3}、5×10^{19} cm^{-3} 与0.3 μm、0.15 μm 的沟道区与源漏接触区，并分别于 950℃、800℃进行了杂质激活。研究人员利用 $C-V$法提取了沟道与电流阻挡层的载流子浓度分布，如图 4.18(b)所示。结果表明 Mg 注入将电子浓度降低了 2 个数量级，但未能完全补偿沟道掺杂，导致在较小偏压下存在较大的 10 A/cm^2 漏电流。另外，退火过程中 Mg 的扩散使得实际得到的电流阻挡层厚度大于初始注入深度，达到了 2 μm。

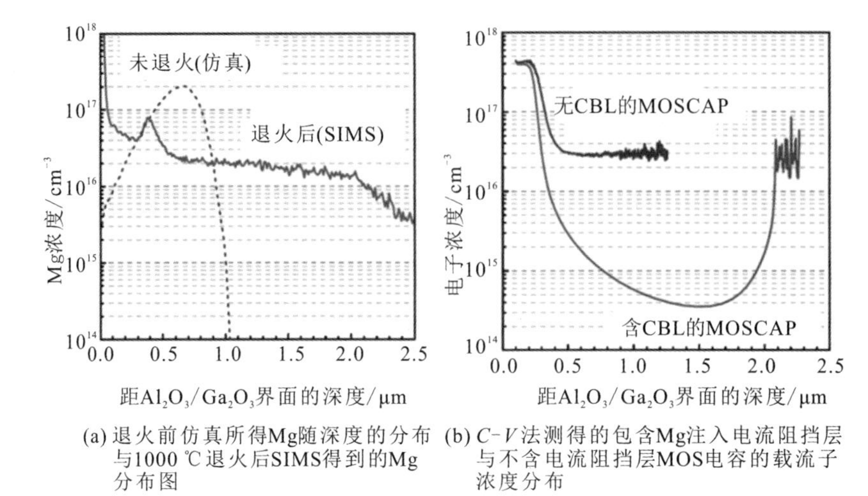

(a) 退火前仿真所得Mg随深度的分布与1000 ℃退火后SIMS得到的Mg分布图 (b) C-V法测得的包含Mg注入电流阻挡层与不含电流阻挡层MOS电容的载流子浓度分布

图 4.18　Mg 浓度与电子浓度随深度的变化[53]

该研究组后来又通过 N 注入得到了包含电流孔径的耗尽型垂直 Ga_2O_3 MOSFET，开关比达到 10^8，与 Mg 注入的器件相比，采用 N 注入的器件漏电流更小[54]，如图 4.19(a)所示。其器件结构如图 4.20(b)所示。研究者将 480 keV、剂量为 4×10^{13} cm^{-2} 的 N^{++} 注入 Si 掺杂浓度为 2.5×10^{16} cm^{-3} 的 $\beta-Ga_2O_3$ 外延层中，实现了 0.5～0.6 μm 处 1.5×10^{18} cm^{-3} 的峰值浓度。之后，通过 1100℃ N_2 中 30 min 的退火对晶格进行修复并对 N 进行了激活。掺杂浓度与厚度分别为 1.5×10^{18} cm^{-3}、5×10^{19} cm^{-3} 与 0.15 μm、0.1 μm 的沟道区与源漏接触区通过 Si 注入及 950℃、800℃退火实现。最终沟道与电流阻挡层交叠区域的杂质浓度分布如图 4.19(b)所示。

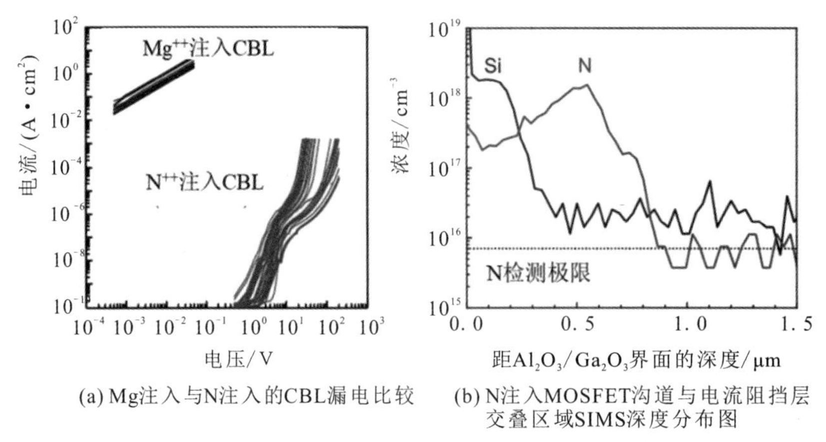

(a) Mg注入与N注入的CBL漏电比较 (b) N注入MOSFET沟道与电流阻挡层交叠区域SIMS深度分布图

图 4.19　Mg 注入与 N 注入的 CBL 漏电特性及 N 注入区域的杂质分布[54]

利用相同的 N 注入参数，改变 Si 注入的沟道掺杂浓度为 5×10^{17} cm^{-3}，该研究组制备了增强型垂直 Ga_2O_3 MOSFET，其结构参数如图 4.20(c)所示[55]。含有 N 注入 CBL 与不含 CBL 的结构中电子浓度随深度分布显示如图 4.21 所示。电流孔处的 Si 杂质被完全激活，而阻挡层处由于 N 的补偿作用，载流子浓度下降了约 2×10^{17} cm^{-3}。

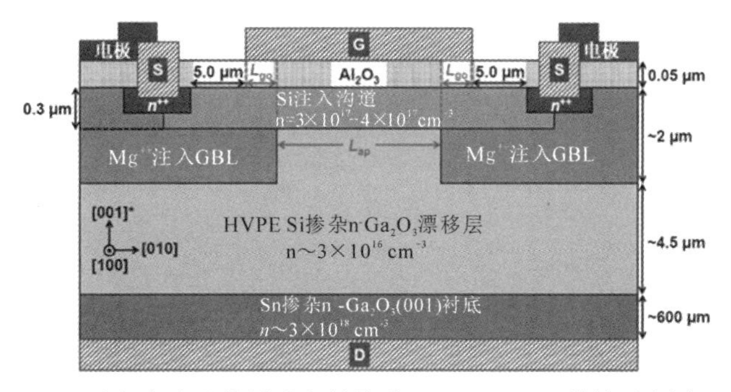

(a) Mg注入电流阻挡层垂直耗尽型Ga_2O_3 MOSFET结构示意图

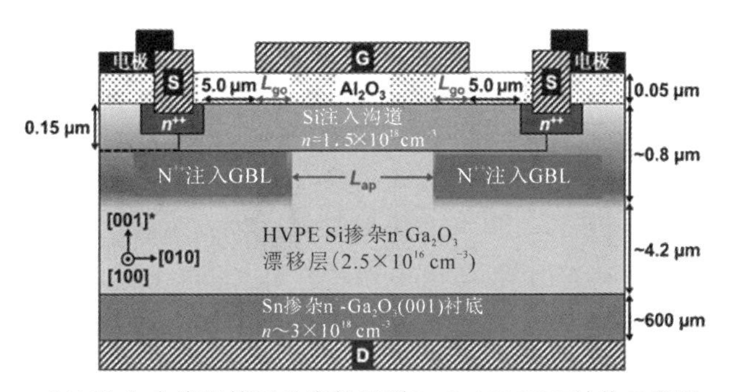

(b) N注入电流阻挡层垂直耗尽型Ga_2O_3 MOSFET结构示意图

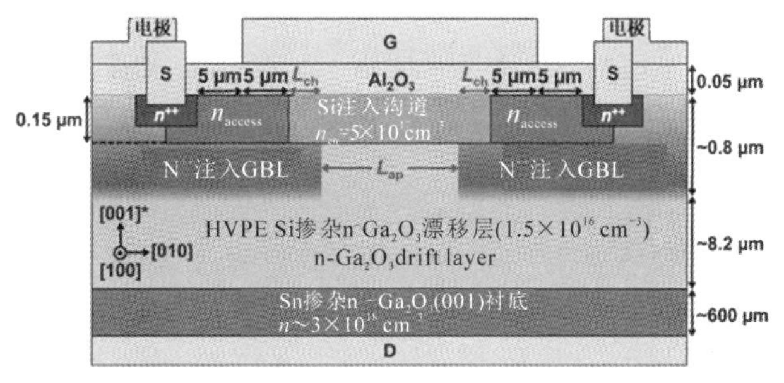

(c) N注入电流阻挡层垂直增强型Ga_2O_3 MOSFET结构示意图

图 4.20　电流孔 MOSFET 结构示意图[53-55]

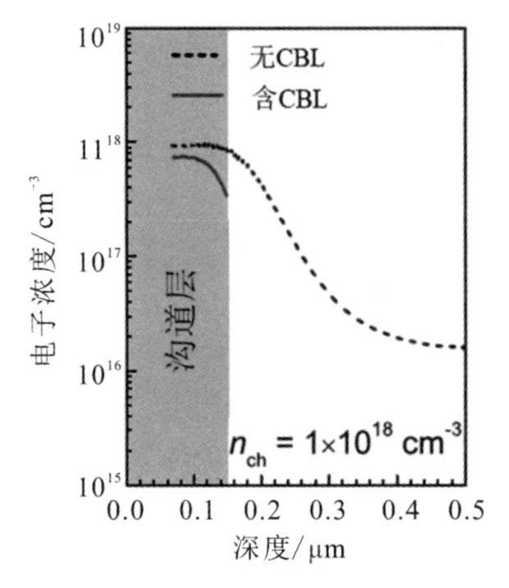

图 4.21 含 N 注入 CBL 与不含 CBL 结构的 MOS 电容中电子浓度随深度分布图[55]

除功率器件外，离子注入也被应用于 Ga_2O_3 深紫外探测器的制备中。日盲紫外探测器的截止波长在 280 nm 左右，可以于日光下探测深紫外光。韩国大学的研究者对生长在蓝宝石上的平面光电导结构的 $\beta-Ga_2O_3$ 探测器进行了 Si 离子注入，显著提升了 $\beta-Ga_2O_3$ 薄膜的电导率[56]。作者对样品进行了能量为30 keV、剂量为 1×10^{15} cm^{-2} 的 Si 注入，并利用 SRIM 仿真了注入后 Si 在 $\beta-Ga_2O_3$ 中的分布，得到的射程约为 25 nm，射程标准偏差为 12 nm。注入后样品置于 900℃ Ar 中进行了 30 s 的快速热退火，其面电阻随退火时间的变化如图 4.22 所示，退火时间小于 90 s 时，面电阻显著减小。该探测器对 254 nm 波长的光有响应，而对 365 nm 的光无响应，表现出了很高的光谱选择性。在该工作的基础上，研究人员进一步对 Si 注入探测器在高温下的光响应进行了研究[57]。

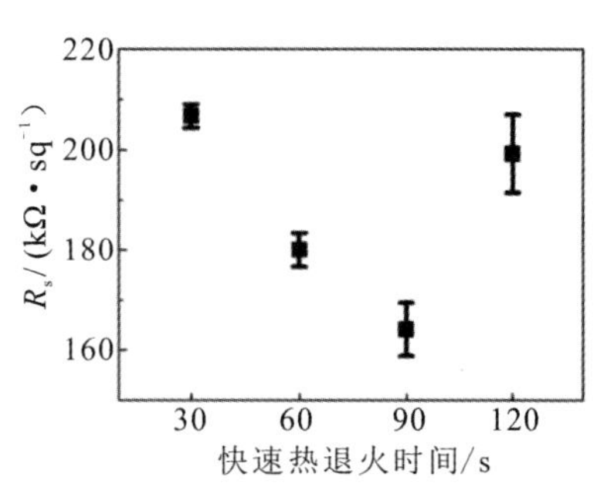

图 4.22 热退火后的面电阻[56]

4.3 缺陷修复

实际的半导体中存在着不同种类的缺陷，如点缺陷、线缺陷、面缺陷、体缺陷等。点缺陷包括空位、填隙原子、替位原子等。位错与层错分别是常见的线缺陷与面缺陷。当点缺陷、线缺陷等浓度较高时，可能会形成体缺陷[20]。半

导体材料中存在的缺陷会对所制备器件的性能造成影响。

在半导体的表面处，晶格的周期性结构遭到破坏，导致表面存在悬挂键，使半导体的禁带中出现表面能级。由于半导体表面容易吸附杂质原子，因此在器件制备过程中也更容易受到沾污。然而，半导体的表面性质对许多半导体器件的基本电学特性与稳定性有重要影响。例如，在SBD中，质量较差的表面将导致器件的反向漏电流增大。在金属-绝缘体-半导体(MIS)结构中，半导体与绝缘体界面处的陷阱会导致平带电压漂移、迟滞现象出现。MIS中的界面陷阱又称快态、表面态，在施加栅压时可以快速地与半导体交换电荷。界面陷阱过多对MOSFET的有效迁移率、栅控能力均会产生不利影响。在SiO_2/Si MOS电容中，其界面陷阱可以通过氢退火的方法降低至10^{10} cm^{-2}；而在$\beta-Ga_2O_3$ MOS电容中，目前报道的较低界面陷阱在10^{11} cm^{-2}左右[58]。

界面陷阱密度描述了界面陷阱电荷在禁带内的分布，其表达式如下：

$$D_{it}=\frac{1}{q}\frac{dQ_{it}}{dE} \tag{4-4}$$

其中，Q_{it}为单位面积的界面陷阱净电荷量。实验中，界面陷阱密度D_{it}常通过电容法或电导法测量[59]。

$\beta-Ga_2O_3$属于单斜晶系，其原胞中有2个不等价的Ga与3个不等价的O。Ga(Ⅰ)、Ga(Ⅱ)分别有4个和6个邻近O，O(Ⅰ)、O(Ⅱ)与O(Ⅲ)分别有3个、3个和4个邻位Ga。由于Ga与O的挥发性不同，加之配位数不同，各个离子附近的缺陷数目也不尽相同[60]。$\beta-Ga_2O_3$中常见的点缺陷包括氧空位、氧填隙原子、镓空位、镓填隙原子。

器件在制备前对其表面进行湿法清洗、刻蚀以及对器件进行退火处理等对提升$\beta-Ga_2O_3$的表面质量尤为重要。另外，在器件制备过程中常常需要采用干法刻蚀进行图形转移，而干法刻蚀会引入损伤，如离子轰击产生的损伤以及化学组分的改变等，导致器件性能的劣化。干法刻蚀后的表面修复处理对提升器件性能具有重要影响[13]。

4.3.1 湿法清洗及刻蚀

湿法清洗可以获得洁净的半导体表面，而湿法刻蚀可以修复半导体表面的损伤。缺陷密度低、损伤少的洁净材料表面对提升器件的性能至关重要。所以，湿法清洗及刻蚀的方法和效果将直接影响所制得器件的性能。

2017年，美国卡耐基梅隆大学的研究者针对不同清洗方法对水平Ni/($\bar{2}01$)$\beta-Ga_2O_3$ SBD特性的影响进行了研究[61]。作者分别利用有机物、HCl、BOE、HCl和H_2O_2，BOE和H_2O_2对表面进行了处理。结果表明，经由酸处理的表面上制备的SBD比仅经过有机物处理的样品的理想因子更低、肖特基势垒高度更高、串联电阻更低。其中经过 HCl 和 H_2O_2 处理的 SBD 表现出了最佳特性，证明了此种清洗方法的有效性，如图 4.23 所示。但经过 HCl 和 H_2O_2 处理的器件理想因子仍为 1.3 左右，表明界面特性仍不理想，可能需要结合 ICP 刻蚀与湿法处理进一步提升界面质量。

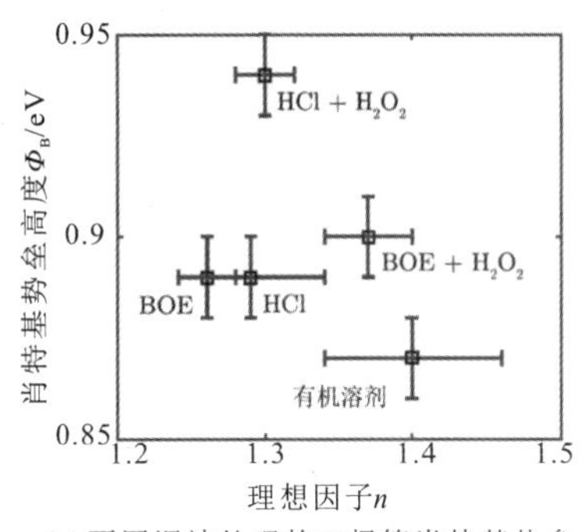

(a) 不同湿法处理的二极管肖特基势垒高度与理想因子的对应关系

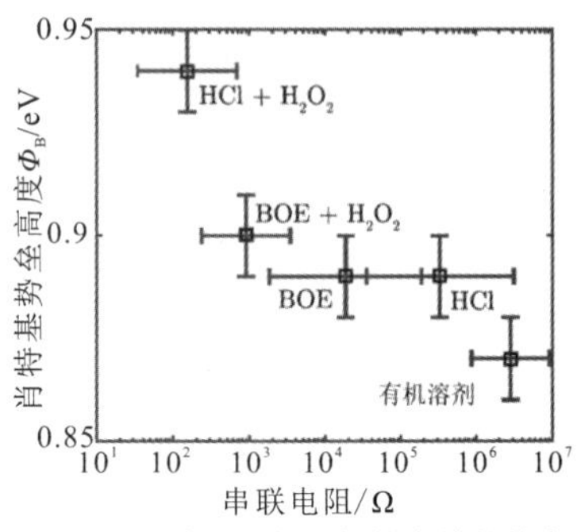

(b) 不同湿法处理的二极管肖特基势垒高度与串联电阻的对应关系

图 4.23　不同湿法处理的二极管肖特基势垒高度与理想因子、串联电阻的对应关系[61]

2018 年，美国佛罗里达大学的研究者通过比较经过不同表面处理的 $\beta-Ga_2O_3$ SBD的 $I-V$ 特性、$C-V$ 特性、反向恢复特性研究了 UV/O_3 与湿法清洗、等离子体处理表面的效果[60]。作者指出，暴露于空气中的 $\beta-Ga_2O_3$ 表面会形成 C 污染层，该层可能阻挡金属与半导体之间的载流子输运。实验结果表明，HCl、H_2O_2、HCl 与 H_2O_2、UV/O_3 处理均降低了漏电流，且可承受 500℃的退火处理。上述处理方法导致的性能提高可能与 C 污染去除有关，但 BOE 处理反而增大了漏电流，如图 4.24 所示。O_2 或 CF_4 等离子处理降低了 SBD 的整流性能，且经过 350℃退火后，损伤仍未完全修复。但是，经过 O_2 或 CF_4 等离子处理并于 500℃退火后可降低载流子浓度，再生长肖特基电极可提高二极管的击穿电压。

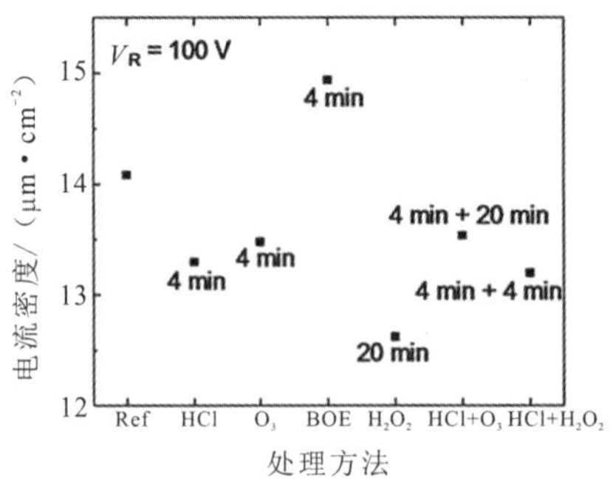

图 4.24　金属化前进行不同表面处理的 SBD 于－100 V 偏压下的漏电流[60]

2019 年，美国加州大学的研究者对热磷酸溶液对 Ga_2O_3 的各向异性的刻蚀进行了研究[1]。研究结果表明，140℃下 1.5 h 的热磷酸处理能显著改善干法刻蚀导致的侧壁粗糙度较大的问题。

2020年，韩国全北国立大学的研究者利用SPM溶液（H_2SO_4 ∶ H_2O_2 = 1 ∶ 1）以及四甲基氢氧化铵（TMAH）对 BCl_3/Cl_2 干法刻蚀后的 β - Ga_2O_3 进行了处理[62]。干法刻蚀过程中，BCl_3 与 β - Ga_2O_3 反应会生成不易挥发的 B_2O_3，导致表面粗糙度增大。采用 SPM 或 TMAH 在 90℃下进行 5 min 湿法处理后发现，SPM 可去除 B_2O_3，修复表面损伤，但表面仍有针孔存在，如图 4.25 所示。TMAH 能去除 B_2O_3，且其中的 OH^- 会与 β - Ga_2O_3 损伤层发生反应，与 SPM 相比，能更显著提高表面质量，表面粗糙度的均方根值可降至 0.21 nm。

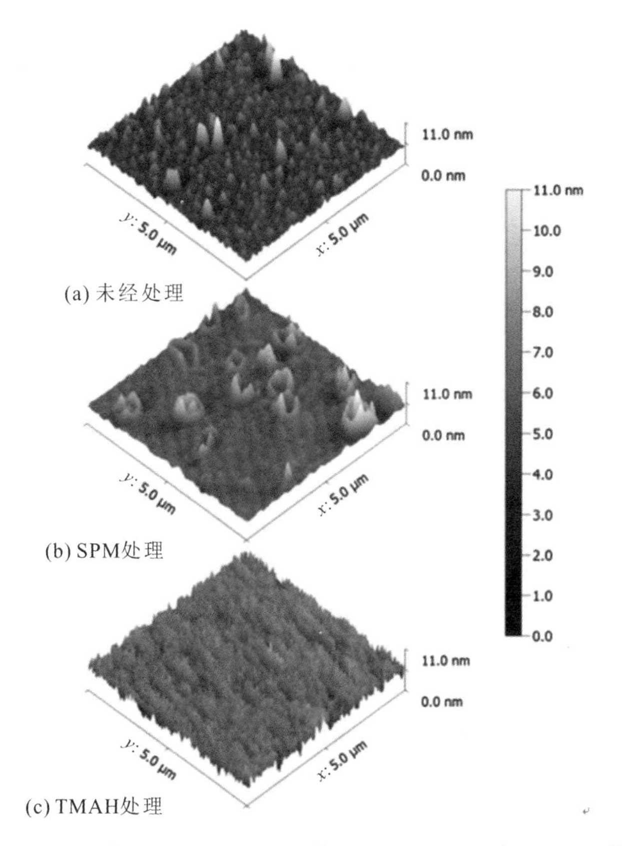

图 4.25　干法刻蚀后经不同处理的 β - Ga_2O_3 AFM 表面形貌图[62]

另外，也有研究人员采用 H_2SO_4、H_2O_2 混合物与 46% HF[63]或 H_2SO_4、H_2O_2 混合物与 BOE[64]处理表面。

4.3.2 退火

退火用于对晶片进行热处理以达到降低缺陷密度、修复损伤的目的，是一种常用的半导体处理工艺。退火中重要的工艺参数包括退火温度、气体氛围和退火时间。依据退火温度与时间的不同，可将退火分为热退火与快速热退火(RTA)。一般热退火温度较高、升温时间长、热处理时间长，而 RTA 可快速升温至预期温度，在短时间内完成退火。

在氧化镓的研究中，已有许多研究者探究了退火对 $\beta-Ga_2O_3$ 材料中缺陷密度的影响，以及退火对 $\beta-Ga_2O_3$ 深紫外光电探测器、功率器件等器件性能的影响。

2009 年，日本的研究者研究了后退火工艺对 $Au/\beta-Ga_2O_3$ 肖特基紫外光电二极管性能的影响[65]。作者于经过稀释 HF 清洗的单晶衬底上制备了器件，在 100～500℃ N_2 中退火 10 min。作者发现，退火温度升高至 200℃以上时，器件的理想因子接近 1，而反向漏电流未明显增大；退火温度升高至 400℃时，探测器对 260 nm 以下深紫外光的探测率提升了两个量级，最高达到 10^3 A/W，如图4.26 所示。

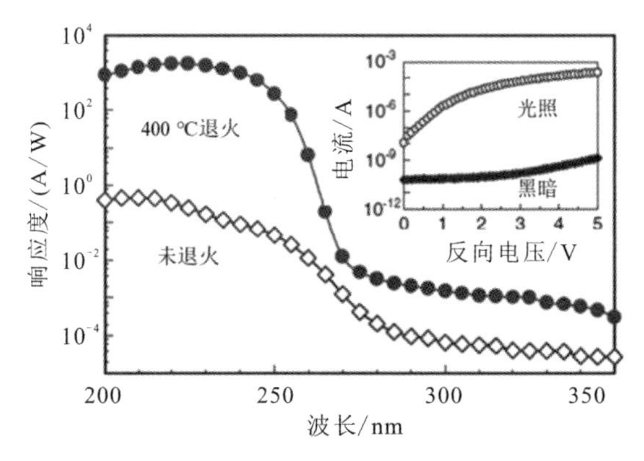

图 4.26 400℃退火前后 $Au/\beta-Ga_2O_3$ 肖特基紫外光电二极管的光谱响应(插图为 400℃退火的光电二极管在黑暗及 240 nm 光照下的反向 $I-V$ 特性[65]

2012 年，中国台湾的研究者利用光致发光光谱与黑暗条件下的 $I-V$ 测试研究了空气中退火对 MOCVD $\beta-Ga_2O_3$ 外延层的表面态与点缺陷的影响[66]。其中，表面态可能是由悬挂键与表面吸附的氧离子引入的。实验结果显示，800℃空气中退火 30 min 可以在不损伤晶体结构的前提下降低光致发光光谱的强度，并降低暗电流，如图 4.27 所示。以上现象表明 $\beta-Ga_2O_3$ 的表面态减少，使材料中的点缺陷得到了修复。作者认为退火的修复作用可能与高温下的

氧扩散与表面能带弯曲有关。

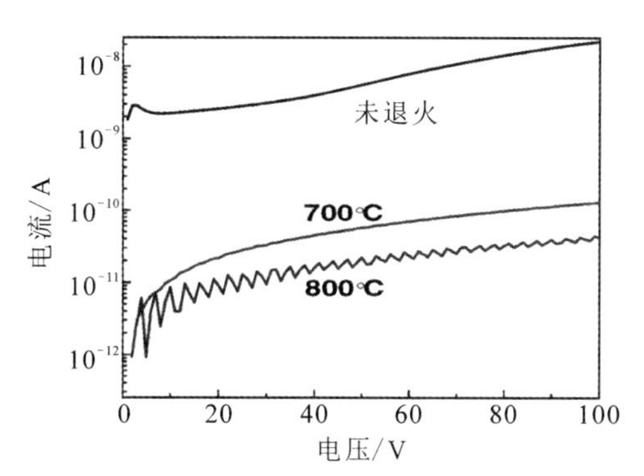

图 4.27　黑暗条件下单晶 MOCVD β－Ga_2O_3 外延层退火前与 700℃、800℃退火后的 *I*－*V* 曲线[66]

2015 年，德国的研究者利用光电子发射光谱在超高真空环境下研究了退火前后(100) β－Ga_2O_3 的表面特性[67]。样品被置于 200～800℃真空中退火 30 min。作者发现未经退火处理的衬底表面吸附有 C 污染物，且可部分通过高真空环境下的 800℃退火去除，如图 4.28 所示。

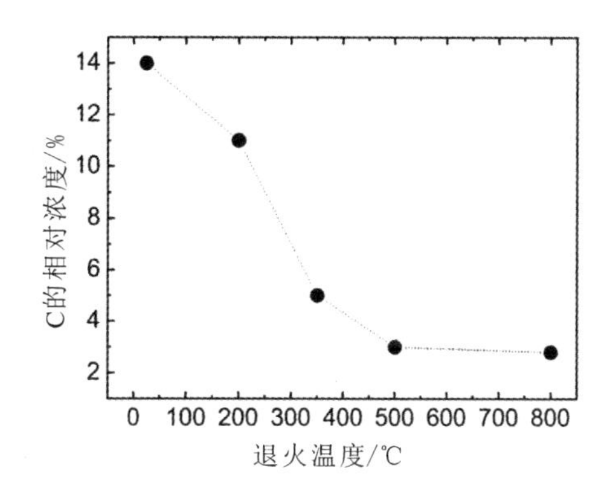

图 4.28　C 的相对原子浓度随退火温度的变化[67]

2017 年，美国佛罗里达大学的研究组研究了退火对 BCl_3/Ar 干法刻蚀后的($\bar{2}01$) β－Ga_2O_3 的修复作用[68]。一部分样品在生长肖特基电极前进行退火，一部分样品在生长肖特基电极后进行退火。作者发现在生长肖特基电极前进行 450℃ Ar 中退火 10 min，可使所制得器件的势垒高度、理想因子和击穿电压基本恢复至未经干法刻蚀器件的水平。

2019 年，日本的研究者利用计算机仿真与 *I*－*V*、*C*－*V* 测试指出 SBD 反向漏电流过大是由 β－Ga_2O_3 表面层中的大量氧空位引起的[69]。作者发现，在氧化性气体中退火是钝化氧空位引入表面态的有效方法，可显著降低SBD的漏电流。

2019年，美国佛罗里达大学的研究者研究了退火温度对W/β-Ga_2O_3 SBD特性的影响，发现采用磁控溅射生长金属会对表面造成一定的损伤，导致肖特基势垒高度下降[70]；而在500℃下退火1 min可以增大势垒高度，且退火时间对势垒高度的增加影响不明显。

2020年，印度理工学院与俄亥俄州立大学的研究者报道的δ掺杂β-Ga_2O_3 FET通过原位外延非故意掺杂β-Ga_2O_3作为表面钝化层，避免了介质与半导体间的界面缺陷问题，并利用在600℃真空环境中退火的工艺修复了干法刻蚀引入的缺陷，不但缓解了β-Ga_2O_3 FET中的DC-RF散射问题[71]，而且提高了击穿特性。该工作中，在对栅极下方位置进行干法刻蚀后，源漏电流明显下降。作者首先尝试在大气压下400℃ N_2中快速热退火(RTA)10min，但该退火条件仅恢复了初始电流的20%～30%；当退火升高温度至450℃时，与400℃时相比，电流提升不明显；在600℃超高真空环境下退火60 min后，源漏电流可恢复至刻蚀前的90%以上，对该刻蚀条件下造成的损伤进行了有效的修复，如图4.29所示。

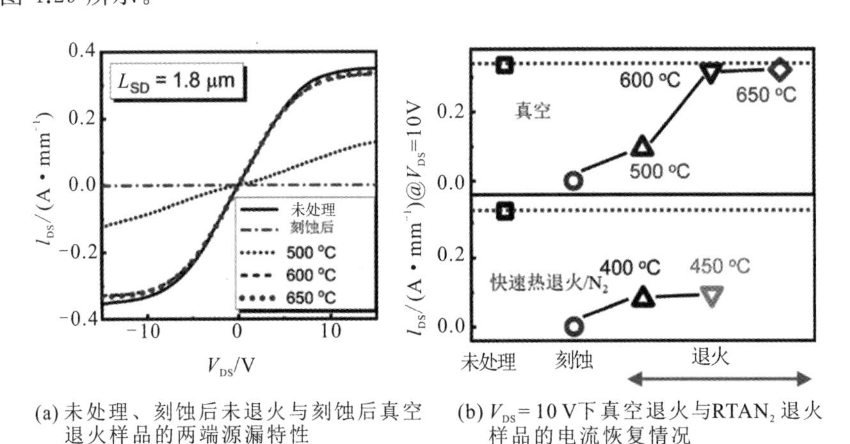

(a) 未处理、刻蚀后未退火与刻蚀后真空退火样品的两端源漏特性

(b) V_{DS}=10 V下真空退火与RTAN_2退火样品的电流恢复情况

图4.29 未处理样品、刻蚀后未退火样品与刻蚀后退火样品的源漏电流特性[71]

4.3.3 湿法处理与退火的结合

在MIS结构中，除未饱和的悬挂键外，半导体表面的损伤、缺陷与杂质同样会使界面态密度显著增大。在对β-Ga_2O_3 MOS电容的研究中，退火条件

（如气体氛围、退火温度等）对界面的影响得到了较为广泛的研究。同时，退火作为一种有效降低界面态密度的方法常常与晶片的湿法清洗与刻蚀结合，以获得更为优良的界面。

西安电子科技大学的研究者利用食人鱼溶液（98% H_2SO_4：30% H_2O_2=3：1）进行沉积介质前的表面处理以及沉积后退火（PDA），提升了 Al_2O_3/β-Ga_2O_3 MOS电容的界面质量。作者首先利用食人鱼溶液清洗了β-Ga_2O_3表面，随后利用 ALD 生长了 Al_2O_3，并在 500℃ N_2 或 500℃ O_2 中退火 2 min[58]。实验结果表明，经过湿法处理的 MOS 迟滞电压由 0.45 V 降低至 0.1 V，如图 4.30 所示，且 500℃下 N_2 或 O_2 中退火均提升了界面质量。其中，于 O_2 中退火的 MOS 界面态密度最低，为 $2.3\times10^{11}\,cm^{-2}\cdot eV^{-1}$。

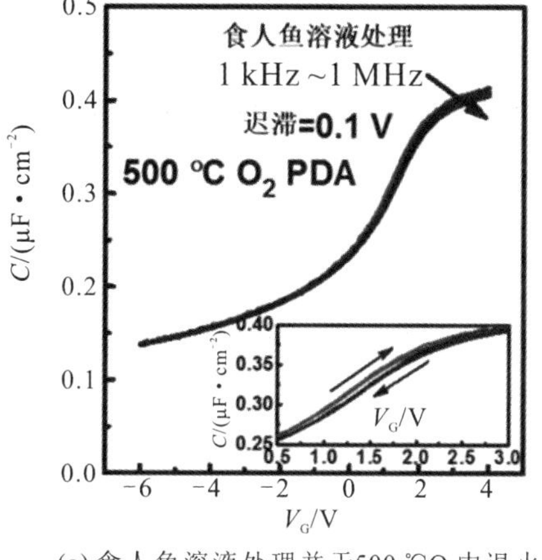

(a) 食人鱼溶液处理并于500 ℃O_2中退火

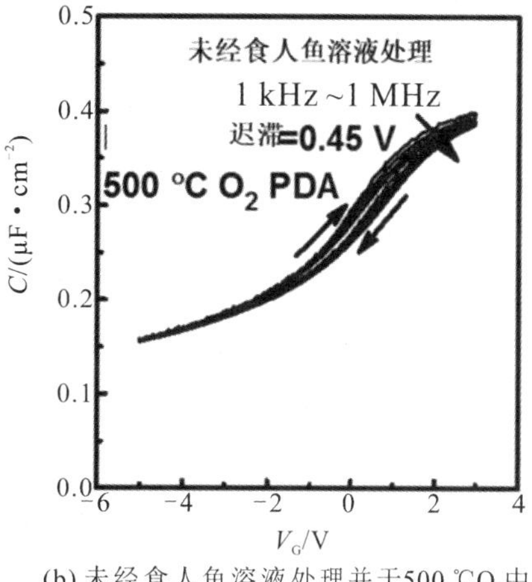

(b) 未经食人鱼溶液处理并于500 ℃O_2中退火

图 4.30　经不同处理后的 MOS 电容的 C-V 迟滞特性[58]

美国的研究者利用金属辅助化学刻蚀（Metal-assisted Chemical Etching，MacEtch）得到了具有良好界面特性的鳍形阵列[18]。作者基于该鳍形阵列制备的 Au/Ti/Al_2O_3/β-Ga_2O_3 MOS 界面态密度与未刻蚀样品相近，为 $2.73\times10^{11}\,cm^{-2}\cdot eV^{-1}$，表明其界面质量良好。在 MacEtch 过程中，样品被置于室温紫外光下，以 Pt 作为催化掩模，利用 49% HF 与 $K_2S_2O_8$ 对 β-Ga_2O_3 进行了刻蚀。刻蚀结束后，使用食人鱼溶液进行了预处理，ALD 沉积 Al_2O_3 后，样品于 480℃ N_2 中退火 1 min。

综上所述，湿法清洗、刻蚀与退火是常用的界面处理方法，可提升 SBD 中的金属-半导体界面以及MIS电容中的绝缘体-半导体界面的质量。其中，湿法清洗与刻蚀可以去除材料表面的污染层以及修复干法刻蚀造成的损伤，并提高器件的特性参数与稳定性。退火可以钝化界面态，也可以降低缺陷密度。

参考文献

[1] ZHANG Y, MAUZE A, SPECK J S. Anisotropic etching of β-Ga_2O_3 using hot phosphoric acid [J]. Applied Physics Letters, 2019, 115(1): 013501.

[2] HIRONORI O, TAKETOSHI T. Dry and wet etching for β-Ga_2O_3 Schottky barrier diodes with mesa termination [J]. Japanese Journal of Applied Physics, 2019.

[3] OSHIMA T, OKUNO T, ARAI N, et al. Wet Etching of β-Ga_2O_3 Substrates [J]. Japanese Journal of Applied Physics, 2009, 48(4): 040208.

[4] LAERME F, SCHILP A, FUNK K, et al. Bosch deep silicon etching: improving uniformity and etch rate for advanced MEMS applications; proceedings of the Technical Digest IEEE International MEMS 99 Conference Twelfth IEEE International Conference on Micro Electro Mechanical Systems (Cat No99CH36291), 1999 [C]: F 21-21.

[5] RANGELOW I W. Dry etching-based silicon micro-machining for MEMS [J]. Vacuum, 2001, 62(2): 279-291.

[6] SHUL R J, MCCLELLAN G B, CASALNUOVO S A, et al. Inductively coupled plasma etching of GaN [J]. Applied Physics Letters, 1996, 69(8): 1119-1121.

[7] HOGAN J E, KAUN S W, AHMADI E, et al. Chlorine-based dry etching of β-Ga_2O_3 [J]. 2016, 31(6): 065006.

[8] PEARTON S J, SHUL R J, REN F. A review of dry etching of GaN and related materials [J]. MRS Internet Journal of Nitride Semiconductor Research, 2000, 5(1): e11.

[9] CHOWDHURY S, WONG M H, SWENSON B L, et al. CAVET on bulk GaN substrates achieved with MBE-regrown AlGaN/GaN layers to suppress dispersion [J]. IEEE Electron Device Letters, 2012, 33(1): 41-43.

[10] SHAH A P, BHATTACHARYA A. Inductively coupled plasma reactive-ion etching of β-Ga_2O_3: Comprehensive investigation of plasma chemistry and temperature [J]. Journal of Vacuum Science & Technology A: Vacuum, Surfaces, and Films, 2017,

35(4)：041301.

[11] LIHENG Z, AMIT V, HUILI X, et al. Inductively-coupled-plasma reactive ion etching of single-crystal β-Ga_2O_3[J]. Japanese Journal of Applied Physics, 2017, 56(3)：030304.

[12] YANG J C, AHN S, REN F, et al. Inductively coupled plasma etch damage in (−201) Ga_2O_3 Schottky diodes [J]. Applied Physics Letters, 2017, 110(14)：142101.

[13] YANG J, REN F, KHANNA R, et al. Annealing of dry etch damage in metallized and bare ($\bar{2}01$) Ga_2O_3[J]. Journal of Vacuum Science & Technology B, 2017, 35(5)：051201.

[14] GOSáLVEZ M A, ZUBEL I, VIINIKKA E. Chapter 22 - Wet Etching of Silicon [M]//TILLI M, MOTOOKA T, AIRAKSINEN V-M, et al. Handbook of Silicon Based MEMS Materials and Technologies (Second Edition). Boston; William Andrew Publishing, 2015：470-502.

[15] HAN Z, LIANG H, HUO W, et al. Boosted UV photodetection performance in chemically etched amorphous Ga_2O_3 thin-film transistors [J]. Advanced Optical Materials, 2020, 8(8)：1901833.

[16] OHIRA S, ARAI N. Wet chemical etching behavior of β-Ga_2O_3 single crystal [J]. physica status solidi c, 2008, 5(9)：3116-3118.

[17] JANG S, JUNG S, BEERS K, et al. A comparative study of wet etching and contac on ($\bar{2}01$) and (010) oriented β-Ga_2O_3[J]. Journal of Alloys and Compounds, 2018, 731：118-125.

[18] HUANG H C, KIM M, ZHAN X, et al. High aspect ratio β-Ga_2O_3 fin arrays with low-Interface charge density by inverse metal-assisted chemical etching [J]. ACS Nano, 2019, 13(8)：8784-8792.

[19] CHOI Y H, BAIK K H, KIM S, et al. Photoelectrochemical etching of ultra-wide bandgap β-Ga_2O_3 semiconductor in phosphoric acid and its optoelectronic device application [J]. Applied Surface Science, 2021, 539：148130.

[20] 王蔚，田丽，任明远. 集成电路制造技术：原理与工艺 [M]. 集成电路制造技术：原理与工艺，2013.

[21] QUIRK M, SERDA J. Semiconductor manufacturing technology [M]. Publishing House of Electronics Industry, 2006.

[22] ORITA M, OHTA H, HIRANO M, et al. Deep-ultraviolet transparent conductive β-

Ga_2O_3 thin films [J]. Applied Physics Letters, 2000, 77(25): 4166-4168.

[23] KURAMATA A, KOSHI K, WATANABE S, et al. High-quality β-Ga_2O_3 single crystals grown by edge-defined film-fed growth [J]. Japanese Journal of Applied Physics, 2016, 55(12).

[24] RAFIQUE S, HAN L, NEAL A T, et al. Heteroepitaxy of N-type β-Ga_2O_3 thin films on sapphire substrate by low pressure chemical vapor deposition [J]. Applied Physics Letters, 2016, 109(13).

[25] HAN S H, MAUZE A, AHMADI E, et al. n-type dopants in (001) β-Ga_2O_3 grown on (001) β-Ga_2O_3 substrates by plasma-assisted molecular beam epitaxy [J]. Semiconductor Science and Technology, 2018, 33(4).

[26] NEAL A T, MOU S, RAFIQUE S, et al. Donors and deep acceptors in β-Ga_2O_3[J]. Applied Physics Letters, 2018, 113(6).

[27] SASAKI K, HIGASHIWAKI M, KURAMATA A, et al. Si-Ion Implantation Doping in β-Ga_2O_3 and Its Application to Fabrication of Low-Resistance Ohmic Contacts [J]. Applied Physics Express, 2013, 6(8).

[28] TADJER M J, FARES C, MAHADIK N A, et al. Damage Recovery and Dopant Diffusion in Si and Sn Ion Implanted β-Ga_2O_3[J]. ECS Journal of Solid State Science and Technology, 2019, 8(7): Q3133-Q3139.

[29] SHARMA R, LAW M E, FARES C, et al. The role of annealing ambient on diffusion of implanted Si in β-Ga_2O_3[J]. AIP Advances, 2019, 9(8): 085111.

[30] SHARMA R, LAW M E, XIAN M, et al. Diffusion of implanted Ge and Sn in β-Ga_2O_3[J]. Journal of Vacuum Science & Technology B, 2019, 37(5).

[31] ANBER E A, FOLEY D, LANG A C, et al. Structural transition and recovery of Ge implanted β-Ga_2O_3[J]. Applied Physics Letters, 2020, 117(15).

[32] HIGASHIWAKI M, SASAKI K, KAMIMURA T, et al. Depletion-mode Ga_2O_3 metal-oxide-semiconductor field-effect transistors on β-Ga_2O_3 (010) substrates and temperature dependence of their device characteristics [J]. Applied Physics Letters, 2013, 103(12).

[33] HIGASHIWAKI M, SASAKI K, WONG M H, et al. Depletion-mode Ga_2O_3 MOSFETs on β-Ga_2O_3 (010) substrates with Si-ion-implanted channel and contacts; proceedings of the 2013 IEEE International Electron Devices Meeting, 2013 [C]: F 9-11 .

[34] WONG M H, LIN C H, KURAMATA A, et al. Acceptor doping of β-Ga_2O_3 by Mg and N ion implantations [J]. Applied Physics Letters, 2018, 113(10): 102103.

[35] TETZNER K, THIES A, TREIDEL E B, et al. Selective area isolation of β-Ga_2O_3 using multiple energy nitrogen ion implantation [J]. Applied Physics Letters, 2018, 113(17): 172104.

[36] ZHOU H, FENG Q, NING J, et al. High-performance vertical β-Ga_2O_3 Schottky barrier diode with implanted edge termination [J]. IEEE Electron Device Letters, 2019, 40(11): 1788-1791.

[37] LIN C H, YUDA Y, WONG M H, et al. Vertical Ga_2O_3 Schottky barrier diodes with guard ring formed by nitrogen-ion implantation [J]. IEEE Electron Device Letters, 2019, 40(9): 1487-1490.

[38] LUAN S, DONG L, MA X, et al. The further investigation of N-doped β-Ga_2O_3 thin films with native defects for Schottky-barrier diode [J]. Journal of Alloys and Compounds, 2020, 812.

[39] LóPEZ I, LORENZ K, NOGALES E, et al. Study of the relationship between crystal structure and luminescence in rare-earth-implanted Ga_2O_3 nanowires during annealing treatments [J]. Journal of Materials Science, 2013, 49(3): 1279-1285.

[40] TEHERANI F H, LOOK D C, ROGERS D J, et al. Doping of Ga_2O_3 bulk crystals and NWs by ion implantation [Z]. Oxide-based Materials and Devices V. 2014.10. 1117/12.2037627.

[41] PERES M, LORENZ K, ALVES E, et al. Doping β-Ga_2O_3 with europium: influence of the implantation and annealing temperature [J]. Journal of Physics D: Applied Physics, 2017, 50(32).

[42] NIKOLSKAYA A, OKULICH E, KOROLEV D, et al. Ion implantation in β-Ga_2O_3: Physics and technology [J]. Journal of Vacuum Science & Technology A, 2021, 39(3).

[43] AHN S, REN F, PATRICK E, et al. Thermal stability of implanted or plasma exposed deuterium in Single Crystal Ga_2O_3 [J]. ECS Journal of Solid State Science and Technology, 2016, 6(2): Q3026-Q3029.

[44] SHARMA R, PATRICK E, LAW M E, et al. Extraction of migration energies and role of implant damage on thermal stability of deuterium in Ga_2O_3 [J]. ECS Journal of Solid State Science and Technology, 2017, 6(12): P794-P797.

[45] LIAO M E, WANG Y, BAI T, et al. Exfoliation of β-Ga_2O_3 along a non-cleavage plane using helium ion implantation [J]. ECS Journal of Solid State Science and Technology, 2019, 8(11): P673-P676.

[46] WANG Y, XU W, YOU T, et al. β-Ga_2O_3 MOSFETs on the Si substrate fabricated by the ion-cutting process [J]. Science China Physics, Mechanics & Astronomy, 2020, 63(7).

[47] GAO Y, LI A, FENG Q, et al. High-voltage beta-Ga_2O_3 Schottky diode with argon-implanted edge termination [J]. Nanoscale Res Lett, 2019, 14(1): 8.

[48] LU X, ZHANG X, JIANG H, et al. Vertical β-Ga_2O_3 Schottky barrier diodes with enhanced breakdown voltage and high switching performance [J]. physica status solidi (a), 2019, 217(3).

[49] WONG M H, SASAKI K, KURAMATA A, et al. Anomalous Fe diffusion in Si-ion-implanted β - Ga_2O_3 and its suppression in Ga_2O_3 transistor structures through highly resistive buffer layers [J]. Applied Physics Letters, 2015, 106(3).

[50] WONG M H, SASAKI K, KURAMATA A, et al. Field-plated Ga_2O_3 MOSFETs with a breakdown voltage of over 750 V [J]. IEEE Electron Device Letters, 2016, 37 (2): 212-215.

[51] WONG M H, NAKATA Y, KURAMATA A, et al. Enhancement-mode Ga_2O_3 MOSFETs with Si-ion-implanted source and drain [J]. Applied Physics Express, 2017, 10(4).

[52] WONG M H, GOTO K, KURAMATA A, et al. First demonstration of vertical Ga_2O_3 MOSFET: Planar structure with a current aperture; proceedings of the 2017 75th Annual Device Research Conference (DRC), 2017 [C]: F 25-28.

[53] WONG M H, GOTO K, MORIKAWA Y, et al. All-ion-implanted planar-gate current aperture vertical Ga_2O_3 MOSFETs with Mg-doped blocking layer [J]. Applied Physics Express, 2018, 11(6).

[54] WONG M H, GOTO K, MURAKAMI H, et al. Current aperture vertical β-Ga_2O_3 MOSFETs fabricated by N-and Si-Ion implantation doping [J]. IEEE Electron Device Letters, 2019, 40(3): 431-434.

[55] WONG M H, MURAKAMI H, KUMAGAI Y, et al. Enhancement-mode β-Ga_2O_3 current aperture vertical MOSFETs with N-ion-implanted blocker [J]. IEEE Electron Device Letters, 2020, 41(2): 296-299.

[56] OH S, JUNG Y, MASTRO M A, et al. Development of solar-blind photodetectors based on Si-implanted beta-Ga_2O_3 [J]. Opt Express, 2015, 23(22): 28300-28305.

[57] AHN S, REN F, OH S, et al. Elevated temperature performance of Si-implanted solar-blind β-Ga_2O_3 photodetectors [J]. Journal of Vacuum Science & Technology B, Nanotechnology and Microelectronics: Materials, Processing, Measurement, and Phenomena, 2016, 34(4).

[58] ZHOU H, ALGHMADI S, SI M, et al. Al_2O_3/β-Ga_2O_3 ($\bar{2}01$) interface improvement through piranha pretreatment and postdeposition annealing [J]. IEEE Electron Device Letters, 2016, 37(11): 1411-1414.

[59] SZE S M. Physics of semiconductor devices /2nd edition [J]. Wiley, 1981.

[60] YANG J, SPARKS Z, REN F, et al. Effect of surface treatments on electrical properties of β-Ga_2O_3 [J]. Journal of Vacuum Science & Technology B, 2018, 36(6).

[61] YAO Y, GANGIREDDY R, KIM J, et al. Electrical behavior of β-Ga_2O_3 Schottky diodes with different Schottky metals [J]. Journal of Vacuum Science & Technology B, Nanotechnology and Microelectronics: Materials, Processing, Measurement, and Phenomena, 2017, 35(3).

[62] LEE H K, YUN H J, SHIM K-H, et al. Improvement of dry etch-induced surface roughness of single crystalline β-Ga_2O_3 using post-wet chemical treatments [J]. Applied Surface Science, 2020, 506.

[63] SASAKI K, HIGASHIWAKI M, KURAMATA A, et al. Ga_2O_3 Schottky barrier diodes fabricated by using single-crystal β- Ga_2O_3 (010) Substrates [J]. IEEE Electron Device Letters, 2013, 34(4): 493-495.

[64] JAYAWARDENA A, AHYI A C, DHAR S. Analysis of temperature dependent forward characteristics of Ni/($\bar{2}01$) β-Ga_2O_3 Schottky diodes [J]. Semiconductor Science and Technology, 2016, 31(11).

[65] SUZUKI R, NAKAGOMI S, KOKUBUN Y, et al. Enhancement of responsivity in solar-blind β-Ga_2O_3 photodiodes with a Au Schottky contact fabricated on single crystal substrates by annealing [J]. Applied Physics Letters, 2009, 94(22).

[66] RAVADGAR P, HORNG R H, WANG T Y. Healing of surface states and point defects of single-crystal β-Ga_2O_3 epilayers [J]. ECS Journal of Solid State Science and Technology, 2012, 1(4): N58-N60.

[67] NAVARRO -QUEZADA A, GALAZKA Z, ALAMé S, et al. Surface properties of annealed

semiconducting β-Ga_2O_3(100) single crystals for epitaxy [J]. Applied Surface Science, 2015, 349: 368-373.

[68] YANG J, REN F, KHANNA R, et al. Annealing of dry etch damage in metallized and bare ($\bar{2}01$) Ga_2O_3 [J]. Journal of Vacuum Science & Technology B, Nanotechnology and Microelectronics: Materials, Processing, Measurement, and Phenomena, 2017, 35(5).

[69] LINGAPARTHI R, SASAKI K, THIEU Q T, et al. Surface related tunneling leakage in β-Ga_2O_3 (001) vertical Schottky barrier diodes [J]. Applied Physics Express, 2019, 12(7).

[70] XIAN M, FARES C, REN F, et al. Effect of thermal annealing for W/β-Ga_2O_3 Schottky diodes up to 600℃ [J]. Journal of Vacuum Science & Technology B, 2019, 37(6).

[71] JOISHI C, XIA Z, JAMISON J S, et al. Deep-Recessed β-Ga_2O_3 delta-doped field-effect transistors with in situ epitaxial passivation [J]. IEEE Transactions on Electron Devices, 2020, 67(11): 4813-4819.

第 5 章

氧化镓二极管

如今电子电力技术飞速发展，促进了电能高效、多元的应用，使人们的生活水平大幅度提升。功率二极管器件作为电力电子技术中不可或缺的重要组成部分，人们对其性能提出了越来越高的要求。本章将介绍肖特基二极管的应用场景及其性能指标，并对近年来氧化镓肖特基二极管的发展进行简单介绍。氧化镓肖特基二极管经过数年的发展已经出现了多种终端结构，主要包括场板结构、场环结构、离子注入形成的高阻区结构、沟槽结构，同时为了缓解氧化镓材料缺乏P型掺杂的问题，还发展出了全氧化物的异质PN结，这些结构的不断演变促进了器件性能的提升。

5.1 功率二极管的应用及性能指标

功率二极管是20世纪最早获得应用的电力电子器件，主要应用于电力电子系统中的整流、钳位、续流等，其相较于普通信息二极管的主要区别是能承受更大的电压和拥有更大的电流容量。目前常用的功率二极管主要包括肖特基势垒二极管(Shottky Barrier Diode，SBD)、PN结二极管以及快速恢复二极管(Fast Recovery Diode，FRD)，下面主要介绍的是肖特基势垒二极管(SBD)。功率二极管性能指标主要包括额定电流、击穿电压、开启电压、导通电阻、反向恢复时间和反向漏电流等，其中后四项与器件的损耗相关。导通损耗、关断损耗和开关损耗是功率二极管最直接的损耗来源，为了满足更多的应用场景以及更大的性能富余空间，需要保证在提升器件击穿电压和额定电流的同时降低损耗。

5.1.1 应用方向

二极管作为一种典型的功率器件，在许多电路应用中都有着举足轻重的作用。例如单相半波可控整流器、单相全控桥式整流器、电容滤波的不可控整流器、触发电路、降压变换器、升压变换器、全桥式直流斩波器、单相电压型逆变器、三相电压型逆变器、准谐振开关变换器等。二极管因其单向导电特性，主要在电子电力系统中起到整流、续流和钳位的作用。

整流二极管利用其单项导电性将方向交替变换的交流电转变成单一方向的直流电。整流二极管适用于低频的半波整流电路，全波整流则需要将整流二极管连成整流桥才能实现。整流电路的转换效率受限于二极管的损耗[1]。二极

管的损耗是由二极管结和串联电阻上的电压、电流重叠造成的，因此通过各种技术手段降低电压电流波形重叠可以提高整流效率。

续流二极管通常和储能元件一起使用，为反向电动势提供耗能通路，它可以很好地消除电路中的电压和电流突变现象从而避免器件的击穿。续流二极管通常与电阻串联起来，反向并联在电感线圈、继电器、可控硅等储能元件的两端，在电路电压或电流出现突变时，对电路中其他元件起保护作用。对于电感线圈来说，当线圈中有电流通过时，其两端会产生感应电动势；当电流消失时，产生的感应电动势会对电路中的元器件产生反向电压，如果该反向电压超过电路中器件的击穿电压，那么会造成器件的击穿。若采用续流二极管，则可以使电流消失后电感线圈产生的感应电动势通过续流二极管与电感线圈构成的回路消耗掉，因此保护了其他器件的安全。对于继电器和可控硅存储器件也是如此。

钳位是将某点的电位进行限制，使其不大于或者不小于参考端的值，该点的电位是可变的。钳位二极管利用正向导通特性进行钳位，可以起到保护电路的作用。

5.1.2　击穿电压

肖特基二极管与 PN 结二极管不同，是一种单极性器件，氧化镓肖特基二极管的导电特性主要是电子导电。图 5.1 左侧是肖特基二极管基本等效电路(不含电容)，中间是肖特基二极管基本器件示意图，右侧是二极管漂移层在反向加压条件下的电场分布图。

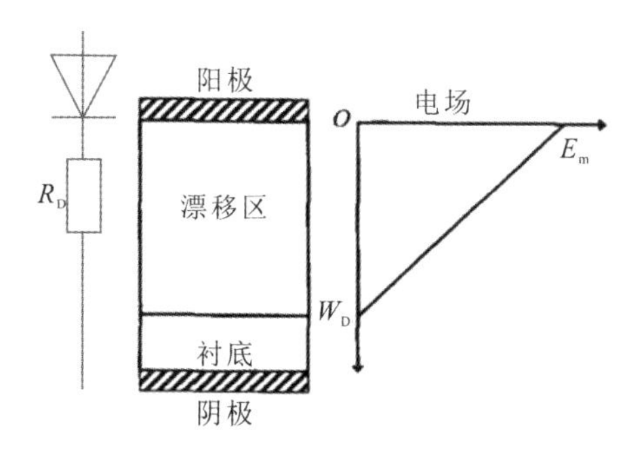

图 5.1　肖特基二极管基本等效电路、器件示意图和漂移区电场图[2]

假设漂移层的掺杂浓度是均匀一致的，可以通过泊松方程获得图中类似三角形的电场分布。从图 5.1 中可以看出，三角形的面积就是所加电压的大小，当电场强度达到半导体理论临界击穿场强(E_m)时，器件会被击穿，其中 W_D 是耗尽区宽度。在设计器件时可根据 E_m 和漂移层掺杂浓度来获得器件击穿时的耗尽区宽度 W_D，以此来设计器件漂移层厚度。我们可以通过以下公式来简单推导击穿电压 V_{BR} 与掺杂浓度 N_d 和临界击穿场强 E_m 的关系。

$$\frac{1}{2}E_m W_D = V_{BR} \tag{5-1}$$

$$W_D = \sqrt{\frac{2\varepsilon_s V_{BR}}{qN_d}} \tag{5-2}$$

$$\frac{1}{2}E_m \sqrt{\frac{2\varepsilon_s V_{BR}}{qN_d}} = V_{BR} \tag{5-3}$$

$$V_{BR} = \frac{\varepsilon_s E_m^2}{2qN_d} \tag{5-4}$$

其中 ε_s 是半导体介电常数，V_{BR} 是击穿电压，q 是电子电荷，N_d 是该二极管漂移区的掺杂浓度。

5.1.3 开态电阻

图 5.2 是氧化镓基肖特基二极管的 $I-V$ 特性图，从图中可看出该器件开启电压约为 1 V，肖特基电极为 Ni 电极，电流与电压的斜率即为开态电阻 $R_{on,sp}$，该电阻包括器件电极接触电阻与半导体体电阻，是器件功率损耗的主要来源之一。因此器件导通电阻越小越好，理想二极管的导通电阻应为 0。

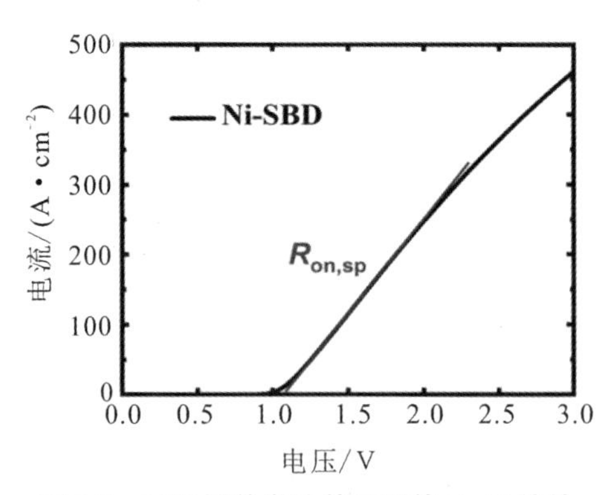

图 5.2 氧化镓基肖特基二极管 $I-V$ 特性

5.1.4 反向恢复时间

二极管的反向恢复时间是指当二极管由正向偏置转为反向偏置时，正电流

突变到负电流再逐渐减小到二极管截止的过程所需要的时间，如图5.3所示。肖特基二极管与PN结二极管不同，由于不存在少子存储效应，因此肖特基二极管的反向恢复时间更短。肖特基二极管反向恢复时间主要是在反向偏置条件下由耗尽区电容引起的，大电容将导致大反向恢复电流和反向恢复时间，从而影响器件的工作频率。

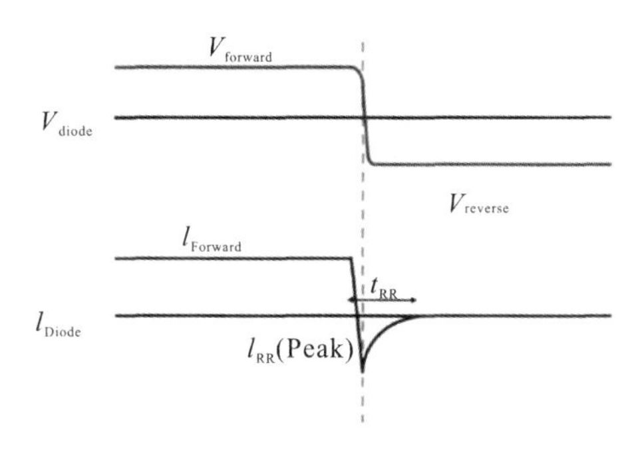

图5.3 二极管反向恢复时间示意图

反向恢复电流的计算公式[3]如下：

$$i = A\sqrt{\frac{q\varepsilon_s(N_d - N_a)}{2V_{bi}}}\sqrt{\frac{1}{\left(1+\frac{V_R}{V_{bi}}\right)}}\frac{dV_R}{dt} \tag{5-5}$$

式中，i是反向恢复电流，A是肖特基接触的面积，q是电子电荷，ε_s是半导体介电常数，N_d、N_a分别是半导体N型、P型掺杂浓度，V_{bi}是半导体内建电势，V_R是施加的反向电压大小，t是时间。从上式可以看出反向恢复电流与半导体掺杂浓度相关，浓度高的反向恢复电流大，开关损耗高，但是浓度高的器件导通电阻小，导通损耗更低。因此这两者之间存在一种折中关系。

5.2 终端结构设计

纵观国内外对氧化镓肖特基二极管的研究中，一般器件的击穿电压很难达到氧化镓材料的理论值，其中一个主要的原因在于器件容易在拐角处、边角处发生电场集聚，即电场集中效应，导致该处的电场线过于密集，最后器件会在这些区域发生提前击穿[4]。在氧化镓整流器中，采用多种终端结构(包括台面、离子注入形成的高阻区终端、场板终端、场环终端，平滑肖特基结边缘的电场分布。应用这些终端结构的主要目的是缓解金属阳极边缘的电场集中效应，主要表现为进一步扩展金属阳极下的耗尽区，使得耗尽区边界的曲率半径增加，电场线在肖特基接触边缘舒展开来，降低电场线密度，从而提高器件的击穿电压。下面将对这些终端结构进行介绍。

5.2.1 金属场板结构

在众多的终端结构中，金属场板结构是最常见的一种，这种结构现已经广泛地应用于 Si、GaN、SiC 基肖特基势垒二极管上。首先在 N^+ 型氧化镓衬底上的 N^- 型外延层上生长氧化物介质层，如 Al_2O_3，然后淀积肖特基金属并使金属延伸到介质层上以形成场板结构。在场板上施加相对衬底的负偏压时，电子会受到排斥，进而向远离表面的方向移动，这将使表面处耗尽区向外延伸，从而减小肖特基结边缘的电场，增加击穿电压。这种金属场板结构搭接在氧化层上，可以消除周边效应，使金属-氧化物-半导体(MOS)电容下的耗尽区得到修正，引起软击穿的陡沿被消除。场板的长度应很小，否则附加的电容会降低二极管的高频特性[5]

场板结构的引入，会导致另外两处位置的电场强度增加，这两处场强分别是场板边缘氧化层的 E_d 和氧化镓外延层(漂移层)的 E_p，如图 5.4 所示[6]。场板结构同样面临一个严峻的问题：当金属阳极施加反向偏压时，作为电介质层的氧化物，其峰值场强达到了本身的临界击穿场强时，电介质的击穿可能会先于氧化镓漂移层的击穿，因而器件无法达到氧化镓的理论击穿场强而提前发生击穿。

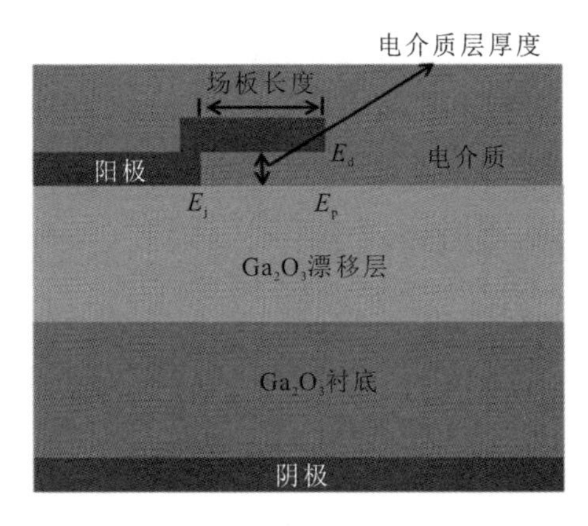

图 5.4 带场板结构的肖特基二极管及其三处峰值场强 E_d、E_j、E_p

场板的长度、氧化物的厚度、氧化物的相对介电常数、漂移层的掺杂浓度等都对器件的电场调控发挥着关键的作用，器件的高击穿电压是这些因素的综合优化结果。J. H. Choi 等人[7]的研究结果表明了高相对介电常数(高 K)的氧化物可以改善氧化物中的峰值电场，应用高 K 氧化物(电介质)的器件可以达到更高的击穿电压。H. Wang 等人[6]的研究结果表明，氧化物的厚度越小，改善金属阳极边缘的峰值电场越明显，但此时氧化物承受的电场强度也增加了，当调节氧化物厚度使得阳极边缘的峰值场强 E_j 和金属场板边缘的峰值场强 E_p 相同且相对较小时，场板调控电场分布效果最理想，此时的氧化物厚度是最优的，最优的氧化物厚度随着氧化物相对介电常数的增大而增加。场板的长度对电场的调控作用有限，随着场板长度的增加，金属阳极边缘的峰值场强逐渐降低，当场板长度延伸到一定程度时，金属阳极边缘的峰值场强将趋于饱和。氧化镓外延层的掺杂浓度越大，器件的击穿电压越低[8]。

与没有终端结构的肖特基二极管相比，带场板结构的氧化镓肖特基势垒二极管明显提高了器件的击穿电压。J. C. Yang 等人[9]于 2018 年设计的带场板结构的垂直氧化镓肖特基整流器，采用低掺杂(2.1×10^{15} cm^{-3})、厚漂移层(20 μm)，器件的击穿电压高达 2300 V；除了上述带基础场板的结构外，N. Allen 等人[10]于 2019 年设计出带小角度倾斜场板的垂直肖特基势垒二极管，如图 5.5 所示。这种结构促使电场在器件边缘向外扩散，击穿电压达到 1100 V，击穿前氧化镓漂移层的峰值电场为 3.5 MV/cm，器件的 Baliga 品质因数达到0.6 GW/cm^2；同年，R. Sharma 等人[11]设计了带柱状(见图 5.6(c))和台阶状(见图 5.6(d))电介质的氧化镓肖特基二极管，研究显示该电介质的击穿电压可以达到无终端氧化镓肖特基二极管击穿电压的 2 倍以上。

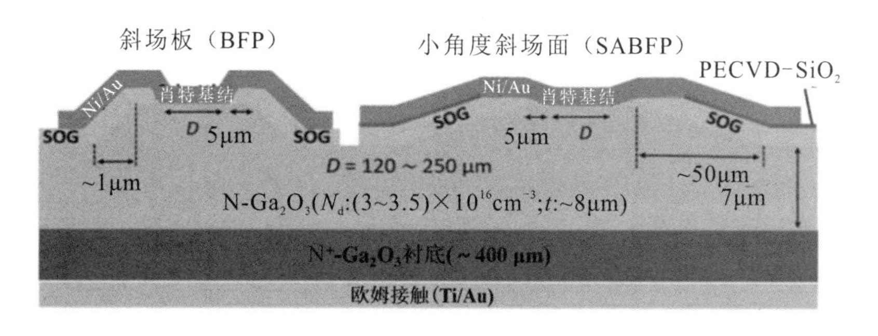

图 5.5 带小角度倾斜场板的垂直肖特基势垒二极管

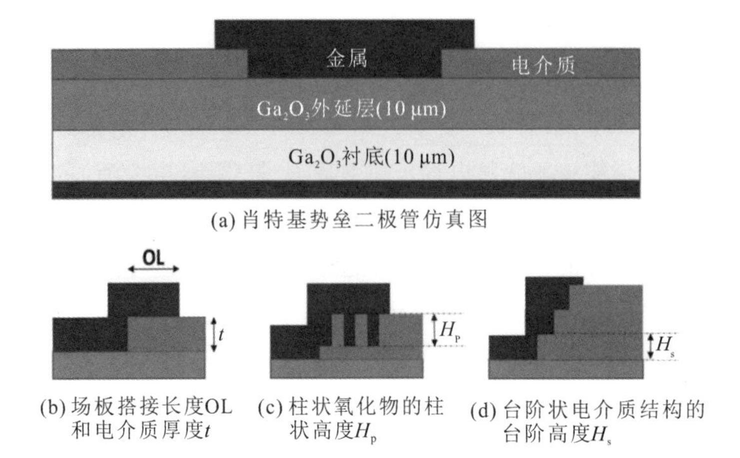

(a) 肖特基势垒二极管仿真图

(b) 场板搭接长度OL和电介质厚度t

(c) 柱状氧化物的柱状高度H_p

(d) 台阶状电介质结构的台阶高度H_s

图 5.6 带不同金属场板结构的氧化镓肖特基二极管

5.2.2 金属场环结构

实现大功率氧化镓整流器的关键是缓解耗尽区边缘的电场拥挤，避免过早的击穿。由于缺少 P 型掺杂能力，P 型保护环终端结构或者结终端扩展结构不能应用于氧化镓中。浮空金属场环是一个相对简单的方法。浮空金属场环的优势在于它可以与肖特基金属同时制备。该终端结构已经普遍应用于碳化硅、氮化镓肖特基二极管中。在氧化镓垂直肖特基整流器中浮空金属场环有效地提高了击穿电压。目前需要进一步探究浮空金属场环的数量、金属场环施加的偏压、浮空金属场环的宽度和间距、氧化镓漂移层掺杂浓度如何对电场分布产生影响等[12]。

图 5.7[12] 为带一个浮空金属场环的氧化镓肖特基二极管横截面图。在氧化镓外延层上淀积一层介质层(如 SiN_x)，是为了扩展肖特基结附近的电场线。首先在介质层刻蚀出合适大小和间距的窗口，然后淀积金属，同时生成肖特基金属和浮空金属场环。将氧化镓漂移层的 N 型掺杂浓度设置为 $5\times10^{15}\ cm^{-3}$、$1\times10^{16}\ cm^{-3}$、$4\times10^{16}\ cm^{-3}$，金属场环和肖特基金属之间的间距 S_g 从 0 变化到 10 μm，金属场环的宽度 W_g 从 1 变化到 15 μm，通过模拟仿真实验得到，在氧化镓漂移层浓度 N_d 为 $5\times10^{15}\ cm^{-3}$、$1\times10^{16}\ cm^{-3}$时，金属场环和肖特基金属之间的间距 S_g 的最优值是 2 μm，在 $N_d=4\times10^{16}\ cm^{-3}$时，$S_g$ 的最优值是 1 μm。通过仿真实验数据可得到一个关键的结论：较高的掺杂浓度对 S_g 更敏感。当 S_g 增加到 3 μm 及其以上时，金属场环并不能提高器件的击穿电压，这

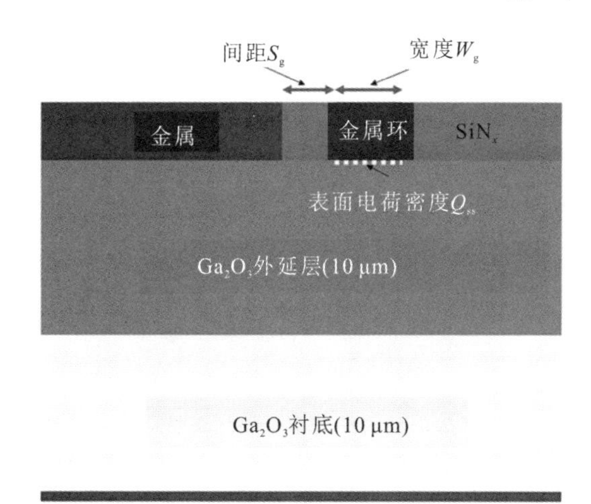

图 5.7　带一个浮空金属场环的氧化镓肖特基二极管横截面

对低掺杂浓度的器件也同样适用，这是因为在击穿时 S_g 接近耗尽宽度。随着金属场环宽度的增加，器件的击穿电压也随之增加，但是当 W_g 增加到 20 μm 时，器件的击穿电压接近饱和。界面上的总电荷量随着 W_g 的增加而增加(Q_{ss}是单位面电荷)，从而产生更高的电势。带电表面产生的电势通常与总电荷的平方根有关。

研究表明，在肖特基势垒二极管上增加多个环可以改善二极管的击穿特性[13-14]。将多个固定宽度(2 μm)的金属场环应用于氧化镓肖特基势垒二极管，进行模拟仿真实验，结果显示，对于三种不同的漂移层掺杂浓度，随着场环的数量从 1 增加到 5，器件的击穿电压也随之增加，而在场环个数大于 5 的时候出现了饱和趋势，电场分布不再得到改善。同时，随着场环个数的增加，最优的场环间距也在不断减小。当场环个数等于 5 时，掺杂浓度 N_d 为 $5\times10^{15}\ cm^{-3}$对应的最优间距 $S_g=0.5$ μm，N_d 为 $5\times10^{15}\ cm^{-3}$和 $1\times10^{16}\ cm^{-3}$对应的最优间距 $S_g=1$ μm。

为了模拟浮动金属接触，可以在金属环上施加负偏压，从而可以更好地控制击穿。同样地，在三种不同的漂移层掺杂浓度中进行模拟仿真实验。金属场环上施加的反向偏压范围从 0 增加到无终端结构时器件的击穿电压。对于 $N_d=1\times10^{16}\ cm^{-3}$的二极管，由于金属场环下方有一个电场峰值，在金属场环上施加较大的反向偏压时会导致早期击穿。场板在改善功率半导体器件的击穿特性方面非常成功，作为对场环结构研究的简单扩展，可以在氧化镓肖特基势垒二极

极管上使用浮动金属场环和场板。器件结构如图 5.8[12] 所示，该结构使得器件的击穿电压得到进一步提高。

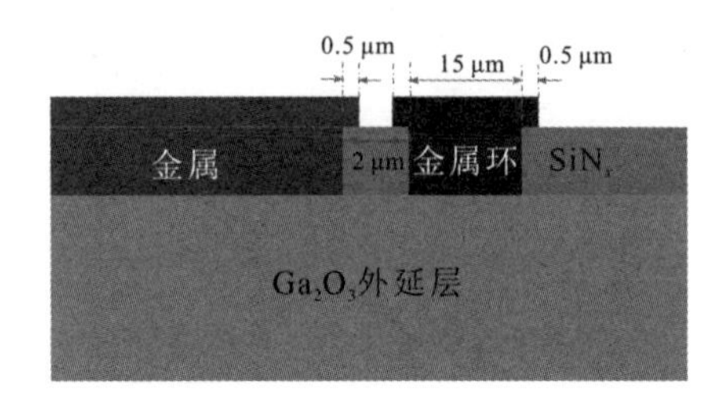

图 5.8　带 T 型栅极和场板延伸结构的浮空金属场环氧化镓肖特基势垒二极管示意图

最终的实验结果表明，在金属场环上施加较大的反向偏压时得到的效果最好，与没有终端的肖特基二极管相比，击穿电压提高了 53.7%，但在金属场环上施加偏压可能会导致早期击穿。对于结合 T 型栅和场板结构的肖特基势垒二极管，击穿电压提高了 40%～50%。

5.2.3　离子注入形成的高阻区终端结构

目前应用多种终端结构来提高垂直 β-Ga_2O_3 肖特基势垒二极管的击穿电压，如场板终端[10]、离子注入的边缘终端[9,15-17]、沟槽金属-氧化物-半导体(MOS)结构[18-19]。在这些终端结构中，离子注入式边缘终端技术被认为是抑制反向漏电流及提高击穿电压的最有效方法之一。

通过离子注入在肖特基结边缘形成高阻区，使得肖特基结拐角的电场被平滑。此时原来位于肖特基拐角的峰值电场转移到注入区下方的重叠拐角处[17]。离子注入可以给氧化镓材料提供一个稳定的电学隔离，但同时会引起可靠性问题。然而目前尚未研究清楚离子注入引起的晶格损伤对器件性能的影响，这可能会对器件的动态特性产生严重影响。实验表明，带有离子注入终端结构的金属阳极周围区域的晶格将受到损伤，这会导致肖特基势垒高度、比导通电阻增加。因此在设计带有离子注入终端结构的氧化镓肖特基势垒二极管时，需要在击穿电压的提升和其他参数的恶化之间做一个折中。

为了验证注入离子的区域可以缓解肖特基金属阳极边缘处的电场拥挤效应，科研人员对带有离子注入终端结构和无终端结构的器件进行模拟仿真实验。在实际器件中，由于高能量和高剂量注入会损坏晶格，因此仿真时将注入区表示为半绝缘层。对金属阳极施加的偏压为1.55kV，氧化镓漂移层的掺杂

浓度为 $1.5\times10^{16}\ cm^{-3}$。带离子注入终端和无终端结构的垂直 $\beta-Ga_2O_3$ 肖特基势垒二极管的二维电场分布图如图5.9所示。在没有终端结构的器件上观察到明显的电场“热点”，表明出现了严重的电场拥挤效应；而在带终端结构的器件上，这个电场“热点”几乎消失了，说明了该终端结构有效地减弱了肖特基结边缘的电场拥挤现象。

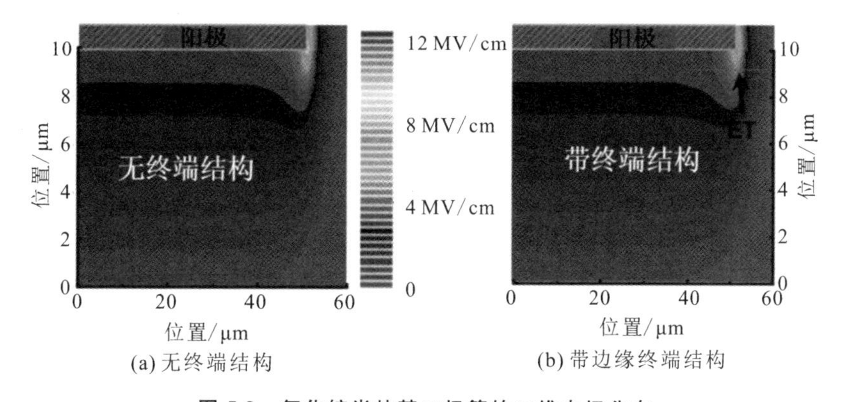

(a) 无终端结构　　(b) 带边缘终端结构

图5.9　氧化镓肖特基二极管的二维电场分布

目前已经有带镁离子注入的边缘终端结构的氧化镓肖特基势垒二极管[15]，在厚度为 10 μm、掺杂浓度为 $1.5\times10^{16}\ cm^{-3}$ 的氧化镓漂移层中获得了1.55 kV的击穿电压，功率品质因数达到了 0.47 GW/cm^2；结合场板的氮离子[16]注入终端结构显著提高了器件的击穿电压，使得无终端结构的器件的击穿电压从0.75 kV提升到 1.43 kV；在氧化镓肖特基二极管阳极边缘分别注入轻原子氦和重原子镁[20]，可将器件的击穿电压从 500 V 分别提升到 1000 V、1500 V。

5.3　水平结构氧化镓肖特基二极管

除了成本上不具有优势外，水平结构氧化镓肖特基二极管在功率上与垂直器件相比，优势也并不突出，同时也不便添加散热模组，使其散热成了一个亟待解决的问题。目前还没有发现氧化镓中存在二维电子，因此对水平结构的氧化镓肖特基二极管的研究比较少。$\beta-Ga_2O_3$ 有一些独一无二的特性，比如它的(100)面沿着[100]方向有一个大的晶格常数为 12.23 Å，这使得氧化镓容易

解理成薄膜或者纳米膜[21-24]。因此，通过将 β-Ga_2O_3 的纳米膜从衬底转移到更宽的带隙和更高的热导率衬底，可以在不影响其击穿特性[24]的情况下将自热效应最小化。这为水平器件的研究提供了一条重要的线索，并且在不大量使用 β-Ga_2O_3 外延晶片的情况下充分发掘出器件的潜力。

如图 5.10(a)所示，Z. Hu 等人[25]于 2018 年制备出带 7 μm 厚的场板终端、位于蓝宝石衬底上的水平结构氧化镓肖特基二极管，获得了历史最高击穿电压(超过 3 kV)，功率品质因数超过 370 MV/cm^2，以及在阳极与阴极接触间距(L_{AC})下获得了更高的功率品质因数 500 MV/cm^2。制备器件时，先从 10～15 mm 厚的 β-Ga_2O_3(－201)衬底上转移 β-Ga_2O_3 纳米膜，纳米膜沟道的厚度为 600～650 nm，选择这样的厚度是为了减小总体的电阻。通过透明胶带法将纳米膜从大块衬底的边缘开裂处机械剥离。通过控制重复折叠的次数，可以大致控制厚度，随着重复次数的增加，纳米膜会变得更薄。通过光刻定义欧姆接触或阴极区域，然后进行 Ti/Au(60 nm/120 nm)金属化、剥离和 500 ℃下 60 s的快速热退火(RTA)。另外通过原子层淀积生长 60 nm 的氧化铝作为场板的介电质层。通过光刻法打开阳极窗口，然后采用缓冲氧化物蚀刻(BOE)氧化铝，另一个光刻法用于形成具有场板结构的阳极，然后进行 Ni/Au(60 nm/120 nm)金属化和剥离。通过对比两种不同的阳极与阴极接触间距(L_{AC})，发现较短间距(16 μm)的器件获得的比导通电阻(10.2 Ω·cm)要小于较长间距(24 μm)的器件的比导通电阻(24.3 Ω·cm)。在施加超过 3 kV 的电压之后正向电流大小不能恢复到击穿前的水平，说明击穿之后可能会出现因捕获电子而导致β-Ga_2O_3与蓝宝石界面耗尽的现象。氧化镓掺杂浓度设为 3×10^{17} cm^{-3}时，考虑加入场板结构和一些负电荷，实现 3 kV 击穿电压是可行的。Zhuang Hu 等人[26]之前的研究表明纳米膜的宽度会限制开关电流比的大小，但没有观察到纳米线的宽度对击穿特性有依赖性。

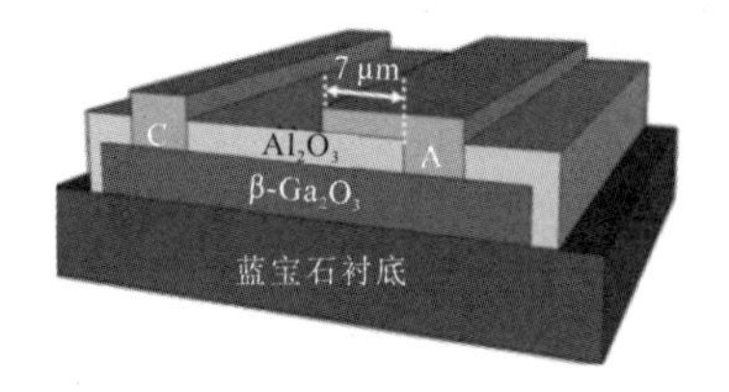

(a) 三维示意图

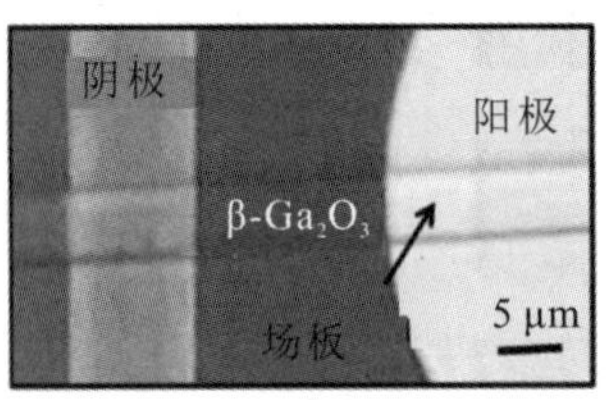

(b) 顶视显微镜图像

图 5.10　带场板结构的水平氧化镓肖特基势垒二极管

5.4　垂直结构氧化镓肖特基二极管

在宽禁带半导体上制造的肖特基整流器具有高开关速率，这对于提高感应电动机控制器和电源的效率以及实现低正向导通压降和高温应用都具有重要意义。垂直结构肖特基势垒二极管在通过导模法生长的 $\beta-Ga_2O_3$ 制备的垂直结构的肖特基二极管，在高反向击穿电压 V_{BR} 和低通电阻 R_{on} 方面表现出优异的性能，并得到了良好的功率品质因数(V_{BR}^2/R_{on})。

由碰撞电离引起的电场击穿会先发生在没有边缘终端结构的肖特基结边缘。当前，所有氧化镓整流器的性能受到缺陷和肖特基结拐角附近耗尽区中引发击穿的限制。在碳化硅整流器中，采用了多种边缘终端结构(包括台面、通过离子注入形成的高阻区、场板和保护环)来平滑肖特基结周围的电场分布。对于氧化镓而言，这些终端结构还没有得到充足的发展，边缘终端技术的使用会产生电场拥挤和耗尽区的横向扩散。目前已有许多边缘终端技术，最常见的是场板边缘终端技术，该技术使用肖特基金属通过在介电层上的延伸来提高反向耐压能力。由于缺乏 P 型掺杂能力，在氧化镓中无法使用其他方法，如 P 型掺杂保护环或结终端扩展，解决办法是通过其他 P 型掺杂的材料与氧化镓形成异质结接触，如 P 型掺杂氮化镓[27]，或者通过浮空金属形成场环[8]。沟槽 MOS 结构同样显现出优良的电场分布调节和泄漏电流控制能力。

迄今为止，已经出现了关于击穿电压超过 1 kV 的氧化镓二极管的大量报道。图 5.11 是 K. Konishi 等人于 2017 年设计的带金属场板结构的垂直氧化镓肖特基势垒二极管结构横截面图[28]。该器件的制备工艺过程大体如下：在 N^+ 型(锡掺杂)氧化镓衬底上通过卤化物气相外延(HVPE)形成 N^- 型(净掺杂浓度为 1.8×10^{16} cm^{-3}，属于硅掺杂)外延薄膜后，使用化学机械研磨(CMP)技术移除在外延层卤化物气相外延生长过程中形成的表面缺陷。为了能在氧化镓衬底的背面形成良好的欧姆接触，需要抛光衬底背面在晶圆制备时造成的损伤。在衬底背面应用 BCl_3 反应离子刻蚀，最后蒸镀 Ti/Au 堆叠结构形成欧姆接触，即器件的阴极。使用有机溶剂和酸溶液清洗样品后，在外延层上通过等离子增强化学气相淀积生长一层 SiO_2 薄膜。圆形的金属阳极通过在由光刻图案化、缓冲氢氟酸溶液刻蚀形成的 SiO_2 窗口里蒸镀 Pt/Ti/Au 并剥离完成，此时长度为 L_{FP} 的场板也同金属阳极一并形成了。在不同温度下，器件的泄漏电流可以被电子发射(TE)模型(考虑了镜像力的降低势垒效应)很好地拟合。器件从依赖于温度的 $I-V$ 曲线中提取到了大于预期的势垒高度(1.46 eV)，这可能是由氢氟酸溶液中的氟离子引起的。该器件仅使用简单的场板结构可以达到1076 V的击穿电压。采用类似的结构可以实现更高的击穿电压(2.3 kV)[9]。

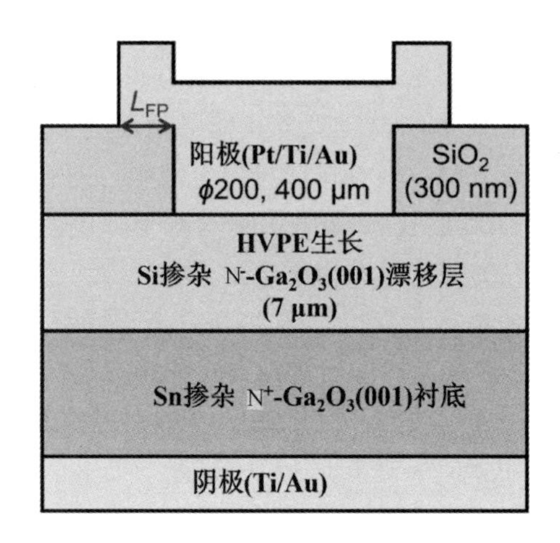

图 5.11 带场板结构的垂直氧化镓肖特基势垒二极管横截面图

到目前为止，器件发生在阳极和场板边缘的击穿是由限制氧化镓击穿电压的电场线密度决定的，换句话说，击穿电压不是由固有的雪崩击穿决定的，而是由阳极的永久退化决定的。因此更先进的终端技术能提高氧化镓肖特基二极管的击穿电压。P型掺杂或者高阻区场环是降低具有N型漂移层氧化镓肖特基二极管的阳极边缘峰值电场常用的有效技术之一。从理论上预测氮原子可作为氧化镓的深受体，且已经证明氮离子注入的氧化镓可以作为电流的阻挡层[29-30]。C. H. Lin等人[16]采用氮注入的场环结合场板氧化镓肖特基二极管，如图5.12(d)所示，考虑击穿电压和比导通电阻的折中关系，获得了1.43 kV/4.7 mΩ·cm^2的最佳折中数据之一。其他三类器件，包括无场环和无场板、仅有场环、仅有场板，均在同一块样品上制备出来。在进一步处理器件前，在1150 ℃的氮气气氛中对HVPE生长的外延层进行60 min的热退火，以完全激活外延层中的硅掺杂原子。之后采用化学机械研磨(CMP)技术移除上个步骤退火过程中在外延层形成的耗尽区以及平滑外延层粗糙的表面。目前由于热退火造成的表面耗尽的形成机制尚不明确，但是可以确定的是，退火温度超过1100 ℃时，随着温度的升高，耗尽层会随之扩展。采用注入浓度为1×10^{17} cm^{-3}氮离子在氧化镓漂移层中形成0.8 μm深的箱形结构后，为了进一步激活氮原子和恢复晶格损伤，需要进行第二次退火以及退火后采用BCl_3等离子刻蚀去除外延层的表面耗尽区。实验结果表明，氮离子注入有效地减小了金属阳极和场板边缘的峰值

场强，并提高了击穿电压。

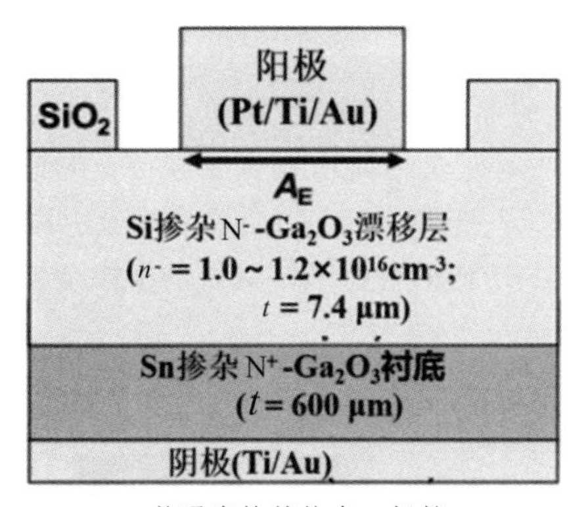

(a) 普通肖特基势垒二极管

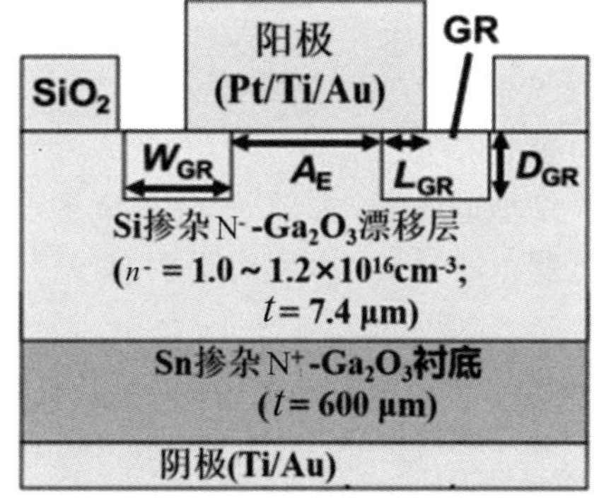

(b) 带保护环结构的肖特基势垒二极管

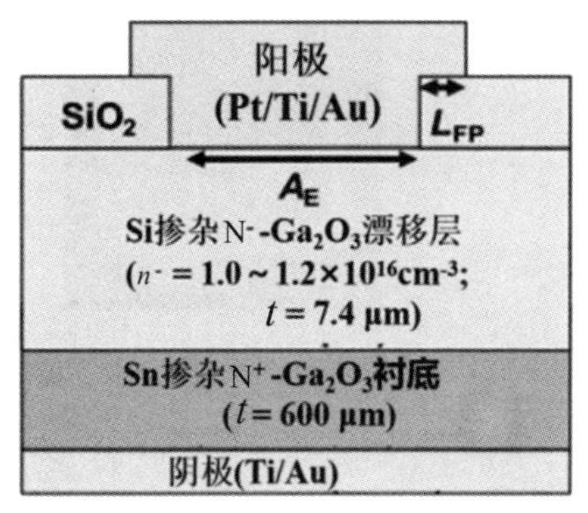

(c) 带场板结构的肖特基势垒二极管

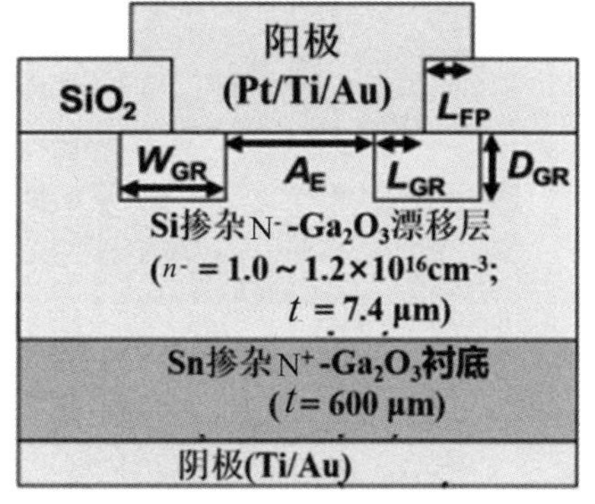

(d) 带保护环和场板结构的肖特基势垒二极管

图 5.12　四种不同结构的肖特基势垒二极管横截面示意图

目前垂直结构氧化镓肖特基二极管能达到的最高击穿电压为 2.89 kV[31]，同时也实现了直流测量下的最高 Baliga 品质因数（V_{BR}^2/R_{on}）为 0.8 GW/cm^2。相比无终端结构的器件，击穿电压提高了 500 V。带场板的沟槽 MOS 氧化镓肖特基势垒二极管的截面如图 5.13(a)所示。在采用卤化物气相外延技术(HVPE)在(001)面的 N 型氧化镓衬底上生长了 10 μm 外延层。通过干法刻蚀形成鳍沟道(Fin Channel，FC)，默认鳍宽度(W_{fin})为 1 μm，节距(Pitch Size)为 2 μm，沟槽深度从上一代器件的 1.1 μm 增加到了 1.5 μm。MOS 结构的介电层采用原子层淀积(ALD)的 105 nm 氧化铝，通过干法刻蚀掉鳍顶部的氧化铝，接着用电子束蒸镀形成肖特基接触金属镍，第一层侧壁的钝化层采用 Ti/Pt金属。为了形成场板终端结构，需要淀积第二层 125 nm 的氧化铝介电层。接触孔通过干法刻蚀形成，以便暴露阳极金属。最后淀积 5 μm 的 Ti/Al/Cu/Au 场板金属。图 5.13(b)为一个有源区域面积为 100 μm×150 μm 的器件光学俯视图，用于计算电流密度和比导通电阻 $R_{on,sp}$。图 5.13(c)是鳍沟道的扫描电子显微镜(SEM)横截面图。在右侧壁的上半部分观察到倾斜的小平面，这很可能是在完全去除 Ti/Pt 金属的干法蚀刻掩模之前用氟化氢进行金属辅助化学蚀刻造成的。如图 5.13(d)所示，由电容-电压($C-V$)法测量出在共同衬底上制造的常规肖特基二极管与沟槽 MOS 结构的肖特基二极管的净掺杂浓度为 1.25×10^{16} cm^{-3}。

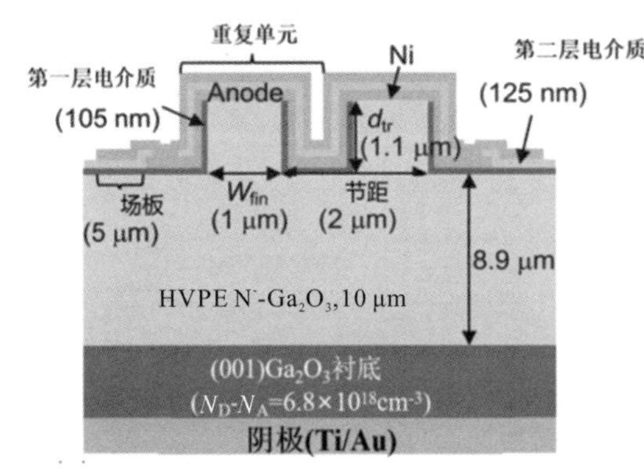

(a) 带沟槽-鳍结构氧化镓肖特基势垒二极管

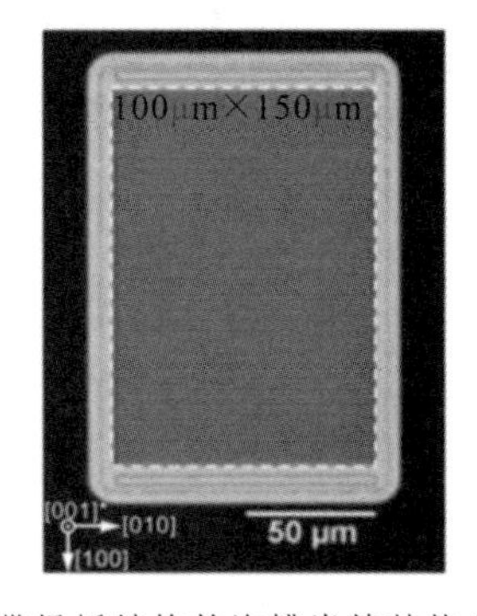

(b) 带场板结构的沟槽肖特基势垒二极管的光学图像

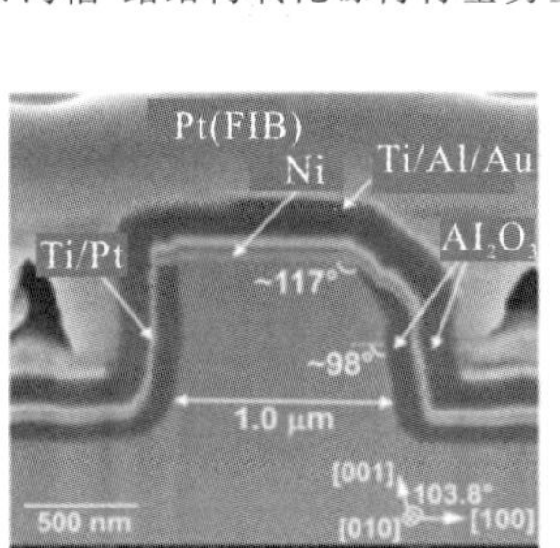

(c) 鳍通道的扫描电镜图像

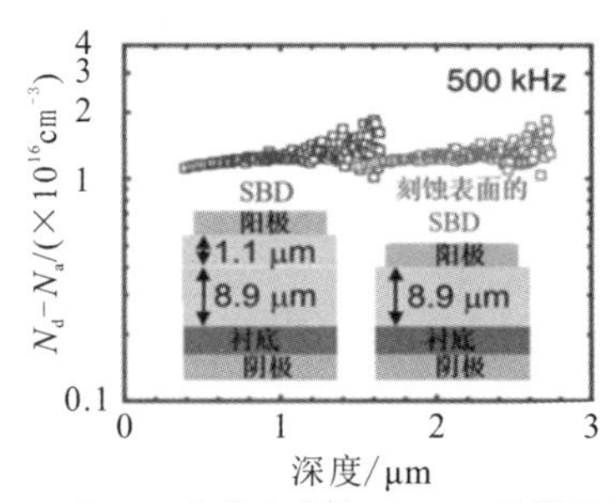

(d) 从$C-V$曲线中提取N_d-N_a，插图是两种不同类型的肖特基势垒二极管的横截面图

图 5.13　带沟槽-鳍结构氧化镓肖特基势垒二极管

如果鳍沟道没有积累或耗尽，那么比导通电阻 $R_{on,sp}$应该与鳍沟道宽度无关。但随着鳍沟道宽度的减小，比导通电阻呈现出增加趋势，这表明确实存在侧壁耗尽且对比导通电阻不利。实验测量了带场板终端的沟槽 MOS 结构与带场板终端的台面常规肖特基二极管的 $I-V$ 特性曲线，发现前者的击穿电压高

达 2890 V，且在击穿前的泄漏电流远低于后者，说明前者能够很好地抑制泄漏电流。为了进一步探究沟槽 MOS 肖特基二极管的击穿原理，实验测量了在相同衬底上制备的 MOS 电容器以及带场板的 MOS 电容器，发现击穿电压从约 2.4 kV 增加到约 2.9 kV；在 MOS 电容器边缘附近观察到击穿坑，证明了器件在边缘发生了击穿。由于带场板的 MOS 电容器与沟槽 MOS 结构的肖特基二极管击穿电压相近，因此后者的击穿很有可能受限于边缘电场拥挤。在 2.9 kV 偏压下，仿真实验测量到带场板的 MOS 电容器的氧化镓表面的一维平行平面电场为 4.2 MV/cm，这已经远远高于碳化硅、氮化镓的临界击穿电场，如果有更理想的终端结构，则可以达到更高的平行平面电场。采用上述相似结构的沟槽 MOS 氧化镓肖特基二极管在击穿前实现了 1 $\mu A/cm^2$ 的超低泄漏电流[32]。

最后总结一下氧化镓肖特基二极管的情况，氧化镓中缺乏 P 型掺杂，这可能是由能带结构引起的一个基本问题，由于缺乏 PIN 结构，因此很难同时实现低导通电压和超高击穿。基于 $\beta-Ga_2O_3$ 的器件还未达到氧化镓的理论击穿场强 8 MV/cm，因此必须保证在肖特基结边缘设计合适且有效的终端结构。如果没有合适的边缘终端，那么击穿电压可能降到理想情况的 10%～20%。击穿电压的剧烈下降会严重影响器件的设计并且导致额定电流降低。应用各种边缘终端结构的目的是通过降低半导体表面的峰值电场强度来减少电子空穴对的产生，从而将雪崩击穿位置转移到器件内部。

目前，已经制备的氧化镓肖特基二极管的功率品质因数与氧化镓材料自身的极限还有一定差距，可以通过进一步改善边缘电场调控技术来弥补。氧化镓肖特基二极管未来的发展方向是大面积垂直器件，这个趋势反映在硅基、碳化硅基、氮化镓基功率器件的设计中，尤其是具有导电路径的垂直设计，例如电流孔径垂直晶体管(CAVET)和垂直鳍式沟道结场效应晶体管(JFET)。氧化镓相对较低的热导率会导致自热效应的产生，必须降低这种自热效应，以便在适当的开关频率下将氧化镓用于高功率器件中。氧化镓是否在功率开关和功率放大器应用方面比碳化硅和氮化镓具有更显著的商业优势呢？虽然最初的器件性能看起来很有希望，但仍存在不少挑战，包括生长成熟度、热极限、成本和器件可靠性。材料质量、器件设计和工艺技术的不断优化将促进器件性能的显著提高。

5.5　全氧化物异质 PN 结二极管

由于 P 型氧化镓半导体材料实现困难，因此，到目前为止绝大部分氧化镓二极管的研究都集中在肖特基二极管，只有少数氧化镓异质 PN 结的研究工作被报道。

T. Watahiki 等人将 P 型 Cu_2O 与 Ga_2O_3 材料结合[33]，成功制备出异质 PN 结二极管，如图 5.14 所示。图 5.14(a)是器件示意图，肖特基二极管与异质 PN 结二极管都使用 Pt 金属作为阳极电极，Ga_2O_3 外延层掺杂厚度为10 μm、浓度为 2×10^{16} cm^{-3}，衬底浓度为 4×10^{18} cm^{-3}，Cu_2O 掺杂厚度为 200 nm、浓度约为 1×10^{18} cm^{-3}；图 5.14(b)、(c)是器件正向、反向 $I-V$ 特性。在未添加任何终端结构的情况下，该异质 PN 结二极管的击穿电压高达1.49 kV，导通电阻为 8.2 mΩ · cm^2，同时该异质 PN 结二极管的漏电流比同批肖特基二极管器件小得多，充分体现出异质 PN 结的低漏电电流和高击穿电压优势。

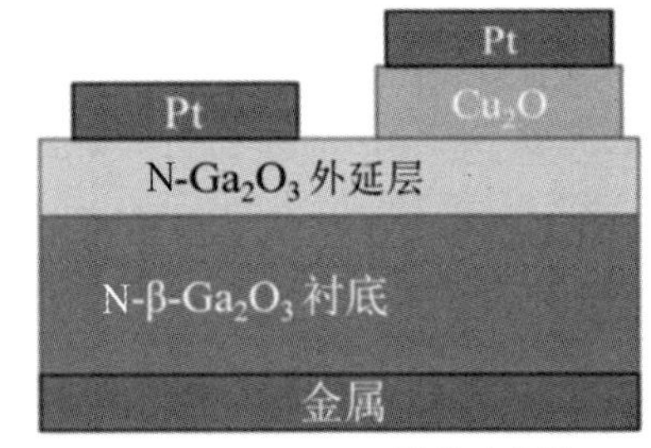

(a) P-Cu_2O/β-Ga_2O_3器件示意图

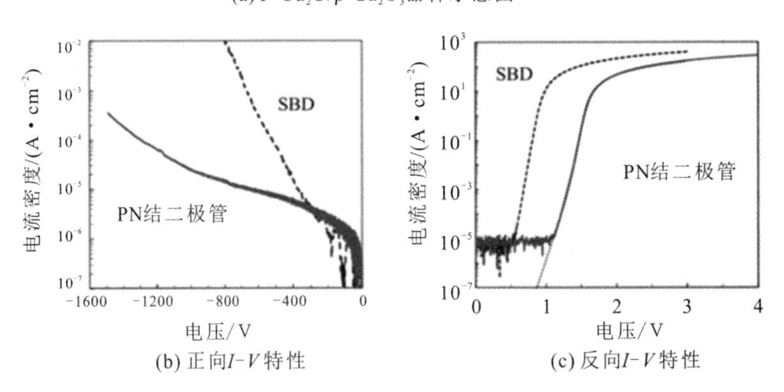

(b) 正向$I-V$特性　(c) 反向$I-V$特性

图 5.14　氧化物 PN 结二极管及其正反向特性

H. Gong 等人将 P 型 NiO 与 Ga_2O_3 材料结合[34]，将异质 PN 结二极管的击穿电压提高至 1.86 kV，这是目前无终端 Ga_2O_3 异质 PN 结二极管所能实现最高击穿电压。不过该器件的电阻也随之上升，达到 10.6 mΩ · cm^2，原因是使用了掺杂浓度为 5.1×10^{17} cm^{-3}的 NiO 层，如图 5.15 所示。

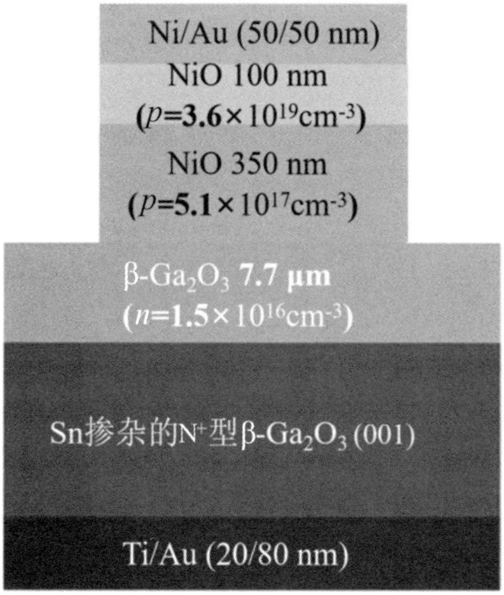

图 5.15　P－NiO/β－Ga_2O_3 器件示意图

5.6　总结与展望

本章主要介绍了功率器件的击穿电压和导通电阻特性，接着介绍了近年来氧化镓肖特基二极管的发展状况。氧化镓肖特基二极管从最初的基于衬底片制备的垂直型二极管，逐渐发展到基于外延片制备的各种新结构二极管，再到各种终端结构的不断演变，使得器件在性能上得到了长足进步。二极管主要可以分为垂直型二极管和水平型二极管，基于这两种器件，科研工作者结合各种终端结构来提升其性能，主要包括场板终端、场环终端、离子注入形成高阻区终端、沟槽 MOS 结构。垂直型器件目前性能最好的是带场板的沟槽 MOS 氧化镓肖特基二极管，水平型器件性能最好的则是带场板结构的肖特基二极管。

尽管氧化镓肖特基二极管的性能已经有了不错的进步，但其目前所表现的性能还远未达到理论预期，究其原因是目前氧化镓材料 P 型掺杂的缺失、生长材料的成熟度不够、热导率和迁移率均不高等。尽管如此，相信随着时间的推移，在全世界科研工作者的共同努力下，氧化镓二极管会迸发出属于其独特的光芒，推动功率器件的发展。

参 考 文 献

[1] GUO J, ZHANG H, ZHU X. Theoretical analysis of RF-DC conversion efficiency for class-F rectifiers [J]. IEEE transactions on microwave theory and techniques, 2014, 62(4): 977-985.

[2] BALIGA B J. Fundamentals of power semiconductor devices [M]. Springer Science & Business Media, 2010.

[3] KAZIMIERCZUK M K. Pulse-width modulated DC-DC power converters [M]. John Wiley & Sons, 2015.

[4] 黄健华. 高压4H-SiC结势垒肖特基二极管的研究 [D]. 西安：西安电子科技大学，2011.

[5] 施敏，伍国珏，耿莉，等. 半导体器件物理 [M]. 西安：西安交通大学出版社，2008.

[6] WANG H, JIANG L L, LIN X P, et al. A simulation study of field plate termination in Ga_2O_3 Schottky barrier diodes [J]. Chinese Physics B, 2018, 27(12): 127302.

[7] CHOI J H, CHO C H, CHA H Y. Design consideration of high voltage Ga_2O_3 vertical Schottky barrier diode with field plate [J]. Results in Physics, 2018, 9: 1170-1171.

[8] SHARMA R, PATRICK E E, LAW M, et al. Optimization of edge termination techniques for β-Ga_2O_3 Schottky rectifiers [J]. ECS Journal of Solid State Science and Technology, 2019, 8(12): Q234.

[9] YANG J C, REN F, TADJER M, et al. 2300V reverse breakdown voltage Ga_2O_3 Schottky rectifiers [J]. ECS Journal of Solid State Science and Technology, 2018, 7(5): Q92-Q96.

[10] ALLEN N, XIAO M, YAN X D, et al. Vertical Ga_2O_3 Schottky barrier diodes with small-angle beveled field plates: a Baliga's figure-of-merit of 0.6 GW/cm^2 [J]. IEEE Electron Device Letters, 2019, 40(9): 1399-1402.

[11] SHARMA R, PATRICK E E, LAW M E, et al. Optimization of edge termination techniques for beta-Ga_2O_3 Schottky rectifiers [J]. ECS Journal of Solid State Science and Technology, 2019, 8(12): Q234-Q239.

[12] SHARMA R, XIAN M H, LAW M E, et al. Design and implementation of floating field ring edge termination on vertical geometry β-Ga_2O_3 rectifiers [J]. Journal of Vacuum Science & Technology A, 2020, 38(6): 9.

[13] CHANG S C, WANG S J, UANG K M, et al. Design and fabrication of high breakdown voltage 4H-SiC Schottky barrier diodes with floating metal ring edge terminations [J]. Solid-state electronics, 2005, 49(3): 437-444.

[14] TANG T A, RU G P, JIANG Y L. 2006 8th international conference on solid-state and integrated circuit technology [J]. 2006.

[15] ZHOU H, YAN Q L, ZHANG J C, et al. High-performance vertical β-Ga_2O_3 Schottky barrier diode with implanted edge termination [J]. IEEE Electron Device Letters, 2019, 40(11): 1788-1791.

[16] LIN C H, YUDA Y, WONG M H, et al. Vertical Ga_2O_3 Schottky barrier diodes with guard ring formed by nitrogen-ion implantation [J]. IEEE Electron Device Letters, 2019, 40(9): 1487-1490.

[17] GAO Y, LI A, FENG Q, et al. High-voltage β-Ga_2O_3 Schottky diode with argon- implanted edge termination [J]. Nanoscale Research Letters, 2019, 14(1): 1-8.

[18] LI W, HU Z, NOMOTO K, et al. 2.44 kV Ga_2O_3 vertical trench Schottky barrier diodes with very low reverse leakage current: proceedings of the 2018 IEEE International Electron Devices Meeting (IEDM) [C]. 2018,

[19] HAN S, YANG S, SHENG K. Fluorine-implanted termination for vertical GaN Schottky rectifier with high blocking voltage and low forward voltage drop [J]. IEEE Electron Device Letters, 2019, 40(7): 1040-1043.

[20] ZHANG Y, ZHANG J, FENG Z, et al. Impact of implanted edge termination on vertical β-Ga_2O_3 Schottky barrier diodes under off-state stressing [J]. IEEE Transactions on Electron Devices, 2020, 67(10): 3948-3953.

[21] HWANG W S, VERMA A, PEELAERS H, et al. High-voltage field effect transistors with wide-bandgap β-Ga_2O_3 nanomembranes [J]. Applied Physics Letters, 2014, 104(20): 203111.

[22] ZHOU H, MAIZE K, QIU G, et al. β-Ga_2O_3 on insulator field-effect transistors with drain currents exceeding 1.5 A/mm and their self-heating effect [J]. Applied Physics Letters, 2017, 111(9): 092102.

[23] AHN S, REN F, KIM J, et al. Effect of front and back gates on β-Ga_2O_3 nano-belt field-effect transistors [J]. Applied Physics Letters, 2016, 109(6): 062102.

[24] ZHOU H, MAIZE K, NOH J, et al. Thermodynamic studies of β-Ga_2O_3 nanomembrane field-effect transistors on a sapphire substrate [J]. ACS Omega, 2017, 2(11): 7723-7729.

[25] HU Z, ZHOU H, FENG Q, et al. Field-plated lateral β-Ga_2O_3 Schottky barrier diode with high reverse blocking voltage of more than 3 kV and high DC power figure-of-merit of 500 MW/cm^2 [J]. IEEE Electron Device Letters, 2018, 39(10): 1564-1567.

[26] HU Z, ZHOU H, DANG K, et al. Lateral β-Ga_2O_3 Schottky barrier diode on

sapphire substrate with reverse blocking voltage of 1.7 kV [J]. IEEE Journal of the Electron Devices Society, 2018, 6: 815-820.

[27] ROY S, BHATTACHARYYA A, KRISHNAMOORTHY S. Design of a β-Ga_2O_3 Schottky barrier diode with p-type Ⅲ-nitride guard ring for enhanced breakdown [J]. IEEE Transactions on Electron Devices, 2020, 67(11): 4842-4848.

[28] KONISHI K, GOTO K, MURAKAMI H, et al. 1 kV vertical Ga_2O_3 field-plated Schottky barrier diodes [J]. Applied Physics Letters, 2017, 110(10): 4.

[29] WONG M H, LIN C H, KURAMATA A, et al. Acceptor doping of β-Ga_2O_3 by Mg and N ion implantations [J]. Applied Physics Letters, 2018, 113(10): 102103.

[30] WONG M H, GOTO K, MURAKAMI H, et al. Current aperture vertical β-Ga_2O_3 MOSFETs fabricated by N-and Si-Ion implantation doping [J]. IEEE Electron Device Letters, 2018, 40(3): 431-434.

[31] LI W, NOMOTO K, HU Z, et al. Field-Plated Ga_2O_3 Trench Schottky Barrier Diodes With a $BV^2/R_{on,sp}$ of up to 0.95 GW/cm^2 [J]. IEEE Electron Device Letters, 2019, 41(1): 107-110.

[32] LI W, HU Z, NOMOTO K, et al. 1230 V β-Ga_2O_3 trench Schottky barrier diodes with an ultra-low leakage current of $< 1\ \mu A/cm^2$ [J]. Applied Physics Letters, 2018, 113(20): 202101.

[33] WATAHIKI T, YUDA Y, FURUKAWA A, et al. Heterojunction P-Cu_2O/N-Ga_2O_3 diode with high breakdown voltage [J]. Applied Physics Letters, 2017, 111 (22): 222104.

[34] GONG H, CHEN X, XU Y, et al. A 1.86 kV double-layered NiO/β-Ga_2O_3 vertical p-n heterojunction diode [J]. Applied Physics Letters, 2020, 117(2): 022104.

第 6 章

氧化镓场效应晶体管

作为功率开关器件的典型代表，氧化镓场效应晶体管(Field Effect Transistor，FET)具有耐压高、功耗低和开关速度快等优势，在低损耗功率开关和射频领域有着广阔的应用前景，能够满足高功率密度、高转换效率及小型轻量化电力系统的需求。目前氧化镓场效应晶体管的发展主要以金属氧化物场效应晶体管(MOSFET)为主流。由于氧化镓P型掺杂的缺失，氧化镓MOSFET导电过程中只有电子参与导电，无法沿用碳化硅功率器件的工艺路线。因此，氧化镓MOSFET功率器件具有一些自身的特点。本章主要介绍各类氧化镓场效应晶体管器件的研究进展情况，并对其存在的问题进行讨论。

6.1 器件工作原理与基本特征

场效应晶体管是氧化镓功率器件中除了肖特基二极管(SBD)外另一种被广泛研究的类型。简单地说，功率晶体管是一个能够通过栅电压控制实现在关态和开态之间快速切换的三端(源极、栅极、漏极)器件，具有高击穿电压与低开态电阻的特性。氧化镓场效应晶体管作为一种单极型器件不存在少子存储问题，因此具有较快的开关速度。目前氧化镓场效应晶体管的发展主要以金属氧化物场效应晶体管(MOSFET)为主流。与SBD相比，MOSFET体系相对复杂，且受限于无法实现P型掺杂，发展速度相对落后。目前对β-Ga_2O_3场效应晶体管的研究主要集中在：提升器件耐压、降低比导通电阻、实现增强型、提升开关频率等方面。

6.1.1 器件工作原理

氧化镓场效应晶体管从结构上可分为垂直型和水平型。由于目前氧化镓缺乏有效的受主掺杂手段，因此氧化镓MOSFET功率器件多采用无结型水平结构。以常见的水平结构为例(见图6.1)，氧化镓材料共包含三层，自下而上为半绝缘衬底、非故意掺杂区及N型沟道。其中，半绝缘衬底一般采用Fe或Mg等元素作为深能级受主掺杂。非故意掺杂区是缓冲层，用以降低材料缺陷，并隔绝衬底与沟道。氧化镓沟道普遍为电子导电类型，掺杂元素为Si、Sn或Ge等施主杂质。栅介质多为Al_2O_3、SiO_2、HfO_2等绝缘体材料。源、漏电极一般采用低功函数Ti金属作金半接触，再覆盖Au等作防氧化层。栅极可选择Ni、Pt、Pd、W、Au等金属。栅源间距(L_{GS})、栅漏间距(L_{GD})以及栅长(L_G)是氧

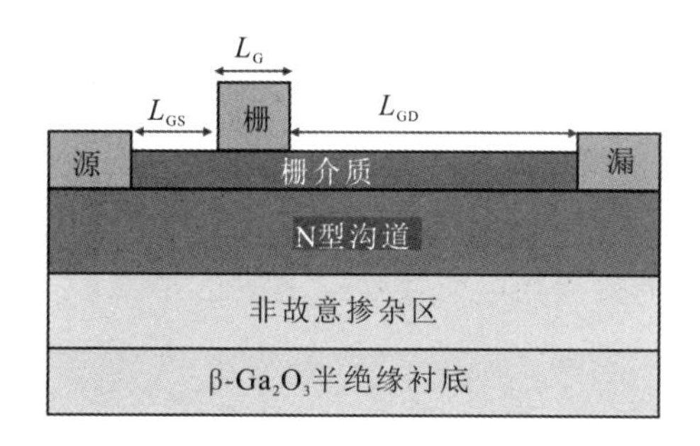

图 6.1 水平结构氧化镓场效应晶体管结构示意图

化镓场效应晶体管的主要结构参数。器件截止频率与栅长 L_G 成反比，为提升器件的开关频率，需要有效缩短栅长。器件的击穿电压与开态电阻受栅源间距(L_{GS})、栅漏间距(L_{GD})的影响。由于工作状态下的栅漏偏压一般大于栅源偏压，因此在器件设计过程中往往要使栅漏间距(L_{GD})比栅源间距(L_{GS})大，从而承受更高的耐压。

在工作状态下，一般以源极为参考电压点，即源极接地。器件通过栅极施加的电压控制耗尽区的厚度从而调制电流通道进行工作。典型的氧化镓场效应晶体管的转移特性曲线和输出特性曲线如图 6.2 所示。当栅极偏压使得耗尽区厚度刚好达到沟道厚度时，电流通道被切断，此时所施加的外界栅压等于器件的阈值电压(V_{TH})。

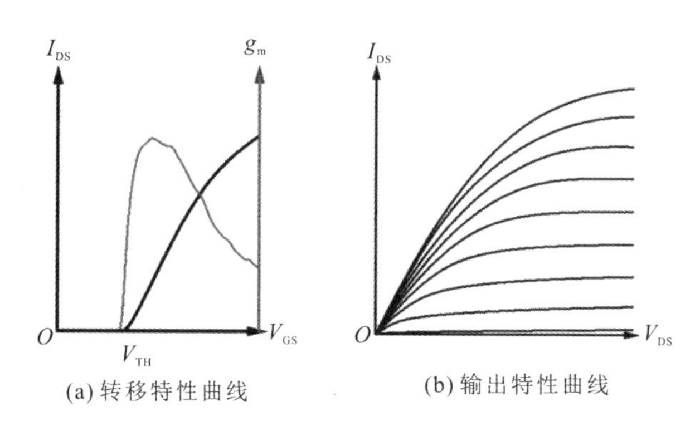

图 6.2 典型的氧化镓场效应晶体管

理想的阈值电压能够通过以下计算式得到：

$$V_{TH}=V_{FB}-\frac{qN_dWd_{oxide}}{\varepsilon_0\varepsilon_{oxide}}-\frac{qN_dW^2}{2\varepsilon_0\varepsilon_{Ga_2O_3}} \tag{6-1}$$

其中，V_{FB}代表平带电压，N_d 和 W 分别表示氧化镓施主浓度与外延层沟道厚度，d_{oxide}表示氧化镓沟道厚度，ε_0、ε_{oxide}和 $\varepsilon_{Ga_2O_3}$ 分表代表真空介电常数、栅氧介质的相对介电常数和氧化镓相对介电常数。

平带电压表示能拉平半导体能带的外加电压，它取决于金属与半导体等效功函数之差 ϕ_{ms}以及有效界面电荷数 Q_0，其表达式如下：

$$V_{FB}=\phi_{ms}-\frac{Q_0}{C_{ox}} \tag{6-2}$$

根据器件的阈值电压不同，可将器件分为增强型和耗尽型两种类型。对于增强型器件，$V_{TH}>0$；对于耗尽型器件，$V_{TH}<0$。

与传统 Si 基 FET 不同，氧化镓采用的是无结型 N 型沟道，根据施加的栅压可分为以下两种工作模式：

(1) 当 $V_{TH}<V_G<V_{FB}$时，此时半导体表面势 $\varphi_s<0$，能带沿半导体内部方向降落，器件工作在耗尽模式下；

(2) 当 $V_G>V_{FB}+V_{DS}$时，此时半导体表面势 $\varphi_s>0$，能带沿半导体内部方向降落，器件工作在积累模式下。

氧化镓场效应晶体管的跨导表示漏极电流随栅压的变化率，反映了器件的开关速度，其定义如下：

$$g_m=\frac{\Delta I_{DS}}{\Delta V_G} \tag{6-3}$$

在栅长度、宽度、介质层电容一定的情况下，跨导受沟道迁移率、界面缺陷等因素的影响。

氧化镓作为新兴的超宽禁带半导体材料，关于氧化镓场效应晶体管的迁移率模型、电子速场模型、热模型等尚未完善，其电流特征曲线方程也有待进一步建立。

6.1.2 主要性能指标

氧化镓场效应晶体管的主要性能指标包括：击穿电压、导通电阻、阈值电压和开关时间等，与器件材料结构密切相关。

1. 击穿电压

晶体管的击穿电压是指在截止态漏源能够施加的最高临界电压。一个高漏源电压将在整个导电通道引入很大的电场，而漏源电压则是整个导电通道电场的积分。当材料达到临界电场时，将发生碰撞电离现象，可能导致材料晶体结构的损坏，因此临界击穿电场通常被用来衡量绝缘材料的电学阻挡能力。简单

地增加击穿路径(漂移区长度)能够有效提升击穿电压，但同时也会带来导通电阻的增加。电场的不均匀分布导致的电场集中点是限制器件击穿电压的一个重要因素。为解决此问题，终端保护结构被用来调制电场分布，如场板终端、保护环终端、埋藏沟道、超结等。

2. 导通电阻(开态电阻)

在实际应用中，功率晶体管在开启态工作于线性区，因此器件整体的导通电阻直接关系到系统效率与热损耗。导通电阻的表达式如下：

$$R_{on} = R_c + R_{GS} + R_{drift} + R_{GD} \tag{6-4}$$

其中 R_c 是接触电阻，R_{GS} 为栅源沟道电阻，R_{drift} 为栅区域沟道电阻，R_{GD} 为栅漏沟道电阻。对于 R_c 来说，可采用功函数匹配的金属、叠层合金、重掺杂以及退火等技术来降低金属与半导体之间的接触电阻。栅区域沟道电阻是总电阻的主要组成部分，并承担了主要的耐击穿能力。对于高压晶体管来说，当晶体管处于截止态时，作为主要导电通道的漂移区电子将被耗尽；而当晶体管开启时，该导电通道流过的电流将产生热量，若该导通电阻较大，产生的热量可能会导致器件损坏。

3. 阈值电压

阈值电压是晶体管界定开态和关态的临界栅极电压。阈值电压由很多因素决定，如栅介质电容、栅电极功函数和沟道掺杂浓度等。对于功率器件来说，阈值电压决定了其操作模式、驱动难度和电路安全性。增强型晶体管只有在正栅压下才能导通，驱动简单且损耗小，具有更高的电路安全性。因此增强型晶体管比耗尽型晶体管更受欢迎。耗尽型晶体管通常需要与 Si 基增强型晶体管级联(Cascode)后实现增强型模式。由于驱动电压的不稳定性，阈值电压需要一个合理的值。较小的阈值电压更容易驱动，但是误开启的可能性也较大；相反，较大的阈值电压容易影响栅介质的工作寿命，较大的栅脉冲电压可能导致器件的毁坏。基于以上几点，在器件设计时阈值电压是一个需要仔细考虑的参数。

4. 开关时间

开关时间是指晶体管开态与关态切换过程所用的时间，包括开启时间 t_{on} 和关断时间 t_{off}。晶体管作为电压控制型器件，开关速度取决于电极之间充放电的速度。由于其单极型特性，功率晶体管是开关速度较快的元件。事实上，沟道载流子迁移率和驱动电路同样会影响开关时间。

开关时间是实际开关应用中非常重要的参量，其表达式如下：

$$t_{on}=t_{d(on)}+t_r \tag{6-5}$$

$$t_{off}=t_{d(off)}+t_f \tag{6-6}$$

其中 $t_{d(on)}$ 和 $t_{d(off)}$ 分别为开启和关断的延迟时间，即驱动栅压变化后的器件反应时间；t_r 与 t_f 分别为漏源电流开启或关断时的上升和下降时间。

5. 总栅极电荷

总栅极电荷 Q_g 表示驱动晶体管开启所需的电荷量，是器件的关键动态参数。对于驱动电路设计者来说，总栅极电荷也是决定驱动电流和损耗的关键参数。另外，能够通过总栅极电荷与栅源电压的关系得出寄生电容和驱动损耗。

6. 寄生电容

晶体管的寄生电容是指由于器件结构或制备工艺导致的电极间电容，包括栅源电容 C_{GS}、栅漏电容 C_{GD}、漏源电容 C_{DS}。寄生电容尤其是 C_{GD} 的存在会导致器件开关时间的退化。寄生电容在器件工作状态下表现为输入电容 C_{iss}、输出电容 C_{oss} 和反向电容 C_{rss}。其表达式如下：

$$C_{iss}=C_{GD}+C_{GS} \tag{6-7}$$

$$C_{oss}=C_{GD}+C_{DS} \tag{6-8}$$

$$C_{rss}=C_{GD} \tag{6-9}$$

驱动电路与输入电容决定了延迟时间 $t_{d(on)}$ 与 $t_{d(off)}$。在软开关应用中，需要防止由 C_{oss} 与电路系统引起的谐振腔。而 C_{rss} 对于开关时间和关断下降时间来说是一个重要的参量。

7. 频率特性

衡量器件频率特性的两个主要指标是最大振荡频率(f_{max})和电流截止频率(f_T)。最大振荡频率(f_{max})是器件功率增益变为 1 时的工作频率，电流截止频率(f_T)是器件电流增益变为 1 时的工作频率。

最大振荡频率(f_{max})的表达式为

$$f_{max}\approx\frac{f_T}{2\sqrt{(R_I+R_S+R_G)g_{DS}+(2\pi f_T)R_GC_{GD}}} \tag{6-10}$$

其中 R_I、R_S 和 R_G 分别为沟道电阻、源极寄生电阻以及栅极寄生电阻，g_{DS} 为输出阻抗。

电流截止频率(f_T)的表达式如下：

$$f_T\approx\frac{g_m}{2\pi(C_{GS}+C_{GD})} \tag{6-11}$$

其中 g_m 为跨导。

提高器件的频率特性，需要有效降低器件寄生电阻、寄生电容和输出阻抗等。从材料和器件结构角度分析，影响器件频率特性的主要因素包括 N 型氧化镓沟道厚度、沟道电子浓度、源漏欧姆接触电阻、栅漏间距、栅源间距、栅长等。改善器件频率特性的具体方法包括：缩短源漏间距、减小沟道电阻、降低欧姆接触电阻、减小源漏寄生电阻、缩短栅长、减小寄生电容等。同时，这些材料和器件的结构也影响着器件的电流密度和击穿电压，以及输出功率特性，因此，在器件设计过程中，需要综合考虑这些因素的影响。

6.2　平面型氧化镓场效应晶体管

6.2.1　耗尽型器件

2013 年，日本国家信息与通信技术研究所（NICT）报道了国际首个 Ga_2O_3 MOSFET 器件[1]。器件结构示意图如图 6.3 所示，采用分子束外延（MBE）工艺在铁（Fe）掺杂半绝缘（010）晶向的单晶氧化镓衬底上直接外延锡（Sn）掺杂的 N 型氧化镓沟道层。N 型氧化镓沟道层厚度为 300 nm。常温 CV 测试证实氧化镓沟道中Sn 掺杂浓度为 3×10^{17} cm^{-3}。器件采用圆环形 FET 结构，源漏欧姆接触区

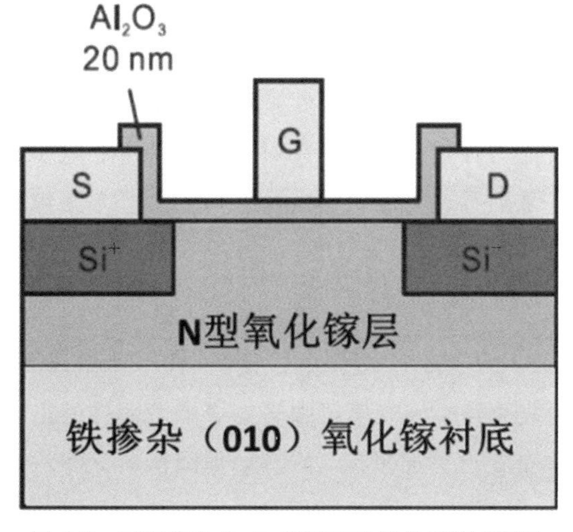

图 6.3　国际首支 Ga_2O_3 MOSFET 器件结构示意图

域注入高能离子 Si，并通过 925 ℃氮气氛围高温退火实现注入 Si 离子的激活。由于注入离子的浓度从氧化镓表面到体内呈高斯分布，为了使 Ti/Au 欧姆接触金属能够与高电子浓度的氧化镓直接接触，在蒸发 Ti/Au 欧姆接触金属前采用干法刻蚀工艺将源漏欧姆接触区域的氧化镓去除 13 nm；采用 ALD 设备生长一层 20 nm 厚的 Al_2O_3 作为栅下介质从而形成 MOS 结构。器件栅金属采用 Ti(3 nm)/Pt(12 nm)/Au(280 nm)。

图 6.4 为栅长为 2 μm、源漏间距为 20μm 的器件输出特性曲线与转移特性曲线。栅压为 4 V 时，器件漏源饱和电流密度达到 39 mA/mm。关态下(栅压为－20 V)，器件三端击穿电压为 370 V。器件开关比(I_{ON}/I_{OFF})达到 10^{10}。

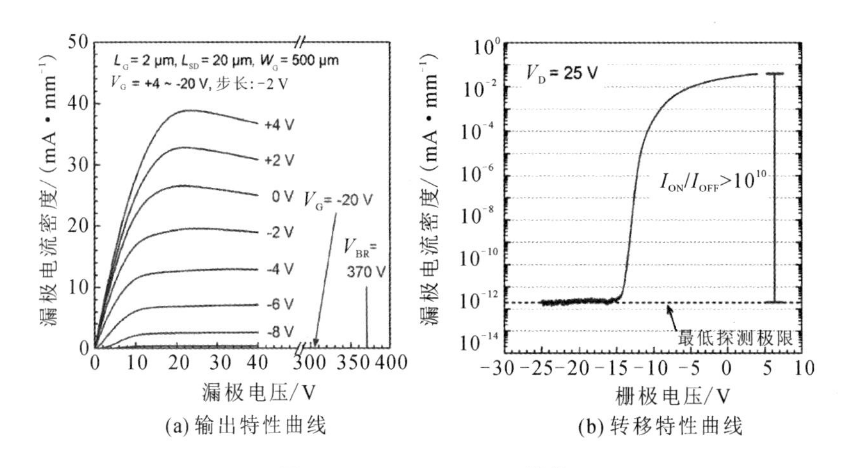

(a) 输出特性曲线　　(b) 转移特性曲线

图 6.4　Ga_2O_3 MOSFET 器件

自从第一个 Ga_2O_3 MOSFET 器件被报道以来，科研人员采用多种器件结构和工艺方法改善器件性能，主要是针对提高器件击穿电压、降低器件比导通电阻以及改善器件散热等。所采用的主要结构和工艺方法包括场板结构、钝化工艺以及衬底转移等。

1. 场板结构

在 Ga_2O_3 MOSFET 器件中，栅电极偏漏电极一侧的氧化镓沟道中存在一个非常强的峰值电场强度，该峰值场强直接影响着器件的击穿特性。场板结构可以将沟道电场分布变得更加平坦，能有效地降低氧化镓沟道峰值场强，从而提升器件耐压特性。目前已报道的场板结构主要包括栅场板、源场板及栅源复合场板等。

1）栅场板

2013年，日本国家信息与通信技术研究所(NICT)报道了具有栅场板结构的Ga_2O_3 MOSFET器件[2]，其结构示意图如图6.5所示。该器件基于1.2 μm厚的非故意掺杂氧化镓外延材料，采用MBE方法在Fe掺杂半绝缘(010)晶向单晶氧化镓衬底上同质外延实现。器件的N型沟道层采用选区离子注入Si的方法实现，注入深度为300 nm，掺杂浓度为3×10^{17} cm^{-3}。随后源漏欧姆接触区域同样选区离子注入Si，并通过950 ℃氮气氛围高温退火实现注入Si离子的激活。由于注入离子的浓度从氧化镓表面到体内呈高斯分布，为了使Ti/Au欧姆接触金属能够与高电子浓度的氧化镓直接接触，在蒸发Ti/Au欧姆接触金属前采用干法刻蚀工艺将源漏欧姆接触区域的氧化镓去除70 nm；采用ALD设备生长的20 nm Al_2O_3作为栅下介质。随后采用化学气相沉积方法在Al_2O_3层上生长400 nm SiO_2，并利用掩模刻蚀与蒸发剥离工艺实现T型栅制备。栅金属采用Ti(3 nm)/Pt(12 nm)/Au(280 nm)。器件栅长为2 μm，栅场板的长度为2.5 μm。

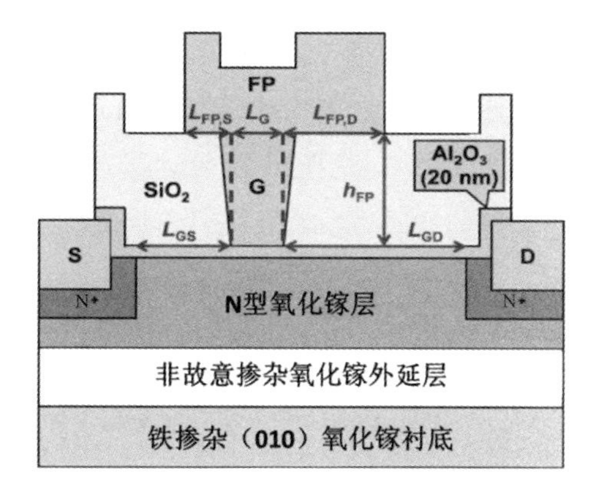

图6.5 具有栅场板结构的Ga_2O_3 MOSFET器件结构示意图

图6.6(a)为栅长为2 μm、栅漏间距为25 μm的器件输出特性曲线。栅压为4 V时，器件漏源饱和电流密度达到78 mA/mm。图6.6(b)为栅长为2 μm、栅漏间距为25μm的器件击穿特性曲线。关态下(栅压为−55 V)，器件三端击穿电压为755 V。栅极漏电流比沟道电流低2个数量级，器件的击穿主要是由于沟道击穿造成的。

2018年，美国布法罗大学报道了具有栅场板结构的Ga_2O_3 MOSFET器件[3]。

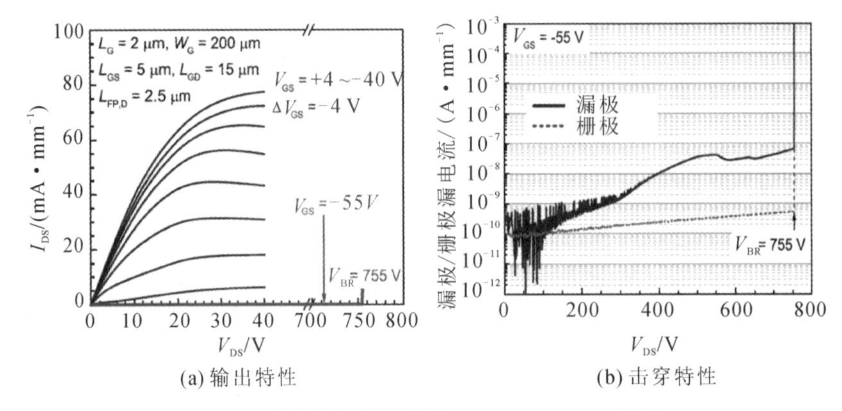

(a) 输出特性　　　　(b) 击穿特性

图 6.6　具有栅场板结构的 Ga_2O_3 MOSFET 器件

器件结构示意图和器件照片如图 6.7 所示。β - Ga_2O_3 外延薄膜是采用分子束外延(MBE)设备在 Fe 掺杂半绝缘(010)Ga_2O_3 衬底上外延得到的。外延材料从衬底向上依次包含 200 nm 非故意掺杂的 Ga_2O_3 缓冲层和 200 nm Sn 掺杂的沟道层。沟道层掺杂浓度为 2.0×10^{17} cm^{-3}。源漏欧姆接触采用旋涂玻璃掺杂工艺实现，随后依次采用 ALD/PECVD/ALD 设备沉积多层氧化层，其中底层 20nm SiO_2 作为栅下介质层；采用干法与湿法结合的方法去除栅区域的多层氧化层(只保留 20 nm SiO_2)。器件栅长 5 μm，栅场板向漏端扩展的长度(L_{FP})为5 μm。

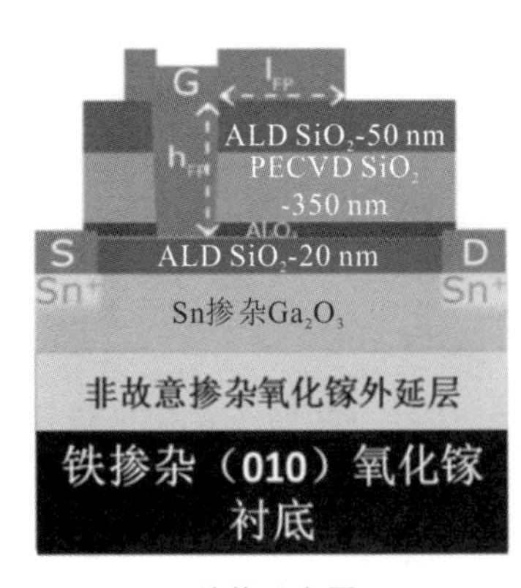

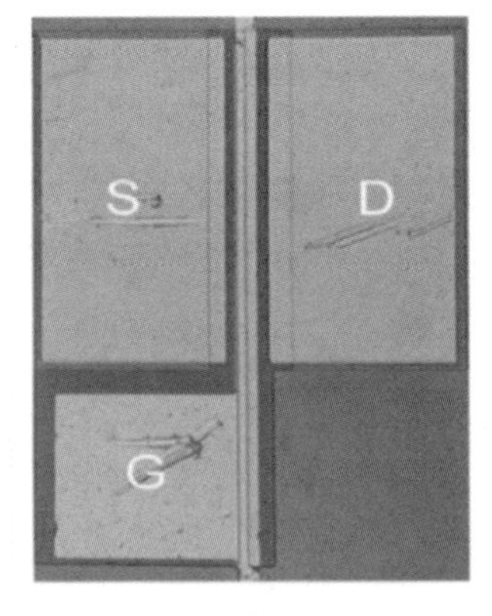

(a) 结构示意图　　　　(b) 器件照片

图 6.7　击穿电压为 1850 V Ga_2O_3 MOSFET 器件

Ga_2O_3 MOSFET 器件的击穿特性测试分别置于空气氛围和氟化液

(FC－770)中进行。在空气氛围中时，器件的击穿电压仅为 440 V；浸没于氟化液(FC－770)中时，器件的击穿电压达到 1850 V(如图 6.8 所示)。

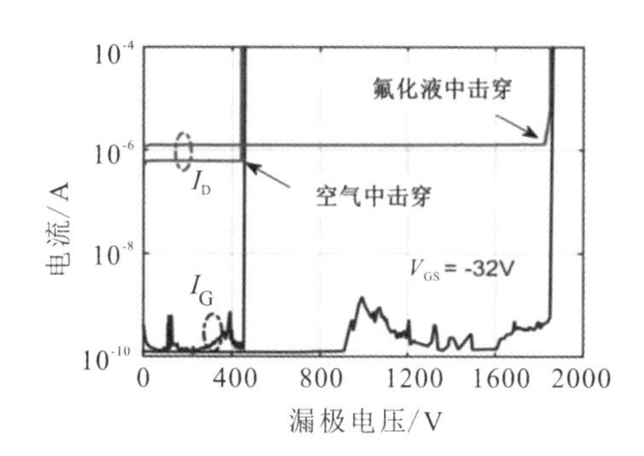

图 6.8　Ga_2O_3 MOSFET 器件击穿特性曲线

2)源场板

2019 年，中国电子科技集团第十三研究所(以下简称为中国电科十三所)报道了具有源场板结构的 Ga_2O_3 MOSFET 器件[4]。如图 6.9 所示，氧化镓材

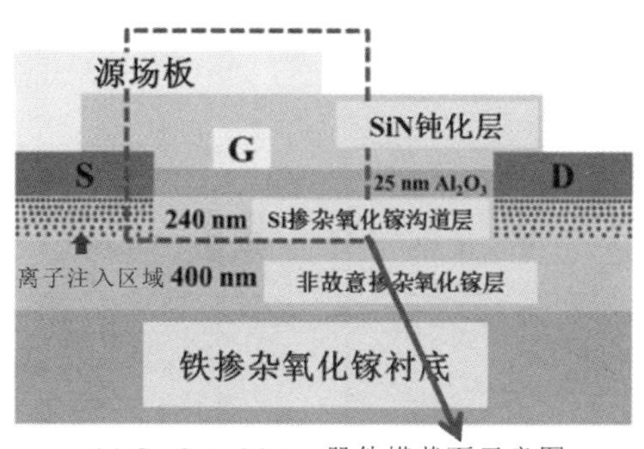

(a) Ga_2O_3MOSFET器件横截面示意图

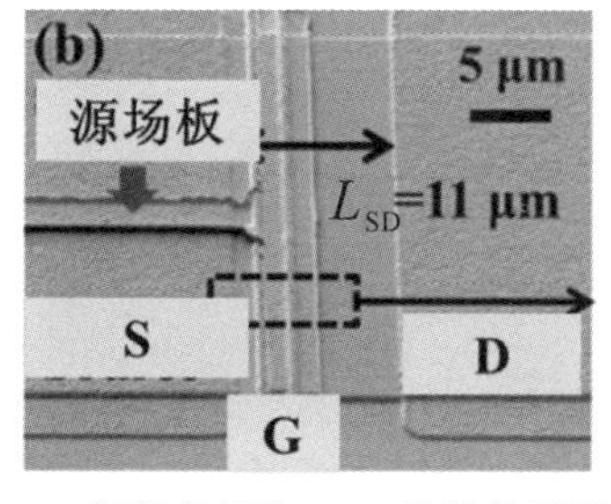

(b) 源漏间距为11 μm 的器件平面俯视电镜照片

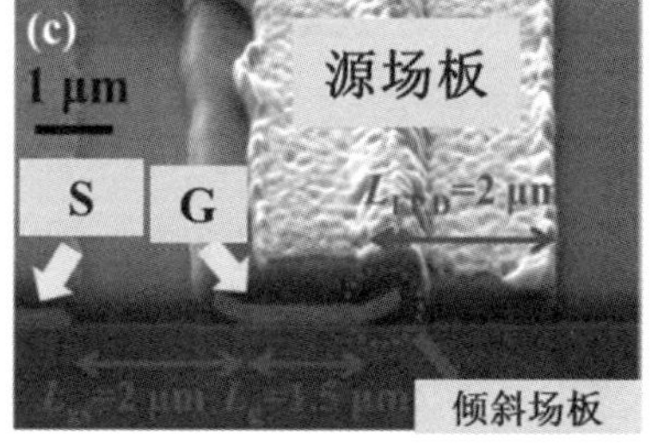

(c) 器件横截面电镜照片

图 6.9　Ga_2O_3 MOSFET 器件横截面示意图与 SEM 照片

料结构包括 Fe 掺杂半绝缘(010)Ga_2O_3 衬底、400 nm 非故意掺杂的 Ga_2O_3 缓冲层和 240 nm Si 掺杂的沟道层。掺杂浓度为 8.0×10^{17} cm^{-3}。器件的台面隔离采用干法刻蚀实现，台面高度为 350 nm。源漏欧姆接触采用离子注入硅元素实现，源漏欧姆接触采用 Ti/Au(20 nm/180 nm)两层金属。通过原子层沉积(ALD)设备在器件表面生长厚度为 25 nm 的 Al_2O_3 介质，并在氧气氛围 450 ℃下退火5 min。栅电极采用 Ni/Au 两层金属。采用等离子体增强化学气相沉积(PECVD)设备在器件表面钝化 400 nm SiN。采用感应耦合刻蚀(RIE)设备将源漏区域的 SiN/Al_2O_3 去除。源场板金属采用 Ni/Au 实现，源场板向漏端扩展的长度($L_{FP,D}$)为 2 μm。器件的栅长(L_G)和栅源间距(L_{GS})分别为 1.5 μm 和 2 μm。

图 6.10 为源漏间距为 11 μm 的 Ga_2O_3 MOSFET 器件输出与击穿特性曲线。栅压5V时，器件的漏源饱和电流密度达到267mA/mm，器件开态电阻(R_{on})为 41.6 Ω·mm，比导通电阻为 4.57 mΩ·cm^2。器件的阈值电压 (U_{th}) 为−50.5 V。器件 I_{ON}/I_{OFF} 开关比为 10^6。没有场板的 Ga_2O_3 MOSFEs 器件的击穿电压为 260 V，引入源场板后器件的击穿电压达到 480 V。具有源场板结构的器件功率品质因子达到 50.4 MW/cm^2。

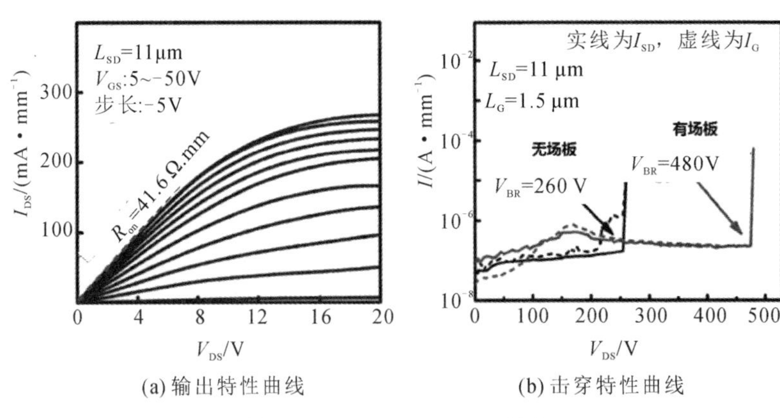

(a) 输出特性曲线　　(b) 击穿特性曲线

图 6.10　Ga_2O_3 MOSFET 器件

同年，中国电科十三所对具有源场板结构的 Ga_2O_3 MOSFET 器件结构进行了优化[5]。如图 6.11(a)所示。N 型氧化镓沟道层掺杂浓度降为 2.0×10^{17} cm^{-3}，同时将栅漏间距增加至 24.5 μm。击穿特性曲线如图 6.11(b)所示，优化后的 Ga_2O_3 MOSFEs 器件击穿电压达到 2350 V。

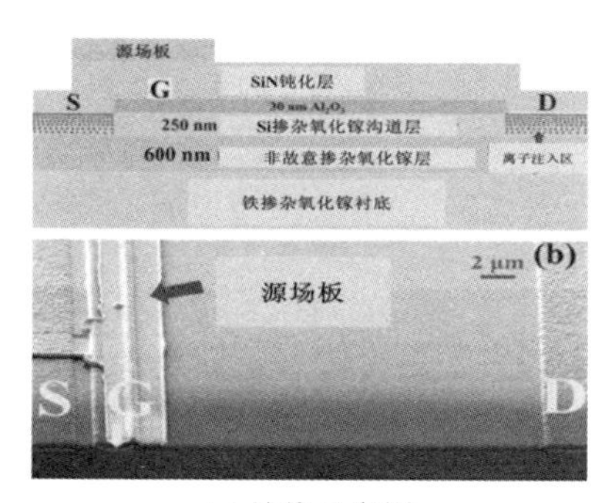

(a) 结构示意图

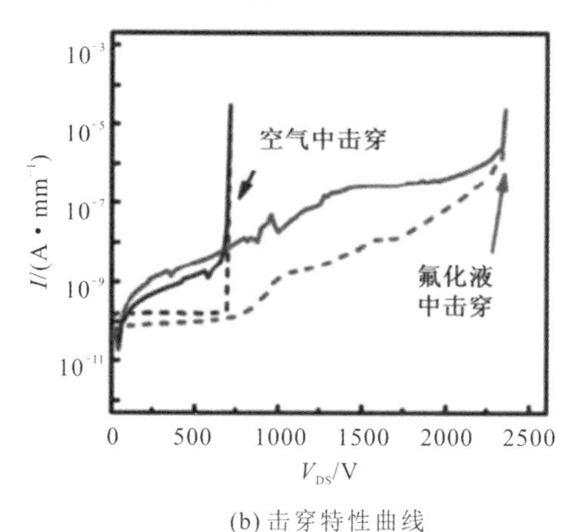

(b) 击穿特性曲线

图 6.11　Ga_2O_3 MOSFET 器件

2019 年，韩国电子通信研究院报道了具有源场板结构的 Ga_2O_3 MOSFET 器件[6]。如图 6.12(a)所示，β－Ga_2O_3 外延薄膜是采用 MBE 方法在 Fe 掺杂半绝缘(010)Ga_2O_3 衬底上外延得到的。N 型氧化镓沟道层的厚度为 150 nm，Si 掺杂浓度为 $1.5\times10^{18}\,cm^{-3}$。采用原子层沉积(ALD)设备生长的 20 nm Al_2O_3

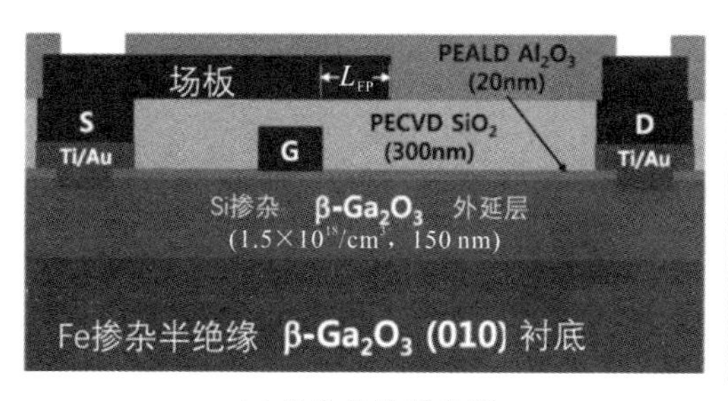

(a) 器件结构示意图　　(b) 器件照片图

图 6.12　Ga_2O_3 MOSFET

作为栅下介质。采用等离子体增强化学气相沉积(PECVD)设备在器件表面钝化 300 nm SiO_2。源场板金属采用 Ti/Au(20/450 nm)实现，源场板向漏端扩展的长度($L_{FP,D}$)为 3 μm。器件栅长(L_G)为 3 μm。

图 6.13 为源漏间距为 25 μm 的器件输出特性曲线与击穿特性曲线。栅压为 1 V 时，器件的漏源饱和电流密度为 6 mA/mm 左右。在击穿特性测试过程中，为防止空气打火，器件浸泡在氟化液(FC-770)中。如图 6.13(b)所示，器件的三端击穿电压为 2321 V。

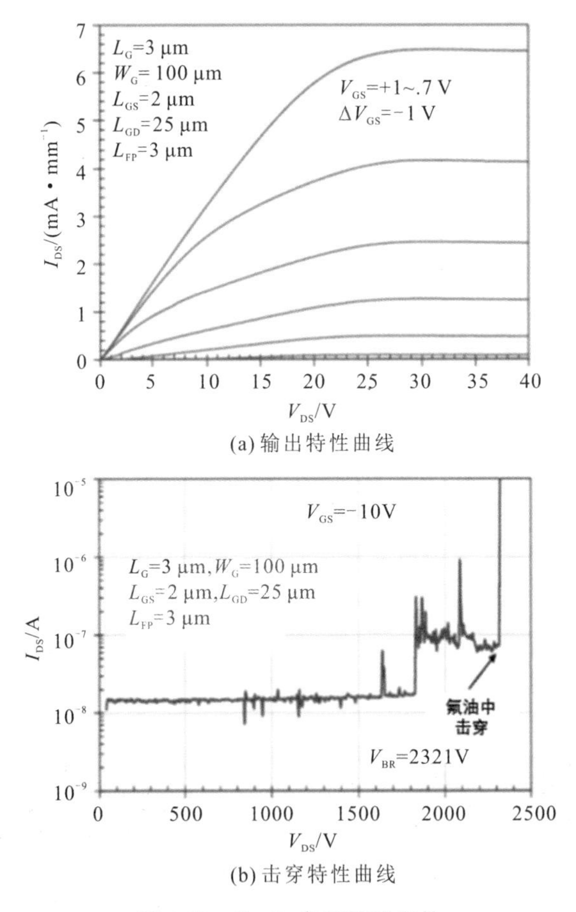

(a) 输出特性曲线

(b) 击穿特性曲线

图 6.13　Ga_2O_3 MOSFET 器件

3) 栅源复合场板

2020 年，中国电科十三所报道了具有栅源复合场板结构的 Ga_2O_3 MOSFET 器件[7]。如图 6.14 所示，氧化镓材料结构包括 Fe 掺杂半绝缘(010)Ga_2O_3 衬底、

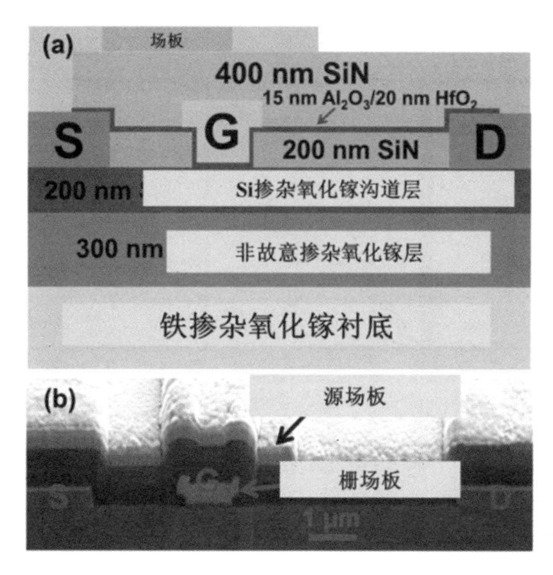

图 6.14　功率品质因子为 277 MW/cm² 的 Ga_2O_3 MOSFET 器件横截面示意图

300 nm 非故意掺杂的 Ga_2O_3 缓冲层和 200 nm Si 掺杂的沟道层。Si 掺杂浓度为 3.0×10^{17} cm^{-3}。器件台面隔离采用干法刻蚀实现，台面高度为 600 nm。欧姆接触采用离子注入工艺，源漏欧姆接触采用 Ti/Au(20 nm/180 nm)两层金属。使用 PECVD 在器件表面生长 200 nm SiN，随后采用干法与湿法结合的方法去除栅区域的 SiN 介质。采用原子层沉积(ALD)设备在器件表面生长厚度为 15 nm 的 Al_2O_3 和 20 nm 的高 K HfO_2 双层介质。基于蒸发剥离工艺制备 T 型栅电极，栅长 1 μm，栅场板长度为 300 nm。采用 PECVD 设备在器件表面钝化 400 nm SiN。采用感应耦合刻蚀(RIE)设备将源漏区域的介质去除，源场板金属采用 Ni/Au 实现。器件栅源间距为 1.8 μm，栅漏间距为 4.8 μm，源场板超过栅电极 1.5 μm。

图 6.15(a)为栅漏间距为 4.8 μm 和 17.8 μm 的 Ga_2O_3 MOSFET 器件输出特性，器件开态电阻分别为 93.6 Ω·mm 和 224.3 Ω·mm。器件开关比 I_{ON}/I_{OFF} 为 10^9。器件击穿特性测试过程中栅压固定为 −25 V，同时在氟化液中进行测试。图 6.15(b)为栅漏间距为 4.8 μm 的 Ga_2O_3 MOSFET 器件击穿特性。在没有源场板的情况下，栅漏间距为 4.8 μm 的 Ga_2O_3 MOSFEs 器件击穿电压为 750 V，采用

源场板后，器件击穿电压达到 1400 V，器件功率品质因子达到 277 MW/cm^2。

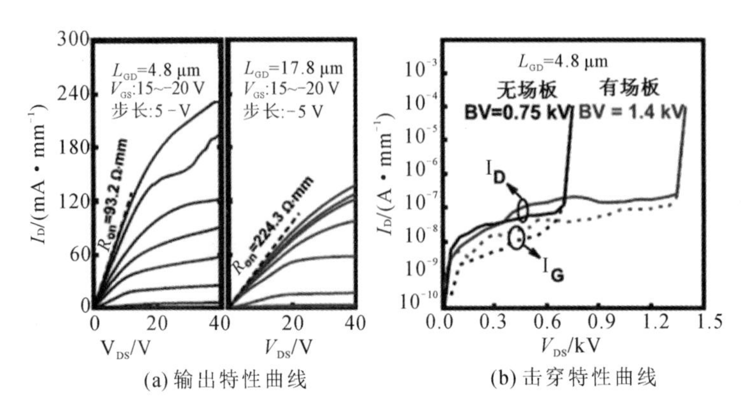

(a) 输出特性曲线　　(b) 击穿特性曲线

图 6.15　Ga_2O_3 MOSFET 器件

2. 钝化工艺

水平氧化镓 MOSFET 表面很容易发生空气打火，从而导致破坏性的器件击穿。将器件浸泡在氟化液中可以有效隔绝空气打火，改善器件击穿特性。因此，器件表面对击穿特性有非常重要的影响。采用有效的表面钝化，可以改善器件击穿特性。2020 年，纽约州立大学布法罗分校报道了采用 SU-8 聚合物钝化的 Ga_2O_3 MOSFET 器件[8]。该器件结构示意图如图 6.16(a)所示，其材料结构包括 Fe 掺杂半绝缘(010)Ga_2O_3 衬底、200 nm 非故意掺杂的 Ga_2O_3 缓冲层和 200 nm Sn 掺杂的沟道层；掺杂浓度为 2.0×10^{17} cm^{-3}；源漏欧姆接触采用旋涂玻璃掺杂工艺实现，随后依次采用 ALD/PECVD/ALD 设备沉积多层氧化层，其中底层 20 nm SiO_2 作为栅下介质层；采用干法与湿法结合的方法去除栅区域的多层氧化层(只保留保留 20 nm SiO_2)。器件栅长 5 μm，栅场板向漏端扩展的长度(L_{FP})为 5 μm。如图 6.16(b)所示，器件漏源饱和电流密度为 0.2 mA/mm，开态电阻为 78.7 k Ω · mm。

如图 6.17 所示，对于栅漏间距为 40 μm 的 Ga_2O_3 MOSFET 器件，未钝化前的击穿电压为 2706 V，采用 SU-8聚合物钝化后的击穿电压达到 6721 V。此外，对于栅漏间距为 70 μm、采用 SU-8 聚合物钝化的 Ga_2O_3 MOSFET器件，其击穿电压达到 8032 V。

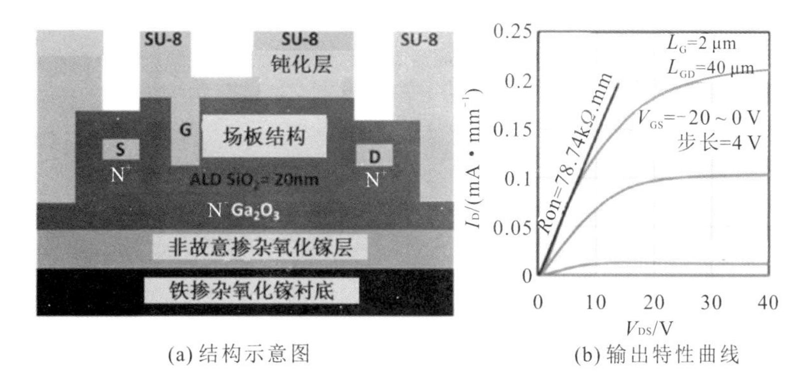

(a) 结构示意图　　(b) 输出特性曲线

图 6.16　采用新型表面钝化结构的 Ga_2O_3 MOSFET 器件

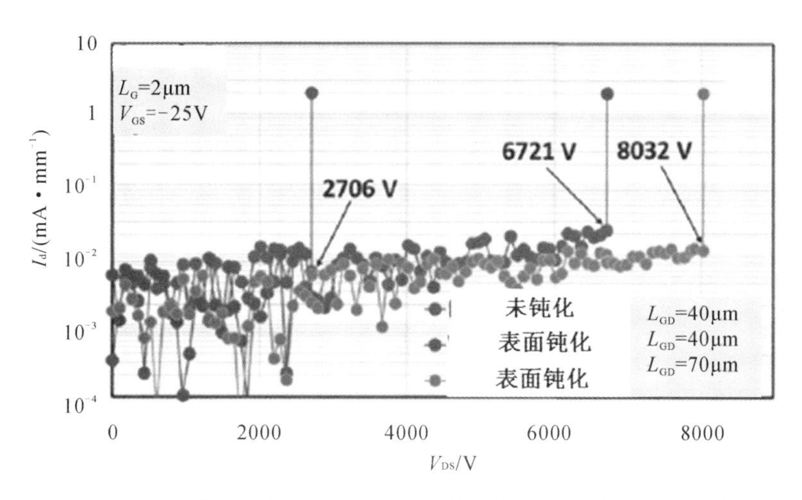

图 6.17　采用新型表面钝化结构的 Ga_2O_3 MOSFET 器件击穿特性曲线

3. 衬底转移

针对氧化镓材料散热差的问题，2019 年中国科学院上海微系统与信息技术研究所报道了利用“万能离子刀”剥离与转移技术，将晶圆级氧化镓单晶薄膜与高热导率的碳化硅衬底晶圆级集成(见图 6.18)，通过化学机械抛光后，氧化镓薄膜表面粗糙度达到 0.4 nm[9]。基于该材料，研制出平面水平氧化镓 MOSFET 器件。

如图 6.19 所示，通过氧化镓 MOSFET 器件电学测试表明，在 300～500 K 的升温过程中开态电流和关态电流没有明显退化，而与基于同质氧化镓衬底的 MOSFET 器件相比，其热稳定性显著提升。SiC 基氧化镓 MOSFET 在 500 K 的高温下，击穿电压依然可以超过 600 V。

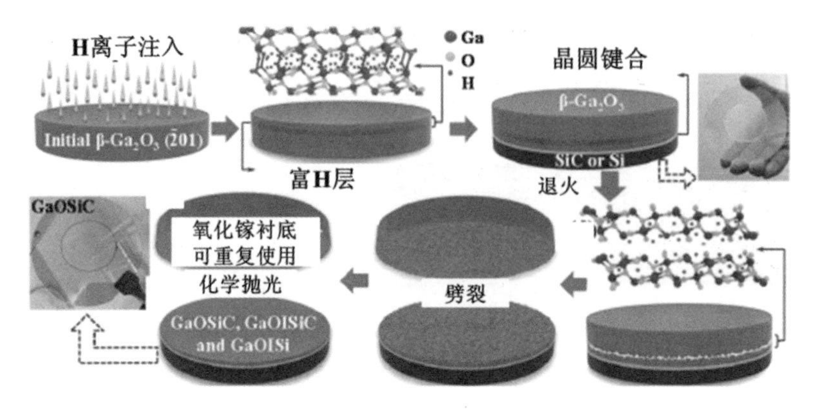

图 6.18　氧化镓与碳化硅(SiC)晶圆键合流程示意图

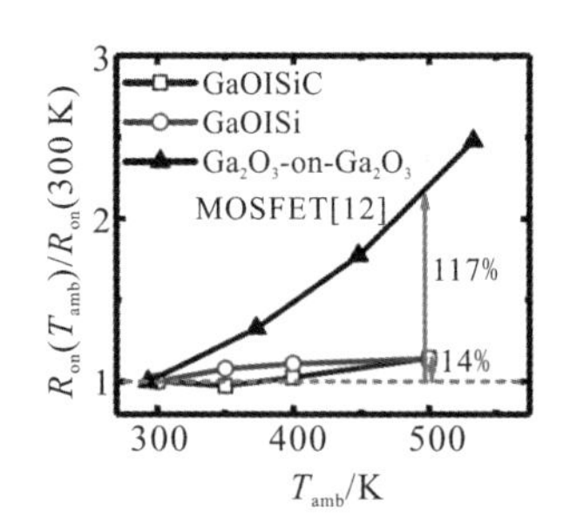

图 6.19　不同衬底的氧化镓 MOSFET 开态电阻(R_{on})随温度变化曲线

6.2.2　增强型器件

由于氧化镓 P 型掺杂难以实现，因此增强型氧化镓 MOSFET 器件的制备面临诸多挑战。目前增强型氧化镓 MOSFET 器件的制备方法主要包括：凹槽栅工艺、离子注入工艺、栅下铁电介质、栅区域热氧处理等。

1. 凹槽栅工艺

2017 年，美国康奈尔大学报道了采用凹槽栅工艺制备的增强型氧化镓 MOSFET 器件[10]。如图 6.20(a)所示，$\beta-Ga_2O_3$ 外延材料结构包括 Fe 掺杂半绝缘(010)Ga_2O_3 衬底、200 nm Sn 掺杂的沟道层。栅区域基于 ICP 刻蚀实现凹槽，刻蚀深度为 140 nm。采用原子层沉积(ALD)设备在样品表面生长的 20 nm SiO_2 作为栅介质层。图 6.20(b)、(c)展示了栅区域侧壁与底部的异质界面 TEM 图。

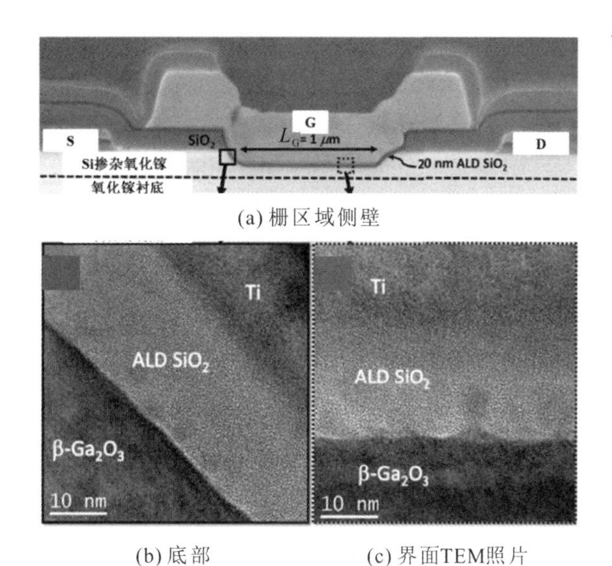

(a) 栅区域侧壁

(b) 底部　　　　(c) 界面TEM照片

图 6.20　凹槽栅氧化镓 MOSFET 器件结构示意图

图 6.21 展示了源漏间距为 8 μm 的增强型 Ga_2O_3 MOSFET 器件输出特性与转移特性曲线。该增强型氧化镓 MOSFET 器件的阈值电压达到＋4 V，漏源饱和电流达到 40 mA/mm。此外，源漏间距分别为 3 μm 和 8 μm 的器件击穿电压达到 198 V 和 505 V。

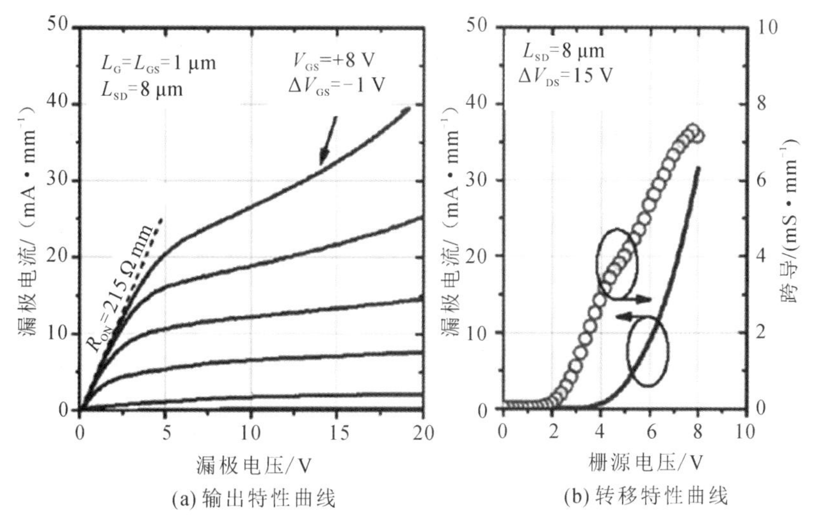

(a) 输出特性曲线　　　　(b) 转移特性曲线

图 6.21　增强型 Ga_2O_3 MOSFET 器件

2. 栅下铁电介质

2020 年，西安电子科技大学报道了采用栅下铁电解质材料实现的增强型氧化镓 MOSFET 器件[11]。如图 6.22 所示，β-Ga_2O_3 外延材料结构包括 Fe 掺杂半绝缘(010) Ga_2O_3 衬底、200 nm Sn 掺杂的沟道层；掺杂浓度为 2.0×10^{17} cm^{-3}；欧姆接触金属采用 Ti/Au 两层金属，通过氮气氛围高温退火实现；采用原子层沉积(ALD)设备在样品表面依次生长 5 nm Al_2O_3 和 17 nm 铁电介质材料 $Hf_{0.5}Zr_{0.5}O_2$ 两层栅介质材料，而后在氮气氛围 500 ℃下退火 60 s 用于增强栅介质铁电特性。

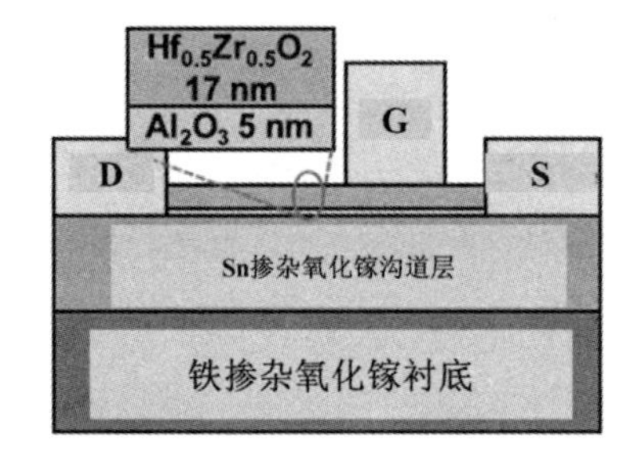

图 6.22　采用栅下铁电解质材料的 Ga_2O_3 MOSFET 器件结构示意图

图 6.23 展示了未采用铁电介质和采用铁电介质的氧化镓 MOSFET 器件转移特性曲线。采用铁电介质后，氧化镓 MOSFET 器件的阈值电压达到 +1.57 V，相比于未采用铁电介质的器件(阈值电压为 -3 V)，阈值电压正向移动 4.57 V。同时，器件饱和电流密度未见明显下降，与耗尽型器件相当。

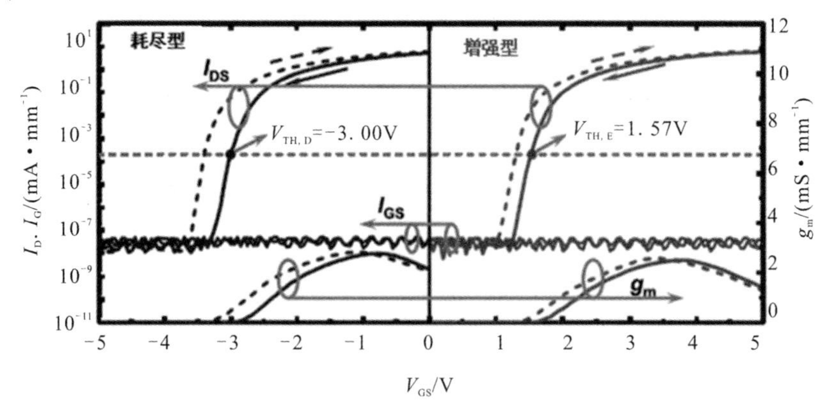

图 6.23　未采用铁电介质和采用铁电介质的氧化镓 MOSFET 器件转移特性曲线

3. 离子注入

2017 年，日本国家信息与通信技术研究所(NICT)报道了基于离子注入方式实现增强型氧化镓 MOSFET 器件[12]。如图 6.24 所示，材料结构包括 Fe 掺杂半绝缘(010)Ga_2O_3 衬底、1.2 μm 非故意掺杂(UID)的氧化镓本征层；欧姆接触采用离子注入工艺实现欧姆接触，源漏欧姆接触采用 Ti/Au (20 nm/230 nm)两层金属；采用原子层沉积(ALD)设备在样品表面生长 50 nm 的 Al_2O_3 介质层，栅金属可覆盖整个 UID 氧化镓沟道区域。

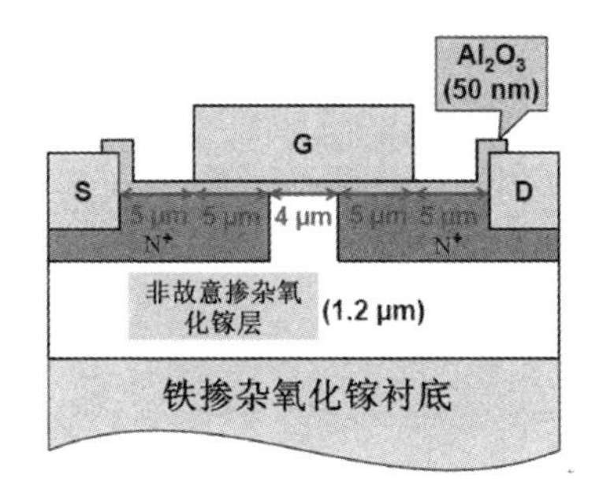

图 6.24　采用离子注入方式的 Ga_2O_3 MOSFET 器件结构示意图

如图 6.25 所示，采用上述方法研制的氧化镓 MOSFET 器件阈值电压超过 +12 V，但器件饱和电流密度很小，仅 1.5 mA/mm 左右，这主要是由 UID 氧化镓沟道电子浓度过低，同时栅沟道区域过大导致的。此外，器件击穿电压仅 40 V，这主要因为栅金属有部分区域与 N^+ 注入区域通过 Al_2O_3 介质层隔离，受限于 Al_2O_3 击穿电压较低。

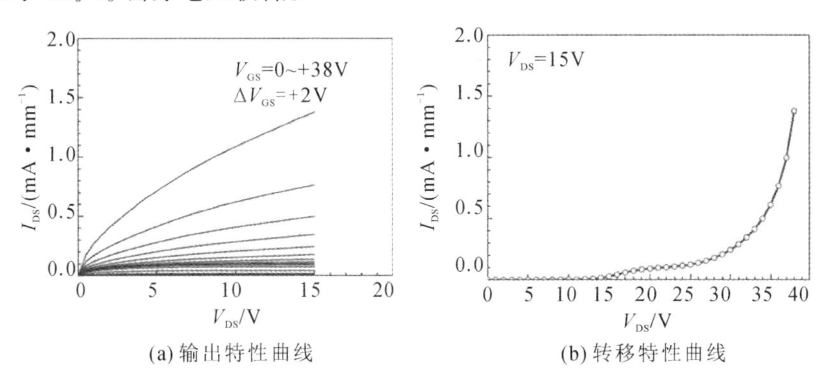

图 6.25　采用离子注入方式的 Ga_2O_3 MOSFET 器件

4. 栅区域热氧处理

2019年，中国电科十三所报道了采用栅区域热氧退火处理实现的增强型氧化镓MOSFET器件[4]。如图6.26所示，β-Ga_2O_3外延材料结构包括Fe掺杂半绝缘(010)Ga_2O_3衬底、600 nm非故意掺杂的Ga_2O_3缓冲层和200 nm Si掺杂的沟道层；掺杂浓度为2.0×10^{17} cm^{-3}；欧姆接触采用离子注入工艺，源漏欧姆接触采用Ti/Au(20/180 nm)两层金属；采用PECVD在器件表面生长200 nm SiN，随后采用干法与湿法结合的方法去除栅区域的SiN介质，再将样品在氧气氛围500 ℃下退火5 min；采用原子层沉积(ALD)设备在器件表面生长厚度为30 nm的Al_2O_3介质。栅金属采用Ni/Au两层金属；第一层源场板金属采用Ni/Au，向漏端扩展的长度($L_{FP,D}$)为2.5 μm；第二层源场板金属采用Ni/Au。第二层源场板向漏端扩展的长度比第一层源场板长0.7 μm。

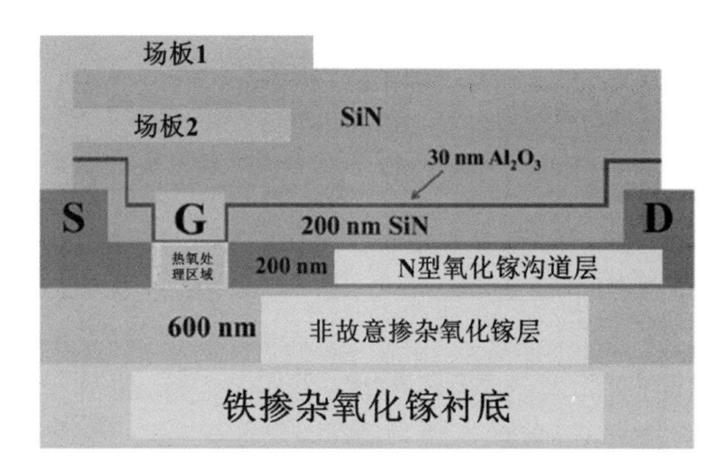

图6.26 采用栅区域热氧处理的增强型Ga_2O_3 MOSFET器件横截面示意图

从图6.27可以看到，器件展示出良好的增强型特性，器件的阈值电压(V_{TH})为+4.1 V。器件I_{ON}/I_{OFF}开关比为10^8。在没有场板的情况下，栅漏间距为8 μm的Ga_2O_3 MOSFET器件击穿电压为560 V；采用第一层源场板后，器件击穿电压达到1320 V；而采用双层源场板后，器件击穿电压达到2440 V。器件的比导通电阻为63.1 mΩ·cm^2。

目前已报道的增强型Ga_2O_3 MOSFET器件的制备方法除上述几个方法外，还包括Fin结构以及电流孔型结构等。该部分将在第6.3节中作详细介绍。

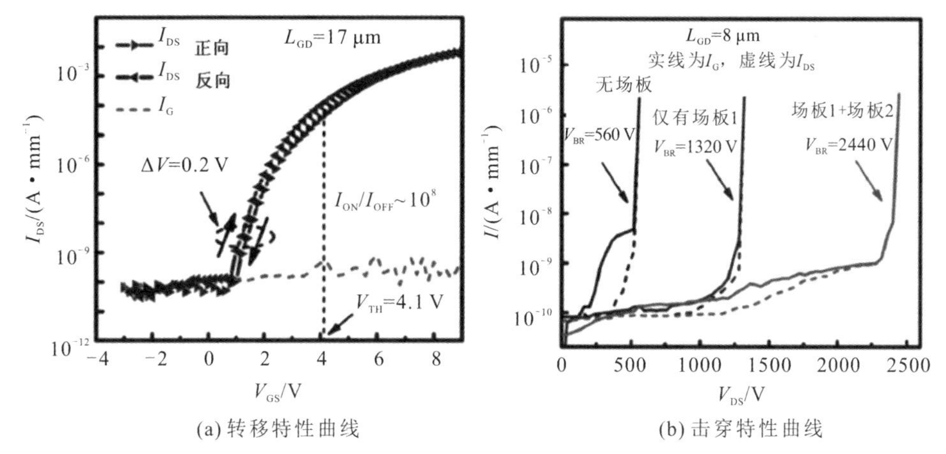

(a) 转移特性曲线　　(b) 击穿特性曲线

图 6.27 采用栅区域热氧处理的增强型 Ga_2O_3 MOSFET 器件

6.2.3 射频器件

尽管氧化镓的电子迁移率不高，但电子饱和速度可达 2×10^7 cm/s，与 GaN 接近，而 E_c 达到 8 MV/cm，比 GaN 高 2.4 倍。Johnson 品质因子 $\left(\frac{u_{sat}^2 \cdot E_c^2}{4\pi^2}\right)$是衡量材料是否适合做射频器件的指标之一。氧化镓的高击穿电场与电子饱和速度可反映其在高压高频下工作的能力。晶体管的截止频率与栅极长度成反比，因此器件尺寸的微缩是发展的方向。同时，器件微缩导致的短沟道效应、寄生电阻的占比增大等问题还需要进一步探索解决。

2017 年，美国空军实验室首次报道了射频应用的氧化镓 MOSFET[13]。在(100)偏 6°角的绝缘衬底上采用 MOVPE 方法外延得到了 Si 掺杂氧化镓沟道，通过 RIE 刻蚀形成了凹槽栅结构，制备出具有 0.7 μm 栅长的耗尽型晶体管，结构如图 6.28 所示。采用外延的重掺杂盖帽层将欧姆接触电阻降低到 3.3 Ω·mm，器件达到了 150 mA/mm 的饱和电流密度、10^6 的开关比与 21.2 mS/mm 的跨导。截止频率与最高振荡频率分别达到了 3.3 GHz、12.9 GHz。大信号下测得的一般功率增益和转化功率增益分别为 1.8 dB 和 5.1 dB。此外，还测得了 0.23 W/mm 的最高输出功率和 6.3%的功率增加效率。由于氧化镓低的热导率，器件在工作时根据自热效应温度超过了 300 ℃，导致性能出现不可逆的退化，限制了输出功率。此外，0.7 μm 的栅长并不足以发挥频率特性的优势。为了使器件尺寸进一步微缩，2018 年，该研究组采用 65 nm 浓度为 2×10^{18} cm^{-3} 的薄氧化镓沟道，使栅极尺寸微缩至 0.14 μm，由此研制出了 T 型栅晶体管，获得了较好的 DC 性能[14]。该器件的饱和电流密度达到了 275 mA/mm，开关电流比达 10^8，并且跨导高于 25 mS/mm。通过传输线模型测试得到器件的接触电阻为 11 Ω·mm，在小信号下具有 5.1 GHz 的截止频率与 17.1 GHz 的最大振荡频率。2020 年，该研究组报道了工作于 L 波段的自对准氧化镓 MOSFET[15]。该器件采用与上述器件同样的薄氧化镓沟道，通过二次干法刻蚀制备了自对准的 W 栅电极，并蒸镀了 3 μm 的电极极板用于高功率测试时的散热(见图 6.29)。所研制的器件在 1 GHz 下的功率增加效率超过了 23%，输出功率超过 700 mW/mm，转化功率增益达到了 13 dB。

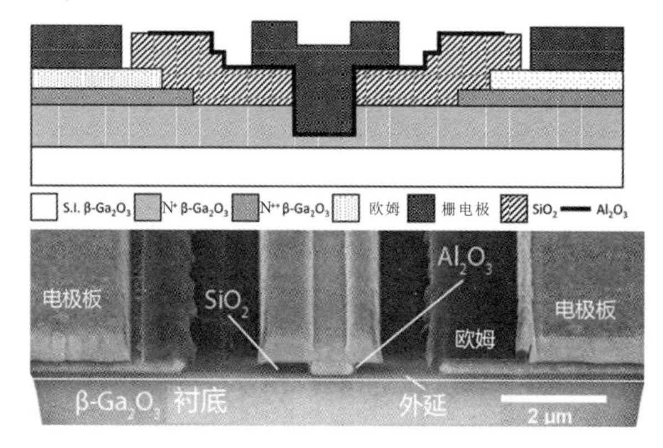

图 6.28　T 型栅结构射频晶体管横截面图

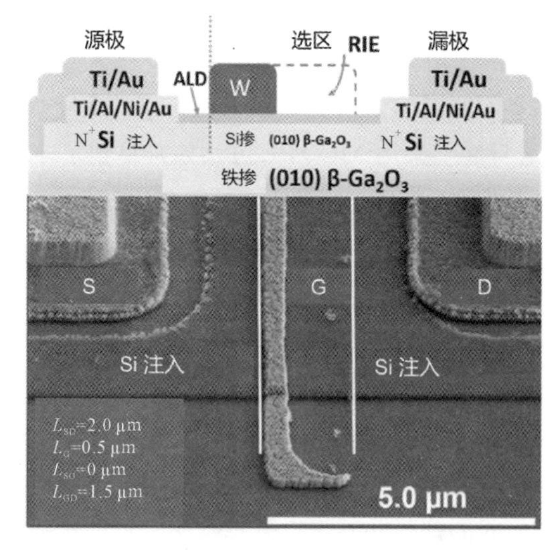

图 6.29　L 波段自对准器件结构原理图

2018年，英国布里斯托尔大学研制了场板结构氧化镓MOSFET[16]，该材料结构见图6.30。研究表明，在脉冲模式下，该器件功率附加效率达到了12%，输出功率密度达到了0.13 W/mm，1 GHz频率下的最大转化增益达到了4.8 dB。在高电压下该器件性能的退化可归结为自热效应。研究同时指出，缓冲层与表面的缺陷对器件的性能并没有较大的影响。

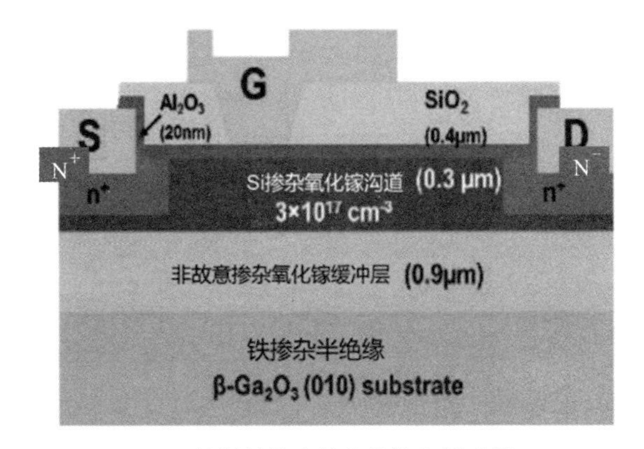

(a) 场板场效应晶体管结构原理图

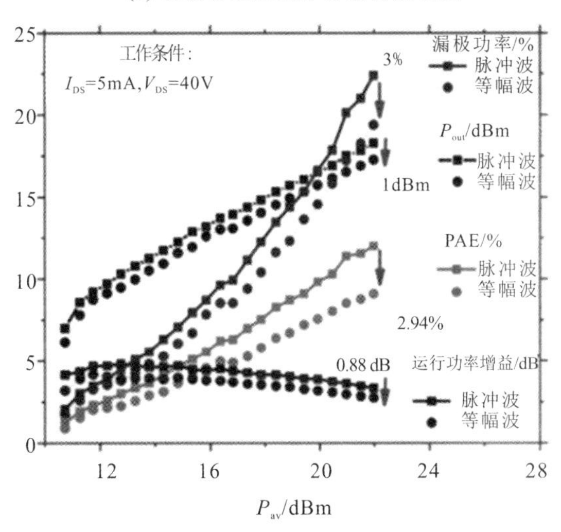

(b) 1 GHz下等幅波与脉冲波的信号测试

图6.30 场板场效应晶体管结构原理图及信号测试

2020年9月，日本国家信息与通信技术研究所报道了微缩的T型栅氧化镓晶体管[16]。如图6.31所示，器件的饱和电流达到了250 mA/mm，取得了10 GHz的

截止频率与 27 GHz 的最大振荡频率。研究指出，由于短沟道效应的存在，截止频率与最大振荡频率在栅长 200 nm 以下不再随着栅电极尺寸的微缩而有所提升，电子速率达到了 2×10^{6} cm/s。然而，由于较大的沟道方块电阻限制了器件的工作频率，因此氧化镓射频器件尺度的微缩仍然有待进一步通过优化器件结构来抑制短沟道效应的发生。

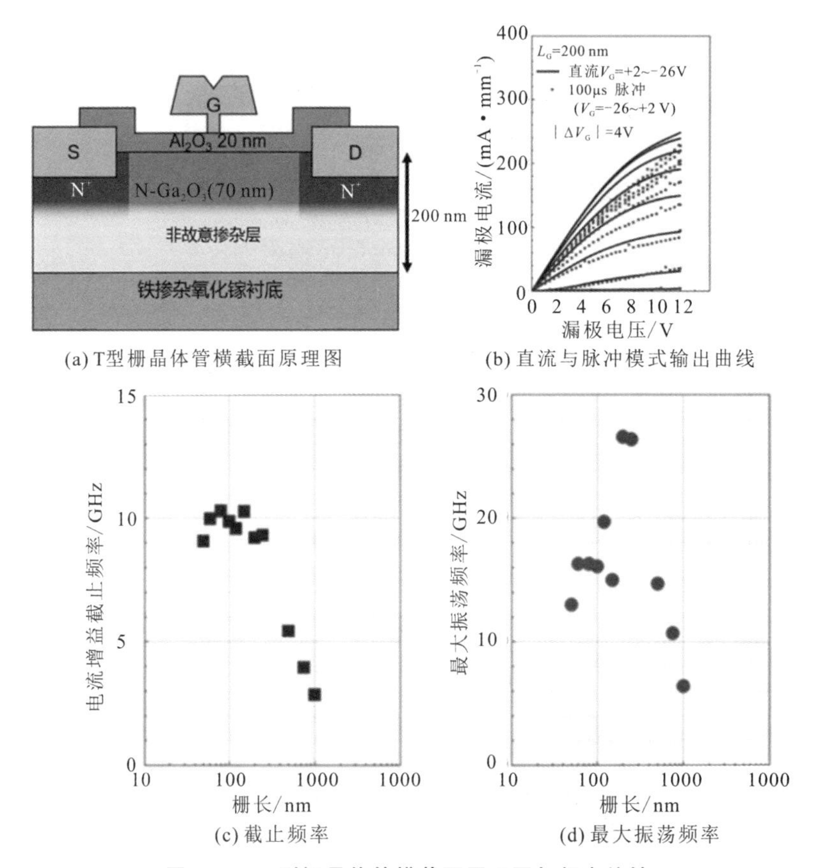

图 6.31　T 型栅晶体管横截面原理图与频率特性

6.3　垂直型氧化镓场效应晶体管

与平面结构 MOSFET 器件相比，垂直结构 MOSFET 器件更适合功率电子应用。对于相同面积的芯片，垂直结构功率电子器件具有更高的电流密度，

这是因为垂直结构器件的面积不影响漂移区的厚度，垂直结构器件的发热更均匀。β-Ga_2O_3 单晶衬底能够采用 HVPE 高速生长，易于实现高质量体单晶，所以特别适合制备垂直结构器件。目前报道的垂直结构 Ga_2O_3 MOSFET 器件分为两种结构：一种是 Fin 型结构，另一种是电流孔型结构。

6.3.1 Fin 型器件

由于缺乏 Ga_2O_3 P 型掺杂技术，不能使用反型沟道，因此垂直型氧化镓场效应晶体管无法延续碳化硅功率器件的 P 型注入方式。采用将轻掺杂 N 型沟道刻蚀成 Fin 或纳米线的技术路线可以实现增强型器件，同时 Fin 结构抑制了峰值场强，能提高器件的击穿电压。垂直结构 FinFET 晶体管的栅结构选择有三种：肖特基接触、PN 结和 MIS 结。对于目前正在发展的 β-Ga_2O_3 材料，因为其外延 P 型掺杂还没有实现，所以采用 MIS 结栅结构实现增强型垂直结构 FinFET 晶体管，目标是增加器件的击穿电压、降低器件关态漏电。MIS 结电容在高反向偏压下能保持在深耗尽状态，从而实现整个器件的高击穿电压。宽禁带半导体，尤其是当 Ga_2O_3 带隙大于 4 eV 时，特别适合设计 MIS 结功率电子器件。与传统的平面器件工艺相比，栅长、源漏间距和对准工艺的精确度取决于介质厚度和刻蚀厚度的精确控制，此外还需要注意：① Fin 沟道的侧壁对器件性能影响很大，可采用低损伤的 ICP-RIE 工艺去除 ICP 刻蚀对材料表面的损伤。采用高温（>200 ℃）和高浓度（>80 wt%）的 H_3PO_4、H_2SO_4 和 HF 酸混合液腐蚀 Ga_2O_3，腐蚀速率与晶格方向相关，从而实现原子级光滑的垂直侧壁。② 栅介质的击穿是限制晶体管器件击穿的关键因素。所以，研究具有更大带隙、更强击穿场强和介电常数的强介电材料，能更深入挖掘 Ga_2O_3 器件的应用潜力。由于生长温度较高，因此利用 MOCVD 原位生长的 AlN 和 SiN_x 介质能够形成更好的 Ga_2O_3/介质界面。③ 关态击穿往往发生在栅金属压点的边缘。新型场板结构（包括多层场板或斜场板结构）具有更好的击穿特性。高阻 Ga_2O_3 可以通过 N 离子注入实现。

根据 Fin 沟道形状的不同，垂直结构 Ga_2O_3 MIS-FinFET 可以分为三类：三角形 Fin 沟道、矩形 Fin 沟道和场板结构 Fin 沟道。

1. 三角形 Fin 沟道

2016 年，美国伊利诺伊大学香槟分校报道了三角形 Fin 结构增强型 Ga_2O_3 FinFET 器件[17]。如图 6.32 所示，该器件材料采用 MOCVD 方法在

100 mm^{2}的 Mg 掺杂半绝缘(100)$\beta-Ga_2O_3$ 衬底上同质外延 300 nm 的 Sn 掺杂 Ga_2O_3 沟道层；通过电子束直写光刻和 ICP 刻蚀实现 Fin 沟道，Fin 沟道宽度 300 nm，沟道间距约 900nm；将电子束蒸发 150 nm 厚的 Cr 金属作为 Fin 刻蚀的掩模，200 nm 厚的 Cr 金属作为台面隔离的掩模；采用 BCl_3 作为反应气体以 ICP 刻蚀得到 Ga_2O_3，刻蚀条件是 120 W 的 RIE 功率和 300 W 的 ICP 功率，BCl_3 流量为 20 sccm，反应腔压强为 16 mTorr。Ga_2O_2 与 Cr 的 ICP 刻蚀选择比例大约是 2∶1。为了完全刻蚀掉 300 nm 厚的 Ga_2O_3 沟道层，需采用过刻蚀来完全刻蚀掉 Cr 掩模层，从而形成了三角形 Fin 沟道。源漏接触金属采用的是 Ti/Al/Ni/Au(20/100/50/50 nm)，在 470 ℃氮气下退火 1 min 形成欧姆接触；采用 ALD 设备在 250 ℃下生长 20 nm 的 Al_2O_3 薄膜，通过氟等离子体 RIE 刻蚀 Al_2O_3 可形成栅和源漏互连图形，栅金属采用Ni/Au(20 nm/480 nm)，栅长 2 μm；最后生长 20 nm 的 Al_2O_3 薄膜用于对器件进行钝化。器件的源漏间距为 4 μm，采用双栅设计，通过双栅环绕控制 48 个 Fin 沟道。如图 6.33 所示，SEM 形貌显示 Fin 沟道的侧壁光滑，从 TEM 图像可见三角形 Fin 沟道的底边长 300 nm，高度为 200 nm。通过霍耳测试可以测到材料的方阻为 40 kΩ/ ，Fin 沟道内的电子迁移率是 24 cm^2/(V·s)。如图 6.34 所示，器件的开关比 I_{ON}/I_{OFF}大于10^5，器件阈值电压为+0.8 V，L_{GD}=21 μm 的器件击穿电压 612 V，开态沟道电流密度(J_n)达到 5.9 kA/cm^2，开态电流为 0.18 μA/μm，亚阈值摆幅(Subthreshold Swing，SS)为 158 mV/dec。

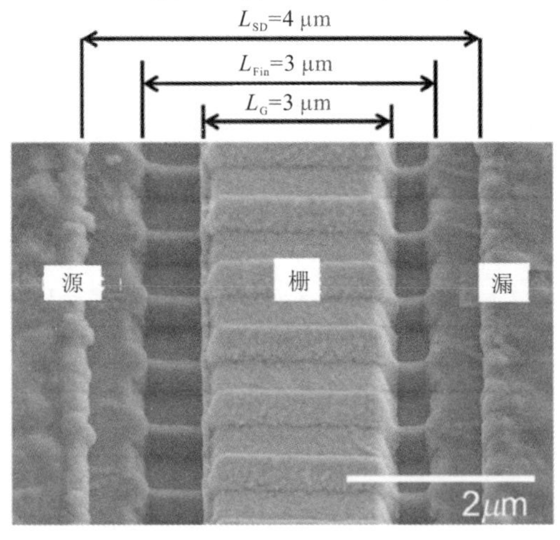

图 6.32　三角形 Fin 沟道 SEM 图像

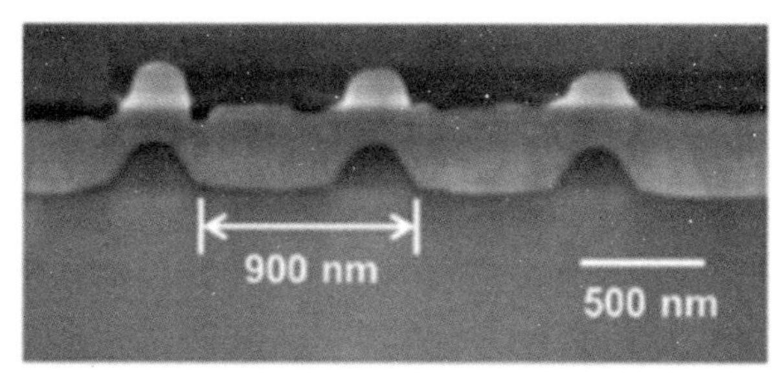

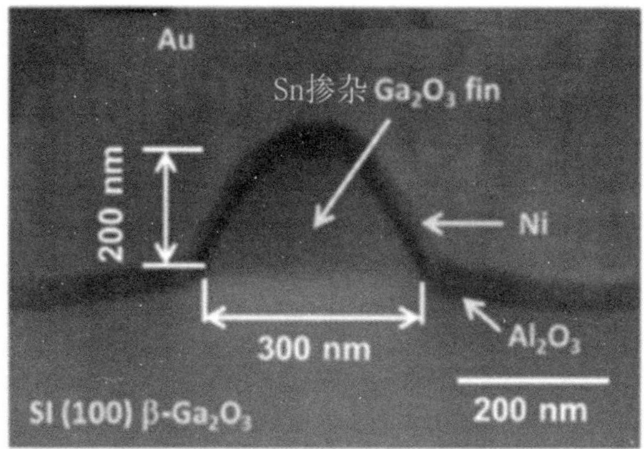

图 6.33　Ga_2O_3 Fin MOSFET 器件的剖面 SEM 图像

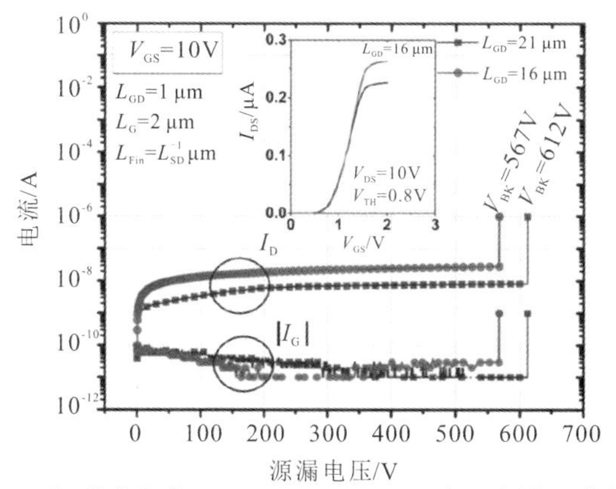

注：器件栅长L_a=2 μm，L_{GD}=16/21 μm，插入图是器件的转移特性曲线，V_{th}=0.8 V。

图 6.34　三角形 Ga_2O_3 FinFET 在关态 $V_{GS}=0$ V 时的击穿特性[17]

2. 矩形 Fin 沟道

2018 年，美国康奈尔大学报道了矩形 Fin 垂直结构 Ga_2O_3 MIS - FinFET[18]。如图 6.35(a)所示，垂直结构 Ga_2O_3 MIS - FinFET 器件工艺流程如下：在 N 型 Ga_2O_3(001)单晶衬底上($n=2\times10^{18}$ cm^{-3})通过 HVPE 方法外延生长10 μm 厚的 N 型 Ga_2O_3 外延层掺杂 Si，掺杂浓度小于2×10^{16} cm^{-3}。器件制备首先是在漂移层的表面 50～100 nm 深度内离子注入 Si 元素，注入浓度为 10^{20} cm^{-3}，然后器件在氮气氛围中 1000 ℃退火 30 min 以激活杂质从而降低接触电阻。通过电子束直写光刻实现图形，以及在材料表面采用电子束蒸发 Pt 金属，定义了 FET 器件的沟道尺寸。在 ICP 刻蚀的 Ga_2O_3 表面上实现 Fin 沟道，目标 Fin 高度为 1 μm。然后，通过 ALD 设备在 300 ℃下沉积30 nm厚 的 Al_2O_3 介质，磁控溅射 30 nm 厚的 Cr 栅金属。采用 PECVD 沉积 200 nm 厚的 SiO_2 以完成器件钝化，源欧姆接触是电子束蒸发 Ti/Pt/Au，器件隔离是通过刻蚀器件之间的 SiO_2 和 Cr 栅金属实现的。经 FIB 和 SEM 测试显示，器件的 Fin 沟道宽度为 330 nm、长度为 795 nm。没有场板的器件在关态下的三端击穿电压为 1057 V。如图 6.35(b)所示，器件通过 Fin 结构实现增强型，阈值电压为 1.2～2.2 V，开关比为 10^8，开态电阻为 13～18 mΩ·cm^2，输出电流大于 300 A/cm^2。

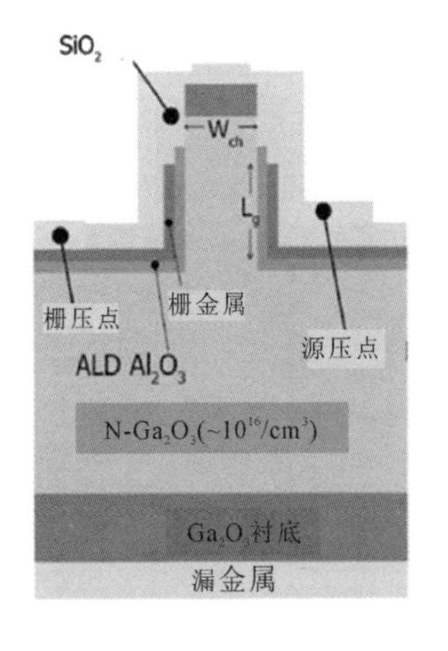

(a)垂直结构Ga_2O_3功率FinFET和MISFET器件示意图

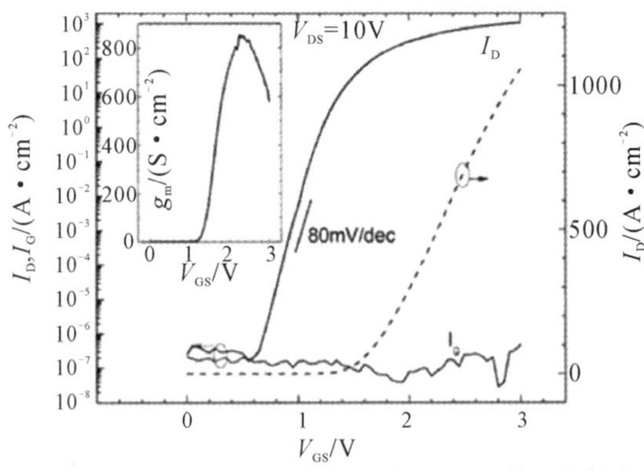

(b)垂直结构Ga_2O_3功率FinFETs的I_D/I_G-V_{GS}转移特性曲线(外推的亚阈值摆幅SS=80mV/dec)

图 6.35 器件的剖面示意图和 SEM 剖面图像

2018年，美国康奈尔大学将增强型Ga_2O_3 MIS-FinFET器件的电流增加到了1 kA/cm^2[19]。如图6.36所示，垂直结构Ga_2O_3 MIS-FinFET器件工艺流程如下：在N型Ga_2O_3(001)单晶衬底上($n=2\times10^{18}$ cm^{-3})通过HVPE方法外延生长10 μm厚的N型Ga_2O_3外延层掺杂Si，掺杂浓度小于2×10^{16} cm^{-3}。器件制备首先是在漂移层的表面下方50 nm深度内注入离子Si元素，注入浓度为5×10^{19} cm^{-3}，然后将器件在氮气氛围中1000 ℃退火30 min以激活杂质。通过电子束直写光刻实现图形，以及在材料表面采用电子束蒸发Pt金属，定义了FET器件的沟道尺寸。在ICP刻蚀的Ga_2O_3表面实现Fin沟道，目标Fin高度为1 μm，宽度为0.3 μm。然后，通过ALD设备在300 ℃下沉积30 nm厚的Al_2O_3介质，磁控溅射50 nm厚的Cr栅金属。采用一种光刻胶平坦化工艺选择腐蚀掉N^+ Ga_2O_3源上的栅金属/栅介质。采用PECVD沉积200 nm厚的SiO_2以完成源区的钝化，采用湿法腐蚀刻蚀掉源区的SiO_2层，以及采用电子束蒸发Ti/Pt/Au金属形成源欧姆接触。器件隔离是通过刻蚀器件之间的SiO_2和Cr栅金属实现的。

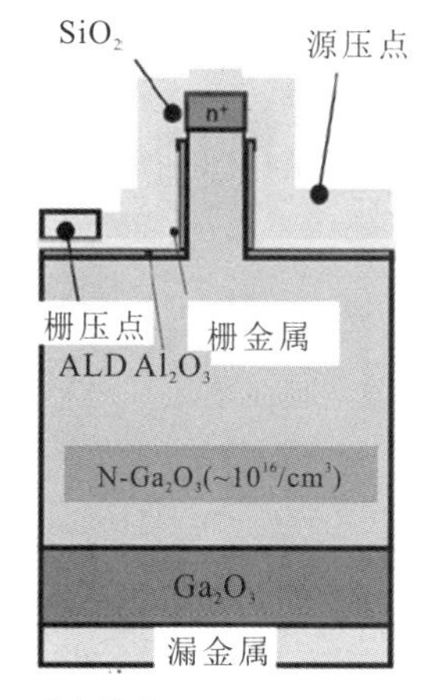

(a) 垂直结构Ga_2O_3 MIS-FinFET器件的剖面示意图

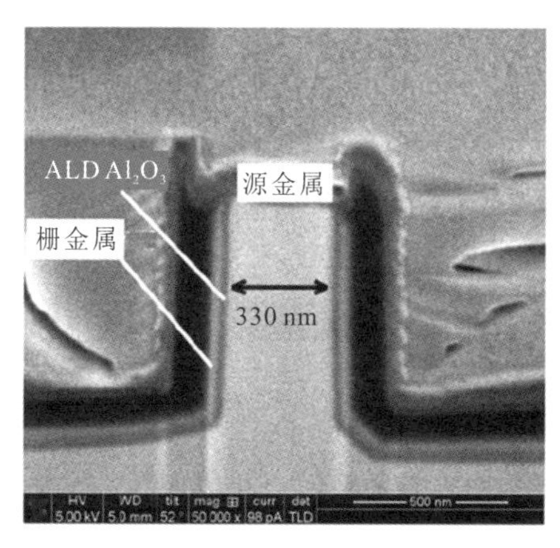

(b) Ga_2O_3 MIS-FinFET器件的52° SEM剖面图像(Fin沟道宽300 nm，长795 nm)

图6.36　器件的剖面示意图和SEM剖面图像

增加晶体管Fin沟道宽度可大幅提升器件的电流密度，而过宽的沟道则会导致严重的漏致势垒降低(DIBL)效应，其原因是晶体管在0 V栅源偏压下过早发生器件击穿。在更宽Fin沟道观察到更高电流密度，从而证实栅介质层束缚的电荷限制了晶体管沟道中的有效场致电子迁移率，使得原本Ga_2O_3漂移层中电子的迁移率降低了2/3。输出电流密度和击穿电压之间的关系还与陷阱密度相关。若降低陷阱密度，增加击穿电压并减小 Fin 沟道的宽度时，则输出电流密度可以保持不变。

增强型 Ga_2O_3 MIS－FinFET 器件输出电流大于 1 kA/cm²，同时击穿电压接近 kV(如图 6.37 所示)。结合高的击穿电压和低的开态电阻，器件的 Baliga 品质因数达到 125 MW/cm²。通过器件模拟和分析表明，相对低的介质/沟道界面态密度(～10^{12} cm²/eV)导致了尺寸为 $L_G/(W_{ch}/2)=0.8/0.22$ μm 的器件具有双倍的 DIBL 效应，同时限制了器件的击穿特性。这些界面陷阱的存在导致了沟道中低的场致电子迁移率。

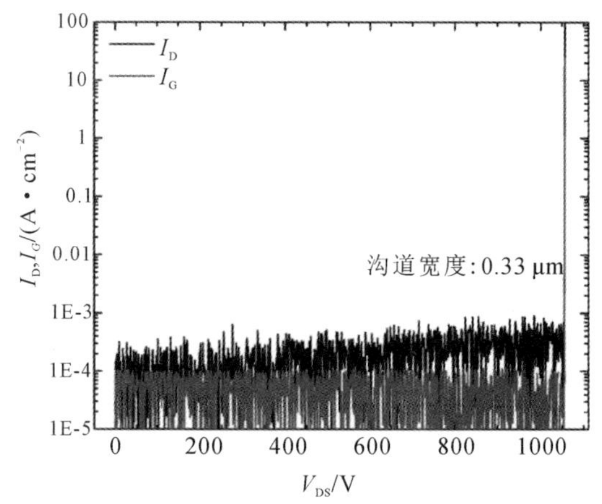

图 6.37　垂直结构 Ga_2O_3 MIS－FinFET 器件典型的三端关态($V_{GS}=0$ V)I_D/I_G-V_{DS}特性和击穿特性曲线[23]

3. 场板结构 Fin 沟道

2019 年，美国康奈尔大学报道了常关型多 Fin 沟道 β－Ga_2O_3 垂直结构功率晶体管[20]，该器件采用了源场板。通过金属沉积后 350 ℃退火工艺可将器件沟道内有效电子迁移率提高到 130 $cm^2 \cdot V^{-1} \cdot s^{-1}$，并改善了器件的 R_{on}。

如图 6.38 所示，场板 Ga_2O_3 MIS－FinFET 器件工艺流程如下：在 N 型 Ga_2O_3(001)单晶衬底上采用 HVPE 方法外延生长 10 μm 厚的 Ga_2O_3 掺杂 Si 外延层，掺杂浓度小于 2×10^{15} cm^{-3}。在材料表面注入离子 Si，然后在氮气氛围中 1000 ℃退火 30 min 以激活杂质从而形成 N+源欧姆接触层。通过电子束直写光刻实现亚微米级的 Fin 图形，采用 BCl_3/Ar 反应气体 ICP 刻蚀 Ga_2O_3。然后，采用 Cr 湿法腐蚀液去除 Cr/Pt 金属掩模，再用 HF 处理 23 min 取出干法刻蚀的表面损伤层。漏金属采用 Ti/Au，栅区域包括采用 ALD 设备沉积的 35 nm 厚的

Al_2O_3 介质和磁控溅射 50 nm 厚的 Cr 栅金属。采用一种光刻胶平坦化的工艺方法选择性地腐蚀掉 $N^+-Ga_2O_3$ 源上的栅金属/栅介质，之后采用电子束蒸发 Ti/Pt/Au 金属作为源欧姆接触和源场板。最后将器件在氮气下 350 ℃退火 1 min 以改善界面质量。

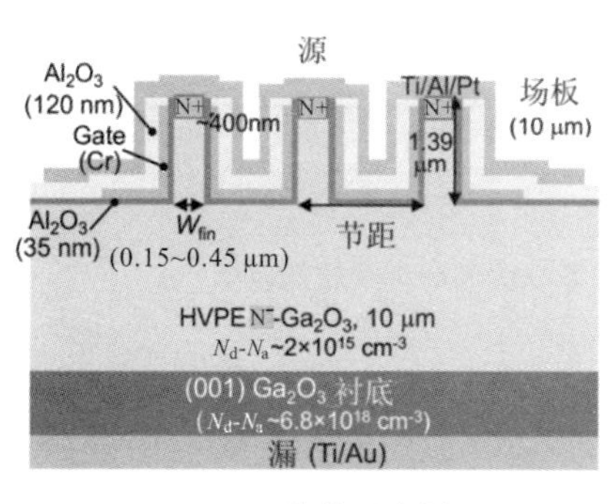

(a) 结构示意图

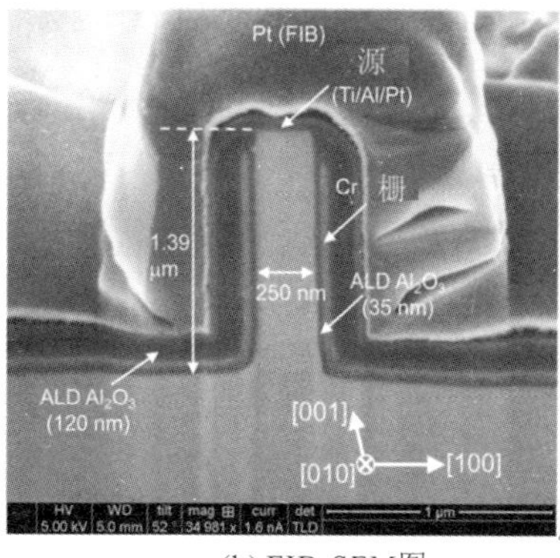

(b) FIB-SEM图

图 6.38　Ga_2O_3 垂直结构多 Fin 沟道晶体管

科研人员采用 0.15 μm 宽的 Fin 沟道实现了常关型的 MOSFETS 器件，器件的阈值电压大于1.5V，多Fin沟道器件的击穿电压达到2.66kV(如图 6.39所示)，开态电阻为 25.2 mΩ · cm^2，器件的 Baliga 品质因数达到 280 MW/cm^2。器件在(100)方向的 Fin 沟道侧壁表现出最低的界面态电荷密度，器件电流明显高于其他 Fin 方向的器件。上述发现为开发 Ga_2O_3 MOSFET 器件提供了方向，同时证明了 Ga_2O_3 垂直结构的功率器件具有良好的发展潜力。

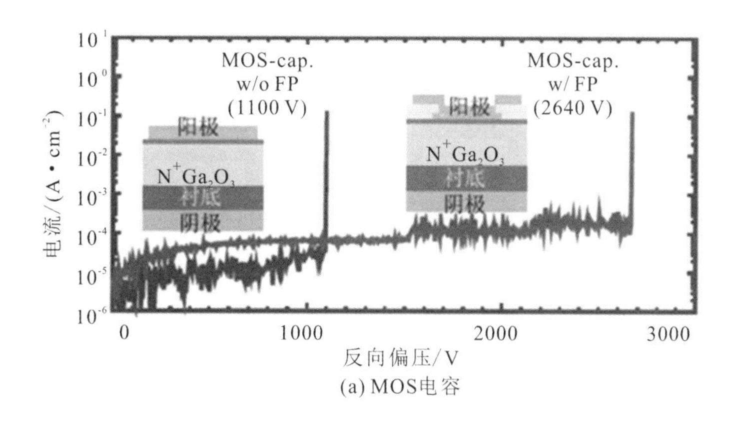

(a) MOS电容

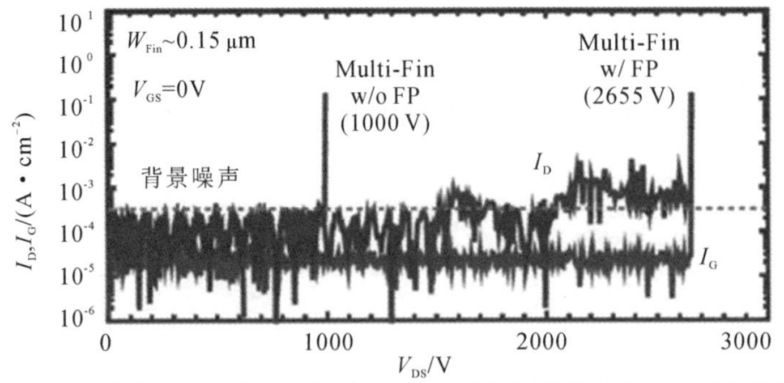

(b) 宽度为0.15um的多Fin沟道晶体管，带场板的器件击穿电压明显更大

图 6.39　多 Fin 沟道晶体管器件的关态击穿特性曲线

6.3.2　电流孔型器件

除了 Fin 结构 MOSFET 之外，还有电流孔型垂直结构 MOSFET，它来源于商业上成功运用的 SiC 双注入结构 MOSFET；GaN 电流孔型垂直结构 MOSFET 则是受 Si 垂直结构双扩散 MOSFET 器件的启发。电流孔型工艺的实现使得平面栅工艺成为了可能。在宽禁带半导体材料中，本征 Ga_2O_3 通过离子注入易于实现浅施主杂质(Si)和深受主杂质(Mg，N)，杂质可以由低温热处理激活。所以，像 Si 和 SiC 一样，Ga_2O_3 也能通过全离子注入工艺实现垂直孔型 MOSFET。

电流孔型 Ga_2O_3 MOSFET 器件表面的源接触和底面的漏接触之间由电子势垒层进行隔离，电子势垒层也叫作电流阻挡层(CBL)。在 CBL 中间开孔可用于实现电流传输，CBL 还可作为背势垒和表面平面栅共同实现电流的栅调控，栅和 CBL 重叠的区域决定了栅长。最初将 Mg 离子注入 CBL，但是器件的源漏金属之间漏电流较大，其原因与 Mg 离子的快速热扩散相关，即注入离子后的杂质在激活热退火过程中，其中的 Mg 离子会损失进而造成漏电流增加。与 Mg 相比，N 在 Ga_2O_3 中的热扩散更小，可以承受更高的热退火温度，这样在提高 N 杂质激活效率的同时不会明显影响杂质的分布。耗尽型电流孔型垂直结构 MOSFET 器件可以通过多次注入 N 离子和 Si 离子来实现。电流孔型垂直结构 Ga_2O_3 MOSFET 器件根据离子注入的种类不同可以分为 Mg 离子注入和 N 离子注入，下面分别进行介绍。

1. Mg 离子注入

2018 年，日本 NICT 报道了一种新型垂直结构 Ga_2O_3 的 MOSFET 的器

件制备方法[21]，该方法采用离子注入工艺(All - Ion Implanted Process，AIP)，所制备的器件称为电流孔型垂直结构 β - Ga_2O_3 MOSFET 器件。

如图 6.40 所示，首先采用 HVPE 方法在 Sn 掺杂 N^+(001)Ga_2O_3 衬底上生长 10 μm 厚的 Si 掺杂 N^- - Ga_2O_3($n=3\times10^{16}$ cm^{-3})。通过化学机械抛光去除材料表面的大缺陷，最终使外延层厚度为 6.5 μm，然后对材料背面进行打磨。注入离子 Mg^{2+} 的能量为 560 keV，注量为 8×10^{12} cm^{-2}；注入的深度为 0.65 μm，峰值 Mg 离子浓度为 2×10^{17} cm^{-3}。然后将材料在 1000 ℃氮气下退火 30 min，去除离子注入损伤，并激活 Mg 离子。Si 离子注入采用多能量和多注量以避免 Mg - Si 形成施主-受主杂质对，形成沟道的 Si 离子注入条件是 2×10^{17} cm^{-3}(0.3 μm射程)，形成 N^+ 源欧姆接触层的 Si 离子注入条件是 5×10^{19} cm^{-3}(0.15 μm 射程)，激活条件是在氮气下 950 ℃和 800 ℃各退火 30 min。采用 ALD 设备生长 50 nm 的 Al_2O_3 栅介质。采用 BCl_3 作为反应气体 ICP 中刻蚀 50 nm 的 Al_2O_3 和 70 nm 的 Ga_2O_3 材料，露出高掺杂的 Ga_2O_3 源欧姆接触区域。表面源欧姆接触和背面漏欧姆接触采用的是 Ti/Au(20 nm/230 nm)，合金条件是在 470 ℃氮气下退火 1 min。栅金属是 Ti/Pt/Au(3 nm/12 nm/280 nm)。器件栅源间距为 5 μm，栅宽为 2×200 μm，L_{go} 为 2.5 μm。图 6.41 给出了此器件的输出特性曲线和转移特性曲线，器件在关态下栅漏之间的漏电流很大，栅对漏电流的调控特性明显；器件在漏压为 8 V 时的跨导 $g_m=1.25$ mS/mm，根据线性外推的阈值电压 $V_T=-34$ V。

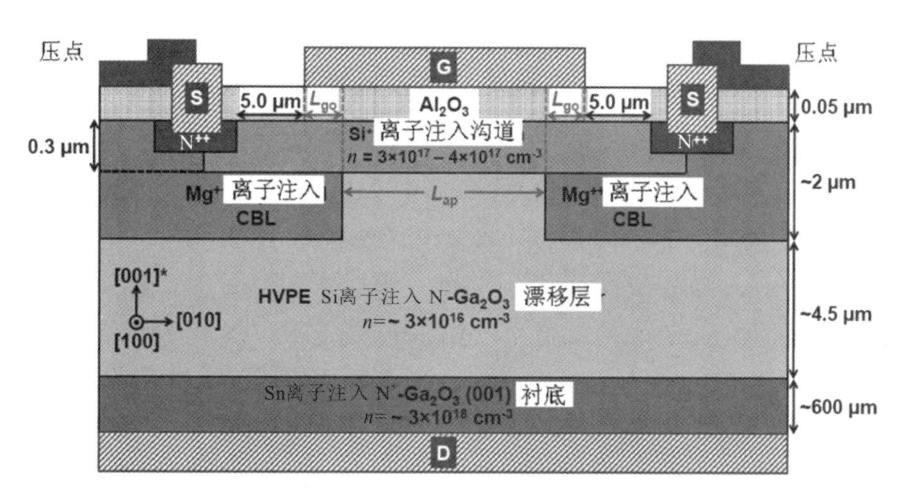

图 6.40　电流孔型垂直结构 Ga_2O_3 MOSFET 剖面结构示意图

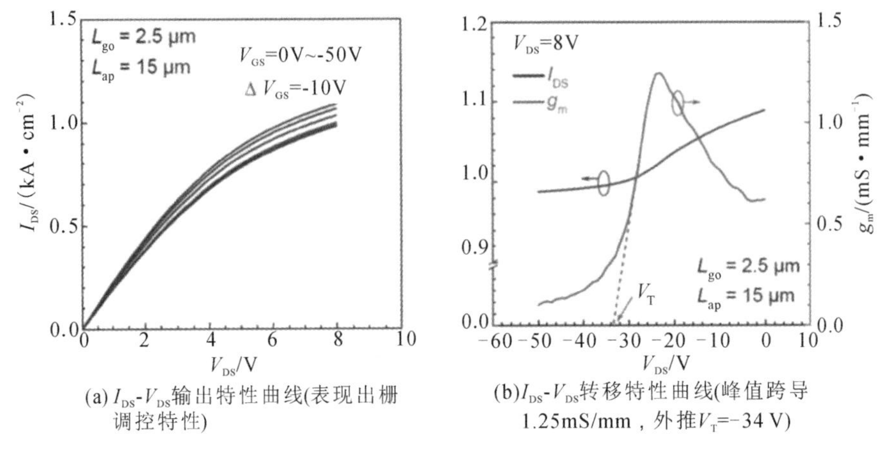

(a) I_{DS}-V_{DS}输出特性曲线(表现出栅调控特性)

(b) I_{DS}-V_{DS}转移特性曲线(峰值跨导1.25mS/mm，外推V_T=−34 V)

图 6.41 L_{ap} = 15 μm 垂直结构 Ga_2O_3 MOSFETs 器件的直流特性

2. N 离子注入

日本 NICT 采用基于 DFT 的理论计算研究了 N 掺杂 β-Ga_2O_3 中杂质和本征缺陷之间的互补和相互作用机理[22]。由于 N^{3-} 的半径较大，因此 N 离子的引入扩展了晶格尺寸。能带结构计算发现 N 杂质表现为深受主，不能完全激活成为 P 型杂质。一般垂直结构 β-Ga_2O_3 都采用在 N 型 β-Ga_2O_3 中离子注入 Mg 或 N 杂质。Mg 掺杂将 CBL 结构中的漂移层电子密度降低了约两个数量级。Mg 离子注入的 CBL 提供了源漏电学隔离，只需在非离子注入处开孔即可控制电流的运动。在 CBL 层上进行 Si 离子注入形成导电沟道，实现了晶体管的栅控特性。Mg 离子注入的缺点是其在 Ga_2O_3 材料中的热扩散效应明显。2019 年，日本 NICT 报道了利用 N 和 Si 离子注入形成电流孔型 Ga_2O_3 MOSFET 器件，其结果明显好于 Mg 离子注入。

如图 6.42 所示，科研人员采用 HVPE 方法在 Sn 掺杂 N^+(001)Ga_2O_3 衬底上生长 12 μm 厚的 Si 掺杂 N^--Ga_2O_3(n=1.5×10^{16} cm^{-3})。通过化学机械抛光去除材料表面的大缺陷，最终外延层厚度为 9 μm，然后对材料背面进行打磨。N^{++}离子注入能量为 480 keV，注量为 4×10^{13} cm^{-2}，峰值 N 离子浓度为 1.5×10^{18} cm^{-3}(0.55 μm 射程)，N 激活条件是在氮气下 1100 ℃ 退火 30 min，采用电子沟道源区域采用 Si 离子多次注入实现，Si 离子注入采用多能量和多注量以避免形成施主-受主杂质对，形成沟道的 Si 离子注入条件是

1.5×10^{18} cm^{-3}(0.15 μm 射程)，形成 N^+ 源欧姆接触层的 Si 离子注入条件是 5×10^{19} cm^{-3}(0.1 μm 射程)，激活条件是在氮气下 950 ℃和 800 ℃各退火30 min。ALD 生长 50 nm 的 Al_2O_3 栅介质。采用 BCl_3 作为反应气体在 ICP 中刻蚀 50 nm 的 Al_2O_3 和 50 nm 的 Ga_2O_3 材料，漏出高掺杂的 Ga_2O_3 源欧姆接触区域。表面源欧姆接触和背面漏欧姆接触采用的是 Ti/Au(20 nm/230 nm)，合金条件是 470 ℃氮气下退火 1 min。栅金属是 Ti/Pt/Au(3 nm/12 nm/280 nm)。MOSFET 器件的栅源间距为 5 μm，栅宽为 2×200 μm，L_{go}为 2.5 μm，L_{ap}为 20 μm。

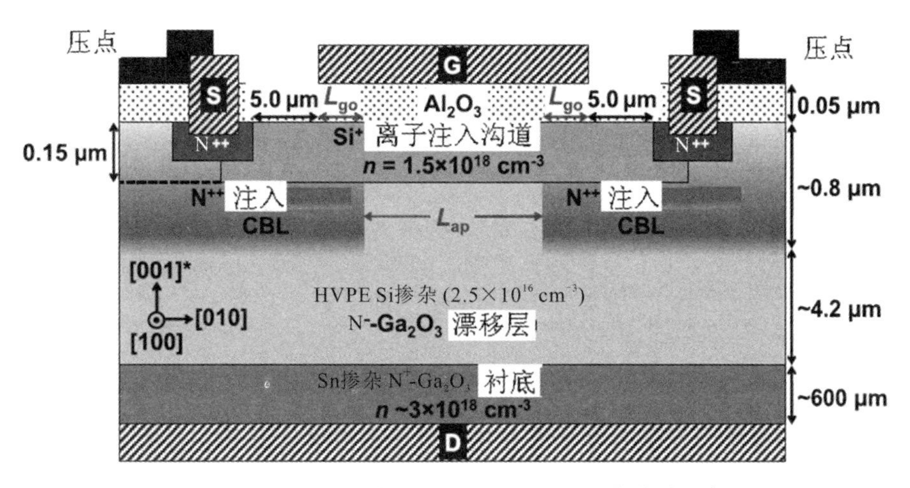

图 6.42　电流孔型垂直结构 Ga_2O_3 MOSFET 器件的示意图

HVPE 技术可以生长背景电子密度足够低($<10^{13}$ cm^{-3})的 Ga_2O_3 单晶衬底，而且生长速度足够快(>10 μm/h)。足够厚的、低杂质浓度的漂移层具有较高的击穿电压。三次离子注入工艺形成了晶体管器件的 N^{++} 源区、水平 N 沟道区和 P 型电流缓冲层，其中 Si 和 N 离子分别是施主和受主杂质。

如图 6.43 所示，器件的沟道厚 150 nm，有 50 nm 的 Al_2O_3 栅下介质，L_{ap}为 20 μm，L_{go}为 2.5 μm。N^{++}离子注入 CBL 层阻塞电流的能力比 Mg^{++}离子注入强。当测试N－Ga_2O_3/CBL/N－Ga_2O_3 测试结构时，200 V 电压下的漏电流是 30～40 μA/cm^2。制作的 MOSFET 器件开关比大于 10^8，漏电流为 0.42 kA/cm^2，

开态电阻为 31.5 mΩ·cm^2，击穿电压小于 30 V。在 5 μs 的栅脉冲条件下，漏压为 20 V 时，占空比为 0.005%。此器件采用平面栅，三次注入 N^{++} 和 Si^{++} 离子。与 Fin 结构 MOSFET相比，全离子注入工艺提供了灵活的设计，降低了工艺的复杂性。

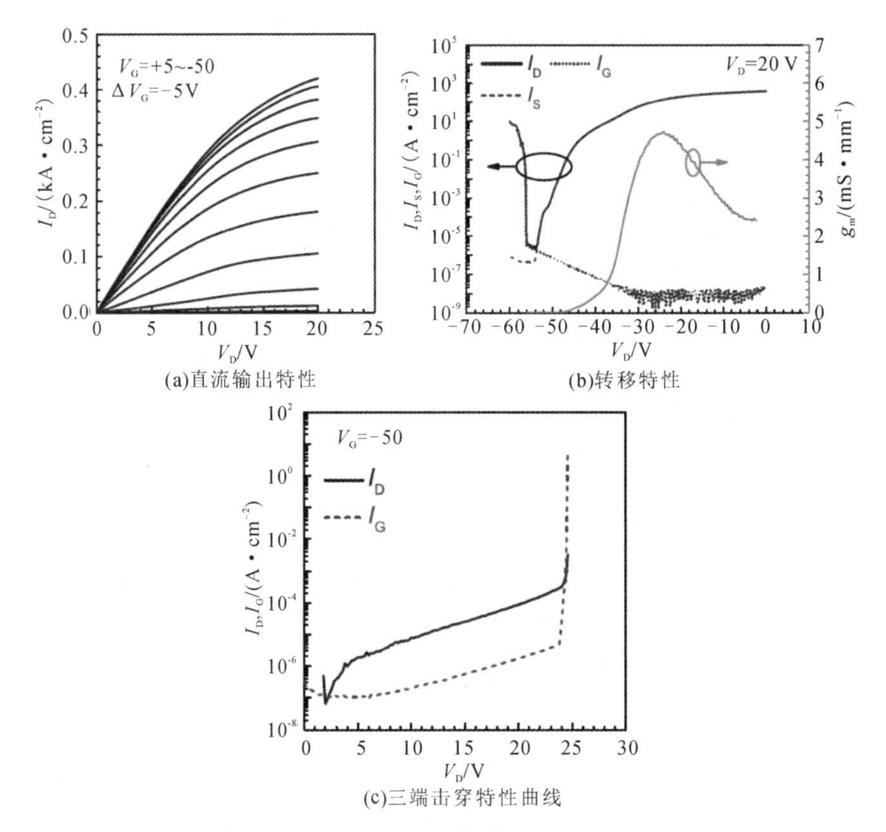

图 6.43　垂直结构 Ga_2O_3 MOSFET 器件(L_{go}＝2.5 μm，L_{ap}＝20 μm)

2020 年，日本 NICT 首次报道了增强型(E－mode)的电流开孔结构的垂直 Ga_2O_3 MOSFET 器件[23]。该器件是在单晶 β－Ga_2O_3 衬底上制备的，采用 HVPE 方法生长器件的漂移层，以 N 离子注入形成 CBL，从而实现了源漏之间的隔离。当 Si 离子注入时，可形成高掺杂的源欧姆接触层和栅沟道层，并在栅压为 0 时耗尽沟道内的电子，从而形成增强型器件。

首先，采用 HVPE 方法在 Sn 掺杂 N^+(001)Ga_2O_3 衬底上生长 10 μm 厚的 Si 掺杂 N^-－Ga_2O_3(n＝2.5×10^{16} cm^{-3})，电子迁移率为 140 cm^2/Vs。通过

化学机械抛光去除材料表面的大缺陷，使外延层厚度为 5 μm，然后对材料背面进行打磨。N^{++} 离子的注入能量为 480 keV，注量为 4×10^{13} cm^{-2}，峰值 N 离子浓度为 1.5×10^{18} cm^{-3}(0.5～0.6 μm 射程)，N 激活条件是在氮气下 1100 ℃退火 30 min。如图 6.44 所示，电子沟道源区域通过多次注入 Si 离子实现，注入多能量和多注量 Si 离子可以避免形成施主-受主杂质对，注入 Si 离子形成沟道的条件是：对于耗尽型器件，峰值 N 离子浓度可取为 0.75×10^{18} cm^{-3}、1×10^{18} cm^{-3}、1.5×10^{18} cm^{-3}(0.15 μm 射程)；对于增强型器件，峰值 N 离子浓度为 5×10^{17} cm^{-3}(0.15 μm 射程)。注入 Si 离子形成 N^{++} 源欧姆接触层的条件是峰值 N 离子浓度为 5×10^{19} cm^{-3}(0.1 μm 射程)，激活条件是在氮气下 950 ℃和 800 ℃各退火 30 min。

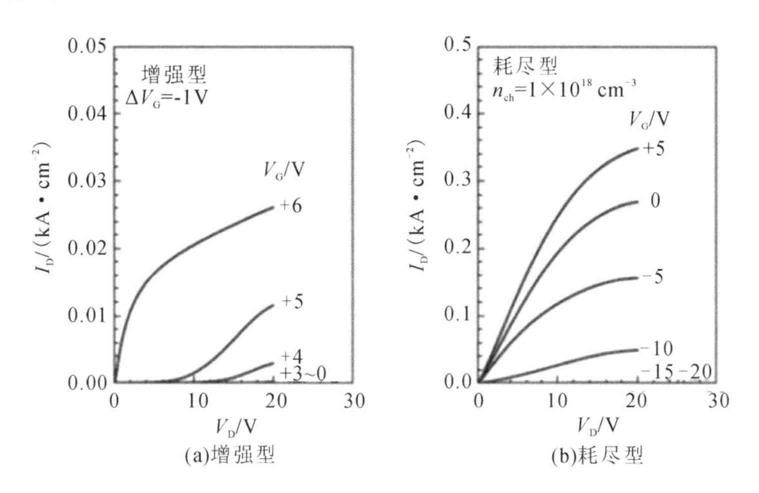

图 6.44 垂直 Ga_2O_3 MOSFET 直流 I_D-V_D 输出曲线

先利用 ALD 设备生长 50 nm 的 Al_2O_3 栅介质，再采用 BCl_3 作为反应气体经 ICP 刻蚀出 50 nm 的 Al_2O_3 和 50 nm 的 Ga_2O_3 材料，从而露出高掺杂的 Ga_2O_3 源欧姆接触区域。表面源欧姆接触和背面漏欧姆接触采用的是 Ti/Au (20 nm/230 nm)，合金形成条件是在 470 ℃氮气下退火 1 min。栅金属是 Ti/Pt/Au(3 nm/12 nm/280 nm)。MOSFET 器件的栅源间距为 5 μm，栅宽为 2×200 μm，L_{go}为2.5 μm，L_{ap}为 20 μm。

增强型器件的输出电流开关比达到 2×10^7，最大输出电流密度小于 0.1 kA/cm^2，达到 0.026 kA/cm^2，开态电阻 $R_{on,sp}=135$ $m\Omega\cdot cm^2$。器件在 263 V 高压下会发

生永久性的硬击穿(见图 6.45)，这与通过电流阻止层(CBL)的漏电相关。后期通过优化离子注入条件和改善栅介质质量都有望改善击穿特性，以及增加驱动电流、降低开态电阻、增加阈值电压的稳定性。全离子注入的平面工艺可实现增强型器件，这是 Ga_2O_3 迈向实际应用的一大步。

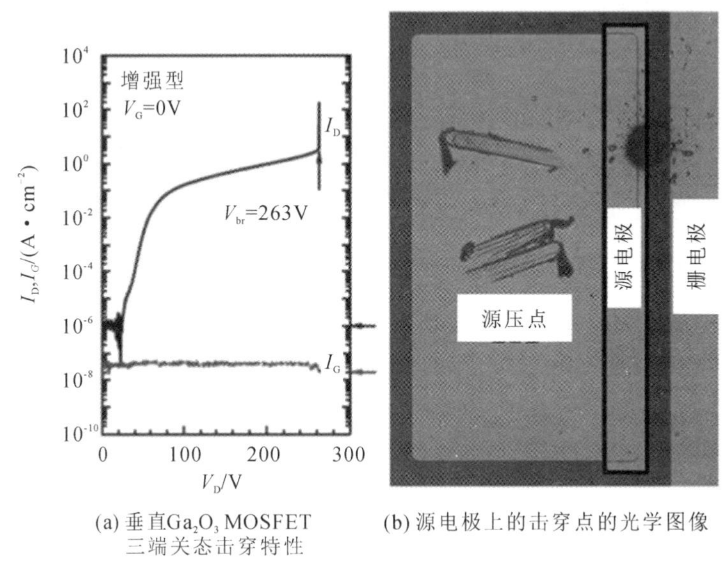

(a) 垂直Ga_2O_3 MOSFET 三端关态击穿特性　(b) 源电极上的击穿点的光学图像

图 6.45　MOSFET 三端关态击穿特性

6.4　氧化镓高迁移率场效应晶体管

相比于第一代和第三代半导体，超宽禁带氧化镓在击穿场强和耐压方面具有显著优势，但是氧化镓材料的电子迁移率较低，受限于电离杂质散射，掺杂之后迁移率下降显著；为了兼顾高饱和电流，一般选取较厚的沟道层，导致栅控能力大幅降低，严重制约了氧化镓功率器件在高频领域的应用。为了提高栅控能力和氧化镓外延材料迁移率，国内外学者将砷化镓高电子迁移率晶体管常用的 Delta 掺杂技术以及异质结技术成功应用到氧化镓材料上，制备出高电子迁移率的晶体管，推动了氧化镓晶体管在高频领域的应用。

6.4.1　Delta 掺杂器件

由于氧化镓材料迁移率较低，为了保持高迁移率，常规氧化镓场效应晶体

管沟道层厚度普遍大于 200 nm，掺杂浓度小于 $1\times10^{18}\ cm^{-3}$。受限于短沟道效应，这类材料结构不适合制备小栅长器件，所以高频氧化镓晶体管的实现需另辟蹊径。Delta 掺杂技术将沟道厚度限制在纳米级别，有利于制备小栅长器件，尤其适用于高频器件。如图 6.46 所示，美国俄亥俄州立大学在距离器件表面 20 nm 处引入 Si Delta 层[24]，面密度为 $9.9\times10^{12}\ cm^{-2}$，厚度小于 5 nm，源漏区采用 $N^+-Ga_2O_3$ 再生长技术，栅长、栅源间距和栅漏间距分别为 120 nm、1 μm和1.43 μm。如图 6.47 所示，器件在常温下的饱和电流达到 260 mA/mm，跨导为 44 mS/mm。如图 6.48 所示，器件的最大增益截止频率(f_T)和最大谐振频率(f_{max})分别为 27 GHz、16 GHz。

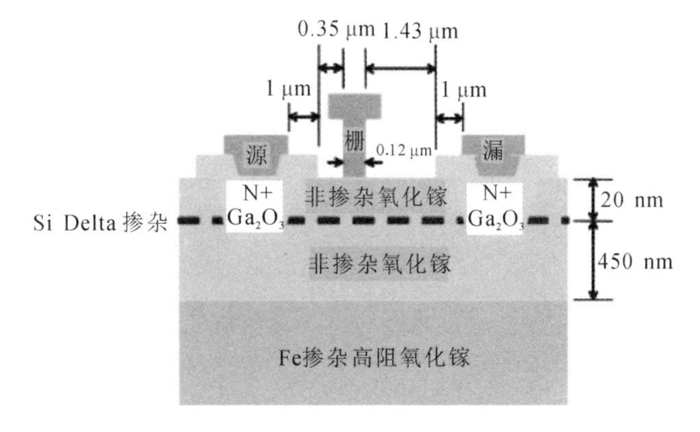

图 6.46　氧化镓 Delta 掺杂场效应晶体管

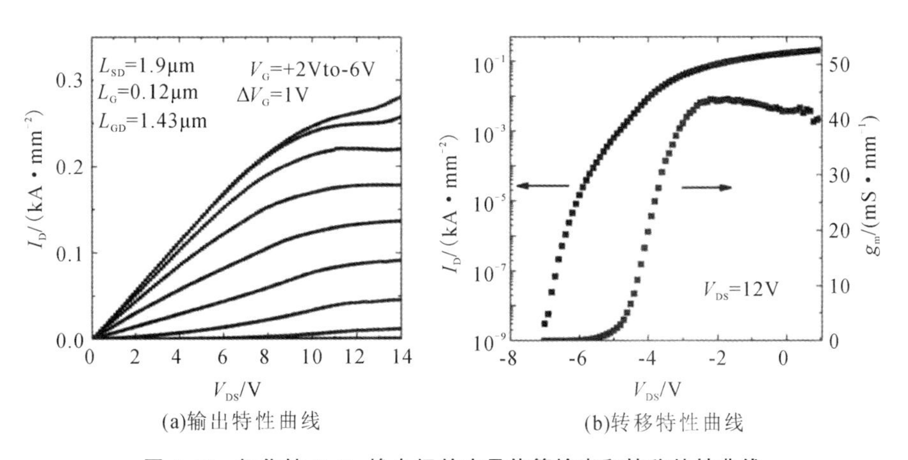

图 6.47　氧化镓 Delta 掺杂场效应晶体管输出和转移特性曲线

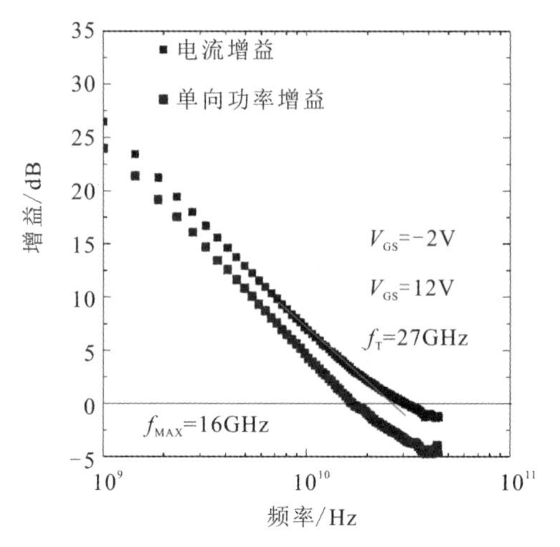

图 6.48　氧化镓 Delta 掺杂场效应晶体管频率特性

6.4.2　异质结型器件

Delta 掺杂解决了沟道厚度大和短沟道效应问题，但是迁移率低的问题依然存在。异质结可将掺杂区与沟道区有效分离，从而避开了电离杂质散射，有效提升了二维电子气迁移率，具有高迁移率和薄沟道的双重优势。$(AlGa)_2O_3/Ga_2O_3$ 异质结场效应晶体管的结构和能带如图 6.49 所示。纽约州立大学布法罗分校通过理论计算预测了二维电子气面密度为 5×10^{12} cm^{-2}时，迁移率可达到 500 $cm^2\cdot V^{-1}\cdot s^{-1}$。

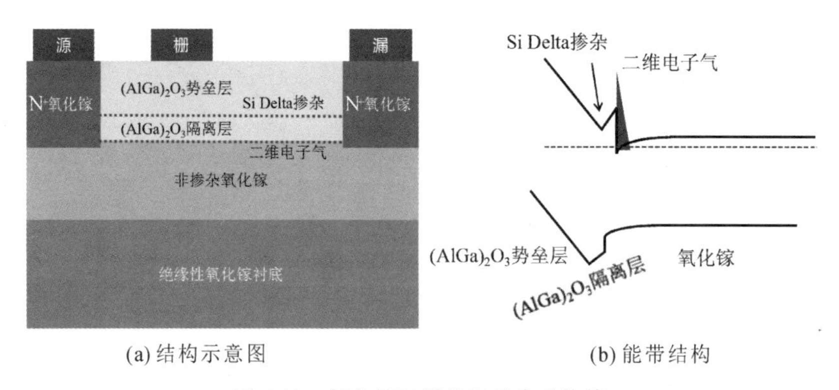

(a) 结构示意图　　(b) 能带结构

图 6.49　氧化镓异质结场效应晶体管

铝与 β - Ga_2O_3 的合金化合物稳定性较好，可通过多种外延方式制备 β -$(Al_xGa_{1-x})_2O_3$，包括分子束外延(MBE)、脉冲激光沉积(PLD)、喷雾化学

气相沉积(mist - CVD)和金属有机物化学气相沉积(MOCVD)。分子束外延(MBE)薄膜生长的技术可控性高且掺杂技术较为成熟，是第一种实现异质结高迁移率场效应晶体管的技术。2009 年，东京大学首次采用分子束外延制备 β-$(Al_xGa_{1-x})_2O_3$。在 800℃温度下，实现了(100)β - Ga_2O_3 衬底外延生长 β-$(Al_xGa_{1-x})_2O_3$，因为(100)取向衬底上的生长速率明显低于(010)取向衬底上的生长速率，所以β-$(Al_xGa_{1-x})_2O_3$薄膜的表面粗糙度较高[25]。基于上述原因，2015 年，加利福尼亚大学在(010)β - Ga_2O_3 衬底上采用等离子体辅助分子束外延(PA - MBE)生长出界面平滑的$(Al_xGa_{1-x})_2O_3/Ga_2O_3$ 异质结[26]。$(Al_xGa_{1-x})_2O_3/Ga_2O_3$ 异质结二维电子气密度(n_s)表达式为

$$n_s=\frac{qN_d d_\delta-\varepsilon\left(\phi_b-\dfrac{\Delta E_c}{q}\right)}{qD} \tag{6-12}$$

其中 N_d、φ_b 和 ΔE_c 分别为 Delta 掺杂层浓度、肖特基势垒和$(Al_xGa_{1-x})_2O_3/Ga_2O_3$ 导带差；d_δ 和 D 分别为$(Al_xGa_{1-x})_2O_3$ 势垒层厚度及$(Al_xGa_{1-x})_2O_3$ 总厚度；q 和 ε 分别为单位电荷量及$(Al_xGa_{1-x})_2O_3$ 介电常数。Delta 掺杂层浓度以及 Delta 掺杂层与$(Al_xGa_{1-x})_2O_3/Ga_2O_3$ 异质结的界面位置决定了二维电子密度。若 Delta 掺杂层距离$(Al_xGa_{1-x})_2O_3/Ga_2O_3$ 异质结界面太远，则$(Al_xGa_{1-x})_2O_3$ 层将产生副沟道；若 Delta 掺杂层距离$(Al_xGa_{1-x})_2O_3/Ga_2O_3$ 异质结界面太近，则 Delta 掺杂层中的电离杂质将影响二维电子气迁移率。

俄亥俄州立大学等长期致力于 Delta 掺杂层的研究和优化[27]。$(Al_xGa_{1-x})_2O_3/Ga_2O_3$ 异质结晶体管的结构如图6.50 所示，采用等离子体辅助分子束外延(PA - MBE)生长 27 nm $(Al_xGa_{1-x})_2O_3$ 层，其中隔离层厚度为 4.5 nm，二维电子气面密度和迁移率如图 6.51 所示，常温下的二维电子气面密度为 2×10^{12} cm^{-2}，迁移率为 143 $cm^2/V\cdot s$，50 K 低温下，二维电子气的面密度和迁移率分别为 1.8×10^{12} cm^{-2}和 1520 $cm^2/V\cdot s$。基于此材料结构制备出的高频$(Al_xGa_{1-x})_2O_3/Ga_2O_3$ 异质结晶体管，栅长 910 nm，栅源间距 1.39 μm，栅漏间距 380 nm。高频$(Al_xGa_{1-x})_2O_3/Ga_2O_3$ 异质结晶体管在不同温度下的输出特性曲线和转移特性曲线如图 6.52 所示，常温下饱和电流达到 32 mA/mm，跨导为 30 mS/mm，50 K 下跨导增加至 112 mS/mm。常温下的最大增益截止频率(f_T)和最大谐振频率(f_{max})分别为 4 GHz、11.8 GHz，50 K 下二者分别为 17.4 GHz、40 GHz，如图 6.53 所示。

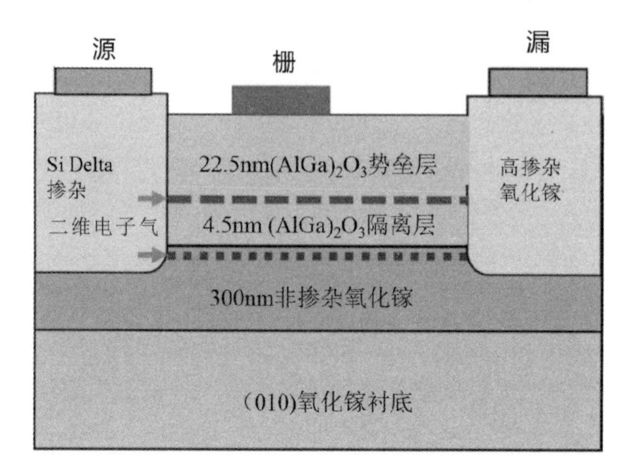

图 6.50 $(Al_xGa_{1-x})_2O_3/Ga_2O_3$ 异质结晶体管结构

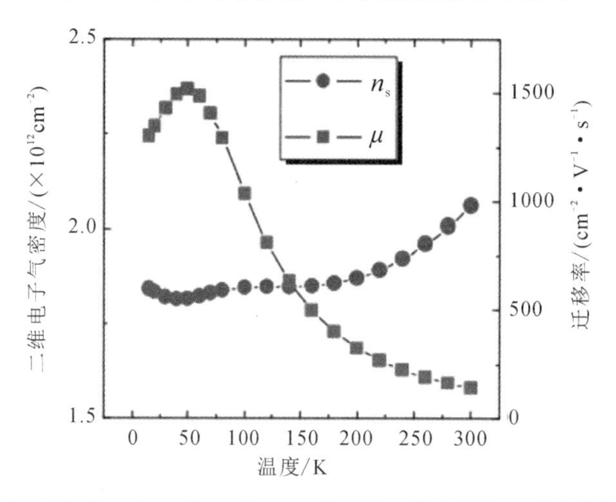

图 6.51 不同温度下 $(Al_xGa_{1-x})_2O_3/Ga_2O_3$ 异质结二维电子气面密度的提升和迁移率

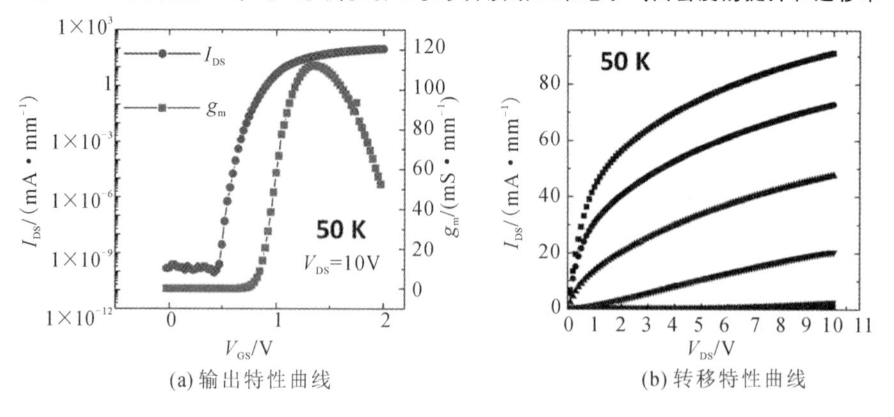

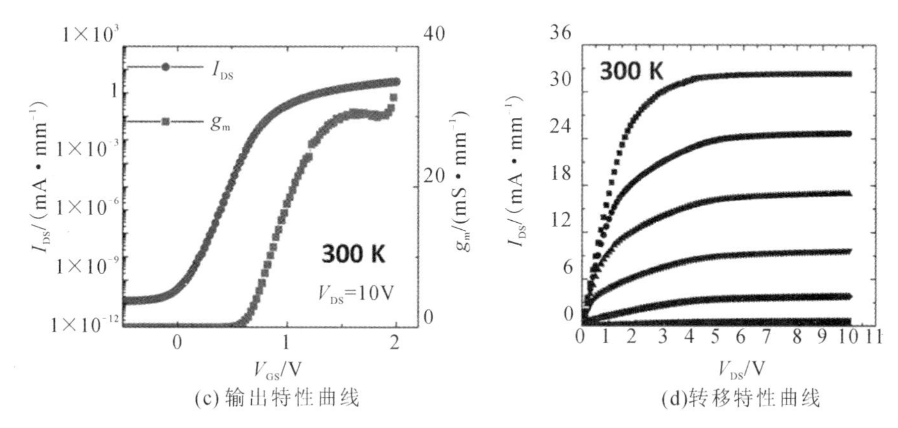

(c) 输出特性曲线 (d)转移特性曲线

图 6.52 不同温度下$(Al_xGa_{1-x})_2O_3/Ga_2O_3$ 异质结晶体管

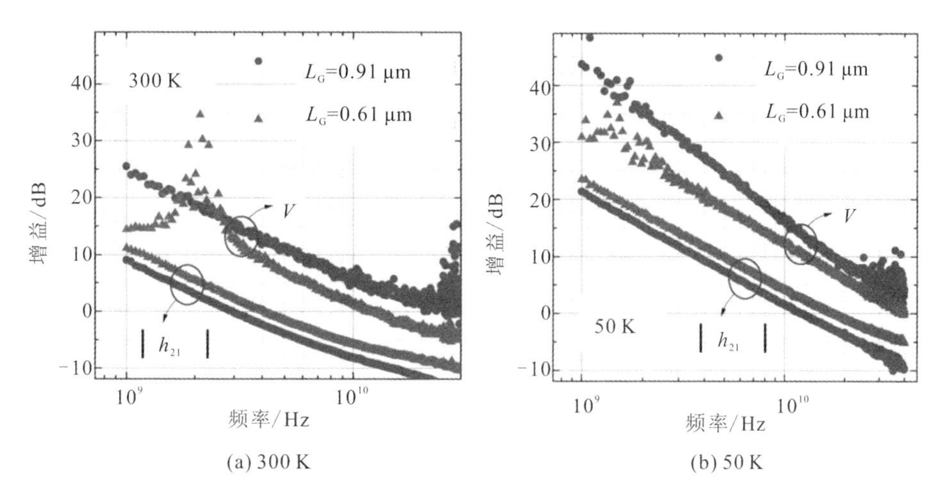

(a) 300 K (b) 50 K

图 6.53 不同温度下$(Al_xGa_{1-x})_2O_3/Ga_2O_3$ 异质结晶体管频率特性

为了进一步提升$(Al_xGa_{1-x})_2O_3/Ga_2O_3$ 异质结晶体管的频率和功率特性，提高二维电子气面密度是重要途径之一。但是，受 MBE 生长温度的影响，单斜相$(Al_xGa_{1-x})_2O_3$ 势垒层的 Al 组分一般低于 25%，从而限制了$(Al_xGa_{1-x})_2O_3/Ga_2O_3$ 导带差在 0.4 eV 以内，导致$(Al_xGa_{1-x})_2O_3/Ga_2O_3$ 异质结二维电子气面密度的提升受限。目前解决上述问题的方法有两种：① 采用 MOCVD 生长技术，提高生长温度，制备高 Al 组分$(Al_xGa_{1-x})_2O_3$ 势垒层，美国的 Agnitron 技术公司采用 MOCVD 生长方式，成功制备出 Al 组分高达 43%的$(Al_xGa_{1-x})_2O_3/Ga_2O_3$ 异质结结构[28]；② 采用多层异质结结构，如图 6.54 所示，此结构将二维电子气面密度提高至 1.14×10^{13} cm^{-2}，常温下迁移率为123 $cm^2/(V\cdot s)$,40 K 低温下迁移率高达 1775 $cm^2/(V\cdot s)$，如图 6.55 所示[29]。多层 $(Al_xGa_{1-x})_2O_3/Ga_2O_3$ 异质结晶体管的饱和电流高达 275 mA/mm，如图 6.56 所示。

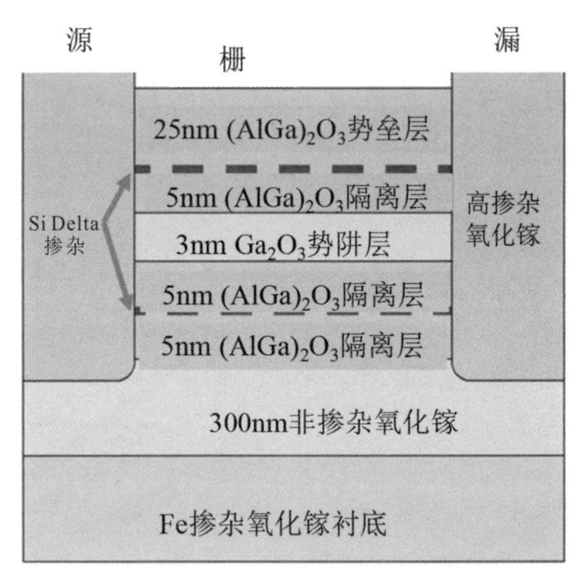

图 6.54　多层 $(Al_xGa_{1-x})_2O_3/Ga_2O_3$ 异质结晶体管结构示意图

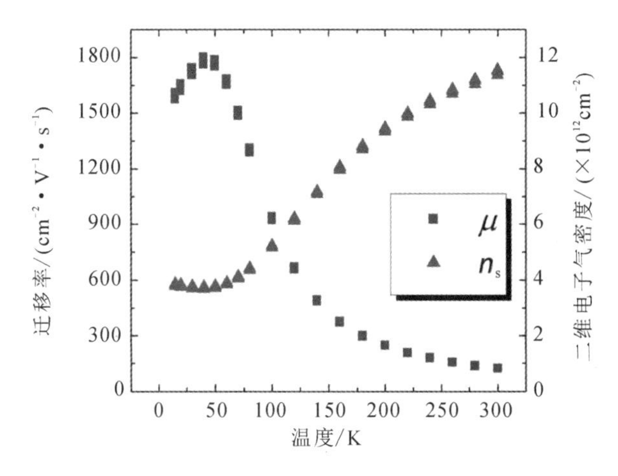

图 6.55　多层 $(Al_xGa_{1-x})_2O_3/Ga_2O_3$ 异质结二维电子气迁移率和面密度

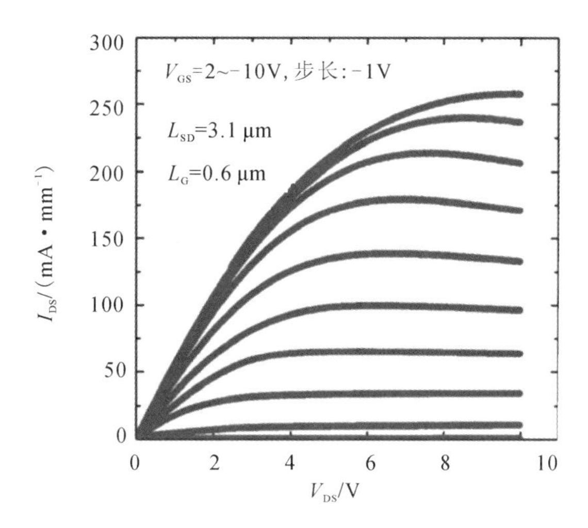

图 6.56 多层 $(Al_xGa_{1-x})_2O_3/Ga_2O_3$ 异质结晶体管输出特性曲线

6.5 氧化镓薄膜场效应晶体管

Ga_2O_3 材料的热导率较低，导致传统的同质外延的 Ga_2O_3 功率器件在工作过程中散热困难，引起热量大量积累，最终使器件性能恶化。而 Ga_2O_3 薄膜场效应晶体管(TFT)能够有效解决这一问题。虽然 Ga_2O_3 不具有石墨烯、MoS_2 等那样典型的二维结构，但其(001)晶向上的晶格常数高达12.23 Å，因而 Ga_2O_3 较容易被剥离为超薄薄膜结构，如纳米薄膜(Nano - Membrane)和纳米带(Nano - Belt)等。将这些纳米结构转移到更高热导率的绝缘衬底上，即 Ga_2O_3 on Insulator(GOOI)结构，就制备出 Ga_2O_3 薄膜场效应晶体管。

近年来，学者们对 Ga_2O_3 TFT 开展了大量的工作。根据器件结构及应用范围的不同，Ga_2O_3 TFT 可分为背栅晶体管、顶栅晶体管、负电容晶体管和振荡沟道晶体管等。

6.5.1 背栅晶体管

图 6.57 为背栅 Ga_2O_3 TFT 的典型结构。在高掺杂的 Si 衬底上制备一定厚度的 SiO_2 作为栅介质，将所需掺杂浓度和厚度的 Ga_2O_3 外延层剥离并转移至 SiO_2 上，随后在 Ga_2O_3 上制备源漏电极。这种器件结构简单，Ga_2O_3 薄膜的剥离和转移是器件制备的核心工艺。2017 年，美国普渡大学将掺杂浓度分别为 3×10^{18} 和 8×10^{18} 的($\bar{2}$01)晶向的 β - Ga_2O_3 剥离，转移到生长了 300 nm SiO_2 的 P^{++} 型 Si

衬底上，随后在 β - Ga_2O_3 上制备源漏电极，最终制备 Ga_2O_3 TFT 器件。该器件的栅源间距 L_{SD}和栅长 L_G 均为 0.85 μm，沟道厚度为 94 nm[30]。

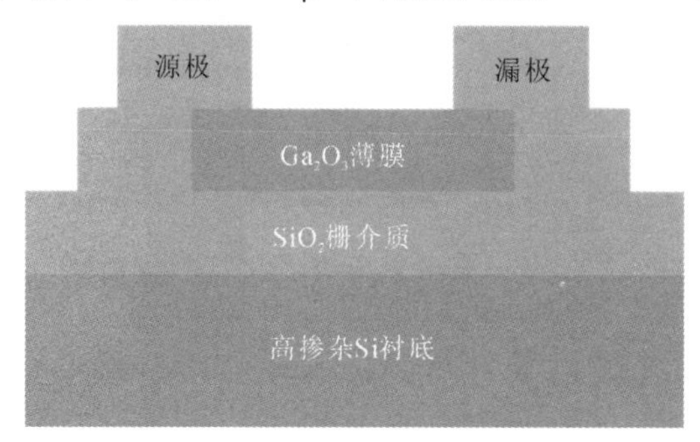

图 6.57　背栅 Ga_2O_3 TFT 的结构示意图

如图 6.58(a)所示，由于掺杂浓度较高，器件饱和源漏电流可达 600 mA/mm，开态导通电阻 R_{on}=13 Ω·mm，源漏接触电阻 R_c=2.7 Ω·mm，薄膜方阻 R_{SH}=8.5 kΩ/ 。该器件的欧姆接触特性较差，导致输出曲线在线性区发生弯曲，如图 6.58(b)所示，当 V_{DS}= 1 V 时，器件阈值电压 V_{TH}=−80 V；V_{DS}= 5 V时，器件的峰值跨导 g_m=3.3 mS/mm。经计算，器件的峰值场效应电子迁移率 μ_{FE}=48.8 $cm^2/(V·s)$，开关比高达 10^{10}，这表明该器件中 Ga_2O_3 与 SiO_2 的界面良好。改善欧姆接触以及降低 Ga_2O_3 与绝缘衬底的界面态是提升器件性能的重要途径。

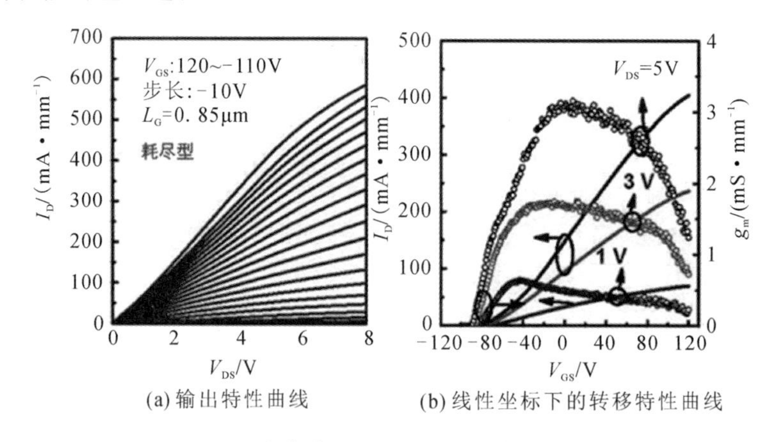

(a) 输出特性曲线　　(b) 线性坐标下的转移特性曲线

图 6.58　纳米薄膜厚度为 94 nm 的背栅 TFT 器件

同年，美国普渡大学制备了具有高饱和源漏电流的 Ga_2O_3 TFT 器件，器件的沟道掺杂浓度有 3.0×10^{18} cm^{-3}(低掺杂)和 8.0×10^{18} cm^{-3}(高掺杂)两种，

其中高掺杂器件源漏间距为0.3 μm、沟道宽度为0.15 μm、沟道厚度为70 nm；低掺杂器件源漏间距为0.3 μm、沟道宽度为0.6 μm、沟道厚度为100 nm[31]。

如图6.59(a)所示，高、低掺杂器件的开态导通电阻分别为5 Ω·mm和11 Ω·mm。欧姆接触的改善有效提升了器件输出特性，其中高掺杂器件的饱和源漏电流高达1.5 A/mm。图6.59(b)为高掺杂耗尽型器件的转移特性曲线，当$V_{DS}=1$ V时，器件阈值电压V_{TH}约为−135 V，峰值跨导g_m=9.2 mS/mm，是低掺杂器件的2倍。当沟道厚度降低至55 nm时，$V_{DS}=1$ V，器件阈值电压V_{TH}约为2 V，实现了增强型。耗尽型和增强型器件的开关比均高于10^{10}，且亚阈值摆幅(SS)均较低(～150～165 mV/dec)。

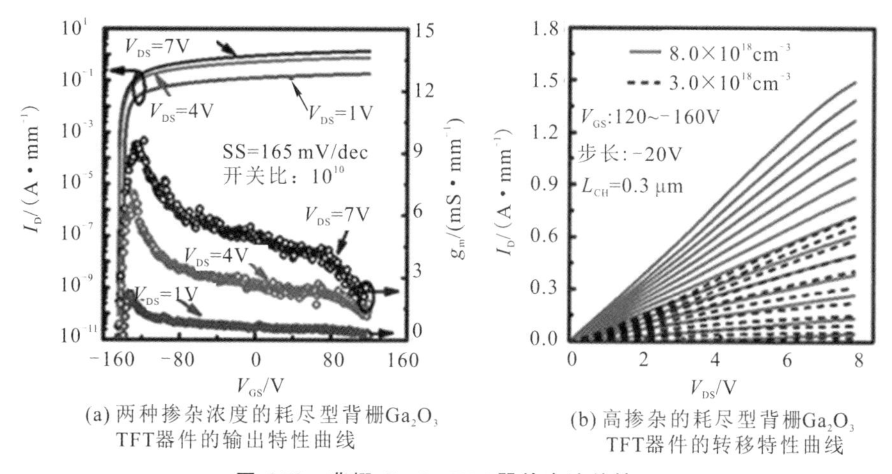

(a) 两种掺杂浓度的耗尽型背栅Ga_2O_3 TFT器件的输出特性曲线

(b) 高掺杂的耗尽型背栅Ga_2O_3 TFT器件的转移特性曲线

图6.59　背栅Ga_2O_3 TFT器件直流特性

美国普渡大学通过在Ga_2O_3 TFT器件上以ALD法沉积Al_2O_3介质的方式来调节阈值电压。如图6.60(a)所示，沉积15 nm Al_2O_3后，器件的阈值电压负向移动了约70 V，表明Ga_2O_3薄膜与Al_2O_3界面也产生了表面耗尽效应。通过$C-V$仿真得出，薄膜厚度为80 nm、掺杂浓度为3.0×10^{18} cm^{-3}和薄膜厚度为55 nm、掺杂浓度为8.0×10^{18} cm^{-3}的TFT器件的表面耗尽电荷密度n_s分别为1.2×10^{13} cm^{2}和2.2×10^{13} cm^2，更高的耗尽电荷密度可能源于更多的Sn^{4+}施主杂质。图6.60(b)、(c)为Ga_2O_3纳米薄膜的仿真能带图和电子浓度分布图，表面耗尽效应使得Ga_2O_3的导带E_c被拉升，导致Ga_2O_3内的移动载流子很少，从而对器件的阈值电压产生调控作用。

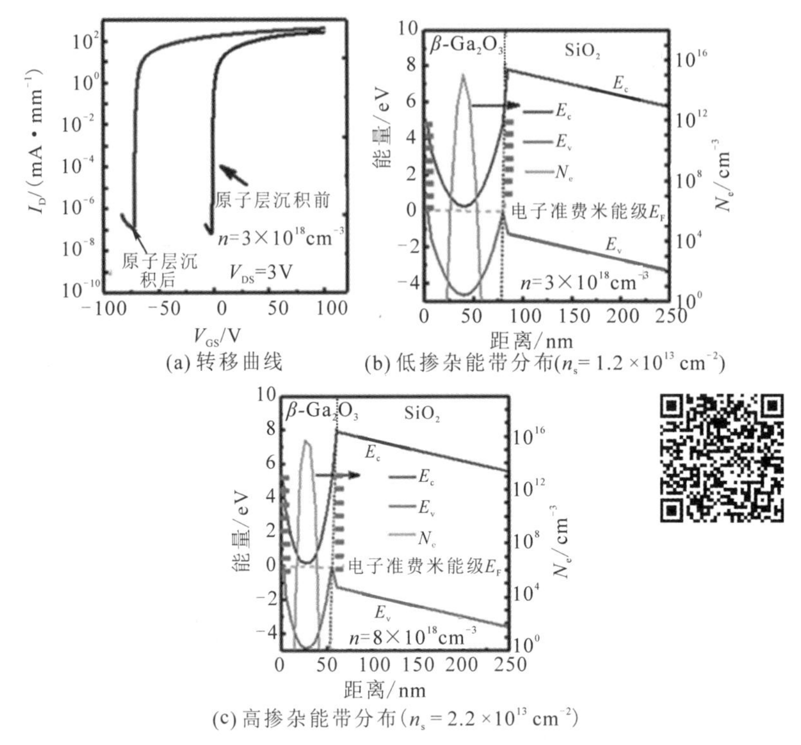

(a) 转移曲线 (b) 低掺杂能带分布(n_s= 1.2 ×10^{13} cm^{-2})

(c) 高掺杂能带分布(n_s = 2.2 ×10^{13} cm^{-2})

图 6.60 背栅 Ga_2O_3 TFT 器件 ALD 介质前后的转移曲线以及低掺杂和高掺杂 β - Ga_2O_3 纳米薄膜的仿真能带图和电子浓度分布图

2019 年，韩国崇实大学在 Ga_2O_3 TFT 上采用 ALD 法沉积了 Al_2O_3 介质，并对表面沉积介质对器件性能影响的机理做了进一步的探究。如图 6.61(a) 所示，器件的阈值电压同样发生了负向移动。此外，如图6.61(b)所示，Al_2O_3 介表

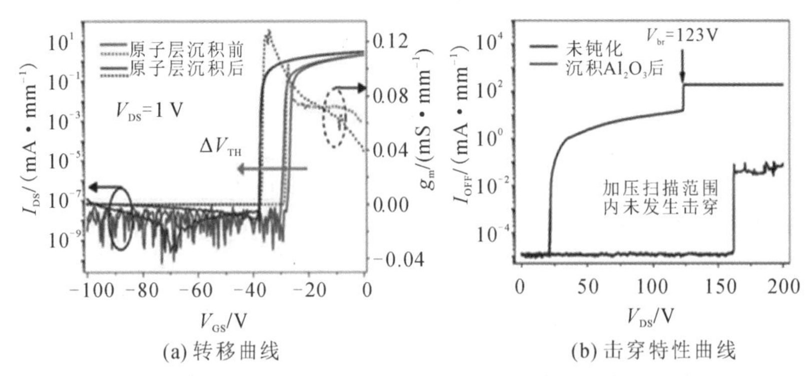

(a) 转移曲线 (b) 击穿特性曲线

图 6.61 背栅 Ga_2O_3 TFT 器件 ALD 钝化前后的直流特性

面耗尽质的引入还提升了器件的击穿特性[32]。图 6.62 (a)为器件的电场分布仿真示意图，通过 TCAD 仿真分析得出，引入 Al_2O_3 介质后，器件漏电极边缘的峰值电场强度明显降低，且沟道内的平均场强也降低。图 6-62 (b)为器件载流子浓度仿真示意图，在相同的栅偏置条件下，钝化后器件的沟道表面耗尽宽度减小，器件具有更多的导电载流子。图 6.62(c)为器件的能带示意图，在负偏压下，Ga_2O_3 表面陷阱态产生的表面耗尽效应(类似于受主)强

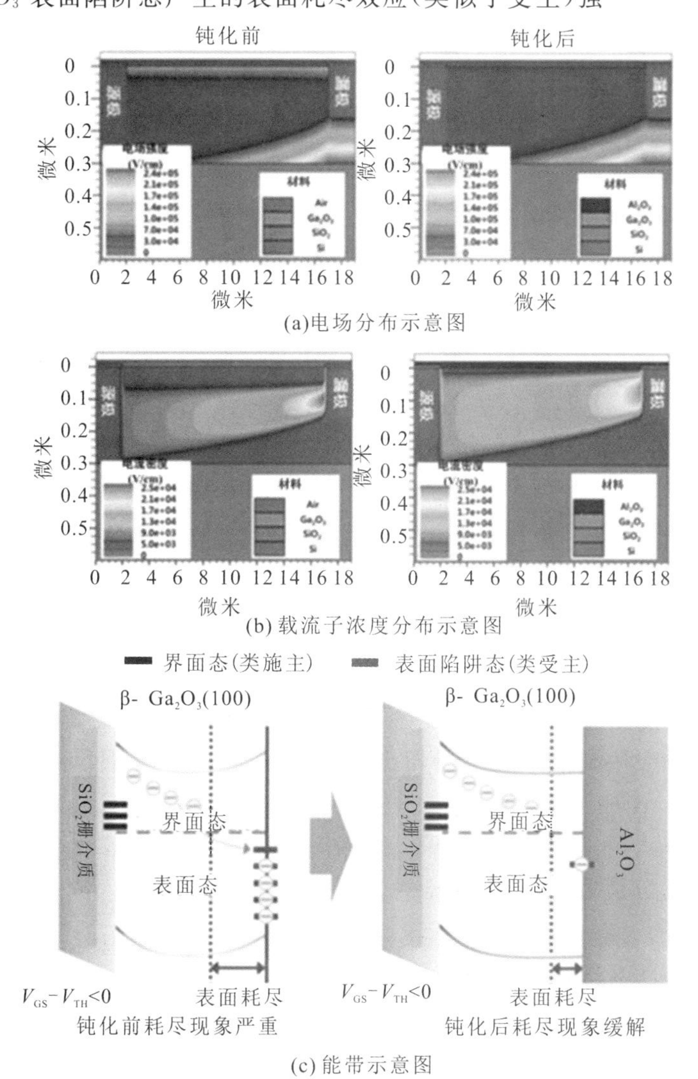

图 6.62　背栅 TFT 器件 ALD 钝化前后的仿真

于 SiO_2 和 Ga_2O_3 界面态释放的电荷(电子)。因此，沟道表面耗尽的电荷比释放到沟道内的载流子还多。Al_2O_3 的引入，降低了 Ga_2O_3 表面陷阱态密度，使得 Ga_2O_3 宽度降低，从而调制了阈值电压，提升了器件击穿特性。综上所述，可以通过改变 Ga_2O_3 薄膜厚度和采用器件表面钝化技术来对器件阈值电压进行调控。此外，表面钝化技术还能够降低 Ga_2O_3 界面态对器件击穿特性的影响。

6.5.2 顶栅晶体管

顶栅晶体管的制备工艺与背栅晶体管类似，首先将 Ga_2O_3 纳米薄膜剥离并转移到衬底上，根据需要，可选择 SiO_2/Si 衬底、蓝宝石衬底或高导热的金刚石衬底等。随后制备源漏电极，再制备栅介质和栅电极。如图 6.63 所示，2019 年，美国普渡大学制备了不同衬底上的 Ga_2O_3 TFT，其中以 15 nm/60 nm/50 nm 的 Ti/Al/Au 作为源漏电极，15 nm 的 Al_2O_3 作为栅介质，Ni/Au 作为栅电极[33]。

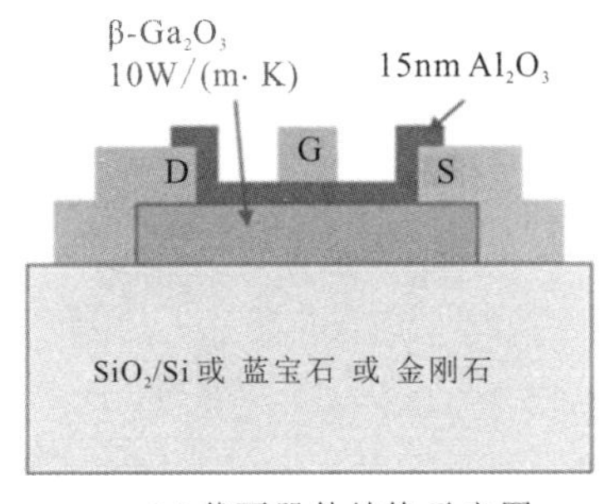

(a) 截面器件结构示意图

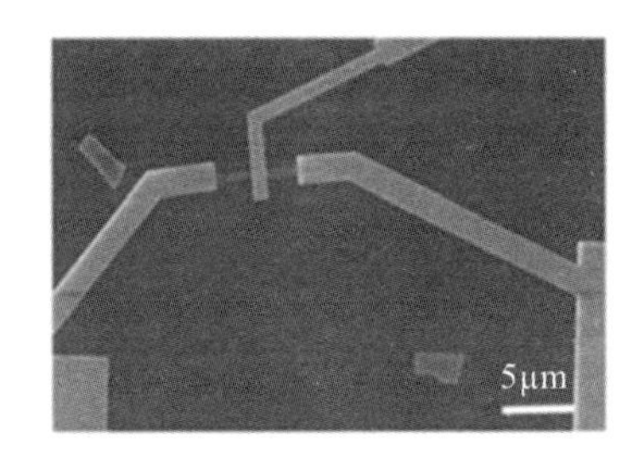

(b) 平面SEM照片

图 6.63 Ga_2O_3 TFT 器件

制备的 SiO_2/Si、蓝宝石、金刚石衬底顶栅 Ga_2O_3 TFT 器件的源漏间距分别为 6 μm、6.5 μm、6 μm，栅长 L_G 均为 1 μm，沟道厚度分别为 73 nm、75 nm、80 nm，栅宽 W_G 约为 0.5～1.5 μm。图 6.64 为顶栅 Ga_2O_3 TFT 的输出特性曲线，其中 SiO_2/Si、蓝宝石、金刚石衬底 Ga_2O_3 TFT 器件的饱和源漏电流密度 I_{DSmax} 分别为 325 mA/mm、535 mA/mm、980 mA/mm；高热导率金刚石衬底器件的输出电流相比于 SiO_2/Si 衬底器件明显提升。

由于 Ga_2O_3 材料热导率较低，Ga_2O_3 器件的自加热效应(Self-Heating Effect，SHE)会导致器件性能恶化，而将 Ga_2O_3 薄膜转移到高热导率衬底上制备 GOOI TFT(绝缘衬底氧化镓薄膜晶体管)器件能够有效地解决这一问题。通过器件(以蓝宝石衬底器件为例)的功率 $P=I_D \times V_{DS}$($P=30$ V×540 mA/mm×

1 μm=1.62×10^{-2} W)来评估器件的产热量。通过公式 $F=hA\Delta T$ 计算通过空气散发的热量，其中 A 为 Ga_2O_3 纳米薄膜的面积，ΔT 为器件的温度增加量(43 K)，可得 $F=4.6\times10^{-10}$ W。由此看出，相比于器件的产热量，通过空气散发的热量微不足道，即器件主要依靠衬底进行散热。

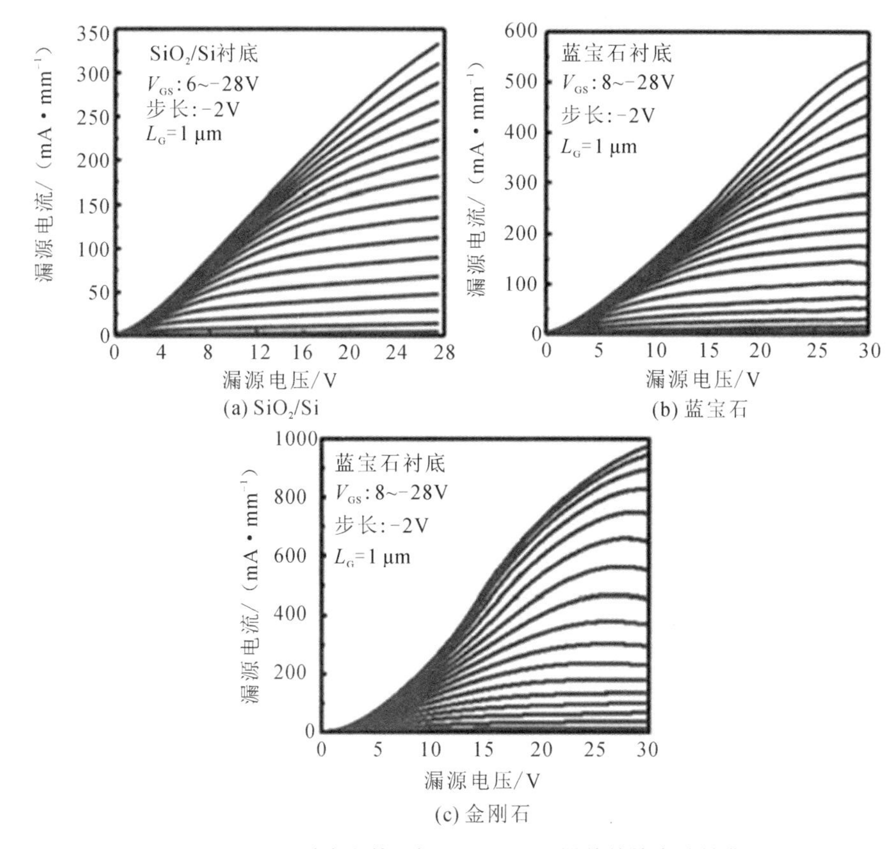

图 6.64　不同衬底上的顶栅 Ga_2O_3 TFT 器件的输出特性曲线

图 6.65(a)～(c)分别为 SiO_2/Si、蓝宝石和金刚石衬底 Ga_2O_3 TFT 器件在不同功率下的热成像图，在测试过程中，栅压为 0 V 时，源漏电压采用脉冲电压(脉宽为 1 ms，占空比为 10%)，测温采用的光学脉宽为 100 μs。在 P=717 W/mm^2 时，SiO_2/Si 衬底器件的温度变化量 ΔT=106 K；在 P=917 W/mm^2 时，蓝宝石衬底器件的温度变化量 ΔT=43 K；在 P=1237.6 W/mm^2 时，金刚石衬底器件的温度变化量 ΔT=21.6 K。如图 6.65(d)所示，拟合数据与测量数据符合良好，衬底热导率的提高明显降低了器件的升温 ΔT，经计算，SiO_2/Si、蓝宝石和金刚石衬底

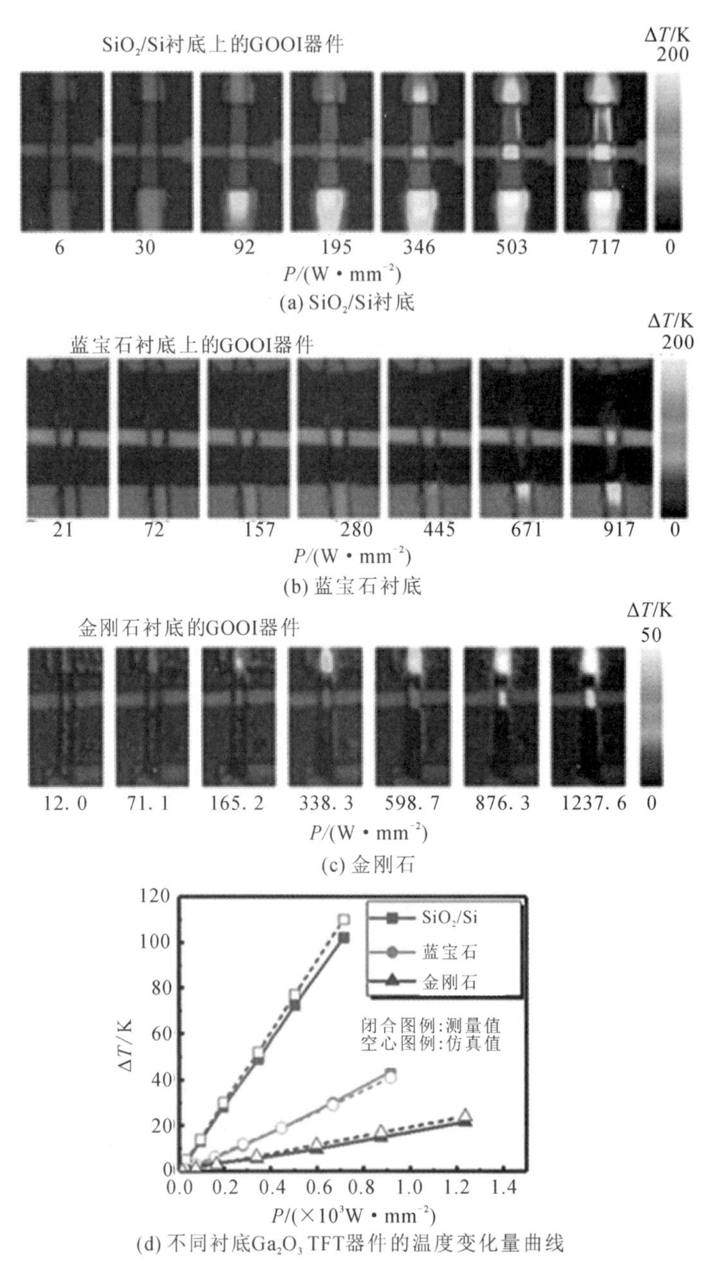

图 6.65 不同衬底 Ga_2O_3 TFT 器件的热变化图和温度变化量曲线

的热阻 R_T 分别为 $1.71\times10^{-2}\ mm^2\cdot K/W$、$4.62\times10^{-2}\ mm^2\cdot K/W$ 和 $1.47\times10^{-1}\ mm^2 K/W$。金刚石衬底上的器件具有更高的导通电流和更低的升温，这

表明高热导率衬底能够有效缓解自加热效应对 Ga_2O_3 器件性能的恶化。这为解决 Ga_2O_3 器件的热瓶颈问题、改善器件的性能提供了一种新的思路。

同年，西安电子科技大学制备了具有较高功率品质因数(PFOM)的顶栅 Ga_2O_3 TFT 器件。该团队将 Ga_2O_3 纳米薄膜转移到蓝宝石衬底上，薄膜厚度约为 190 nm，掺杂浓度为 4.47×10^{17} cm^{-3}，源漏间距 $L_{SD}=11.4$ μm，栅长 $L_G=1.5$ μm，栅宽 $W_G=2.52$ μm。如图 6.66 所示，器件具有优异的性能，当栅压 $V_{GS}=0$ V 时，饱和源漏电流密度为 231.8 mA/mm，导通电阻 $R_{on}=65$ Ω·mm，比导通电阻 $R_{on,sp}$ 为 7.1 mΩcm^2；$V_{DS}=20$ V 时，峰值跨导 $g_{m,max}$ 为 13.8 mS/mm，亚阈值摆幅 SS=86 mV/dec，器件开关比可达 10^8；当 $V_{DS}=5$ V 时，阈值电压 $V_{TH}=-16.5$ V。器件的击穿电压 V_{BR} 可达 800 V，相应的功率品质因数(PFOM)可达86.3 MW·cm^{-2}[34]。该 Ga_2O_3 TFT 器件的性能相比于同时期的传统 Ga_2O_3 MOSFET 器件更具竞争力，因而在电力电子器件领域的应用具有较大的研究价值。

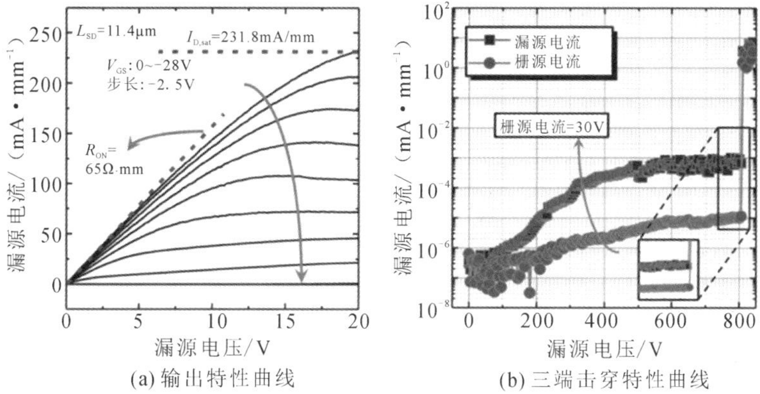

图 6.66　源漏间距 $L_{SD}=11.4$ μm，栅长 $L_G=1.5$ μm 的顶栅 Ga_2O_3 TFT 器件

6.5.3　负电容晶体管

除了电力电子器件以外，科研人员还对 Ga_2O_3 TFT 器件在其他领域的应用进行了探索。如图 6.67(a)所示，中国西安电子科技大学采用 ALD 法在 N^{++} Si 上分别沉积了 3 nm 的 Al_2O_3 和 20 nm 的/HfZnO(HZO)作为栅介质，随后将 Ga_2O_3 纳米薄膜转移到衬底上，制备出 Ti/Au 电极，最终制备了 Ga_2O_3 负电容(Negative Capacitance，NC)场效应晶体管。由图 6.67(b)可以看出，器件具有明显的铁电特性[35]。

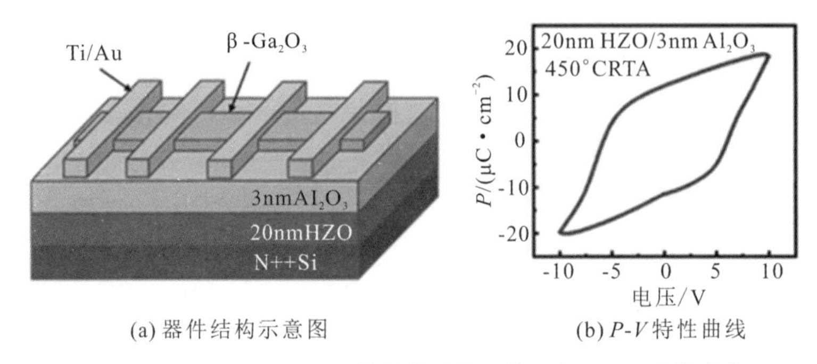

(a) 器件结构示意图　　(b) P-V 特性曲线

图 6.67　Ga_2O_3 NC－FET 的器件结构示意图与 P－V 特性曲线

通过调控 Ga_2O_3 纳米薄膜厚度，可以调节器件的阈值电压。如图 6.68 (a)所示，该团队经过计算，将薄膜厚度控制为约 86 nm，器件的沟道长度为 0.5 μm，从而使器件阈值电压 V_{TH} 略大于 0 V。如图 6.68(b)所示，当源漏电压 V_{DS}＝0.5 V 时，器件的正向最小亚阈值摆幅 SS_{FOR}＝53.1 mV/dec，而负向最小亚阈值摆幅 SS_{REV}＝34.3 mV/dec。该器件的亚阈值摆幅 SS 正负向均低于 60 mV/dec，相比于 Al_2O_3 作为栅介质的 MOSFET 器件的最低值 118.8 MV/dec，具有一定优势。经测试，器件的正向阈值电压 V_{TH}＝0.47 V，负向阈值电压 V_{TH}＝0.35 V，实现了增强型，且迟滞较小。该器件具有较低的亚阈值摆幅，这表明 Ga_2O_3 NC－FET 具有应用于 CMOS 等数字逻辑领域的潜力。

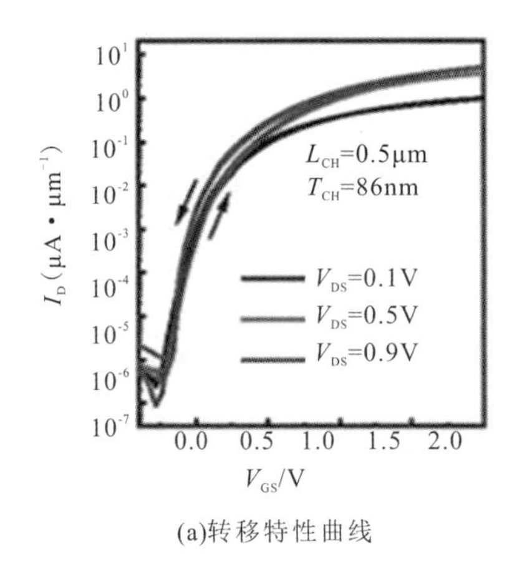

(a)转移特性曲线

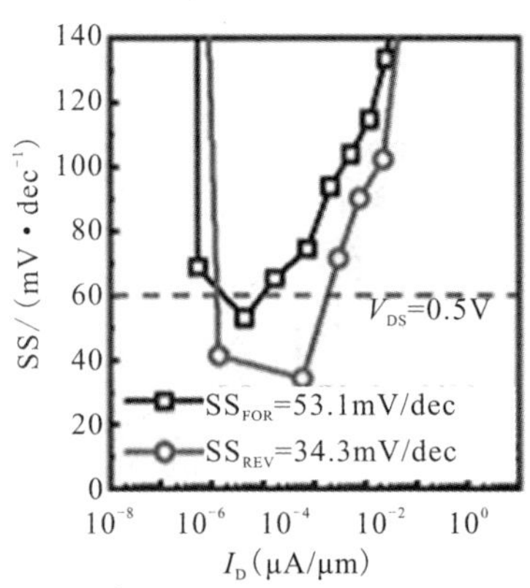

(b)亚阈值摆幅SS与漏电流I_D的关系曲线

图 6.68　Ga_2O_3 NC－FET 的直流特性与亚阈值摆幅

6.5.4 振荡沟道晶体管

2020年，美国佛罗里达大学制备了 Ga_2O_3 振荡沟道晶体管（Vibrating Channel Transistor，VCT）。如图 6.69（a）所示，首先在蓝宝石上沉积了300 nm的 SiO_2 和20 nm的 Al_2O_3，然后将栅槽区域介质采用干法刻蚀掉，栅槽尺寸为 7 μm×7 μm，随后沉积栅电极；接下来在介质上沉积源漏电极，再将 β-Ga_2O_3 纳米薄膜转移到器件上，薄膜厚度为 300～400 nm；最后在表面沉积表面电极，以保证 Ga_2O_3 和源漏电极的接触[36]。该团队测量了器件的直流特征，如图 6.69（b）、(c)所示，器件具有 N 型特征，开关比大于 10^5，从转移特性曲线可以看出，V_G 在－20～－5 V之间时器件具有较大的跨导。

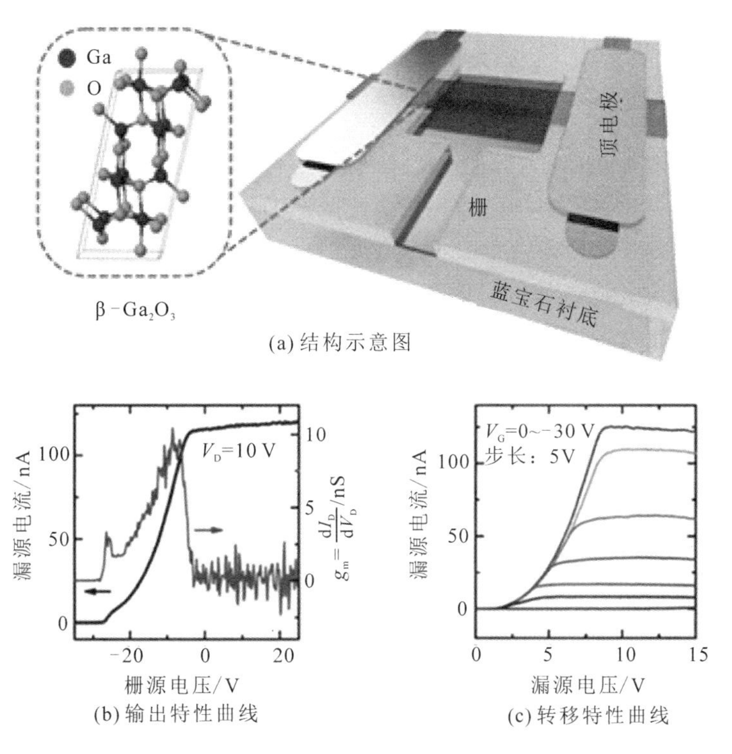

图 6.69 Ga_2O_3 振荡沟道晶体管的器件

经光学测量，β-Ga_2O_3 纳米薄膜厚度约为 350 nm，如图 6.70(a)所示，该谐振器在 f_0＝25.928 MHz 下具有一阶模态谐振，品质因子 Q＝85。参考器件的直流特性，该团队搭建了测试电路以对器件的振荡特性进行电学测试，测试结果如图 6.70(b)

所示。通过电学测量和拟合计算可得，器件的振荡频率 $f_0=26.83$ MHz，品质因子 $Q=77$，与光学测量结果具有较高的一致性。

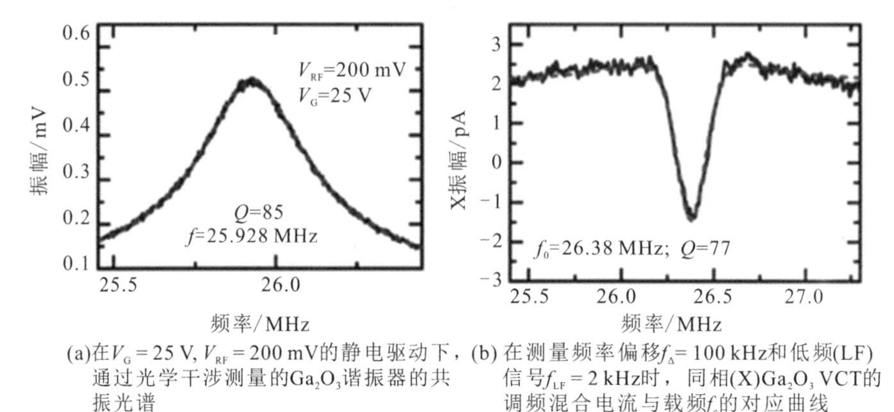

(a) 在 $V_G=25$ V, $V_{RF}=200$ mV的静电驱动下，通过光学干涉测量的Ga_2O_3谐振器的共振光谱

(b) 在测量频率偏移f_Δ= 100 kHz和低频(LF)信号$f_{LF}=2$ kHz时，同相(X)Ga_2O_3 VCT的调频混合电流与载频f_c的对应曲线

图 6.70　Ga_2O_3 谐振器的共振光谱与调频混合电流及载频的对应关系

如图 6.71 (a)所示，当 V_G 处于－30～－10 V 之间时，可以观察到器件谐振。这与光学测量的结果具有一定偏差，其原因在于，当气压发生改变时，器件阈值电压 V_{TH} 会发生偏移。为了进一步验证，该团队比较了空气和中等真空度下的转移曲线，如图 6.71(c)所示。在真空环境中，器件的阈值电压 V_{TH}发生了负向偏移。经计算可得，在 V_G处于－30～－10 V 之间时，器件的跨导 g_m足以使器件发生状态转变。如图 6.71(b)所示，在与图 6.71(a)相同的 V_G 范围内，使用静电驱动进行的光学干涉法测得了共振。光学结果显示，在较大的$|V_G|$处，振幅更为明显，即$|V_G|$越大，静电驱动更有效。而且，如图

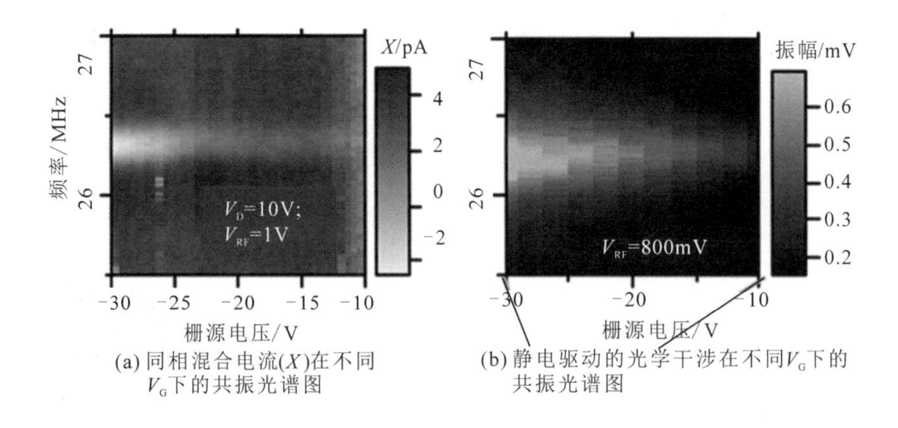

(a) 同相混合电流(X)在不同V_G下的共振光谱图

(b) 静电驱动的光学干涉在不同V_G下的共振光谱图

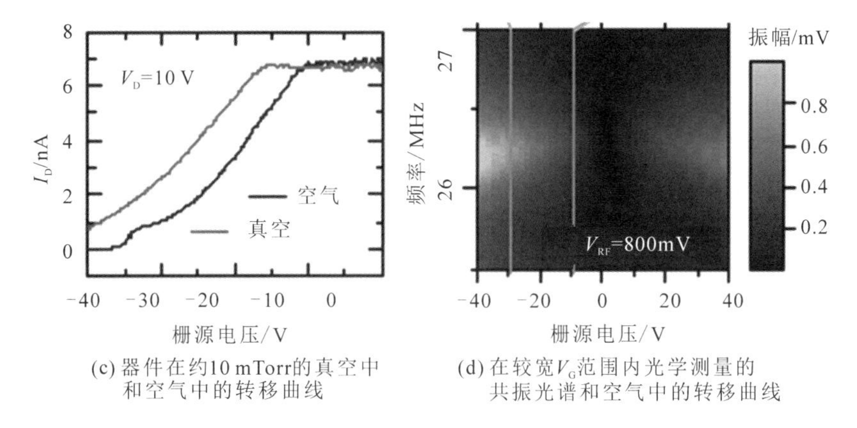

(c) 器件在约10 mTorr的真空中和空气中的转移曲线

(d) 在较宽V_G范围内光学测量的共振光谱和空气中的转移曲线

图 6.71 器件共振光谱图与转移特性

6.71(d)所示，与电学测量不同的是，可以通过光学干涉法($\Delta f=0$)检测到Ga_2O_3谐振器在正栅极电压下产生了谐振。

6.6 总结与展望

随着氧化镓外延材料生长和器件制备技术的发展，氧化镓MOSFET功率器件性能得到显著提升，器件击穿电压已超过8000 V，但其缺点是器件导通特性差，沟道饱和漏源电流小，器件特性远没有达到材料理论预测所具备的性能，仍有很多基础性问题亟待解决，这些都是氧化镓功率器件迈向实际应用的瓶颈。其核心问题是氧化镓P型有效可控掺杂难以实现掺杂，氧化镓MOSFET器件无法沿用碳化硅功率器件的工艺方式。此外，由于氧化镓材料热导率差而导致的大功率器件沟道强自热效应问题也是值得关注的问题。

氧化镓场效应晶体管在射频器件、负电容晶体管、振荡沟道晶体管等领域也得到了一些探索研究。尤其是在射频领域，氧化镓异质结器件有望得到进一步发展，但器件散热问题仍需要重点关注。未来氧化镓MOSFET器件的研究将主要围绕击穿电压提升、新型增强型器件、器件散热性能改善、高质量MOS绝缘栅结构及可靠性等主题开展。通过理论、工艺和结构创新，实现氧化镓场效应晶体管的性能提升。

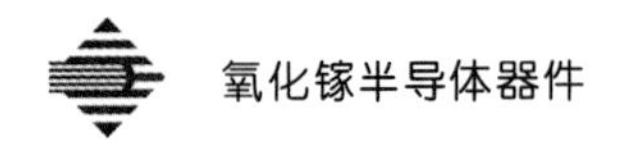

参考文献

[1] HIGASHIWAKI M, SASAKI K, KAMIMURA T, et al. Depletion-mode Ga_2O_3 metal-oxide-semiconductor field-effect transistors on β-Ga_2O_3 (010) substrates and temperature dependence of their device characteristics [J]. Applied Physics Letters, 2013, 103(12): 123511.

[2] WONG M H, SASAKI K, KURAMATA A, et al. Field-plated Ga_2O_3 MOSFETs with a breakdown voltage of over 750 V [J]. IEEE Electron Device Letters, 2015, 37(2): 212-215.

[3] ZENG K, VAIDYA A, SINGISETTI U. 1.85 kV breakdown voltage in lateral field-plated Ga_2O_3 MOSFETs [J]. IEEE Electron Device Letters, 2018, 39(9): 1385-1388.

[4] LV Y, ZHOU X, LONG S, et al. Source-Field-Plated β-Ga_2O_3 MOSFET With Record Power Figure of Merit of 50.4 MW/cm^2 [J]. IEEE Electron Device Letters, 2018, 40(1): 83-86.

[5] LV Y, ZHOU X, LONG S, et al. Lateral source field-plated β-Ga_2O_3 MOSFET with recorded breakdown voltage of 2360 V and low specific on-resistance of 560 mΩ cm^2 [J]. Semiconductor Science and Technology, 2019, 34(11): 11LT02.

[6] MUN J K, CHO K, CHANG W, et al. 2.32 kV breakdown voltage lateral β-Ga_2O_3 MOSFETs with source-connected field plate [J]. ECS Journal of Solid State Science and Technology, 2019, 8(7): Q3079.

[7] LV Y, LIU H, ZHOU X, et al. Lateral β-Ga_2O_3 MOSFETs with high power figure of merit of 277 MW/cm^2 [J]. IEEE Electron Device Letters, 2020, 41(4): 537-540.

[8] SHARMA S, ZENG K, SAHA S, et al. Field-plated lateral Ga_2O_3 MOSFETs with polymer passivation and 8.03 kV breakdown voltage [J]. IEEE Electron Device Letters, 2020, 41(6): 836-839.

[9] XU W, WANG Y, YOU T, et al. First demonstration of waferscale heterogeneous integration of Ga_2O_3 MOSFETs on SiC and Si substrates by ion-cutting process; proceedings of the 2019 IEEE International Electron Devices Meeting (IEDM) [C]. 2019.

[10] CHABAK K D, MCCANDLESS J P, MOSER N A, et al. Recessed-gate enhancement-mode β-Ga_2O_3 MOSFETs [J]. IEEE Electron Device Letters, 2017, 39(1): 67-70.

[11] FENG Z, TIAN X, LI Z, et al. Normally-off-β-Ga_2O_3 power MOSFET with ferroelectric charge storage gate stack structure [J]. IEEE Electron Device Letters, 2020, 41(3): 333-336.

[12] LV Y J, ZHOU X Y, LONG S B, et al. Enhancement-mode β-Ga_2O_3 metal-oxide-

semiconductor field-effect transistor with high breakdown voltage over 3000 V realized by oxygen annealing [J]. Physica Status Solidi-Rapid Research Letters, 2020, 14(3).

[13] GREEN A J, CHABAK K D, BALDINI M, et al. β-Ga_2O_3 MOSFETs for radio frequency operation [J]. IEEE Electron Device Letters, 2017, 38(6): 790-793.

[14] CHABAK K, WALKER D, GREEN A, et al. Sub-micron gallium oxide radio frequency field-effect transistors; proceedings of the 2018 IEEE MTT-S International Microwave Workshop Series on Advanced Materials and Processes for RF and THz Applications (IMWS-AMP), [C]. 2018.

[15] MOSER N A, ASEL T, LIDDY K J, et al. Pulsed power performance of β-Ga_2O_3 MOSFETs at L-band [J]. IEEE Electron Device Letters, 2020, 41(7): 989-992.

[16] SINGH M, CASBON M A, UREN M J, et al. Pulsed large signal RF performance of field-plated Ga_2O_3 MOSFETs [J]. IEEE Electron Device Letters, 2018, 39(10): 1572-1575.

[17] CHABAK K D, MOSER N, GREEN A J, et al. Enhancement-mode Ga_2O_3 wrap-gate fin field-effect transistors on native (100) β-Ga_2O_3 substrate with high breakdown voltage [J]. Applied Physics Letters, 2016, 109(21): 213501.

[18] HU Z, NOMOTO K, LI W, et al. Breakdown mechanism in 1 kA/cm^2 and 960 V E-mode β-Ga_2O_3 vertical transistors [J]. Applied Physics Letters, 2018, 113(12): 122103.

[19] HU Z, NOMOTO K, LI W, et al. Enhancement-mode Ga_2O_3 vertical transistors with breakdown voltage$>$1 kV [J]. IEEE Electron Device Letters, 2018, 39(6): 869-872.

[20] LI W, NOMOTO K, HU Z, et al. Single and multi-fin normally-off Ga_2O_3 vertical transistors with a breakdown voltage over 2.6 kV; proceedings of the 2019 IEEE International Electron Devices Meeting (IEDM), [C]. 2019.

[21] WONG M H, GOTO K, MORIKAWA Y, et al. All-ion-implanted planar-gate current aperture vertical Ga_2O_3 MOSFETs with Mg-doped blocking layer [J]. Applied Physics Express, 2018, 11(6): 064102.

[22] WONG M H, GOTO K, MURAKAMI H, et al. Current aperture vertical β-Ga_2O_3 MOSFE fabricated by N-and Si-Ion implantation doping [J]. IEEE Electron Device Letters, 2018, 40(3): 431-434.

[23] WONG M H, MURAKAMI H, KUMAGAI Y, et al. Enhancement-Mode β-Ga_2O_3 current aperture vertical MOSFETs with N-Ion-implanted blocker [J]. IEEE Electron Device Letters, 2019, 41(2): 296-299.

[24] XIA Z, XUE H, JOISHI C, et al. β-Ga_2O_3 Delta-doped field-effect transistors with current gain cutoff frequency of 27 GHz [J]. IEEE Electron Device Letters, 2019, 40(7): 1052-1055.

[25] OSHIMA T, OKUNO T, ARAI N, et al. β-Al_{2x} Ga_{2-2x} O_3 thin film growth by molecular beam epitaxy [J]. Japanese Journal of Applied Physics, 2009, 48(7R): 070202.

[26] KAUN S W, WU F, SPECK J S. β-$(Al_xGa_{1-x})_2O_3/Ga_2O_3$ (010) heterostructures grown on β-Ga_2O_3 (010) substrates by plasma-assisted molecular beam epitaxy [J]. Journal of Vacuum Science & Technology A: Vacuum, Surfaces, and Films, 2015, 33(4): 041508.

[27] ZHANG Y, XIA Z, MCGLONE J, et al. Evaluation of low-temperature saturation velocity in β-$(Al_xGa_{1-x})_2O_3/Ga_2O_3$ modulation-doped field-effect transistors [J]. IEEE Transactions on Electron Devices, 2019, 66(3): 1574-1578.

[28] MILLER R, ALEMA F, OSINSKY A. Epitaxial β-Ga_2O_3 and β-$(Al_xGa_{1-x})_2O_3$/β-Ga_2O_3 heterostructures growth for power electronics [J]. IEEE Transactions on Semiconductor Manufacturing, 2018, 31(4): 467-474.

[29] ZHANG Y, JOISHI C, XIA Z, et al. Demonstration of β-$(Al_xGa_{1-x})_2O_3/Ga_2O_3$ double heterostructure field effect transistors [J]. Applied Physics Letters, 2018, 112(23): 233503.

[30] ZHOU H, SI M, ALGHAMDI S, et al. High-performance depletion/enhancement-ode β-Ga_2O_3 on insulator (GOOI) field-effect transistors with record drain currents of 600/450 mA/mm [J]. IEEE Electron Device Letters, 2016, 38(1): 103-106.

[31] ZHOU H, MAIZE K, QIU G, et al. β-Ga_2O_3 on insulator field-effect transistors with drain currents exceeding 1.5 A/mm and their self-heating effect [J]. Applied Physics Letters, 2017, 111(9): 092102.

[32] MA J, LEE O, YOO G. Effect of Al_2O_3 passivation on electrical properties of β-Ga_2O_3 field-effect transistor [J]. IEEE Journal of the Electron Devices Society, 2019, 7: 512-516.

[33] NOH J, ALAJLOUNI S, TADJER M J, et al. High performance β-Ga_2O_3 nano-membrane field effect transistors on a high thermal conductivity diamond substrate [J]. IEEE Journal of the Electron Devices Society, 2019, 7: 914-918.

[34] FENG Z, CAI Y, YAN G, et al. A 800 V β-Ga_2O_3 metal-oxide-semiconductor field-effect transistor with high-power figure of merit of over 86.3 MW cm^{-2} [J]. Physica Status Solidi (a), 2019, 216(20): 1900421.

[35] SI M, YANG L, ZHOU H, et al. β-Ga_2O_3 nanomembrane negative capacitance field-effect transistors with steep subthreshold slope for wide band gap logic applications [J]. ACS Omega, 2017, 2(10): 7136-7140.

[36] ZHENG X Q, KAISAR T, FENG P X L. Electromechanical coupling and motion transduction in β-Ga_2O_3 vibrating channel transistors [J]. Applied Physics Letters, 2020, 117(24): 243504.

第7章

氧化镓日盲深紫外光电探测器

7.1 日盲深紫外探测器研究背景

7.1.1 紫外光谱和日盲深紫外探测器

根据波长的不同，紫外光可被划分为UVA(315～400 nm)、UVB(280～315 nm)、UVC(200～280 nm)和VUV(10～200 nm)，其光谱和对应波段的代表性应用如图7.1所示。其中，UVC范围内的光在到达地球表面之前几乎全部被臭氧层吸收，因此来自太阳的UVC几乎不可能到达地表空间。换言之，地表空间内的UVC大概率来自人造光。从探测器工作的角度来说，臭氧层的吸收使背景噪声得到了极大的抑制[1-2]。

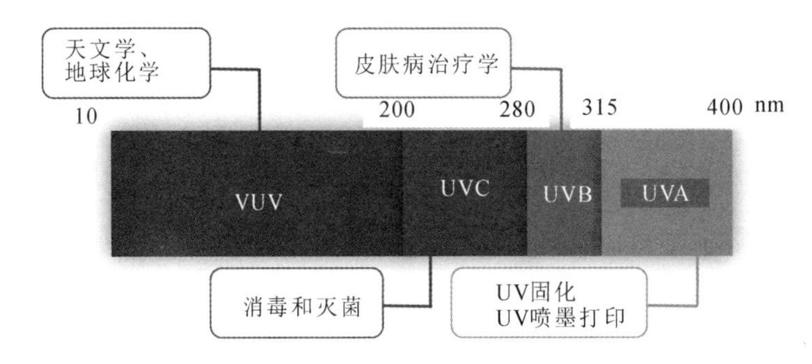

图7.1 紫外光谱及代表性应用

“日盲”和深紫外对应的都是200～280 nm波段的紫外光区域，即UVC波段。因此，只对280 nm以下的光敏感的光电探测器被称为日盲光电探测器(Solar-Blind Photo Detector，SBPD)。SBPD在军事监视、导弹预警、安全通信、紫外天文学、医学成像、化学/生物分析、电晕探测、臭氧层空洞监测、火焰探测等领域具有潜在的应用价值，近年来受到越来越多学者的关注[3-10]。

7.1.2 光电探测器的分类

基于不同的工作机理，光电探测器大致可以分为光热探测器和光子探测器。光热探测器基于光热效应，工作时光子捕获材料会吸收光子的能量并将其转换为晶格振动能，这会导致材料温度上升，从而改变其电学特性[11-12]；对光子探测器来说，材料内部的电子直接吸收光子使得自身的运动状态发生变化，

产生可探测的电信号[13]。光子探测器又可以进一步被细分为外光电效应探测器(也被称为光子发射探测器)和内光电效应探测器。研究表明，内光电效应探测器有两种主要的探测机制：光电导效应和光伏效应。

所谓光电导效应，指的是在特定波长的光照下，价带中的电子吸收光子的能量会跃迁到导带上成为自由移动的电子，同时会在价带上留下一个空穴。自由移动的电子和空穴都会增大半导体材料的导电性。光伏效应是指当两种不同掺杂类型的半导体材料相接触时，界面处会形成内建电场(结)，耗尽区内的光生电子-空穴对会在内建电场的作用下被加速分离到不同侧，从而改变结两侧的电势差。这里我们主要研究基于内光电效应的 SBPD。

7.1.3 光电探测器的性能参数

为了评估探测器的性能，研究人员们定义了完善的参数指标，例如：光电流(I_{photo})、暗电流(I_{dark})、光暗电流比(Photo - to - Dark Current Ratio，PDCR)、响应度(Responsivity，R)、紫外/可见抑制比、响应时间(t_r，t_d)、外量子效率(External Quantum Efficiency，EQE)、信噪比(Signal - to - Noise Ratio，SNR)、噪声等效功率(Noise Equivalent Power，NEP)和归一化探测率(Normalized Detectivity，D^*)等。这些参数的定义和计算公式将在下文给出。

1. 光电流(I_{photo})、暗电流(I_{dark})和光暗电流比(PDCR)

I_{photo}是光照在探测器内产生的电流大小，I_{dark}是在黑暗条件下流经探测器的电流值：

$$I_{photo} = I_{light} - I_{dark} \tag{7-1}$$

其中 I_{light}是指光照条件下流经探测器的电流值。当 I_{light}远大于 I_{dark}时，器件的光电流 I_{photo}可由 I_{light}近似表示。灵敏度很高的光电探测器，需要有很小量级的 I_{dark}与很高的 I_{light}，我们用 PDCR 来描述这一指标。PDCR 可通过如下公式计算[14]：

$$\text{PDCR} = \frac{I_{light} - I_{dark}}{I_{dark}} = \frac{I_{photo}}{I_{dark}} \tag{7-2}$$

2. 响应度(R)

R 是光电探测器的响应度，可用来衡量光电转换效率，被定义为特定波长下单位功率的入射光产生的光电流大小：

$$R = \frac{I_{light} - I_{dark}}{PS} \tag{7-3}$$

其中 P 是入射光功率密度，S 是有效照射面积。

3. 紫外/可见抑制比

紫外/可见抑制比被定义为日盲波段(254 nm)的峰值响应度和可见光(400 nm)峰值响应度的比值，可用来评估 SBPD 的光谱选择性。

4. 响应时间(t_r, t_d)

响应时间分为器件的上升时间(t_r)与衰减时间(t_d)。上升时间是指器件的光电流从峰值电流的 10%上升到 90%所需的时间；与之类似，衰减时间被定义为器件的光电流从峰值电流的 90%下降到 10%所需的时间[15]。在对响应时间进行分析时，上升和衰减阶段可通过下述双指数方程进行拟合[4,16]：

$$I = I_0 + A e^{-t/\tau_1} + B e^{-t/\tau_2} \tag{7-4}$$

其中 I_0 表示稳态光电流，A 和 B 都是常数，τ_1 和 τ_2 是分别对应快速和慢速响应两个组分的弛豫时间常数。其中，快速组分 τ_1 和带间跃迁相关，慢速组分 τ_2 则来源于固有缺陷引起的载流子的捕获/释放过程[17]。

从上述介绍中我们可以看到，尽管器件中的陷阱会减缓探测器的响应速度，但根据光电导增益机制，它的存在也会提升响应度[18]。所以，基于内光电效应的探测器的响应度和响应速度之间是存在矛盾的，我们需要在器件结构设计和工作模式上寻求创新和突破，以缓解这一矛盾。

5. 外量子效率(EQE)

EQE 是收集到的电子数和入射光子数之比，可由如下公式计算：

$$\mathrm{EQE} = \frac{\dfrac{I_{\mathrm{light}} - I_{\mathrm{dark}}}{q}}{\dfrac{PS}{h\nu}} \tag{7-5}$$

其中 h 是普朗克常数，q 是电子电荷，ν 是入射光频率。EQE 和 R 可相互转换[19]：

$$\mathrm{EQE} = R\,\frac{h\nu}{q} \tag{7-6}$$

6. 信噪比(SNR)、等效噪声功率(NEP)和归一化探测率(D^*)

这三个指标用来描述器件的噪声特性。噪声决定了器件可探测到的最小信号值，主要成分为背景噪声和光电探测器的内部噪声。归一化探测率 D^* 可用下述公式描述[19]：

$$D^* = \frac{(S\Delta f)^{1/2}}{\mathrm{NEP}} \tag{7-7}$$

其中 Δf 是噪声带宽；NEP 被定义为 1 Hz 输出带宽下 SNR 为 1 时的入射光功率，是 R 和噪声电流(Noise Current，i_n)的函数：

$$\mathrm{NEP}=\frac{\sqrt{\overline{i_n^2}}}{R} \tag{7-8}$$

其中 $\overline{i_n^2}$ 是 SNR=1 时的均方噪声电流。当噪声由光电探测器的暗电流主导时，D^* 的计算公式可被简化为[20-21]

$$D^*=\frac{R\sqrt{S}}{\sqrt{2qI_{\text{dark}}}} \tag{7-9}$$

需要指明，同时实现上述所有性能的最优化是十分困难的，因此研究人员需要根据具体应用场景及需求来权衡这些参数。

7.1.4 日盲深紫外探测器的材料

目前实现实用化的 SBPD 主要采用硅基光电倍增管和紫外光电管[22-24]。然而，这两种硅基器件存在一些不足之处：光电倍增管需要工作在高压下，具有很大的体积和质量，增加了深紫外(Deep Ultraviolet，DUV)探测系统的复杂性；由于 Si 的带隙较窄，硅基紫外光电管需要额外增加滤波片，以滤除目标波长以外的光。因此，近年来，很多超宽禁带半导体(Ultra-Wide-Bandgap，UWBG)材料(禁带宽度对应日盲波段)被用来制备 SBPD，例如 $Zn_xMg_{1-x}O$[25-26]、$Al_xGa_{1-x}N$[27-29]、diamond[30]、AlN[31]、BN[32]和 Ga_2O_3[6,7,33]。基于 UWBG 半导体材料的 SBPD 无需外加滤波片即可工作在日盲波段，这有助于深紫外探测系统的简化，同时减少其体积和质量。

然而在 UWBG 半导体材料体系中，三元合金材料较本征日盲半导体材料而言存在一些劣势：对 $Al_xGa_{1-x}N$ 来说，为了增加禁带宽度并使其探测区域位于日盲波段，需要提高 Al 组分的含量；然而，高含量的 Al 会增加材料生长的难度、降低生长晶体的质量，并影响光电探测器的性能[34]。对 $Zn_xMg_{1-x}O$ 而言，当 Mg 占比到达某一阈值时，MgO 和 ZnO 会发生相分离，这将在晶体中引入缺陷和位错[35-37]。

其他的 UWBG 材料也存在一些问题。金刚石的器件制备工艺复杂，需要进行刻蚀、掺杂和能带工程调控等；此外，大尺寸单晶衬底的缺乏也阻碍了其在电子和光电领域的实际应用的发展[15,38]。由于 UWBG 材料的半绝缘特性，基于 AlN 和 BN 这两种材料的 SBPD 的性能仍有待于更深入的研究。

同上面所有介绍的材料相比，Ga_2O_3 作为新兴的 UWBG 材料，得益于其本征日盲禁带宽度(4.4～5.3 eV)、低成本量产和大吸收系数，是目前 SBPD 最有前景的候选材料之一[39-44]；同时，Ga_2O_3 SBPD 具备对日盲光的高响应度和工作稳定性。

目前，已经有很多关于不同相氧化镓的研究报道，包括非晶、多晶和单晶(α、β、γ、δ、ε 和 κ)相[45-46]。Ga_2O_3 材料体系十分丰富，禁带宽度在 4.4～5.3 eV 之间，直接对应深紫外日盲光波段，这使得 Ga_2O_3 成为 SBPD 的优选材料之一。同时，氧化镓单晶和薄膜的生长也日趋成熟。基于 EFG 法，Tamura 公司已经生产出 6 英寸表面光滑且均匀的 β-Ga_2O_3 晶片[47]。得益于所生长 Ga_2O_3 大尺寸、高质量的特点，EFG 法已发展为主要的商业化 Ga_2O_3 衬底生产方法，并且可以为薄膜外延提供同质衬底，以生长高质量薄膜[48-52]。除了单晶衬底，Ga_2O_3 薄膜材料在功率电子器件、气体探测器和光电器件中得到了广泛的应用。基于各种同质/异质衬底，如 Si[53-54]、蓝宝石[55-60]、AlN[61-62]、SiC[63-64]和 Ga_2O_3[49, 65]，可以生长多种不同晶相的 Ga_2O_3。其中，得益于高透光率和低成本的大尺寸生产技术，蓝宝石是使用最广泛的异质衬底。丰富的衬底推动了多功能 Ga_2O_3 基器件的发展，但在衬底与 Ga_2O_3 界面处的晶格失配也会造成外延薄膜的质量参差不齐。

针对不同相 Ga_2O_3 各自的结构特点，其薄膜外延衬底及方法也存在差异。由于 β-Ga_2O_3 具备稳定的单斜结构，因此在异质衬底上外延生长高质量薄膜晶体具有挑战性，并且很难实现对异质外延薄膜的局域掺杂。常用 MOCVD、MBE 和金属有机物气相外延(Metal Organic Vapor Phase Epitaxy，MOVPE)等方法在 Ga_2O_3 单晶上同质外延 β-Ga_2O_3 薄膜。MOCVD 法生长的薄膜表面光滑，晶体质量很高[65]。由于背景杂质浓度低且晶体质量高，因此该薄膜的电子迁移率很高，在室温和 54 K 下分别达到 176 $cm^2 \cdot V^{-1} \cdot s^{-1}$ 和 3481 $cm^2 \cdot V^{-1} \cdot s^{-1}$。此外，利用 MOVPE 方法，M. Baldini 等人在 β-Ga_2O_3(010)衬底上生长了掺入 Si 和 Sn 的 β-Ga_2O_3 同质外延薄膜[48]。通过掺入 Si，可以实现自由电子浓度在 1×10^{17}～8×10^{19} cm^{-3}之间精确调控；掺入 Sn，使得自由电子浓度的调控范围为 4×10^{17}～1×10^{19} cm^{-3}。

α-Ga_2O_3 是氧化镓的一个亚稳态相，可以在 550 ℃左右转换为 β-Ga_2O_3[55]。因此，α-Ga_2O_3 单晶无法通过熔融法获得，亟须发展低温生长技术[66]。由于和蓝宝石衬底的晶格失配度较低且生长温度较 β-Ga_2O_3 低，大部分 α-Ga_2O_3 薄膜都是通过 mist-CVD [55-59]、MBE [33]等方法 HVPE[67-68]、激光分子束外延(L-MBE)[39,69]、MOCVD[70-71]和 ALD[72]在蓝宝石上外延生长的。此外，元素掺杂可以提高 α-Ga_2O_3 的热稳定性。根据 S. D. Lee 等人的报道可知，掺入微

量的Al可以在不显著改变基本化学组分的前提下增强 $\alpha-Ga_2O_3$ 薄膜的热稳定性[73]。掺杂后薄膜的生长温度可高达800 ℃，且能在850 ℃退火而不转换到β相。和 $\beta-Ga_2O_3$ 相比，该亚稳态相 Ga_2O_3 具有如下优点：① 具有与4H－SiC、GaN、ZnO和蓝宝石类似的六方晶格结构和低的晶格失配，可以在上述衬底上异质外延生长高质量的薄膜[74-75]；② 易于同其他具有刚玉结构的 M_2O_3 类材料，如Al、Cr、Fe和V的氧化物，结合形成合金，展现独特的特性及应用价值[76-77]；③ 具备较低的电子有效质量和较高的击穿电场，且与其他单晶相氧化镓相比，$\alpha-Ga_2O_3$ 的禁带宽度最大[75]。因此，$\alpha-Ga_2O_3$ 在功率器件和SBPD中具有很大的应用潜力。

作为稳定性仅次于β相的 Ga_2O_3 单晶相[78-81]，$\varepsilon-Ga_2O_3$ 是六方晶格结构，因此可以和其他六方晶系宽禁带半导体(如GaN和SiC)，结合形成异质结，以实现先进的光电应用[82]。M. B. Maccioni和V. Fiorentini预测，由于两种材料间巨大的极化差异，在 $\varepsilon-Ga_2O_3/GaN$ 界面处会存在二维电子气(2DEG)，这对于制备高性能射频器件和提高光电器件性能具有重大意义[81]。1952年通过热分解 $Ga(NO_3)_3$ 首次合成了 $\varepsilon-Ga_2O_3$[45]。Y. Oshima等人首次在GaN(0001)、AlN(0001)和 $\beta-Ga_2O_3(\bar{2}01)$ 衬底上，通过HVPE法在550 ℃下外延生长了纯净的 ε-Ga_2O_3，样品的光学带隙为4.9 eV[61]。此外，有很多通过其他方法生长 $\varepsilon-Ga_2O_3$ 的研究，如ALD(在550℃下)[79]、MOCVD(在650℃[79,83]和500℃[84]下)、mist－CVD(在400～700℃下)[85]以及HVPE(在650～850℃下)[86]。

由于合成和分离存在难度，关于尖晶石型 $\gamma-Ga_2O_3$ 生长的研究报道十分有限。根据H. Hayashi的研究，掺杂会提高 $\gamma-Ga_2O_3$ 的稳定性：在773 K下通过PLD生长 Ga_2O_3 时，掺入Mn(高达7%)可以有效稳定γ相，而未掺杂的薄膜则结晶形成β相[87]。此外，掺入Mn也可减少区域边界、改善晶体质量，从而生成高质量 $\gamma-Ga_2O_3$ 薄膜；而未掺杂的薄膜结晶度差强人意[88]。T. Oshima等人在(100) $MgAl_2O_4$ 衬底上分别利用mist－CVD和PLD技术生长了未掺杂和掺入Si的 $\gamma-Ga_2O_3$ 薄膜[89-90]，前者具备5.0 eV的直接带隙和4.4 eV的间接带隙，后者可被看作N型宽禁带半导体，其载流子浓度为 1.8×10^{19} cm^{-3}。

除了外延薄膜之外，纳米结构 $\gamma-Ga_2O_3$ 的生长也吸引了越来越多学者的关注。M. M. Ruan等人利用 Ga^{3+} 离子和酒石酸盐离子(L^{2-})的水溶液作为复合前驱体，通过新奇的水热法合成了 $\gamma-Ga_2O_3$ 纳米球[91]；此外，也有关于通过研磨并加热的方法制备 $\gamma-Ga_2O_3$ 纳米片的研究报道[92]。纳米结构的 $\gamma-Ga_2O_3$ 有效表面积大，可被应用于光探测领域。

H. Y. Playford 等人在 2013 年首次证实了 κ - Ga_2O_3 的存在[46]。在氢氧化物热分解转变为 β - Ga_2O_3 的过程中，他们发现了一种短暂存在的 Ga_2O_3 晶型，并将其命名为 κ - Ga_2O_3。由于其瞬时存在特性，κ - Ga_2O_3 单晶的稳定生长和分离的难度很大。最近，M. Kneiß 等人利用 PLD 法在 *c* 面蓝宝石、MgO(111)、$SrTiO_3$(111)和 ZrO_2(111)衬底上制备了高质量斜方晶系 κ - Ga_2O_3 薄膜[93]。同时，透射光谱表明该薄膜的禁带宽度在 4.9 eV 左右。

在本节中，我们首先介绍了紫外光谱和日盲深紫外探测的概念，然后说明本文介绍的探测器是基于内光电效应，接着列举了探测器关注的性能参数，并详细阐明其物理内涵，最后对深紫外探测器的材料进行了比较，重点介绍了 Ga_2O_3 材料的特点。

7.2 氧化镓日盲深紫外探测器

如上所述，因为 Ga_2O_3 具有多种晶相，材料体系丰富且禁带宽度均在 4.4～5.3 eV 之间，所以适用于制备日盲光探测器。其中，β - Ga_2O_3 由于具备抗辐照性、良好的化学和热学稳定性，并且对波长大于 280 nm 的光透过率高，因此被认为是最有前景的日盲探测材料之一[94-97]。与此同时，其他亚稳态相结构的 Ga_2O_3(包括 α、ε 和 γ)也因各自独特的材料特性，引起越来越多日盲探测领域学者们的兴趣。对 α 相和 ε 相 Ga_2O_3 而言，可以根据晶格结构来选择高匹配度衬底。例如，在蓝宝石衬底上异质外延生长的刚玉结构 α - Ga_2O_3 薄膜质量很高，可以制备高性能、低成本的 Ga_2O_3 SBPD；类似地，在Ⅲ族氮化物衬底上外延生长六方晶系ε - Ga_2O_3，得到的薄膜位错密度很低，同时形成的 Ga_2O_3/Ⅲ族氮化物异质结还可提高光电器件性能。此外，纳米晶体 γ - Ga_2O_3 具有很高的表面积体积比，器件的响应度很高。本节将系统介绍基于不同相结构 Ga_2O_3 的 SBPD。

7.2.1 β - Ga_2O_3 SBPD

由于 β - Ga_2O_3 在日盲探测领域所具有的独特优势，近年来 β - Ga_2O_3 SBPD 得到了广泛的研究。从器件结构出发，Ga_2O_3 SBPD 可以被分为四类：金属-氧化物-金属光电探测器(Metal - Semiconductor - Metal Photodetector，MSM - PD)，肖特基势垒二极管光电探测器(Schottky Barrier Diode Photodetector，SBD - PD)

以及异质结光电探测器和场效应晶体管光电探测器(Field Effect Transistor Photodetector，FET-PD)。目前，已经基于不同形貌的 Ga_2O_3(单晶衬底、薄膜材料和纳米结构等)制备出各种类型的光电探测器。此外，本小节还将介绍改善 Ga_2O_3 SBPD 的方法，如掺杂、退火和采用紫外透明电极。

1. 器件结构

1) MSM-PD

MSM-PD 通常使用两个背对背的金-半接触构成叉指电极，具有制备简单、灵敏度高的优点。根据金-半接触的接触类型的不同，MSM-PD 可分为欧姆接触型光电探测器和肖特基接触型光电探测器。通常欧姆接触型光电探测器的响应度很高，但暗电流较大；由于肖特基势垒的存在，肖特基接触型光电探测器的暗电流会显著降低，响应速度会更快，但响应度较低。2007 年，T. Oshima 等人使用等离子辅助 MBE 法在蓝宝石上生长 $\beta-Ga_2O_3$ 薄膜，并首次制备了欧姆接触型 MSM-PD[33]。在 10 V 偏压下，探测器的暗电流为 1.2 nA，响应度为0.037 A/W。然而由于使用的是刚玉族蓝宝石衬底，$\beta-Ga_2O_3$ 薄膜中存在 $\alpha-Ga_2O_3$和旋转缺陷区域，因此器件性能变差。在蓝宝石衬底上预沉积同质缓冲层可以有效改善外延 $\beta-Ga_2O_3$ 薄膜的晶体质量[97]，与没有缓冲层的薄膜相比，器件的整体性能均有提升，具备更低的暗电流和更高的响应度(在 20 V 偏压下，$I_{dark}=0.04$ nA，$R=259$ A/W)。与同质缓冲层类似，高温种子层(High-Temperature Seed Layer，HSL)在改善 $\beta-Ga_2O_3$ 薄膜晶体质量、提升器件性能方面也起到重要作用。K. Arora 等人利用 RFMS 在 Si 衬底上生长了具有 HSL 的 $\beta-Ga_2O_3$ 薄膜，并基于该薄膜制备了 MSM-PD(见图 7.2(a))[53]。XRD 表征谱线表明，预结晶的 HSL 层缓解了 Ga_2O_3 薄膜和衬底之间的晶格失配问题，从而改善了薄膜的晶体质量(见图 7.2(b))。如图 7.2(c)所示，在 44 nW/cm^{2}的弱光照射下，器件的峰值响应度高达 96.13 A/W($\lambda=250$ nm)。同时，在器件制备超 2100 h 后，对其进行开/关特性测试的结果如图 7.2(d)所示，可看出光电探测器具备良好的稳定性。HSL 层的引入，使在晶格失配较大的衬底，尤其是低成本 Si 上异质外延得到高质量的 Ga_2O_3 薄膜成为可能。值得注意的是，尽管可以采取多种手段改善异质外延 $\beta-Ga_2O_3$ 薄膜的质量，但是由于晶格失配的存在，生长过程中引入的缺陷始终是不可忽视的。因此，通过获得高晶体质量的异质外延 $\beta-Ga_2O_3$ 薄膜来制备光电探测器仍然极具挑战性。

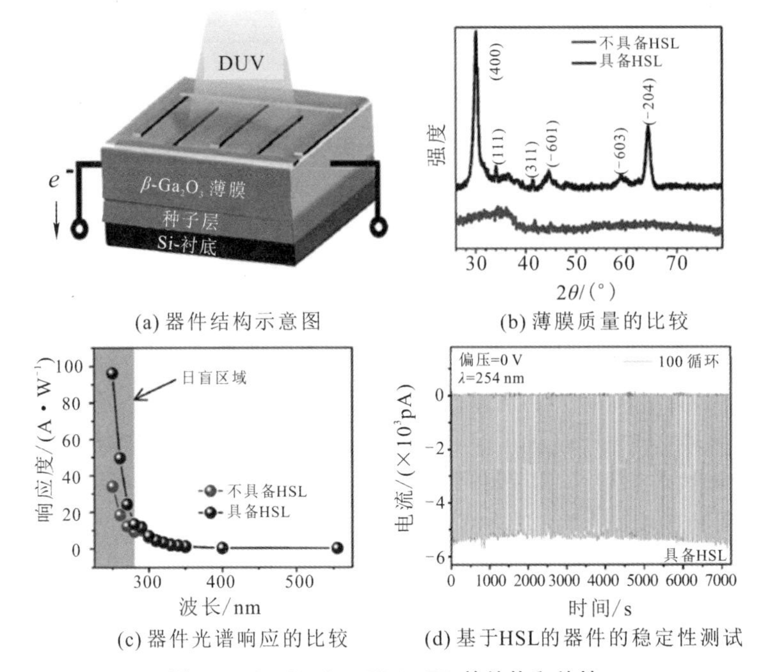

图 7.2　β－Ga_2O_3 MSM－PD 的结构和特性

2）SBD－PD

SBD－PD 是一种基于肖特基结的探测器，其暗电流低、响应速度快且常具备自供电特性。SBD－PD 分为水平和垂直两种结构：水平结构与传统的 MSM－PD 结构类似，垂直结构基于同质衬底和外延生长的高质量 Ga_2O_3 薄膜。在前一节中已经讨论了 MSM 结构，在这里我们主要介绍垂直 SBD－PD。

对 SBD－PD 而言，需要降低半导体材料表面的载流子浓度以形成良好的肖特基接触，抑制暗电流，提升器件的总体性能。首个垂直结构 SBD－PD 基于 FZ 法生长的 β－Ga_2O_3 单晶衬底，肖特基接触电极为 Au/Ni[98]。对衬底进行热退火处理(1100 ℃氧气氛围)，减少了表面附近的氧空位和载流子浓度。该肖特基二极管的整流比为 10^6(±3 V)，PDCR 超过 10^3(－3 V)，200～260 nm波段的响应度为 2.6～8.7 A/W(－10 V)。除了对衬底进行热退火外，在单晶 Ga_2O_3 衬底上外延高质量、低掺杂薄膜也可以降低载流子浓度。Alema 等人通过 MOCVD 外延生长了掺 Si β－Ga_2O_3 薄膜，并基于此制备了 Pt/N^- Ga_2O_3/N^+ Ga_2O_3 日盲肖特基光电二极管[99]。器件的截面示意图如图 7.3(a)所示，其中 30 Å Pt 涂层在紫外光下是半透明的。探测器表现出典型的肖特基特性(见图 7.3(b))，正向开启电压约为 1.0 V，整流比为 10^8(±2 V)。器件的漏电流很低，为 200 fA；0 V 偏压下响应

度为 0.16 A/W，EQE 为 87.5%。显而易见，该器件的响应度超过了其他 β-Ga_2O_3 SBD-PD，甚至比基于 AlGaN、SiC 和 GaN 的商业化紫外探测器更优(见图 7.3(c))，这表明 Ga_2O_3 SBD 结构的深紫外探测器具有商业化应用前景。

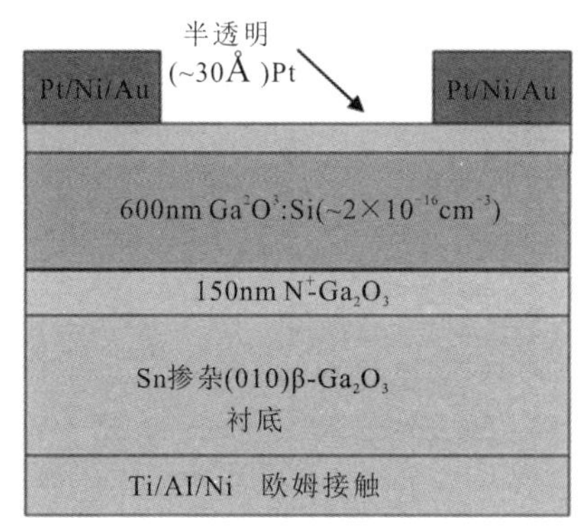

(a)器件截面示意图

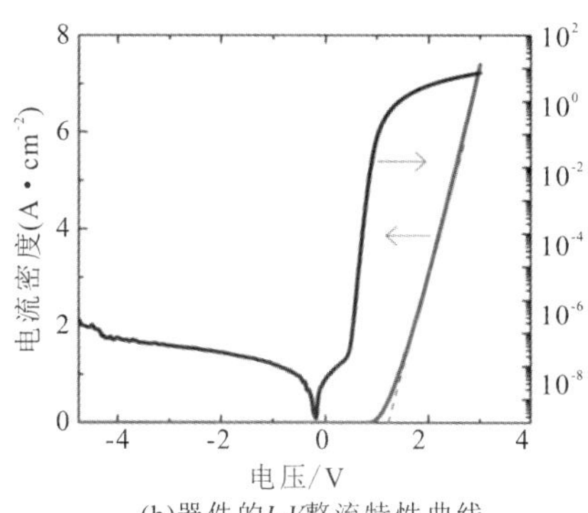

(b)器件的 *I-V* 整流特性曲线

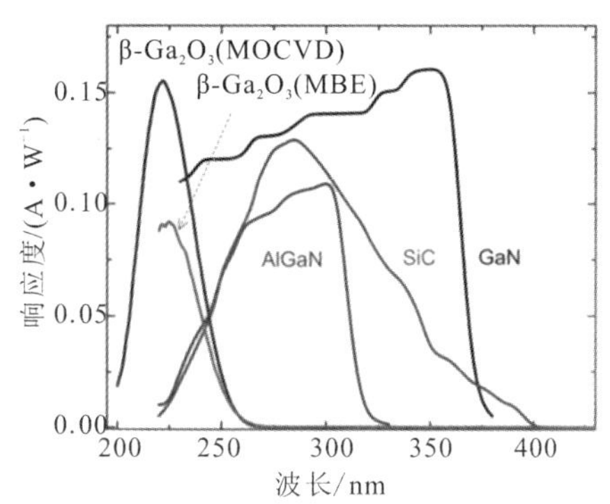

(c)SBD-PD响应度和MBE生长的β-Ga_2O_3:Ge 光电二极管以及其他商业化UV PD比较图

图 7.3　β-Ga_2O_3 SBD-PD 的结构和特性

3) 异质结光电探测器

因为目前很难实现 β-Ga_2O_3 材料的 P 型掺杂，所以研究人员无法构建 β-Ga_2O_3-PN 或 PIN 同质结。然而，可以将另一种具有恰当的能带偏移量的半导体与 Ga_2O_3 结合，制备异质结探测器。不同半导体接触后，会在界面处产生内建电场，促进光生载流子的分离和输运[100]，从而显著改善响应度和响应速度。Guo 等人制备了 P-GaN/N-Sn：Ga_2O_3 异质结型自供电 SBPD(见图 7.4(a))，该器件在 254 nm 光照下的响应度为 3.05 A/W[101]。由于存在异质结，*I-V* 特性曲线表

现出明显的整流特性(见图 7.4(b))。在零偏压下，器件受深紫外光照后会产生光电流(即具备自供电性能)，且数值随着光功率的增大而增大(见图 7.4(c))。同时，由于使用了两种禁带宽度不同的材料，因此器件具有宽光谱响应特点(见图 7.4(d))，图中深蓝色波段对应 Ga_2O_3 的响应，浅蓝色波段对应 GaN 的响应。

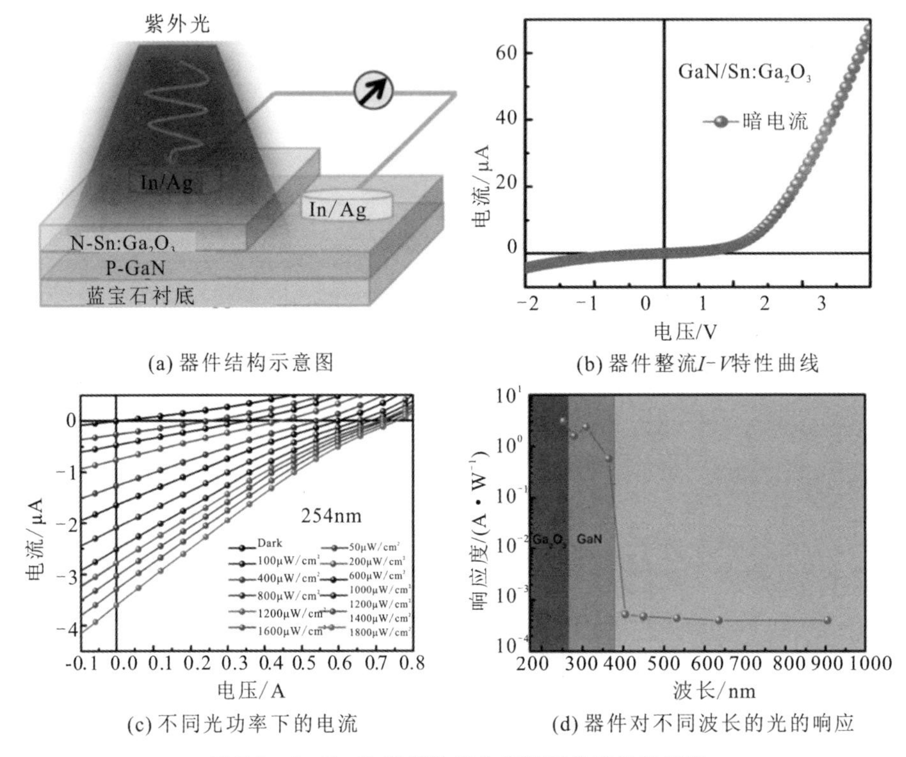

(a) 器件结构示意图

(b) 器件整流*I*－*V*特性曲线

(c) 不同光功率下的电流

(d) 器件对不同波长的光的响应

图 7.4　β－Ga_2O_3 异质结光电探测器的结构和特性

本器件中掺入的 Sn 元素用于调整 Ga_2O_3 的费米能级的位置，增强了 GaN 和 Ga_2O_3 界面的内建电场，加速了光生载流子的分离并极大地提高了光电探测器的性能。这项工作为构建具备高响应度的自供电紫外光电探测器提供了切实可行的方法。

4) FET－PD

在传统二端 MSM－PD 上增加栅电极构成了三端 FET 结构，可以用来调控导电沟道的载流子浓度、抑制暗电流，从而改善 MSM Ga_2O_3 SBPD 的性能。与外延薄膜相比，纳米结构(如纳米线和纳米带等)的 Ga_2O_3 表面积体积比更大并且晶体质量更高，这有助于实现快响应速度、高抑制比的光电探测器。除

了利用传统的生长方法制备纳米结构的 Ga_2O_3 之外，对块材进行机械剥离也可得到 β－Ga_2O_3 纳米带。后者不仅操作更简便，得到的纳米材料仍保持单晶的优越性能，而且可以与多种材料构成范德华异质结。基于剥离 β－Ga_2O_3 纳米带制备的 FET－SBPD 于 2016 年首次报道[102]，栅压(V_{GS})对沟道电流具有很强的调控能力，器件的开关比高达 1.27×10^7。Yu 等人同样基于机械剥离β－Ga_2O_3纳米带制备 FET－SBPD(见图 7.5(a))，器件的关键性能参数(PDCR、EQE、R、D^* 和抑制比)均受 V_{GS}调控(见图 7.5(b)～(d))：当 $V_{GS}<0$ 时，器件的暗电流被抑制，因此 PDCR 和 D^* 增大；但同时光电流也会降低，所以 EQE 和 R 减小。得益于晶体管和光电导器件的内部增益机制，光电晶体管表现出优异的探测性能，有望在下一代光电探测器中大放异彩。

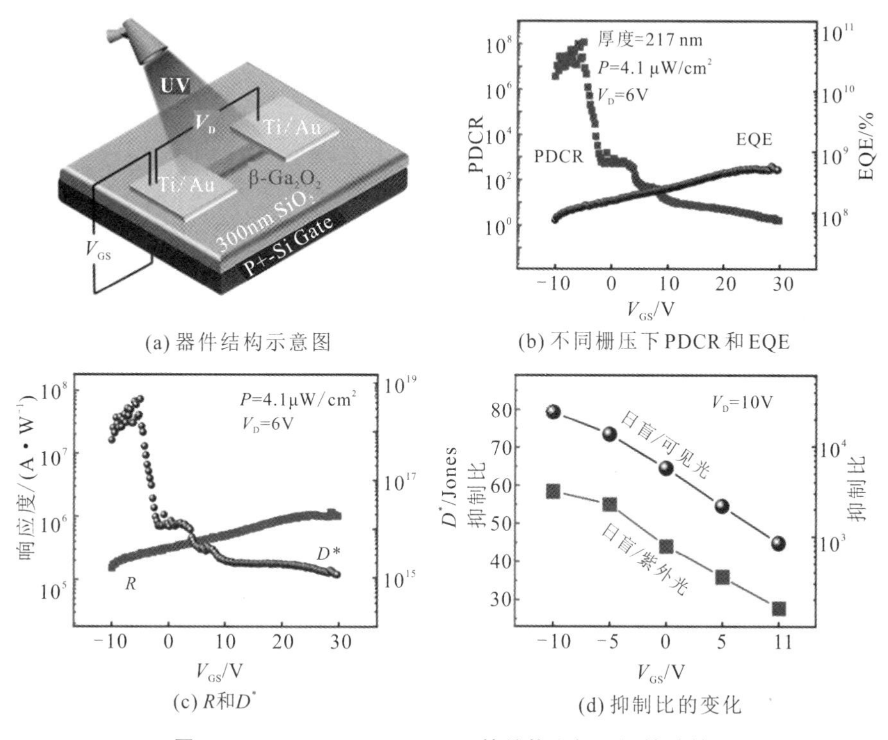

图 7.5　β－Ga_2O_3 FET－SBPD 的结构和栅压调控特性

2. 增强光电性能的方法

1) 掺杂

掺杂可以有效地调控材料的载流子浓度或禁带宽度，从而改善器件性能。

Si、Ge 和 Sn 等Ⅳ族元素[69, 103-105]以及 F、Cl 等Ⅶ族元素[106]可以分别替代 Ga_2O_3 中的 Ga 和 O 形成浅施主，增强电子浓度，形成 N 型半导体。N 型掺杂的 Ga_2O_3 可与 P－Si、SiC、ZnO 和 GaN 等材料结合形成异质结[101]。Al 和 In[10]可用于调节 Ga_2O_3 的禁带宽度，从而拓宽探测器光谱响应的范围。S. H. Yuan 等人基于共溅射 AlGaO(AGO)制备了 MSM－SBPD，改善了器件的响应度[107]。在他们的研究中，所有基于掺入 Al 样品的器件的性能比未掺杂器件更优异，由此实现了更低的暗电流和日盲区更高的响应度(见图 7.6)。这可能是因为 AGO 的禁带宽度大，金-半界面的势垒高度更高，所以可以更有效地吸收光子。

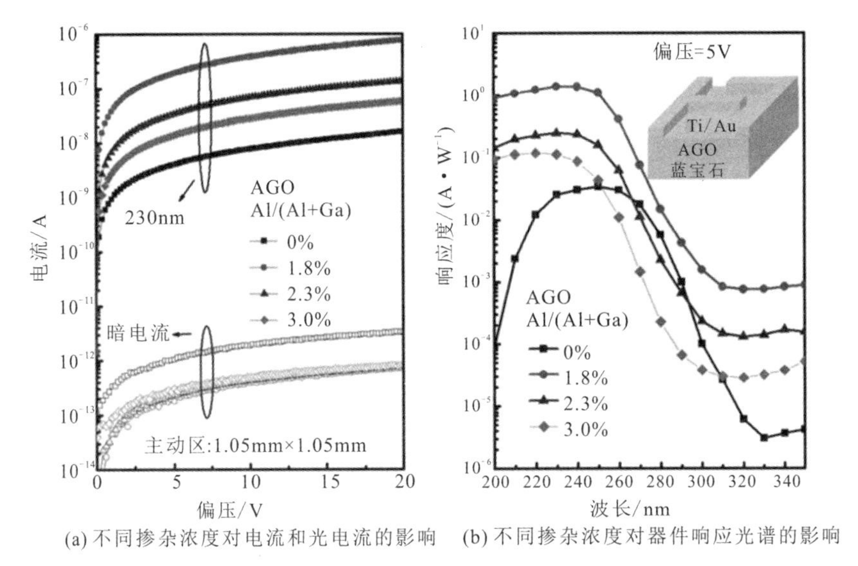

(a) 不同掺杂浓度对电流和光电流的影响　(b) 不同掺杂浓度对器件响应光谱的影响

图 7.6　Al 掺杂对 Ga_2O_3 SBPD 的影响

如上所述，掺入 Al 可以增大 Ga_2O_3 的禁带宽度，而掺入 In 和 Zn[10,108]则会产生截然相反的作用，制备的器件可以灵敏地工作在更长的波长区域。研究表明，随着 x 不断增加，$(In_xGa_{1-x})_2O_3$ ($0.35\% < x < 83\%$)薄膜的光学带隙从 4.83 下降到 3.22 eV，MSM－PD 对应的响应光谱也从 UVC 变化到 UVA 区域[109]。此外，Ⅲ族元素 In 会在禁带中引入能级，降低电荷分享所需的能量[110-111]。Zhao 等人基于掺入 Zn 的 β－Ga_2O_3 薄膜制备了 MSM SBPD[108]。由于 ZnO 的带隙较窄，当 Zn 含量增加时β－Ga_2O_3 的禁带宽度不断变窄，如图 7.7(a)所示。掺杂后器件的光电流、暗电流均增加，254 nm光照下器件的响应度也更高(见图 7.7(b))。

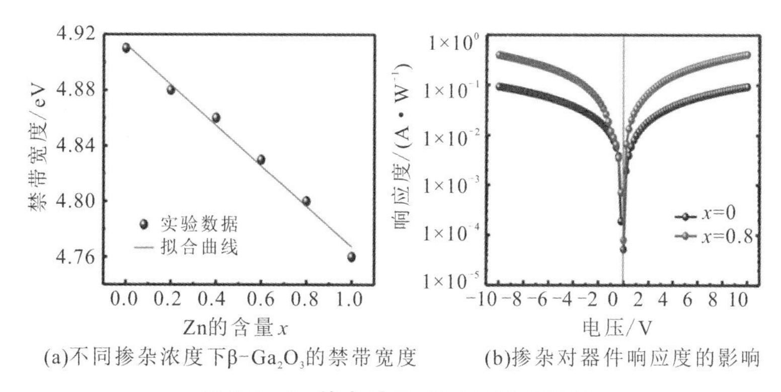

图 7.7　Zn 掺杂对 Ga_2O_3 SBPD 的影响

理论上来说，掺入的Ⅱ族元素(包括 Mg、Zn、Cu)可以取代 Ga，成为替位式受主[112-114]。然而研究表明，因为掺入的受主杂质主要在Ga_2O_3内形成深受主能级，所以无法改变 Ga_2O_3 的极性[115]。据 Y. P. Qian 等人报道，利用 RFMS 法生长的掺入 Mg 的 Ga_2O_3 表现出弱 P 型特性[116]。也有通过局部热氧化 GaN 薄膜并掺入 N 元素来制备 P 型 β - Ga_2O_3 MSM SBPD 的报道[117]。然而，在 Ga_2O_3 中实现稳定有效的 P 型掺杂仍需进一步的研究，而这对于构建同质 PN 结至关重要。

2）退火

退火已经广泛应用到 Ga_2O_3 SBPD 器件制备的各个不同阶段，包括高温衬底预处理、薄膜沉积后退火及对器件后退火[66, 118, 119]，用以优化材料的结构及光学特性，有效提高器件性能[4, 72, 120-124]。

c 面蓝宝石衬底和($\bar{2}01$)面 β - Ga_2O_3 具有类似的氧原子排布形式，多用于外延生长 β - Ga_2O_3 薄膜。不过机械镜面抛光处理会给蓝宝石衬底的上表面带来很多缺陷，从而影响外延薄膜的晶体质量。对衬底进行退火预处理可以有效地减少表面的缺陷，从而改善薄膜的质量。L. X. Qian 等人基于高温预处理 *c* 面蓝宝石衬底，制备了高灵敏度的 β - Ga_2O_3 SBPD[125]。如图 7.8(a)所示，所有生长在高温预处理过的衬底上的薄膜的结晶度都得到了改善。其中，在 1050 ℃退火处理后的衬底上生长的 Ga_2O_3 薄膜的晶体质量最优，但是薄膜的 RMS 随着衬底退火温度的上升而增加，这可能是因为晶粒尺寸在变大。由于退火提高了 Ga_2O_3 薄膜的载流子迁移率，因此器件的暗电流也随着退火温度的增加而不断增大(见图 7.8(b))，同时响应度也得到增强。退火会提高薄膜的晶体质量，减少陷阱捕获中心，从而提高非平衡载流子的寿命，减缓器件的恢复过程(见图 7.8(c))。

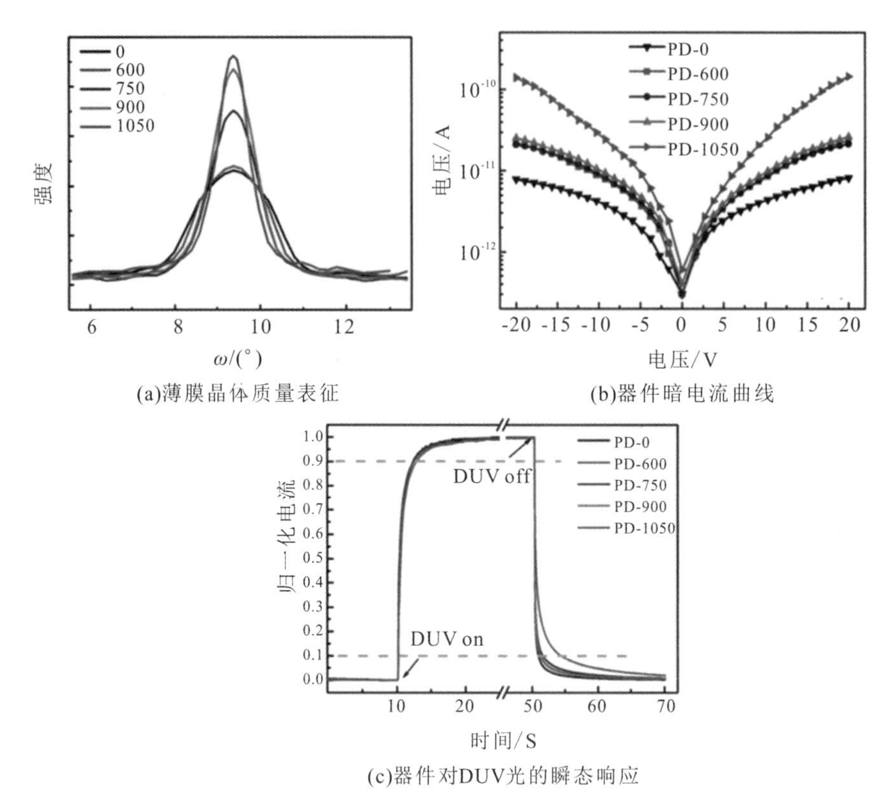

(a)薄膜晶体质量表征

(b)器件暗电流曲线

(c)器件对DUV光的瞬态响应

图 7.8　不同温度下衬底预处理对 Ga_2O_3 SBPD 的影响

沉积后退火(包括原位退火)是最常见的一种退火形式，可以改善 Ga_2O_3 的晶体质量、电导率和光学特性等性质。研究表明，退火氛围、退火温度和退火时间等因素对提高晶体质量、减少样品缺陷起着至关重要的作用[118,121,126-130]。对样品进行合适的退火处理会改善其结晶度，但过高的温度和过长的时间可能会起反作用，因此在制备过程中需要谨慎地选择合适的参数。常通过在氧气或空气氛围中退火来减少样品中的氧空位含量[66,131,132]。Z. Feng 等人探究了在空气和 O_2 中退火对 Ga_2O_3 薄膜和后续制备的光电探测器的影响[133]。实验结果表明，在空气和 O_2 中高温热退火可以减少 Ga_2O_3 薄膜中与 O 有关的缺陷，同时器件的响应度得到显著提高。此外，O_2 退火也会影响器件的接触类型。D. Y. Guo 等人利用 L－MBE 法生长 β－Ga_2O_3 薄膜，随后在 O_2 氛围进行原位热退火，并制备出 MSM－PD[4]。退火降低了金-半接触界面的氧空位含量，使得接触由欧姆型转变为肖特基型。与欧姆接触型器件相比，肖特基接触型器件的暗电流更低、光响应更大、开/关转换时间更短。

此外，在 N_2 和 Ar 等惰性气体氛围中退火也会影响 Ga_2O_3 材料的性质[121,123,129,134]。在 N_2 氛围中退火不会在 Ga_2O_3 中形成深受主能级，但会降低薄膜中的氧含量从而增加氧空位浓度[135]。还原性气体如 H_2/N_2 和 H_2/Ar 可以使 Ga_2O_3 表面的 Ga—O 键断裂，然后再与 O 反应生成水后蒸发逸出，在 Ga_2O_3 表面留下氧空位[126,128]。研究表明，在 H_2 氛围中退火有可能会在 Ga_2O_3 中引入浅能级施主[106]。值得注意的是，在 H_2 氛围中退火时需要合理地控制温度，以避免其蚀刻样品。总体而言，随着退火氛围从氧化性气体转变惰性气体再变为还原性气体，Ga_2O_3 中的氧空位浓度不断增加。

众所周知，表面特性对光电器件的性能具有重大影响。因此，后退火常用来改善电极和 Ga_2O_3 异质结界面的接触。将 $\beta-Ga_2O_3$ 光电二极管置于氮气氛围中退火 10 min，当退火温度高于 200 ℃时，器件的理想因子得到极大的改善，接近1；在温度高于 400 ℃时，$R=10^3$ A/W，这表明由于少子的捕获作用，器件的增益增大[136]。这些结果都表明退火是一种有效且可靠的改善 Ga_2O_3 材料特性、提高 Ga_2O_3 基器件性能的方法。但是，不同退火条件下材料改变的机制尚未得到明确证实，因此需要进一步探究退火的内部机理并发展更有效的退火手段。

3）透明电极

MSM-PD 主要的缺点之一就是表面叉指电极限制了器件的有效吸光面积。为了消除这一弊端，可选用透明导电材料制备光电器件的电极 。然而，常用的透明导电材料，如铟锡氧化物(Indium Tin Oxide，ITO)[137]和铟锌氧化物(Indium Zinc Oxide，IZO)[138]在紫外区域的透光率很低，并不适用于 SBPD。幸运的是，人们发现石墨烯作为一种导电性和紫外透光率均很高的二维材料，可用于制备紫外透明电极[139]。使用石墨烯取代传统的金属材料制备电极，可以使 Ga_2O_3 材料吸收更多的入射光子，极大地提高吸光效率和器件性能。此外，由于石墨烯表面没有悬挂键，因此界面特性得以改善。将 Au 金属电极替换为石墨烯透明电极，制备的 Ga_2O_3/SiC 异质结 SBPD 响应度增加到 0.18 A/W 且响应时间降低到 $t_{r1}=0.65$ s、$t_{r2}=7.8$ s[140]。采用石墨烯作为电极材料，$\beta-Ga_2O_3$ MSM SBPD 的性能得以显著优化[141]。该器件比使用 Ni/Au 金属电极的光电探测器的性能更优越：$R\approx9.8$ A/W，PDCR$\approx1\times10^6$%，抑制比 $R_{254\ nm}/R_{365\ nm}\approx9.4\times10^3$，$D^*\approx1\times10^{12}$ Jones。采用石墨烯电极不仅解决了传统金属电极在紫外光下不透明的弊端，增大了有效吸收面积，而且使得肖特基势垒变窄进而引发隧穿效应，增加了薄膜表面的载流子浓度。

与传统金属电极类似，Y. Li 等人精确地将转移后的石墨烯图形化，制备出叉指电极，这进一步提升了器件的性能[142]。首先通过湿法转移工艺将石墨

烯转移到 Si/SiO_2 衬底上；然后利用 RFMS 在石墨烯表面沉积 Ti/Au 电极；接着利用光致抗蚀剂在等离子刻蚀过程中保护石墨烯层所需保留的部分；最后利用 PMMA，机械转移金属电极和图形化后的石墨烯叉指电极(Gr Interdigital Electrode，GIE)到 Ga_2O_3：Zn 薄膜表面。制备得到的器件示意图如图 7.9(a)中的插图所示。如图 7.9(a)所示，与采用金属叉指电极(Metal Interdigital Electrode，MIE)器件相比，GIE 器件的光电流从 2.7×10^{-7} A 增加到 5.3×10^{-6} A，暗电流几乎不变。同时，该器件具有良好的稳定性和光谱选择性(截止波长约为 260 nm)。Gr/Ga_2O_3：Zn 异质结的能带示意图如图 7.9(b)所示，两个材料接触后，两侧的费米能级会拉平，并在最终在界面附近形成耗尽区。在 254 nm 光照下，光生载流子会在势垒的作用下加速分离到两侧，然后沿相反的方向输运，因此增加了载流子的寿命，提高了器件的光电流。综上所述，使用石墨烯作为紫外透明电极是一种能有效促进光吸收、提高光电流的方法，可以进一步获得更优异的光探测性能。

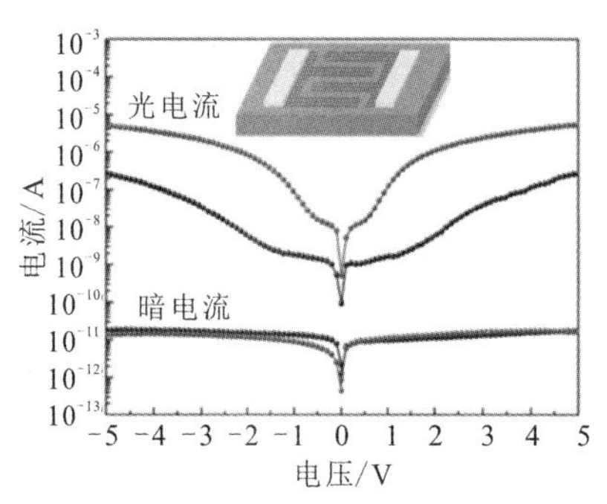

(a)在黑暗和光照条件下，分别具备GIE和MIE PD的 *I-V* 特性曲线，插图为器件结构示意图

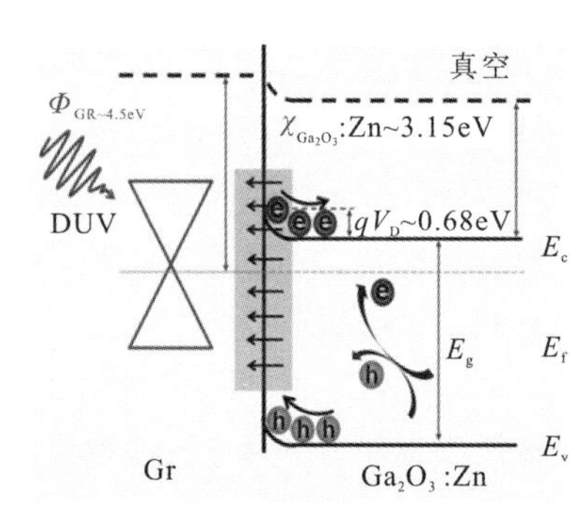

(b)光照下 Gr/Ga_2O_3:Zn异质结中的载流子输运机理

图 7.9　GIE 对 Ga_2O_3 SBPD 的影响

在本小结中，我们介绍了 MSM－PD、SBD－PD、异质结 PD 和 FET－PD 这四种结构的光电探测器。不同类型的光电探测器都有着各自独特的优势：MSM－PD 的增益和响应度都很高，SBD－PD 一般具有快响应速度、低暗电流等特点，异质结 PD 常常具备自供电特性，而 FET－PD 的暗电流低、光谱选择性好……这些都为设计高性能探测器提供了有效的途径。高质量 Ga_2O_3 单晶衬底的实现有利于 SBD－PD 的发展，而 Ga_2O_3 外延技术的进步使高性能 MSM－PD 和异质结 PD 的实现成为可能。此外，如掺杂、退火、使用紫外透明电极等这些优化探测器的有效方法，可以进一步提高 Ga_2O_3 PD 的性能。

7.2.2　$\alpha-Ga_2O_3$ SBPD

刚玉族 $\alpha-Ga_2O_3$ 具备所有单晶相 Ga_2O_3 中最大的禁带宽度，这有助于实现 $\alpha-Ga_2O_3$ 在精确日盲探测和超高击穿电压晶体管中的应用。近年来，$\alpha-Ga_2O_3$ 材料受到了越来越多研究人员的关注。D. Y. Guo 等人利用 L－MBE 法在 m 面 $\alpha-Al_2O_3$ 衬底上生长 $\alpha-Ga_2O_3$ 薄膜，并基于此制备了 MSM SBPD[39]。该器件表现出明显的日盲响应特性，在 20 V 偏压下的最大响应度和外量子效率分别为 15.1 mA/W 和 7.39%。S. H. Lee 等人利用 ALD 法在蓝宝石衬底上实现了超低温(～250 ℃)外延 $\alpha-Ga_2O_3$ 薄膜，并基于此制备 SBPD[66]。XRD 谱线中 40°处的峰对应 $\alpha-Ga_2O_3$ 的(0006)晶面(见图 7.10(a))。得益于 Ga_2O_3/Pt 界面的肖特基势垒，具备对称 Pt 电极的 MSM－PD 的暗电流极低(0.5 pA)(见图 7.10(b))。同时，PDCR 约为 10^4。但是由于 Ga_2O_3/Pt 界面附着并不牢固，因此 $I-V$ 特性曲线不完全对称。对深紫外脉冲激光(λ＝266 nm，脉冲宽度为 5 ns，频率为 4 kHz)的重复响应测试表明，器件可靠性高且具备亚微秒响应速度(见图 7.10(c))。图 7.10(d)中的光谱响应表明器件会选择性

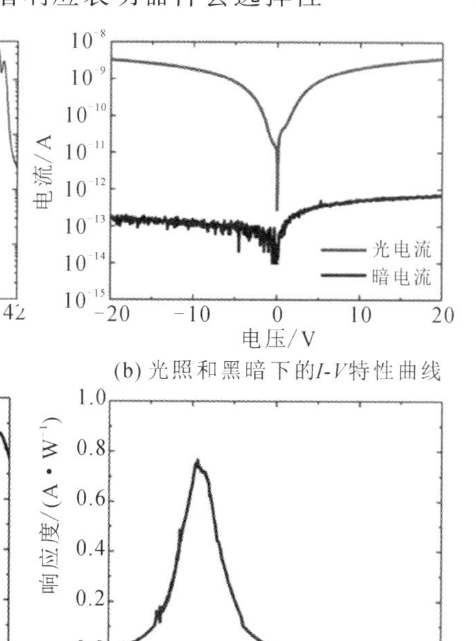

(a) 薄膜晶体结构表征　(b) 光照和黑暗下的I-V特性曲线

(c) 对DUV脉冲激光的时域响应曲线　(d) 对不同波长的光的响应

图 7.10　基于低温 ALD 薄膜制备的 $\alpha-Ga_2O_3$ MSM SBPD

吸收深紫外($\lambda=200\sim300$ nm)的光，在 20 V 偏压下的抑制比 $R_{253\ \mathrm{nm}}/R_{400\ \mathrm{nm}}=357$。上述基于 ALD 生长 Ga_2O_3 薄膜的 SBPD 具备优异的性能，这项工作为实现低温生长高质量 $\alpha-Ga_2O_3$ 薄膜，以及应用于深紫外探测和传感领域提供了一种经济可行的方案。

近年来，越来越多的研究人员利用 $\alpha-Ga_2O_3$ 材料制备光电化学(Photoelectrochemical，PEC)自供电探测器[43,143]。同其他自供电紫外光电探测器相比，PEC-PD的制备方法简单(水热法)且成本低廉。同时，$\alpha-Ga_2O_3$ 纳米棒阵列和电解液的有效接触面积很大，使得该器件具备更高的光电转换效率。J. Zhang 等人制备了一个具备新颖结构的基于 $\alpha-Ga_2O_3$ 的自供电 PEC-PD[43]。该器件采用石英玻璃作为顶电极，允许更多波长在 300 nm 以下的紫外光穿透衬底，提高了光吸收效率。因为材料在制备时经历 GaOOH 到 Ga_2O_3 的转变，图 7.11(a)是对 FTO 衬底、GaOOH 和 $\alpha-Ga_2O_3$ 的 XRD 表征谱线，可以看出 $\alpha-Ga_2O_3$ 沿着与(001)面正交的方向生长，并且结晶度很高。通过 SEM 测试，可以清晰地

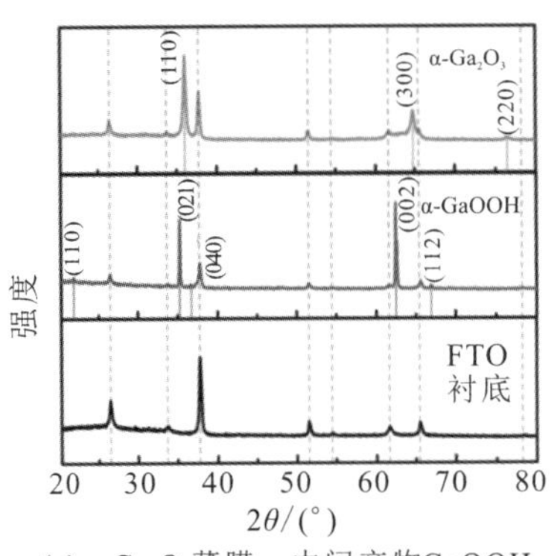

(a) α-Ga_2O_3薄膜、中间产物GaOOH及FTO衬底的晶体结构表征

(b) α-Ga_2O_3纳米棒的表明形貌表征图像

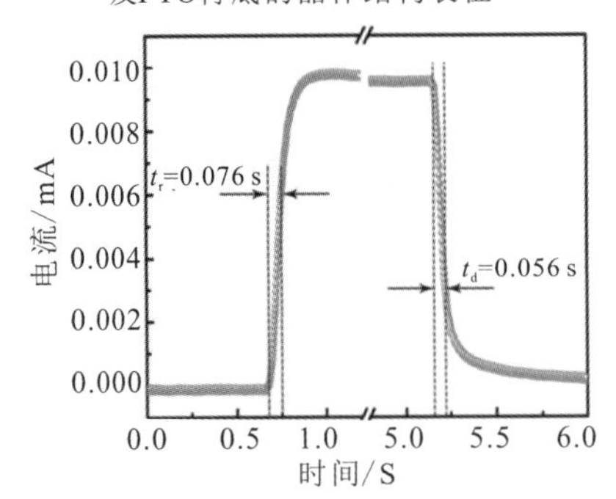

(c) 零偏压下器件的响应速度测试曲线及拟合

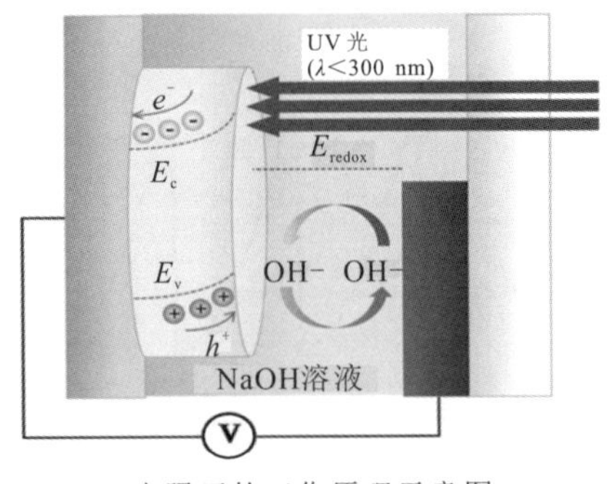

(d) 光照下的工作原理示意图

图 7.11　$\alpha-Ga_2O_3$ 基自供电 PEC SBPD

看出α - Ga_2O_3纳米棒阵列的形貌(见图 7.11(b)),左上角插图是截面图,左下角插图可观察出材料的晶体结构。如图 7.11(c)中的时间响应曲线所示,优化后器件在零偏压下的光响应快速(t_r=0.076 s,t_d=0.056 s),表明该 PEC - PD 具备自供电特性。零偏压下器件的工作原理如图 7.11(d)所示,光照下 α - Ga_2O_3 纳米棒阵列内会产生电子-空穴对,然后在 α - Ga_2O_3/电解液界面处内建电场的作用下分离,光生负电荷经 α - Ga_2O_3 纳米棒被 FTO 收集并进入外电路,而空穴流向电解液一侧。随后,α - Ga_2O_3/电解液界面处带正电的空穴会被 OH^- 捕获发生如下反应:$h^+ + OH^- \longrightarrow OH^\cdot$。在 Pt 电极表面的 $OH^\cdot$ 会在外部电路流入的电子的作用下,转化为 OH^-($e^- + OH^\cdot \longrightarrow OH^-$)。实际上,α - Ga_2O_3 中的光生载流子会催化电解液中的氧化还原反应,值得进一步研究更多基于 Ga_2O_3 的 PEC 催化作用,如深紫外辅助分解水制氢、还原 CO_2 为 CO 以及利用 CO_2 合成有机物等。

7.2.3　ε - Ga_2O_3 SBPD

由于具备良好的对称晶体结构和独特的光电特性,ε - Ga_2O_3 正变得愈加炙手可热。M. Pavesi 等人基于未掺杂单晶 ε - Ga_2O_3 制备了具备 Ti/Au 电极的 MSM - PD,并首次对 ε - Ga_2O_3 薄膜的光学和电学特性进行了报道[144]。在很大的电压范围内 $I - V$ 特性曲线都保持线性,且光电流随入射光强的增加而线性增加;但器件存在明显的持续光电导(Persistent Photoconductivity,PPC)效应,其响应时间为 t_1=0.4 s 和 t_2=2.6 s。不同于欧姆接触型光电探测器,Z. Liu 等人制备了具有对称肖特基接触叉指电极的 ε - Ga_2O_3 SBPD[145]。得益于肖特基势垒的作用,在微弱的光照下(5～40 $\mu W/cm^2$)器件依然保持很高的灵敏度,且 PPC 效应较弱。

改善 ε - Ga_2O_3 薄膜的晶体质量可以进一步优化 SBPD 的性能。Y. Qin 等人通过 HCl 辅助 MOCVD 法外延生长了 ε - Ga_2O_3 薄膜,并基于此制备了 MSM SBPD[146]。通过对薄膜进行 XRD 表征,验证了薄膜为 ε - Ga_2O_3(见图 7.12(a))。ε - Ga_2O_3 薄膜对波长在 280 nm 以下的光有强烈的吸收能力,光学带隙为 4.9 eV,因此非常适用于制备日盲探测器。ε - Ga_2O_3 SBPD 的 $I - V$ 特性曲线表明器件具备典型的肖特基特性,6 V 偏压下的整流比为 10^2(见图 7.12(b))。随着偏压的增大,会有更多的光生载流子被更快地收集,因此电流也不断增大(见图 7.12(c))。此外,该探测器具有 84 A/W 的响应度和 100 ms 的响应速度(见图 7.12(d))。普遍认为,缺陷含量低的高晶体质量薄膜对于实现优异的日盲探测性能至关重要。

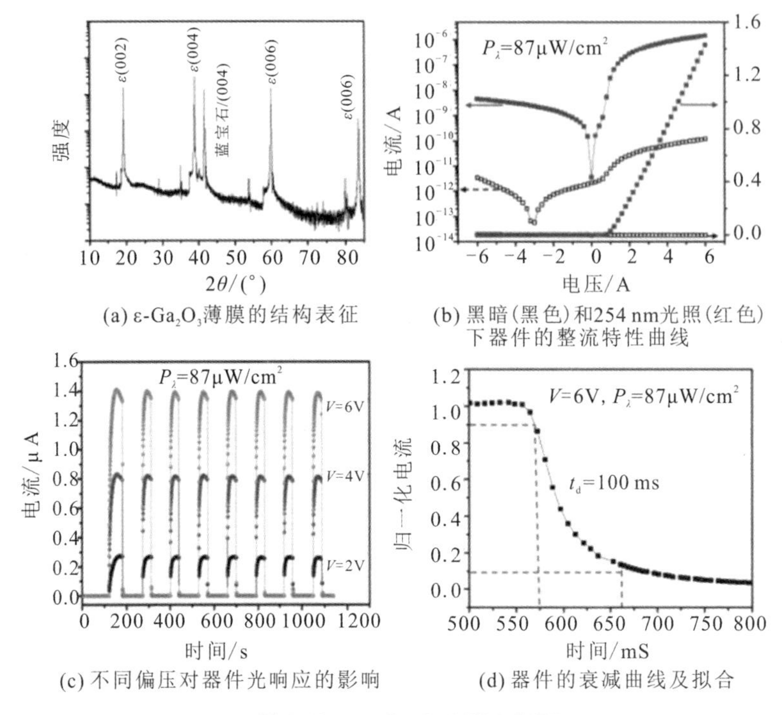

(a) ε-Ga_2O_3薄膜的结构表征

(b) 黑暗(黑色)和254 nm光照(红色)下器件的整流特性曲线

(c) 不同偏压对器件光响应的影响

(d) 器件的衰减曲线及拟合

图 7.12　ε-Ga_2O_3 MSM SBPD

Y. Qin 等人针对器件增益机制不清晰这一问题，继续对 MSM ε-Ga_2O_3 SBPD 进行了探究。通过观察不同温度、不同偏压下电流的变化趋势(见图 7.13(a))，进而分析了 ε-Ga_2O_3 SBPD 的增益机制(见图 7.13(b))[147]。如图7.13(b)所示，热场发射(Thermionic Field Emission，TFE)和普尔-弗伦克发射(Poole-Frenkel Emission，PFE)机制分别解释了在低/高电场条件下的电流输运过程。随着温度由 300 K 升高到 500 K，势垒高度不断下降。如图 7.13(c)所示，由金属/ε-Ga_2O_3 界面处的缺陷态所导致的肖特基势垒降低效应，可用于解释器件在光照下的增益机制。通过对 ε-Ga_2O_3 SBPD 的日盲光电探测特性进行测试，可看出器件具有很高的日盲选择性，抑制比 $R_{250\ nm}/R_{400\ nm}=1.2\times10^5$(见图 7.13(d))。此外，与之前报道过的 Ga_2O_3 SBPD 相比，该器件具备最高的响应度(230 A/W)和 EQE(1.13×10^5%)。此项研究所制备的超高性能 ε-Ga_2O_3 SBPD 及其增益机制，为未来研制应用于军事和民用领域的高性能 ε-Ga_2O_3 SBPD 铺平了道路。

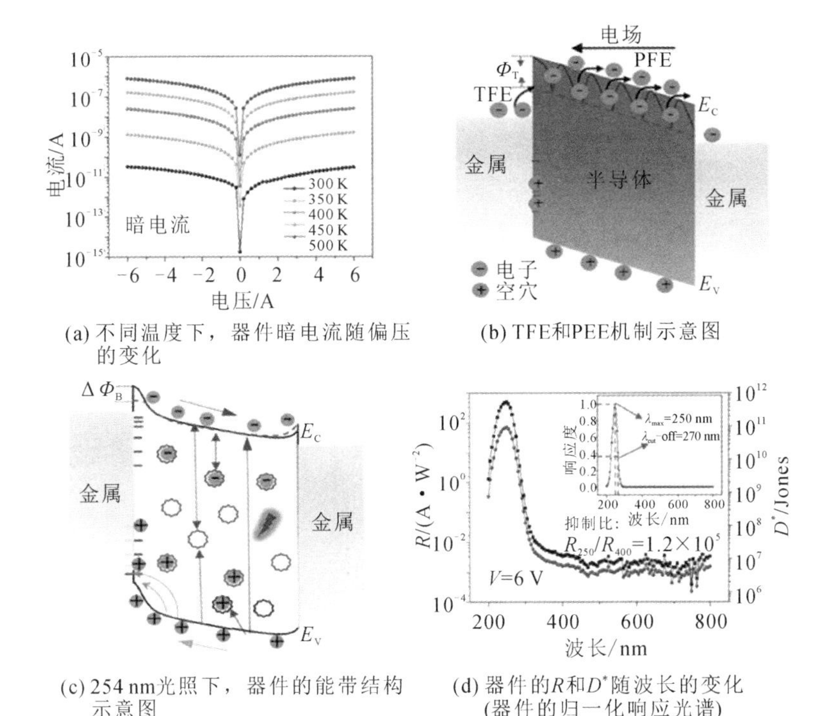

(a) 不同温度下，器件暗电流随偏压的变化

(b) TFE和PEE机制示意图

(c) 254 nm光照下，器件的能带结构示意图

(d) 器件的R和D^*随波长的变化(器件的归一化响应光谱)

图 7.13　ε - Ga_2O_3 SBPD 其增益机制分析

7.2.4　γ - Ga_2O_3 SBPD

因为在实验上很难实现 γ - Ga_2O_3 的合成和分离，所以对尖晶石结构的亚稳态 γ - Ga_2O_3 的研究相对较少。即便如此，由于其独特的表面结构和较高的表面积体积比，纳米晶体 γ - Ga_2O_3 仍有望应用于日盲探测领域。

基于 Solvothermal Synthetic 法，Y. Teng 等人制备了自组装亚稳态 γ - Ga_2O_3 纳米花，并探究了其在日盲探测中的应用[148]。γ - Ga_2O_3 纳米花和微米球的 SEM 图像分别如图 7.14(a)、(b)所示。在 ITO 电极上涂覆一层 Ga_2O_3 晶体，随后进行日盲探测测试。在 0.5 V 偏压下，两种不同纳米结构的 γ - Ga_2O_3 PD 的时域光响应图分别如图 7.14(c)、(d)所示，可看出器件具有良好的稳定性和可重复性；暗电流分别为 0.30 nA 和 4.4 nA。此外，两个器件的光暗电流比和光电灵敏度都很高。

M. M. Ruan 等人利用新颖的水热法制备了高度单分散 γ - Ga_2O_3 纳米球，并进一步制备了 γ - Ga_2O_3 PEC - PD[91]。在 0.1 V 偏压下，器件的 PDCR=2.29×10^3。由于其小尺寸和独特的外表面形貌，γ - Ga_2O_3 纳米材料表现出良好的日盲探测特性。

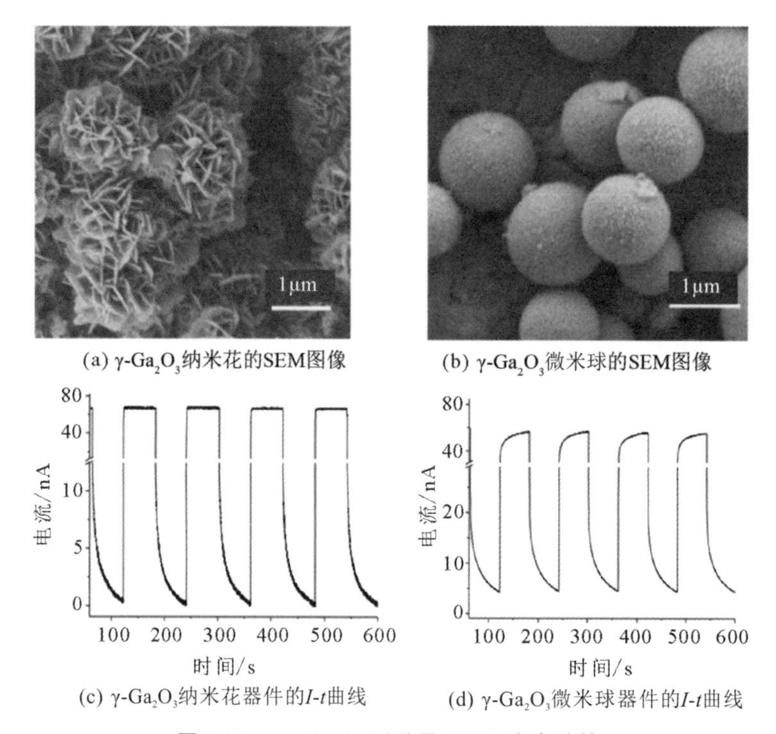

(a) γ-Ga_2O_3纳米花的SEM图像

(b) γ-Ga_2O_3微米球的SEM图像

(c) γ-Ga_2O_3纳米花器件的*I-t*曲线

(d) γ-Ga_2O_3微米球器件的*I-t*曲线

图 7.14　γ - Ga_2O_3 形貌及 SBPD 光电特性

总体而言，材料的尺寸和结构与光电性能密切相关。合成的 γ - Ga_2O_3 纳米晶体主要由小颗粒组成，具有较大的比表面积，因此 γ - Ga_2O_3 SBPD 具有更多光子吸收位点并表现出优越的性能。为了避免电解质溶液的影响，制备出的高性能的 γ - Ga_2O_3 SBPD，需要合成具有良好光电性能的 γ - Ga_2O_3 纳米材料并制备基于该纳米材料的固体器件，而这些都是极具挑战性的。

7.2.5　非晶 Ga_2O_3 SBPD

近年来，非晶 Ga_2O_3(amorphous - Ga_2O_3，a - Ga_2O_3)由于其在电子和光电子领域非凡的潜力而受到了广泛的关注。同 Ga_2O_3 单晶相比，a - Ga_2O_3 可在低温下生长，且具有柔性好、成本低和易于大面积生长等优点[8,149,150]。此外，基于 a - Ga_2O_3 的 PD 性能优越，甚至超过了单晶 Ga_2O_3(见表 7.1)。L. X. Qian 等人利用 RFMS 方法在 *c* 面蓝宝石衬底上生长了 a - Ga_2O_3，然后制备了高性能 MSM - PD[149]；同时，他们还设置了 β - Ga_2O_3 MSM - PD 作为对照。a - Ga_2O_3 和β - Ga_2O_3 薄膜的 XRD 衍射图谱表明，磁控溅射生长的薄膜确实没有形成固

表 7-1 近年来发表的β-、α-、ε-、γ-和α-Ga_2O_3 SBPD参数总结

相	材料	结构	方法	I_{dark}/nA	PDCR	$R/(A\cdot W^{-1})$	抑制比	t_r/s	t_d/s	参考文献
	Au/Ti/Ga_2O_3：Si/Ti/Au	平面光电导	MOCVD			1.45	$R_{254}/R_{365}\sim10.8$	0.58/32.93	1.2/32.86	[153]
	Au/Ni/Ga_2O_3：Zn/Ni/Au	薄膜MSM	MOCVD	$\sim2\times10^{-2}$	4	210	$R_{232}/R_{320}=5\times10^4$	3.2	1.4	[115]
	Au/Ti/$Ga_{2-x}Sn_xO_3$/Ti/Au	薄膜MSM	L-MBE	10	19.57	3.61×10^{-2}		0.94/10.04	1.37	[154]
	In/Ag/Ga_2O_3：Sn/P-GaN /Ag/In	异质结	PLD	1.8×10^{-2}	6.1×10^4	3.05@0 V	$R_{254}/R_{400}=5.9\times10^3$		0.166	[101]
	Au/石墨烯/Ga_2O_3/ N-SiC/Ti/Au	异质结	L-MBE		63.31	0.18		0.65/7.8	1.73/15.22	[140]
β	Au/Cr/Ga_2O_3/Cr/Au	薄膜MSM	RFMS	1.43×10^{-3}	6.13	96.13	$R_{250}/R_{400}>10^3$	3.2×10^{-2}	7.8×10^{-2}	[53]
	石墨烯/Ga_2O_3/石墨烯	MSM	机械剥离		1×10^4	29.8	$R_{254}/R_{365}\sim9.4\times10^3$			[141]
	Au/Ti/Ga_2O_3：Zn/Ti/Au	薄膜MSM	L-MBE	1450	~2			1.23/17.2	3.41/33.72	[108]
	Pt/N^--Ga_2O_3/ N^+-Ga_2O_3	垂直肖特基	MOCVD	2×10^{-4}	360	0.16	$R_{222}/R_{350}>10^4$	0.5	0.5	[155]
	Au/Ti/石墨烯/Ga_2O_3：Zn 石墨烯/Ti/Au/	薄膜MSM	MOCVD	10^{-2}	$>10^5$	1.05		4.5	2.2	[142]
	FTO/Ga_2O_3 NA	PEC-Na_2SO_4 电解液	水热法	2.29×10^3 3.15×10^3	28 5.18	3.81×10^{-3}@0 V 1.44×10^{-3}@0 V		0.29 0.43	0.16 0.17	[156]

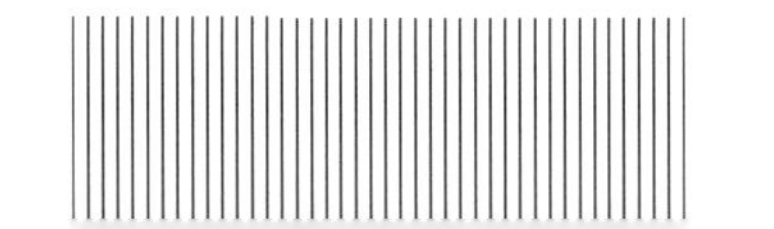

续表

相	材料	结构	方法	I_{dark}/nA	PDCR	R/(A·W^{-1})	抑制比	t_r/s	t_d/s	参考文献
	Au/Ga_2O_3/ZnO/In	异质结 APD	L-MBE	$<10^{-3}$		1.10×10^4	$R_{230}/R_{450}>10^3$	5×10^{-5}	3.28×10^{-3}	[74]
	Au/Ni/Ga_2O_3/Ni/Au	薄膜 MSM	mist-CVD	10^{-3}	10^5	3.36	$R_{244}/R_{320}>240$			[157]
	Au/Ti/Ga_2O_3/Ti/Au	薄膜 MSM	LT-ALD	0.163	1.5×10^3	1.17				[72]
α	Au/Ti/$Ga_{2-x}Sn_xO_3$/Ti/Au	薄膜 MSM	L-MBE	6.17	1.4×10^2	9.55×10^{-2}		7.3	9.69	[69]
	Au/Ti/Ga_2O_3/Ti/Au	薄膜 MSM	MOCVD	8.1×10^{-5}	10^7	11.5			4.2×10^{-2}	[71]
	Pt/Ga_2O_3/Pt	薄膜 MSM	LT-ALD	5×10^{-4}		0.76	$R_{253}/R_{400}=357$	5.39×10^{-7}	8.9×10^{-5}	[66]
	FTO/Ga_2O_3 NA	PEC-NaOH 电解液	水热法			2.1×10^{-4}@0 V	$R_{260}/R_{400}=33.74$	7.6×10^{-2}	5.6×10^{-2}	[43]
	Au/Ti/Pt/Ga_2O_3/Ti/Au	平面肖特基	MOCVD	2.5×10^{-2}	5.7×10^4	84			0.1	[146]
ε	Au/Ti/Ga_2O_3/Ti/Au	薄膜 MSM	MOCVD	2.35×10^{-2}	1.7×10^5	230	$R_{250}/R_{400}=1.2\times10^5$		$2.4/7.9\times10^{-2}$	[147]
	Au/Ga_2O_3/Au	薄膜 MSM	MOCVD	1.87×10^{-2}	1.82×10^4	0.198	$R_{250}/R_{400}=1.3\times10^4$	0.62/2.83	0.33/0.33	[145]
	Au/Ti/Ga_2O_3/Ti/Au	薄膜 MSM	研磨法	0.9				0.06	0.06	[92]
γ	Au/Ti/P-石墨烯/Ga_2O_3 NDs/N-SiC/In	PIN			32	5.8×10^{-3}@0 V	$R_{250}/R_{360}=10^3$	0.108	0.38	[158]
	Al/Ti/GaO_x/Ti/Al	薄膜 MSM	RFMS	0.3386		70.26	$R_{250}/R_{350}=1.15\times10^5$	0.41/2.04	0.02/0.35	[149]
a	Al/GaO_x/Al	薄膜 MSM	L-MBE	9.2×10^3	4.68	1099			≤9	[159]
	ITO//GaO_x/ITO	薄膜 MSM	RFMS	~10^{-3}	$>10^4$	0.19			$1.91/8.07\times10^{-5}$	[151]

注：NA— 纳米棒阵列(Nanorod Array)；NDs— 纳米点(Nanodots)。

定的晶体结构(见图 7.15(a))。a - Ga_2O_3 和β - Ga_2O_3 PD 在黑暗条件和光照下的 $I-V$ 特性曲线(见图 7.15(b))表明，前者的 I_{dark} 和 I_{photo} 均远大于后者。两个 PD 的峰值响应均位于 250 nm 处，分别为 70.26 和 4.21 A/W，—3dB截止波长分别为 265.5 nm 和 263.5 nm(见图 7.15(c))。由于表面复合作用的增强，a - Ga_2O_3 PD(0.1 s)的衰减速度比 β - Ga_2O_3 PD(0.48 s)快得多(见图 7.15(d))。该项工作揭示了利用 a - Ga_2O_3 实现高性能 SBPD 的可能性，且该材料具备低成本、大面积及适于量产等优势。

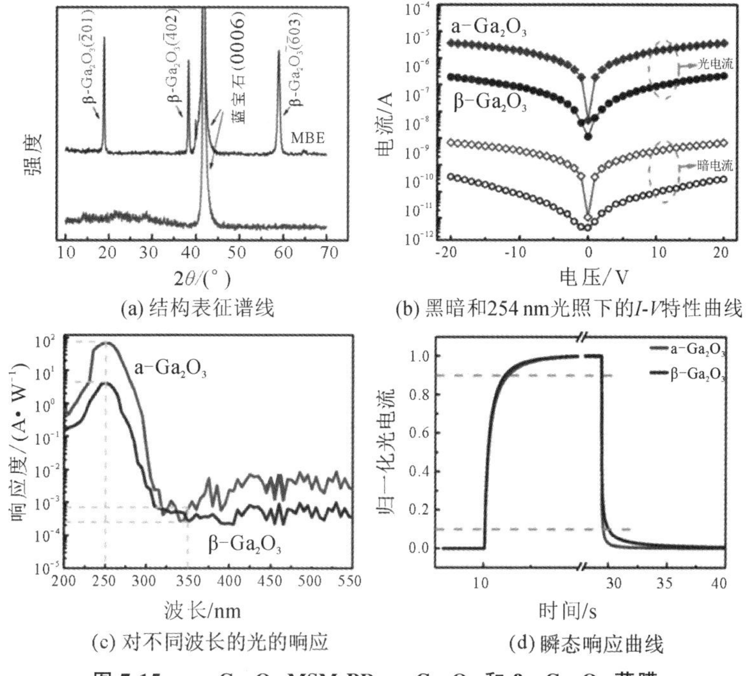

(a) 结构表征谱线　(b) 黑暗和254 nm光照下的I-V特性曲线

(c) 对不同波长的光的响应　(d) 瞬态响应曲线

图 7.15　a - Ga_2O_3 MSM PD a - Ga_2O_3 和 β - Ga_2O_3 薄膜

S. Cui 等人在室温下通过 RFMS 法在 PEN 柔性衬底上制备了 a - Ga_2O_3 薄膜，并制备了深紫外光电探测器[151]。器件的结构示意图如图 7.16(a)所示。该器件在不同弯曲半径下的时域光响应曲线表明，弯曲对器件的电学特性几乎不会产生影响(见图 7.16(b))。

基于 a - Ga_2O_3 的光电探测器不仅具备日盲探测能力，也可应用于宽光谱探测领域。H. Zhou 等人利用 L - MBE 方法在蓝宝石上生长并制备了 a - Ga_2O_3

PD，器件在 DUV 至 NIR(Near Infrared)范围内均表现出高响应度和大增益[152]。a-Ga_2O_3 薄膜的吸收曲线表明，材料具有很强的本征吸收和微弱的子带吸收，后者范围在 300～875 nm 之间(见图 7.17(a))。a-Ga_2O_3 PD 的光谱响应曲线和光电导增益曲线表明，不论是在本征吸收区(＜290 nm)还是弱吸收位点(290～875 nm)，器件的响应度($R_{250\ nm}$=1099 A/W，$R_{350\ nm}$=265 A/W，$R_{525\ nm}$=205 A/W，R_{850nm}=122 A/W)和光电导增益(G_{250nm}=5438，G_{350nm}=936，$G_{525\ nm}$=483，$G_{850\ nm}$=178)都很高，这可能是由于深能级氧空位的电离作用(见图 7.17(b)、(c))。本工作表明，a-Ga_2O_3 薄膜可应用于高性能宽光谱光电探测器。

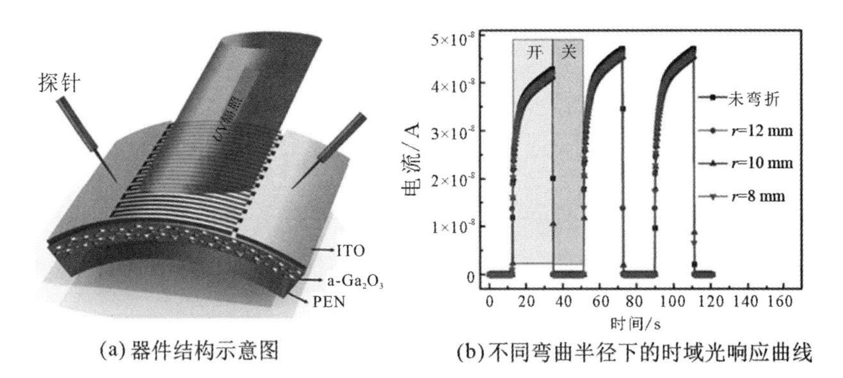

(a) 器件结构示意图　(b) 不同弯曲半径下的时域光响应曲线

图 7.16　a-Ga_2O_3 柔性探测器

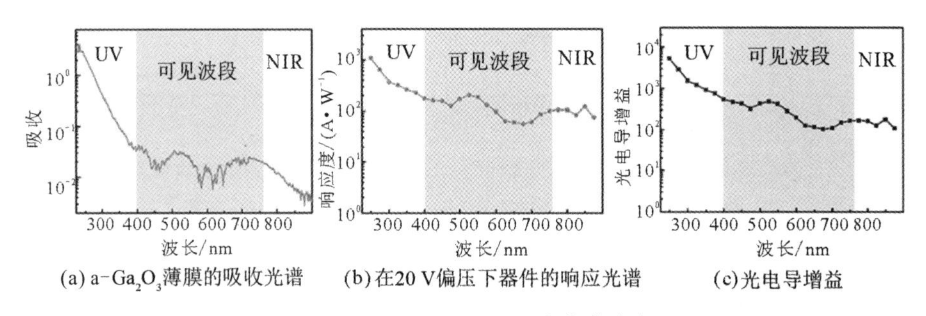

(a) a-Ga_2O_3薄膜的吸收光谱　(b) 在20 V偏压下器件的响应光谱　(c)光电导增益

图 7.17　a-Ga_2O_3 SBPD 宽光谱响应

本节系统介绍了基于不同器件结构和不同单晶相结构的 Ga_2O_3 SBPD 的相关研究，证实了元素掺杂、退火和紫外透明电极对 Ga_2O_3 SBPD 的性能提升的重要作用。在表 7.1 中总结了基于不同单晶相 Ga_2O_3 的代表性 SBPD 的结构和性能。β-Ga_2O_3 作为最稳定的单晶相，受到了最广泛的研究及应用；而亚稳态相

Ga_2O_3 由于独特的结构和形貌，也引起了越来越多学者们的兴趣。一般而言，报道的 Ga_2O_3 SBPD 均具备良好的光电探测性能，例如高响应度、PDCR 和紫外/可见抑制比，这保证了其未来在预警、成像和通信领域的潜在应用价值。

7.3　日盲深紫外探测成像技术

通过感知光的发射，基于光电器件的成像技术为获取特定目标的信息提供了一个可视化途径[2,160-165]。如上所述，Ga_2O_3 的材料特性和在日盲探测方面的优异性能，使其在日盲成像领域受到了广泛关注。为满足高分辨成像的需求，需要大力发展高密度、大阵列集成光电探测器。虽然 Ga_2O_3 SBPD 的发展很迅速，并实现了很多性能，但使用 Ga_2O_3 SBPD 作为核心组件的成像技术仍处于初步发展阶段，目前只有少数关于 Ga_2O_3 SBPD 成像和阵列的研究。

7.3.1　Ga_2O_3 SBPD 的日盲成像验证

Ga_2O_3 SBPD 的蓬勃发展已经证明了其在日盲探测领域的突出性能，为 Ga_2O_3 基日盲成像技术奠定了基石。Y. C. Chen 等人于 2018 年首次报道了关于 Ga_2O_3 SBPD 日盲成像的研究[166]。零偏压下，Ga_2O_3/金刚石异质结器件具备自供电能力，截止响应波长为 270 nm，紫外/可见光抑制比 $R_{244\ nm}/R_{400\ nm}=1.4\times10^2$。随后，利用日盲成像系统对器件的成像能力进行了测试(见图 7.18(a))。其中，2 MΩ 电阻和探测器串联实现了电流信号向电压信号的转变。在成像测试过程中，探测器对放置在二维可动平台上的矩形掩模(图形化“UV”字母，见图 7.18(b))区域进行扫描，同时记录下零偏压下电阻上的电压强度和对应的坐标位置。通过数据处理，得到了清晰的“UV”图像，如图 7.18(c)所示。该项工作证实了 Ga_2O_3 探测器在深紫外成像应用中的可能性。在类似的成像方法基础之上，Y. Qin 等人基于 a－GaO_x 薄膜的场效应光电晶体管进行日盲成像测试，同样得到了清晰的图像[167]。基于 Ga_2O_3 SBPD 的单点日盲成像的成功实现，为 Ga_2O_3 SBPD 在日盲成像系统中的初步应用迈出了重要的一步。然而，这种点对点扫描过程十分耗费时间，无法实现实时成像。为了解决这个弊端，使用探测器阵列进行日盲成像，是最有前景的解决办法。

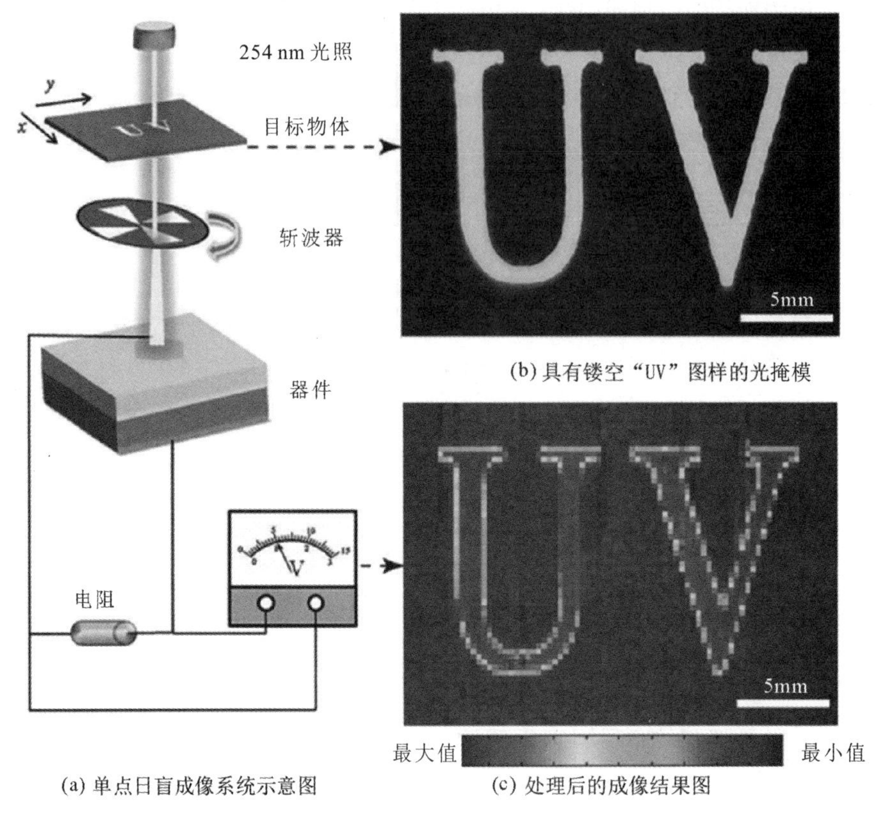

(a) 单点日盲成像系统示意图

(b) 具有镂空“UV”图样的光掩模

(c) 处理后的成像结果图

图 7.18　Ga_2O_3 SBPD 单点成像

7.3.2　光电探测器阵列和成像技术

与单器件成像不同，阵列中高度集成的探测器单元可以同时实现信号探测与目标物体的信息获取，因此能够同步生成二维图像，这在日盲成像识别和光迹追踪等领域具有重要的应用前景[168-170]。除了要求单个探测器单元具备高灵敏度和快响应速度特性外，各个单元之间的均一性及扩大的有效探测区域，对实现高性能成像来说也至关重要。然而，制备、组装及封装的复杂性阻碍了 PD 阵列的发展，关于 Ga_2O_3 SBPD 阵列在日盲探测领域的研究十分有限。

线阵作为另一种阵列形式，具有成本低、制备简便等优点。A. Singh 等人在基于 OFZ 法生长的 β - Ga_2O_3 单晶衬底上制备了 1×8 MSM SBPD 线阵(见图 7.19(a))[171]。在 40 V 偏压下，所有 8 个 PD 单元的光谱响应、暗电流、上升和

下降时间几乎保持稳定(只有光谱响应略有波动)。增大偏压会提高器件的响应度，在 40 V 偏压下的峰值响应度为 5.9 A/W，紫外/可见光抑制比($R_{257\ nm}$/$R_{450\ nm}$)超过 10^3。Y. Peng 等人首次制备并报道了关于 Ga_2O_3 SBPD 面阵的研究，将 PD 单元串/并联形成方阵[172]，封装后的 PD 阵列(4×4)的示意图如图 7.19(b)所示。然后选取其中一个 PD 单元(4－1 PD 单元)进行光电性能的测试。不同偏压下的光谱响应表明：随着外加电压从 2 V 升高到 10 V，峰值响应度 R 从 0.19 A/W 增加到 0.893 A/W，这是因为在更高的偏压下光生电子-空穴对会被更有效地分离。这项工作为高性能、低成本 SBPD 阵列的发展提供了一个有效的方法。

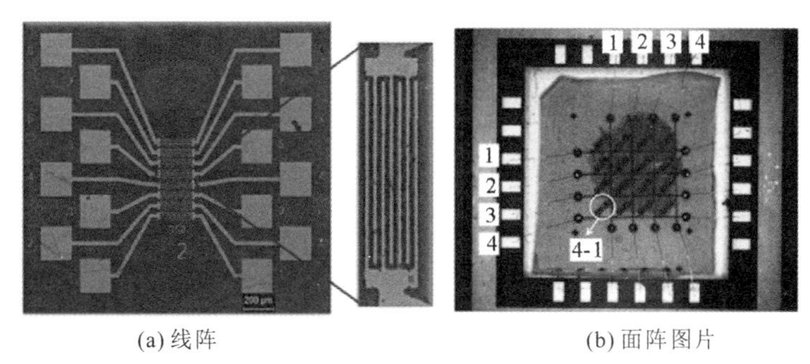

(a) 线阵　　　　(b) 面阵图片

图 7.19　Ga_2O_3 SBPD

作为成像系统中最重要的组成部分，PD 阵列对实现高性能的成像十分重要。然而，上述两项工作并没有真正测试阵列的成像能力。关于 PD 阵列的研究将最终促进其在焦平面阵列(Focal Plane Array，FPA)和 Ga_2O_3 基日盲成像系统中的应用。然而，制备高质量 Ga_2O_3 外延薄膜和衬底对紫外光的吸收等技术难题，使得到目前为止还没有关于 Ga_2O_3 基 FPA 的报道。初步阵列成像的探究对象主要是小尺寸阵列和简单成像图形。Y. C. Chen 等人首次报道了基于 4×4 Ga_2O_3 基 PD 阵列在日盲成像中的应用[119]。由 16 个 Ga_2O_3 SBPD 单元组成的 PD 阵列的照片如图 7.20(a)所示。同时，16 个 PD 单元的稳态电流值，表明各个单元之间的光电流的差异很小，证明它们之间具备良好的均一性(见图 7.20(b))。通过识别光学图像，证实了该 PD 阵列的日盲成像性能。图 7.20(c)表明每个 PD 单元都由一个稳压源供电，且与 910 kΩ 电阻串联以获得放大的电压信号。在紫外光照下，光线可以透过掩模中被挖空的区域，让该区域正下方的传感单元产生光响应，而其他区域的单元仍处于黑暗条件下。通过调控每个电

阻上的输出电压，就可以得到对应光照下的图像，从而得到和掩模一致的成像图。通过使用不同图案的掩模("I" "H"和"L")，可以分别得到对应的成像图(见图7.20(d))。清晰的成像结果证明，Ga_2O_3 SBPD 阵列作为日盲成像系统的传感单元，在高性能成像方面具有良好的应用前景。

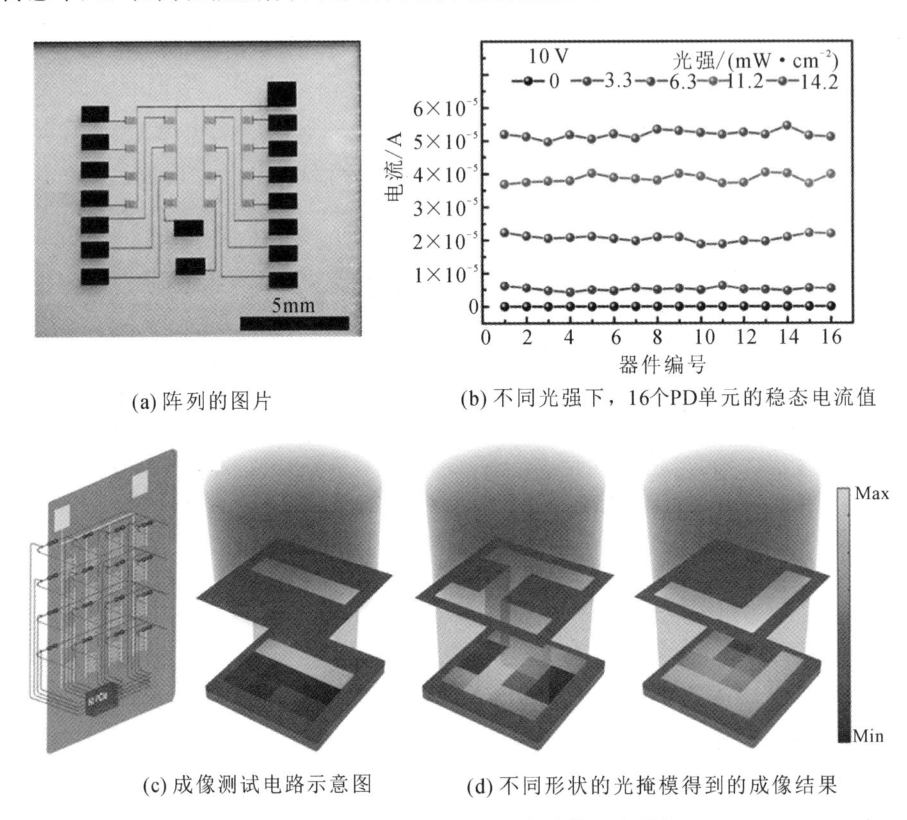

(a) 阵列的图片　　(b) 不同光强下，16个PD单元的稳态电流值

(c) 成像测试电路示意图　　(d) 不同形状的光掩模得到的成像结果

图 7.20　4×4 Ga_2O_3 SBPD 阵列的日盲成像

尽管制备的阵列尺寸很小(如 4×4)，所有 PD 单元的源极都需要由一个具备相同电位的导线串联，而漏极则由独立引脚分离。事实上，具备如此多引脚和导线的设计会增加阵列集成的复杂性，尤其是对那些实现高分辨成像的更高集成度的阵列而言。因此，更合理的设计对于高集成度阵列是十分重要的。与 Y. Peng 等人的设计类似[172]，同一行的 PD 单元共享字线，同一列的 PD 单元共享位线，就可以实现高度集成阵列。不过，在该设计情况下器件的串扰会带来误操作、低质量成像甚至成像失败等问题，阻碍了其在日盲探测领域的应用。

7.3.3 3D日盲光电探测器阵列

与传统的2D Ga_2O_3 SBPD阵列相比，3D PD具备很多独特的优点，例如超宽空间探测角度和突出的空间分辨能力。由于具有良好的黏附性、柔韧性和低温生长等性质，a-Ga_2O_3 可用于制备柔性光电器件[151,173,174]。基于以Polyethylene Terephthalate为衬底、经折纸工艺生长的a-Ga_2O_3 薄膜，Y. Chen等人制备了一个3D SBPD阵列并实现了对多个日盲光源的空间角度分辨[175]。24个PD分布在8个等角度间距分布的径向薄片上，每个薄片上的3个PD分布在半球的不同纬度上，如图7.21(a-i)所示。在不同偏压和光功率下，各个探测器单元之间的光电流只有微小的变化，这表明PD阵列的所有组成单元具有高度均一性。

3D Ga_2O_3 SBPD阵列的多点光源空间分布识别和实时光迹探测能力也得到了证实。当两束空间分布角度不同的光源同时照射在3D PD阵列上时(见图7.21(a-i))，对应区域的PD单元表现出上升的光电流，表明该3D PD阵列具备对多个光源空间分布识别的能力。随着光源由B1沿着同一纬度线移动到B8，依据3D PD阵列上PD单元的响应顺序可以实时监测光源移动的轨迹，如图7.21(b)所示。光源移动过程中，每个PD单元的时域光电流曲线表明光源空间角度的变化也可以被实时监测(见图7.21(b-iii))。同理，当光源由B3沿着同一经度线移动到B7时，移动轨迹也可被实时监测。因此，柔韧性良好的

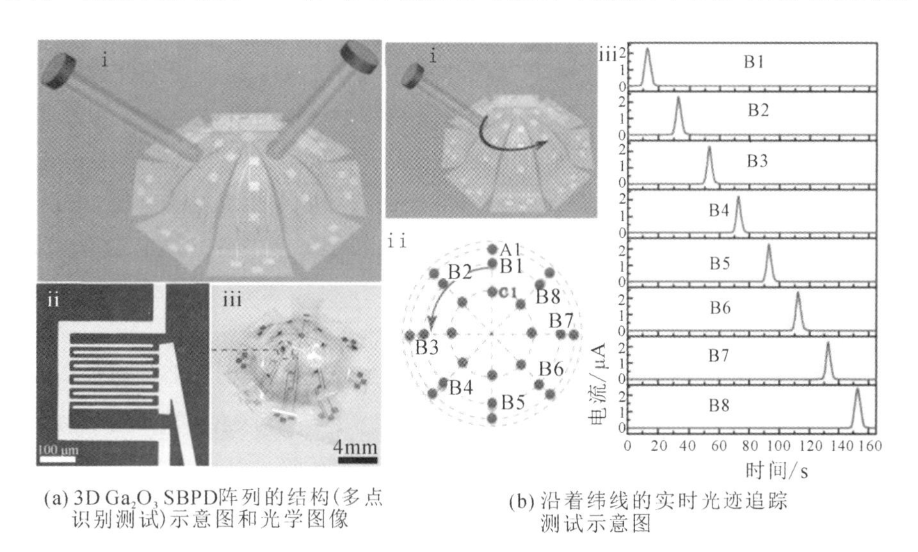

(a) 3D Ga_2O_3 SBPD阵列的结构(多点识别测试)示意图和光学图像

(b) 沿着纬线的实时光迹追踪测试示意图

图7.21 3D Ga_2O_3 SBPD阵列

a - Ga_2O_3是应用于 3D SBPD 阵列的极佳材料，可以实现空间识别、光学定位和实时运动追踪。

简而言之，有关单器件和小尺寸 PD 阵列的研究已经初步证实了 Ga_2O_3 SBPD 的成像能力。然而，随着 Ga_2O_3 SBPD 的日盲成像技术的发展，迫切地需要设计高性能、高集成度的阵列。由于材料发展较晚、散热性能差和有效 P 型掺杂的空白等缺点，与 GaN 和 AlGaN 基紫外成像技术的蓬勃发展相比，Ga_2O_3 基日盲成像的发展远远落后。真正实现基于 Ga_2O_3 的日盲成像技术的应用，还有很长的一段路要走。

7.4 挑战和总结

本节回顾了多种晶型 Ga_2O_3 材料的各类生长方法和 Ga_2O_3 SBPD 目前的研究进展。生长条件对于 Ga_2O_3 晶体的生长极其重要，其中温度、气体分压、衬底材料和掺杂都会影响最终生成的相结构。目前，可以通过控制特定的生长条件来控制多种晶型 Ga_2O_3 的生长。随后，本章详细地讨论了基于 β、α、ε、γ 和非晶相 Ga_2O_3 的日盲光电探测器研究。由于 β - Ga_2O_3 相较于其他相 Ga_2O_3 更为稳定，基于它的 SBPD 得到了较为广泛而深入的研究，近年来，其他单晶相 Ga_2O_3 也因各自独特的性质而受到了越来越多的关注。此外，目前已证明可以利用多种手段来有效改善 Ga_2O_3 SBPD 的性能。例如，通过退火改善晶体质量、引入缓冲层来减小晶格失配、利用掺杂调节半导体的载流子浓度和禁带宽度以及采用紫外透明电极来提高光吸收效率等。此外，本章还详细讨论了 Ga_2O_3 成像技术和相关阵列分辨率提升方面的进展，特别是最新出现的 3D PD 阵列。另外，多种性能优异的 Ga_2O_3 SBPD，尤其是那些具备自供电响应、对低氧环境具有高耐受性，以及具备良好的抗辐照性和高/低温特性的器件，都有着十分广阔的应用前景。

尽管已有众多高性能 Ga_2O_3 SBPD 的报道，以及进一步改善器件性能的方法介绍，但该领域仍存在着很多挑战，并且值得大家进一步探索解决。关于 Ga_2O_3 SBPD 主要的难题主要包括量产成本相对较高、低成本 a - Ga_2O_3 SBPD 性能不佳、P 型掺杂困难，以及小尺寸和高性能之间的矛盾、弱光探测能力不足等。

1. 材料生长

大部分已报道的 Ga_2O_3 SBPD 是基于 Ga_2O_3 薄膜或 Ga_2O_3 纳米结构(纳米

线、纳米带、纳米棒)。虽然 Ga_2O_3 外延技术已经得到较长时间的发展，但目前仍需要通过调节材料生长条件或选用晶格失配更低的衬底，来进一步对 Ga_2O_3 外延材料的位错、缺陷、掺杂和相变进行有效控制。其具体改善手段包括衬底优化和引入缓冲层等方式，目前以上方法已经被报道用于改善 Ga_2O_3 薄膜的质量。

众所周知，得益于较小的晶格失配度，同质外延 Ga_2O_3 薄膜自然地比生长在蓝宝石、Si 或者其他异质衬底上的薄膜晶体质量更高。对于 β - Ga_2O_3 材料，其块材的成功制备为同质外延提供了良好衬底，但目前仍需解决量产的成本问题。对于其他亚稳态相 Ga_2O_3 来说，由于热稳定性不佳，单晶衬底以及后续外延生长挑战极大。此外，对于尺寸、掺杂、取向和分布的均一性的精确控制，都需要通过进一步研究来提高。

2. 低成本 Ga_2O_3 SBPD

与单晶 Ga_2O_3 相比，非晶和多晶 Ga_2O_3 的生长过程无需高温，仅在较低温度下即可进行，其制备成本低且生产效率高。因此，利用低成本的非晶和多晶 Ga_2O_3 材料制备 SBPD 的意义重大。另外，Ga_2O_3 的低温生长技术也使得柔性 SBPD 器件的应用成为可能，该类器件可用于可穿戴设备、柔性电子器件和 3D PD 阵列等[151,175-179]。然而，非晶和多晶 Ga_2O_3 的不稳定性、非均匀性和较慢的响应速度，仍有待解决。

3. Ga_2O_3 掺杂和合金

掺杂是一种有效调节半导体的能带结构和载流子浓度的方法。一些 N 型掺杂剂，如 Si、Sn 和 Ge 已经被广泛应用于调节 Ga_2O_3 的电导率。与 N 型掺杂相比，P 型掺杂的实现困难重重，主要有以下三个因素阻碍 Ga_2O_3 的 P 型掺杂的实现：① Ga_2O_3 内的空穴有效质量太大以至于不能自由地移动，而是更趋向于形成局域极化子；② 经过计算，传统的受主杂质，如 Zn、Mg 和 N 均在 Ga_2O_3 内形成深受主能级，而非增加它的空穴导电性；③ 氧空位和间隙镓会补偿 Ga_2O_3 内的空穴，从而进一步抑制有效 P 型掺杂的实现。有效 P 型掺杂的缺失限制了 Ga_2O_3 SBPD 性能的提升，需要在未来付出更多的努力来解决。

由于基于 Ga_2O_3 的合金材料具有可调节的带隙，因此可以用来实现可控 UV 波段的选择性探测。其中，合金禁带宽度变窄会导致截止波长增加，因而可以有效改善 Ga_2O_3 的日盲探测性能；带隙变宽则可以促进 Ga_2O_3 对于更短波长光的有效分辨。目前，基于 Ga_2O_3 的合金相关研究报道还十分有限，且主要关注 $(Al_xGa_{1-x})_2O_3$ 和 $(In_xGa_{1-x})_2O_3$ 两种三元合金薄膜。此外，退火产生的附加缺陷也需要通过进一步研究来解决。

4. 弱光探测能力和 PD 阵列

由于噪声的存在，Ga_2O_3 SBPD 的弱光探测性能不佳。降低噪声的办法有很多，例如优化生长条件(可降低杂质和缺陷的浓度)、构建结(可抑制暗电流)和增加后续电路(可处理生成的电信号)等。值得一提的是，雪崩光电探测器(Avalanche Photo Detector，APD)兼具快响应速度和高响应度，是一种理想的弱光探测器件[74]。

此外，构建 Ga_2O_3 SBPD 阵列也可以放大电信号，从而达到增强弱信号收集能力的目的。当然，作为探测器阵列，最重要的应用还是实现高性能、高分辨成像。与基于单器件的点对点成像不同，2D Ga_2O_3 SBPD 阵列可以同时识别整个图像，3D Ga_2O_3 SBPD 甚至可以实时分辨多点光源的空间角度。尽管研究人员已经在该领域做出了巨大的努力并且取得了初步进展，增强 Ga_2O_3 SBPD 的成像分辨率仍具挑战性。通过制备垂直结构器件来替换平面 MSM 探测器以及减小像素单元的尺寸、构造高密度 PD 阵列，有可能是提高成像分辨的可行方案之一。

尽管存在上述挑战，但 Ga_2O_3 SBPD 最近取得的进展对于促进其进一步发展至关重要。Ga_2O_3 SBPD 是未来实现光学定位、追踪、成像和通信领域应用的理想器件。为了加深对 Ga_2O_3 SBPD 的认识，进一步提高其性能，必须解决上述问题，并完善 Ga_2O_3 材料和器件的物理模型。

参考文献

[1] RAZEGHI M. Short-wavelength solar-blind detectors-status, prospects, and markets [J]. IEEE, 2002, 90(6): 1006-1014.

[2] LITTON C W, SCHREIBER P, SMITH G A, et al. Design requirements for high-sensitivity UV solar blind imaging detectors based on AlGaN/GaN photodetector arrays: a review; proceedings of the Materials for Infrared Detectors, F. International Society for Optics and Photonics [C], 2001.

[3] KONG W Y, WU G A, WANG K Y, et al. Graphene-β-Ga_2O_3 heterojunction for highly sensitive deep UV photodetector application [J]. Adv Mater, 2016, 28(48): 10725-10731.

[4] GUO D Y, WU Z P, AN Y H, et al. Oxygen vacancy tuned Ohmic-Schottky

conversion for enhanced performance in β-Ga_2O_3 solar-blind ultraviolet photodetectors [J]. Appl Phys Lett, 2014, 105(2): 023507.

[5] WENG W Y, HSUEH T J, CHANG S J, et al. A β-Ga_2O_3 solar-blind photodetector prepared by furnace oxidization of GaN thin film [J]. IEEE Sens J, 2011, 11(4): 999-1003.

[6] LI Y, TOKIZONO T, LIAO M, et al. Efficient assembly of bridged β-Ga_2O_3 nanowires for solar-blind photodetection [J]. Adv Funct Mater, 2010, 20(22): 3972-3978.

[7] FENG W, WANG X, ZHANG J, et al. Synthesis of two-dimensional β-Ga_2O_3 nanosheets for high-performance solar blind photodetectors [J]. J Mater Chem C, 2014, 2(17): 3254-3259.

[8] LEE S H, KIM S B, MOON Y J, et al. High-responsivity deep-ultraviolet-selective photodetectors using ultrathin gallium oxide films [J]. ACS Photonics, 2017, 4(11): 2937-2943.

[9] KOKUBUN Y, MIURA K, ENDO F, et al. Sol-gel prepared β-Ga_2O_3 thin films for ultraviolet photodetectors [J]. Appl Phys Lett, 2007, 90(3): 031912.

[10] ZHANG F, LI H, ARITA M, et al. Ultraviolet detectors based on $(GaIn)_2O_3$ films [J]. Opt Mater Express, 2017, 7(10): 3769.

[11] MIAO J, SONG B, LI Q, et al. Photothermal effect induced negative photoconductivity and high responsivity in flexible black phosphorus transistors [J]. ACS Nano, 2017, 11(6): 6048-6056.

[12] XU S, BAI X, WANG L. Exploration of photothermal sensors based on photothermally responsive materials: A brief review [J]. Inorg Chem Front, 2018, 5(4): 751-759.

[13] XIA F, MUELLER T, LIN Y M, et al. Ultrafast graphene photodetector [J]. Nat Nanotechnol, 2009, 4(12): 839.

[14] WEN-RONG C, YEAN-KUEN F, SHYH-FANN T, et al. The hetero-epitaxial SiCN/Si MSM photodetector for high-temperature deep-UV detecting applications [J]. IEEE Electron Device Letters, 2003, 24(9): 565-567.

[15] LU Y J, LIN C N, SHAN C X. Optoelectronic diamond: Growth, properties, and photodetection applications [J]. Adv Opt Mater, 2018, 6(20).

[16] LIU N, FANG G, ZENG W, et al. Direct growth of lateral ZnO nanorod UV photodetectors with Schottky contact by a single-step hydrothermal reaction [J]. ACS Appl Mater Inter, 2010, 2(7): 1973-1979.

[17] TAK B, GARG M, DEWAN S, et al. High-temperature photocurrent mechanism of β-Ga_2O_3 based metal-semiconductor-metal solar-blind photodetectors [J]. Journal of

Applied Physics, 2019, 125(14): 144501.

[18] ARMSTRONG A M, CRAWFORD M H, JAYAWARDENA A, et al. Role of self-trapped holes in the photoconductive gain of β-gallium oxide Schottky diodes [J]. Journal of Applied Physics, 2016, 119(10): 103102.

[19] RAZEGHI M, ROGALSKI A. Semiconductor ultraviolet detectors [J]. J Appl Phys, 1996, 79(10): 7433-7473.

[20] GONG X, TONG M, XIA Y, et al. High-detectivity polymer photodetectors with spectral response from 300 nm to 1450 nm [J]. Science, 2009, 325(5948): 1665-1667.

[21] ZHENG W, LIN R, ZHANG Z, et al. An ultrafast-temporally-responsive flexible photodetector with high sensitivity based on high-crystallinity organic-inorganic perovskite nanoflake [J]. Nanoscale, 2017, 9(34): 12718-12726.

[22] POPOVIĆR, SOLT K, FALK U, et al. A silicon ultraviolet detector [J]. Sensors and Actuators A: Physical, 1990, 22(1-3): 553-558.

[23] CANFIELD L, KERNER J, KORDE R. Stability and quantum efficiency performance of silicon photodiode detectors in the far ultraviolet [J]. Applied Optics, 1989, 28(18): 3940-3943.

[24] ZABRODSKII V V, ARUEV P N, BELIK V P, et al. Photoresponse of a silicon multipixel photon counter in the vacuum ultraviolet range [J]. Technical Physics Letters, 2014, 40(4): 330-332.

[25] TOPORKOV M, MUKHOPADHYAY P, ALI H, et al. MgZnO grown by molecular beam epitaxy on N-Type β-Ga_2O_3 for UV Schottky barrier solar-blind photodetectors; proceedings of the Oxide-based Materials and Devices VⅢ, F. International Society for Optics and Photonics [C], 2017.

[26] ZHAO Y, ZHANG J, JIANG D, et al. Ultraviolet photodetector based on a MgZnO film grown by radio-frequency magnetron sputtering [J]. ACS Appl Mater Inter, 2009, 1(11): 2428-2430.

[27] CICEK E, MCCLINTOCK R, CHO C, et al. $Al_xGa_{1-x}N$-based back-illuminated solar-blind photodetectors with external quantum efficiency of 89% [J]. Appl Phys Lett, 2013, 103(19): 191108.

[28] MONROY E, CALLE F, PAU J, et al. AlGaN-based UV photodetectors [J]. J Cryst Growth, 2001, 230(3-4): 537-543.

[29] WALKER D, ZHANG X, KUNG P, et al. AlGaN ultraviolet photoconductors grown on sapphire [J]. Appl Phys Lett, 1996, 68(15): 2100-2101.

[30] LIAO M, SANG L, TERAJI T, et al. Comprehensive Investigation of single crystal

diamond deep-ultraviolet detectors [J]. Jpn J Appl Phys, 2012, 51: 090115.

[31] LI J, FAN Z Y, DAHAL R, et al. 200nm deep ultraviolet photodetectors based on AlN [J]. Appl Phys Lett, 2006, 89(21): 213510.

[32] ZHENG W, LIN R, ZHANG Z, et al. Vacuum-ultraviolet photodetection in few-layered h-BN [J]. ACS Appl Mater Inter, 2018, 10(32): 27116-27123.

[33] OSHIMA T, OKUNO T, FUJITA S. Ga_2O_3 thin film growth on c-plane sapphire substrates by molecular beam epitaxy for deep-ultraviolet photodetectors [J]. Jpn J Appl Phys, 2007, 46(11): 7217-7220.

[34] IMURA M, NAKANO K, FUJIMOTO N, et al. High-temperature metal-organic vapor phase epitaxial growth of AlN on sapphire by multi transition growth mode method varying V/Ⅲ ratio [J]. Jpn J Appl Phys, 2006, 45(11): 8639-8643.

[35] DU X, MEI Z, LIU Z, et al. Controlled growth of high-quality ZnO-based films and fabrication of visible-blind and solar-blind ultra-violet detectors [J]. Adv Mater, 2009, 21(45): 4625-4630.

[36] TAKEUCHI I, YANG W, CHANG K S, et al. Monolithic multichannel ultraviolet detector arrays and continuous phase evolution in $Mg_xZn_{1-x}O$ composition spreads [J]. J Appl Phys, 2003, 94(11): 7336-7340.

[37] YANG W, HULLAVARAD S S, NAGARAJ B, et al. Compositionally-tuned epitaxial cubic $Mg_xZn_{1-x}O$ on Si (100) for deep ultraviolet photodetectors [J]. Appl Phys Lett, 2003, 82(20): 3424-3426.

[38] TSAO J Y, CHOWDHURY S, HOLLIS M A, et al. Ultrawide-bandgap semiconductors: Research opportunities and challenges [J]. Adv Electron Mater, 2018, 4(1): 1600501.

[39] GUO D Y, ZHAO X L, ZHI Y S, et al. Epitaxial growth and solar-blind photoelectric properties of corundum-structured α-Ga_2O_3 thin films [J]. Mater Lett, 2016, 164: 364-367.

[40] GUO D, WU Z, LI P, et al. Fabrication of β-Ga_2O_3 thin films and solar-blind photodetectors by laser MBE technology [J]. Opt Mater Express, 2014, 4(5): 1067.

[41] XU J, ZHENG W, HUANG F. Gallium oxide solar-blind ultraviolet photodetectors: A review [J]. J Mater Chem C, 2019, 7(29): 8753-8770.

[42] CHEN X, LIU K, ZHANG Z, et al. Self-powered solar-blind photodetector with fast response based on Au/β-Ga_2O_3 nanowires array film Schottky junction [J]. ACS Appl Mater Inter, 2016, 8(6): 4185-4191.

[43] ZHANG J, JIAO S, WANG D, et al. Solar-blind ultraviolet photodetection of an α-Ga_2O_3 nanorod array based on photoelectrochemical self-powered detectors with a

simple, newly-designed structure [J]. J Mater Chem C, 2019, 7(23): 6867-6871.

[44] PASSLACK M, SCHUBERT E, HOBSON W, et al. Ga_2O_3 films for electronic and optoelectronic applications [J]. J Appl Phys, 1995, 77(2): 686-693.

[45] ROY R, HILL V, OSBORN E. Polymorphism of Ga_2O_3 and the system Ga_2O_3-H_2O [J]. 1952, 74(3): 719-722.

[46] PLAYFORD H Y, HANNON A C, BARNEY E R, et al. Structures of uncharacterised polymorphs of gallium oxide from total neutron diffraction [J]. Chemistry, 2013, 19(8): 2803-2813.

[47] MASTRO M A, KURAMATA A, CALKINS J, et al. Perspective-Opportunities and future Directions for Ga_2O_3 [J]. ECS Journal of Solid State Science and Technology, 2017, 6(5): P356-P359.

[48] BALDINI M, ALBRECHT M, FIEDLER A, et al. Si-and Sn-Doped Homoepitaxial β-Ga_2O_3 Layers Grown by MOVPE on (010)-Oriented Substrates [J]. ECS Journal of Solid State Science and Technology, 2016, 6(2): Q3040-Q3044.

[49] SASAKI K, HIGASHIWAKI M, KURAMATA A, et al. Growth temperature dependences of structural and electrical properties of Ga_2O_3 epitaxial films grown on β-Ga_2O_3(010) substrates by molecular beam epitaxy [J]. Journal of Crystal Growth, 2014, 392: 30-33.

[50] AHMADI E, KOKSALDI O S, KAUN S W, et al. Ge doping of β-Ga_2O_3 films grown by plasma-assisted molecular beam epitaxy [J]. Applied Physics Express, 2017, 10(4): 041102.

[51] AHMADI E, KOKSALDI O S, ZHENG X, et al. Demonstration of β-$(Al_xGa_{1-x})_2O_3$/β-Ga_2O_3 modulation doped field-effect transistors with Ge as dopant grown via plasma-assisted molecular beam epitaxy [J]. Applied Physics Express, 2017, 10(7): 071101.

[52] LEEDY K D,CHABAK K D, VASILYEV V, et al. Highly conductive homoepitaxial Si-doped Ga_2O_3 films on (010) β-Ga_2O_3 by pulsed laser deposition [J]. Applied Physics Letters, 2017, 111(1): 012103.

[53] ARORA K, GOEL N, KUMAR M, et al. Ultrahigh performance of self-powered β-Ga_2O_3 thin film solar-blind photodetector grown on cost-effective Si substrate using high-temperature seed layer [J]. ACS Photonics, 2018, 5(6): 2391-2401.

[54] OGITA M, HIGO K, NAKANISHI Y, et al. Ga_2O_3 thin film for oxygen sensor at high temperature [J]. Applied Surface Science, 2001, 175: 721-725.

[55] SHINOHARA D, FUJITA S. Heteroepitaxy of corundum-structured α-Ga_2O_3 thin films on α-Al_2O_3 substrates by ultrasonic mist chemical vapor deposition [J]. Jpn J Appl Phys, 2008, 47(9): 7311-7313.

[56] KAWAHARAMURA T, DANG G T, FURUTA M. Successful growth of conductive highly crystalline Sn-doped alpha-Ga_2O_3 thin films by fine-channel mist chemical vapor deposition [J]. Jpn J Appl Phys, 2012, 51: 040207.

[57] DANG G T, KAWAHARAMURA T, FURUTA M, et al. Mist-CVD grown Sn-doped α-Ga_2O_3 MESFETs [J]. IEEE T Electron Dev, 2015, 62(11): 3640-3644.

[58] MA T, CHEN X, REN F, et al. Heteroepitaxial growth of thick α-Ga_2O_3 film on sapphire (0001) by MIST-CVD technique [J]. Journal of Semiconductors, 2019, 40 (1).

[59] MUAZZAM U U, CHAVAN P, RAGHAVAN S, et al. Optical properties of Mist CVD grown α-Ga_2O_3[J]. IEEE Photonic Tech L, 2020, 32(7): 422-425.

[60] ALMAEV A V, CHERNIKOV E V, DAVLETKILDEEV N A, et al. Oxygen sensors based on gallium oxide thin films with addition of chromium [J]. Superlattices and Microstructures, 2020, 139: 106392.

[61] OSHIMA Y, ViLLORA E G, MATSUSHITA Y, et al. Epitaxial growth of phase-pure ε-Ga_2O_3 by halide vapor phase epitaxy [J]. J Appl Phys, 2015, 118(8): 085301.

[62] TAHARA D, NISHINAKA H, MORIMOTO S, et al. Stoichiometric control for heteroepitaxial growth of smooth ε-Ga_2O_3 thin films onc-plane AlN templates by mist chemical vapor deposition [J]. Japanese Journal of Applied Physics, 2017, 56(7).

[63] XIA X, CHEN Y, FENG Q, et al. Hexagonal phase-pure wide band gap ε-Ga_2O_3 films grown on 6H-SiC substrates by metal organic chemical vapor deposition [J]. Applied Physics Letters, 2016, 108(20): 202103.

[64] NAKAGOMI S, MOMO T, TAKAHASHI S, et al. Deep ultraviolet photodiodes based on β-Ga_2O_3/SiC heterojunction [J]. Appl Phys Lett, 2013, 103(7): 072105.

[65] ZHANG Y, ALEMA F, MAUZE A, et al. MOCVD grown epitaxial β-Ga_2O_3 thin film with an electron mobility of 176 cm^2/V s at room temperature [J]. Apl Mater, 2019, 7(2): 022506.

[66] LEE S H, LEE K M, KIM Y B. et al. Sub-microsecond response time deep-ultravioet photodetectors using α-Ga_2O_3 thin tilms grown via low-temperature atomic layer deposition [J]. J Alloy Compd, 2019, 780: 400-407.

[67] OSHIMA Y, ViLLORA E G, SHIMAMURA K. Halide vapor phase epitaxy of twin-free α-Ga_2O_3 on sapphire (0001) substrates [J]. Appl Phys Express, 2015, 8(5): 055501.

[68] SON H, JEON D W. Optimization of the growth temperature of α-Ga_2O_3 epilayers grown by halide vapor phase epitaxy [J]. J Alloy Compd, 2019, 773: 631-635.

[69] ZHAO X, WU Z, GUO D, et al. Growth and characterization of α-phase Ga_{2-x}

Sn_xO_3 thin films for solar-blind ultraviolet applications [J]. Semicond Sci Tech, 2016, 31(6): 065010.

[70] SUN H, LI K-H, CASTANEDO C G T, et al. HCl flow-induced phase change of α-, β-, and ε-Ga_2O_3 films grown by MOCVD [J]. Cryst Growth Des, 2018, 18(4): 2370-2376.

[71] HOU X, SUN H, LONG S, et al. Ultrahigh-performance solar-blind photodetector based on α-phase-dominated Ga_2O_3 film with record low dark current of 81 fA [J]. IEEE Electr Device L, 2019, 40(9): 1483-1486.

[72] MOLONEY J, TESH O, SINGH M, et al. Atomic layer deposited α-Ga_2O_3 solar-blind photodetectors [J]. J Phys D Appl Phys, 2019, 52(47).

[73] LEE S-D, ITO Y, KANEKO K, et al. Enhanced thermal stability of alpha gallium oxide films supported by aluminum doping [J]. Jpn J Appl Phys, 2015, 54(3): 030301.

[74] CHEN X, XU Y, ZHOU D, et al. Solar-Blind photodetector with high avalanche gains and bias-tunable detecting functionality based on metastable phase α-Ga_2O_3/ZnO isotype heterostructures [J]. ACS Appl Mater Inter, 2017, 9(42): 36997-37005.

[75] FUJITA S, ODA M, KANEKO K, et al. Evolution of corundum-structured Ⅲ-oxide semiconductors: Growth, properties, and devices [J]. Jpn J Appl Phys, 2016, 55(12): 1202a1203.

[76] KANEKO K, NOMURA T, KAKEYA I, et al. Fabrication of highly crystalline corundum-structured α-$(Ga_{1-x}Fe_x)_2O_3$ alloy thin films on sapphire substrates [J]. Appl Phys Express, 2009, 2: 075501.

[77] KANEKO K, KAKEYA I, KOMORI S, et al. Band gap and function engineering for novel functional alloy semiconductors: Bloomed as magnetic properties at room temperature with α-$(GaFe)_2O_3$[J]. J Appl Phys, 2013, 113(23): 233901.

[78] TADJER M J, MASTRO M A, MAHADIK, et al. Structural, optical, and electrical characterization of monoclinic β-Ga_2O_3 Grown by MOVPE on sapphire substrates [J]. J Electron Mater, 2016, 45(4): 2031-2037.

[79] MEZZADRI F, CALESTANI G, BOSCHI F, et al. Crystal structure and ferroelectric properties of ε-Ga_2O_3 films grown on (0001)-sapphire [J]. Inorg Chem, 2016, 55(22): 12079-12084.

[80] UEDA O, IKENAGA N, KOSHI K, et al. Structural evaluation of defects in β-Ga_2O_3 single crystals grown by edge-defined film-fed growth process [J]. Jpn J Appl Phys, 2016, 55(12): 1202bd.

[81] MACCIONI M B, FIORENTINI V. Phase diagram and polarization of stable phases

of $(Ga_{1-x}In_x)_2O_3$[J]. Appl Phys Express, 2016, 9(4): 041102.

[82] PEARTON S J, YANG J, CARY P H, et al. A review of Ga_2O_3 materials, processing, and devices [J]. Appl Phys Rev, 2018, 5(1): 011301.

[83] FORNARI R, PAVESI M, MONTEDORO V, et al. Thermal stability of ε-Ga_2O_3 polymorph [J]. Acta Mater, 2017, 140: 411-416.

[84] CHEN Y, XIA X, LIANG H, et al. Growth pressure controlled nucleation epitaxy of pure phase ε-and β-Ga_2O_3 films on Al_2O_3 via metal-organic chemical vapor deposition [J]. Cryst Growth Des, 2018, 18(2): 1147-1154.

[85] NISHINAKA H, TAHARA D, YOSHIMOTO M. Heteroepitaxial growth of ε-Ga_2O_3 thin films on cubic (111) MgO and (111) yttria-stablized zirconia substrates by mist chemical vapor deposition [J]. Jpn J Appl Phys, 2016, 55(12): 1202.

[86] YAO Y, OKUR S, LYLE L A M, et al. Growth and characterization of α-, β-, and ε-phases of Ga_2O_3 using MOCVD and HVPE techniques [J]. Mater Res Lett, 2018, 6(5): 268-275.

[87] HAYASHI H, HUANG R, IKENO H, et al. Room temperature ferromagnetism in Mn-doped γ-Ga_2O_3 with spinel structure [J]. Appl Phys Lett, 2006, 89(18): 181903.

[88] HAYASHI H, HUANG R, OBA F, et al. Epitaxial growth of Mn-doped γ-Ga_2O_3 on spinel substrate [J]. J Mater Res, 2011, 26(4): 578-583.

[89] OSHIMA T, NAKAZONO T, MUKAI A, et al. Epitaxial growth of γ-Ga_2O_3 films by mist chemical vapor deposition [J]. J Cryst Growth, 2012, 359: 60-63.

[90] OSHIMA T, MATSUYAMA K, YOSHIMATSU K, et al. Conducting Si-doped γ-Ga_2O_3 epitaxial films grown by pulsed-laser deposition [J]. J Cryst Growth, 2015, 421: 23-26.

[91] RUAN M M, SONG L X, YANG Z, et al. Novel green synthesis and improved solar-blind detection performance of hierarchical γ-Ga_2O_3 nanospheres [J]. J Mater Chem C, 2017, 5(29): 7161-7166.

[92] WANG Y Q, SONG L X, TENG Y, et al. From gallium-based supramolecular square nanoplates to γ-Ga_2O_3 layer nanosheets [J]. J Mater Chem C, 2019, 7(6): 1477-1483.

[93] KNEIβ M, HASSA A, SPLITH D, et al. Tin-assisted heteroepitaxial PLD-growth of κ-Ga_2O_3 thin films with high crystalline quality [J]. APL Materials, 2019, 7(2): 022516.

[94] WANG J, YE L, WANG X, et al. High transmittance β-Ga_2O_3 thin films deposited by magnetron sputtering and post-annealing for solar-blind ultraviolet photodetector [J]. J Alloy Compd, 2019, 803: 9-15.

[95] LIN R, ZHENG W, ZHANG D, et al. High-performance graphene/β-Ga_2O_3 heterojunction deep-ultraviolet photodetector with hot-electron excited carrier multiplication [J]. ACS Appl Mater Inter, 2018, 10(26): 22419-22426.

[96] ROGERS D J, LOOK D C, TEHERANI F H, et al. A review of the growth, doping, and applications of β-Ga_2O_3 thin films [Z]. Oxide-based Materials and Devices IX. 2018.10.1117/12.2302471

[97] LIU X Z, GUO P, SHENG T, et al. β-Ga_2O_3 thin films on sapphire pre-seeded by homo-self-templated buffer layer for solar-blind UV photodetector [J]. Opt Mater, 2016, 51: 203-207.

[98] OSHIMA T, OKUNO T, ARAI N, et al. Vertical Solar-Blind Deep-Ultraviolet Schottky Photodetectors Based on β-Ga_2O_3 Substrates [J]. Applied Physics Express, 2008, 1(1).

[99] ALEMA F, HERTOG B, MUKHOPADHYAY P, et al. Solar blind Schottky photodiode based on an MOCVD-grown homoepitaxial β-Ga_2O_3 thin film [J]. Apl Mater, 2019, 7(2).

[100] SU L, YANG W, CAI J, et al. Self-powered ultraviolet photodetectors driven by built-in electric field [J]. Small, 2017, 13(45).

[101] GUO D, SU Y, SHI H, et al. Self-powered ultraviolet Photodetector with Superhigh Photoresponsivity (3.05 A/W) Based on the GaN/Sn: Ga_2O_3 pn Junction [J]. Ats Nano, 2018, 12(12): 12827-12835.

[102] OH S, KIM J, REN F, et al. Quasi-two-dimensional β-gallium oxide solar-blind photodetectors with ultrahigh responsivity [J]. Journal of Materials Chemistry C, 2016, 4(39): 9245-9250.

[103] SASAKI K, HIGASHIWAKI M, KURAMATA A, et al. Si-ion implantation doping in β-Ga_2O_3 and its application to fabrication of low-resistance Ohmic contacts [J]. Appl Phys Express, 2013, 6(8): 086502.

[104] GOGOVA D, WAGNER G, BALDINI M, et al. Structural properties of Si-doped β-Ga_2O_3 layers grown by MOVPE [J]. J Cryst Growth, 2014, 401: 665-669.

[105] GOGOVA D, SCHMIDBAUER M, KWASNIEWSKI A. Homo-and heteroepitaxial growth of Sn-doped β-Ga_2O_3 layers by MOVPE [J]. CrystEngComm, 2015, 17(35): 6744-6752.

[106] VARLEY J B, WEBER J R, JANOTTI A, et al. Oxygen vacancies and donor impurities in β-Ga_2O_3[J]. Appl Phys Lett, 2010, 97(14): 142106.

[107] YUAN S H, WANG C C, HUANG S Y, et al. Improved responsivity drop from 250 to 200 nm in sputtered gallium oxide photodetectors by incorporating trace

aluminum [J]. IEEE Electron Device Letters, 2017, 39(2): 220-223.

[108] ZHAO X, WU Z, ZHI Y, et al. Improvement for the performance of solar-blind photodetector based on β-Ga_2O_3 thin films by doping Zn [J]. J Phys D Appl Phys, 2017, 50(8): 085102.

[109] ZHANG Z, VON WENCKSTERN H, LENZNER J, et al. Visible-blind and solar-blind ultraviolet photodiodes based on $(In_xGa_{1-x})_2O_3$ [J]. Applied Physics Letters, 2016, 108(12): 123503.

[110] HE Z, JIE J, ZHANG W, et al. Tuning electrical and photoelectrical properties of CdSe nanowires via indium doping [J]. Small, 2009, 5(3): 345-350.

[111] ZHAI T, MA Y, LI L, et al. Morphology-tunable In_2Se_3 nanostructures with enhanced electrical and photoelectrical performances via sulfur doping [J]. J Mater Chem, 2010, 20(32): 6630.

[112] ZHANG Y, YAN J, LI Q, et al. Optical and structural properties of Cu-doped β-Ga_2O_3 films [J]. Mater Sci Eng B, 2011, 176(11): 846-849.

[113] YUE W, YAN J, WU J, et al. Structural and optical properties of Zn-doped β-Ga_2O_3 films [J]. Journal of Semiconductors, 2012, 33(7): 073003.

[114] FENG X, LI Z, MI W, et al. Effect of annealing on the properties of Ga_2O_3: Mg films prepared on α-Al_2O_3(0001) by MOCVD [J]. Vacuum, 2016, 124: 101-107.

[115] ALEMA F, HERTOG B, LEDYAEV O, et al. Solar blind photodetector based on epitaxial zinc doped Ga_2O_3 thin film [J]. PHYS STATUS SOLIDI A, 2017, 214(5): 1600688.

[116] QIAN Y P, GUO D Y, CHU X L, et al. Mg-doped p-type β-Ga_2O_3 thin film for solar-blind ultraviolet photodetector [J]. Mater Lett, 2017, 209: 558-561.

[117] JIANG Z, WU Z, MA C, et al. P-type β-Ga_2O_3 metal-semiconductor-metal solar-blind photodetectors with extremely high responsivity and gain-bandwidth product [J]. Materials Today Physics, 2020.

[118] YU J, NIE Z, DONG L, et al. Influence of annealing temperature on structure and photoelectrical performance of β-Ga_2O_3/4H-SiC heterojunction photodetectors [J]. J Alloy Compd, 2019, 798: 458-466.

[119] CHEN Y C, LU Y J, LIU Q, et al. Ga_2O_3 photodetector arrays for solar-blind imaging [J]. J Mater Chem C, 2019, 7(9): 2557-2562.

[120] KIM H W, KIM N H, LEE C. Annealing effects on the structural and optical properties of gallium oxide nanowires [J]. J Mater Sci-Mater El, 2005, 16(2): 103-105.

[121] HUANG C Y, HORNG R H, WUU D S, et al. Thermal annealing effect on

material characterizations of β-Ga_2O_3 epilayer grown by metal organic chemical vapor deposition [J]. Appl Phys Lett, 2013, 102(1): 011119.

[122] RAFIQUE S, HAN L, ZHAO H. Thermal annealing effect on β-Ga_2O_3 thin film solar blind photodetector heteroepitaxially grown on sapphire substrate [J]. PHYS STATUS SOLIDI A, 2017, 214(8): 1700063.

[123] ALTUNTAS H, DONMEZ I, OZGIT-AKGUN C, et al. Effect of postdeposition annealing on the electrical properties of β-Ga_2O_3 thin films grown on P-Si by plasma-enhanced atomic layer deposition [J]. J Vac Sci Technol A, 2014, 32(4): 041504.

[124] QIAN L X, WANG Y, WU Z H, et al. β-Ga_2O_3 solar-blind deep-ultraviolet photodetector based on annealed sapphire substrate [J]. Vacuum, 2017, 140: 106-110.

[125] QIAN L X, ZHANG H F, LAI P, et al. High-sensitivity β-Ga_2O_3 solar-blind photodetector on high-temperature pretreated c-plane sapphire substrate [J]. Optical Materials Express, 2017, 7(10): 3643-3653.

[126] HAO J, COCIVERA M J J O P D A P. Optical and luminescent properties of undoped and rare-earth-doped Ga_2O_3 thin films deposited by spray pyrolysis [J]. J Phys D Appl Phys, 2002, 35(5): 433.

[127] KIM H W, KIM N H. Influence of postdeposition annealing on the properties of Ga_2O_3 films on SiO_2 substrates [J]. J Alloy Compd, 2005, 389(1-2): 177-181.

[128] PROKES S, CARLOS W, GLASER E. Study of defect behaviour in Ga_2O_3 nanowires and nano-ribbons under reducing gas annealing conditions: applications to sensing [R]: NAVAL RESEARCH LAB WASHINGTON DC, 2007.

[129] DONG L, JIA R, XIN B, et al. Effects of post-annealing temperature and oxygen concentration during sputtering on the structural and optical properties of β-Ga_2O_3 films [J]. J Vac Sci Technol A, 2016, 34(6): 060602.

[130] SHI F, ZHANG S, XUE C. Influence of annealing time on microstructure of one-dimensional Ga_2O_3 nanorods [J]. J Alloy Compd, 2010, 498(1): 77-80.

[131] OSHIMA T, OKUNO T, ARAI N, et al. Vertical Solar-Blind Deep-Ultraviolet Schottky Photodetectors Based on β-Ga_2O_3 Substrates [J]. Applied Physics Express, 2008, 1(1): 011202.

[132] ZHOU C, LIU K, CHEN X, et al. Performance improvement of amorphous Ga_2O_3 ultraviolet photodetector by annealing under oxygen atmosphere [J]. Journal of Alloys and Compounds, 2020, 840.

[133] FENG Z, HUANG L, FENG Q, et al. Influence of annealing atmosphere on the performance of a β-Ga_2O_3 thin film and photodetector [J]. Opt Mater Express,

2018, 8(8): 2229.

[134] YANG G, JANG S, REN F, et al. Influence of high-energy proton irradiation on β-Ga_2O_3 nanobelt field-effect transistors [J]. ACS Appl Mater Inter, 2017, 9(46): 40471-40476.

[135] SONG Y P, ZHANG H Z, LIN C, et al. Luminescence emission originating from nitrogen doping of β-Ga_2O_3 nanowires [J]. Phys Rev B, 2004, 69(7): 075304.

[136] SUZUKI R, NAKAGOMI S, KOKUBUN Y, et al. Enhancement of responsivity in solar-blind β-Ga_2O_3 photodiodes with a Au Schottky contact fabricated on single crystal substrates by annealing [J]. Appl Phys Lett, 2009, 94(22): 222102.

[137] DE LUNA BUGALLO A, TCHERNYCHEVA M, JACOPIN G, et al. Visible-blind photodetector based on PIN junction GaN nanowire ensembles [J]. Nanotechnology, 2010, 21(31): 315201.

[138] TZU-CHIAO W, DUNG-SHENG T, RAVADGAR P, et al. See-through Ga_2O_3 solar-blind photodetectors for use in harsh environments [J]. IEEE J Sel Top Quant, 2014, 20(6): 112-117.

[139] LEE H C, LIU W W, CHAI S P, et al. Review of the synthesis, transfer, characterization and growth mechanisms of single and multilayer graphene [J]. RSC Adv, 2017, 7(26): 15644-15693.

[140] QU Y, WU Z, AI M, et al. Enhanced Ga_2O_3/SiC ultraviolet photodetector with graphene top electrodes [J]. J Alloy Compd, 2016, 680: 247-251.

[141] OH S, KIM C-K, KIM J. High responsivity β-Ga_2O_3 metal-semiconductor-metal solar-blind photodetectors with ultraviolet transparent graphene electrodes [J]. ACS Photonics, 2017, 5(3): 1123-1128.

[142] LI Y, ZHANG D, LIN R, et al. Graphene interdigital electrodes for improving sensitivity in a Ga_2O_3: Zn deep-ultraviolet photoconductive detector [J]. ACS Appl Mater Inter, 2019, 11(1): 1013-1020.

[143] GUO D Y, CHEN K, WANG S L, et al. Self-powered solar-blind photodetectors based on α/β phase junction of Ga_2O_3[J]. Physical Review Applied, 2020, 13(2).

[144] PAVESI M, FABBRI F, BOSCHI F, et al. ε-Ga_2O_3 epilayers as a material for solar-blind UV photodetectors [J]. Mater Chem Phys, 2018, 205: 502-507.

[145] LIU Z, HUANG Y, ZHANG C, et al. Fabrication of ε-Ga_2O_3 solar-blind photodetector with symmetric interdigital Schottky contacts responding to low intensity light signal [J]. J Phys D Appl Phys, 2020.

[146] QIN Y, SUN H, LONG S, et al. High-performance metal-organic chemical vapor deposition grown ε-Ga_2O_3 solar-blind photodetector with asymmetric Schottky

electrodes [J]. IEEE Electr Device L, 2019, 40(9): 1475-1478.

[147] QIN Y, LI L, ZHAO X, et al. Metal-semiconductor-metal ε-Ga_2O_3 solar-blind photodetectors with a record-high responsivity rejection ratio and their gain mechanism [J]. ACS Photonics, 2020, 7(3): 812-820.

[148] TENG Y, SONG LE X, PONCHEL A, et al. Self-assembled metastable γ-Ga_2O_3 nanoflowers with hexagonal nanopetals for solar-blind photodetection [J]. Adv Mater, 2014, 26(36): 6238-6243.

[149] QIAN L X, WU Z H, ZHANG Y Y, et al. Ultrahigh-responsivity, rapid-recovery, solar-blind photodetector based on highly nonstoichiometric amorphous gallium oxide [J]. ACS Photonics, 2017, 4(9): 2203-2211.

[150] KUMAR S S, RUBIO E, NOOR-A-ALAM M, et al. Structure, morphology, and optical properties of amorphous and nanocrystalline gallium oxide thin films [J]. The Journal of Physical Chemistry C, 2013, 117(8): 4194-4200.

[151] CUI S, MEI Z, ZHANG Y, et al. Room-temperature fabricated amorphous Ga_2O_3 high-response-speed solar-blind photodetector on rigid and flexible substrates [J]. Adv Opt Mater, 2017, 5(19): 1700454.

[152] ZHOU H, CONG L, MA J, et al. High gain broadband photoconductor based on amorphous Ga_2O_3 and suppression of persistent photoconductivity [J]. Journal of Materials Chemistry C, 2019, 7(42): 13149-13155.

[153] OH S, JUNG Y, MASTRO M A, et al. Development of solar-blind photodetectors based on Si-implanted β-Ga_2O_3 [J]. Opt Express, 2015, 23(22): 28300-28305.

[154] ZHAO X, CUI W, WU Z, et al. Growth and characterization of Sn doped β-Ga_2O_3 thin films and enhanced performance in a solar-blind photodetector [J]. J Electron Mater, 2017, 46(4): 2366-2372.

[155] ALEMA F, HERTOG B, MUKHOPADHYAY P, et al. Solar blind Schottky photodiode based on an MOCVD-grown homoepitaxial β-Ga_2O_3 thin film [J]. Apl Mater, 2019, 7(2): 022527.

[156] CHEN K, WANG S, HE C, et al. Photoelectrochemical self-powered solar-blind photodetectors based on Ga_2O_3 nanorod array/electrolyte solid/liquid heterojunctions with a large separation interface of photogenerated carriers [J]. ACS Applied Nano Materials, 2019, 2(10): 6169-6177.

[157] QIAO G, CAI Q, MA T, et al. Nanoplasmonically enhanced high-performance metastable phase α-Ga_2O_3 solar-blind photodetectors [J]. ACS Appl Mater Inter, 2019, 11(43): 40283-40289.

[158] KAN H, ZHENG W, FU C, et al. Ultrawide band gap oxide nanodots (E_g>4.8 eV) for

a high-performance deep ultraviolet photovoltaic detector [J]. ACS Appl Mater Inter, 2020, 12(5): 6030-6036.

[159] ZHOU H, CONG L, MA J, et al. High gain broadband photoconductor based on amorphous Ga_2O_3 and suppression of persistent photoconductivity [J]. Journal of Materials Chemistry C, 2019, 7(42): 13149-13155.

[160] BRONZI D, VILLA F, TISA S, et al. SPAD Figures of Merit for Photon-Counting, Photon-Timing, and Imaging Applications: A Review [J]. IEEE Sensors Journal, 2016, 16(1): 3-12.

[161] ROGALSKI A, ANTOSZEWSKI J, FARAONE L. Third-generation infrared photodetector arrays [J]. Journal of Applied Physics, 2009, 105(9).

[162] MAZZEO G, REVERCHON J L, DUBOZ J Y, et al. AlGaN-based linear array for UV solar-blind imaging from 240 to 280 nm [J]. IEEE Sensors Journal, 2006, 6(4): 957-963.

[163] CARIA M, BARBERINI L, CADEDDU S, et al. Gallium arsenide photodetectors for imaging in the far ultraviolet region [J]. Applied Physics Letters, 2002, 81(8): 1506-1508.

[164] HUANG Z C, MOTT D B, SHU P K. 256×256 GaN ultraviolet imaging array [Z]. AIP Conference Proceedings. 1998: 39-43.10.1063/1.54826.

[165] LI L, GU L, LOU Z, et al. ZnO quantum dot decorated Zn_2SnO_4 nanowire heterojunction photodetectors with drastic performance enhancement and flexible ultraviolet image sensors [J]. ACS Nano, 2017, 11(4): 4067-4076.

[166] CHEN Y C, LU Y J, LIN C N, et al. Self-powered diamond/β-Ga_2O_3 photodetectors for solar-blind imaging [J]. J Mater Chem C, 2018, 6(21): 5727-5732.

[167] QIN Y, LONG S, HE Q, et al. Amorphous gallium Oxide-based gate-tunable high-performance thin film phototransistor for solar-blind imaging [J]. Advanced Electronic Materials, 2019, 5(7).

[168] SHENG X, YU C, MALYARCHUK V, et al. Silicon-based visible-blind ultraviolet detection and imaging using down-shifting luminophores [J]. Adv Opt Mater, 2014, 2(4): 314-319.

[169] DENG H, YANG X, DONG D, et al. Flexible and semitransparent organolead triiodide perovskite network photodetector arrays with high stability [J]. Nano Lett, 2015, 15(12): 7963-7969.

[170] OUYANG B, ZHANG K, YANG Y. Self-powered UV photodetector array based on P3HT/ZnO nanowire array heterojunction [J]. Adv Mater Technol-Us, 2017, 2(12): 1700208.

[171] Singh A, MUAZZAM U U, KUMAR S, et al. Optical float-zone grown bulk β-Ga_2O_3-based linear MSM array of UV-C photodetectors [J]. IEEE Photonic Tech L, 2019, 31(12): 923-926.

[172] PENG Y, ZHANG Y, CHEN Z, et al. Arrays of solar-blind ultraviolet photodetector based on β-Ga_2O_3 epitaxial thin films [J]. IEEE Photonic Tech L, 2018, 30(11): 993-996.

[173] KUMAR N, ARORA K, KUMAR M. High performance, flexible and room temperature grown amorphous Ga_2O_3 solar-blind photodetector with amorphous indium-zinc-oxide transparent conducting electrodes [J]. Journal of Physics D: Applied Physics, 2019, 52 (33): 335103.

[174] LI Z, XU Y, ZHANG J, et al. Flexible solar-blind Ga_2O_3 ultraviolet photodetectors with high responsivity and photo-to-dark current ratio [J]. IEEE Photonics Journal, 2019, 11(6): 1-9.

[175] CHEN Y, LU Y, LIAO M, et al. 3D solar-blind Ga_2O_3 photodetector array realized via origami method [J]. Adv Funct Mater, 2019, 29(50): 1906040.

[176] MANEKKATHODI A, LU M Y, WANG C W, et al. Direct growth of aligned zinc oxide nanorods on paper substrates for low-cost flexible electronics [J]. Adv Mater, 2010, 22(36): 4059-4063.

[177] ZHU Z, JU D, ZOU Y, et al. Boosting fiber-shaped photodetectors via "soft" interfaces [J]. ACS Appl Mater Inter, 2017, 9(13): 12092-12099.

[178] LIU K, SAKURAI M, AONO M. Enhancing the humidity sensitivity of Ga_2O_3/SnO_2 core/shell microribbon by applying mechanical strain and its application as a flexible strain sensor [J]. Small, 2012, 8(23): 3599-3604.

[179] LIANG H, CUI S, SU R, et al. Flexible X-ray detectors based on amorphous Ga_2O_3 thin films [J]. ACS Photonics, 2018, 6(2): 351-359.

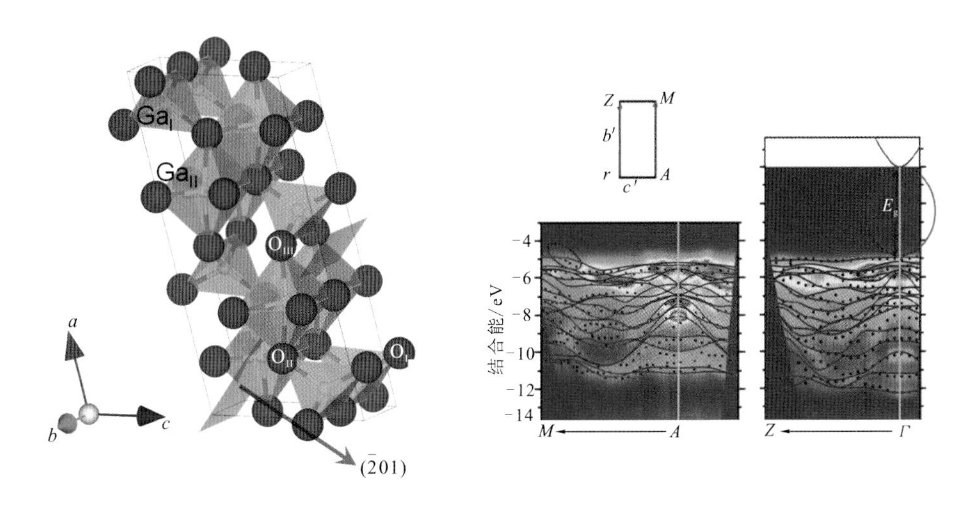

图 1.3　β - Ga_2O_3的晶胞结构图

图 1.5　β - Ga_2O_3的 ARPES 价带谱测试结果

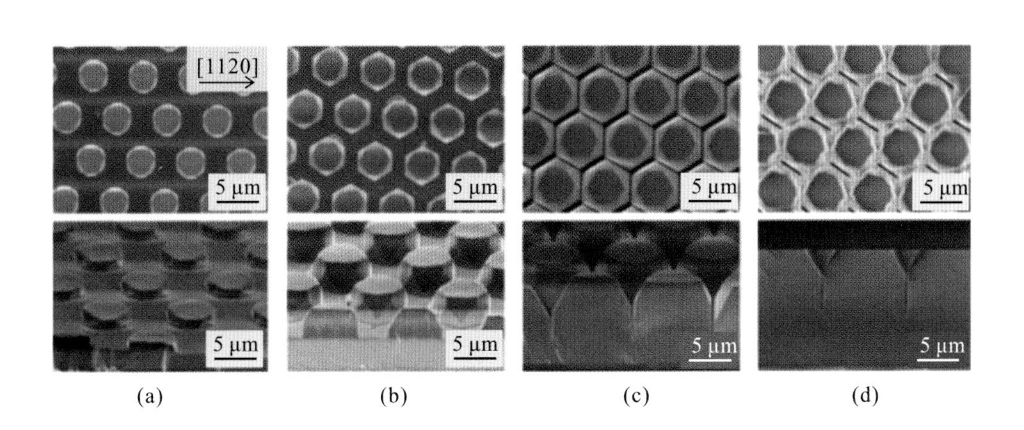

图 1.31　衬底表面的刻蚀过程与不同衬底的表面光学显微镜照片

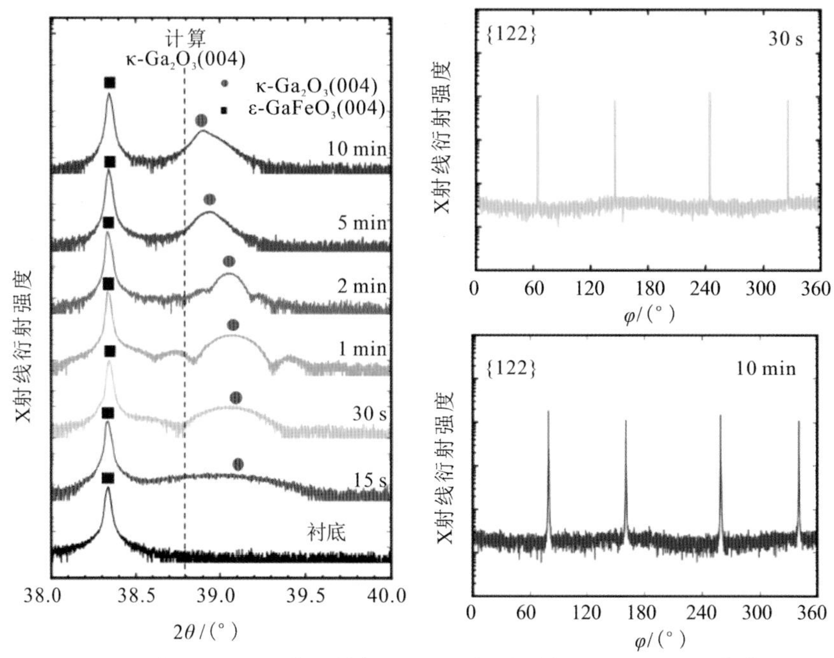

图 1.41　在 $\kappa-GaFeO_3$ 单晶衬底上不同生长时间的 $\kappa-Ga_2O_3$ 外延薄膜和 $\kappa-GaFeO_3$ 单晶衬底的 $2\theta-\omega$ XRD 图谱，以及在 $\kappa-GaFeO_3$ 单晶衬底上生长 30 s 和 10 min $\kappa-Ga_2O_3$ {122} 晶面簇的 φ 扫描

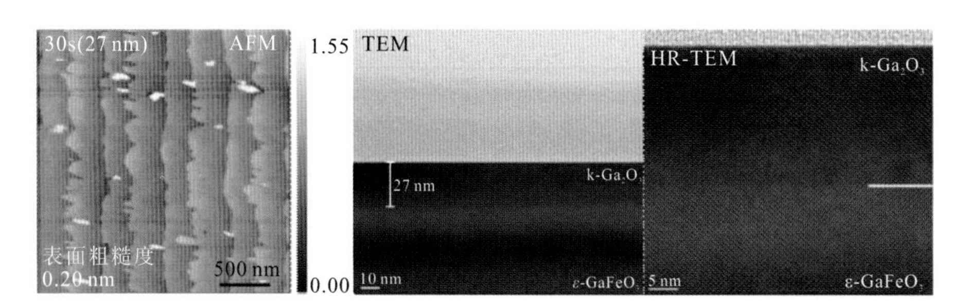

图 1.42　生长时间为 30 s 的 $\kappa-Ga_2O_3$ 外延薄膜的 AFM 形貌图、一定放大倍率下的 TEM 图像及高分辨 TEM 图像

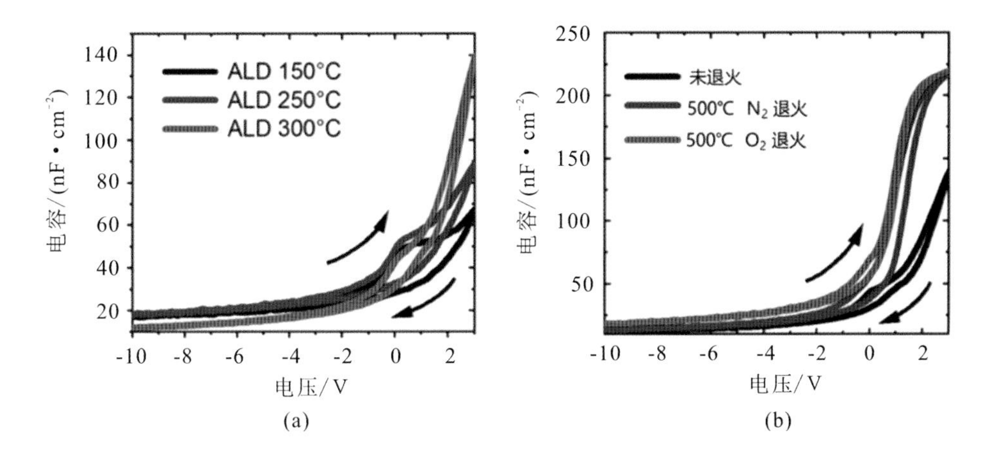

图 3.44 不同生长温度和退火条件下 MOSCAP 的 $C-U$ 特性

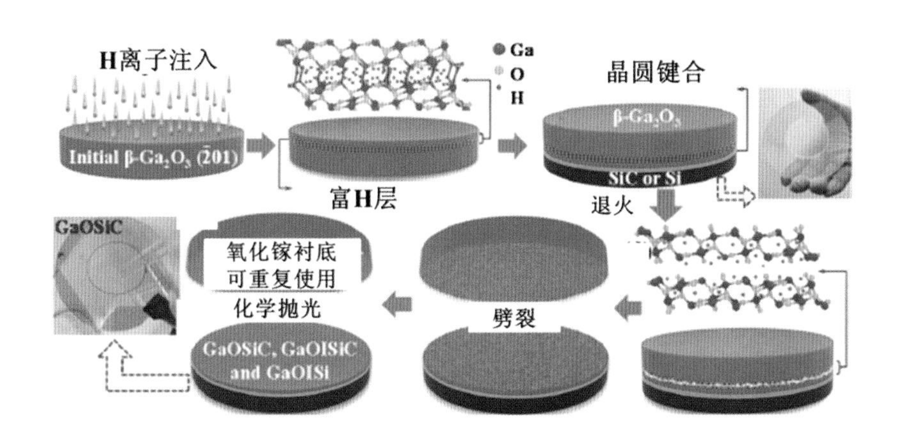

图 6.18 氧化镓与碳化硅(SiC)晶圆键合流程示意图

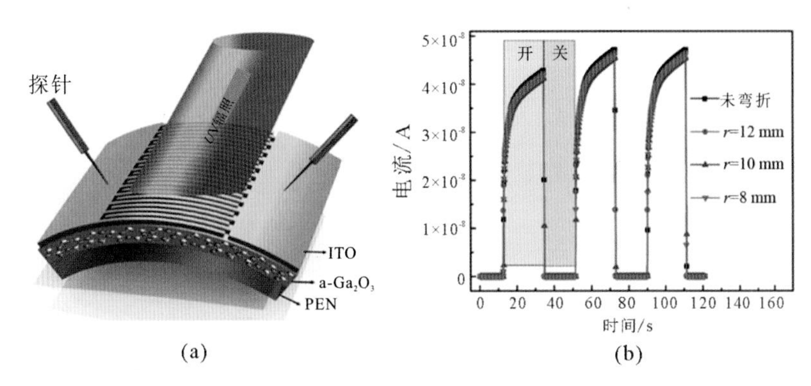

图 7.16　a－Ga_2O_3 柔性探测器

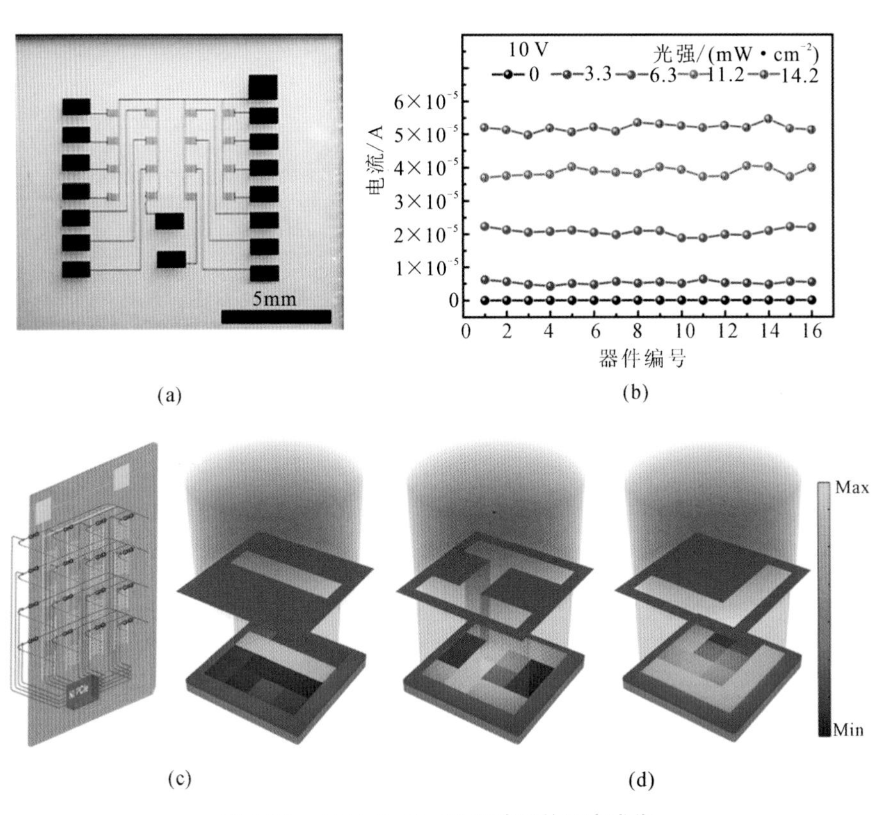

图 7.20　4×4 Ga_2O_3 SBPD 阵列的日盲成像